Wasserbau, Siedlungswasserwirtschaft,
Abfalltechnik

Konrad Zilch • Claus Jürgen Diederichs
Rolf Katzenbach • Klaus J. Beckmann (Hrsg.)

Wasserbau, Siedlungswasserwirtschaft, Abfalltechnik

Springer Vieweg

Herausgeber

Konrad Zilch
Lehrstuhl für Massivbau
Technische Universität München
München, Deutschland

Rolf Katzenbach
Institut und Versuchsanstalt für Geotechnik
Technische Universität Darmstadt
Darmstadt, Deutschland

Claus Jürgen Diederichs
DSB + IG-Bau Gbr
Eichenau, Deutschland

Klaus J. Beckmann
Berlin, Deutschland

Der Inhalt der vorliegenden Ausgabe ist Teil des Werkes „Handbuch für Bauingenieure", 2. Auflage

ISBN 978-3-642-41873-0
DOI 10.1007/978-3-642-41874-7

ISBN 978-3-642-41874-7 (eBook)

Die Deutsche Nationalbibliothek verzeichnet diese Publikation in der Deutschen Nationalbibliografie; detaillierte bibliografische Daten sind im Internet über http://dnb.d-nb.de abrufbar.

Springer Vieweg
© Springer-Verlag Berlin Heidelberg 2013

Springer Vieweg ist eine Marke von Springer DE. Springer DE ist Teil der Fachverlagsgruppe Springer Science+Business Media.
www.springer-vieweg.de

Vorwort des Verlages

Teilausgaben großer Werke dienen der Lehre und Praxis. Studierende können für ihre Vertiefungsrichtung die richtige Selektion wählen und erhalten ebenso wie Praktiker die fachliche Bündelung der Themen, die in ihrer Fachrichtung relevant sind.

Die nun vorliegende Ausgabe des „Handbuchs für Bauingenieure", 2. Auflage, erscheint in 6 Teilausgaben mit durchlaufenden Seitennummern. Das Sachverzeichnis verweist entsprechend dieser Logik auch auf Begriffe aus anderen Teilbänden. Damit wird der Zusammenhang des Werkes gewahrt.

Der Verlag bietet mit diesen Teilausgaben eine einzeln erhältliche Fassung aller Kapitel des Standardwerkes für Bauingenieure an.

Übersicht der Teilbände:
1) Grundlagen des Bauingenieurwesens (Seiten 1 – 378)
2) Bauwirtschaft und Baubetrieb (Seiten 379 – 965)
3) Konstruktiver Ingenieurbau und Hochbau (Seiten 966 – 1490)
4) Geotechnik (Seiten 1491 – 1738) ˙
5) Wasserbau, Siedlungswasserwirtschaft, Abfalltechnik (Seiten 1739 – 2030)
6) Raumordnung und Städtebau, Öffentliches Baurecht (Seiten 2031 – 2096) und Verkehrssysteme und Verkehrsanlagen (Seiten 2097 – 2303).

Berlin/Heidelberg, im November 2013

Inhaltsverzeichnis

Autorenverzeichnis

Arslan, Ulvi, Prof. Dr.-Ing., TU Darmstadt, Institut für Werkstoffe und Mechanik im Bauwesen, *Abschn. 4.1*, arslan@iwmb.tu-darmstadt.de

Bandmann, Manfred, Prof. Dipl.-Ing., Gröbenzell, *Abschn. 2.5.4*, manfred.bandmann@online.de

Bauer, Konrad, Abteilungspräsident a.D., Bundesanstalt für Straßenwesen/Zentralabteilung, Bergisch Gladbach, *Abschn. 6.5*, kkubauer@t-online.de

Beckedahl, Hartmut Johannes, Prof. Dr.-Ing., Bergische Universität Wuppertal, Lehr- und Forschungsgebiet Straßenentwurf und Straßenbau, *Abschn. 7.3.2*, beckedahl@uni-wuppertal.de

Beckmann, Klaus J., Univ.-Prof. Dr.-Ing., Deutsches Institut für Urbanistik gGmbH, Berlin, *Abschn. 7.1 und 7.3.1*, kj.beckmann@difu.de

Bockreis, Anke, Dr.-Ing., TU Darmstadt, Institut WAR, Fachgebiet Abfalltechnik, *Abschn. 5.6*, a.bockreis@iwar.tu-darmstadt.de

Böttcher, Peter, Prof. Dr.-Ing., HTW des Saarlandes, Baubetrieb und Baumanagement Saarbrücken, *Abschn. 2.5.3*, boettcher@htw-saarland.de

Brameshuber, Wolfgang, Prof. Dr.-Ing., RWTH Aachen, Institut für Bauforschung, *Abschn. 3.6.1*, brameshuber@ibac.rwth-aachen.de

Büsing, Michael, Dipl.-Ing., Fughafen Hannover-Langenhagen GmbH, *Abschn. 7.5*, m.buesing@hannover-airport.de

Cangahuala Janampa, Ana, Dr.-Ing., TU Darmstadt, Institut WAR, Fachgebiet, Wasserversorgung und Grundwasserschutz, *Abschn. 5.4*, a.cangahuala@iwar.tu-darmstadt.de

Corsten, Bernhard, Dipl.-Ing., Fachhochschule Koblenz/FB Bauingenieurwesen, *Abschn. 2.6.4*, b.corsten@web.de

Dichtl, Norbert, Prof. Dr.-Ing., TU Braunschweig, Institut für Siedlungswasserwirtschaft, *Abschn. 5.5*, n.dichtl@tu-braunschweig.de

Diederichs, Claus Jürgen, Prof. Dr.-Ing., FRICS, DSB + IQ-Bau, Sachverständige Bau + Institut für Baumanagement, Eichenau b. München, *Abschn. 2.1 bis 2.4*, cjd@dsb-diederichs.de

Dreßen, Tobias, Dipl.-Ing., RWTH Aachen, Lehrstuhl und Institut für Massivbau, *Abschn. 3.2.2*, tdressen@imb.rwth-aachen.de

Eligehausen, Rolf, Prof. Dr.-Ing., Universität Stuttgart, Institut für Werkstoffe im Bauwesen, *Abschn. 3.9*, eligehausen@iwb.uni-stuttgart.de

Franke, Horst, Prof. , HFK Rechtsanwälte LLP, Frankfurt am Main, *Abschn. 2.4,*
franke@hfk.de

Freitag, Claudia, Dipl.-Ing., TU Darmstadt, Institut für Werkstoffe und Mechanik
im Bauwesen, *Abschn. 3.8,* freitag@iwmb.tu-darmstadt.de

Fuchs, Werner, Dr.-Ing., Universität Stuttgart, Institut für Werkstoffe im Bauwesen,
Abschn. 3.9, fuchs@iwb.uni-stuttgart.de

Giere, Johannes, Dr.-Ing., Prof. Dr.-Ing. E. Vees und Partner Baugrundinstitut GmbH,
Leinfelden-Echterdingen, *Abschn. 4.4*

Grebe, Wilhelm, Prof. Dr.-Ing., Flughafendirektor i.R., Isernhagen, *Abschn. 7.5,*
dr.grebe@arcor.de

Gutwald, Jörg, Dipl.-Ing., TU Darmstadt, Institut und Versuchsanstalt für Geotechnik,
Abschn. 4.4, gutwald@geotechnik.tu-darmstadt.de

Hager, Martin, Prof. Dr.-Ing. †, Bonn, *Abschn. 7.4*

Hanswille, Gerhard, Prof. Dr.-Ing., Bergische Universität Wuppertal, Fachgebiet
Stahlbau und Verbundkonstruktionen, *Abschn. 3.5,* hanswill@uni-wuppertal.de

Hauer, Bruno, Dr. rer. nat., Verein Deutscher Zementwerke e.V., Düsseldorf,
Abschn. 3.2.2

Hegger, Josef, Univ.-Prof. Dr.-Ing., RWTH Aachen, Lehrstuhl und Institut für Massivbau,
Abschn. 3.2.2, heg@imb.rwth-aachen.de

Hegner, Hans-Dieter, Ministerialrat, Dipl.-Ing., Bundesministerium für Verkehr,
Bau und Stadtentwicklung, Berlin, *Abschn, 3.2.1,* hans.hegner@bmvbs.bund.de

Helmus, Manfred, Univ.-Prof. Dr.-Ing., Bergische Universität Wuppertal,
Lehr- und Forschungsgebiet Baubetrieb und Bauwirtschaft, *Abschn. 2.5.1 und 2.5.2,*
helmus@uni-wuppertal.de

Hohnecker, Eberhard, Prof. Dr.-Ing., KIT Karlsruhe, Lehrstuhl Eisenbahnwesen Karlsruhe,
Abschn. 7.2, eisenbahn@ise.kit.edu

Jager, Johannes, Prof. Dr., TU Darmstadt, Institut WAR, Fachgebiet Wasserversorgung
und Grundwasserschutz, *Abschn. 5.6,* j.jager@iwar.tu-darmstadt.de

Kahmen, Heribert, Univ.-Prof. (em.) Dr.-Ing., TU Wien, Insititut für Geodäsie und
Geophysik, *Abschn. 1.2,* heribert.kahmen@tuwien-ac-at

Katzenbach, Rolf, Prof. Dr.-Ing., TU Darmstadt, Institut und Versuchsansalt für
Geotechnik, *Abschn. 3.10, 4.4 und 4.5,* katzenbach@geotechnik.tu-darmstadt.de

Köhl, Werner W., Prof. Dr.-Ing., ehem. Leiter des Instituts f. Städtebau und Landesplanung
der Universität Karlsruhe (TH), Freier Stadtplaner ARL, FGSV, RSAI/GfR, SRL,
Reutlingen, *Abschn. 6.1 und 6.2,* werner-koehl@t-online.de

Könke, Carsten, Prof. Dr.-Ing., Bauhaus-Universität Weimar,
Institut für Strukturmechanik, *Abschn. 1.5,* carsten.koenke@uni-weimar.de

Krätzig, Wilfried B., Prof. Dr.-Ing. habil. Dr.-Ing. E.h., Ruhr-Universität Bochum, Lehrstuhl für Statik und Dynamik, *Abschn. 1.5*, wilfried.kraetzig@rub.de

Krautzberger, Michael, Prof. Dr., Deutsche Akademie für Städtebau und Landesplanung, Präsident, Bonn/Berlin, *Abschn. 6.3*, michael.krautzberger@gmx.de

Kreuzinger, Heinrich, Univ.-Prof. i.R., Dr.-Ing., TU München, *Abschn. 3.7*, rh.kreuzinger@t-online.de

Maidl, Bernhard, Prof. Dr.-Ing., Maidl Tunnelconsultants GmbH & Co. KG, Duisburg, *Abschn. 4.6*, office@maidl-tc.de

Maidl, Ulrich, Dr.-Ing., Maidl Tunnelconsultants GmbH & Co. KG, Duisburg, *Abschn. 4.6*, u.maidl@maidl-tc.de

Meißner, Udo F., Prof. Dr.-Ing., habil., TU Darmstadt, Institut für Numerische Methoden und Informatik im Bauwesen, *Abschn. 1.1*, sekretariat@iib.tu-darmstadt.de

Meng, Birgit, Prof. Dr. rer. nat., Bundesanstalt für Materialforschung und -prüfung, Berlin, *Abschn. 3.1*, birgit.meng@bam.de

Meskouris, Konstantin, Prof. Dr.-Ing. habil., RWTH Aachen, Lehrstuhl für Baustatik und Baudynamik, *Abschn. 1.5*, meskouris@lbb.rwth-aachen.de

Moormann, Christian, Prof. Dr.-Ing. habil., Universität Stuttgart, Institut für Geotechnik, *Abschn. 3.10*, info@igs.uni-stuttgart.de

Petryna, Yuri, S., Prof. Dr.-Ing. habil., TU Berlin, Lehrstuhl für Statik und Dynamik, *Abschn. 1.5*, yuriy.petryna@tu-berlin.de

Petzschmann, Eberhard, Prof. Dr.-Ing., BTU Cottbus, Lehrstuhl für Baubetrieb und Bauwirtschaft, *Abschn. 2.6.1–2.6.3, 2.6.5, 2.6.6*, petzschmann@yahoo.de

Plank, Johann, Prof. Dr. rer. nat., TU München, Lehrstuhl für Bauchemie, Garching, *Abschn. 1.4*, johann.plank@bauchemie.ch.tum.de

Pulsfort, Matthias, Prof. Dr.-Ing., Bergische Universität Wuppertal, Lehr- und Forschungsgebiet Geotechnik, *Abschn. 4.3*, pulsfort@uni-wuppertal.de

Rackwitz, Rüdiger, Prof. Dr.-Ing. habil., TU München, Lehrstuhl für Massivbau, *Abschn. 1.6*, rackwitz@mb.bv.tum.de

Rank, Ernst, Prof. Dr. rer. nat., TU München, Lehrstuhl für Computation in Engineering, *Abschn. 1.1*, rank@bv.tum.de

Rößler, Günther, Dipl.-Ing., RWTH Aachen, Institut für Bauforschung, *Abschn. 3.1*, roessler@ibac.rwth-aachen.de

Rüppel, Uwe, Prof. Dr.-Ing., TU Darmstadt, Institut für Numerische Methoden und Informatik im Bauwesen, *Abschn. 1.1*, rueppel@iib.tu-darmstadt.de

Savidis, Stavros, Univ.-Prof. Dr.-Ing., TU Berlin, FG Grundbau und Bodenmechanik – DEGEBO, *Abschn. 4.2*, savidis@tu-berlin.de

Schermer, Detleff, Dr.-Ing., TU München, Lehrstuhl für Massivbau, *Abschn. 3.6.2,*
schermer@mytum.de

Schießl, Peter, Prof. Dr.-Ing. Dr.-Ing. E.h., Ingenieurbüro Schießl Gehlen Sodeikat GmbH
München, *Abschn. 3.1,* schiessl@ib-schiessl.de

Schlotterbeck, Karlheinz, Prof., Vorsitzender Richter a. D., *Abschn. 6.4,*
karlheinz.schlotterbeck0220@orange.fr

Schmidt, Peter, Prof. Dr.-Ing., Universität Siegen, Arbeitsgruppe Baukonstruktion,
Ingenieurholzbau und Bauphysik, *Abschn. 1.3,* schmidt@bauwesen.uni-siegen.de

Schneider, Ralf, Dr.-Ing., Prof. Feix Ingenieure GmbH, München, *Abschn. 3.3,*
ralf.schneider@feix-ing.de

Scholbeck, Rudolf, Prof. Dipl.-Ing., Unterhaching, *Abschn. 2.5.4,* scholbeck@aol.com

Schröder, Petra, Dipl.-Ing., Deutsches Institut für Bautechnik, Berlin, *Abschn. 3.1,*
psh@dibt.de

Schultz, Gert A., Prof. (em.) Dr.-Ing., Ruhr-Universität Bochum,
Lehrstuhl für Hydrologie, Wasserwirtschaft und Umwelttechnik, *Abschn. 5.2,*
gert_schultz@yahoo.de

Schumann, Andreas, Prof. Dr. rer. nat., Ruhr-Universität Bochum,
Lehrstuhl für Hydrologie, Wasserwirtschaft und Umwelttechnik, *Abschn. 5.2,*
andreas.schumann@rub.de

Schwamborn, Bernd, Dr.-Ing., Aachen, *Abschn. 3.1,* b.schwamborn@t-online.de

Sedlacek, Gerhard, Prof. Dr.-Ing., RWTH Aachen, Lehrstuhl für Stahlbau und
Leichtmetallbau, *Abschn, 3.4,* sed@stb.rwth-aachen.de

Spengler, Annette, Dr.-Ing., TU München, Centrum Baustoffe und Materialprüfung,
Abschn. 3.1, spengler@cbm.bv.tum.de

Stein, Dietrich, Prof. Dr.-Ing., Prof. Dr.-Ing. Stein & Partner GmbH, Bochum,
Abschn. 2.6.7 und 7.6, dietrich.stein@stein.de

Straube, Edeltraud, Univ.-Prof. Dr.-Ing., Universität Duisburg-Essen, Institut für
Straßenbau und Verkehrswesen, *Abschn. 7.3.2,* edeltraud-straube@uni-due.de

Strobl, Theodor, Prof. (em.) Dr.-Ing., TU München, Lehrstuhl für Wasserbau und
Wasserwirtschaft, *Abschn. 5.3,* t.strobl@bv.tum.de

Urban, Wilhelm, Prof. Dipl.-Ing. Dr. nat. techn., TU Darmstadt, Institut WAR, Fachgebiet
Wasserversorgung und Grundwasserschutz, *Abschn. 5.4,* w.urban@iwar.tu-darmstadt.de

Valentin, Franz, Univ.-Prof. Dr.-Ing., TU München, Lehrstuhl für Hydraulik und
Gewässerkunde, *Abschn. 5.1,* valentin@bv.tum.de

Vrettos, Christos, Univ.-Prof. Dr.-Ing. habil., TU Kaiserslautern,
Fachgebiet Bodenmechanik und Grundbau, *Abschn. 4.2,* vrettos@rhrk.uni-kl.de

Wagner, Isabel M., Dipl.-Ing., TU Darmstadt, Institut und Versuchsanstalt für Geotechnik, *Abschn. 4.5*, wagner@geotechnik.tu-darmstadt.de

Wallner, Bernd, Dr.-Ing., TU München, Centrum Baustoffe und Materialprüfung, *Abschn. 3.1*, wallner@cmb.bv.tum.de

Weigel, Michael, Dipl.-Ing., KIT Karlsruhe, Lehrstuhl Eisenbahnwesen Karlsruhe, *Abschn 7.2*, michael-weigel@kit.edu

Wiens, Udo, Dr.-Ing., Deutscher Ausschuss für Stahlbeton e.V., Berlin, *Abschn. 3.2.2*, udo.wiens@dafstb.de

Wörner, Johann-Dietrich, Prof. Dr.-Ing., TU Darmstadt, Institut für Werkstoffe und Mechanik im Bauwesen, *Abschn. 3.8*, jan.woerner@dlr.de

Zilch, Konrad, Prof. Dr.-Ing. Dr.-Ing. E.h., TU München, em. Ordinarius für Massivbau, *Abschn. 1.6, 3.3 und 3.10*, konrad.zilch@tum.de

Zunic, Franz, Dr.-Ing., TU München, Lehrstuhl für Wasserbau und Wasserwirtschaft, *Abschn. 5.3*, f.zunic@bv.tum.de

5 Wasserbau, Siedlungswasserwirtschaft, Abfalltechnik

Inhalt

5.1   Technische Hydraulik

Franz Valentin

5.1.1   Allgemeine Einführung

5.1.1.1 Anmerkungen zur Darstellung

Neue Erkenntnisse über die Eigenschaften turbulenter Strömungen und die Verbesserung der Rechentechnik haben die Entwicklung der technischen Hydraulik in den vergangenen Jahrzehnten entscheidend geprägt. Auch in der gedrängten Darstellung für ein Handbuch kann die alleinige Wiedergabe einer eindimensionalen Stromfadentheorie als Anwendung der Bernoulli-Gleichung in Verbindung mit Verlustansätzen den heutigen Anforderungen und den verfügbaren Lösungsmöglichkeiten nicht mehr genügen. Die gewählte Darstellung dieses Fachgebiets ist daher ein Kompromiss, bei dem mehr auf die konsequente Aufbereitung der Grundlagen als auf eine vollständige Wiedergabe der praxisrelevanten Beiwerte geachtet wurde.

Die verwendeten Einheiten sind dem internationalen Einheitensystem angepasst. Es wurden die international üblichen Zeichen verwendet, die nicht immer mit DIN 4044 übereinstimmen.

5.1.1.2 Physikalische Eigenschaften von Wasser

Allgemein ist die *Dichte* ρ als Quotient aus Masse m und Volumen V, also

$$\rho = m/V \text{ (in kg/m}^3\text{)}, \tag{5.1.1}$$

definiert. Die Dichte von Wasser ist v. a. temperaturabhängig: $\rho = \rho(T)$.

Für viele Vorgänge in der Natur ist die *Dichteanomalie* des Wassers entscheidend. Bei $T = 4°C$ hat reines Wasser seine größte Dichte mit $\rho = 999{,}97$ kg/m^3. Dies hat zur Folge, dass sich z.B. in Seen bei Lufttemperaturen oberhalb und unterhalb des Gefrierpunktes von Wasser eine stabile Schichtung ein-

Tabelle 5.1-1 Physikalische Eigenschaften von reinem Wasser

Temperatur in °C	ρ in g/cm³	η ×10⁻³ in Ns/m²	$v = \eta/\rho$ ×10⁻⁶ in m²/s	$h_d = p_d/$ $(\rho \cdot g)$ in m
0	0,999840	1,7921	1,7924	0,06
5	0,999964	1,5108	1,5189	0,09
10	0,999700	1,3077	1,3081	0,12
15	0,999101	1,1404	1,1414	0,17
20	0,998206	1,0050	1,0068	0,24
20	0,995650	0,8007	0,8042	0,43
50	0,988050	0,5494	0,5560	1,25
100	0,958350	0,2838	0,2961	10,33

stellen kann. In Tabelle 5.1-1 ist die Dichte von reinem Wasser für den Temperaturbereich 0°C bis 100°C angegeben. Die Dichte ist allerdings sehr stark von gelösten und suspendierten Stoffen abhängig.

Eine Erwärmung über 4°C oder eine Abkühlung unter 4°C führt zur Volumenausdehnung. Ebenfalls von großer physikalischer Bedeutung ist die Unstetigkeit der Dichte beim Übergang zum festen Aggregatzustand (Eis). Diese Änderung ist mit einer Volumenvergrößerung von etwa 9% verbunden.

Der *Elastizitätsmodul* von Wasser kann mit E_W = 2,1·10³ MPa = 2,1·10⁹ N/m² angesetzt werden. Ein Vergleich mit dem E-Modul von Stahl zeigt, dass Wasser etwa um den Faktor 10² kompressibler ist. Bei großen Druckunterschieden ist zu beachten, dass mit $\rho = \rho(p,T)$ die Dichte auch vom Druck p abhängt. Dieser Umstand ist bei gespannten Grundwasservorkommen in der Grundwasserhydraulik und bei Kompressionswellen in der instationären Rohrhydraulik von Bedeutung. Die *Fortpflanzungsgeschwindigkeit von Druckwellen* im Medium Wasser beträgt

$$a = \sqrt{E_W / \varrho} = 1450 \, m/s.$$

Die *Viskosität* ist ein Maß für die innere Reibung, deren Ursache die molekulare Impulsübertragung ist. Nach dem Newton'schen Ansatz ist die Schubspannung τ, die als innere Reibung in einem Fluid auftritt, abhängig vom Geschwindigkeitsgradienten dv/dn:

$$\tau = -\eta \frac{dv}{dn}. \tag{5.1.2}$$

Bei der Bewegung einer ebenen Platte mit der Geschwindigkeit v über einen Wasserfilm der Höhe h ist dieser Gradient v/h. Der Proportionalitätsfaktor η ist die *dynamische Viskosität* in Pa·s. Auf die Dichte bezogen, kann die dynamische Viskosität in die *kinematische Viskosität* übergeführt werden.

$$v = \frac{\eta}{\varrho} \; in \; \frac{m^2}{s}. \tag{5.1.3}$$

Leider hat der Newton'sche Ansatz nur Gültigkeit für die sog. „laminare" Bewegung (Schichtenströmung). Oberhalb bestimmter Grenzen erfahren Flüssigkeitsballen, deren Durchmesser um Zehnerpotenzen oberhalb des Molekülabstands von etwa 3·10⁻⁸ m liegt, Eigenbewegungen in Form von unregelmäßigen Schwankungen, welche den Impulsaustausch wesentlich verstärken. Man spricht dann von der „turbulenten" Fließbewegung. Flüssigkeiten (z.B. Suspensionen), die keine lineare Abhängigkeit nach Gl. (5.1.2) aufweisen, werden als „nichtNewton'sche Flüssigkeiten" bezeichnet.

Bei Erreichen des *Dampfdruckes* p_d wird Wasser zu Wasserdampf. Dieser Wechsel zum gasförmigen Aggregatzustand ist zusätzlich vom Gehalt an gelösten Gasen und vom Druck im Strömungsfeld abhängig. In Unterdruckgebieten sind daher Grenzen für den Druck unterhalb des Atmosphärendrucks zu beachten (s. auch 5.1.2). Nur so wird die Bildung von Wasserdampfblasen (Kavitation) verhindert. In Gebieten höheren Druckes implodieren diese Blasen, und es kommt zur Material zerstörenden Kavitationserosion. In Tabelle 5.1-1 ist die Dampfdruckhöhe h_d in Abhängigkeit von der Temperatur bei Atmosphärendruck angegeben. Hierfür gilt

$$h_d = p_d/(\rho \cdot g).$$

Die *Oberflächenspannung* ist eine Grenzflächenspannung an der Phasentrennfläche gegen Luft, hervorgerufen durch Adhäsionskräfte zwischen den Flüssigkeitsmolekülen. Definiert wird die Oberflächenspannung zu σ = Arbeit/ Fläche mit der Einheit Nm/m². Für T = 20°C ist σ = 73·10⁻³ N/m an der Trennfläche Wasser/Luft.

Von praktischer Bedeutung ist die *kapillare Steighöhe* h_k für runde Kapillaren vom Durchmesser d_k.

$$h_k = \frac{4\sigma}{\varrho \, g \, d_k}. \qquad (5.1.4)$$

Die kapillare Steighöhe ist zu beachten an der Grenze des Grundwasserkörpers zu den luftgefüllten Hohlräumen des Untergrunds im Bereich der Grundwasserhydraulik.

5.1.2 Hydrostatik

Hydrostatik ist die Lehre von der ruhenden Flüssigkeit. Ihre Hauptanwendung findet die Hydrostatik bei der Ermittlung von Kräften auf Bauwerke unter Einwirkung des Wasserdrucks.

5.1.2.1 Allgemeine Angaben zum Begriff des Druckes

Im Inneren einer ruhenden Flüssigkeit können nur Normalspannungen auftreten. Die dort wirksam werdenden Spannungen sind daher isotrop und bilden ein skalares Druckfeld. Auf der Grundlage des Internationalen Einheitensystems (SI) ist der Druck eine abgeleitete Größe. Seine Einheit ist das Pascal (Pa), wobei 1 Pa = 1 N/m². Bei größeren Drücken wird die Einheit bar verwendet. Es gilt 1 bar = 10^5 Pa. In der Hydraulik ist die Reduktion auf den anschaulichen Begriff der *Druckhöhe* (in Meter Wassersäule) üblich. Hierbei entspricht 1mWS = 9,81 kPa.

Zwischen der aus der offiziellen Einheit Pascal abgeleiteten Größe 1 bar = 10^5 Pa und der Druckhöhe besteht die Beziehung 1 bar = 10,20 m WS. Der Gesamtdruck im Inneren einer Flüssigkeit mit freier Oberfläche setzt sich aus dem Atmosphärendruck und dem Druck infolge der Überdeckung mit Flüssigkeit zusammen. Der Atmosphärendruck ist der Fluiddruck der Luft, welcher wiederum abhängig ist von der überlagerten Luftsäule und damit vom Bezugsniveau. Für die internationale Normatmosphäre beträgt der *Luftdruck auf Meereshöhe* (z = 0)

$$p_{a,0} = 1,01325 \text{ bar} = 1013,25 \text{ mbar}.$$

Dem entspricht eine Druckhöhe von

$$h_{a,0} = 10,33 \text{ m (WS)}.$$

In der Hydraulik ist nicht der absolute Druck, sondern der Atmosphärendruck p_a der *Bezugsdruck*. Auf den absoluten Druck muss bezogen werden, wenn die Kompressibilität von Luft berücksichtigt werden muss. Dies ist bei Wasserspiegeländerungen in Druckbehältern mit Luftpolstern der Fall. Hier gilt z. B. unter der Voraussetzung konstanter Temperatur das Boyle-Mariotte'sche Gesetz

$$p \cdot V = \text{const}.$$

Von „Druck" wird somit nur gesprochen, wenn dieser den Atmosphärendruck übersteigt. Bei einem Abfall unter diesen Wert herrscht *Unterdruck*. Der Abnahme des Druckes sind allerdings physikalische Grenzen gesetzt. Ursache ist die begrenzte Aufnahme von Zugspannungen im Inneren der Flüssigkeit. Bei einer Überschreitung kommt es zum Abreißen der Flüssigkeitssäule. Dabei erfolgt ein Übergang vom flüssigen zum gasförmigen Aggregatzustand. Angaben zum temperaturabhängigen Dampfdruck p_d sind in Tabelle 5.1-1 für die zugehörige Druckhöhe h_d zu finden. Gelöste Luft in Wasser erniedrigt diesen Wert, der bei 20°C für destilliertes Wasser in Meereshöhe min h $\approx$ −10 m beträgt. Eine praktikable Größe für die minimale Druckhöhe ohne Gefahr des Abreißens der Wassersäule ist h $\approx$ −7,5 m.

5.1.2.2 Gleichgewichtsbedingungen in einer ruhenden Flüssigkeit

Zur Ableitung der Gleichgewichtsbedingung wird ein infinitesimal kleiner Flüssigkeitsquader in einem kartesischen Koordinatensystem betrachtet, bei dem ausnahmsweise die z-Achse in Richtung der Fallbeschleunigung weist. Dieser Quader nach Abb. 5.1-1 hat die Masse dm = $\rho \cdot$ dx·dy·dz. In ruhender Flüssigkeit sind nur Druckkräfte als Oberflächenkräfte denkbar. Im Schwerpunkt des Quaders wirken wegen dessen träger Masse Massenkräfte nach dem Newton'schen Grundgesetz

$$d\mathbf{F}_m = \mathbf{a} \cdot dm, \qquad (5.1.5)$$

wobei der Beschleunigungsvektor $\mathbf{a}$ die Komponenten a_x, a_y und a_z aufweist. In z-Richtung muss der Zuwachs der Oberflächenkraft durch die entsprechende Komponente der Massenkraft ausge-

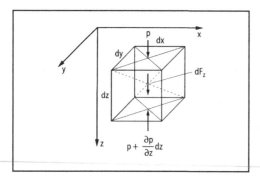

Abb. 5.1-1 Gleichgewichtsbedingungen

glichen werden. Für das Gleichgewicht in z-Richtung wird somit

$$p \cdot \mathrm{d}x \cdot \mathrm{d}y + a_z \cdot \mathrm{d}x \cdot \mathrm{d}y \cdot \mathrm{d}z = \left(p + \frac{\partial p}{\partial z} \mathrm{d}z \right) \mathrm{d}x \cdot \mathrm{d}y .$$

Sinngemäß gilt für die drei zu betrachtenden Richtungen

$$z\text{-Richtung} \quad \varrho \cdot a_z = \frac{\partial p}{\partial z} ,$$

$$x\text{-Richtung} \quad \varrho \cdot a_x = \frac{\partial p}{\partial x} ,$$

$$y\text{-Richtung} \quad \varrho \cdot a_y = \frac{\partial p}{\partial y} . \qquad (5.1.6)$$

Aus den Veränderungen in den drei vorgegebenen Richtungen folgt das totale Differential des Druckes zu

$$\frac{\partial p}{\partial x} \mathrm{d}x + \frac{\partial p}{\partial y} \mathrm{d}y + \frac{\partial p}{\partial z} \mathrm{d}z$$
$$= \varrho \left(a_x \cdot \mathrm{d}x + a_y \cdot \mathrm{d}y + a_z \cdot \mathrm{d}z \right) .$$

Für Flächen gleichen Druckes wird dieses totale Differential zu Null. Somit gilt für die sog. „Niveauflächen" (Flächen gleichen Druckes) $\mathrm{d}p = 0$ und wegen $p = $ const

$$a_x \cdot \mathrm{d}x + a_y \cdot \mathrm{d}y + a_z \cdot \mathrm{d}z = 0 . \qquad (5.1.7)$$

Bei ebenen Druckfeldern entfällt die Ableitung nach einer dieser Richtungen. Man spricht dann von „Niveaulinien".

Im Normalfall ist im Inneren der Flüssigkeit lediglich die in z-Richtung wirkende Fallbeschleunigung g zu berücksichtigen. Somit gilt für die Beschleunigungen im kartesischen Koordinatensystem

$$a_x = a_y = 0 ; \quad a_z = g .$$

Von den drei Komponenten in Gl. (5.1.6) bleibt somit nur diejenige für die z-Richtung erhalten.

$$\varrho g = \frac{\partial p}{\partial z} = \frac{\mathrm{d}p}{\mathrm{d}z} , \qquad (5.1.8)$$

$$\mathrm{d}p = \varrho \, g \mathrm{d}z .$$

Nach Integration dieses Ausdrucks ist für die Bestimmung der Integrationskonstanten die Randbedingung am Wasserspiegel $z = 0$ maßgebend. Wird der absolute Druck benötigt, so ist $p = p_a$ am Ort $z = 0$ und damit

$$p = \varrho \, g \, z + p_a . \qquad (5.1.9)$$

Nach Gl. (5.1.9) setzt sich der absolute Druck in der Tiefe z unter dem Wasserspiegel zusammen aus dem Druck infolge der Luftsäule über dem Wasserspiegel und der Druckzunahme infolge der Überdeckung mit Wasser. Interessiert dagegen nur die relative Zunahme des Druckes, so ist für $z = 0$ auch $p = 0$, somit ist

$$p = \rho \, g \, z . \qquad (5.1.10)$$

Ein einfaches Beispiel soll dies verdeutlichen (Abb. 5.1-2).

5.1.2.3 Druckkraft

Die auf das Flächenelement ausgeübte Druckkraft wirkt normal zur Fläche, da in der ruhenden Flüssigkeit nur Normalkräfte, nicht jedoch Scherkräfte, übertragen werden können. Die differentiellen Druckkräfte d**F** stehen daher immer senkrecht auf dem Flächenelement dS der festen Berandung. Die Richtung des gekrümmten Flächenelements dS wird durch den Normalenvektor **n** festgelegt. An der Berandung von Behältern weist er grundsätzlich in den Bereich der Flüssigkeit. Die in Richtung der festen Berandung wirkende Druckkraft bildet daher mit der Flächennormalen einen Winkel von 180° und wird damit negativ. Dadurch wird berücksich-

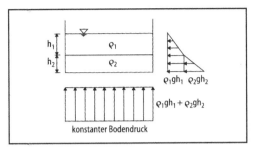

Abb. 5.1-2 Gefäß gefüllt mit Flüssigkeiten der Dichte ρ_1 und ρ_2

tigt, dass das Innere einer Flüssigkeit einer Kompression ausgesetzt ist. Da in der Hydrostatik ausschließlich Druckkräfte von Bedeutung sind, wird dieses Vorzeichen hier nicht weiter beachtet.

Die Druckkraft auf ein Flächenelement ist $d\mathbf{F} = p \cdot \mathbf{n} \cdot dS$ und wegen Gl. (5.1.10)

$$d\mathbf{F} = \rho \, g \, z \, \mathbf{n} \, dS . \qquad (5.1.11)$$

Im allgemeinsten Fall der Bestimmung der Druckkraft $\mathbf{F}$ auf ein räumlich gekrümmtes Flächenelement S ist die Bestimmung der Komponenten der Druckkraft über die in die Koordinatenebenen projizierten Teilflächen erforderlich, bei denen die Richtungen der Kräfte mit denen der Flächennormalen zusammenfallen (Abb. 5.1-3). Folgende Bezeichnungen werden verwendet

dA_x Schnittfläche der Projektion des Flächenelements dS in die y-z-Ebene,

dA_y Schnittfläche der Projektion des Flächenelements dS in die x-z-Ebene,

dA_z Schnittfläche der Projektion des Flächenelements dS in die x-y-Ebene.

Im kartesischen Koordinatensystem für diese Projektionen wird dann z. B. für die x-Richtung

$$F_x = \iint_{A_x} dF_x = \varrho g \iint_{A_x} z \, dA_x$$

$$\text{mit} \quad \iint_{A_x} z \, dA_x = z_{Sx} A_x$$

(z_{Sx} Abstand des Schwerpunkts S der Projektionsfläche A_x vom Wasserspiegel ($z = 0$)).

Für die drei Komponenten gelten dann die Gleichungen

$$\left.\begin{aligned}
F_x &= \varrho \, g \, z_{Sx} \, A_x , \\
F_y &= \varrho \, g \, z_{Sy} \, A_y , \\
F_z &= \varrho \, g \iint_{A_z} z \, dA_z = \varrho \, g \, V .
\end{aligned}\right\} \qquad (5.1.12)$$

Der Betrag der *resultierenden Druckkraft* kann dann aus den drei Einzelkomponenten durch

$$F = \varrho g \iint_A z \mathbf{n} \, dS = \sqrt{F_x^{\,2} + F_y^{\,2} + F_z^{\,2}} \qquad (5.1.13)$$

berechnet werden.

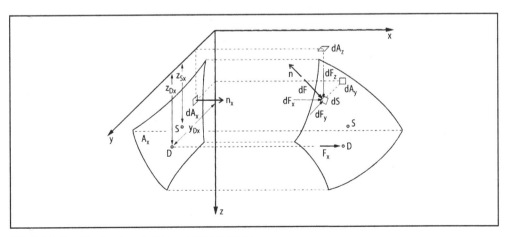

Abb. 5.1-3 Druckkraft auf eine beliebig gekrümmte Fläche

Die horizontale Komponente der Druckkraft in x-Richtung F_x ist demnach gleich dem Produkt aus der Projektion der Fläche in die z-y-Ebene und dem im Flächenschwerpunkt herrschenden Druck $\varrho g z_{Sx}$. Die Vertikalkomponente ist gleich dem mit $\varrho \cdot g$ multiplizierten Volumen senkrecht über der Fläche bis in die Höhe des Wasserspiegels (Gewichtskraft). Da der Druck über die Fläche nicht gleich verteilt ist, gehen die Druckkraft und ebenso ihre Komponenten nicht durch den Flächenschwerpunkt S. Die Angriffspunkte der Horizontalkomponenten F_x und F_y liegen tiefer als die jeweiligen Flächenschwerpunkte im *Druckmittelpunkt D*. Die Komponente F_x hat die Koordinaten z_{Dx} und y_{Dx}. Deren Lage wird über das statische Moment ermittelt. Es gelten

$$z_{Dx} \cdot F_x = \iint z\,\mathrm{d}F_x, \quad y_{Dx} F_x = \iint_{A_x} y\,\mathrm{d}F_x,$$

$$z_{Dx} = \frac{\varrho g \iint z^2\,\mathrm{d}A_x}{\varrho g z_{Sx} A_x} = \frac{I_y}{z_{Sx} A_x}, \qquad (5.1.14)$$

$$y_{Dx} = \frac{\varrho g \iint y z\,\mathrm{d}A_x}{\varrho g z_{Sx} A_x} = \frac{I_{yz}}{z_{Sx} A_x}.$$

In den Gln. 5.1.14 ist I_y das Trägheitsmoment der Fläche A_x bezüglich der y-Achse und I_{yz} das Zentrifugalmoment bezüglich der Achsen y und z. Für die Komponente F_y sind in analoger Weise Beziehungen für die Koordinaten z_{Dy} und x_{Dy} abzuleiten.

Auftrieb

Auf einen eingetauchten Körper wirkt der Wasserdruck von allen Seiten. Während sich die Horizontalkomponenten der Druckkraft gegenseitig aufheben, resultiert aus den Vertikalkomponenten der sog. „Auftrieb". Da die an der Körperoberseite angreifende Druckkraft stets geringer ist als diejenige an der Körperunterseite, entsteht eine *Auftriebskraft* F_A. Während in ruhendem Wasser die Richtung der Auftriebskraft entgegen der Richtung der Fallbeschleunigung vorgegeben ist, sind bei bewegtem Wasser mit freier Oberfläche auch für die Auftriebswirkung die Niveauflächen maßgebend, welche i.d.R. nicht waagerecht verlaufen. Ganz allgemein gilt (Abb. 5.1-4) für einen eingetauchten Körper $\mathrm{d}F_A = \mathrm{d}F_{zu} - \mathrm{d}F_{zo} = \varrho \cdot g \cdot z \cdot \mathrm{d}A_z$ mit $z_o - z_u = z$ und $\mathrm{d}A_z$ als zugehörige Projektionsfläche eines infinitesimal schmalen Streifens.

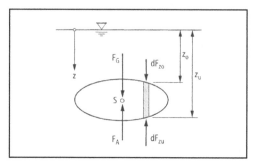

Abb. 5.1-4 Auftrieb auf einen eingetauchten Körper

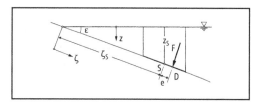

Abb. 5.1-5 Druckkraft auf eine geneigte Wand

Der Gesamtauftrieb des Körpers ist somit

$$F_A = \varrho g \iint_A z\,\mathrm{d}A = \varrho g V. \qquad (5.1.15)$$

Die Auftriebswirkung ist auch für die Ermittlung der Druckkraft auf eine beliebig geformte Berandung von Bedeutung.

Druckkraft auf die ebene Wand

Betrachtet wird der allgemeine Fall einer um den Winkel ε gegen die Horizontale geneigten Wand (Abb. 5.1-5). Nach Gl. (5.1.13) ist $\mathbf{F} = \varrho g \iint z\mathbf{n}\mathrm{d}A$.

Da bei der ebenen Wand die Richtung der Druckkraft bekannt ist, werden nur noch die Beträge bestimmt. Demnach ist

$$F = \rho \cdot g \cdot z_S \cdot A = \rho \cdot g \cdot \sin \varepsilon \cdot \zeta_S A.$$

Dies entspricht dem Gewicht der Flüssigkeitssäule mit der Grundfläche A und dem lotrechten Abstand z_s ihres Schwerpunktes von der Oberfläche als Höhe. Nach Gl. (5.1.14) gilt für den Druckmittelpunkt

$$\zeta_D = \frac{\int \zeta^2 dA}{\int \zeta dA} = \frac{I}{\zeta_S A} .$$

Nach dem Satz von Steiner ist $I = I_S + \zeta_S^2 \cdot A$ und demnach

$$\zeta_D = \zeta_S + \frac{I_S}{\zeta_S A} = \zeta_S + e .$$

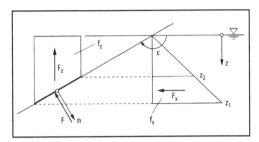

Abb. 5.1-7 Druckfiguren bei Auftriebswirkung

Für den Abstand zwischen Flächenschwerpunkt und Druckmittelpunkt gilt daher

$$e = \frac{I_S}{\zeta_S A} . \tag{5.1.16}$$

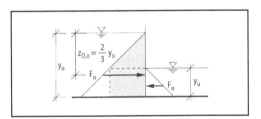

Abb. 5.1-8 Druckkräfte auf eine Stauwand

Beispiel 5.1-1: Druckkraft auf eine Rechteckfläche mit $A = b \cdot h$ entsprechend Abb. 5.1-6. Nach Gl. (5.1.13) ist

$$F = \varrho g b \frac{1}{2}(z_1 + z_2)h = \varrho g b f .$$

Der Abstand zwischen S und Druckmittelpunkt D ist

$$e = \frac{I_S}{\zeta_S A} = \frac{bh^3}{12\zeta_S bh} = \frac{h^2}{12\zeta_S} .$$

Mit

$$f = \frac{1}{2}(z_1 + z_2) h$$

ist in Abb. 5.1-6 die Druckfigur bezeichnet, da mit f die Fläche aus Druckhöhen und Grundlinie in der Schnittebene gebildet wird.

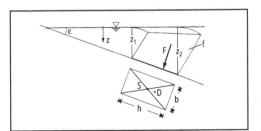

Abb. 5.1-6 Druckkraft auf eine Rechteckfläche in einer geneigten Wand

Besondere Bedeutung kommt dem Sonderfall der geneigten Wand zu, bei dem $\varepsilon > 90°$ beträgt. Auch hier steht die resultierende Druckkraft F senkrecht auf der Berandung und weist somit eine vertikal nach oben gerichtete Komponente F_z auf. Damit wird die Auftriebswirkung angedeutet. In Abb. 5.1-7 sind die Druckfiguren für die x- und z-Komponente der Druckkraft eingezeichnet.

Von Bedeutung ist auch der Angriffspunkt der Druckkraft auf eine Seitenwand im Abstand von zwei Dritteln der Wassertiefe von der Wasseroberfläche aus (Abb. 5.1-8).

$$F = \rho \cdot g \cdot z_S \cdot b \cdot y \quad \text{mit } z_S = y/2,$$

$$F = \rho \cdot g \cdot b \cdot y^2/2,$$

$$z_D = z_S + \frac{I}{z_S A_y} = \frac{y}{2} + \frac{by^3 2}{12 yyb} = \frac{y}{2} + \frac{y}{6} = \frac{2}{3}y .$$

Beispiel 5.1-2: Kraftwirkung auf eine Wand nach Abb. 5.1-8, die auf beiden Seiten eingestaut ist. In diesem Fall ist die resultierende Druckkraft zu bestimmen.

$$F = F_o - F_u = \frac{1}{2}\varrho g b \left(y_o^2 - y_u^2\right).$$

Angriffspunkt der resultierenden Druckkraft von der Sohle y_D oder vom Wasserspiegel z_D wird über Momentenansatz ermittelt.

Druckkraft auf einfach gekrümmte Flächen

Für die resultierende Druckkraft ist auch hier Gl. (5.1.13) anzuwenden. Im Sonderfall der einfach gekrümmten Fläche bleibt die Betrachtung auf die y-Ebene mit den Koordinaten z und x beschränkt. Es sind daher nur die Komponenten F_x und F_z zu bestimmen, die nach Gl. (5.1.12) definiert sind.

$$F_x = \varrho g \iint z \, dA_x = \varrho g z_S A_x \,,$$
$$F_z = \varrho g \iint z \, dA_z = \varrho g V \,.$$

Zweckmäßigerweise werden die Komponenten der Druckkraft über die Druckfiguren bestimmt (Abb. 5.1-9).

Bei der x-Komponente ist diese unabhängig von der Gestalt der betrachteten Wand. Für die Breite b ist

$$F_x = \varrho g b \int z \, dz = \varrho g \, b f_x = \varrho g b \frac{y^2}{2}\,.$$

Bei der z-Komponente sind wasserseitige Auflast- und luftseitige Auftriebskräfte gegeneinander aufzuaddieren. Hierbei spielt der Fußpunkt der Wand eine besondere Rolle. Die zugehörigen Druckfiguren $f_z = \int z \, dx$ sind ggf. planimetrisch zu ermitteln.

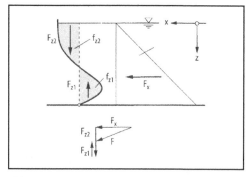

Abb. 5.1-9 Resultierende Druckkraft auf eine einfach gekrümmte Fläche

Auflast: $\downarrow F_{z2} = \varrho g b f_z \,,$
Auftrieb: $\uparrow F_{z1} = \varrho g b f_z \,,$

Gesamtdruckkraft: $F = \sqrt{F_x^2 + F_z^2}\,.$

5.1.2.4 Spiegellagen in bewegten Gefäßen

Bei der Betrachtung der Kraftwirkung im bewegten, beschleunigten Bezugssystem gilt grundsätzlich, dass sich für den bewegten Beobachter ein dynamisches Gleichgewicht zwischen der Antriebskraft $\mathbf{F}$ und der Trägheitskraft $\mathbf{F}_T$ einstellt (d'Alembert'sches Prinzip). Die Trägheitskraft $\mathbf{F}_T$ ist der Antriebskraft entgegengerichtet, gleiches gilt auch für die Beschleunigungen.

Bei der Drehung des Gefäßes mit einer konstanten Umfangsgeschwindigkeit muss jedes Flüssigkeitsteilchen nach innen beschleunigt werden (Zentripetalbeschleunigung), da es sich sonst unter der Wirkung der als Fliehkraft wirkenden Trägheitskraft nach außen bewegen würde. Es wirken die von der Umfangsgeschwindigkeit v_φ abhängige radiale Beschleunigung a_r und die in z-Richtung vorhandene Fallbeschleunigung $a_z = g$. Die Gleichung für die Niveaufläche ist somit

$$a_r \cdot dr + a_z \cdot dz = 0.$$

Die infolge der Trägheitskraft wirkende Fliehbeschleunigung kann mit Hilfe der Winkelgeschwindigkeit ω oder durch die Umfangsgeschwindigkeit v_φ dargestellt werden. Für die Winkelgeschwindigkeit ist $\omega = \dot\varphi = d\varphi/dt = \text{const}$. Die Umfangsgeschwindigkeit ist mit der Winkelgeschwindigkeit über die Beziehung $v_\varphi = \omega \cdot r$ verknüpft. Die Fliehbeschleunigung ist dann durch $a_r = \omega^2 \cdot r = v_\varphi^2/r$ gegeben. Für die Niveaufläche gilt somit $\omega^2 \cdot r \cdot dr + g \cdot dz = 0$. Nach der Integration ist $(r^2/2)\omega^2 = -g \cdot z + C$. Wegen $z = z_2$ für $r = 0$ folgt (Abb. 5.1-10)

$$z = z_2 - \frac{r^2 \omega^2}{2g}\,. \tag{5.1.17}$$

Der Neigungswinkel β der Niveaulinie gegenüber der Senkrechten ist an jedem Punkt durch das Verhältnis der beiden Beschleunigungen gegeben.

$$\tan \beta = \frac{\omega^2 r}{g} = \frac{v_\varphi^2}{rg}\,.$$

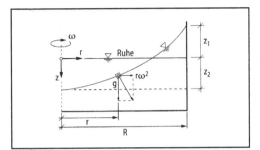

Abb. 5.1-10 Flüssigkeit in einem rotierenden Behälter

5.1.3 Kinematik der Flüssigkeiten

Kinematik ist die Lehre von der Bewegung ohne Berücksichtigung von Kräften.

Als „Strömungsfeld" wird für diese Anwendungen der jeweils von der Flüssigkeit eingenommene Raum bezeichnet. Die Behandlung der Strömung unter variablen Bedingungen setzt voraus, dass die Anwendung entsprechender Rechenregeln den Abmessungen des jeweiligen Strömungsfeldes gerecht wird. Ein *Flüssigkeitsteilchen* mit dem Volumen V wird demnach so definiert, dass seine Abmessungen klein sind im Vergleich zum zu beschreibenden Strömungsfeld. Gleichzeitig muss diese Abmessung noch groß sein im Vergleich zum Molekülabstand.

5.1.3.1 Beschreibung der Bewegung innerhalb des Strömungsfeldes

Bei der materiellen Betrachtung (Lagrange'sche Methode) folgt man der Bewegung eines Flüssigkeitsteilchens. Seine Anfangslage ist zum Zeitpunkt $t = t_0$ durch die Festlegung des Ortsvektors $r(t = t_0) = r_0$ und des an diesem Ort vorhandenen Geschwindigkeitsvektors $v(t = t_0)$ gegeben. Die Bewegung des Teilchens ist dann durch die Angabe des zeitabhängigen Ortsvektors im Hinblick auf ein gewähltes Koordinatensystem zum jeweiligen Zeitpunkt t bestimmt.

Da die Verfolgung von einzelnen Flüssigkeitsteilchen wenig aussagekräftig ist, hat sich in der Strömungsmechanik die *Feldbeschreibung* oder Euler'sche Methode durchgesetzt. Nach ihr wird die Geschwindigkeit $v(r,t)$ an einem bestimmten Punkt beschrieben. Zu einem späteren Zeitpunkt befindet sich am gleichen Ort ein anderes Flüssigkeitsteilchen. In einem kartesischen Koordinatensystem kann die Geschwindigkeit bei dieser Methode als Funktion $v = v(t,x,y,z)$ angegeben werden, wobei mit x,y,z die Feldkoordinaten des betrachteten Punktes des Strömungsfeldes bezeichnet sind.

Ortsfeste Sonden im *Strömungsfeld* ermitteln die Geschwindigkeit nach der Euler'schen Methode. Zur Beschreibung des Strömungsfeldes wird eine beliebige Fläche innerhalb des Feldes laufend von neuen Flüssigkeitsteilchen durchströmt. Man spricht dabei von einem „Fluss" oder „Strom". Beispiele dafür sind der Volumenstrom, der Temperaturfluss oder der Impulsstrom. Der *diffusive* Transport wird dabei geprägt vom Gradienten, also der partiellen Ableitung nach den Feldkoordinaten. Der diffuse Wärmefluss z.B. ist vom Temperaturgradienten abhängig. Transportvorgänge im Strömungsfeld werden allerdings in erster Linie geprägt von der Bewegung der Flüssigkeitsteilchen, dem *konvektiven* Transport.

5.1.3.2 Geschwindigkeit und Beschleunigung

Definitionsgemäß ist die momentane Geschwindigkeit am Ort mit dem Ortsvektor r durch das in der Zeiteinheit durchlaufene Wegelement für den Grenzübergang $ds \rightarrow 0$

$$v = \frac{ds}{dt}. \qquad (5.1.18)$$

Im Fall des kartesischen Koordinatensystems sind für die x-, y- und z-Richtung die Komponenten v_x, v_y und v_z vorhanden.

Im allgemeinsten Fall zeigt wegen der Abhängigkeit der Geschwindigkeit von Ort und Zeit auch jede der Geschwindigkeitskomponenten diese Eigenschaft, z.B. gilt für die x-Komponente

$$v_x = f(x,y,z,t).$$

Wegen dieser funktionalen Abhängigkeit wird auch die Veränderung der einzelnen Geschwindigkeitskomponente durch das totale Differential

$$dv_x = \frac{\partial v_x}{\partial t}dt + \frac{\partial v_x}{\partial x}dx + \frac{\partial v_x}{\partial y}dy + \frac{\partial v_x}{\partial z}dz$$

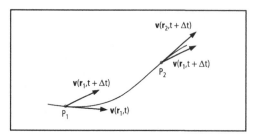

Abb. 5.1-11 Beschleunigung eines Flüssigkeitsteilchens bei instationärer Bewegung

bestimmt. Dadurch wird berücksichtigt, dass sowohl an einem festen Ort eine Veränderung der Geschwindigkeit in Abhängigkeit von der Zeit erfolgt als auch die Bewegung des Teilchens innerhalb des Geschwindigkeitsfeldes zu Geschwindigkeitsänderungen führen kann (Abb. 5.1-11). Die Beschleunigung in x-Richtung wird deshalb durch

$$\frac{dv_x}{dt} = \frac{\partial v_x}{\partial t} + v_x \frac{\partial v_x}{\partial x} + v_y \frac{\partial v_x}{\partial y} + v_z \frac{\partial v_x}{\partial z} \quad (5.1.19)$$

beschrieben. Hierbei werden mit

$$\frac{\partial v_x}{\partial t}$$

die *lokale* Beschleunigung, d. h. die Veränderung von v_x mit der Zeit an einem bestimmten Ort, und mit

$$v_x \frac{\partial v_x}{\partial x}, \quad v_y \frac{\partial v_x}{\partial y}, \quad v_z \frac{\partial v_x}{\partial z}$$

die *konvektiven* Beschleunigungen, hervorgerufen durch die Ungleichförmigkeit in der Geschwindigkeitsverteilung, bezeichnet.

Unter Berücksichtigung von Gl. (5.1.19) kann die Beschleunigung in der verkürzten Vektorschreibweise durch

$$\frac{d\mathbf{v}}{dt} = \frac{\partial \mathbf{v}}{\partial t} + (\mathbf{v} \cdot \mathbf{grad})\mathbf{v} \quad (5.1.20)$$

wiedergegeben werden. Im allgemeinsten Fall einer Strömung ist demnach wegen

$$\mathbf{v} = \mathbf{v}(\mathbf{s}, t)$$

die Geschwindigkeit orts- und zeitabhängig. Man spricht hier von einer *instationären* Strömung. Entfällt die zeitliche Abhängigkeit, ist also

$$\mathbf{v} = \mathbf{v}(\mathbf{s}),$$

so ist die Strömung *stationär.*

Entfällt bei einer stationären Strömung überdies die konvektive Beschleunigung eines Teilchens längs seines Weges $\mathbf{s}$ wegen $\partial \mathbf{v}/\partial \mathbf{s} = 0$, so ist die Strömung *stationär gleichförmig.* Dieser Sonderfall, der in der Natur streng genommen nie auftritt, spielt bei der Formulierung der Grundgleichungen eine wichtige Rolle. Eine Strömung ist daher

gleichförmig für $\partial \mathbf{v}/\partial \mathbf{s} = 0$,

ungleichförmig für $\partial \mathbf{v}/\partial \mathbf{s} \neq 0$.

Für die Bewegung auf gekrümmten Bahnen spielt die durch Gl. (5.1.21) wiedergegebene *Zentripetalbeschleunigung* eine wichtige Rolle.

$$a_n = -v^2/r. \quad (5.1.21)$$

5.1.3.3 Ausgezeichnete Linien eines Strömungsfeldes

Eine Strömung ist dann ausreichend beschrieben, wenn an jedem Punkt des Strömungsfeldes Druck und Geschwindigkeit bekannt sind. Im skalaren Druckfeld bilden Linien gleichen Druckes die *Niveaulinien.* Die Feldlinien eines Vektorfeldes sind im Fall des Geschwindigkeitsfeldes die *Stromlinien* (Abb. 5.1-12). In jedem Punkt einer Stromlinie gibt die Tangente die Richtung der örtlichen Geschwindigkeit an. Nachdem nach dieser Definition $\mathbf{s}$ und $\mathbf{v}$ gleichgerichtet sind, ist

$$\mathbf{v} \times d\mathbf{s} = 0 \quad (5.1.22)$$

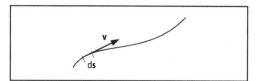

Abb. 5.1-12 Stromlinie

Für das Vektorprodukt aus dem Linienelement d**s** und dem Geschwindigkeitsvektor **v** gilt

$$\mathbf{v} \times \mathbf{ds} = \begin{vmatrix} \mathbf{i} & \mathbf{j} & \mathbf{k} \\ v_x & v_y & v_z \\ dx & dy & dz \end{vmatrix}.$$

Für die Stromlinie wird folglich nach der Berechnung der Determinante

$$\mathbf{i}(v_y \cdot dz - v_z \cdot dy) + \mathbf{j}(v_z \cdot dx - v_x \cdot dz) + \mathbf{k}(v_x \cdot dy - v_y \cdot dx) = 0. \tag{5.1.23}$$

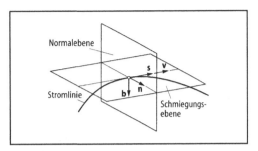

Abb. 5.1-13 Begleitendes Dreibein

Aus dem Begriff der Stromlinie abgeleitet sind die *Stromröhre* und der *Stromfaden*. Die Stromröhre wird von Stromlinien begrenzt, so dass senkrecht zu dieser Berandung keine Flüssigkeit ausfließen kann. Längs des Umfangs der Stromröhre können in einem beliebigen Schnitt die Geschwindigkeiten unterschiedlich groß sein. Beim Stromfaden ist die Stromröhre auf ihre Achse zusammengeschrumpft. Damit ist beim Schnitt durch den Stromfaden nur noch eine Geschwindigkeit maßgebend.

Die *Rohrhydraulik* kann weitestgehend in Anlehnung an die Vorstellung des Stromfadens behandelt werden: Als maßgebliche Geschwindigkeit wird die mittlere Geschwindigkeit im Querschnitt herangezogen. Auch die Gerinnehydraulik wird vorwiegend eindimensional behandelt, die zu treffenden Vereinfachungen sind hier jedoch schwerwiegender als bei der Rohrströmung.

Die *Bahnlinie* beschreibt den Weg eines Flüssigkeitsteilchens und steht somit unmittelbar für die Anwendung der Lagrange'schen Methode zur Beschreibung der Bewegung. Bei einer räumlichen Bewegung ist wegen d**s** = **v**·dt

$$\mathbf{ds} = \mathbf{i}v_x \cdot dt + \mathbf{j}v_y \cdot dt + \mathbf{k}v_z \cdot dt. \tag{5.1.24}$$

In der Zeiteinheit werden vom Flüssigkeitsteilchen daher die Wegstrecken

$$dx = v_x \cdot dt,$$

$$dy = v_y \cdot dt,$$

$$dz = v_z \cdot dt$$

zurückgelegt, aus denen der Betrag ds errechnet werden kann.

Wegen der Behandlung vieler Strömungsvorgänge mit Hilfe der eindimensionalen Stromfadentheorie ist es hilfreich, die Gesamtbeschleunigung auch auf die natürlichen Koordinaten des die Bahnlinie begleitenden Dreibeines (Abb. 5.1-13) zu beziehen.

Da das Koordinatensystem der Bewegung der Fluidteilchen folgt, wird von einer Lagrange'schen Betrachtung ausgegangen. Nur im Fall der stationären Strömung gelten diese Beziehungen auch für die Stromlinie bzw. den Stromfaden. In einem beliebigen Punkt der Stromlinie spannen der Tangentenvektor und der Normalenvektor die Schmiegungsebene auf. Die Projektion der Kurve in diese Ebene hinein erlaubt es, einen Krümmungsradius r für die Stromlinie in diesem Punkt anzugeben. Die zugehörige Geschwindigkeit in Richtung der Tangente ist v, in Normalenrichtung v_n und in Richtung der Binormalen v_b. Definitionsgemäß können nur lokale Beschleunigungen in den Normalenrichtungen auftreten. Für den Beschleunigungsvektor gilt

$$\frac{d\mathbf{v}}{dt} = \begin{bmatrix} \dfrac{\partial v}{\partial t} + \dfrac{\partial v}{\partial s}\dfrac{ds}{dt} \\[2ex] \dfrac{\partial v_n}{\partial t} + \dfrac{v^2}{r} \\[2ex] \dfrac{\partial v_b}{\partial t} \end{bmatrix}. \tag{5.1.25}$$

Die Beschleunigungskomponente in Tangentenrichtung, die *Tangentialbeschleunigung,* kann noch wie folgt umgeformt werden:

$$\frac{\partial v}{\partial t} + \frac{\partial v}{\partial s}\frac{ds}{dt} = \frac{\partial v}{\partial t} + \frac{\partial v}{\partial s}v$$

$$= \frac{\partial v}{\partial t} + \frac{\partial}{\partial s}\left(\frac{v^2}{2}\right). \qquad (5.1.26)$$

Vor allem für die stationäre Strömung folgen aus diesen Beziehungen wesentliche Vorteile für die Behandlung der Strömung längs der Bahn- bzw. Stromlinie. Zugleich geht aus diesen Beziehungen hervor, dass bei gekrümmten Bahnlinien grundsätzlich mit Beschleunigungen normal zur Fließrichtung gerechnet werden muss. Die Zentripetalbeschleunigung beeinflusst insbesondere die Druckverteilung im Strömungsfeld.

Neben dem Strom- und Bahnlinie ist als dritte Linie die *Streichlinie* von Bedeutung. Sie stellt die momentane Verbindung aller Teilchen dar, die vorher einen bestimmten Punkt durchlaufen haben. So gibt die photographische Aufnahme der Spur eines Tracers, der an einem Punkt der Strömung kontinuierlich zugegeben wird, eine momentane Streichlinie wieder.

5.1.3.4 Volumenstrom und Durchfluss

Betrachtet wird die Stromröhre für eine stationäre Bewegung. In der Zeiteinheit dt würde ein Teilchen an der äußeren Berandung einer beliebig definierten Schnittfläche A den Weg ds = v·dt zurücklegen. Da die Geschwindigkeit sich über den Umfang der Stromröhre ändert, sind die zurückgelegten Wege unterschiedlich lang (Abb. 5.1-14).

Soll das Volumen des in der Zeiteinheit dt gebildeten Flüssigkeitskörpers ermittelt werden, so ist dafür die Projektion der ortsabhängigen Richtung der jeweils vorherrschenden Geschwindigkeit auf die unter dem Winkel α gegen die Achse der Stromröhre geneigten Flächennormale erforderlich. Mathematisch läuft dies auf die Bildung des Skalarprodukts zwischen dem Geschwindigkeitsvektor **v** und dem Normalenvektor **n** der Fläche A hinaus. Der Normalenvektor wurde hierbei an der Schnittfläche in Strömungsrichtung orientiert.

Der *Volumenstrom* durch eine beliebige Querschnittsfläche A pro Zeiteinheit ist somit

$$\dot{V} = \frac{dV}{dt} = \iint_A \mathbf{v(s)} \cdot \mathbf{n} dA . \qquad (5.1.27)$$

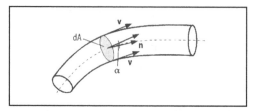

Abb. 5.1-14 Volumenstrom durch eine beliebige Schnittfläche einer Stromröhre

Das Ergebnis des Skalarprodukts dieser beiden Vektoren ist die skalare Größe Volumenstrom. In der Hydraulik wird der skalare Volumenstrom allgemein als „Durchfluss" bzw. bei der Betrachtung am Kontrollvolumen als „Zu- bzw. Abfluss" bezeichnet. Die Einheit des Volumenstroms ist $l^3 \cdot t^{-1}$, allgemein angegeben in m³/s oder bei kleinen Abflüssen (z. B. in Rohrleitungssystemen) in l/s.

Die mittlere Geschwindigkeit in der Stromröhre erhält man über die Division durch die Querschnittsfläche zu

$$v = \frac{1}{A}\iint_A \mathbf{v}(s) \cdot \mathbf{n} dA . \qquad (5.1.28)$$

Wird der Betrachtung ein Stromfaden zugrunde gelegt, so gilt wegen v = const

$$\dot{V} = A \cdot v = Q . \qquad (5.1.29)$$

Durch Multiplikation mit der Dichte ρ kann der *Massenstrom* berechnet werden.

5.1.4 Grundgleichungen der Hydromechanik

In der *Hydrodynamik* sind die Kräfte in Bezug zum Bewegungsvorgang zu setzen. Ein Ungleichgewicht zwischen den äußeren Kräften und den Massenkräften führt z. B. zu einer Beschleunigung der trägen Masse des Volumenelements.

5.1.4.1 Erhaltungssätze der Hydromechanik

Die Erhaltungssätze werden im Bauingenieurwesen allgemein angesetzt für die Erhaltung der Masse, des Impulses und der Energie. Je nach dem dabei zugrunde gelegten Kontrollvolumen können sie in ihrer *lokalen* Form für unendlich kleine oder in der *integralen* Form für anwendungsbezogene größere Bereiche des Strömungsfeldes wiedergegeben werden.

Gesetz der Massenerhaltung für die Flüssigkeitsbewegung

Allgemein kann ein beliebig geformtes Volumen V im Inneren des Strömungsfeldes betrachtet werden, das durch eine geschlossene Oberfläche S begrenzt ist (Abb. 5.1-15).

Dieses Volumen wird laufend durchströmt, so dass durch seine Oberfläche sowohl Flüssigkeit ein- als auch austritt. Der Einheitsvektor für die Normale zur Oberfläche ist dabei stets nach außen gerichtet. Dies bedeutet, dass – für sich betrachtet – die Zuflüsse negativ und die Abflüsse positiv sind. Die Änderung der Gesamtmasse innerhalb des Volumens kann nur von der zeitlichen Änderung der Dichte abhängen, da das Volumen selbst als unveränderlich vorgegeben ist. Unter diesen Voraussetzungen muss die zeitliche Änderung der Masse innerhalb des Volumens vom Massenfluss durch die Oberfläche ausgeglichen werden, wobei die Summe dieser beiden Terme zu Null werden muss.

$$\frac{d}{dt}\iiint_V \varrho\,dV + \iint_S \varrho\,\mathbf{v}\cdot\mathbf{n}\,dS = 0\,. \qquad (5.1.30)$$

Ist die Dichte allein von der Zeit abhängig, kann über den Integralsatz von Gauß die Massenbilanz an einem beliebigen Volumen allein durch ein Volumenintegral in der Form

$$\iiint_V \left(\frac{\partial \varrho}{\partial t} + \operatorname{div}\varrho\,\mathbf{v}\right)dV = 0\,. \qquad (5.1.31)$$

angeschrieben werden. Dies ist die integrale Form der *Kontinuitätsbedingung*. Wird für das betrachtete Volumen der Grenzübergang dV → 0 vollzogen, so ergibt sich die lokale Form der Kontinuitätsbedingung zu

$$\frac{\partial \varrho}{\partial t} + \operatorname{div}\varrho\,\mathbf{v} = 0\,. \qquad (5.1.32)$$

Änderungen der Dichte müssen z. B. bei instationären Strömungen in Rohrleitungssystemen und

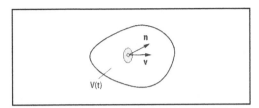

Abb. 5.1-15 Volumenelement mit Teiloberfläche dS

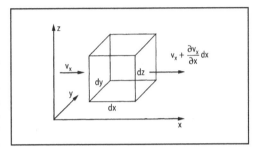

Abb. 5.1-16 Bilanzierung des Volumenstroms am ortsfesten Volumenelement

in gespannten Grundwasserleitern beachtet werden. Kann man dagegen im gesamten betrachteten Strömungsfeld die Änderung der Dichte vernachlässigen, so wird die Flüssigkeit als *inkompressibel* angesehen. Die Kontinuitätsbedingung vereinfacht sich dann zu

$$\operatorname{div}\mathbf{v} = 0\,. \qquad (5.1.33)$$

In dieser lokalen Form kann sie auch aus der Bilanzierung des Volumenstroms am einfachen Volumenelement der Abb. 5.1-16 abgeleitet werden.

Für die x-Richtung gilt dann beispielsweise für den Unterschied zwischen Zufluss und Abfluss

$$\left(-v_x + v_x + \frac{\partial v_x}{\partial x}\,dx\right)dy\,dz\,.$$

Analoge Betrachtungen für die beiden anderen Koordinatenrichtungen und die Division durch das Volumen dV = dx · dy · dz führen dann zu

$$\frac{\partial v_x}{\partial x} + \frac{\partial v_y}{\partial y} + \frac{\partial v_z}{\partial z} = \operatorname{div}\mathbf{v} = 0\,.$$

Bei ausreichend großen Kontrollvolumen ist es möglich, dass innerhalb des Volumens *Quellen* oder *Senken* auftreten. Direkt zu ersehen ist dies am Beispiel der Grundwasserströmungen. Dort sind Senken in Gestalt von Förderbrunnen oder Quellen als Schluckbrunnen Bestandteile des zu simulierenden Strömungsfeldes. Die Aufsummierung der Volumenströme über die freie Schnittfläche muss dann ausgeglichen werden durch die Veränderung im umschlossenen Volumen selbst. Anstelle der Masse wird hierbei das Volumen bilanziert, sodass mit

$$\frac{d}{dt} \iiint\limits_V dV = -\iint\limits_S \mathbf{v} \cdot \mathbf{n} \, dS. \qquad (5.1.34)$$

quellen- bzw. senkenbehaftete Kontrollvolumen erfasst werden können. Von Bedeutung ist diese Art der Kontinuitätsbedingung auch für die Gerinnehydraulik, bei der als obere Berandung des betrachteten Kontrollvolumens die freie Oberfläche angesetzt wird. Instationäre Strömungen wie ein Hochwasserereignis in einem Fluss bedingen eine Veränderung der Oberfläche. Bei der Betrachtung eines beliebigen Gerinneabschnitts wird mit dem linken Term die Speicherung oder Abgabe von Flusswasser berücksichtigt, je nachdem, ob der Wasserspiegel steigt oder fällt. Wesentlich ist hierbei, dass das Kontrollvolumen selbst zeitlich veränderlich ist.

In der lokalen Form führt die Kontinuitätsbedingung für inkompressible Flüssigkeiten zu der anschaulichen Erklärung, dass wegen

div **v** = 0

die Zuflüsse zum Kontrollvolumen durch die Abflüsse ausgeglichen werden müssen, das Innere des Kontrollvolumens demnach quellen- und senkenfrei bleibt. Besonders einfach ist die Anwendung für den Abfluss innerhalb einer Stromröhre, wie er in 5.1.3.4 bereits angedeutet wurde, wenn die Geschwindigkeitsverteilung durch die mittlere Fließgeschwindigkeit ersetzt werden kann. Dann gilt

$$Q = v \cdot A = \text{const.} \qquad (5.1.35)$$

Praktisch angewendet wird diese Beziehung v. a. bei der Rohrhydraulik, wie das folgende Beispiel zeigt.

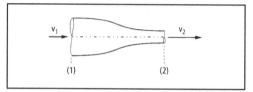

Abb. 5.1-17 Stationäre Strömung durch eine Düse

Beispiel 5.1-3: Stationäre Strömung durch eine Düse (Abb. 5.1-17)
Kontinuitätsbedingung:

$$Q = \text{const} = v \cdot A.$$

Anwendung auf die freien Schnittflächen (1) und (2). Bilanzierung nach Gl. (5.1.35):

$$-v_1 \cdot A_1 + v_2 \cdot A_2 = 0,$$
$$v_1 \cdot A_1 = v_2 \cdot A_2.$$

Geschwindigkeit nach der Verengung:

$$v_2 = (A_1/A_2) \cdot v_1.$$

In diesem Fall kann durch die Anwendung der Kontinuitätsbedingung die Veränderung der mittleren Geschwindigkeit infolge des vorgegebenen Strömungsfeldes berechnet werden.

Impulssatz

Nach dem zweiten Newton'schen Gesetz der Mechanik ist die erste zeitliche Ableitung des Impulses **I** des Massenpunktes m gleich der auf ihn einwirkenden Kraft **F**.

$$\mathbf{F} = \frac{d\mathbf{I}}{dt} = \frac{d}{dt}(m\mathbf{v}). \qquad (5.1.36)$$

Im Klammerausdruck ist der Impuls als das Produkt der Masse m mit ihrer Geschwindigkeit **v** dargestellt. In Anlehnung an den Begriff des Volumenstroms als $\dot{v} = dV/dt$ kann die zeitliche Änderung des Impulses als „Impulsstrom" bezeichnet werden. Da Gl. (5.1.36) den Zusammenhang zwischen einer Kraft und der Bewegung des Massenpunktes beschreibt, wird sie auch als „Bewegungsgleichung" bezeichnet.

Im Strömungsfeld kann der Impuls eines größeren Flüssigkeitsbereichs zunächst nur für ein abgeschlossenes mitbewegtes Volumen V(t) mit

$$I = \iiint\limits_{V(t)} \varrho\, v\, dV \qquad (5.1.37)$$

abgeleitet werden. Für ein beliebiges raumfestes Kontrollvolumen V mit der Oberfläche S gilt dann für den Impulsstrom

$$\frac{dI}{dt} = \iiint\limits_{V} \frac{\partial(\varrho\, v)}{\partial t}\, dV + \iint\limits_{S} \varrho\, v\, (v \cdot n)\, dS, \qquad (5.1.38)$$

wobei die lokale Veränderung $\partial I / \partial t$ über das gesamte Kontrollvolumen ermittelt werden muss, während beim zweiten Term der rechten Seite der Volumenstrom $dQ = (v \cdot n)dS$ über den freien Rand der Kontrollfläche erfasst wird. Die Kontrollfläche besteht allgemein aus einem festen Anteil, wenn sie mit einer Berandung zusammenfällt, und einem freien Anteil, der sich im Strömungsfeld befindet.

Für den Sonderfall der stationären Strömung entfällt der zeitabhängige Term auf der rechten Seite. Dann gilt für den Impulsstrom

$$\frac{dI}{dt} = \iint\limits_{S} \varrho\, v\, dQ. \qquad (5.1.39)$$

Im Strömungsfeld sind für das betrachtete Kontrollvolumen grundsätzlich zwei Arten von Kräften anzusetzen. Zum einen sind dies die *Volumen-* oder *Massenkräfte*, welche auf jedes einzelne Flüssigkeitsteilchen innerhalb des Kontrollvolumens wirken (Abb. 5.1-18).

Ihr wichtigster Vertreter ist die Schwerkraft infolge der Fallbeschleunigung. Daneben sind allerdings auch die sog. „Scheinkräfte" zu beachten, wenn die Bewegung auf ein beschleunigtes Koordi-

natensystem bezogen wird. Die in der Anwendung wichtigste Scheinkraft ist die Zentrifugalkraft bei der Bewegung auf einer gekrümmten Bahn. Allgemein wird der auf die Masse eines Flüssigkeitsteilchens innerhalb des betrachteten Volumens wirkende Vektor der Massenkraft mit **k** bezeichnet.

Zum anderen werden auf das betrachtete Flüssigkeitsvolumen *Oberflächenkräfte* von der umgebenden Flüssigkeit ausgeübt. Die dabei auf ein beliebiges Element dS der Oberfläche wirkende Kraft d**F** resultiert aus dem im Strömungsfeld veränderlichen Spannungszustand; sie ist für jedes betrachtete Element eine vom Ort und der Zeit abhängige Größe. Der resultierende *Spannungsvektor* **t** ist auch von der Orientierung des betrachteten Flächenelements abhängig und i. Allg. nicht parallel zum Normalenvektor **n** der Fläche. *Normalspannungen* entstehen durch die Projektion des Spannungsvektors auf die Flächennormale; in der Ebene senkrecht zu den Normalspannungen wirken die *Schubspannungen*.

Die Gesamtkraft auf das betrachtete Kontrollvolumen wird demnach durch die Integration über das Volumen und über dessen Oberfläche als

$$F = \iiint\limits_{V} \varrho\, k\, dV + \iint\limits_{S} t\, dS \qquad (5.1.40)$$

angegeben. Hierbei wurde gleich auf das ortsfeste Kontrollvolumen bezogen, da im Hinblick auf die Kräfte nicht zwischen dem bewegten und dem ortsfesten Volumen zu unterscheiden ist. Somit nimmt der Impulssatz in seiner integralen Form folgendes Aussehen an:

$$\iiint\limits_{V} \frac{\partial(\varrho\, v)}{\partial t}\, dV + \iint\limits_{S} \varrho\, v\, (v \cdot n)\, dS$$
$$= \iiint\limits_{V} \varrho\, k\, dV + \iint\limits_{S} t\, dS. \qquad (5.1.41)$$

Für die stationäre Strömung verschwindet das Volumenintegral auf der linken Gleichungsseite. Damit ist nur noch der Impulsstrom durch die freien Ränder des Kontrollvolumens anzusetzen. Die große Bedeutung des Impulssatzes besteht darin, dass das Strömungsfeld im Inneren des frei wählbaren Kontrollvolumens nicht bekannt sein muss. Durch die geschickte Wahl des Kontrollvolumens, das an den erforderlichen Angaben für die Verteilung der Oberflächenkräfte ausgerichtet wird, kön-

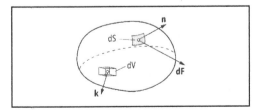

Abb. 5.1-18 Volumen- und Oberflächenkräfte

nen auch ohne die Kenntnis der oft komplexen Strömungsvorgänge im Inneren des betrachteten Volumens wertvolle Erkenntnisse gewonnen werden.

Dies weist bereits darauf hin, dass der Impulssatz meist in der hier wiedergegebenen integralen Form angewendet wird. Grundsätzlich ist auch eine Angabe in der differentiellen oder lokalen Form möglich. Voraussetzung dafür ist, dass eine Stetigkeit der Terme der einzelnen Integrale gegeben ist. Dann können die beiden Oberflächenintegrale nach dem Gauß'schen Satz in Volumenintegrale umgewandelt werden. In der Schreibweise

$$\frac{d\mathbf{I}}{dt} - \Sigma \mathbf{F} = 0 \qquad (5.1.42)$$

kann dann auf ein beliebig kleines Volumen bezogen werden, sodass schließlich

$$\iiint\limits_{V}\left(\varrho\,\frac{d\mathbf{v}}{dt} - \varrho\mathbf{k} - \nabla\cdot\tau\right)dV = 0 \qquad (5.1.43)$$

entsteht. Darin wird mit τ der Spannungstensor bezeichnet, der sich aus dem Spannungsvektor $\mathbf{t}$ und dem Normalenvektor $\mathbf{n}$ errechnet. In diesem Spannungstensor verkörpern die Elemente der Hauptdiagonalen die Normalspannungen und die Kreuzterme die Schubspannungen. Für $dV \to 0$ ist dann mit

$$\varrho\left(\frac{\partial \mathbf{v}}{\partial t} + (\mathbf{v}\cdot\mathbf{grad})\mathbf{v}\right) = \varrho\mathbf{k} + \nabla\cdot\tau \qquad (5.1.44)$$

die differentielle Darstellungsform des Impulssatzes gewonnen, welche allgemein als die *Cauchy'sche Bewegungsgleichung* bekannt ist. Ähnlich wie bei der integralen Form ausgeführt, sind auch hier je nach den vorliegenden Strömungsverhältnissen Vereinfachungen möglich.

Hierbei ist zu unterscheiden zwischen der *Absolutgeschwindigkeit* $\mathbf{v}_a$ im Inertialsystem und der *Relativgeschwindigkeit* $\mathbf{v}_r$ im beschleunigten System. Der Unterschied zwischen beiden gibt die *Führungsgeschwindigkeit* $\mathbf{v}_f$ wieder, mit der sich der Ursprung des Koordinatensystems bewegt. Bei den Kräften sind die daraus resultierenden Beschleunigungen zu beachten. Für die Anwendung im Bauingenieurwesen sind v. a. die Beschleunigungen bei der Bewegung auf gekrümmten Bahnen und die Behandlung von Störungen mit einer zugehörigen Ausbreitungsgeschwindigkeit wichtig.

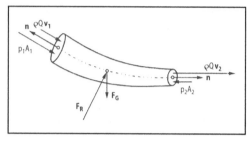

Abb. 5.1-19 Impulsströme und Kräfte im Bereich einer Stromröhre

Bei der Bilanzierung am Kontrollvolumen gilt, dass der Überschuss an austretendem Impulsstrom über den eintretenden durch die Summe der einwirkenden Kräfte hervorgerufen werden muss.

Als Beispiel für eine stationäre Strömung wird als Kontrollvolumen ein Abschnitt einer Stromröhre betrachtet (Abb. 5.1-19).

Ein Volumenstrom ist nur im Bereich der freien Ränder durch die Schnittflächen A_1 und A_2 möglich. Es gilt dann nach Gl. (5.1.42)

$$\Sigma F = \int\limits_{A_2} \varrho\mathbf{v}_2 dQ + \int\limits_{A_1} \varrho\mathbf{v}_1 dQ.$$

Bei der Summe der äußeren Kräfte $\Sigma \mathbf{F}$ müssen angesetzt werden:

– Eigengewicht $\mathbf{F}_G$,
– Druckkräfte $-p_1 \cdot \mathbf{n}_1 \cdot A_1, -p_1 \cdot \mathbf{n}_1 \cdot A_2$,
– Widerstandskraft $\mathbf{F}_W$,
– Reaktionskraft $\mathbf{F}_R$.

$$\begin{aligned}\Sigma F &= \mathbf{F}_R + \mathbf{F}_G - p_1 \cdot \mathbf{n}_1 \cdot A_1 - p_2 \cdot \mathbf{n}_2 \cdot A_2 + \mathbf{F}_W \\ &= \rho \cdot Q \cdot (\mathbf{v}_2 - \mathbf{v}_1).\end{aligned} \qquad (5.1.45)$$

Die Impulsströme sind vektorielle Größen und haben als solche die gleichen Richtungen wie die Geschwindigkeiten, durch die sie geprägt werden (s. Abb. 5.1-19). Da für den Impulssatz analog zur Kontinuitätsbetrachtung die Bilanzierung der Impulsströme notwendig ist, zählt der in das Kontrollvolumen eintretende Impulsstrom $\rho \cdot Q \cdot \mathbf{v}_1$ negativ; Gl. (5.1.45). Die Impulsströme haben die Dimension einer Kraft (nicht jedoch von der Bedeutung her!). Die Impulsgleichung lässt sich deshalb auch in eine Gleichgewichtsbetrachtung umschreiben. Hierzu werden die Impulsströme mit umgekehrten Vorzeichen auf die linke Seite gebracht. Gleichung (5.1.45) wird dann zu

$$\sum F = F_R + F_G + \underbrace{(-p_1 n_1 A_1) + \varrho Q v_1}_{F_{S1}}$$
$$+ \underbrace{(-p_2 n_2 A_2) - \varrho Q v_2}_{F_{S2}} + F_w = 0$$

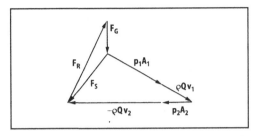

Abb. 5.1-20 Vektoraddition der Impulsströme und Kräfte aus Abb.5.1-19

Die Summe aus der Druckkraft und dem negativen Anteil der Impulsstrombilanz in einem Querschnitt wird in der Bauingenieurliteratur als die „Stützkraft" F_S bezeichnet; sie ist immer zum Querschnitt hin gerichtet. Dem Betrag nach ist die Stützkraft von der Größe

$$F_S = p \cdot A + \rho \cdot Q \cdot v . \qquad (5.1.46)$$

Für die reibungsfreie Strömung steht die Reaktionskraft mit der resultierenden Stützkraft und der Gewichtskraft im Gleichgewicht. Für die Verhältnisse an der betrachteten Stromröhre erhält man mit Hilfe der Stützkräfte die dargestellte Vektoraddition der einzelnen Kräfte. Die Widerstandskraft ist nicht berücksichtigt (Abb. 5.1-20). Die Reaktionskraft entspricht der vom Auflager aufzunehmenden Kraft.

Beispiel 5.1-4: Anwendung des Impulssatzes zur Berechnung der Kraftwirkung eines Freistrahles (Abb. 5.1-21)

$$-\varrho Q v + 2\varrho \frac{Q}{2} v \cdot \cos \alpha = F .$$

Da $\rho \cdot Q \cdot v \cdot \cos \alpha < \rho \cdot Q \cdot v$, ist erwartungsgemäß die Reaktionskraft mit anderem Vorzeichen behaftet. Weiter gelten für

$\alpha = 90°$ $\cos\text{-}\alpha = 0$ $F = -\rho Q v,$
$\alpha = 180°$ $\cos\text{-}\alpha = -1$ $F = -2\rho Q v.$

Bei Turbinenschaufeln der Pelton-Turbine gilt $\alpha \rightarrow 180°$. Bei dieser Freistrahlturbine bewegt sich die Turbinenschaufel relativ zur Anströmgeschwindigkeit:
Relativgeschwindigkeit $v - u$ (u Schaufelbewegung).
Größte Leistung für $u = v/2$.

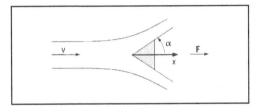

Abb. 5.1-21 Kraftwirkung eines Freistrahls auf einem Keil

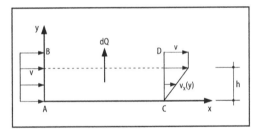

Abb. 5.1-22 Impulssatzanwendung auf die Grenzschichtströmung

Nicht immer ist es möglich, bei der ebenen oder auch räumlichen Strömung die freien Ränder durch Stromlinien bzw. Stromröhren zu begrenzen. Wegen der vektoriellen Eigenschaften der einzelnen Kräfte ist es dann zweckmäßig, diese in ihre Komponenten zu zerlegen. Dies soll am Beispiel der ebenen Grenzschichtströmung gezeigt werden (Abb. 5.1-22).

Infolge der Reibung kommt es im Bereich der ebenen Platte zu einer Verringerung der Geschwindigkeit. In die durch ABCD gekennzeichnete Kontrollfläche tritt im Bereich AB wegen v_x = const ein größerer Volumenstrom ein als bei CD austritt. Die

Differenz dQ tritt demnach längs der Linie BD aus der Kontrollfläche aus.

Bei der Berechnung der zugehörigen Impulsströme ist zu beachten, dass die skalare Größe Massenstrom ρ·Q mit der vektoriellen Größe Geschwindigkeit **v** multipliziert und die Richtung der zeitlichen Änderung des Impulses durch die Richtung der betrachteten Geschwindigkeitskomponente festgelegt wird.

Die Bilanzierung der x-Komponente des Impulsstromes für die angegebene Kontrollfläche wird dann

$$-\varrho Q v_x + \varrho \mathrm{d} Q v_x$$
$$+\varrho(Q - \mathrm{d}Q)\frac{1}{h}\int_0^h v_x(y)\,\mathrm{d}y = \frac{\mathrm{d}I_x}{\mathrm{d}t}. \qquad (5.1.47)$$

Über die Berandung BD wird wegen der dort auftretenden Geschwindigkeitskomponente in y-Richtung auch eine y-Komponente des Impulsstromes erzeugt. Allgemein gilt für die skalare Größe Massenstrom ρ·Q durch das Flächenelement dA

$$\rho \cdot \mathrm{d}Q = \rho \cdot \mathbf{v} \cdot \mathbf{n} \cdot \mathrm{d}A. \qquad (5.1.48)$$

Die zugehörigen Komponenten der Impulsströme sind im ebenen Fall

$$\frac{\mathrm{d}I_x}{\mathrm{d}t} = \varrho \iint_{A_x} v_x\,\mathrm{d}Q,$$

$$\frac{\mathrm{d}I_y}{\mathrm{d}t} = \varrho \iint_{A_y} v_y\,\mathrm{d}Q. \qquad (5.1.49)$$

Gesetz für die Energieerhaltung bei der Flüssigkeitsbewegung

Wenn von der Energieerhaltung gesprochen wird, so kann sich dies nur auf die gesamte Energie, also auf die Summe von mechanischer Energie und Wärmeenergie (innerer Energie) beziehen. Tatsächlich wird der Strömung durch die unvermeidbare Reibung auch mechanische Energie entzogen und diese in Wärme umgewandelt. Für die Energiebilanz gilt folgender Erfahrungssatz: Die zeitliche Änderung der gesamten Energie eines Körpers ist gleich der Leistung der äußeren Kräfte plus der pro Zeiteinheit von außen zugeführten Energie.

Bei der Bewegung von Flüssigkeiten ist die *kinetische Energie* von besonderem Interesse. Bei

der Gesamtenergie eines Flüssigkeitsteilchens wird daher unterschieden zwischen der inneren Energie E und der kinetischen Energie K, welche in dem mit der Strömung bewegten Flüssigkeitsvolumen V(t) zu

$$K = \iiint_{V(t)} \frac{v^2}{2}\varrho\,\mathrm{d}V \qquad (5.1.50)$$

berechnet wird. Die Leistung der äußeren Kräfte lässt sich anhand der Oberflächen- und Volumenkräfte bestimmen. Für die Oberflächenkraft **t**·dS ist die zugehörige Leistung **v**·**t**·dS, entsprechend ist für die Volumenkraft ρ·**k**·dV die Leistung **v**·**k**·ρ·dV. Die Gesamtleistung der äußeren Kräfte am Kontrollvolumen ist daher

$$P = \iiint_{V(t)} \varrho\, \mathbf{v} \cdot \mathbf{k}\,\mathrm{d}V + \iint_{S(t)} \mathbf{v} \cdot \mathbf{t}\,\mathrm{d}S. \qquad (5.1.51)$$

Die von außen zugeführte Energie kann durch einen *Wärmestrom* $\dot{Q}_W$ beschrieben werden, bei dem im Vergleich zum Volumenstrom anstelle der Geschwindigkeit die einfließende Energie betrachtet wird. Der Satz für die Energieerhaltung lautet dann

$$\frac{\mathrm{d}}{\mathrm{d}t}(K + E) = P + \dot{Q}_W. \qquad (5.1.52)$$

Wichtig an diesem Energieerhaltungssatz ist, dass eine direkte Beziehung zwischen der Energieänderung und den äußeren Kräften formuliert wird. Die Schubspannungen im Spannungstensor τ, also die nichtdiagonalen Terme des Tensors, verrichten eine irreversible Arbeit. Die durch die Reibung hervorgerufenen Spannungen führen zur irreversiblen Umwandlung von mechanischer Energie in Wärme. Die dabei erzeugte Deformationsarbeit pro Zeit- und Volumeneinheit wird als die „Dissipationsfunktion" bezeichnet [Spurk 1996].

5.1.4.2 Erfassung der Oberflächenkräfte

Die bisher behandelten Erhaltungssätze reichen zur Beschreibung einer Strömung nicht aus, da die Zahl der verfügbaren Gleichungen kleiner ist als die der unbekannten Funktionen. Da das Flüssigkeitsteilchen bei der Bewegung verformt wird, fehlen noch Gleichungen, welche diese Deformation in eine Beziehung zum Material setzen, aus dem das Flüssigkeitsteilchen besteht. Aus diesem Grund werden diese Gleichungen „Materialgleichungen" genannt.

Aus 5.1.1.2 sind als maßgebliche Eigenschaften von Flüssigkeiten bereits deren dynamische Zähigkeit η und die Dichte ρ bekannt, deren Quotient die kinematische Zähigkeit $\nu = \eta/\rho$ darstellt. Mit Hilfe der kinematischen Zähigkeit wird über die *Reynolds-Zahl* Re – der wichtigsten dimensionslosen Kennzahl der Strömungsmechanik – ein Bezug zu den Abmessungen des Strömungsfeldes in Gestalt einer charakteristischen Länge l und zu der im Strömungsfeld vorhandenen Geschwindigkeit v geschaffen. Berechnet wird die Reynolds-Zahl zu

$$\text{Re} = \frac{v\,l}{\nu}. \qquad (5.1.53)$$

In dieser Form lässt die Reynolds-Zahl verschiedene Deutungen zu. Meist wird sie als das Verhältnis der Trägheitskräfte zu den Widerstandskräften definiert. Ebenso kann sie als das Verhältnis vom konvektiven Impulstransport zum diffusiven angesehen werden. Schließlich stellt sie auch noch das Verhältnis der charakteristischen Länge l zur sog. „viskosen Länge" v/v dar. Formal wird der Wert der Reynolds-Zahl sehr hoch, wenn die Abmessungen des Strömungsfeldes groß sind. So errechnet sich für eine charakteristische Länge l = 1m und eine mittlere Geschwindigkeit v > 1m/s für das Fluid Wasser eine Reynolds-Zahl Re > 10^6. Andererseits können hohe Reynolds-Zahlen auch für $\nu \to 0$ erreicht werden.

Tatsache ist, dass sich die *laminare* Strömung, bei welcher die Zähigkeit dominiert, nur unterhalb von bestimmten Reynolds-Zahlen ausbildet. Oberhalb dieser kritischen Reynolds-Zahl stellt sich eine völlig andere Strömung ein, bei der Druck- und Geschwindigkeitsschwankungen im Strömungsfeld auftreten, welche zufälliger Natur sind. Derartige Strömungen werden als *turbulent* bezeichnet. Dieser Umstand bedingt, dass je nach Art der Strömung auch unterschiedliche Materialgleichungen benötigt werden.

Laminare Strömung
Die Oberflächenkräfte an einem Volumenelement werden über den Spannungszustand ermittelt, der durch den Spannungstensor τ_{ji} beschrieben wird. Da infolge des hydrostatischen Druckes auch in der ruhenden Flüssigkeit Normalspannungen vorhanden sind, ist es üblich, den Spannungstensor wie folgt aufzuspalten:

$$\tau_{ij} = -p\delta_{ij} + \tau'_{ij}. \qquad (5.1.54)$$

Dabei kennzeichnet p den Druck und δ_{ij} das Kronecker-Symbol, welches für i = j den Wert $\delta_{ij} = 1$ annimmt. Für die mittlere Normalspannung gilt dann

$$\overline{p} = \frac{1}{3}\tau_{ii}. \qquad (5.1.55)$$

Sie ist im bewegten Strömungsfeld i. Allg. ungleich dem negativen Druck. Mit τ_{ij}' ist der Reibungsspannungstensor gekennzeichnet. Dies ist derjenige Anteil des Spannungstensors, welcher die Scherung der Fluidelemente bewirkt. Er kann aus diesem Grund nur mit dem symmetrischen Anteil des Geschwindigkeitsgradienten-Tensors zusammenhängen.

Mit Gl. (5.1.2) wurde für die zweidimensionale Bewegung ein linearer Zusammenhang zwischen der Schubspannung und dem Geschwindigkeitsgradienten für die Newton'schen Fluide vorgestellt. Im allgemeinen Fall der dreidimensionalen, inkompressiblen, laminaren Strömung einer Newton'schen Flüssigkeit bleibt diese lineare Abhängigkeit von der dynamischen Zähigkeit erhalten. Die Reibungsspannungen können deshalb durch die Gleichung

$$\tau'_{ij} = \eta\left(\frac{\partial v_i}{\partial x_j} + \frac{\partial v_j}{\partial x_i}\right) \qquad (5.1.56)$$

wiedergegeben werden. Bei kompressiblen Flüssigkeiten ist neben der dynamischen Zähigkeit noch die von der Kompression abhängige Druckzähigkeit zu beachten. Für nicht-Newton'sche Flüssigkeiten gelten diese einfachen linearen Zusammenhänge nicht.

Turbulente Strömung
Die turbulente Strömung unterscheidet sich von der laminaren im Wesentlichen dadurch, dass neben der viskosen Reibung, welche auf den Schwingungen der einzelnen Moleküle beruht, im Strömungsfeld zufällige Schwankungsbewegungen grö-

ßerer *Flüssigkeitsballen* zu beobachten sind. Der Impulsaustausch im molekularen Bereich wird überlagert von dem durch die Schwankungen der Flüssigkeitsballen ausgelösten. Allein dies macht deutlich, dass das Widerstandsverhalten durch das Phänomen Turbulenz erheblich beeinflusst wird.

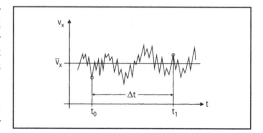

Abb. 5.1-23 Turbulente Schwankungen der Geschwindigkeitskomponente v_x

Schwankungsbewegungen. Bei ausreichendem Energiegehalt sind den zeitlichen Mittelwerten der Geschwindigkeit $\bar{v}$ Schwankungsbewegungen v' überlagert, sodass z. B. die Momentangeschwindigkeit v_x in x-Richtung erfasst wird durch

$$v_x = \bar{v}_x + v'_x . \tag{5.1.57}$$

Die ungeordneten Schwankungsbewegungen erzeugen aufgrund des vermehrten Impulstransports zusätzliche Normal- und Schubspannungen, welche als „scheinbare Spannungen" der turbulenten Strömung bezeichnet werden. Mit Hilfe des Ansatzes von Boussinesq wird analog zum Newton'schen Reibungsgesetz für die turbulente Bewegung

$$\tau_t = A_t \cdot \frac{d\bar{v}}{dn} \tag{5.1.58}$$

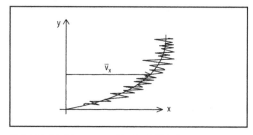

Abb. 5.1-24 Momentane Geschwindigkeitsverteilung einer ebenen Strömung in x-Richtung

formuliert. Der kinematischen Zähigkeit $\nu = \eta/\rho$ ist deshalb eine „scheinbare" kinematische Zähigkeit

$$\varepsilon_t = \frac{A_t}{\varrho} \tag{5.1.59}$$

zugeordnet, wobei ε_t im Gegensatz zu ν keine physikalische Eigenschaft des Fluids ist. Der mit Gl. (5.1.59) geschilderte Zusammenhang ist zunächst rein formal und muss durch die Turbulenzeigenschaften ausgedrückt werden. Die Schwankungsbewegungen sind zeitabhängig, sodass eine turbulente Strömung grundsätzlich nur bezüglich ihrer zeitlichen Mittelwerte als stationär angesehen werden kann.

Der zeitliche Mittelwert der Strömung wird durch Integration über den Momentanwert v_x über einen ausreichend großen Zeitraum Δt gewonnen (Abb. 5.1-23).

$$\bar{v}_x = \frac{1}{\Delta t} \cdot \int_{t_0}^{t_0+\Delta t} v_x \, dt \quad \text{für} \quad \frac{\partial \bar{v}_x}{\partial t} \to 0 , \tag{5.1.60}$$

wobei der zeitliche Mittelwert der Schwankungsbewegung $\bar{v}'_x$ voraussetzungsgemäß Null sein muss. Die Stärke der Schwankungen wird deshalb z. B. durch $\sqrt{(\bar{v}'_x)^2}$ angegeben.

Für den verstärkten Impulstransport quer zur Strömungsrichtung sind die Schwankungsbewegungen ursächlich. In einer ebenen Strömung in x-Richtung gilt (Abb. 5.1-24)

$$\bar{v}_x = \bar{v}_x(y) \quad \text{und} \quad v'_x ; v'_y ; v'_z ,$$
$$\bar{v}_y = \bar{v}_z = 0 .$$

Maßgeblich für den Impulstransport und damit für die scheinbaren Schubspannungen ist der zeitliche Mittelwert des Produkts der Schwankungsbewegungen. So gilt z. B. für die in Abb. 5.1-24 gezeigte ebene Bewegung

$$\tau_{xy} = -\varrho \cdot \overline{v'_x \cdot v'_y} . \tag{5.1.61}$$

Da selbst in diesem ebenen Strömungsfeld die Schwankungsbewegungen in allen drei Koordinatenrichtungen auftreten, sind die sog. „Reynolds-Spannungen" in allgemeingültiger Form darzustellen, wozu hier auf die Zeigerschreibweise zurückgegriffen wird. Es gelten allgemein

$$\tau_{ij} = -\varrho \cdot \overline{v'_i \cdot v'_j} \, . \qquad (5.1.62)$$

Sind die Schwankungskomponenten für einen Punkt des Strömungsfeldes bekannt, so kann damit die scheinbare kinematische Zähigkeit ε_t nach dem Boussinesq-Ansatz wegen

$$\tau_{ij} = \varrho \varepsilon_t \frac{d\overline{v}_i}{dy_j} \qquad (5.1.63)$$

berechnet werden. Neben diesem rein formalen Ansatz in Anlehnung an die Formulierung des Widerstandsverhaltens der laminaren Strömung wird stellvertretend für viele Ansätze der *Prandtl'sche Mischungsweg* vorgestellt, bei dem die Schwankungsbewegungen im Strömungsfeld berücksichtigt werden.

Ein Flüssigkeitsballen muss den Mischungsweg l zurücklegen, bis der Unterschied zwischen seiner ursprünglichen Geschwindigkeit und derjenigen des neuen Ortes gleich der mittleren Schwankung der Längsgeschwindigkeit ist. Für die ebene Bewegung der Abb. 5.1-24 führt dies zu

$$\tau_{xy} = \varrho \cdot l^2 \cdot \left| \frac{d\overline{v}_x}{dy} \right| \cdot \frac{d\overline{v}_x}{dy} \, . \qquad (5.1.64)$$

Diese Gleichung ist die Prandtl'sche *Mischungswegformel*. Sie steht für einen von vielen theoretischen Ansätzen zur Berechnung von turbulenten Strömungen. Unbekannt in der Mischungswegformel ist die Größe l des Mischungsweges. Für eine Reihe von Strömungen kann der Mischungsweg als eine Funktion des Ortes bestimmt werden. Wichtigstes Beispiel dafür ist die Rohrströmung, welche auch in ihrer Turbulenzstruktur voll erfasst ist.

Die im Inneren der Strömung erzeugten Schubspannungen müssen wegen des Kräftegleichgewichts über die Wandschubspannung τ_0 in Form eines Reibungswiderstands abgetragen werden. In der Rohrströmung ist z. B. wegen $d\overline{v}_x/dy = 0$ die Schubspannung in Rohrachse gleich Null; sie erreicht an der Wand mit τ_0 ihr Maximum. In der tur-

bulenten Strömung sind wegen der Haftbedingung an der Wand auch die Schwankungskomponenten in unmittelbarer Wandnähe Null. In der Nähe der Wand ist daher, zumindest bei glatter Wand, nach wie vor auch die Zähigkeit wirksam, sodass ganz allgemein

$$\tau_{xy} = \tau_l + \tau_t = \eta \cdot \frac{d\overline{v}_x}{dy} - \varrho \cdot \overline{v'_x \cdot v'_y} \qquad (5.1.65)$$

gilt oder aber unter Verwendung der kinematischen Zähigkeiten

$$\tau_{xy} = \varrho \cdot v \frac{d\overline{v}_x}{dy} + \varrho \cdot \varepsilon_t \cdot \frac{d\overline{v}_x}{dy} \, . \qquad (5.1.66)$$

Die Geschwindigkeitsgradienten führen zum Impulsaustausch. Im Mikrobereich (molekular) ist für die innere Reibung die Zähigkeit, im Makrobereich (Flüssigkeitsballen) der verstärkte Impulsaustausch aufgrund der turbulenten Schwankungsbewegungen maßgebend. Diese werden allein durch die Eigenschaften des Strömungsfeldes bestimmt und sind deshalb nur mittels entsprechender Modellvorstellungen quantifizierbar. Eines der bekanntesten Turbulenzmodelle ist das sog. „k-ε-Modell", bei dem die kinetische Energie k der turbulenten Schwankungsbewegungen und die viskose Dissipation ε von turbulenter kinetischer Energie in einem sog. „2-Gleichungs-Modell" in Beziehung gesetzt wird. Ein Materialgesetz ähnlich dem für die laminare Strömung ist deshalb für die turbulente Strömung nicht verfügbar.

5.1.4.3 Bewegungsgleichungen

Die Kombination der Erhaltungssätze mit den Materialgesetzen führt zu den auf dem Impulssatz beruhenden speziellen Bewegungsgleichungen. Hier wird auf die wichtigsten dieser Gleichungen eingegangen. Im Hinblick auf die bereits geschilderten Probleme mit der turbulenten Strömung wird Wert darauf gelegt, die Grenzen für die Anwendbarkeit zu zeigen.

Navier-Stokes-Gleichungen

Ausgangspunkt der Überlegungen ist die differentielle Form des Impulssatzes in Gestalt der Cauchy'schen Bewegungsgl. (5.1.44),

$$\varrho\left(\frac{\partial \mathbf{v}}{\partial t} + (\mathbf{v} \cdot \mathbf{grad})\mathbf{v}\right) = \varrho\mathbf{k} + \nabla \cdot \tau,$$

in welcher der zweite Term der rechten Gleichungsseite mit den partiellen Ableitungen aller Spannungen nach den drei Koordinatenrichtungen durch ein verfügbares Materialgesetz zu ersetzen ist. Dies liegt in Gestalt der Gl. (5.1.56) nur für die laminare Strömung vor. Damit werden allerdings nur die Reibungsspannungen in Abhängigkeit von den Geschwindigkeitsgradienten dargestellt. Deswegen ist noch die mit Gl. (5.1.54) vorgenommene Aufspaltung in die Normal- und Reibungsspannungen durchzuführen. Dies ergibt

$$\varrho\left(\frac{\partial \mathbf{v}}{\partial t} + (\mathbf{v} \cdot \mathbf{grad})\mathbf{v}\right) = \varrho\mathbf{k} - \nabla p + \nabla \cdot \tau'_{ij} . \quad (5.1.67)$$

Nach Ableitung des Reibungsspannungsterms verbleiben für die inkompressible Strömung wegen $\nabla \cdot \mathbf{v} = 0$ nur die zweiten Ableitungen der Geschwindigkeitskomponenten, so dass sich nach Umformung die Beziehung

$$\frac{\partial \mathbf{v}}{\partial t} + (\mathbf{v} \cdot \mathbf{grad})\,\mathbf{v} = \mathbf{k} - \frac{1}{\varrho}\,\mathbf{grad}\,p + \nu\Delta\,\mathbf{v} \quad (5.1.68)$$

ergibt. Beim letzten Term der rechten Gleichungsseite ist die Geschwindigkeit $\mathbf{v}$ mit dem Laplace'schen Operator verknüpft. Die Gln. (5.1.68) sind die *Navier-Stokes-Gleichungen* für die inkompressible laminare Strömung. In ihr sind neben dem Vektor der auf die Masseneinheit bezogenen Volumenkraft nur noch die Funktionen des Strömungsfeldes mit den unabhängigen Veränderlichen der Zeit und des Raumes verknüpft. Den vier Unbekannten $\mathbf{v}$ und p stehen hier die drei Gleichungen für die jeweiligen Richtungen gegenüber. Die vierte Gleichung liefert die Kontinuitätsbedingung in Gestalt von Gl. (5.1.33).

Die Lösungsmöglichkeit von Gl. (5.1.68) für räumliche Strömungen wird besonders durch die nichtlinearen Terme der konvektiven Beschleunigung erschwert. Für sehr kleine Reynolds-Zahlen ist allerdings die Wirkung der Trägheitskräfte gegenüber den zähigkeitsbedingten Reibungskräften vernachlässigbar. Für diesen Sonderfall kann die linke Gleichungsseite gleich Null gesetzt werden. Dies erleichtert die Lösung der Dgln. wesentlich. Angesichts der Schwierigkeiten mit der Modellierung der Turbulenzeigenschaften wurden die Navier-Stokes-Gleichungen durch die Erhöhung der kinematischen Zähigkeit um einige Zehnerpotenzen für die Berechnung turbulenter Strömungen nutzbar gemacht. Dies bedeutet allerdings, dass im gesamten Strömungsfeld eine isotrope Turbulenzstruktur vorliegen muss, was nur näherungsweise zutrifft.

Reynolds-Gleichungen

Setzt man in die Navier-Stokes-Gleichungen die Mittelwerte für die Geschwindigkeiten der turbulenten Strömung ein, so können die einzelnen Terme durch die Mittelwerte ersetzt werden. Bei den nichtlinearen Termen fallen allerdings die zeitlichen Mittelwerte der Produkte der einzelnen Schwankungskomponenten nicht heraus, aus ihnen resultieren die turbulenten Schubspannungen. Wegen der Verknüpfung der Mittelwerte und der Schwankungskomponenten sind die daraus abgeleiteten Gleichungen in Zeigerschreibweise wiedergegeben. Sie lauten

$$\frac{\partial \bar{v}_i}{\partial t} + \bar{v}_j\,\frac{\partial \bar{v}_i}{\partial x_j} = k_i + \frac{1}{\varrho}\,\frac{\partial \bar{p}}{\partial x_i}$$

$$+ \frac{\partial}{\partial x_j}\left(\nu\left(\frac{\partial \bar{v}_i}{\partial x_j} + \frac{\partial \bar{v}_j}{\partial x_i}\right) - \overline{v'_i v'_j}\right) \qquad (5.1.69)$$

und werden als „Reynolds-Gleichungen" bezeichnet. Mit den Ableitungen der zeitlichen Mittelwerte der Produkte der Schwankungsgeschwindigkeiten entstehen weitere neun Terme, von denen wegen der Symmetrie des sog. „Reynolds-Spannungstensors" allerdings nur sechs unbekannt sind. Sie zu eliminieren ist Aufgabe der Turbulenzmodelle. Dies zeigt, welcher Aufwand nötig ist, damit die turbulente Strömung einer Berechnung zugänglich wird.

Euler'sche Bewegungsgleichungen

Die *Euler'schen Bewegungsgleichungen* sind ein Sonderfall von Gl. (5.1.68), der die reibungsfreie Strömung beschreibt. Hier werden die im Strömungsfeld normalerweise vorhandenen Schubspannungen vernachlässigt. Dann entfällt der letzte Term in Gl. (5.1.68), und es ergibt sich mit

$$\frac{\partial \mathbf{v}}{\partial t} + (\mathbf{v} \cdot \mathbf{grad})\mathbf{v} = \mathbf{k} - \frac{1}{\varrho}\,\mathbf{grad}\,p \qquad (5.1.70)$$

eine Form der Bewegungsgleichung, in der die Auswirkung der Viskosität auf den Strömungsvorgang keine Berücksichtigung findet. Dies erscheint zunächst widersinnig, da jede Flüssigkeit eine gewisse Zähigkeit aufweist. Auch hier muss jedoch darauf geachtet werden, welchen Einfluss die Reibung tatsächlich auf das Strömungsgeschehen nimmt. Es gibt viele Anwendungsfälle, bei denen die Wirkung der Reibung auf einen kleinen Bereich des Strömungsfeldes, z. B. in Wandnähe, beschränkt bleibt. Dann kann bei hohen Reynolds-Zahlen sogar eine turbulente Strömung mit gutem Erfolg beschrieben werden. Dies gilt beispielsweise für die Anwendung der Potentialtheorie.

Bernoulli-Gleichung

Normalerweise wird die Bernoulli-Gleichung über die Integration der Euler'schen Gleichung längs einer Stromlinie hergeleitet. In diesem Fall ist die Bewegung auf die natürlichen Koordinaten bezogen, eine Geschwindigkeitskomponente liegt nur in Tangentenrichtung vor. Nach Gl. (5.1.26) gilt für die Tangentialbeschleunigung

$$\frac{\partial v}{\partial t} + \frac{\partial v}{\partial s}\frac{ds}{dt} = \frac{\partial v}{\partial t} + \frac{\partial v}{\partial s} v = \frac{\partial v}{\partial t} + \frac{\partial}{\partial s}\left(\frac{v^2}{2}\right),$$

sodass wegen des Bezugs auf die Lagrange'sche Methode der Beschreibung der Strömung anstelle der konvektiven Beschleunigungen nur noch die Ableitung des Quadrats der Geschwindigkeit nach der Richtung vorhanden ist. Dieser quadratische Term ist leicht mit der kinetischen Energie der Strömung zu verknüpfen, welche ja für das Massenelement dm durch

$$\frac{v^2}{2}dm$$

definiert ist. Dieses Vorgehen wird der späteren Anwendung nicht vollständig gerecht, weil die Bernoulli-Gleichung auch auf Stromlinien übertragen wird, bei denen ein Verlust an mechanischer Energie zu verzeichnen ist.

Ausgehend von den Euler'schen Bewegungsgleichungen nach Gl. (5.1.70), wird mit Hilfe der eindimensionalen Betrachtung der Beschleunigungsterme nach Gl. (5.1.26)

$$\frac{\partial v}{\partial t} + \frac{\partial}{\partial s}\left(\frac{v^2}{2}\right) = \mathbf{k} - \frac{1}{\varrho}\,\mathbf{grad}\,p. \tag{5.1.71}$$

Im Schwerefeld der Erde hat im Inertialsystem die Massenkraft das Potential $\Phi = -g \cdot z$, da die Fallbeschleunigung antiparallel zur Richtung der z-Achse ist. Da die räumliche Veränderung allein durch die natürliche Koordinate s beschrieben wird, kann die partielle Differentiation durch die totale ersetzt werden. Somit wird

$$\frac{\partial v}{\partial t} + \frac{d}{ds}\left(\frac{v^2}{2}\right) = -\frac{d}{ds}(gz) - \frac{1}{\varrho}\frac{dp}{ds}. \tag{5.1.72}$$

Diese Gleichung kann, da nur noch von s und t abhängig, einfach längs der Stromlinie integriert werden. Dies führt zu dem Ergebnis

$$\int\frac{\partial v}{\partial t}ds + \frac{v^2}{2} + gz + \int\frac{dp}{\varrho} = \text{const.} \tag{5.1.73}$$

Wenn als Massenkraft allein die Schwerkraft auftritt und die Dichte als konstant angenommen wird, kann der vierte Term auf der linken Seite durch p/ϱ ersetzt werden. In diesem Zusammenhang ist der Hinweis wichtig, dass mit der Bernoulli-Gleichung i. Allg. keine Aussage über den örtlichen Druck möglich ist. Besonders wichtig ist dies bei gekrümmten Strombahnen, da entsprechend Gl. (5.1.25) in der Normalenrichtung zusätzliche Beschleunigungen auftreten, demnach nicht mehr allein die Schwerkraft als Massenkraft wirkt. Wird zwischen zwei Punkten 1 und 2 auf der Stromlinie integriert, gilt

$$\int_1^2\frac{\partial v}{\partial t}\,ds + \frac{v_1^2}{2} + gz_1 + \frac{p_1}{\varrho}$$
$$= \frac{v_2^2}{2} + gz_2 + \frac{p_2}{\varrho} = \text{const.} \tag{5.1.74}$$

Für die stationäre Strömung entfällt das Integral mit der lokalen Beschleunigung. Wird gleichzeitig durch die Fallbeschleunigung dividiert, nimmt die Bernoulli-Gleichung für jeden Ort der Stromlinie folgendes Aussehen an:

$$\frac{v^2}{2g} + z + \frac{p}{\varrho g} = \text{const.} \tag{5.1.75}$$

Die Integrationskonstante der rechten Gleichungsseite wird als „Bernoulli'sche Konstante" bezeichnet. Wird für sie die Bezeichnung H eingeführt, so ist

$$z + \frac{p}{\varrho g} + \frac{v^2}{2g} = H \,. \qquad (5.1.76)$$

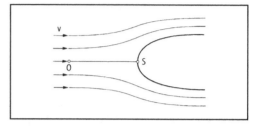

Abb. 5.1-25 Umströmung eines Körpers

Sämtliche Terme dieser Gleichung verkörpern skalare Größen und haben die Einheit einer Länge. Neben den bekannten Bezeichnungen z für die Ortshöhe und $p/(\rho \cdot g)$ für die Druckhöhe werden $v^2/(2 \cdot g)$ als „Geschwindigkeitshöhe" und H als „Energiehöhe" bezeichnet. Die Summe aus Orts- und Druckhöhe $z + p/(\rho \cdot g)$ wird „piezometrische Höhe" genannt. In der Grundwasserhydraulik ist hierfür die Bezeichnung „Standrohrspiegelhöhe" gebräuchlich. Es ist diejenige Höhe, in welcher sich in einem vertikalen Standrohr mit einer Öffnung an der Unterseite der Wasserspiegel im Grundwasserleiter einstellt.

Da nur noch skalare Größen in der Bernoulli-Gl. (5.1.76) erscheinen, muss der Zusammenhang mit den mechanischen Teilenergien noch einmal dargestellt werden. Ausgegangen wurde von den Euler'schen Bewegungsgln. (5.1.70), in denen ausschließlich Beschleunigungsterme der Einheit m^2/s aufgeführt sind. Das bedeutet, dass sämtliche Terme der Bernoulli-Gleichung in der Schreibweise der Gl. (5.1.76) durch den Ausdruck $m \cdot g$ dividiert worden sind. Multipliziert man die Ortshöhe z mit $m \cdot g$, so ergibt sich mit $m \cdot g \cdot z$ die Lageenergie des betrachteten Flüssigkeitsteilchens und bei Betrachtung der Geschwindigkeitshöhe die kinetische Energie.

Die Druckhöhe wurde aus dem Druck p über die Division durch das Produkt $\rho \cdot g$ gewonnen. Wird die Geschwindigkeitshöhe $v^2/(2 \cdot g)$ mit $\rho \cdot g$ multipliziert, erhält man mit

$$\varrho \frac{v^2}{2}$$

den *Staudruck* oder Geschwindigkeitsdruck.

Beispiel 5.1-5: In einer gleichförmigen Strömung mit der Geschwindigkeit v wird ein strömungsgünstig geformter Körper umströmt. Eingezeichnet sind in Abb. 5.1-25 die zugehörigen Stromlinien, die an der Körpervorderseite einen singulären

Punkt aufweisen, an dem sich die Stromlinie teilt. Zu bestimmen ist der Druckunterschied zwischen einem Punkt O im ungestörten Bereich des Strömungsfeldes und dem Punkt S an der Verzweigung der Stromlinien.

Am Verzweigungspunkt weisen die Stromlinien eine vertikale Tangente auf, da die Flüssigkeit nach beiden Seiten abgelenkt wird. Im Punkt S muss daher die Geschwindigkeit gleich Null sein, da der Körper nicht durchströmt wird. Die Anwendung von Gl. (5.1.76) zeigt

$$z_O + p_O/(\rho \cdot g) + v^2/(2 \cdot g) = z_S + p_S/(\rho \cdot g) + 0 \,.$$

Wegen $z_0 = z_S$ wird mit $\Delta p = p_S - p_O$ schließlich

$$\Delta p = \varrho \frac{v^2}{2} \,.$$

Dies entspricht genau dem Staudruck. Der Punkt S wird daher als „Staupunkt" bezeichnet.

In einem Röhrchen mit der Öffnung entgegen der Anströmrichtung wird die Energiehöhe oder der Gesamtdruck (= statischer Druck + Geschwindigkeitsdruck im Strömungsfeld) angezeigt. Ein derartiges Röhrchen wird als „Staurohr" oder „Pitotrohr" bezeichnet. Mit der Bestimmung des Gesamtdrucks kann die Lage der Energiehöhe in einem Querschnitt bestimmt werden.

Ist die durchflossene Querschnittsfläche bekannt, so kann durch Abtragen der Geschwindigkeitshöhe von der Energiehöhe auch die Lage der Druckhöhe im betrachteten Querschnitt gewonnen werden. Verbindet man die einzelnen Druckhöhen miteinander, so lässt sich der Druckhöhenverlauf in Strömungsrichtung – die sog. „Drucklinie" – zeich-

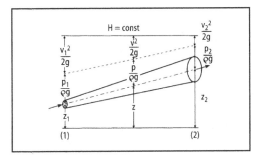

Abb. 5.1-26 Energie- und Drucklinienverlauf für eine gerade Stromröhre bei Reibungsfreiheit

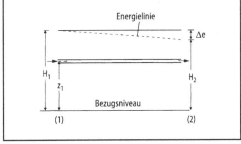

Abb. 5.1-27 Energiehöhenvergleich unter Berücksichtigung der Rohrreibung

nen. Bei reibungsfreier Strömung weist die Energiehöhe längs dieser Strömung keine Veränderung auf. Sie ist demnach horizontal (Abb. 5.1-26).

In Wirklichkeit sind – z. B. in einer Rohrleitung – infolge der Rohrreibung Energiehöhenverluste nicht zu vermeiden. Diese Verluste können durch Messungen des Gesamtdrucks längs der Leitung direkt gemessen werden. Damit ist längs einer Leitung auch der Verlauf der Energiehöhen in den einzelnen Messpunkten bekannt. Ihre Verbindung zeigt dann den Verlauf der sog. „Energielinie" an. Sie weist grundsätzlich ein Gefälle in Strömungsrichtung auf. Das Vorgehen bei der Anwendung der Bernoulli-Gleichung für reibungsbehaftete Strömungen modifiziert deshalb lediglich den Energiehöhenvergleich. Zwischen den Querschnitten (1) und (2) wird berücksichtigt, dass in Strömungsrichtung ein Energiehöhenverlust Δe auftritt (Abb. 5.1-27).

Der Energiehöhenvergleich liefert dann

$$H_1 = H_2 + \Delta e \ . \tag{5.1.77}$$

Bei der Ableitung der Bernoulli-Gl. (5.1.76) wurde bereits darauf hingewiesen, dass bei gekrümmten Strombahnen im Strömungsfeld eine Aussage über die örtliche Druckhöhe mit den Beschleunigungen in Normalrichtung verknüpft werden muss. Nach Gl. (5.1.25) kann unter der Annahme $\partial H/\partial n = 0$ normal zur Tangentialgeschwindigkeit v die Bedingung

$$\frac{\partial v}{\partial n} = \frac{v}{r} \tag{5.1.78}$$

abgeleitet werden. Kann die Veränderung der Tangentialgeschwindigkeit v wegen Veränderungen des Radius r der Strombahnenkrümmung im Strömungsfeld nicht explizit beschrieben werden, so ist eine Integration längs einer Äquipotentiallinie vorzunehmen. Sind die Stromlinien im einfachsten Fall konzentrische Kreise in einer Ebene, so weist die Richtung der Normalen zum Kreismittelpunkt. Für diesen Sonderfall kann die Geschwindigkeitsverteilung zu

$$v = \frac{c}{r} \tag{5.1.79}$$

direkt angegeben werden.

5.1.5 Berücksichtigung der Randbedingungen

Mit den Bewegungsgleichungen sind die beschreibenden Differentialgleichungen (Dgln.) zur Berechnung von Strömungen in allgemeinster Form gegeben. Soweit es die darin eingearbeiteten Materialgesetze zulassen, könnten diese Gleichungen unter Beachtung der Randbedingungen des zugehörigen Strömungsfeldes gelöst werden. Der überwiegende Teil der Strömungen unterliegt der Wirkung der Schwerkraft. Bewegungen in Gewässern mit freier Oberfläche können jedoch auch durch die Wirkung von Schubspannungen an der Phasentrennfläche zwischen Luft und Wasser angeregt werden. Beispiele hierfür sind die windinduzierten Strömungen in Binnenseen oder des Ozeans. Mit die bekannteste schubspannungsinduzierte Strömung ist die *Couette-Strömung* in einem Flüssig-keitsspalt (s. 5.1.5.1).

5.1.5.1 Berandungen des Strömungsfeldes

Für die Beurteilung von Strömungen ist es wichtig, wie antreibende und hemmende Kräfte sich im Strömungsfeld auswirken. Dabei spielt das Vorhandensein einer festen, flüssigen oder gasförmigen Berandung eine nicht unwesentliche Rolle. Strömungen werden von den Vorgängen in der Nähe der Berandung und deren physikalischen Eigenschaften beeinflusst.

Feste Berandung

Eine entscheidende Bedeutung für den Abfluss im Bereich von festen Berandungen hat die *Haftbedingung*. Sie besagt, dass die Geschwindigkeit mit Annäherung an die feste Wand auf den Wert Null abnehmen muss, wenn die Wand selbst in Ruhe ist.

Stromlinien in Wandnähe verlaufen parallel zur Wand. Die Wand selbst ist eine Stromlinie mit der Geschwindigkeit Null; wegen der Definition der Stromlinie fällt die Tangentialgeschwindigkeit v_S auf den Wert Null ab. Die *kinematische Randbedingung* $v_S \neq 0$ wird durch die Haftbedingung der realen Strömung mit $v_S = 0$ ersetzt. Die *dynamische Randbedingung* nimmt Rücksicht auf die in Wandnähe vorhandenen Kräfte. Mit Annäherung an die Wand ändern sich bei turbulenter Strömung die Schwankungsbewegungen schon deshalb, weil sie senkrecht zur Wand stärker behindert werden als wandparallel. Die Wandnähe bedingt demnach anisotrope Turbulenzeigenschaften.

In Wandnähe treten sehr große Geschwindigkeitsgradienten auf. Demnach nehmen auch die Schubspannungen im Inneren der Flüssigkeit mit Annäherung an die Wand zu; sie werden als sog. „Wandschubspannung" auf die feste Berandung abgetragen. Der Bereich, in dem das Strömungsfeld durch die Anwesenheit der festen Berandung beeinflusst wird, die Geschwindigkeit also abnimmt, wird nach L. Prandtl als „Grenzschicht" bezeichnet.

Couette-Strömung. Zunächst wird die laminare Strömung einer Flüssigkeit in einem horizontalen Spalt betrachtet, der unten durch eine feste Wand und oben durch eine mit der konstanten Geschwin-

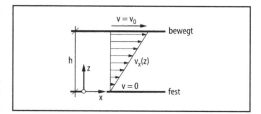

Abb. 5.1-28 Couette-Strömung

digkeit v_0 in x-Richtung bewegte Wand gebildet wird (Abb. 5.1-28). Ferner wird angenommen, dass die Bewegung der oberen Wand die Strömung allein verursacht, demnach kein Druckgradient in Strömungsrichtung vorliegt.

Die sich einstellende Geschwindigkeitsverteilung im Spalt kann aufgrund dieser Vorgabe nur horizontale Komponenten in x-Richtung aufweisen. Beschrieben wird die Strömung, bei der allein die molekulare Zähigkeit wirkt, mit den Navier-Stokes-Gleichungen nach Gl. (5.1.68). Für die vorgegebene Couette-Strömung entfallen die lokale Beschleunigung, die konvektiven Beschleunigungen und die Massenkraft. Ein Druckgefälle ist nicht vorhanden, so dass auch die beiden ersten Terme auf der rechten Seite verschwinden. Damit wird diese Strömung ausreichend beschrieben durch

$$0 = \nu \, \Delta \mathbf{v} = \nu \, \frac{\mathrm{d}^2 v_x}{\mathrm{d}z^2} \qquad (5.1.80)$$

Nach zweimaliger Integration und dem Anpassen an die Randbedingungen ergibt sich daraus die Geschwindigkeitsverteilung im Spalt zu

$$v_x = \frac{v_0 z}{h}. \qquad (5.1.81)$$

Der konstante Geschwindigkeitsgradient $\mathrm{d}v_x/\mathrm{d}z = v_0/h$ bedeutet gleichzeitig, dass die Schubspannung über die gesamte Spalthöhe konstant ist. Im Bereich des Spaltes steht dem von der Höhe abhängigen konvektiven Impulsstrom $\rho \cdot v_x^2$ der diffusive höhenunabhängige $-\eta \cdot \mathrm{d}v_x/\mathrm{d}z = -\eta \cdot v_0/h$ gegenüber. Der diffuse Impulsstrom in z-Richtung erfolgt von der antreibenden Wand in Richtung zur festen Wand.

Die Geschwindigkeitsverteilung einer Couette-Strömung unter zusätzlicher Einwirkung eines

Druckgradienten $\partial p/\partial x$ in Strömungsrichtung wird durch

$$v_x = \frac{1}{\eta}\frac{\partial p}{\partial x}\frac{z^2}{2} + z\left(\frac{v_0}{h} - \frac{1}{\eta}\frac{\partial p}{\partial x}\frac{h}{2}\right)$$

$$= \frac{z}{h}v_0 + \frac{1}{2\eta}\left(z^2 - zh\right)\left(\frac{\partial p}{\partial x}\right). \qquad (5.1.82)$$

beschrieben.

Die Aussagen über die laminare Scherströmung können in ihrer Konsequenz auch auf die turbulente übertragen werden. In diesem Fall müssen die viskosen Spannungen um die Reynolds-Spannungen ergänzt werden. Ohne Wirkung eines Druckgradienten gilt dann in Anlehnung an Gl. (5.1.80)

$$0 = \frac{d}{dz}\left(\eta\frac{d\overline{v}_x}{dz} - \varrho\overline{v'_x v'_z}\right). \qquad (5.1.83)$$

Aus der Integration dieser Gleichung über die Spalthöhe folgt, dass die gesamte Schubspannung, die sich jetzt aus den viskosen und den Reynolds'schen Anteilen zusammensetzt, ebenfalls von z unabhängig ist.

$$\text{const} = \tau_0 = \eta\frac{d\overline{v}_x}{dz} - \varrho\overline{v'_x v'_z}. \qquad (5.1.84)$$

Der Index 0 für die Schubspannung soll in diesem Fall die über die Wand eingetragene Schubspannung bezeichnen, die sog. „Wandschubspannung". Wegen der Haftbedingung an der bewegten Wand müssen andererseits für $z = h$ die Reynolds'schen Spannungen verschwinden. In Wandnähe bleibt dann allein der viskose Anteil zurück.

Bei Strömungen unter Einwirkung von Druckgradienten sind die Schubspannungen linear mit der Entfernung von der Wand veränderlich. Sie verschwinden dort, wo ein Maximum in der Geschwindigkeit erreicht wird und nehmen in Wandnähe ihr Maximum an. Ganz allgemein kann für die laminare und die turbulente Strömung im Spalt eine lineare Schubspannungsverteilung abgeleitet werden, welche bei nicht verschwindendem Druckgradienten der Beziehung

$$\tau = \tau_0\left(1 - \frac{z}{h}\right) \qquad (5.1.85)$$

folgt. In unmittelbarer Wandnähe kann die Schubspannung als nahezu konstant angenommen werden. Dies ist für die Behandlung der Grenzschicht eine ungemein wichtige Erkenntnis. In dieser wandnahen Schicht spielen die übrigen Abmessungen des betrachteten Strömungsfeldes keine Rolle. Eine Umformung von Gl. (5.1.84) durch Division der Wandschubspannung durch die Dichte ρ führt auf

$$\frac{\tau_0}{\varrho} = \nu\frac{d\overline{v}_x}{dz} - \overline{v'_x v'_z}. \qquad (5.1.86)$$

Aus dem Produkt der beiden Schwankungsgeschwindigkeiten auf der rechten Gleichungsseite ist zu ersehen, dass der Ausdruck τ_0/ρ das Quadrat einer Geschwindigkeit ausdrückt. Für die Grenzschichtbetrachtung kann daraus die wichtige Größe der *Schubspannungsgeschwindigkeit* v_* abgeleitet werden:

$$v_* = \sqrt{\frac{\tau_0}{\varrho}}. \qquad (5.1.87)$$

Diese Größe wird u. a. herangezogen, um Geschwindigkeitsverteilungen dimensionslos darzustellen.

Grenzschichtentwicklung an der ebenen Platte.
Die Einsicht in die komplizierten Zusammenhänge der Strömung in Wandnähe wurde aus Experimenten mit der sog. „längsangeströmten ebenen Platte" gewonnen. Hierbei wird die Entwicklung der Grenzschicht in einer Grundströmung in Richtung der Platte beobachtet (Abb. 5.1-29).

Die Haftbedingung an der Plattenoberfläche kann erst mit Beginn der Platte bei $x = 0$ wirksam werden. Von da an bildet sich eine anwachsende Grenzschicht δ_1 aus, welche mit Hilfe von

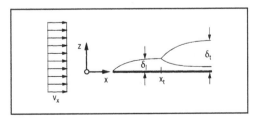

Abb. 5.1-29 Längsangeströmte ebene Platte

$$\delta_1 = 6 \cdot x \mathrm{Re}_x^{-\frac{1}{2}} \qquad (5.1.88)$$

angegeben werden kann. Die Reynolds-Zahl ist in dieser Gleichung unter Verwendung der Entfernung von der Plattenvorderkante als charakteristischer Länge angegeben. In einer bestimmten Entfernung x_t von der Vorderkante wird plötzlich ein wesentlich schnelleres Anwachsen der Grenzschicht beobachtet. Formelmäßig kann dies durch die Beziehung

$$\delta_t = 0{,}38(x - x_t)^{\frac{4}{5}} \cdot \left(\frac{\nu}{v_x}\right)^{\frac{1}{5}} \qquad (5.1.89)$$

ausgedrückt werden. Ursache für diese Erscheinung ist ein plötzliches Umschlagen der Strömung innerhalb der Grenzschicht von laminar zu turbulent. Offensichtlich sind nach der Lauflänge x_t die Abmessungen in der Grenzschicht so groß, dass sich dort Schwankungsbewegungen quer zur Hauptströmungsrichtung ausbilden können. Auch in dieser turbulenten Grenzschicht ist in unmittelbarer Wandnähe eine viskose Unterschicht vorhanden.

Aus Messungen ist bekannt, dass in dem an die viskose Unterschicht anschließenden Bereich die Schwankungsbewegungen am größten sind. Zur Kennzeichnung der Grenzschichtdicken, z. B. der viskosen Unterschicht, in Wandnähe wird eine Reynolds-Zahl

$$\mathrm{Re} = \frac{v_* \cdot y}{\nu} \qquad (5.1.90)$$

verwendet, in der neben dem Wandabstand y die Schubspannungsgeschwindigkeit eingeht. Die *viskose Unterschicht* wird durch eine abstandsabhängige Reynolds-Zahl Re = 5 begrenzt. Unmittelbar außerhalb dieser Schicht ist die größte Produktion an turbulenter kinetischer Energie infolge der Schwankungsbewegungen anzusetzen. Infolge der Scherwirkung entstehen sehr kleine Wirbel mit hoher kinetischer Energie. Zugleich ist hier ein Maximum an Dissipation von mechanischer Energie in Wärmeenergie vorhanden.

Die Abdrängung der Strömung von der festen Berandung durch die Grenzschichtentwicklung wird anschaulich durch die *Verdrängungsdicke* δ_* beschrieben. Hierfür gilt

$$\delta_* \cdot v_x = \int_0^\infty (v_x - v(z))\, \mathrm{d}z . \qquad (5.1.91)$$

Auf die Lauflänge bezogene relative Verdrängungsdicken können in Abhängigkeit der Reynolds-Zahl und der Wandrauheit berechnet werden.

Grenzschicht unter Einwirkung von Druckgradienten

Die Entwicklung der Grenzschicht wird durch vorhandene Druckgradienten stark beeinflusst. Insbesondere sind Gebiete mit Druckanstieg (dp/dx > 0) mit großer Vorsicht zu behandeln, da es hier zu Ablösungen der Strömung von der Wand kommen kann. Aus Gl. (5.1.88) ist ersichtlich, dass für einen bestimmten Ort die laminare Grenzschicht mit wachsender Reynolds-Zahl kleiner wird. In einer beschleunigten Strömung (dv/dx > 0) wird daher allgemein die Grenzschichtdicke abnehmen (Abb. 5.1-30). Dies folgt allein aus einer Ähnlichkeitsbetrachtung und der Kontinuitätsbedingung.

Ein einprägsames Beispiel für die gravierenden Unterschiede im Verhalten der Strömung in den Bereichen mit Druckanstieg oder -abfall ist das Anströmen eines strömungsgünstig geformten Einlaufs (Abb. 5.1-31). Ihm folgt die Strömung ablö-

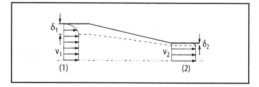

Abb. 5.1-30 Grenzschichtentwicklung bei beschleunigter Strömung

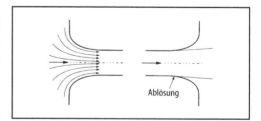

Abb. 5.1-31 Verhalten der Strömung in einem strömungsgünstig geformten Einlauf bei Umkehr der Strömungsrichtung

sungsfrei. Bei einer Umkehr der Strömungsrichtung kann die Strömung dieser Berandung nicht folgen und löst sich ab.

Bei einer verzögerten Bewegung steigt der Druck in Strömungsrichtung an. In einer *Verzögerungsstrecke* haben nur die Fluidteilchen außerhalb der Grenzschicht die erforderliche kinetische Energie, die sie befähigt, in Gebiete höheren Druckes einzudringen. Die Flüssigkeitsteilchen innerhalb der Grenzschicht haben mit Annäherung an die Wand zunehmend ihre kinetische Energie eingebüßt. Dabei wird dem Strömungsvorgang mechanische Energie als Wärmeenergie entzogen.

Die Teilchen innerhalb der Grenzschicht kommen daher zum Stillstand, noch ehe sie das Gebiet höheren Druckes, z. B. am Ende einer Aufweitung, erreicht haben. Damit kommt es in der Geschwindigkeitsverteilung im Bereich einer Verzögerungsstrecke irgendwann zu einer senkrechten Tangente an der Wand (Abb. 5.1-32). Die abgetrennten Fluidteilchen im stromab gelegenen Gebiet kommen in den Wirkungsbereich eines Druckgradienten entgegen der Fließrichtung. Sie werden deshalb unterstrom der Stelle mit der vertikalen Tangente nach oberstrom beschleunigt: Rückströmung! Innerhalb der Grenzschicht kommt es dabei zu einer Scherströmung, wobei die Trennungslinie nicht stabil ist und in Wirbel zerfällt.

Für die verzögerte Strömung ergeben sich daher einige wichtige Definitionen. Der *Ablösungspunkt* ist der Ort mit einer vertikalen Tangente der Geschwindigkeitsverteilung an der Wand. Unterstrom dieses Punktes kommt es zu einer *Rückströmung*. Hierbei wird dem System dadurch kinetische Energie entzogen, dass infolge der Reibung die Teilchen innerhalb der Rückströmungszone in Bewegung gehalten werden müssen. Die Schubspan-

nungen am Rande der Rückströmungszonen sind wegen der Grenze flüssig/flüssig wesentlich höher als in der Nähe der festen Wand.

Freie Trennflächen

Mit der Rückströmungszone wurde bereits eine Randbedingung angesprochen, bei der sich die Strömung außerhalb der vorgegebenen festen Berandung ihre Begrenzung innerhalb des Strömungsfeldes sucht. Die feste Wand als richtungsweisende Begrenzung, welche normalerweise die Eigenschaft einer Stromlinie aufweist, verliert dann ihre Bedeutung. Es ist einleuchtend, dass die Vorhersage dieser durch die Strömung selbst gesuchten Grenzen schwierig ist. Zum Unterschied zur festen Wand werden derartige Abgrenzungen als „freie Trennflächen" bezeichnet. Eine einfache zweidimensionale Struktur einer solchen Trennfläche bildet die Stufe im Bereich einer Querschnittserweiterung.

Charakteristisch für diese Trennfläche ist ihr instationäres Verhalten. Starke Fluktuationen weisen nicht nur die Geschwindigkeiten im Bereich der Strahlgrenze, sondern auch die Länge der Ablösungszone auf. Die Schwankungsbewegungen werden hierbei durch die starke Wirbelbildung im Bereich der instabilen Trennfläche ausgelöst. Bei derartigen turbulenten Strömungen, bei denen ohne die Anwesenheit von festen Berandungen Geschwindigkeitsgradienten auftreten, spricht man von „freier Turbulenz". Nach [Schlichting 1965] sind drei Arten zu unterscheiden:

- Als *freie Strahlgrenze* wird das Berührungsgebiet gleichgerichteter Strahlen unterschiedlicher Geschwindigkeiten bezeichnet. Besonders ausgeprägt ist dabei die Instabilität der Trennfläche.
- Der *Freistrahl* entsteht beim Ausströmen aus einer Düse. Über seinen Umfang erfolgt die Vermischung mit der ruhenden oder schwach bewegten Umgebung.
- Schließlich bildet sich eine *Nachlaufströmung* hinter bewegten Objekten.

Strahlhydraulik. Für die Anwendungen im Bauingenieurwesen sind die durch Strahlen ausgelösten Bewegungen in großräumigen Strömungsfeldern von besonderem Interesse. In der *Strahlhydraulik* wird nach einer Einteilung von [Kraatz 1989] unterschieden nach dem Oberflächenstrahl, dem Tauch-

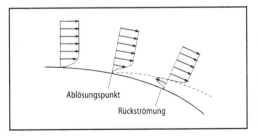

Abb. 5.1-32 Geschwindigkeitsprofil am Ablösungspunkt

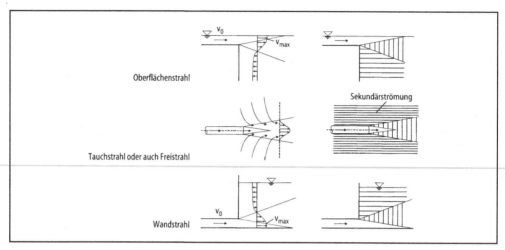

Abb. 5.1-33 Strahlformen [Kraatz 1989]

strahl und dem Wandstrahl. Deren charakteristische Erscheinungsformen sind in Abb. 5.1-33 dargestellt.

Der *Oberflächenstrahl* vermischt sich an seiner Strahlunterseite mit der umgebenden Flüssigkeit. An seiner oberen Berandung kommt es wegen des Kontakts mit der Luft aufgrund der geringeren Dichte des gasförmigen Mediums nur bei sehr hohen Abflussgeschwindigkeiten zu einer Vermischung. Der *Tauchstrahl* ist z. B. beim Auslauf einer Rohrleitung in einen Speicherbehälter anzutreffen. Beim *Wandstrahl* wird die Strahlunterseite durch eine feste Berandung geführt, sodass nur die Strahloberseite eine freie Trennfläche aufweist.

Charakteristisch für alle Arten von Strahlen ist, dass sie über eine bestimmte Lauflänge im sog. „Strahlkern" ihre ursprüngliche Geschwindigkeit bewahren. Durch die Einmischung mit der umgebenden Flüssigkeit nimmt der in Strahlrichtung bewegte Volumenstrom in Fließrichtung zu, während die Strahlgeschwindigkeit gleichzeitig verringert wird. Die Einmischung an den Kontaktzonen führt zu einer großräumigen Sekundärströmung in der Umgebung, welche die zur Einmischung benötigte Flüssigkeitsmenge in die Einmischzone transportiert. Als Strahlgrenze ist der Bereich des Strahles definiert, in dem statistisch der Mittelwert dieser hochturbulenten Strömung den Wert Null erreicht.

Die freie Strahlgrenze hat Grenzschichtcharakter, da in Querrichtung große Geschwindigkeits-

gradienten vorliegen. Dort treten infolge der induzierten Schwankungsbewegungen sehr hohe turbulente Schubspannungen auf. Im Gegensatz zur Wandgrenzschicht haben an der freien Strahlgrenze die viskosen Schubspannungen keinerlei Bedeutung.

Eigenschaften des Tauchstrahls. Die Kernzone gibt an, über welche Länge im Strahl die ursprüngliche Austrittsgeschwindigkeit erhalten bleibt. Außerhalb der Kernzone weisen alle Strahlformen ähnliche Geschwindigkeitsprofile auf (Abb. 5.1-34).

Innerhalb der Strahlgrenzen nimmt der Volumenstrom infolge der Einmischung zu. Der Impulssatz ermöglicht den theoretischen Zugang zu diesem Phänomen. Der Eintrittsimpuls bleibt erhalten, sodass trotz abnehmender Geschwindigkeit der Volumenstrom in Strömungsrichtung innerhalb der Strahlgrenzen zunimmt. Die Rückströmung außerhalb der Strahlgrenzen sorgt für die Einhaltung der Kontinuitätsbedingung. Die Zunahme des Volumenstroms wird begleitet von einer Abnahme der kinetischen Energie. Die gesamte kinetische Energie wird letztlich durch die immer langsamer werdende Bewegung von immer größeren Bereichen des Strömungsfeldes abgebaut. Die hohen Schubspannungen in den freien Trennflächen werden über die Zirkulationsbewegungen an die feste Berandung weitergegeben.

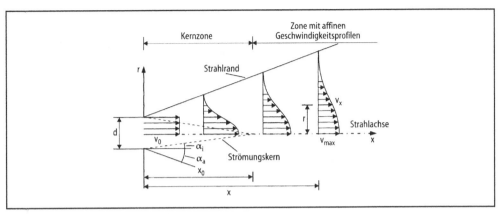

Abb. 5.1-34 Strahlausbreitung beim Tauchstrahl

– Angaben zum *runden Strahl* mit einem Durchmesser d und einer Austrittsgeschwindigkeit v_0:
Länge der Kernzone:

$$\frac{x_k}{d} = 6,2 \,. \qquad (5.1.92)$$

Verhältnis der maximalen Geschwindigkeit v_{max} außerhalb der Kernzone zur Austrittsgeschwindigkeit v_0:

$$\frac{v_{max}}{v_0} = 6,2 \cdot \frac{d}{x} \,. \qquad (5.1.93)$$

Verhältnis der Volumenströme in Abhängigkeit von der Lauflänge:

$$\frac{Q_x}{Q_0} = 0,323 \cdot \frac{x}{d} \,. \qquad (5.1.94)$$

– *Ebener Strahl* mit der Austrittsbreite b:
Länge der Kernzone:

$$\frac{x_k}{b} = 5,2 \,. \qquad (5.1.95)$$

Verhältnis der maximalen Geschwindigkeit v_{max} außerhalb der Kernzone zur Austrittsgeschwindigkeit v_0:

$$\frac{v_{max}}{v_0} = 2,28 \cdot \sqrt{\frac{b}{x}} \,. \qquad (5.1.96)$$

Verhältnis der Volumenströme in Abhängigkeit von der Lauflänge:

$$\frac{Q_x}{Q_0} = 0,62 \cdot \sqrt{\frac{x}{b}} \,. \qquad (5.1.97)$$

Die Theorie vom konstanten Eintrittsimpuls gilt nur für den Nahbereich der Einleitung. Da die kinetische Energie dem System entzogen wird, sind auch dem Einmischungsvorgang Grenzen gesetzt. Eine lineare Zunahme des Volumenstroms mit der Lauflänge entsprechend Gl. (5.1.94) findet nicht statt. Abhängig von den Randbedingungen erreicht Q_x einen Maximalwert und nimmt dann wieder ab [Rinaldi 2003]. Leider sind über diese Vorgänge zu wenig Daten verfügbar. Zur Beurteilung von konstruktiven Maßnahmen in Reaktoren sind hier weitere experimentelle Studien anzumahnen.

5.1.5.2 Widerstand umströmter Körper

Als Beispiel für die Auswirkung unterschiedlicher Berandungen wird der Widerstand umströmter Körper gewählt. Bei der Umströmung von Körpern hängt der *Widerstandsbeiwert* c_w von der Geometrie des Körpers und von der Anströmgeschwindigkeit ab. Der Reibungswiderstand infolge der Haftbedingung an der Körperoberfläche und der Druckwiderstand infolge der Druckverteilung bestimmen den Gesamtwiderstand. Bei strömungsgünstig geformten Körpern überwiegt der Reibungswiderstand, bei stumpfen Körpern (z. B. senkrecht angeströmte quadratische Platte) tritt an den Rändern

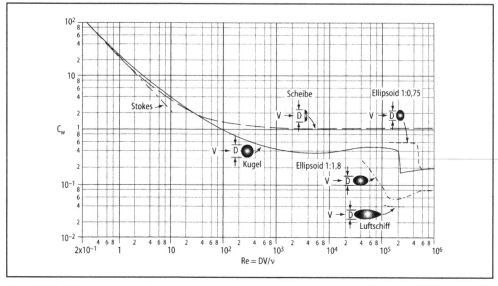

Abb. 5.1-35 Widerstandsbeiwerte für rotationssymmetrische Körper

Ablösung ein, sodass der Widerstand nahezu ausschließlich Druckwiderstand ist.

Die Widerstandskraft wird allgemein in Abhängigkeit der senkrecht zur Strömung projizierten Körperangriffsfläche A und der Anströmgeschwindigkeit v angegeben.

$$F_w = c_w \cdot A \cdot \frac{\varrho \cdot v^2}{2}. \tag{5.1.98}$$

Für die umströmte Kugel ist der c_w-Wert in Abb. 5.1-35 in Abhängigkeit von der Reynolds-Zahl aufgetragen. Auffallend ist v. a. der plötzliche Abfall des c_w-Wertes im Bereich der Reynolds-Zahlen Re > 10^5. Hierfür ist der Umschlag der Grenzschicht an der Kugeloberfläche von der laminaren zur turbulenten ursächlich.

Durch die einsetzenden Schwankungsbewegungen kommt es zu einem Quertransport des Grenzschichtmaterials und damit zu einer Verlagerung des Ablösungspunktes zur Kugelrückseite. Dies führt zu einer beträchtlichen Verringerung des Druckwiderstands.

Die Widerstandsbeiwerte für die umströmte Kugel können in Anlehnung an Abb. 5.1-35 in folgende Bereiche unterteilt werden:

Stokes: $c_w = \dfrac{24}{Re}$, $\tag{5.1.99}$

Newton: $c_W \approx 0{,}44$ für $10^3 < Re < 10^5$, $\tag{5.1.100}$

Übergang: $c_w = \dfrac{24}{Re} + 4 \cdot Re^{-\frac{1}{2}} + 0{,}4$. $\tag{5.1.101}$

Kenntnisse über den Kugelwiderstand werden benötigt zur Bestimmung der Fallgeschwindigkeit von Regentropfen in Luft oder von Kugeln (Sandkörnern) in Flüssigkeit. Für den großen Anwendungsbereich der Sedimentation (z. B. in Kläranlagen) sind Kenntnisse über das Absetzverhalten der zu sedimentierenden Partikel notwendig. Häufig handelt es sich dabei um unregelmäßig geformte Partikel, deren Dichte sich aufgrund des hohen Wassergehalts nur unwesentlich von derjenigen des Wassers unterscheidet.

Von noch größerer Bedeutung für technische Anwendungen ist die Umströmung des Zylinders mit Kreisquerschnitt. Wie aus Abb. 5.1-36 zu ersehen ist, zeigt das Widerstandsverhalten einen ähnlichen Verlauf wie bei der Umströmung der Kugel.

Wesentlich an der Umströmung von Zylindern großer Länge (Schornsteine, Drähte) ist, dass infolge einer fehlenden Abrisskante die Wirbelablö-

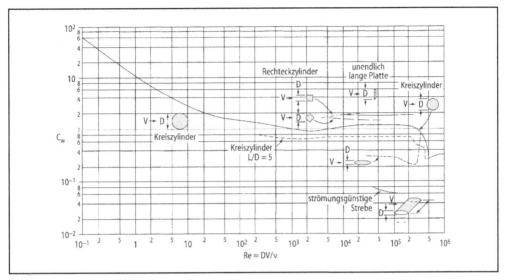

Abb. 5.1-36 Widerstandsbeiwerte für zylindrische Körper

sung an Ober- und Unterseite alternierend erfolgt. Dadurch werden jeweils Querkräfte auf den Zylinder ausgeübt, der unter der Frequenz der Wirbelablösung zum Schwingen senkrecht zur Anströmrichtung angeregt wird.

Für große Reynolds-Zahlen kann beim Zylinder die Wirbelablösefrequenz f mit Hilfe einer dimensionslosen Kennzahl

$$\text{Str} = \frac{f \cdot d}{v} \qquad (5.1.102)$$

nach Strouhal berechnet werden. Für Reynolds-Zahlen Re > 10^3 bleibt mit Str = 0,2 diese Kennzahl konstant.

Weitere Widerstandsbeiwerte von praktischer Bedeutung sind:

- quadratische Platte $c_w = 1,0$;
- Rechteck (b→ ∞) $c_w = 2,01$;
- Kreisplatte $c_w = 1,11$.

Bei der Ablösung an vorgegebenen Kanten wie bei den vorstehend angeführten Platten kann der c_w-Wert mit Hilfe der Potentialtheorie (s. 5.1.6) bestimmt werden. Beim Rechteck unendlicher Breite ist der erhöhte c_w-Wert dadurch erklärbar, dass infolge der behinderten seitlichen Umströmung an der Plattenvorderseite der Druck durch den Stau-

druck geprägt wird und an der Plattenrückseite ein Unterdruck in etwa gleicher Größenordnung entsteht. Dieser wird durch die erhöhte Geschwindigkeit an der Plattenkante erzeugt.

5.1.6 Potentialströmung

Gegenstand der *Potentialtheorie* ist die zweidimensionale Behandlung der reibungs- und drehungsfreien Strömung eines idealen Fluids. Trotz dieser weitgehenden Einschränkungen sind die Voraussetzungen des idealen Fluids für große Bereiche des realen Strömungsfeldes erfüllt. Sie sind nicht erfüllt in Wandnähe, weil hier die sog. „Haftbedingung" greift. Eine Unterteilung des Strömungsfeldes in Bereiche, die als Potentialströmung betrachtet werden können, und solche, in denen die Reibungsfreiheit nicht toleriert werden kann, ist zur Abgrenzung wichtig.

5.1.6.1 Potentialtheorie

Reibungslose und drehungsfreie Strömungen sind Potentialströmungen im Sinne der mathematischen Strömungslehre. Für sie existiert die von Helmholtz eingeführte Potentialfunktion Φ, das *Ge-*

schwindigkeitspotential. Für die Geschwindigkeitskomponenten gilt

$$v = \mathbf{grad}\ \Phi. \tag{5.1.103}$$

In der zweidimensionalen Strömung sind z. B. im kartesischen Koordinatensystem mit den Richtungen x und y die Geschwindigkeitskomponenten v_x und v_y durch die partielle Ableitung von Φ gegeben:

$$v_x = \frac{\partial \Phi}{\partial x}, \qquad v_y = \frac{\partial \Phi}{\partial y}. \tag{5.1.104}$$

Auf den Äquipotentiallinien ist die Größe des Potentials konstant; es gilt also $\Phi(x,y) = $ const. Im quellenfreien Strömungsfeld gilt zudem die Kontinuitätsbedingung nach Gl. (5.1.33), also

$$\text{div}\ \mathbf{v} = 0\ ,$$

welche für das ebene Geschwindigkeitsfeld wie folgt lautet:

$$\frac{\partial v_x}{\partial x} + \frac{\partial v_y}{\partial y} = 0\ .$$

Nach dem Einsetzen von Gl. (5.1.104) in die Kontinuitätsbedingung erhält man über

$$\text{div}\ (\mathbf{grad}\ \Phi) = \Delta\Phi = 0$$

die *Laplace'sche Differentialgleichung*, welche in der Komponentendarstellung auf

$$\frac{\partial^2 \Phi}{\partial x^2} + \frac{\partial^2 \Phi}{\partial y^2} = 0 \tag{5.1.105}$$

führt. Diese Dgl. beschreibt ein Strömungsfeld, in dem zwei ausgezeichnete Linienscharen, die *Strom-* und *Äquipotentiallinien*, senkrecht aufeinander stehen. Strom- und Potentiallinien bilden das sog. „Strömungsbild" aus einander rechtwinklig sich kreuzenden Linienscharen. Da senkrecht zur Berandung keine Strömung erfolgt, muss dort $\partial\Phi/\partial n = 0$ sein. Die Berandung ist demnach zugleich eine Stromlinie. Ein Strömungsfeld ist dann bestimmt, wenn

$$\Phi = \Phi(x,y)$$

bekannt ist.

Die Stromlinien können durch die Stromfunktion Ψ beschrieben werden. Bezüglich der *Stromfunktion* gilt

$$v_x = \frac{\partial \Psi}{\partial y}, \quad v_y = -\frac{\partial \Psi}{\partial x}.$$

Werden diese Ausdrücke in Gl. (5.1.23) für die Stromlinie eingesetzt, so ist

$$v_x \cdot dy - v_y \cdot dx = 0\ ,$$

$$\frac{\partial \Psi}{\partial y}\,dy + \frac{\partial \Psi}{\partial x}\,dx = d\Psi = 0$$

und damit $\Psi = $ const. Das Strömungsbild besteht demnach aus Linien $\Phi = $ const und $\psi = $ const. Da die Potentialströmung voraussetzungsgemäß drehungsfrei ist, gilt

$$\mathbf{rot}\ \mathbf{v} = 0\ ,$$

$$\frac{\partial v_y}{\partial x} - \frac{\partial v_x}{\partial y} = 0$$

und mit den o. g. Geschwindigkeitskomponenten aus der Stromfunktion dann auch

$$-\frac{\partial^2 \Psi}{\partial x^2} - \frac{\partial^2 \Psi}{\partial y^2} = \frac{\partial^2 \Psi}{\partial x^2} + \frac{\partial^2 \Psi}{\partial y^2} = \Delta\Psi = 0\ .$$

Für die ebene drehungsfreie Strömung erfüllt auch die Stromfunktion Ψ die Laplace'sche Gleichung. Φ und Ψ sind austauschbar.

5.1.6.2 Einfache Potentialströmungen

Die denkbar einfachste Strömung ist eine *Parallelströmung*, bei der lediglich eine Translationsbewegung ausgeführt wird. Für die zweidimensionale Bewegung in der x-y-Ebene sei dafür vorgegeben, dass die Bewegung lediglich in Richtung der positiven x-Achse stattfindet. Die Komponenten des Strömungsfeldes sind damit nach Abb. 5.1-37

$$v_x = v, \quad v_y = 0.$$

Nach Gl. (5.1.104) gelten dann für die Strom- und Äquipotentiallinien in diesem Feld folgende Beziehungen:

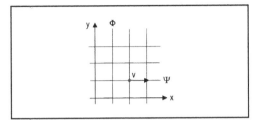

Abb. 5.1-37 Parallelströmung

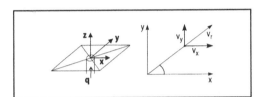

Abb. 5.1-38 Quellen- und Senkenströmung

$$\frac{\partial \Phi}{\partial x} = v_x = \frac{\partial \Psi}{\partial y},$$

$$\frac{\partial \Phi}{\partial y} = 0 = -\frac{\partial \Psi}{\partial x}.$$

Die Integration führt direkt zu allgemeinen Lösungen, wobei hier die Integrationskonstanten nicht bestimmt werden, da keine näheren Angaben vorliegen.

$$\Phi = v_x \cdot x + c_1, \qquad (5.1.107)$$
$$\Psi = v_x \cdot y + c_2. \qquad (5.1.108)$$

Äquipotentiallinien sind damit Parallelen zur y-Achse, Stromlinien Parallelen zur x-Achse.

Quellen und *Senken* sind Begriffe der mathematischen Strömungslehre, welche in Strömungsfeldern singuläre Punkte markieren, aus denen heraus eine radiale Strömung ihren Anfang (Quelle) oder ihr Ende (Senke) nimmt. Beide Strömungsarten sind Grundlagen für die Simulation von Grundwasserströmungen. Die ebene Senkenströmung entspricht der Anströmung des *Vertikalbrunnens*, die ebene Quellenströmung der Abströmung aus dem *Schluckbrunnen*. Bei der Quellenströmung nach Abb. 5.1-38 ist die Radialkomponente v_r vom Nullpunkt weggerichtet, bei der Senkenströmung ist es umge-

kehrt. Über den Vorzeichenwechsel für die Quellenstärke q ergeben sich die Gleichungen für die Senkenströmung. Die Einspeisung im Nullpunkt des Koordinatensystems kann man sich durch eine von unten angeordnete Rohrleitung vorstellen.

In Polarkoordinaten können für die Quelle die Geschwindigkeiten wie folgt dargestellt werden:

$$v_r = \frac{q}{2\pi r}, \qquad v_\varphi = 0. \qquad (5.1.109)$$

Bei der Übertragung in das kartesische Koordinatensystem sind die Geschwindigkeitskomponenten

$$v_x = v_r \cdot \cos \varphi = [q/(2 \cdot \pi \cdot r)] \cdot \cos \varphi,$$
$$v_y = v_r \cdot \sin \varphi . \qquad (5.1.110)$$

Die Gleichung für die Radialkomponente wurde über die Kontinuitätsbedingung aus der Quellenstärke $q = v_r \cdot 2 \cdot \pi \cdot r$ ermittelt. Da die Quellenstärke als Randbedingung vorgegeben und 2π eine konstante Größe ist, gilt

$$q/(2\pi) = c = v_r \cdot r = \text{const.} \qquad (5.1.111)$$

Integriert wird hier wieder über die Beziehungen mit den Geschwindigkeitskomponenten v_x und v_y nach Gl. (5.1.110), wobei eine kleine Umformung wegen r vorgenommen wird.

$$\frac{\partial \Phi}{\partial x} = v_x = \frac{q}{2\pi r}\left(\frac{r}{r}\right)\cos \varphi$$
$$= \frac{q}{2\pi}\left(\frac{x}{x^2 + y^2}\right) = \frac{\partial \Psi}{\partial y}, \qquad (5.1.112)$$

$$\frac{\partial \Phi}{\partial y} = v_y = \frac{q}{2\pi r}\left(\frac{r}{r}\right)\sin \varphi$$
$$= \frac{q}{2\pi}\left(\frac{y}{x^2 + y^2}\right) = -\frac{\partial \Psi}{\partial x}. \qquad (5.1.113)$$

Nach der Integration folgen auch hier wieder die Beziehungen für die Äquipotential- und Stromlinien zu

$$\Phi = \frac{q}{2\pi}\frac{1}{2}\ln(x^2 + y^2) = \frac{q}{2\pi} \cdot \ln r = c \cdot \ln r,$$
$$(5.1.114)$$

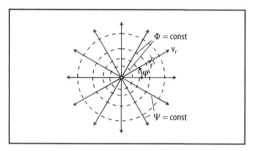

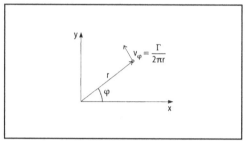

Abb. 5.1-39 Strom- und Äquipotentiallinien für die Quellenströmung

Abb. 5.1-40 Potentialwirbel

$$\Psi = \frac{q}{2\pi} \tan^{-1}\left(\frac{y}{x}\right) = \frac{q}{2\pi}\varphi = c \cdot \varphi. \qquad (5.1.115)$$

In Abb. 5.1-39 sind die beiden Linienscharen in einem kartesischen Koordinatensystem eingetragen. Die Stromlinien laufen vom Ursprung radial nach außen, die Äquipotentiallinien sind konzentrische Kreise.

Die Überlagerung der Translations- mit der Quellen- oder Senkenströmung führt zu wichtigen Strömungsbildern für die Grundwasserhydraulik.

Durch Vertauschen von Strom- und Potentialfunktion wird die Quellenströmung in die Strömung für den (geraden) *Potentialwirbel* übergeführt. Da dieser der Laplace'schen Gleichung genügt, ist die dabei entstehende Strömung voraussetzungsgemäß rotationsfrei. In Anlehnung an die Gln. (5.1.114) und (5.1.115) ergeben sich folgende Funktionen:

$$\Phi = c \cdot \varphi, \qquad (5.1.116)$$

$$\psi = c \cdot ln\text{-}r. \qquad (5.1.117)$$

Zu beachten ist, dass in Abb. 5.1-40 die Drehung des Potentialwirbels mathematisch positiv, also entgegen den Uhrzeigersinn, angegeben ist. Die Geschwindigkeitsverteilung im Potentialwirbel ist

$$v_\varphi = \frac{c}{r}. \qquad (5.1.118)$$

Die Wirbelstärke wird durch die Zirkulation ausgedrückt. Für den Potentialwirbel ist wegen

$$\oint v \cdot ds = \Gamma$$

längs r_1=const auch $v\varphi$=const, somit ist

$$\Gamma = \frac{c}{r_1} \cdot \int ds = 2 \cdot \pi \cdot c. \qquad (5.1.119)$$

Infolge der Überlagerung des Potentialwirbels mit der Quellen- oder Senkenströmung entstehen Wirbelquellen bzw. -senken. Mit der Kombination von Translationsströmung und Potentialwirbel wird die Umströmung des drehenden Zylinders simuliert. Dabei wird wegen der unterschiedlichen Geschwindigkeiten an Ober- und Unterseite des Zylinders eine Querkraft erzeugt (Magnus-Effekt).

5.1.6.3 Strömungsbilder für vorgegebene Randbedingungen

Die in 5.1.6.2 behandelten einfachen Strömungen beschreiben Äquipotential- und Stromlinien für ein unbegrenztes Strömungsfeld. Allgemein ist jedoch ein Geschwindigkeitsfeld zu bestimmen, bei dem die Geometrie (Randstromlinien) vorgegeben ist. Analytische Lösungen für ein vorgegebenes Strömungsfeld sind schwierig und Gegenstand der Funktionentheorie (konforme Abbildung). Es liegen allerdings für eine große Zahl von Strömungen *Strömungsbilder* vor. Abbildung 5.1-41 zeigt einen Ausschnitt aus einem Strömungsbild.

Das Strömungsbild lässt wichtige Rückschlüsse auf die Geschwindigkeiten im Strömungsfeld zu. Da senkrecht zu den Stromlinien kein Volumenstrom stattfinden kann, gilt für die Richtung normal zu den Stromlinien allgemein

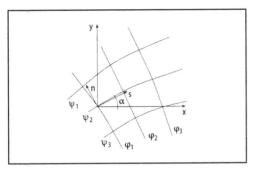

Abb. 5.1-41 Strom- und Äquipotentiallinien

$$v = \frac{d\Psi}{dn}.$$ (5.1.120)

Zwischen zwei Stromlinien Ψ_2 und Ψ_1 gilt demnach für den Durchfluss

$$d\psi = q = v \cdot dn .$$ (5.1.121)

In einem Strömungsbild, bei dem die Abstände zwischen den einzelnen Stromlinien Ψ mit dn und diejenigen zwischen den Äquipotentiallinien Φ mit ds bezeichnet werden, wird ein quadratisches Gitter aus den beiden Linienscharen für dn = ds er-

reicht. Dies kann ein wesentliches Hilfsmittel für die Konstruktion dieser Linienscharen sein, da auch bei gekrümmten Linien krummlinige Quadrate gebildet werden. Unter dieser Voraussetzung gilt die Identität

$$\frac{d\Psi}{dn} = \frac{d\Phi}{ds}.$$ (5.1.122)

Die daraus zu folgernden Rückschlüsse auf Eigenschaften der so gekennzeichneten Strömung sind anhand von Abb. 5.1-42 dargestellt [Rouse 1950].

In diesem Strömungsbild sind für den Abfluss über ein scharfkantiges Messwehr Strom- und Äquipotentiallinien so eingezeichnet, dass ein Netz von krummlinigen Quadraten gebildet wird. Die Strömung weist eine freie Oberfläche bei der Anströmung zum Wehr auf. Nach dem Verlassen der Wehrkante bildet sich ein freier Überfallstrahl aus.

Wichtig ist, dass in jedem Punkt des Strömungsfeldes die Gleichung von Bernoulli erfüllt ist. Die Summe aus Ortshöhe, Druckhöhe und Geschwindigkeitshöhe ergibt jeweils eine konstante Größe. Ist somit an einem Punkt des Strömungsfeldes (z. B. an der Oberfläche des Überfallstrahls) die Geschwindigkeit bekannt, so ist auch die Bernoulli'sche Konstante, in diesem Fall die Lage der Energiehöhe, gegeben. Denn an der freien Oberfläche ist die

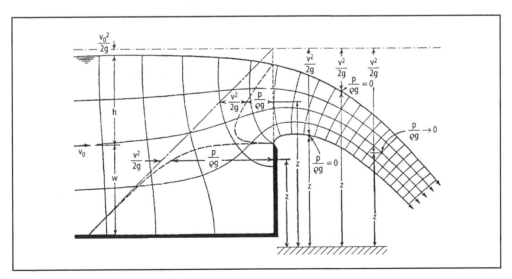

Abb. 5.1-42 Abfluss über ein Messwehr [Rouse 1950]

Druckhöhe identisch mit der Ortshöhe. Damit ist zugleich auch im Inneren des Strömungsfeldes die Zuordnung der drei Terme der Bernoulli-Gleichung zueinander bekannt.

Je geringer in diesem Strömungsbild die Abstände zwischen den Stromlinien sind, desto größer ist die jeweilige Geschwindigkeit. An der Strahlunterseite ist in Abb. 5.1-42 beispielsweise der Abstand zwischen den Stromlinien am geringsten. Nach Gl. (5.1.120) sind deshalb dort die Geschwindigkeiten am größten. Über die Geschwindigkeitsverteilung kann die Druckverteilung im Inneren des Strömungsfeldes errechnet werden. Im Beispiel sind die Druckverteilungen angetragen im Strahl über der Wehrkante und über die Höhe des Wehrs. Da unmittelbar an der Wehrkante als Randbedingung der Atmosphärendruck herrscht, ist ein entsprechender Druckabfall zu verzeichnen. Die nichtlineare Druckverteilung über der Wehrkante ist typisch für ein Strömungsfeld mit gekrümmten Strombahnen.

Das Strömungsbild weist auch unmittelbar an der Wand endliche Geschwindigkeiten auf, die in der vom Wehr unbeeinflussten Zone am linken Bildrand der mittleren Anströmgeschwindigkeit v_0 entsprechen. Der feste Rand als Stromlinie genügt der Randbedingung $v_n = 0$; die Tangentialgeschwindigkeit v_s ist allein durch die Richtung der Berandung bestimmt und von endlicher Größe, also $v_s > 0$.

Zur Konstruktion derartiger Strömungsbilder bediente man sich früher unterschiedlichster, auch graphischer, Verfahren. Heute ist das zweidimensionale Strömungsfeld auch numerisch nachzuvollziehen.

5.1.6.4 Grenzen der Anwendbarkeit der Potentialtheorie

Die reibungsfreie Behandlung von Strömungsproblemen hat ihre Grenzen dort, wo die Beschreibung der Strömung mit Hilfe der Potentialtheorie zu Ergebnissen führt, die im Widerspruch zur Erfahrung stehen. Besonders deutlich wurde dies bei der Simulation der Umströmung eines Kreiszylinders. Hier zeigt das potentialtheoretisch ermittelte Strömungsbild eine symmetrische Umströmung des Kreisprofils. Die Strömung weist nach diesem Ergebnis an der Vorder- und Rückseite des Profils einen Staupunkt auf. Wegen der Symmetrie im

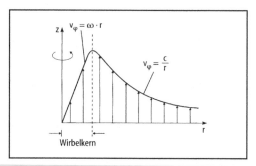

Abb. 5.1-43 Geschwindigkeitsverteilung in einem Wirbel

Strömungsfeld sind deshalb auch die Druckverteilungen längs der Vorder- und Rückseite identisch, so dass potentialtheoretisch kein Widerstand auftritt (d'Alambert'sches Paradoxon).

Die Potentialtheorie ist demnach nicht in der Lage, *Einflüsse der Körpergeometrie* richtig zu interpretieren. Die infolge der Druckanstiege in der Grenzschicht ausgelöste Umlagerung wird im Strömungsfeld nicht erkannt.

Auf die Bedeutung des *Potentialwirbels* wurde bereits hingewiesen. Nach Gl. (5.1.118) nimmt die Tangentialgeschwindigkeit mit kleiner werdendem Radius zu. Da für $r \to 0$ die Geschwindigkeit $v_\varphi \to \infty$ gehen müsste, kann die Wirbelbewegung nur bis zu einem Grenzwert für r aufrecht erhalten werden. Weil die viskosen Schubspannungen im realen Fluid proportional dem Geschwindigkeitsgradienten sind, würden sie mit Annäherung an die Drehachse auch unendlich groß.

In Abb. 5.1-43 ist die Geschwindigkeitsverteilung in einem Wirbel gezeigt. Dieser dreht in einer x-y-Ebene, seine Drehachse ist demnach die z-Achse. Im Außenbereich folgt die Geschwindigkeitsverteilung dem durch Gl. (5.1.118) beschriebenen Potentialwirbel. Mit Annäherung an die Drehachse werden die Geschwindigkeitsgradienten so hoch, dass sich der Wirbelkern wie ein Festkörper dreht. Dann entspricht die Geschwindigkeitsverteilung mit $v_\varphi = r \cdot \omega$ der erzwungenen Rotation. Der Potentialwirbel mit rotierendem Wirbelkern wird als „Oseen-Wirbel", in der englischsprachigen Literatur als „Rankine-Wirbel" bezeichnet.

Bei Wirbeln, die an der freien Oberfläche zu beobachten sind, senkt sich die Wasseroberfläche mit zunehmender Umfangsgeschwindigkeit immer weiter. Findet gleichzeitig ein Wasserabfluss senkrecht zur Oberfläche statt – dies gilt z. B. für den Badewannenwirbel –, wird der Wirbelbewegung eine Längskomponente der Geschwindigkeit aufgezwungen. Dies ist demnach ein dreidimensionaler Strömungsvorgang.

5.1.7 Grundwasserströmung

Zugang zur Strömung des Grundwassers bietet die in einem Pegelrohr gemessene *Standrohrspiegelhöhe*, welche die Summe aus geodätischer Höhe und Druckhöhe für einen Punkt des Grundwasserleiters wiedergibt. Die Strömung im Grundwasserleiter ist grundsätzlich laminar. Ihr Widerstandsverhalten wird durch das *Darcy'sche Gesetz*

$$v_f = -k_f \frac{\Delta h}{\Delta l} = -k_f J \qquad (5.1.123)$$

beschrieben. Hierbei sind v_f die Filtergeschwindigkeit, J das Gefälle der Standrohrspiegelhöhe h in Strömungsrichtung und k_f die Durchlässigkeit nach Darcy. Im Filterversuch wird dabei die Filtergeschwindigkeit aus dem Quotienten zwischen dem Durchfluss und der Bruttofläche des Bodenkörpers ermittelt. Die Filtergeschwindigkeit ist demnach eine fiktive Größe; die in den Hohlräumen des Bodenkörpers auftretenden tatsächlichen Geschwindigkeiten sind entsprechend dem Hohlraumanteil größer. Die *Durchlässigkeit* nach Gl. (5.1.123) hat die Dimension einer Geschwindigkeit. Eine Anpassung an einen Kennwert für ein poröses Medium ist durch die Einführung der *Permeabilität*

$$k_0 = \frac{k_f \nu}{g} \qquad (5.1.124)$$

möglich. Mit der kinematischen Zähigkeit ν wird hierbei auch eine Eigenschaft des strömenden Fluids berücksichtigt. Eine charakteristische Länge für ein betrachtetes poröses Medium wird durch den Ausdruck $\sqrt{k_0}$ erreicht, da die Permeabilität nach Gl. (5.1.124) die Dimension einer Fläche hat. Die für praktische Berechnungen verwendete Durchlässigkeit ist nur im Labor- oder Feldversuch bestimmbar. Das in Gl. (5.1.123) formulierte lineare Widerstandsgesetz kann aus den Navier-Stokes'schen Bewegungsgleichungen für die laminare Strömung im Porenraum ohne Einwirkung von Trägheitskräften abgeleitet werden.

Die denkbar einfache Form der Bewegungsgl. (5.1.123) für die eindimensionale Strömung wird durch den Ausdruck

$$\mathbf{v} = -\mathbf{grad}\,(k_{ij} \cdot h) \qquad (5.1.125)$$

für die allgemeine Anwendung erweitert. In dieser Gleichung wird auf die Wiedergabe der Indizes f verzichtet und einer möglichen Abhängigkeit der Durchlässigkeit von Ort und Richtung Rechnung getragen.

Zur Behandlung von Grundwasserströmungen ist die Verknüpfung mit der Kontinuitätsgleichung erforderlich. Wegen der Einteilung der Grundwasserleiter in gespannte, halbgespannte und ungespannte sind nicht nur die Eigenschaften von Bodenkörper und Fluid, sondern auch die Berandung des betrachteten Volumenelements bei ihrer Formulierung von Bedeutung. Im *gespannten Leiter* ist wegen der Kompressibilität von Fluid und Bodenkörper der Massenstrom zu bilanzieren, während Zu- bzw. Aussickerungen im *halbgespannten* und Veränderungen der Grundwasseroberfläche sowie die Grundwasserneubildung im *ungespannten Leiter* beim Volumenstrom berücksichtigt werden müssen. In lokaler Form gilt für den gespannten Leiter

$$S_0 \frac{\partial(\varrho h)}{\partial t} + \mathrm{div}\,(\varrho \mathbf{v}) = 0 \qquad (5.1.126)$$

mit S_0 als spezifischen Speicherkoeffizienten, welcher die Änderung des gespeicherten Wasservolumens je Volumeneinheit bei Änderung der Standrohrspiegelhöhe um 1 m angibt. Für die ungespannte Grundwasserströmung mit freier Oberfläche folgt unter Verwendung der Annahmen von Dupuit, bei der u. a. die Vertikalkomponente der Filtergeschwindigkeit vernachlässigt wird, für die Bilanzierung des Volumenstroms

$$\frac{\partial q_x}{\partial x} + \frac{\partial q_y}{\partial y} = v_N - n_{sp} \frac{\partial h}{\partial t}. \qquad (5.1.127)$$

In dieser Darstellung ist durch eine Integration der Komponenten der Filtergeschwindigkeit über die

Höhe h zwischen der Sohle der Grundwasser füh-
renden Schicht und der Grundwasseroberfläche
ein Abfluss q pro Flächeneinheit definiert worden.
Mit v_N ist die Neubildung bzw. die Entnahme, bezogen auf den Grundriss des Kontrollvolumens,
bezeichnet; n_{sp} ist der speichernutzbare Hohlraumanteil des Grundwasserkörpers. Die Einführung
der Grundwasseroberfläche definiert deren vertikale Begrenzung an dem Ort, an dem der hydrostatische Druck dem Atmosphärendruck entspricht.
Wegen der Grenzflächeneffekte ist dieser Ort nicht
identisch mit dem Übergang zur ungesättigten
Zone. Da bei Veränderungen der freien Oberfläche
eine Auffüllung bzw. Entleerung des Porenraums
erfolgt, im gespannten Leiter dagegen die Freisetzung von Wasser allein durch die Entspannung infolge Druckänderung bedingt ist, gilt allgemein
$n_{sp} \gg S_0 \cdot h$.

Durch Einsetzen der Bewegungsgl. (5.1.125) in
die entsprechende Kontinuitätsbedingung erhält
man für die verschiedenen Grundwasserleiter die
beschreibenden Dgln. Im allgemeinsten Fall gilt
für den gespannten Leiter

$$\text{div}(\varrho\, k_{ij}\, \text{grad}\, h) = S_0 \frac{\partial(\varrho h)}{\partial t}. \qquad (5.1.128)$$

Da die Dichteänderung im spezifischen Speicherkoeffizienten mit erfasst ist, kann für den Sonderfall des homogenen isotropen Grundwasserleiters
die Beziehung

$$\Delta h = \frac{S}{T} \frac{\partial h}{\partial t} \qquad (5.1.129)$$

abgeleitet werden. Mit T wird die *Transmissivität*
eingeführt, die das Produkt aus mittlerer Durchlässigkeit und Mächtigkeit der Grundwasser führen-
den Schicht darstellt. S ist der ebenfalls durch

Multiplikation mit der Mächtigkeit gewonnene dimensionslose Speicherkoeffizient. Im Fall der stationären Strömung wird daraus

$$\Delta h = 0. \qquad (5.1.130)$$

Diese Art der Grundwasserströmung genügt also
der Laplace'schen Dgl. Für die horizontale Strömung im halbgespannten Leiter ist unter den sonst
gleichen Voraussetzungen die rechte Gleichungsseite durch den Ausdruck v_z/T zu ersetzen, wobei
v_z die als vertikal angenommene Geschwindigkeit
der Zu- bzw. Aussickerung kennzeichnet. Im ungespannten Grundwasserleiter wird unter Anwendung der Vereinfachungen nach Dupuit eine zweidimensionale Bewegung ohne Vertikalkomponenten beschrieben. Bei nicht horizontaler Sohle ist
$z_s = z_s(x,y)$. Daraus folgt

$$k\left[\begin{array}{c}\frac{\partial}{\partial x}\left(h\frac{\partial h}{\partial x}\right)+\frac{\partial}{\partial y}\left(h\frac{\partial h}{\partial y}\right)\\[2mm]-\frac{\partial}{\partial x}\left(z_s\frac{\partial h}{\partial x}\right)-\frac{\partial}{\partial y}\left(z_s\frac{\partial h}{\partial y}\right)\end{array}\right]+v_N = n_{sp}\frac{\partial h}{\partial t}.$$
$$(5.1.131)$$

Für die stationäre Strömung über einer horizontalen Sohle wird

$$\Delta(h^2) = 0. \qquad (5.1.132)$$

Diese nichtlineare Beziehung erschwert die Lösung der Gleichung, deshalb wird versucht, durch
eine Linearisierung einen Gleichungstyp nach
Gl. (5.1.130) zu erhalten.

Diese Dgln. sind den Randbedingungen des
vorgegebenen Strömungsfeldes anzupassen. Bei
instationären Strömungen sind zudem die Anfangsbedingungen zu beachten. Die wichtigsten Randbedingungen sind in Abb. 5.1-44 wiedergegeben:

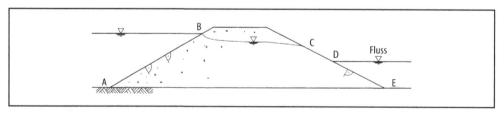

Abb. 5.1-44 Kennzeichnung von Randbedingungen

– undurchlässige Ränder, die zugleich Stromlinien sind, da die Strömung parallel zu ihnen verläuft (Strecke AE), zugleich ist $\partial h/\partial n = 0$ und $v_n = 0$ (Neumann-Randbedingung),

– Ränder mit vorgegebener Standrohrspiegelhöhe $h = const$ bzw. $h = h(t)$ wie die Strecken AB und DE (Dirichlet-Randbedingung),

– freie Oberflächen wie die Strecke BC, die nur bei stationärer Strömung ohne Zusickerung auch Stromlinien sind, auf denen jedoch der Druck dem Atmosphärendruck entspricht ($p = p_a$),

– Sickerflächen längs der Strecke CD, an denen das Grundwasser am Punkt C als Hangquelle austritt, was eine Strömung mit freier Oberfläche unter $v > 0$ bedingt.

Eine direkte Lösung der angegebenen Dgln. durch Integration ist nur für einfache Strömungszustände möglich. Vereinfachungen des Strömungsfeldes wie die Vorgabe von geradlinig verlaufenden Stromlinien begünstigen diese Lösung. Bei stationären Strömungen erhält man den Verlauf der Standrohrspiegelhöhen im betrachteten Strömungsfeld. Die zugehörigen Geschwindigkeiten sind durch die Ableitung der Standrohrspiegelhöhen nach den interessierenden Richtungen im Nachlauf zu berechnen. Für zweidimensionale Strömungsfelder wurden mit Hilfe der konformen Abbildung auch analytische Lösungen für die krummlinige Bewegung abgeleitet. Für charakteristische Randbedingungen sind daraus sog. „Formbeiwerte" abgeleitet worden, mit deren Hilfe z. B. die Unterströmung von Bauwerken berechnet werden kann. Numerische Methoden werden diese Verfahren allmählich verdrängen.

Von den analytischen Lösungen für geradlinige Strömungen werden hier nur die wichtigsten Brunnengleichungen angegeben, welche der Anströmung einer Senke entsprechen. Im gespannten Leiter wird für die stationäre Strömung auf Gl. (5.1.130) zurückgegriffen, welche im homogenen Leiter für Zylinderkoordinaten wie folgt lautet:

$$\frac{\partial^2 h}{\partial r^2} + \frac{1}{r}\frac{\partial h}{\partial r} = 0 . \qquad (5.1.133)$$

Zweimalige Integration führt zu einer allgemeinen Beziehung für den Verlauf der Standrohrspiegelhöhe:

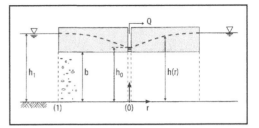

Abb. 5.1-45 Schematische Darstellung der Brunnenanströmung im gespannten Leiter

$$h = C_1 \cdot \ln - r + C_2 . \qquad (5.1.134)$$

Mit Hilfe der sog. „Inselbedingung" (Abb. 5.1-45), die für den Inselradius r_1 die unveränderliche Standrohrspiegelhöhe h_1 festlegt, werden die Integrationskonstanten berechnet. Nach Einführung der Geschwindigkeit v_r im Abstand r erhält man schließlich die bekannte Gleichung

$$Q = 2\pi k \, b \frac{h_1 - h}{\ln(r_1/r)} . \qquad (5.1.135)$$

In Analogie zu den Verhältnissen im gespannten Leiter wird mit Hilfe der Dupuit-Annahmen für den ungespannten Leiter

$$Q = \pi k \frac{h_1^2 - h^2}{\ln(r_1/r)} . \qquad (5.1.136)$$

Die Lösung der Gl. (5.1.130) für die instationäre Strömung im gespannten Leiter geht auf Theis zurück. Für die Absenkung $s(r,t) = h_1 - h(r,t)$ sowie die Anfangsbedingungen $s(r,0) = 0$ und $s(\infty,t) = 0$ wird als Randbedingung eine konstante Entnahme Q für $t > 0$ vorgegeben. Nach der Einführung einer neuen Variablen

$$u = \frac{Sr^2}{4Tt} \qquad (5.1.137)$$

lautet die Lösung für die raum-zeitliche Absenkung

$$s(r,t) = \frac{Q}{4\pi T}\int_U^\infty \frac{e^{-u}}{u}\mathrm{d}u = \frac{Q}{4\pi T}W(u), \qquad (5.1.138)$$

wobei die sog. „Brunnenfunktion" W(u) durch eine Reihenentwicklung

$$W(u) = -0{,}5772 - \ln u - \sum_{n=1}^{n \to \infty} (-u)^n \frac{1}{n \, n!} \quad (5.1.139)$$

wiedergegeben werden kann.

Wichtige praktische Grundwasserströmungen mit krummlinigen Strombahnen lassen sich durch Überlagerung von Einzellösungen für die geradlinige Bewegung mit Hilfe der Potentialtheorie lösen. Für die ebene Strömung im homogenen und isotropen Leiter ist nach der verallgemeinerten Form der Bewegungsgl. (5.1.125)

$$\mathbf{v} = -\mathbf{grad}\,(k \cdot h) = -\mathbf{grad}\,\varphi.$$

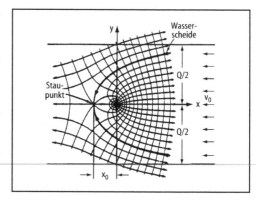

Abb. 5.1-46 Srömungsbild für die Wasserentnahme aus einem gleichförmigen Grundwasserstrom

Daraus lassen sich die Geschwindigkeitskomponenten v_x und v_y durch partielle Differentiation von φ als sog. „Geschwindigkeitspotential" bestimmen. Eingesetzt in die zugehörige Kontinuitätsbedingung div $\mathbf{v} = 0$ resultiert daraus die Laplace'sche Dgl.

$$\Delta\varphi = \frac{\partial^2\varphi}{\partial x^2} + \frac{\partial^2\varphi}{\partial y^2} = 0. \quad (5.1.140)$$

Wesentliche Eigenschaft dieser Gleichung ist, dass in der x-y-Ebene Linien φ = const. gezeichnet werden können. Diese Äquipotentiallinien entsprechen Linien gleicher Standrohrspiegelhöhe. Im Gegensatz zum Geschwindigkeitspotential in der allgemeinen Strömungslehre kommt den Äquipotentiallinien hier eine nachvollziehbare Bedeutung zu. Ebenfalls im Gegensatz zur allgemeinen Potentialströmung ist der Zusammenhang mit dem Strömungsfeld hier ein rein formaler, da die Grundwasserbewegung nicht reibungsfrei ist. Senkrecht zu den Äquipotentiallinien stehen auch hier die Stromlinien, welche einer Stromfunktion ψ genügen. Auch diese lässt sich, wie bereits in 5.1.6 gezeigt, als Laplace'sche Gleichung darstellen.

Die ebenfalls in 5.1.6 wiedergegebenen Beispiele für die Parallelströmung und die Senkenströmung können unverändert auf die Grundwasserströmung übertragen werden. Linien φ = const und ψ = const kennzeichnen die Strömungsbilder für die jeweils geradlinige gleichförmige Strömung und Brunnenanströmung. Durch Überlagerung der jeweiligen Strom-

bzw. Potentialfunktion kann als weitere vollgültige Lösung das Strömungsfeld im Bereich eines Brunnens in einer gleichförmigen Grundströmung gewonnen werden (Abb. 5.1-46). Die entsprechenden Gleichungen für die Äquipotentiallinien sind

$$\varphi = v_o\,x + \frac{q}{4\,\pi}\,\ln \frac{x^2 + y^2}{r_o^2}. \quad (5.1.141)$$

Die Stromlinien werden durch

$$\psi = v_o\,y + \frac{q}{2\,\pi}\,\arctan \frac{y}{x} \quad (5.1.142)$$

wiedergegeben.

In Abb. 5.1-46 bildet sich im Abstand x_0 unterstrom des Entnahmebrunnens ein Staupunkt, welcher den Einflussbereich des Brunnens in Strömungsrichtung der Grundströmung angibt. Zusammen mit der ebenfalls dargestellten Entnahmebreite ist dieser Staupunktabstand die als einzig sinnvoll zu bezeichnende *Reichweite eines Brunnens*. Im Gegensatz zu den immer noch verwendeten empirischen Reichweitenformeln beinhaltet sie eine physikalisch begründete Aussage. Bei einer Entnahme Q aus dem Brunnen ist die auf die Mächtigkeit bezogene Entnahme q. Mit der Filtergeschwindigkeit v_o der Grundströmung gilt für den Staupunktabstand

$$x = x_0 = \frac{-q}{2\pi v_o} \quad (5.1.143)$$

und für die Entnahmebreite, innerhalb derer die Grundströmung vollständig in den Einflussbereich des Brunnens gerät,

$$b_o = -2 \cdot \pi \cdot x_o . \qquad (5.1.144)$$

Für praktische Abschätzungen sind Aussagen über die *gegenseitige Beeinflussung von Brunnen* wichtig. Auch hier bietet die Potentialtheorie einfache Berechnungsmöglichkeiten. Wichtig sind hierbei die Anordnung von Entnahme- und Schluckbrunnen in einer Grundströmung und gegenseitige Überlagerungen in einem Brunnenfeld. Der Schluckbrunnen entspricht der Quelle in der Strömungslehre und kann durch einfaches Vertauschen des Vorzeichens simuliert werden. Absenkungen sind bei Entnahmebrunnen positiv, bei Schluckbrunnen negativ, da die Standrohrspiegelhöhe an der Einleitstelle erhöht wird. Durch Umformung von Gl. (5.1.135) wird die Absenkung s im Abstand r von einem Entnahmebrunnen

$$s = h_1 - h = Q \cdot ln(r_1/r)/(2 \cdot \pi \cdot k \cdot b) . \qquad (5.1.145)$$

Für einen beliebigen Punkt A im Strömungsfeld kann die dort zu erwartende Absenkung $s_A = h_1 - h_A$ infolge von unterschiedlichen Entnahmen und Einspeisungen berechnet werden zu

$$s_A = \sum_i Q_i \, ln(r_1 / r_{iA})/2 \, \pi \, k \, b . \qquad (5.1.146)$$

Das in Abb 5.1-46 wiedergegebene Strömungsbild ist eine idealisierte Darstellung, welche auf dem formalen Zusammenhang zwischen Grundwasserströmung und Potentialtheorie beruht und auf die fiktive Größe der Filtergeschwindigkeit abgestellt ist. Für die Berechnung von Fließzeiten sind die Verhältnisse innerhalb des porösen Mediums entscheidend. Ein konservativer Tracer breitet sich unterstrom einer punktförmigen Zugabe über einen immer größer werdenden Bereich aus. Diese *hydrodynamische Dispersion* beruht auf der mechanischen Dispersion infolge der Strömung in der Porenstruktur und der molekularen Diffusion; er ist deshalb auch in starkem Maße von den Eigenschaften des Tracers abhängig.

Die Abstandsgeschwindigkeit v_a, die über die Filtergeschwindigkeit und den Durchflusswirk-

samen Hohlraumanteil n_f ermittelt wird, ermöglicht eine pauschale Beschreibung der Ausbreitung eines konservativen Tracers. Für die auf die Mächtigkeit bezogene Entnahme q aus einem Brunnen in einem Grundwasserstrom im gespannten Leiter mit der ungestörten Geschwindigkeit v_o lassen sich Linien gleicher Verweilzeit

$$t^* = 2 \cdot \pi \cdot v_o^2 t/(q \cdot n_f) \qquad (5.1.147)$$

bestimmen, welche in Abb. 5.1-47 zusammen mit dem Strömungsbild für diese Strömung in einer dimensionslosen Darstellung wiedergegeben sind [Spitz 1980].

Für den Staupunktabstand x_o unterstrom des Entnahmebrunnens, der mit Hilfe von Gl. (5.1.143) berechnet wird, ist die dimensionslose Größe $x_o^* = 1$ eingeführt. Für die Entnahmebreite b_o nach Gl. (5.1.144) ergibt sich demzufolge die dimensionslose Größe $b_o^* = 2\pi$. Angetragen sind in Abb. 5.1-47 die dimensionslosen Größen x^* und y^* für Abszisse und Ordinate.

Über das Ausbreitungsverhalten beliebiger Inhaltsstoffe wird auf Spezialliteratur [Kobus/Kinzelbach 1989] verwiesen.

5.1.8 Ausfluss und Überfall

Diesen Strömungsvorgängen ist ein begrenztes Strömungsfeld gemeinsam, in dem wegen der kurzen Entwicklungslängen im Bereich der festen Berandung Reibungsverluste eine untergeordnete Rolle spielen.

5.1.8.1 Ausfluss aus Öffnungen

Ausfluss aus Behältern
Ein Behälter mit großer Oberfläche hat in der Seitenwand eine gut ausgerundete Öffnung (Abb. 5.1-48). Die Höhe der Öffnung ist dabei klein im Vergleich zur Überdeckung. Bleibt wegen der großen Oberfläche der Wasserstand im Behälter im betrachteten Zeitraum konstant, liegt eine stationäre Strömung vor. Unter der Voraussetzung der Reibungsfreiheit gilt die Bernoulli-Gl. (5.1.76) im gesamten Strömungsfeld. Damit ist für die mit den Zahlen 1 und 4 gekennzeichneten Punkte des Strömungsfeldes

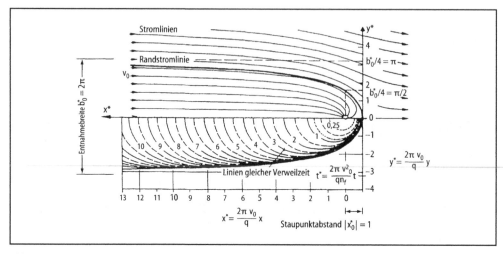

Abb. 5.1-47 Dimensionslose Verweilzeiten; Brunnenentnahme aus Grundströmung

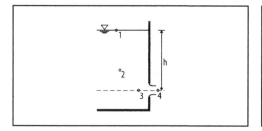

Abb. 5.1-48 Ausfluss aus einem Behälter

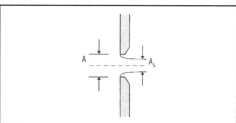

Abb. 5.1-49 Kontraktion des Ausflussstrahls

$$z_1 + \frac{p_1}{\varrho \cdot g} + \frac{v_1^2}{2g} = z_4 + \frac{p_4}{\varrho \cdot g} + \frac{v_4^2}{2g}.$$

Sowohl am Ort 1 als auch im Bereich des Ausflussstrahles bei Punkt 4 ist der Druck gleich dem Atmosphärendruck, also $p_1 = p_4 = p_a$. Im Hinblick auf die Randbedingungen ist gleichzeitig $z_1 - z_4 = h$ und wegen der als groß angenommenen Fläche des Behälters auch $v_1 = 0$. Der Energiehöhenvergleich wird deshalb auf die Beziehung

$$\frac{v_4^2}{2g} = h \rightarrow v_4 = \sqrt{2\,g\,h}$$

reduziert. Dies ist das *Ausflussgesetz* von E. Torricelli aus der ersten Hälfte des 17. Jahrhunderts. Allgemein gilt demnach

$$v = \sqrt{2\,g\,h}\,. \tag{5.1.148}$$

Für nicht ausgerundete Öffnungen ist die Kontraktion des Ausflussstrahles zu berücksichtigen.

Unter *Kontraktion* versteht man die Zusammenschnürung des Ausflussstrahles nach dem Durchtritt durch die Austrittsöffnung (Abb. 5.1-49). Beschrieben wird sie durch die *Kontraktionsziffer*

$$\psi = \frac{A_s}{A}\,. \tag{5.1.149}$$

Die Größe der Kontraktionsziffer wird durch die Randstromlinien unmittelbar an der Öffnung bestimmt. Für den ebenen Spalt kann in Abhängigkeit von der Geometrie theoretisch ein Minimalwert $\psi = 0{,}611$ nachgewiesen werden.

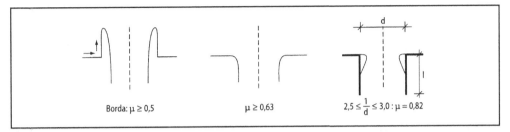

Borda: $\mu \geq 0,5$ $\mu \geq 0,63$ $2,5 \leq \dfrac{1}{d} \leq 3,0 : \mu = 0,82$

Abb. 5.1-50 Abhängigkeit der Ausflussziffer von der Gestalt der Bodenöffnung

Ein möglicher Einfluss der Reibung im Bereich des Kontakts der Strömung mit der Ausflussöffnung wird berücksichtigt, indem eine *Geschwindigkeitsziffer* φ zur Minderung der Ausflussgeschwindigkeit eingeführt wird. Diese Ziffer ist kleiner Eins, wobei $0,99 \geq \varphi \geq 0,96$ angenommen werden kann. Ihre Kombination mit der Kontraktionsziffer ψ führt zur *Ausflussziffer*

$$\mu = \varphi \cdot \psi . \qquad (5.1.150)$$

Die Ausflussziffer ist von der Gestalt der Öffnung abhängig. In Abb. 5.1-50 sind für die häufigsten Anordnungen die zugehörigen Ausflussziffern wiedergegeben. Beim Ansatzstutzen führt das Wiederanliegen der Strömung im Anschluss an die Kontraktion zu einer starken Zunahme von μ (Unterdruckwirkung).

Für große Öffnungen A ist die Geschwindigkeit eine Funktion der Öffnungshöhe: $v = f(z)$. Bei der Bestimmung des Ausflusses ist daher die Geschwindigkeit über die Höhe der Öffnung zu integrieren.

Beim Entleeren eines Behälters mit der Behälterfläche $A_0 = $ const ist wegen der Abhängigkeit von der Zeit die Anfangsbedingung (Abb. 5.1-51) $t = t_0 : h = h_0$. Beim Auslaufen gilt dann

$$h = h(z).$$

Nach der Kontinuitätsbedingung wird der über einen Zeitabschnitt dt erfolgte Ausfluss dem freigesetzten Volumen infolge der Wasserspiegeländerung dz gleichgesetzt (Abb. 5.1-50):

$$-A_0 \cdot dz = Q \cdot dt.$$

Durch Einsetzen der Formel für den Ausfluss Q, Trennen der Variablen und Auflösung nach dt, In-

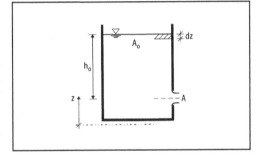

Abb. 5.1-51 Prinzipskizze für Behälterentleerung

tegration und Einsetzen der Anfangsbedingung $v = v_0$ für $h = h_0$ wird dann

$$t = \frac{2\,A_0}{\mu\,\sqrt{2\,g}\,A}\left(\sqrt{h_0} - \sqrt{h}\right). \qquad (5.1.151)$$

Bei einer mit der Höhe veränderlichen Behälterfläche ist die Fläche $A_0 = A_0(z)$. Sie muss bei der Integration berücksichtigt werden. Gleichung (5.1.151) kann nur angewendet werden, so lange die Sinkgeschwindigkeit im Behälter klein ist im Vergleich zur Ausflussgeschwindigkeit und der über der Oberkante der Ausflussöffnung anstehende Wasserstand eine vollständige Füllung der Ausflussöffnung gewährleistet.

Bei großer Überdeckung kann der momentane Ausfluss wie beim Vorliegen stationärer Verhältnisse behandelt werden. Maßgebend ist dann der Spiegelunterschied h zwischen dem Wasserstand links und rechts. Im weiterhin kontrahierten Strahl gilt (Abb. 5.1-52)

$$v = \sqrt{2gh} .$$

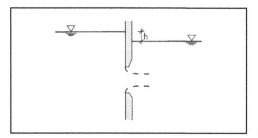

Abb. 5.1-52 Ausfluss unter Wasser

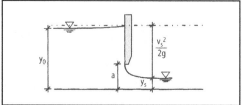

Abb. 5.1-53 Freier Ausfluss unter einer Planschütze

Ausfluss unter Planschützen

Die Planschütze ist eine ebene Stauwand zum Erzeugen eines Aufstaus in einer Gerinneströmung.
Im Unterschied zum Ausfluss aus Behältern erfolgt
die Anströmung der Schütze von oberstrom mit der
endlichen Geschwindigkeit v_0. Für die verlustfreie
Strömung gilt für den Energiehöhenvergleich zwischen dem Querschnitt 0 oberstrom der Schütze und
dem Querschnitt s unterstrom (Abb. 5.1-53)

$$H_0 = \text{const} = H_s .$$

Auf der Grundlage von Kontinuitätsbedingung und
Bernoulli-Gleichung ist der Ausfluss

$$q = \sqrt{2g}\ \frac{y_0\, y_s}{\sqrt{y_0 + y_s}} . \qquad (5.1.152)$$

Bei Verwendung der dimensionslosen Kennzahlen
für das Öffnungsverhältnis $n = y_0/a$ und der Kontraktionsziffer ψ kann der Durchfluss pro Breitenmeter q auf den Schützenhub a bezogen werden, so
dass sich eine dimensionslose Darstellung für den
Ausfluss ergibt:

$$\frac{q}{a\sqrt{ga}} = \frac{\sqrt{2n\psi}}{\sqrt{n + \psi}} . \qquad (5.1.153)$$

In vielen experimentellen Untersuchungen wurde
eine gegenseitige Abhängigkeit $\psi = \psi(n)$ festgestellt, wobei die Schwankung der Kontraktionsziffer im Bereich $0{,}61 \le \psi \le 0{,}63$ für Öffnungs-
verhältnisse $n > 2{,}0$ beschränkt ist. In guter Nähe-
rung kann bei Verwendung von Gl. (5.1.153) für
die Kontraktionsziffer $\psi = 0{,}61$ gesetzt werden.

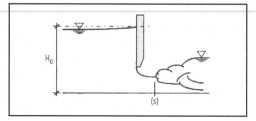

Abb. 5.1-54 Grenze zwischen freiem und rückgestautem
Ausfluss

Der Ausfluss unter Planschützen kann auch als
Ausfluss aus einer Öffnung gedeutet werden. Wegen der nicht zu vernachlässigenden Anströmgeschwindigkeit sind hier anstelle der Oberwassertiefe die Energiehöhe H_0 und der hydrostatische
Druck in der Senke zu berücksichtigen. Dann gilt

$$v_s = \sqrt{2\, g\, (H_0 - \psi a)} .$$

Gleichung (5.1.152) ist für den freien, vom Unterwasser (UW) unbehinderten Ausfluss abgeleitet.
Als Kriterium für den Beginn des Rückstaus kann
die Druckverteilung im Kontraktionsquerschnitt s
herangezogen werden. Beim freien Ausfluss ist
hier der Überdruck im Strahlinneren abgebaut. Bei
Überdeckung dieses Querschnitts durch Einflüsse
aus dem UW erfolgt demnach eine Druckübertra-
gung ins Oberwasser (OW). Damit wird ein zusätzlicher Aufstau im OW erforderlich, um z. B.
den Gegendruck im UW bei einer konstanten Wasserführung auszugleichen.

Der Grenzfall zwischen freiem Ausfluss und
dem vom UW beeinträchtigten Ausfluss ist erreicht, wenn der Fuß der Deckwalze maximal bis
in die Senke reicht (Abb. 5.1-54). Wandert der Fuß
der Deckwalze über den Querschnitt s hinaus nach

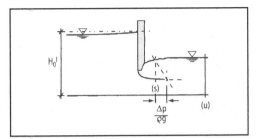

Abb. 5.1-55 Rückgestauter Ausfluss

oberstrom, so führt der Überdruck in diesem Querschnitt zu einem Anstieg des Wasserstands im OW, sodass sich dort eine neue Energiehöhe H_0' einstellt (Abb. 5.1-55). Man spricht dann vom *rückgestauten* Ausfluss, da die Oberwassertiefe von den Verhältnissen unterstrom der Schütze beeinflusst wird.

Bleibt der Ausfluss auch unter Rückstau konstant, so muss der Oberwasserstand zum Ausgleich für den erhöhten Druck im Ausflussquerschnitt steigen. Die dort vorhandene Geschwindigkeit ist identisch mit der rückstaufreien und wird jetzt bestimmt zu

$$v_s = \sqrt{2\,g\left(H_0' - \left(\psi \cdot a + \frac{\Delta p}{\varrho \cdot g}\right)\right)}. \qquad (5.1.154)$$

Im Bereich zwischen den Querschnitten s und u kommt es wegen der Deckwalze zu Energiehöhenverlusten.

Zur Bestimmung des Anstiegs im OW muss zunächst die Druckhöhenänderung im Querschnitt s ermittelt werden. Da im Bereich des rückgestauten Wechselsprungs deutliche Energiehöhenverluste auftreten, kann dies nur mit Hilfe des Impulssatzes

geschehen. Werden nur Druckkräfte als Schnittkräfte angesetzt, genügt der Stützkraftansatz zwischen den Querschnitten s und u:

$$F_u = \varrho q v_u + \varrho\,g\,\frac{y_u^2}{2}, \quad F_s = \varrho q v_s + \varrho\,g\,\frac{y_s'^2}{2}.$$

Bei gleich bleibendem Durchfluss kann über einen vorgegebenen Unterwasseranstieg die zugehörige Druckhöhenänderung y_s' im Querschnitt s errechnet werden. Für die Veränderung des Sohlendrucks in diesem Querschnitt wird dann

$$y_s' - \psi a = \frac{\Delta p}{\varrho g}.$$

Ein Energiehöhenvergleich zwischen den Querschnitten s und 0 führt dann zur gesuchten neuen Energiehöhe H_0' und damit auch zum neuen Oberwasserstand y_0'.

5.1.8.2 Abfluss über Wehre und Überfälle

Im Mittelpunkt stehen hier die Grundlagen für die hydraulische Berechnung, weniger eine detailgenaue Unterscheidung in einzelne Arten von Wehren. Zu diesem Fragenkomplex gibt DIN 19700 über Stauanlagen mit ihren zahlreichen Untergruppen Aufschluss.

Bezüglich der Kronenform wird unterschieden in rundkronige, scharfkantige und breitkronige Wehre (Abb. 5.1-56). In diesen Fällen stehen konstruktive Merkmale im Zusammenhang mit dem hydraulischen Verhalten.

Das anstehende UW hat großen Einfluss auf den Überfall. Ist der Unterwasserstand so niedrig, dass der Wasserstand vor dem Wehr davon unbeeinflusst bleibt, so ist der Überfall *vollkommen*.

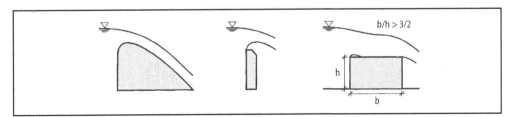

Abb. 5.1-56 Kronenform von Wehren

Bei Bauwerken mit tief liegender Krone, z. B. bei Sohlschwellen, kann das Unterwasser Einfluss auf den Wasserstand oberstrom des Bauwerks nehmen. In diesem Fall ist der Abfluss *unvollkommen*.

Normalerweise werden Wehre frontal angeströmt. In Sonderfällen steht der Wehrkörper schräg zur Anströmrichtung. Bei Streichwehren ist diese Schrägstellung extrem: Der Wehrkörper kann parallel zur Hauptströmungsrichtung angeordnet sein. Bei einer radialen Anströmung der Wehrkrone liegt ein Schachtüberfall vor. Als Besonderheit kann noch das sog. „Tiroler Wehr" angeführt werden, bei dem es sich um den Abzug über einen Sohlenrechen handelt.

Abflussformeln

Die verfügbare Energiehöhe wird hier auf die horizontale Sohle bezogen. Sie hängt von den Anströmbedingungen im OW ab. Beträgt der Abfluss Q, so gilt bezüglich der Sohle

$$H = y_0 + \frac{v_0^2}{2g} = y_0 + \frac{Q^2}{2g\,A_0^2}\,.$$

Charakteristisch für die Aufstellung einer Abflussformel ist, dass die Oberwassertiefe in *Wehrhöhe* w und *Überfallhöhe* h aufgeteilt wird (Abb. 5.1-57). In ausreichender Entfernung von der Wehrkrone – (3...4)·h – gilt in Bezug auf die Wehrkrone

$$H_0 = w + h + \frac{v_0^2}{2g}\,.$$

Im Gegensatz zum Ausfluss aus einer Öffnung ist beim Abfluss über die Wehrkrone die Form des Überfallstrahles zunächst nicht bekannt, demzufolge auch nicht die Absenkung des Überfallstrahles unmittelbar über der Krone im Vergleich zur

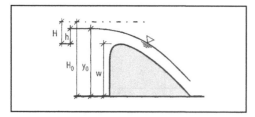

Abb. 5.1-57 Prinzipskizze Wehrüberfall

Überfallhöhe. Unbekannt ist zudem die Druckverteilung in diesem Querschnitt wegen der gekrümmten Strombahnen.

In Gebrauch sind daher Abflussformeln, bei denen der Abfluss als Funktion der bekannten Größen h bzw. H ermittelt wird. Für die frontale Anströmung einer Wehrkrone mit der Breite b wird nach Du Buat unter Bezug auf die Energiehöhe H

$$Q = \frac{2}{3}\,\mu b\,\sqrt{2g}\,(h+k_0)^{3/2} = \frac{2}{3}\,\mu b\,\sqrt{2g}\,H^{3/2}$$
$$(5.1.155)$$

Wird der Abfluss in Abhängigkeit von der Überfallhöhe h ausgedrückt, so wird nach Poleni

$$Q = \frac{2}{3}\,\mu b\,\sqrt{2g}\,h^{3/2}\,. \qquad (5.1.156)$$

Abflussziffern für unterschiedliche Wehrformen

Die *scharfkantige Ausbildung* des Überfalls findet sich v. a. bei der Anwendung für Messwehre. Diese werden wegen der geringen Messabweichungen auch heute noch für Kontrollmessungen verwendet.

Typisch für diese Wehrform ist das Ansteigen der Unterseite des Überfallstrahles über die Wehrkante hinaus. Für die rechteckige Ausbildung des scharfkantigen Überfalls ohne Seitenkontraktion liegen die Abflussziffern, bezogen auf die Poleni-Formel, im Bereich $0{,}60 \le \mu \le 0{,}63$;

nach Rouse:　$\mu = 0{,}611 + 0{,}075\dfrac{h}{w}$,

wobei: $\dfrac{h}{w} < 6$,

nach Rehbock: $\mu = 0{,}602 + 0{,}083\dfrac{h}{w}$.

Für das Rechteck mit Seitenkontraktion haben nach Hamilton-Smith Sohle und Breite keinen Einfluss auf die Kontraktion:

$$\mu = 0{,}616\left(1 - 0{,}1\frac{h}{b}\right).$$

Für das Messwehr mit Dreieckausschnitt gilt allgemein bei einem Öffnungswinkel 2α

$$Q = \frac{8}{15}\, \mu \tan\alpha \sqrt{2g}\; h^{5/2}. \qquad (5.1.157)$$

Für den Öffnungswinkel $2\alpha = 90°$ erhält man daher

$$Q = \frac{8}{15}\, \mu \sqrt{2g}\; h^{5/2}.$$

Die Abflussziffer bestimmt sich bei einem Öffnungswinkel von 90°

| nach BS 3680 | $0{,}608 \geq \mu \geq 0{,}585,$ |
| nach Strickland | $\mu = 0{,}565 + 0{,}0087 \cdot h^{-0,5}.$ |

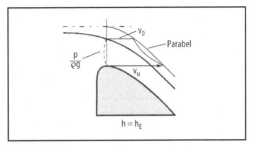

Abb. 5.1-58 Druck- und Geschwindigkeitsverteilung über einer abgerundeten Krone beim Bemessungsabfluss

Bei der *abgerundeten Krone* liegt der Strahl an, die Druckverteilung an der Strahlunterseite ist demnach nicht bekannt. Damit ist die Abflussziffer abhängig von der Geometrie der Überfallkrone. Wird ein Überfall nach der unteren Strahlbegrenzung des belüfteten Strahles für ein vorgegebenes Q gestaltet, so ist kein Unter- bzw. Überdruck zu erwarten. Aus diesem Gedankenexperiment leitet sich der Begriff „Standardkrone" ab.

Dieser Art von Bemessung ist ein Maximalabfluss Q_E zugeordnet. Für $Q > Q_E$ wird $h > h_E$ und damit eine andere Druckverteilung $(p/(\rho \cdot g) < p_0$ längs der Krone) verursacht. Für große Wehrhöhen wird die Abflussziffer nach Gl. (5.1.155) mit $\mu_E = 0{,}745$ bestimmt. Für endliche Zuströmgeschwindigkeiten wird

$$\frac{2}{3}\, \mu_E \sqrt{2g} = 2{,}20 \left[1 - 0{,}015 \left(\frac{H_E}{w} \right)^{0,974} \right]^{3/2}.$$
$$(5.1.158)$$

Wegen der Form des Überfallstrahls mit den gegeneinander geneigten Ober- und Unterseiten des Strahles ist im Strahlinneren immer ein leichter Überdruck zu erwarten (Abb. 5.1-58).

Bei *breitkronigen* Wehren kann sich wegen der Längenausdehnung $(l > 3\,h)$ über dem Wehrrücken ein Abfluss mit bereichsweise parallelen Strombahnen einstellen. Unter der Annahme hydrostatischer Druckverteilung gilt beim Rechteckquerschnitt für die zugehörige kritische Wassertiefe

$$y_c = \sqrt[3]{\frac{q^2}{g}},$$

wobei zugleich $y_c = \frac{2}{3} H_{\min}$ ist.

Für den Abfluss über das Wehr ist dann wegen

$$Q = b\, y_c \sqrt{2g(H - y_c)}$$
$$Q = \frac{2}{3}\, b \sqrt{2g} \sqrt{\frac{1}{3}}\, H_{\min}^{\;3/2}. \qquad (5.1.159)$$

Ein Vergleich mit der Formel von Du Buat, Gl. (5.1.155), zeigt, dass man für die verlustfreie Strömung über ein Wehr mit breiter Krone eine optimale Abflussziffer erhält.

Versuchstechnisch lässt sich nachweisen, dass ein Unterwassereinfluss erst dann zu beobachten ist, wenn es zu einer Strahlablösung vom Wehrrücken kommt. Hierbei wird durch das steigende Unterwasser zunächst die Druckverteilung im Kronenbereich verändert. Typisch für das Ablösen des Strahles ist das Auftreten eines gewellten Abflusses (Abb. 5.1-59).

Je nach Wehrform können unterschiedliche Werte für $\Delta h_u/h$ den unvollkommenen Abfluss einleiten. Der höchste Einstaugrad mit $\Delta h_u/h \approx 0{,}8$ ist beim breitkronigen Wehr erzielbar. Der geringste Wert wird für den scharfkantigen Überfall beobachtet, der auf Störungen an der Strahlunterseite sehr empfindlich reagiert.

5.1.8.3 Unter- und überströmte Wehrverschlüsse

Wehrverschlüsse an Staueinrichtungen sind häufig so gestaltet, dass sie gleichzeitig unter- und überströmt werden können. Die Grundlagen der Be-

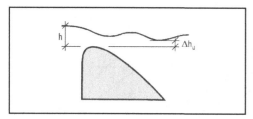

Abb. 5.1-59 Unvollkommener Abfluss über ein Wehr

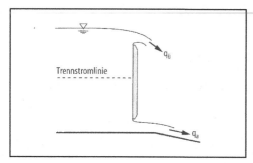

Abb. 5.1-60 Unter- und Überströmung einer vertikalen Stauplatte

rechnung sind nachstehend am Beispiel einer vertikalen Stauplatte (Abb. 5.1-60) genannt, die an ihrer Ober- und Unterseite scharfkantig ausgebildet ist. In diesem zweidimensionalen Strömungsfeld bildet sich je nach dem Verhältnis der Volumenströme von Überfall zu Ausfluss eine horizontale Trennstromlinie aus, welche für die Festlegung von Wehrhöhe bzw. Öffnungsverhältnis maßgeblich ist. Der Gesamtabfluss q je Breitenmeter setzt sich zusammen aus dem Anteil $q_{ü}$ für den Überfall und dem Anteil q_a für den Ausfluss. Damit wird

$$q = q_{ü} + q_a = \frac{2}{3}\,\mu\sqrt{2g}\,h^{\frac{3}{2}} + \psi a\sqrt{2g\,(H_0 - \psi a)}\,.$$
(5.1.160)

Voraussetzung für die Anwendung dieser Gleichung ist allerdings, dass der Überfallstrahl den Ausfluss nicht behindert und unmittelbar hinter der Stauwand der Atmosphärendruck angesetzt werden kann. Der Rückstaueinfluss muss mit Hilfe des Impulssatzes abgeschätzt werden.

5.1.9 Rohrhydraulik

5.1.9.1 Allgemeine Angaben

Beim Kreisrohr ist die Berandung des Strömungsfeldes mit dem Innendurchmesser gegeben. Mit dem Durchmesser d gelten die bekannten geometrischen Beziehungen:

Querschnittsfläche $A = \pi(d^2/4)$,
benetzter Umfang $U = \pi \cdot d$.

Beim Abfluss in Druckrohrleitungen ist der Querschnitt immer gefüllt. Bei bekanntem Abfluss Q ist die mittlere Geschwindigkeit

$$v = \frac{Q}{A}\,.$$

Ändert sich der Rohrdurchmesser längs einer Leitung nicht, so sind die mittlere Geschwindigkeit und die Geschwindigkeitshöhe unveränderlich. Die Darstellung des Energieplanes in Gestalt des Energie- und Drucklinienverlaufs ist daher in der Rohrströmung denkbar einfach.

Die Ortshöhe der Rohrleitung ist allein maßgebend für den örtlichen Druck, da Energie- und Drucklinie durch die Randbedingungen festgelegt sind (Abb. 5.1-61).

Aus diesem Grund können Teile einer Rohrleitung sogar höher als die Energielinie liegen, solange der sich einstellende Unterdruck nicht zu einem Abreißen der Wassersäule führt. Bei der Dimensionierung ist deswegen der längs der Leitungstrasse maßgebliche größte Unterdruck unter allen denkbaren Betriebsbedingungen zu untersuchen.

Die geometrischen Randbedingungen der Rohrströmung erlauben wegen l ≫ d die Betrachtung als quasi-eindimensionale Bewegung. Es ist daher

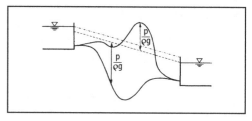

Abb. 5.1-61 Druckhöhen für unterschiedliche Leitungstrassen

nahe liegend, ohne Bezug auf ein starres Koordinatensystem nur mit der mittleren Geschwindigkeit v und der Lauflänge 1 zu rechnen. Wegen der Haftbedingung an der Rohrwand liegt in Wirklichkeit eine Geschwindigkeitsverteilung vor, die von der Wandbeschaffenheit beeinflusst wird. Allgemein wird daher unterschieden zwischen mittlerer Geschwindigkeit

$$v = \frac{1}{\pi R^2} \iint_A u(r)\, dA\,,$$

örtlicher Geschwindigkeit $u = u(r)$ und maximaler Geschwindigkeit u_{max} für $r = 0$ im Bereich der Rohrachse.

Zur Beschreibung der Geschwindigkeitsverteilung im Rohr (Abb. 5.1-62) wird als Laufvariable zweckmäßigerweise die Entfernung von der Rohrachse herangezogen, welche an der Rohrwand den Wert R annimmt. Für die Grenzschichtentwicklung in Wandnähe wird als weitere Laufvariable die Entfernung y von der Rohrwand gewählt, deren Wert in Rohrmitte $y = d/2$ beträgt.

5.1.9.2 Widerstandsverhalten des geraden Kreisrohres bei stationärer Strömung

Für die stationäre Rohrströmung existiert definitionsgemäß keine lokale Beschleunigung im gesamten Strömungsfeld, so dass $\partial v / \partial t = 0$ wird. Außerdem wird vorausgesetzt, dass ein voll entwickeltes Geschwindigkeitsprofil vorliegt. Da dann keine Trägheitskräfte wirksam werden, treten auch keine konvektiven Beschleunigungen auf und $dv/dt = 0$. Dazu muss der betrachtete Querschnitt genügend weit vom Rohreinlauf entfernt sein. In der davor liegenden Anlaufstrecke hat sich über den diffusiven Impulstransport der Reibungseinfluss bis zur Rohrachse der Strömung aufgeprägt.

Bei der stationären Rohrströmung ist deshalb die Änderung des Impulsstromes Null. Damit muss ein Gleichgewicht zwischen den Massen- und den Oberflächenkräften bestehen. Betrachtet wird hierzu ein aus dem Strömungsfeld des Kreisrohres herausgeschnittener Zylinder vom Durchmesser 2r und der Länge 1, der gegen die Horizontale um den Winkel α geneigt ist und von links nach rechts durchströmt wird (Abb. 5.1-63). Bilanziert werden die in Fließrichtung wirkenden Kräfte.

An diesem Zylinder wirken als Oberflächenkräfte in Fließrichtung die über die Normal (Druck-) spannungen zu bestimmenden Druckkräfte F_D an den Stirnseiten und die Widerstandskraft F_W aus den längs des Umfangs angreifenden Schubspannungen. In Strömungsrichtung herrscht ein Energieliniengefälle J_E und parallel dazu das Druckliniengefälle. Dies bedeutet, dass der Druck p_1 auf der Einströmseite höher ist als der Druck p_2 auf der Abströmseite. In Strömungsrichtung liegt also eine positive Differenz der Druckkräfte vor.

$$F_W = 2 \cdot r \cdot \pi \cdot l \cdot \tau\,,$$
$$F_D = r^2 \cdot \pi \cdot (p_1 - p_2)\,.$$

Als Massenkraft ist die in Strömungsrichtung fallende Komponente der Gewichtskraft F_G zu berücksichtigen.

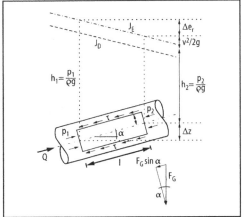

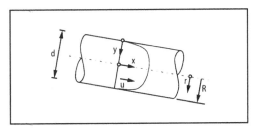

Abb. 5.1-62 Laufvariable zur Beschreibung der Geschwindigkeit im Rohrquerschnitt

Abb. 5.1-63 Kräftegleichgewicht an einem zylindrischen Kontrollvolumen

$$F_G \sin \alpha = r^2 \, \pi \, l \, \varrho \, g \, \frac{\Delta z}{l} \,.$$

Die Bilanzierung der Kräfte in Bezug auf die Strömungsrichtung liefert dann

$$-F_W + F_D - F_G \cdot \sin \alpha = 0 \,,$$
$$2 \cdot r \cdot \pi \cdot l \cdot \tau = r^2 \cdot \pi \cdot (\Delta p - \rho \cdot g \cdot \Delta z) \,.$$

Für den Fall, dass die Geschwindigkeit Null ist, wird $\tau = 0$. Dann folgt aus der rechten Gleichungsseite die hydrostatische Druckverteilung

$$\Delta p = \rho \cdot g \cdot \Delta z \,.$$

Bei einer Bewegung mit $v \neq 0$ liegt ein Energieliniengefälle J_E in Fließrichtung vor, und wegen $v = \text{const}$ ist dieses identisch mit dem Druckliniengefälle J_D. Der Energiehöhenunterschied im betrachteten Abschnitt entsteht ausschließlich aufgrund der Reibung und wird deshalb mit Δe_r bezeichnet. Für die beiden Gefälle gilt

$$J_D = J_E = \frac{\Delta e_r}{l} \,.$$

Mit Hilfe der Druckhöhen in den Punkten 1 und 2 auf der Achse des zylindrischen Kontrollvolumens kann über einen Energiehöhenvergleich eine Beziehung zwischen den Ortshöhen, Druckhöhen und der Verlusthöhe Δe_r hergestellt werden:

$$h_1 - h_2 - \Delta z = \Delta e_r \,.$$

Die unbekannte Größe der Schubspannungen in der Entfernung r von der Achse kann deshalb in Bezug gesetzt werden zu den messbaren Druckhöhen bzw. zum beobachteten Energiehöhenverlust Δe_r:

$$\tau = \frac{r}{2l} (\varrho g h_1 - \varrho g h_2 - \varrho g \Delta z) = \frac{r}{2l} \varrho g \, \Delta e_r \,.$$

Daraus folgt für die Schubspannung

$$\tau = \varrho g \frac{r}{2} J_E \,. \qquad (5.1.161)$$

Wird diese Betrachtung mit einem anderen Zylinder mit r = R durchgeführt und die Schubspannung an der Wand als Wandschubspannung τ_0 bezeichnet, so folgt für die Schubspannungsverteilung

$$\frac{\tau}{\tau_0} = \frac{r}{R} \,. \qquad (5.1.162)$$

Zwischen der Wandschubspannung τ_0 und dem Energieliniengefälle J_E besteht die Beziehung

$$\tau_0 = \varrho g \frac{R}{2} J_E \,. \qquad (5.1.163)$$

Die *Reibungsverluste* werden mit Hilfe des Reibungsbeiwertes λ berechnet. Bei dieser dimensionslosen Größe werden das Verhältnis zweier Drücke, nämlich der gemessene Druckabfall Δp und der Staudruck $\rho \cdot v^2 / 2$ für die mittlere Geschwindigkeit, sowie zwei geometrische Größen, der Rohrdurchmesser d und die betrachtete Länge l, zueinander in Bezug gesetzt:

$$\lambda = \frac{2 \Delta p}{\varrho v^2} \frac{d}{l} \,. \qquad (5.1.164)$$

Mit der Beziehung zwischen Druckabfall Δp und dem Reibungsverlust Δe_r,

$$\Delta p = \rho \cdot g \cdot \Delta e_r \,,$$

wird

$$\lambda = \frac{2 \varrho g \, \Delta e_r}{\varrho v^2} \frac{d}{l} \,.$$

Für die Berechnung der Rohrreibungsverluste erhält man dann die Gleichung von Darcy-Weisbach

$$\Delta e_r = \lambda \frac{l}{d} \frac{v^2}{2g} \,. \qquad (5.1.165)$$

Mit ihr werden die Verluste infolge Wandreibung unabhängig von der Art der Strömung für das gerade Kreisrohr berechnet.

Aus den Gleichgewichtsbedingungen lässt sich durch Kombination der Gleichungen für

– die Schubspannung, Gl. (5.1.161),
– die Reibungsverluste, Gl. (5.1.165), und
– die Schubspannungsgeschwindigkeit, Gl. (5.1.87),

ein Zusammenhang zwischen mittlerer Geschwindigkeit v, Schubspannungsgeschwindigkeit v_* und Reibungsbeiwert λ ableiten.

Wegen $\quad v_* = \sqrt{\dfrac{\tau_0}{\varrho}}$

ist $\quad v_*^2 = \dfrac{\tau_0}{\varrho} = g\,\dfrac{R}{2}\,J_E$

und $\quad v^2 = \dfrac{d\,2g}{\lambda}\,J_E$.

Kombiniert ist $\quad \left(\dfrac{v_*}{v}\right)^2 = \dfrac{\lambda}{8}$,

$$\lambda = 8\left(\dfrac{v_*}{v}\right)^2. \qquad (5.1.166)$$

Diese Gleichung eröffnet die Möglichkeit, über gemessene Wandschubspannungen direkt den *Reibungsbeiwert* zu bestimmen.

Laminare Strömung

Bei der laminaren Strömung ist infolge der alleinigen Wirkung der Zähigkeit der Zusammenhang zwischen der Schubspannung τ und dem Geschwindigkeitsgradienten dv/dn in Form des Newton'schen Ansatzes, Gl. (5.1.2), bekannt. Angewandt auf den Geschwindigkeitsgradienten der örtlichen Geschwindigkeit du/dr in radialer Richtung, wird

$$\tau = -\eta\,\dfrac{du}{dr}.$$

In Verbindung mit der aus der Gleichgewichtsbetrachtung gefundenen Beziehung für τ, Gl. (5.1.161), wird

$$-\eta\,\dfrac{du}{dr} = \varrho g\,\dfrac{r}{2}\,J_E\,;$$

somit $\quad -du = \dfrac{g J_E}{2v}\,r\,dr\,;$

integriert $\quad u(r) = -\dfrac{g J_E}{2v}\displaystyle\int_0^r r\,dr = -\dfrac{g J_E}{2v}\left(\dfrac{r^2}{2}\right)+C.$

Unter Berücksichtigung der Randbedingungen r = R für u = 0 ergibt sich die Geschwindigkeitsverteilung zu

$$u(r) = \dfrac{g J_E}{4v}\,(R^2 - r^2). \qquad (5.1.167)$$

Für die Rohrachse ist r = 0. Die örtliche Geschwindigkeit in Rohrachse ist u(0) = u$_{max}$, wobei

$$u_{max} = \dfrac{g J_E}{4v}R^2 = \dfrac{g J_E}{16v}\,d^2. \qquad (5.1.168)$$

Zur Berechnung der mittleren Geschwindigkeit v ist u(r) über die Querschnittsfläche zu integrieren. Es folgt

$$v = \dfrac{g J_E}{8v}R^2 = \dfrac{u_{max}}{2}. \qquad (5.1.169)$$

Da die mittlere Geschwindigkeit und die Wandschubspannung τ_0 und somit v_E bekannt sind, kann der Reibungsbeiwert λ direkt berechnet werden. In Verbindung von Gl. (5.1.165) mit Gl. (5.1.169) und Einführung von Re = v·d/v wird für den Reibungsbeiwert bei laminarer Strömung

$$\lambda = \dfrac{64}{Re}. \qquad (5.1.170)$$

Rein laminare Bewegungen treten lediglich bei der Grundwasserbewegung auf. Veränderliche Porendurchmesser können die Ursache für konvektive Beschleunigungen sein, so dass auch dort letztlich ein vom geraden Kreisrohr unterschiedliches Widerstandsverhalten vorliegt.

Turbulente Strömung

Turbulenzeigenschaften der Rohrströmung. Beim Ansatz Prandtls für den Mischungsweg ist die Schubspannung als Ableitung der mittleren örtlichen Geschwindigkeit ū (r) dargestellt. Aus gemessenen Geschwindigkeitsverteilungen kann umgekehrt auf die Länge l des Mischungsweges geschlossen werden. In gleicher Weise lässt sich auch die scheinbare kinematische Zähigkeit ε berechnen. Nach Messungen von Nikuradse nimmt der Mischungsweg vom Wert „Null" an der Wand bis auf einen Maximalwert 1/R = 0,14 in Rohrmitte zu.

Messungen der Schwankungsgrößen mit Hilfe von Hitzdrahtsonden bei einer Luftströmung haben ergeben, dass in Rohrmitte die Längsschwankung u_x' die Radialschwankung u_r' und die Umfangsschwankungskomponente u_φ' etwa gleich groß sind. Man spricht hier von „isotroper Turbulenz".

Die Größe der Schwankungsbewegungen beträgt hier etwa 3% der mittleren Maximalgeschwindigkeit in Rohrachse. In unmittelbarer Wandnähe weist die Längsschwankung einen Maximalwert

$$\frac{u_x'}{\overline{u}_{max}} \approx 0{,}09$$

auf, wobei der Ort mit y/R < 0,002 angegeben werden kann.

Bedeutung der Rauheit der Rohrwand. Wegen der Haftbedingung an der Wand ist die Ausbildung der viskosen Unterschicht nur an der glatten Wand möglich. Bei einer rauen Wand ragen die Rauheitserhebungen über die viskose Unterschicht hinaus in die turbulente Strömung. Die viskose Unterschicht, in welcher allein die Zähigkeit wirksam ist, wird durch die abstandsabhängige Reynolds-Zahl $Re = (y \cdot v_*)/\nu = 5$ begrenzt. In einem Übergangsbereich kommen die kinematische und die scheinbare kinematische Zähigkeit gleichzeitig zur Wirkung. Für $Re = (y \cdot v_*)/\nu > 50$ herrschen allein die scheinbaren Schubspannungen vor.

Beispiel 5.1-6: Grenzschichtberechnung für eine Rohrströmung
Gegeben: d = 1,60 m,   Q = 2,5 m³/s,
              v = 1,25 m/s,   λ = 0,015;

$$v_* = \sqrt{\frac{\lambda}{8}}\, v = \sqrt{\frac{0{,}015}{8}} \cdot 1{,}25 = 0{,}054\, m/s.$$

viskose Unterschicht:
$$(\delta_1 \cdot v_*)/\nu < 5, \quad y = \delta_1 \text{ für } Re = 5,$$
$$\delta_1 = (5 \cdot \nu)/v_* = 1{,}2 \cdot 10^{-4}\text{m} = 0{,}12 \text{ mm};$$

vollturbulent außerhalb
$$(y \cdot v_*)/\nu > 50: \quad \delta > 1{,}2 \text{ mm}.$$

Ein Rohr zeigt hydraulisch glattes Verhalten, wenn die Rauheiten geringer sind als die Dicke der viskosen Unterschicht. Es wird sich hydraulisch rau verhalten, wenn die Erhebungen an der Wand bis in die zähigkeitsunbeeinflusste turbulente Kernströmung reichen. Denn dann können sich die viskose Unterschicht und der Übergangsbereich gar

nicht einstellen. Im Allgemeinen ist die Wandbeschaffenheit so, dass ein hydraulisches Verhalten zwischen glatt und rau beobachtet wird.

Die Rauheit ist wegen ihrer Auswirkung auf das Geschwindigkeitsprofil keine direkt messbare Größe, sondern nur über einen Versuch bestimmbar. Da Messungen über sandraue Rohre vorliegen, wird einer Oberfläche entsprechend ihrem Widerstandsverhalten eine *äquivalente Sandrauheit* k_s zugeordnet.

Geschwindigkeitsverteilung. Für den vollturbulenten Wandbereich außerhalb der viskosen Unterschicht und des Übergangsbereichs (s. Beispiel 5.1.6) hat Prandtl ein universelles Wandgesetz der Form

$$\frac{u}{v_*} = A \ln\left(\frac{v_* \cdot y}{\nu}\right) + B$$

aufgestellt. Die Konstante A wurde über den Mischungswegansatz in Wandnähe $l = \kappa \cdot y$ mit $A = 1/\kappa$ für $\kappa = 0{,}4$ bestimmt. Mit B = 5,5 erhält man

$$\frac{u}{v_*} = 2{,}5 \ln\left(\frac{v_* \cdot y}{\nu}\right) + 5{,}5. \tag{5.1.171}$$

In Experimenten wurde festgestellt, dass auch im Außenbereich, d. h. im Bereich zur Rohrmitte hin, diese logarithmische Geschwindigkeitsverteilung angesetzt werden kann.

Rohrmitte: $u = u_{max}$ für $y = R$.

In Abhängigkeit von r ist daher allgemein

$$\frac{u_{max} - u}{v_*} = -\frac{1}{\kappa} \ln\left(1 - \frac{r}{R}\right).$$

Durch Integration über den Rohrquerschnitt wird für die mittlere Geschwindigkeit v die Beziehung

$$\frac{v}{v_*} = \frac{v_{max}}{v_*} - C = \frac{1}{\kappa} \ln\left(\frac{v_* \cdot R}{\nu}\right) + B - C$$

und mit $C = 3/(2\kappa)$ schließlich

$$\frac{v}{v_*} = 2{,}5 \ln\left(\frac{v_* \cdot R}{\nu}\right) + 1{,}75 \tag{5.1.172}$$

gefunden. Diese Gleichung gibt für hydraulisch glatte Rohre das Verhältnis mittlere Geschwindigkeit/Schubspannungsgeschwindigkeit an.

Unter Annahme einer konstanten Wandschubspannung gilt nach dem Newton'schen Reibungsansatz innerhalb der viskosen Unterschicht (s. Beispiel 5.1-6)

$$\frac{u}{v_*} = \frac{v_* y}{v}. \qquad (5.1.173)$$

Rauheiten an der Rohrwand verhindern die Ausbildung der viskosen Unterschicht, wenn diese im Vergleich zur Schichtdicke groß sind. Wird nach Gl. (5.1.173) die Wandrauheit $k \sim v/v_*$ gesetzt, dann ist

$$\frac{v}{v_*} = \frac{1}{\kappa} \ln\left(\frac{R}{k}\right) + B^* - C.$$

Mit $B^* = 8{,}5$ wird daraus

$$\frac{v}{v_*} = 2{,}5 \ln\left(\frac{R}{k}\right) + 4{,}75. \qquad (5.1.174)$$

Die Zahlenwerte in den Gln. (5.1.172) und (5.1.173) wurden durch zahlreiche Messungen von Nikuradse korrigiert, wobei die Veränderungen gegenüber den theoretisch gefundenen Zusammenhängen angesichts deren Unvollkommenheit geringfügig blieben.

Reibungsbeiwerte. Für den Reibungsbeiwert besteht aufgrund der Gleichgewichtsbetrachtung nach Gl. (5.1.166) die einfache Beziehung

$$\lambda = 8\left(\frac{v_*}{v}\right)^2.$$

Mit Hilfe der dimensionslosen Größen

$$\mathrm{Re} = \frac{vd}{v}$$

und

$$r_s = \frac{k_s}{d} \qquad (5.1.175)$$

ergibt sich für das hydraulisch glatte Rohr

$$\frac{1}{\sqrt{\lambda_0}} = 2 \log\left(\frac{\mathrm{Re}\sqrt{\lambda_0}}{2{,}51}\right) \qquad (5.1.176)$$

und für das hydraulisch raue Rohr

$$\frac{1}{\sqrt{\lambda_I}} = 2 \log\left(\frac{3{,}71}{r_s}\right). \qquad (5.1.177)$$

Der für die technische Anwendung wichtige Übergangsbereich wird nach einem Vorschlag [Colebrook 1939] zur Prandtl-Colebrook-Gleichung

$$\frac{1}{\sqrt{\lambda}} = -2 \log\left(\frac{2{,}51}{\mathrm{Re}\sqrt{\lambda}} 1 + \frac{r_s}{3{,}71}\right) \qquad (5.1.178)$$

zusammengefasst. In diesem Übergangsbereich sind die experimentell ermittelten Werte für λ für die Sandrauheit geringer.

Die Auftragung des Reibungsbeiwertes λ in Abhängigkeit von der Reynoldszahl Re mit dem Parameter k_s/d nach der Interpolationsformel ist als *Moody-Diagramm* bekannt (Abb. 5.1-64). Die Zusammenstellung äquivalenter Sandrauheiten k_S für unterschiedliche Rohrmaterialien ist Tabelle 5.1-2 zu entnehmen.

Gleichung (5.1.178) wird letztlich als mathematisches Modell benützt, um das Widerstandsverhalten der Rohroberfläche zu kennzeichnen. Da die hiermit bestimmte Rauheit mit messbaren Rauheitserhebungen an der Wand nicht identisch ist, wird ihr eine sog. „äquivalente Sandrauheit" unter Bezug auf die Experimente von Nikuradse zugeordnet. Zum Vergleich wird auf die Messergebnisse von Nikuradse an sandrauen Rohren hingewiesen. Für große Werte der Reynolds-Zahlen wird der Reibungsbeiwert unabhängig von der Zähigkeit. Dann ist der Reibungsbeiwert für Werte $\mathrm{Re}\, r_s \sqrt{\lambda} > 200$ nach Gl. (5.1.177) bestimmbar.

Sind der Rohrdurchmesser d, ein verfügbares Gefälle J und für den Rohrwerkstoff die äquivalente Sandrauheit k_s bekannt, so ist der unter diesen Voraussetzungen erzielbare Durchfluss Q direkt berechenbar. Eine Umformung von Gl. (5.1.165) führt zu

$$v = \frac{1}{\sqrt{\lambda}} \sqrt{2 g d J}.$$

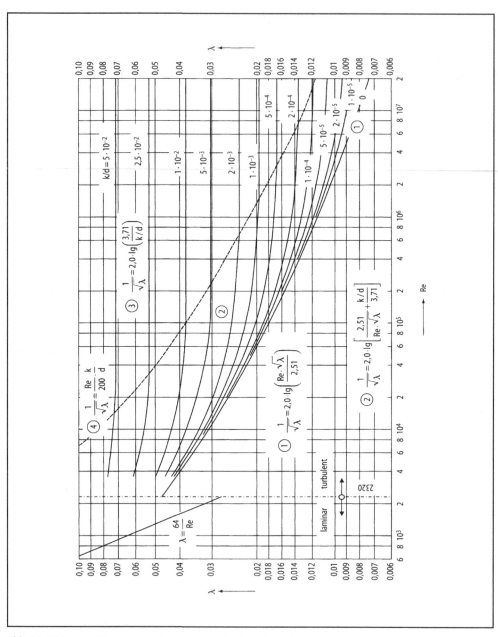

Abb. 5.1-64 Moody-Diagramm zur Bestimmung der Reibungsbeiwerte

Tabelle 5.1-2 Zusammenstellung von äquivalenten Sandrauheiten für unterschiedliche Rohrmaterialien

Art	k_s in m
Gezogene Stahlrohre	$(1...5) \cdot 10^{-5}$
Geschweißte Stahlrohre	
– neue Leitungen mit glatten Verbindungen	$(5...10) \cdot 10^{-5}$
– leicht angerostete oder verkrustete Leitungen	$(4...5) \cdot 10^{-4}$
– stark angerostete oder verkrustete Leitungen	$(2...3) \cdot 10^{-3}$
Gusseiserne Rohre	
– neue Leitungen	$(1...5) \cdot 10^{-4}$
– alte oder verkrustete Leitungen	$1...5 \cdot 10^{-3}$
Betonrohre oder Druckstollen	
– glatter Beton	$(1...5) \cdot 10^{-4}$
– rauer Beton	$(1...5) \cdot 10^{-3}$
Asbestzementrohre	$(1...10) \cdot 10^{-5}$
Verzinkte Rohre	$(2...4) \cdot 10^{-5}$
Steinzeugrohre	$(2...3) \cdot 10^{-4}$

Mit dem Reibungsbeiwert nach Gl. (5.1.178) und der zugehörigen Fläche A wird dann mit

$$Q = Av = \pi \frac{d^2}{4} \left[-2 \log \left(\frac{2{,}51 v}{d\sqrt{2gdJ}} + \frac{r_s}{3{,}71} \right) \right] \sqrt{2gdJ}$$

die sog. „Vollaufwassermenge" errechnet, bei der unter der Vorraussetzung $J = J_E$ der Abfluss im vollgefüllten Rohr erfolgt. In Tabellenwerten sind die Abflüsse Q und die zugehörigen mittleren Geschwindigkeiten v in Abhängigkeit der vorgegebenen Nennwerte, Gefälle und Rauheiten wiedergegeben.

Eine für hydraulisch glatte Rohre häufig verwendete Formel ist die von Blasius, mit der λ explizit zu

$$\lambda = \frac{0{,}316}{\mathrm{Re}^{\frac{1}{4}}} \qquad (5.1.179)$$

berechnet werden kann. Ihr Gültigkeitsbereich bleibt allerdings auf $\mathrm{Re} < 10^5$ beschränkt.

Bei nichtkreisförmigen Querschnitten fehlt die Symmetrie der Turbulenzentstehung an der Berandung des Strömungsfeldes. Als Folge davon kommt es längs der Berandung zu einer anisotropen Turbulenzstruktur, die im Querschnitt Sekundärströmungen auslöst (Sekundärströmungen 2. Art). Diese Sekundärströmungen rufen z. B. im quadratischen Querschnitt eine Strömung in den Ecken hervor. Mit Hilfe von Turbulenzmodellen lassen sich diese Strömungen simulieren.

5.1.9.3 Sonstige Verluste

Mit Hilfe des Reibungsbeiwertes können allein die Reibungsverluste für die vollständig ausgebildete turbulente Strömung im geraden Kreisrohr erfasst werden. Alle Einflüsse, welche zu Änderungen des Geschwindigkeitsprofils Anlass geben, führen zu zusätzlichen Verlusten. Letztere werden proportional zur Geschwindigkeitshöhe (i. Allg. nach der Störung) in der Form

$$\Delta e_z = \zeta \frac{v^2}{2g} \qquad (5.1.180)$$

angesetzt. Beim Energienhöhenvergleich sind daher die Gesamtverluste längs einer Rohrleitung durch

$$\Delta e = \Delta e_r + \Delta e_z = \left(\lambda \frac{1}{d} + \sum \zeta \right) \frac{v^2}{2g} \qquad (5.1.181)$$

zu berücksichtigen.

Zusätzlich zur Reibung sind

– Ein- und Auslaufverluste,
– Verluste infolge Querschnittsveränderungen,
– Richtungsänderungen und
– Verluste durch Armaturen

durch entsprechende ζ-Werte zu berücksichtigen. Als einziger Verlustbeiwert ist mit Hilfe des Impulssatzes der sog. „Borda-Carnot'sche Stoßverlust" für die plötzliche Erweiterung berechenbar. Es ist

$$\zeta = \left(\frac{A_2}{A_1} - 1 \right)^2, \qquad (5.1.182)$$

wobei A_1 die Querschnittsfläche vor und A_2 diejenige nach der Erweiterung ist.

Alle anderen Verlustbeiwerte sind experimentell bestimmt und können der Spezialliteratur (z. B. [Miller 1990; Preißler und Bollrich 1992]) entnommen werden. Bei der Berechnung von Rohrleitungen empfiehlt sich die Darstellung im Energieplan, der die Lage von Energie- und Drucklinie

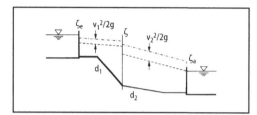

Abb. 5.1-65 Gefälleleitung mit $d_1 > d_2$

mit der Rohrleitung wiedergibt. Entscheidend für die Güte des Energieplans ist die richtige Anbindung von Druck- und Energielinie an die vorgegebenen *Randbedingungen*. Als solche sind am Rohrleitungsbeginn Behälter bzw. eine mögliche Drucksteigerung durch eine Pumpe zu beachten. Am Rohrleitungsende kann ein freier Ausfluss vorherrschen oder aufgrund eines Auslaufbehälters ein bestimmter Gegendruck wirksam sein. Konstanter Durchfluss bedingt bei veränderlichen Rohrdurchmessern unterschiedliche Geschwindigkeitshöhen und Reibungsgefälle. Zusätzliche Verluste werden örtlich konzentriert als Sprung in der Energielinie und der Drucklinie angedeutet. Als Beispiel ist in Abb. 5.1-65 der Energieplan für eine Gefälleleitung zwischen zwei Behältern mit einem Durchmesserwechsel dargestellt.

Bei der diskontinuierlichen Strömung liegt eine Veränderung des Durchflusses längs des Rohres vor. Im Hinblick darauf sind demnach *Verteilerrohre* mit abnehmendem und *Sammelrohre* mit in Fließrichtung zunehmendem Durchfluss zu unterscheiden. Wasserversorgungsnetze, Beregnungsanlagen, Betropfungsrohre, Ausleitbauwerke und gelochte Rohre bei Behälterzuläufen sind Anwendungsbeispiele für Verteilerrohre. Sammelrohre sind zu finden als Brunnensammelleitung im Reinwasserbereich und – ein Beispiel für den Bereich Abwasserreinigung – als sog. „Tauchrohr" zum Klarwasserabzug aus Sedimentationsbecken.

Bei der diskontinuierlichen Strömung kann sich nur bei sehr großer Entfernung zwischen den Einzelöffnungen ein voll entwickeltes turbulentes Geschwindigkeitsprofil einstellen. Normalerweise sind die Abstände zwischen den Öffnungen so gering, dass dies nicht der Fall ist. Zwischen den Einzelöffnungen muss trotzdem ein Reibungsverlust für die zwischen den Öffnungen kontinuierliche Strömung

angesetzt werden, da nur so unterschiedliche Öffnungsabstände berücksichtigt werden können. Daneben sind zusätzliche Verluste anzusetzen, welche dem dreidimensionalen Strömungsfeld Rechnung tragen. Verlustbeiwerte liegen lediglich für Rohrverzweigungen und -vereinigungen vor. Diese sind nur in Sonderfällen direkt für diese Berechnungen ansetzbar. Für das Tauchrohr wurden entsprechende Verlustbeiwerte ermittelt [Valentin 1997].

Die Grundzüge der Berechnung von Rohrleitungen mit diskontinuierlicher Beaufschlagung gestalten sich wie folgt: Der Anteil der Reibungsverluste zwischen den Aus- bzw. Einleitungen für mittlere Geschwindigkeit für den jeweils vorhandenen Durchfluss beträgt

$$\Delta e_{ri} = \lambda \frac{\Delta x}{d} \frac{v_i^2}{2g}.$$

Der hierbei einzusetzende Reibungsbeiwert kann bei Überschlagsberechnungen in guter Annäherung durch einen Mittelwert $\lambda = \text{const}$ für das System ersetzt werden. Bei der Verwendung von Berechnungsprogrammen bereitet die Einarbeitung der Abhängigkeit $\lambda = f(Re, r_s)$ keine Schwierigkeit.

Zusätzliche Verluste werden bei Sammelrohren durch den allgemein gebräuchlichen Ansatz nach Gl. (5.1.180),

$$\Delta e_z = \zeta \cdot \frac{v^2}{2g},$$

ebenfalls abschnittsweise berücksichtigt. Bei Verteilerrohren können sie i. d. R. vernachlässigt werden. Charakteristisch für Verteilerrohre ist, dass bei konstantem Rohrdurchmesser der Ausfluss längs des Rohres zunimmt und am Rohrende ein Maximum erreicht. Bei Sammelrohren in Becken kommt es wegen des zunehmenden Druckunterschieds zu einem wachsenden Zufluss in Abflussrichtung. Die extrem nichtlinearen Verhältnisse längs eines Sammelrohres sind in Abb. 5.1-66 für das Tauchrohr wiedergegeben.

5.1.9.4 Instationäre Rohrströmung

Im Wesentlichen sind im Bereich von Rohrleitungssystemen zwei Schwingungserscheinungen zu beobachten:

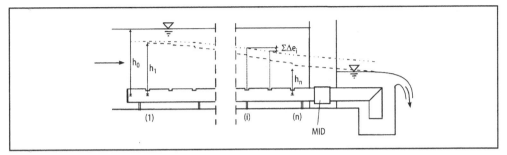

Abb. 5.1-66 Energieplan für ein Tauchrohr mit d = const

– eine niederfrequente Massenschwingung, bei welcher die Spiegelbewegungen im Wasserschloss eine Schwingung mit freier Oberfläche darstellt: *Wasserschlossschwingung*;
– eine hochfrequente Schwingung, bei der infolge der Kompressibilität des Gesamtsystems Änderungen im Durchsatz Verdichtungsstöße auslösen, die sich mit hoher Geschwindigkeit ausbreiten: *Druckstoßerscheinungen*.

Beide Vorgänge sind durch die Veränderlichkeit der Strömungskenngrößen Druck und Geschwindigkeit mit der Zeit gekennzeichnet.

Spiegelbewegungen in Wasserschlössern
Ein Wasserschloss ist ein Konstruktionselement, das beim Bau von Wasserkraftanlagen als Dämpfungsglied bei Betriebsmanövern verwendet wird. Ähnliche Vorgänge sind auch beim Betrieb großer Kläranlagen im Bereich der Pumpwerke zu beobachten.

Für einen stationären Durchfluss kann die Lage des Beharrungswasserspiegels im Wasserschloss mit Hilfe der Bernoulli-Gleichung unter Berücksichtigung der Verluste nach Abb. 5.1-67 leicht ermittelt werden. Es gilt

$$h = \left(1 + \lambda \frac{l}{d} + \sum \zeta\right) \frac{v^2}{2g}. \tag{5.1.183}$$

Bei einem Betriebsmanöver wird der stationäre Zustand unterbrochen und eine Wasserschlossschwingung ausgelöst. Der dabei vorhandene Unterschied zwischen dem Zufluss A·v aus dem Stollen und dem Abfluss Q aus dem Wasserschloss wird in der Kontinuitätsbedingung berücksichtigt:

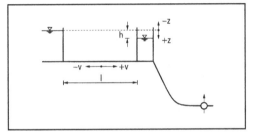

Abb. 5.1-67 Beharrungswasserspiegel bei stationärem Betrieb

$$A_w \frac{dz}{dt} = Q - A v.$$

Mit c = Q/A wird daraus

$$\frac{dz}{dt} = \frac{A}{A_w} (c - v). \tag{5.1.184}$$

In der Bewegungsgleichung sind die Druckkraft aus dem momentanen Spiegelunterschied zwischen Wasserschloss und Speicher als antreibende Kraft und die der Bewegungsrichtung entgegengesetzt wirkende Reibungskraft als Widerstandskraft anzusetzen.

Bei Auslenkung aus der Ruhelage beeinflusst das Wasserschloss die im Stollen bewegte Masse $m = \rho \cdot l \cdot A$, sodass sich über

$$m \frac{dv}{dt} = \varrho g (z - h) A$$

für die Bewegungsgleichung

$$\frac{dv}{dt} = \frac{g}{l}(z - h) \qquad (5.1.185)$$

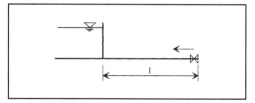

Abb. 5.1-68 Ausbreitung einer Störung in einem horizontalen Rohr nach einem Behälter

ergibt. Die numerische Lösung für das über die beiden Gln. (5.1.184) und (5.1.185) gebildete gekoppelte System von Dgln. ist auch für die Vielfalt an möglichen konstruktiven Ausbildungen kein Problem mehr [Evangelisti 1969].

Behandlung des Druckstoßes

Als Druckstoß wird die Ausbreitung einer Störung in einem Druckrohrsystem ohne freie Oberfläche bezeichnet. Es besteht eine Analogie zur Ausbreitung von Schallwellen, hier allerdings im begrenzten Raum. Erste theoretische Ansätze zur Beschreibung des Druckstoßes gehen auf eine 1912 von Allievi entwickelte Theorie zurück. Betrachtet wird hierbei eine horizontale Leitung, in der Verluste und die Geschwindigkeitshöhe vernachlässigt und ein konstanter Durchmesser vorausgesetzt werden. In der Bewegungsgleichung sind deswegen als Oberflächenkräfte nur Druckkräfte zu berücksichtigen, die in Bezug zur lokalen Beschleunigung gesetzt werden.

$$\frac{\partial v}{\partial t} = g \frac{\partial h}{\partial x}. \qquad (5.1.186)$$

Bei der Kontinuitätsbedingung ist die Kompressibilität des Systems aus Rohrleitung und Transportfluid zu beachten. So löst eine Drucksteigerung eine Volumenverringerung des Fluids und eine Rohrdehnung aus. Dies führt zu

$$\frac{\partial v}{\partial x} = \frac{g}{a^2} \frac{\partial h}{\partial t}. \qquad (5.1.187)$$

In dieser Dgl. bezeichnet a die Fortpflanzungsgeschwindigkeit einer Störung in dem vorhandenen System. Sie ist kleiner als die Schallgeschwindigkeit $a_s = 1450$ m/s und kann in Abhängigkeit von den Elastizitätsmoduln E_f für das Fluid und E_r für das Rohrmaterial zu

$$a = \sqrt{\frac{\frac{E_f}{\varrho}}{1 + c \left(\frac{E_f}{E_r}\right)\frac{d}{s}}} \qquad (5.1.188)$$

berechnet werden. Für eine feste Einspannung wird $c = 1$ gesetzt. Die Fortpflanzungsgeschwindigkeiten einer Störung sind für Stahlleitungen mit $E_{Stahl} = 2,1 \cdot 10^{11}$ N/m² demnach a > 1000 m/s. Für Kunststoffrohre (z. B. PVC) wird a ≈ 400 m/s wegen $E_{PVC} = 3 \cdot 10^9$ N/m² und damit wesentlich geringer.

Zur Beschreibung der zeit- und ortsabhängigen Veränderungen der Strömungsgrößen p und v steht das System der partiellen Dgln. zur Verfügung. Eine Störung breitet sich mit der Geschwindigkeit

$$a = \frac{dx}{dt} \qquad (5.1.189)$$

aus.

Nach Abb. 5.1-68 ist die Laufzeit t einer Welle vom Ort der Entstehung bis zur Reflexion am freien Wasserspiegel t = l/a. Bis zur Wiederankunft am Ort der Entstehung wird die Reflexionszeit

$$t_R = \frac{2l}{a} \qquad (5.1.190)$$

benötigt. Mit den Ausgangsgrößen h_o, v_o für den stationären Zustand werden in Abhängigkeit von den Randbedingungen nach Abb. 5.1-68 die zu erwartenden Änderungen in h und v

$$h - h_o = -\frac{a}{g}(v - v_o). \qquad (5.1.191)$$

Für den völligen Abschluss (v = 0) ist dann die maximale Druckhöhe

$$\max h = \frac{a}{g} v_o + h_o. \qquad (5.1.192)$$

Die Druckhöhenänderung infolge der Verzögerung von v = v₀ auf v = 0 ist daher

$$\Delta h = \frac{a}{g} v_o \; ; \qquad (5.1.193)$$

sie wird als „Joukowsky-Stoß" bezeichnet. Dieser maximale Anstieg tritt nur beim direkten Stoß auf. Hierfür muss

$$t_s \leq \frac{2l}{a}$$

sein. Daraus ist abzuleiten, dass die zeitliche Veränderung des Durchflusses am Verschlussorgan eine bedeutende Rolle spielt.

Ebenso wichtig sind die Randbedingungen. Wird in Abb. 5.1-68 vor dem Eintritt in den Behälter ein Rückflussverhinderer installiert, so erfolgt die Reflexion der Druckwelle nicht am freien Wasserspiegel mit dem entsprechenden Druckabbau, sondern am „festen Ende", was einer Verdoppelung der Druckhöhenänderung entsprechen würde. Da auch Rückflussverhinderer eine endliche Zeit benötigen, um den Rückfluss zu unterbinden, wird diese Verdoppelung praktisch nicht erreicht. Dieses Beispiel soll zeigen, dass bei Druckstoßuntersuchungen eine sorgfältige Analyse des Rohrleitungssystems mit seinen Einzelkomponenten unerlässlich ist. Druckstoßdämpfende Maßnahmen sind zu erreichen durch

– Verlängerung von Gesamtschließzeiten,
– Anpassung von mehrstufigen Schließgesetzen,
– Einbau von Druckbehältern,
– Integration von Wasserschlössern bei langen Zuleitungen.

Charakteristiken – Verfahren mit Berücksichtigung von Verlusten

Bei langen Leitungen treffen die Voraussetzungen der Theorie von Allievi nicht mehr zu. Vor allem bei Fernwasserleitungen führen Reibungsverluste zu einem vollständigen oder teilweisen Abbau der Ausgangsdruckhöhe. Die Bewegungsgleichung und die Kontinuitätsbedingung müssen hier vollständig ausformuliert werden. Zur Lösung der beiden Gleichungen dient das *Charakteristikenverfahren*. Bei Leitungen aus Stahl und Spannbeton ist a >> v. Als Gleichung für die Charakteristiken gilt

$$C_\pm = \frac{\mathrm{d}x}{\mathrm{d}t} = \pm a \; . \qquad (5.1.194)$$

Im Weg-Zeit-Diagramm muss längs der Charakteristiken an diskreten Punkten und an den Rändern die Verträglichkeitsbedingung

$$\pm \frac{g}{a} \frac{\partial h}{\partial t} + \frac{\partial v}{\partial t} + g\, J_E = 0 \qquad (5.1.195)$$

erfüllt sein. Bei der Fernleitung Oberau-München mit mehr als 60 km Länge z. B. beträgt die Reflexionszeit t_R > 2 min. Derart lange Leitungen verlangen eine sorgfältige Abstimmung der Schließgesetze der Regelorgane bei Gesamtschließzeiten bis 10 min. Diese wurden mit Hilfe des Charakteristikenverfahrens für jede einzelne Armatur angepasst.

5.1.10 Gerinneströmung

5.1.10.1 Besonderheiten der Gerinneströmung

Charakteristisch für die Gerinneströmung ist die Phasentrennfläche Wasser/Luft (flüssig/gasförmig) am Wasserspiegel. Als wesentliche Randbedingung gilt für den Druck am Wasserspiegel, dass er identisch ist mit dem Atmosphärendruck. Diese Phasentrennfläche kann als Linie konstanten Druckes und damit als Niveaulinie angesehen werden. Dies ist eine wichtige Hilfe auch für die Darstellung im Energieplan, da der *Wasserspiegel* identisch ist mit der Drucklinie im Energieplan.

Bei den zu behandelnden Gerinnearten ist zwischen *überdeckten* und *offenen Gerinnen* zu unterscheiden. Zu ersteren zählen künstliche Kanäle (z. B. Freispiegelstollen im Kraftwerkbau) ebenso wie die z. T. riesigen Stollen zur Trinkwasserbeileitung und die Abwasserkanäle der Entwässerung. Natürliche Gerinne haben eine *bewegliche Sohle*. Damit sind auch Veränderungen an der Grenzfläche flüssig/fest zu beachten. Bei der Überschreitung kritischer Wandschubspannungen kann das Sohlenmaterial in Bewegung geraten. Mit dem Ablauf von Hochwässern ist immer eine Umgestaltung der Gerinnesohle verbunden. In diesem Rahmen werden allerdings nur Gerinne mit *fester Sohle* behandelt.

Bei der Beschreibung des Strömungsfeldes in der Gerinneströmung spielt der Begriff der *Wassertiefe* eine große Rolle. Als Wassertiefe y wird die in der Vertikalen gemessene Entfernung zwi-

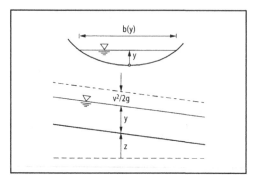

Abb. 5.1-69 Quer- und Längsschnitt durch ein offenes Gerinne

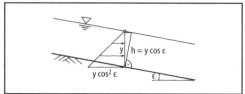

Abb. 5.1-70 Wassertiefe und Druckverteilung im offenen Gerinne

schen dem Wasserspiegel und der Gerinnesohle bezeichnet (Abb. 5.1-69). Die Fixierung des Wasserspiegels in einem Querschnitt und ihr Bezug auf die Höhenlage ist durch den Begriff des *Wasserstand*s beschrieben. Beim natürlichen Gerinne ist die Wassertiefe über die Breite variabel, bei beweglicher Sohle zusätzlich von Umlagerungen der Sohle betroffen. Die Bezeichnung „Wassertiefe" ist nur sinnvoll für das Medium Wasser, für andere Medien eignet sich der Begriff der *Fließtiefe* besser.

Die Durchflussfläche A ist mit der Wassertiefe y veränderlich. Sämtliche Querschnittskenngrößen zur Beschreibung des Strömungsfeldes sind daher abhängig vom Wasserstand. Dieser ist i. Allg. längs des Gerinnes veränderlich. Neben der Querschnittsfläche A sind die Wasserspiegelbreite b und der benetzte Umfang U von Bedeutung (Abb. 5.1-69). Allgemein gelten für diese geometrischen Größen zur Kennzeichnung der Querschnittsabmessungen

$$A = A(y),$$
$$U = U(y),$$
$$b = b(y).$$

Der Begriff des *hydraulischen Radius* bringt eine Beziehung zwischen Querschnittsfläche und Umfang:

$$R = \frac{A}{U} = R(y).$$

Für breite Gerinne, denen fast alle natürlichen Gerinne zugeordnet werden können, ist b ≫ y. Daraus

folgt, dass R → y tendiert. Ein Extremfall ist der Schichtenabfluss auf der Straßenoberfläche, welcher bei Starkregen zum Aquaplaning führen kann.

Ein offenes Gerinne ist unbegrenzt leistungsfähig, da dem Fließquerschnitt nach oben keine Grenzen gesetzt sind. Im Gegensatz dazu ist die Leistungsfähigkeit des überdeckten Gerinnes durch die Querschnittsform begrenzt. Das in der Stadtentwässerung am häufigsten verwendete Rohr mit Kreisquerschnitt wird beim Trockenwetterabfluss nur teilweise beansprucht, nach Regenereignissen kann jedoch schnell die Leistungsfähigkeit des Querschnitts erschöpft sein. Dann folgt ein Wechsel vom Freispiegelabfluss zum Abfluss unter Druck.

In einer Reihe von Lehrbüchern wird postuliert, dass die Wassertiefe grundsätzlich senkrecht zur Gerinnesohle anzugeben ist. Dies mag für künstliche Gerinne mit geradlinigem Sohlenverlauf zweckmäßig sein, bei natürlichen Gerinnen mit unregelmäßigem Verlauf der Sohle ist dies nicht durchführbar. Bei Wasserspiegelberechnungen, welche längs eines Gerinnes erfolgen, ist ohnehin nur die Veränderung des Wasserstands von Interesse.

Da der geneigte Wasserspiegel die Eigenschaft einer Niveaufläche hat, kann die Druckhöhe nicht der Wassertiefe entsprechen. Im Extremfall eines an einer senkrechten Wand herabfließenden Wasserfilms ist der vom Wasserfilm auf die Wand ausgeübte Druck Null. Wird die senkrecht zur Sohle gemessene Entfernung zum Wasserspiegel mit h bezeichnet (Abb. 5.1-70), so ist die dort messbare Druckhöhe

$$\frac{p}{\varrho g} = y \cos^2 \varepsilon. \qquad (5.1.196)$$

Ist die Druckhöhe im Bereich zwischen Sohle und Wasserspiegel von Interesse, dann gilt für jede beliebige Höhe z über der Sohle unter der Voraussetzung hydrostatischer Druckverteilung die Beziehung

$$z + \frac{p}{\varrho\,g} = y \cos^2 \varepsilon .$$

Wegen der kleinen Sohlengefälle J_S sind die Neigungswinkel ε der Gerinnesohle gegen die Horizontale meist so klein, dass für die Winkelfunktion $\cos \varepsilon = 1$ gesetzt werden kann. Dies läuft darauf hinaus, dass zwischen Wassertiefe und zugehöriger Druckhöhe bei kleinen Gefällen nicht zu unterscheiden ist.

Beispiel 5.1-7: In einer steil geneigten Rinne beträgt das Sohlengefälle $J_S = 10\%$. Um welchen Faktor unterscheiden sich die Wassertiefe y und die an der Sohle gemessene Druckhöhe?

Sohlengefälle:

$$J_S = \Delta z/\Delta l = 0,1 = \sin \varepsilon, \quad \varepsilon = 5,74° ;$$
$$\cos \varepsilon = 0,995 ;$$
$$p/\rho \cdot g = y \cdot \cos^2 \varepsilon = 0,990 \cdot y .$$

Selbst bei diesem extrem großen Gefälle beträgt die Abweichung zwischen Druckhöhe und der in der Vertikalen gemessenen Wassertiefe y nur 1%!

5.1.10.2 Fließzustand und Grenzverhältnisse

Für Querschnittsbetrachtungen in künstlichen Gerinnen ist es ausreichend, die Lage der Energiehöhe über der Gerinnesohle zu betrachten (Abb. 5.1-69). Damit entfällt bei der Anwendung der Bernoulli-Gleichung die Berücksichtigung der Ortshöhe.

$$H = y + \frac{v^2}{2g} = y + \frac{Q^2}{A^2\,2g} , \qquad (5.1.197)$$

$$Q = A\,v = A\sqrt{2g}\,\sqrt{H - y} . \qquad (5.1.198)$$

Da die Druckhöhe in diesen Gleichungen durch die Wassertiefe ersetzt ist, sind beide Formeln an die Voraussetzung paralleler Strombahnen und damit einer hydrostatischen Druckverteilung gekoppelt. Die Beziehungen H = H(y) und Q = Q(y) sind nichtlinear, da in der Querschnittsfläche A auch die

Wassertiefe enthalten ist. Für vorgegebene Werte von Q und H sind zwei charakteristische Diagramme für jede beliebige Querschnittsform ableitbar.

Für einen vorgegebenen konstanten Abfluss Q ist eine minimale Energiehöhe H_{min} erforderlich, damit Q abfließen kann (Abb. 5.1-71). Diese Aussage ist als *Extremalprinzip* bekannt. Für jeden Wert $H > H_{min}$ kann dieses Q unter zwei Wassertiefen abgeführt werden. Bei überdeckten Gerinnen sind theoretisch sogar vier Lösungen möglich. In der dargestellten Funktion H = H(y) tritt unter einer Wassertiefe y_c ein Extremwert für H, in diesem Fall ein Minimum, auf.

Bei vorgegebener konstanter Energiehöhe H kann in jedem Querschnitt ein maximaler Abfluss Q_{max} erfolgen (Abb. 5.1-72). Jedes $Q < Q_{max}$ kann wiederum unter zwei Wassertiefen abgeführt werden. Die hier wiedergegebene Funktion Q = Q(y) weist wiederum für die Wassertiefe y_c einen Extremwert für Q, in diesem Fall ein Maximum, auf.

Die Wassertiefe, bei welcher die Extremwerte Q_{max} und H_{min} auftreten, wird als „Grenztiefe" y_c bezeichnet. Der Index c ist international gebräuchlich und ist eine Abkürzung des englischen Wortes „critical". In DIN 4044 wird anstelle des Index c der Index gr verwendet. In einem Querschnitt, in dem ein vorgegebenes Q unter der minimalen Energiehöhe H_{min} abgeführt wird, werden die *Grenzverhältnisse* durchlaufen.

Außerhalb der Grenzverhältnisse kann jeder Durchfluss Q unter zwei Wassertiefen abgeführt werden. Eine ist dabei größer, die andere kleiner als die Grenztiefe. Jeder beliebigen Energiehöhe H, welche größer als H_{min} ist, sind ebenfalls zwei Wassertiefen zugeordnet. Da beide die gleiche Energiehöhe bedingen, spricht man von „korrespondierenden Wassertiefen". Eine Gerinneströmung, bei der die Wassertiefe geringer ist als die Grenztiefe, kennzeichnet einen Abfluss im *Schießen*. Ist die Wassertiefe größer als die Grenztiefe, so erfolgt der Abfluss im *Strömen*.

Für die in den Abb. 5.1-71 und 5.1-72 dargestellten Verhältnisse lassen sich die Extremwerte rein formal über die Kurvendiskussion bestimmen. So gilt z. B. für die H-Linie

$$dH/dy = 0.$$

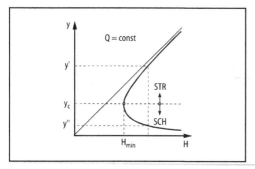

Abb. 5.1-71 H-Linie für Q = const

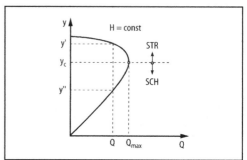

Abb. 5.1-72 Q-Linie für H = const

$$\frac{dH}{dy} = 1 - \frac{Q^2}{gA^3}\frac{dA}{dy} = 0$$

Dies ist ein Minimum, da $\dfrac{d^2H}{dy^2} > 0$,

daraus folgt $A^3 - \dfrac{Q^2}{g}\dfrac{dA}{dy} = 0$.   (5.1.199)

Unter Berücksichtigung von dA/dy = b und v = Q/A ergibt sich ein Ausdruck für die der Grenztiefe zugeordnete Grenzgeschwindigkeit v_c

$$v_c = \sqrt{\frac{gA_c}{b_c}}. \qquad (5.1.200)$$

Für jeden Abfluss außerhalb der Grenzverhältnisse herrscht eine von der Grenzgeschwindigkeit unterschiedliche Geschwindigkeit. Wird diese Geschwindigkeit zur Grenzgeschwindigkeit ins Verhältnis gesetzt, so erhält man eine dimensionslose Kennzahl, welche zur Beurteilung herangezogen werden kann, ob ein strömender oder schießender Abfluss vorliegt. Diese Kennzahl ist die Froude-Zahl

$$Fr = \frac{v}{\sqrt{\dfrac{gA}{b}}}. \qquad (5.1.201)$$

Für die Grenzverhältnisse ist $v = v_c$ und deshalb $Fr = 1$. Für den strömenden Abfluss ist $v < v_c$, somit wird $Fr < 1$. Umgekehrt gelten für den schießenden Abfluss $v > v_c$ und $Fr > 1$. Für Modellun-

tersuchungen kommt bei der Forderung nach dynamischer Ähnlichkeit der Froude-Zahl als Verhältniszahl zwischen den Trägheits- und Schwerekräften eine besondere Bedeutung zu.

Rechnerisch einfach erfassbar ist der Rechteckquerschnitt mit der Breite b. Da hier die Wassertiefe über den Querschnitt konstant ist, kann der Abfluss Q auf den Abfluss je Breitenmeter bezogen werden.

$$q = \frac{Q}{b} \qquad \left(\text{in } \frac{m^3}{s \cdot m}\right).$$

Aus Gl. (5.1.200) folgt für das Rechteckprofil

$$v_c = \sqrt{g\,y_c}. \qquad (5.1.202)$$

Die Grenzgeschwindigkeit für das Rechteckprofil entspricht der Ausbreitungsgeschwindigkeit kleiner Störungen.

Wegen $q = v \cdot y$ kann über Gl. (5.1.202) direkt eine Beziehung zwischen der Grenztiefe und dem Abfluss pro Breitenmeter hergeleitet werden:

$$y_c = \sqrt[3]{\frac{q^2}{g}}. \qquad (5.1.203)$$

Bereits bei geometrisch einfach beschreibbaren Profilformen wie dem Dreieck, Trapez oder teilgefüllten Kreis sind wegen der nichtlinearen Beziehungen die kritischen Größen nicht mehr explizit darstellbar. Behelfen kann man sich bei der Suche nach Lösungen, indem Methoden für die Nullstellensuche oder graphische Verfahren herangezogen werden.

Die Betrachtung des Abflusses unter Grenzverhältnissen beruht auf einer Extremwertberechnung der beiden Funktionen H = H(y) und Q = Q(y). Voraussetzung für die Ableitbarkeit dieser Funktionen ist ihre Stetigkeit. Eine Übertragung der dabei gewonnenen Erkenntnisse auf Querschnitte, bei denen z. B. die Querschnittsfläche eine nichtstetige Funktion der Wassertiefe darstellt, ist aus diesem Grund nicht möglich. Dies ist immer dann der Fall, wenn der Umfang einen Knick oder Sprung aufweist.

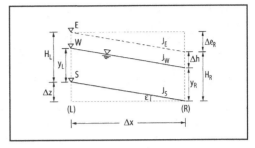

Abb. 5.1-73 Stationär gleichförmige Strömung auf ebener Sohle

5.1.10.3 Stationär gleichförmige Bewegung

Der Begriff der gleichförmigen Bewegung steht für eine Strömung, die in Fließrichtung keine Beschleunigung erfährt. Die konvektive Beschleunigung $v \cdot \partial v / \partial x$ ist neben der lokalen $\partial v / \partial t$ gleich Null.

Der Energieplan für die stationär gleichförmige Gerinneströmung ist denkbar einfach, da der Verlauf des Wasserspiegels das gleiche Gefälle aufweist wie die Gerinnesohle und damit auch die Energielinie.

Die stationär gleichförmige Strömung ist nach Abb. 5.1-73 durch die Identität zwischen den hier angeführten Gefällen J_E für die Energielinie, J_W für den Wasserspiegel und J_S für die Sohle gekennzeichnet:

$$J_E = J_W = J_S \qquad (5.1.204)$$

Wegen der unveränderlichen Wassertiefe ergibt sich als Dgl. für die Spiegellinie

$$\frac{dy}{dx} = 0. \qquad (5.1.205)$$

Für die gleichförmige Strömung ist die Gesamtbeschleunigung Null, sodass nach Abb. 5.1-74 ein Gleichgewicht zwischen Massenkraft und den Oberflächenkräften herrscht. Wird in Strömungsrichtung bilanziert, so ist die für die Bewegung maßgebliche Massenkraft die in Fließrichtung wirkende Hangabtriebskomponente

$$F_G \cdot \sin \varepsilon = \rho \cdot g \cdot A \cdot l \cdot \sin \varepsilon = \rho \cdot g \cdot A \cdot \Delta e_r.$$

An Oberflächenkräften sind die Druckkräfte an den freien Rändern und die Widerstandskräfte an den Phasentrennflächen anzusetzen. Wegen der im Nor-

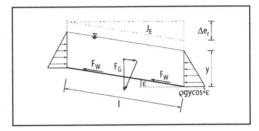

Abb. 5.1-74 Anwendung des Impulssatzes für die gleichförmige Gerinneströmung

malfall kleinen Fließgeschwindigkeiten verbleibt allein die Wandreibung längs des benetzten Umfangs. Wird hier eine mittlere Wandschubspannung τ_0 angenommen, so folgt für die Widerstandskraft

$$F_W = \tau_0 \cdot U \cdot l .$$

Bei gleicher Wassertiefe in den Endquerschnitten heben sich auch die in Fließrichtung fallenden Anteile der Druckkräfte gegenseitig auf, sodass bei Anwendung des Impulssatzes für die gleichförmige Gerinneströmung eine Gleichgewichtsbedingung

$$F_G \cdot \sin \varepsilon = F_W$$

formuliert werden kann. Für die mittlere Wandschubspannung folgt daraus

$$\tau_0 = \rho \cdot g \cdot R \cdot J_S. \qquad (5.1.206)$$

Hierbei wurde von der Beziehung $J_E = J_S$ Gebrauch gemacht. In der Flusshydraulik kommt dieser Gleichung besondere Bedeutung zu, da daraus die sog.

„Schleppspannung" berechnet wird. Sie ist mit der mittleren Wandschubspannung identisch. Über einen Zusammenhang zwischen der mittleren Wandschubspannung und der mittleren Fließgeschwindigkeit wurde bisher keine Aussage getroffen. Aus den Untersuchungen mit unterschiedlichen Wandrauheiten in der Rohrhydraulik ist allerdings bekannt, dass im vollrauen Bereich das Widerstandsverhalten allein durch die Rauheit gesteuert wird, die Zähigkeit und damit die Reynolds-Zahl also keinen Einfluss mehr ausüben. Unter der Annahme

$$\tau_0{}^\alpha \approx v^2$$

wird daraus die Geschwindigkeitsformel nach Brahms-de Chézy

$$v = C\sqrt{RJ_S} \, . \tag{5.1.207}$$

In der Rohrhydraulik besteht für die mittlere Wandschubspannung τ_0 und die mittlere Geschwindigkeit v im Rohr die Beziehung

$$\tau_o = \frac{\lambda}{8}\varrho v^2 \, .$$

Wird berücksichtigt, dass wegen der gleichförmigen Bewegung im Gerinne $J_E = J_S$ ist, dann kann eine Beziehung zwischen dem Reibungsbeiwert λ für die Rohrströmung und dem Beiwert C nach Gl. (5.1.207) hergestellt werden.

$$C = \sqrt{\frac{8g}{\lambda}} \quad \left(\text{in } \frac{m^{1/2}}{s}\right). \tag{5.1.208}$$

C ist der sog. „Geschwindigkeitsbeiwert", der dimensionsbehaftet ist.

Für den hydraulisch rauen Bereich ist es möglich, den Geschwindigkeitsbeiwert C direkt durch den Reibungsbeiwert λ zu ersetzen. Wegen $d = 4 \cdot R$ ist $r_s = k_s/(4 \cdot R)$ und somit

$$\frac{1}{\sqrt{\lambda}} = -2\log\frac{k_s}{4R \cdot 3{,}71} \, .$$

Mit Hilfe von Gl. (5.1.208) kann daraus eine Gleichung für den Geschwindigkeitsbeiwert

$$C = \sqrt{8g}\left(2\log\left(14{,}84\,\frac{R}{k_s}\right)\right) \tag{5.1.209}$$

abgeleitet werden, sodass für den vollrauen Bereich die Geschwindigkeitsformel

$$v = \left(20{,}75 + 17{,}71\log\frac{R}{k_s}\right)\sqrt{RJ} \tag{5.1.210}$$

angegeben werden kann. Darin ist das Gefälle J bewusst ohne Index aufgeführt, da für die nichtgleichförmige Bewegung das Energieliniengefälle anstelle des Sohlengefälles zu verwenden ist.

Für die Bestimmung des Geschwindigkeitsbeiwertes C in der Fließformel von Brahms-de Chézy existiert eine Reihe von empirischen Ansätzen. Noch heute im Gebrauch ist eine Geschwindigkeitsformel, in der im Gegensatz zu Gl. (5.1.207) der Einfluss des hydraulischen Radius über eine andere Potenz berücksichtigt wird. Die Potenz 1/2 wird hierbei durch 2/3 ersetzt. Diese Gleichung ist im deutschen Sprachraum als Strickler-Formel, im englischen Sprachraum als Manning-Formel bekannt.

$$v = k_{St}\,R^{2/3}\,J^{1/2}, \tag{5.1.211}$$

wobei mit k_{St} der sog. „Strickler-Beiwert" bezeichnet wird, welcher die Dimension $m^{1/3}$/s hat. In der amerikanischen Literatur ersetzt der Manning-Beiwert 1/n den Strickler-Beiwert k_{St}.

$$k_{St} = \frac{1}{n} \, .$$

Nehmen die Strickler-Beiwerte mit zunehmender Rauheit der Gerinnewand ab, so zeigen die n-Werte mit geringer werdenden Rauheiten eine abnehmende Tendenz. Mit Hilfe der Gl. (5.1.207) und (5.1.211) kann eine direkte Beziehung zwischen dem Geschwindigkeitsbeiwert und dem Strickler- bzw. Manning-Beiwert in der Form

$$C = k_{St}\,R^{1/6} = \frac{1}{n}\,R^{1/6} \tag{5.1.212}$$

abgeleitet werden. Gleichung (5.1.211) wurde aus Untersuchungen an rauen natürlichen Gerinnen abgeleitet. Sie ist aus diesem Grund nicht für die Anwendung auf Gerinne mit kleinen Rauheiten wie künstliche Kanäle, bei denen die Zähigkeit noch von Bedeutung ist, gedacht. Eine Zuordnung zwischen der äquivalenten Sandrauheit und der Wandbeschaffenheit ist aus Abb. 5.1-75 zu ersehen.

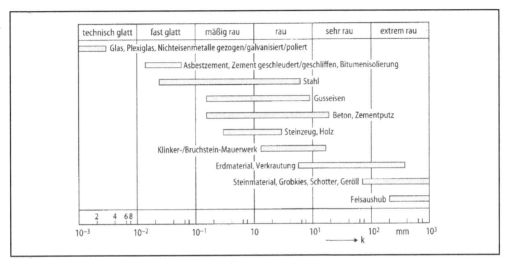

Abb. 5.1-75 Äquivalente Sandrauhheiten (nach [Schröder 1990])

Durch die Geschwindigkeitsformel gewinnt der *hydraulische Radius* für das Widerstandsverhalten überragende Bedeutung. Schwächen des Konzepts offenbaren sich allerdings in der fehlenden Berücksichtigung der tatsächlichen Randbedingungen. Bei turbulenter Strömung geht der Reibungseintrag von der festen Berandung aus. Der Impulsaustausch ist entlang der festen Berandung und an der freien Oberfläche behindert. Nur für kreisähnliche Querschnitte ist das Konzept des hydraulischen Radius daher sinnvoll, da hier symmetrische Randbedingungen vorliegen. Für beliebige Querschnitte ist deshalb die Simulation der Geschwindigkeitsverteilung über aufwendige Turbulenzmodelle erforderlich.

Unter der *Normalwassertiefe* wird die Wassertiefe verstanden, die sich unter vorgegebenen Randbedingungen bei einer gleichförmigen Strömung einstellt. In Verbindung mit der Kontinuitätsbedingung nach Gl. (5.1.207) ergibt sich daraus für den Abfluss unter der Normalwassertiefe die Beziehung

$$Q = AC\sqrt{R J_S} \,. \tag{5.1.213}$$

Je nach dem verwendetem Rauheitsansatz ist darin der Geschwindigkeitsbeiwert als Funktion des hydraulischen Radius mit einem die Sohlenrauheit kennzeichnenden Parameter

$$C = f(R, k_{St}, k_s)$$

ausgedrückt. Diese Gleichung ist i. Allg. explizit nicht lösbar, da sie eine nichtlineare Beziehung im Hinblick auf die gesuchte Wassertiefe darstellt. Sie ist erfüllt für bestimmte Werte für y, die je nach vorgegebenem Sohlengefälle einen Abfluss im Schießen oder Strömen kennzeichnen.

Durch Vergleich der Normalwassertiefe y_n mit der Grenztiefe y_c lässt sich feststellen, ob der Normalabfluss im Strömen oder im Schießen erfolgt:

$$y_n > y_c: \text{ Strömen } \quad Fr < 1 \,,$$
$$y_n < y_c: \text{ Schießen } \quad Fr > 1 \,.$$

Besondere Bedeutung hat diese Kontrolle auf die Art der Strömung in überdeckten Gerinnen der Abwasserentsorgung. Diese Problematik wird anhand des teilgefüllten Kreisrohres gezeigt. Für das Widerstandsverhalten im Kreisrohr gilt zwischen dem Geschwindigkeitsbeiwert C und dem Reibungsbeiwert λ

$$C = \sqrt{\frac{8g}{\lambda}} \,.$$

Unter Bezug auf die Verhältnisse bei Vollfüllung kann der Abfluss für $J_E = J_S$ nach Gl. (5.1.179) berechnet werden. Im Folgenden wird der Abfluss unter Vollfüllung mit Q_V bezeichnet. Für den Vergleich mit den Verhältnissen unter Teilfüllung wird

$$\frac{C}{C_V} = \sqrt{\frac{\lambda_V}{\lambda}}$$

angesetzt. Nach einer empirischen Beziehung wird zwischen den Verhältnissen der Geschwindigkeitsbeiwerte und denen der Reibungsbeiwerte eine einfache Abhängigkeit vom hydraulischen Radius zu

$$\sqrt{\frac{\lambda_V}{\lambda}} = \left(\frac{R}{R_V}\right)^{\frac{1}{8}} \tag{5.1.214}$$

formuliert, sodass

$$\frac{Q}{Q_V} = \left(\frac{R}{R_V}\right)^{\frac{5}{8}} \left(\frac{A}{A_V}\right). \tag{5.1.215}$$

Damit können Normalabflüsse unter Teilfüllung allein durch die Querschnittskennwerte und entsprechende Relativzahlen dargestellt werden.

Mit den heutigen Rechenhilfen sind Teilfüllungskurven auch ohne die empirische Gl. (5.1.214) direkt unter Verwendung der tatsächlichen Reibungsbeiwerte berechenbar. Der Maximalwert für das Verhältnis der hydraulischen Radien R/R_V im Bereich eines Füllungsgrades von 83 % führt dazu, dass beim überdeckten Gerinne im oberen Bereich des Querschnittes $Q > Q_V$ wird. Somit können in diesem Bereich zusätzliche Lösungen für die Normalwassertiefe bei vorgegebenem Q gefunden werden. In Abb. 5.1-76 sind für das Kreisprofil die *Teilfüllungskurven* wiedergegeben, in welchen die Verhältniswerte Q/Q_V und v/v_V über den Füllungsgrad aufgetragen sind.

Da die Normalwassertiefe je nach Sohlengefälle J_S und Rauheit einem Abfluss im Strömen oder im Schießen zugeordnet werden kann, ist ein Gefälle denkbar, das den Maximalabfluss unter Grenzverhältnissen ermöglicht. Für diesen Fall kann dann das *Grenzgefälle* mit $J_S = J_c$ definiert werden, bei dem die Normalwassertiefe der Grenztiefe y_c entspricht.

Für den Sonderfall des Rechteckgerinnes ist nach Gl. (5.1.202)

$$v_c = \sqrt{g\, y_c}$$

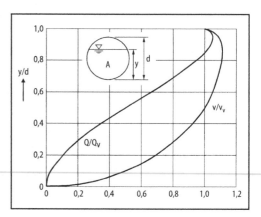

Abb. 5.1-76 Teilfüllungskurven für das Kreisprofil

und nach Gl. (5.1.208) mit $J_S = J_c$

$$J_c = \frac{v_c^2}{C_c^2 R_c} = \frac{g\, y_c}{C_c^2 R_c}.$$

Im Fall des breiten Rechteckgerinnes gilt $R \to y$, sodass sich diese Beziehung zu

$$J_c = \frac{g}{C^2} \tag{5.1.216}$$

vereinfacht. Wird noch die bereits mehrfach benützte Beziehung zwischen Reibungsbeiwert und Geschwindigkeitsbeiwert nach Gl. (5.1.208) in dieser Gleichung berücksichtigt, dann gilt

$$J_c = \frac{\lambda}{8}.$$

5.1.10.4 Stationär ungleichförmige Bewegung

Längs des Gerinnes kommt es auch bei der kontinuierlichen Strömung ($\partial Q/\partial x = 0$) zu Veränderungen in der Wassertiefe. Für die Beurteilung des Abflusszustands ist es wichtig, den Wasserspiegelverlauf längs des Gerinnes zu kennen. Dies erfordert eine *Spiegellinienberechnung*. Der Spiegelberechnung liegt die Integration einer Dgl. in der Form $dy/dx \neq 0$ zugrunde, welche bisher im Wesentlichen auf eine eindimensionale Betrachtung

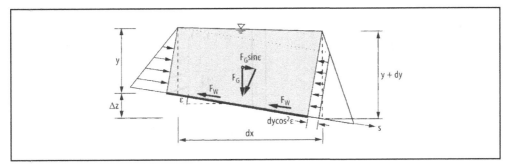

Abb. 5.1-77 Kontrollvolumen für die ungleichförmige Gerinneströmung

der einzelnen Terme der Bernoulli-Gleichung zurückgeführt wurde. Als Grundlage für heute gebräuchliche mehrdimensionale Berechnungen ist dies nicht mehr ausreichend. Die Ableitung der Dgl. für die Spiegellinie bedingt die Anwendung des Impulssatzes an einem Kontrollvolumen in seiner integralen Form. Die Wiedergabe der einzelnen Terme in ihrer differentiellen Veränderung soll die hierbei getroffenen Vereinfachungen deutlich machen.

Mit den Bezeichnungen der Abb. 5.1-77 erhält man für die Oberflächenkräfte

– die Widerstandskraft F_W infolge Wandreibung $\tau_0 \cdot U \cdot ds$,
– die resultierende Druckkraft $\rho \cdot g \cdot A \cdot dy \cdot \cos^2 \varepsilon$ und
– für die Volumenkraft die Gewichtskomponente in Fließrichtung $F\hat{G} \cdot \sin \varepsilon = \rho \cdot g \cdot A \cdot dz$.

Aus diesen Kräften resultiert die Änderung des Impulsstromes $\rho \cdot Q \cdot dv$, der umgeformt eine Impulsstromänderung

$$\varrho \, A \, ds \, v \frac{dv}{ds}$$

ermöglicht. Die Bilanzierung in Strömungsrichtung führt dann zu

$$\varrho \, A \, ds \, v \, \frac{dv}{ds} = -\varrho g A \, dy \cos^2 \varepsilon - \tau_0 U ds + \varrho g A dz \; .$$

Eine Division durch die Gewichtskraft des Kontrollvolumens $\rho \cdot g \cdot A \cdot ds$ verändert diesen Ausdruck zu

$$\frac{v}{g} \frac{dv}{ds} = -\frac{dy \cos^2 \varepsilon}{ds} + \frac{dz}{ds} - \frac{\tau_0}{\varrho g R} \; .$$

Auf der Grundlage von Gl. (5.1.208) besteht ein Zusammenhang zwischen dem Reibungsgefälle J_r und der Wandschubspannung:

$$\frac{\tau_0}{\varrho g \, R} = J_r = \frac{v^2}{C^2 R} \; .$$

Eingesetzt und umgestellt entsteht dann

$$\frac{dy \cos^2 \varepsilon}{ds} = J_S - J_r - \frac{d}{ds} \frac{v^2}{2g} \; . \qquad (5.1.217)$$

Unter der Voraussetzung sehr kleiner Sohlengefälle J_S ist $dx \approx ds$ und $\cos \varepsilon = 1$. Mit der Identität

$$\frac{dy}{dx} + \frac{d}{dx}\left(\frac{v^2}{2g}\right) = \frac{dy}{dx}\left(1 - Fr^2\right)$$

folgt dann unmittelbar für die Veränderung der Wassertiefe längs des Gerinnes mit

$$\frac{dy}{dx} = \frac{J_S - J_E}{1 - Fr^2} \qquad (5.1.218)$$

die Dgl. für die Spiegellinie. Hierbei wurde das Reibungsgefälle J_r durch das Energieliniengefälle J_E ersetzt, das auch andere Verluste einschließt.

Bei der Lösung von Gl. (5.1.218) sind berechnete Spiegellagen den Randbedingungen anzupassen. Zur Orientierung sind zwei Klassen von Spiegellinien wichtig:

– Normalabfluss im Strömen: $J_S < J_c$ (Abb 5.1-78),
– Normalabfluss im Schießen: $J_S > J_c$ (Abb. 5.1-79).

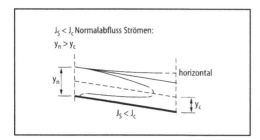

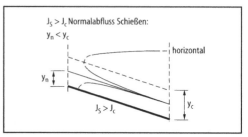

Abb. 5.1-78 Wasserspiegellagen für strömenden Normalabfluss $J_S < J_c$

Abb. 5.1-79 Wasserspiegellagen für den schießenden Normalabfluss $J_S < J_c$

Daneben sind selbstverständlich auch Spiegellinienberechnungen für $J_S = 0$ und $J_S < 0$ möglich. In natürlichen Gerinnen kann die unregelmäßige Sohle ohnehin nur durch die Angabe von diskreten Sohlenkoten erfasst werden.

Drei Bereiche sind im Strömungsfeld der Abb. 5.1-78 durch die sohlenparallelen Geraden für $y = y_n$ und $y = y_c$ definiert. Die in diesen Bereichen befindlichen Spiegellagen sind wie folgt charakterisiert:

$y \geq y_n$:   Staukurve,
$y_n \geq y \geq y_c$:   Senkungskurve,
$y < y_c$:   verzögerter Schussstrahl.

Die Wasserspiegellagen für den schießenden Normalabfluss mit $J_S > J_c$ sind in Abb. 5.1-79 dargestellt. Da beim schießenden Abfluss zugleich $y_n < y_c$ ist, liegt bei den hier wiederum eingezeichneten sohlenparallelen Geraden die Linie für die Grenztiefe oberhalb derjenigen für die Normalwassertiefe.

In steilen Gerinnen werden für die drei in Abb. 5.1-79 gekennzeichneten Bereiche für die einzelnen Wasserspiegellagen die gleichen Bezeichnungen wie beim strömenden Abfluss verwendet.

$y > y_c$:   Staukurve,
$y_c \geq y \geq y_n$:   Senkungskurve,
$y < y_n$:   verzögerter Schussstrahl.

Bei Berechnungen von Wasserspiegellagen ist es immer zweckmäßig, anhand des Gerinnelängsprofils eine Zuordnung der zu erwartenden Spiegellagen in Abhängigkeit der vorliegenden Randbedingungen vorzunehmen.

Wegen der Mehrdeutigkeit der die Spiellage beschreibenden Gl. (5.1.218) sind im Gerinnelängsschnitt die Stellen ausfindig zu machen, an denen der Wasserspiegel eindeutig bestimmt werden kann. In diesem Zusammenhang ist der Begriff „Kontrollquerschnitt" zu sehen, bei dem eine eindeutige Beziehung zwischen Wasserstand und Durchfluss hergestellt werden kann. Als *Kontrollquerschnitte* können herangezogen werden:

– Gefällewechsel,
– Abstürze,
– Staueinrichtungen und
– Querschnittsänderungen.

Die Kontrollfunktion im vorstehend dargelegten Sinn können diese Querschnitte nur erfüllen, wenn sie unter allen denkbaren Belastungen rückstaufrei bleiben. Kontrollquerschnitte können nach der Aufzählung naturgegeben sein wie der Gefällewechsel oder durch Bauwerke künstlich herbeigeführt werden. Man spricht dann von „Kontrollbauwerken". Solche *Kontrollbauwerke* sind z. B. der Venturi-Kanal mit symmetrischen seitlichen Einengungen des Querschnitts zum Erzielen eines Fließwechsels vom Strömen zum Schießen oder ein Stauwehr, dessen Funktion darin besteht, einen bestimmten Wasserstand zu halten.

Für jeden beliebigen vorgegebenen Gerinnequerschnitt sind immer berechenbar:

– Grenztiefe y_c über eine Querschnittsbetrachtung und
– Normalwassertiefe y_n über die Fließformel unter Verwendung des Sohlengefälles J_S.

Für die Wassertiefe am Gefälleknick, bei dem oberstrom ein strömender, unterstrom ein schießender

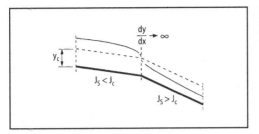

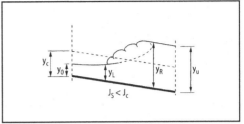

Abb. 5.1-80 Rechnerischer Verlauf des Wasserspiegels im Bereich eines Gefälleknicks

Abb. 5.1-81 Wechselsprung mit freier Deckwalze in einem Gerinne mit strömendem Normalabfluss

Abfluss unter Normalabflussbedingungen vorliegen würde, weist die Spiegellinie am Gefälleknick eine vertikale Tangente auf (Abb. 5.1-80). Tatsächlich ist in der Natur hier ein kontinuierlicher Verlauf des Wasserspiegels zu beobachten, wobei die Wassertiefe am Gefälleknick den berechneten Wert für die Grenztiefe unterschreitet. Ursache für diesen scheinbaren Widerspruch ist die Tatsache, dass bei der Ableitung von Gl. (5.1.218) eine hydrostatische Druckverteilung und damit parallele Strombahnen vorausgesetzt wurden. Die starke Veränderung des Wasserspiegels im Bereich des Gefälleknicks bedingt jedoch gekrümmte Strombahnen.

Eine physikalisch bedingte Unstetigkeit im Wasserspiegelverlauf ist durch das Phänomen des *Wechselsprungs* gegeben. Ursache hierfür ist, dass ein Übergang vom Schießen zum Strömen nicht kontinuierlich möglich ist. Dies würde wegen des Durchlaufens der Grenzverhältnisse einen physikalisch unmöglichen Energielinienanstieg in Fließrichtung bedingen. Den Schnitt durch einen Wechselsprung mit freier Deckwalze in einem Gerinneabschnitt mit strömendem Normalabfluss zeigt Abb. 5.1-81.

Die Berechnung des Wechselsprungs ist das klassische Beispiel für die Anwendung des Impulssatzes, bei dem bekanntlich die komplexen Vorgänge im Inneren des Strömungsfeldes nicht bekannt sein müssen, wenn die Verhältnisse an den freien Rändern des Kontrollvolumens ausreichend beschrieben werden können. Nachstehend wird diese Berechnung für den ebenen Wechselsprung in einem Rechteckgerinne mit horizontaler Sohle durchgeführt. Dabei sind die betrachteten Größen auf die freien Ränder links (L) und rechts (R) entsprechend Abb. 5.1-81 bezogen.

Kontinuität: $v_L \cdot y_L = v_R \cdot y_R$,
Impulssatz: $\rho \cdot q \cdot (v_R - v_L) = \rho \cdot q \cdot (y_L^2 - y_R^2)/2$.

Mit der Einführung der Froude-Zahl Fr_L für die Wassertiefe oberstrom mit

$$Fr_L = \frac{v_L}{\sqrt{g\, y_L}}$$

kann daraus eine Beziehung für die Wassertiefe y_R gewonnen werden:

$$y_R = \frac{y_L}{2}\left(\sqrt{1 + 8 Fr_L^{\,2}} - 1\right). \qquad (5.1.219)$$

Mit Hilfe der Kontinuitätsbedingung und des Impulssatzes ist der Wechselsprung grundsätzlich für jede Querschnittsform berechenbar. Die Druckkräfte und Impulsströme sind in der allgemeingültigen Darstellung

$$F_D = \rho \cdot g \cdot z_S \cdot A$$
$$\rho \cdot Q \cdot v$$

zu formulieren.

Beim Abfluss im Schießen ist die Ausbreitungsgeschwindigkeit einer Störung kleiner als die Fließgeschwindigkeit. Deshalb können sich Störungen nicht nach oberstrom ausbreiten. Bei der Spiegellagenberechnung auf der Grundlage von Gl. (5.1.218) ist daher auch die Festlegung der Berechnungsrichtung nach Abb. 5.1-82 zu beachten. Die Integration der Gleichung unter Annahme einer eindimensionalen Strömung wird zwischen diskreten Punkten eines Gerinneabschnitts abschnittsweise vorgenommen.

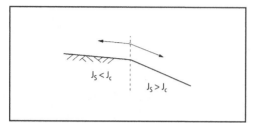

Abb. 5.1-82 Vorgabe der Berechungsrichtung in Abhängigkeit von der *Fr*-Zahl

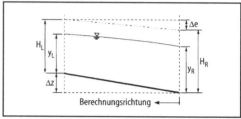

Abb. 5.1-83 Berechnungsabschnitt nach dem Böß-Verfahren

Die abschnittsweise Berechnung ist als *Böß-Verfahren* bekannt und beruht auf der Annahme eines Wasserspiegelgefälles $\Delta h/\Delta x$ bei einer vorgegebenen Abschnittslänge Δx. Die Kontrolle der Annahme erfolgt durch eine Nachberechnung mit Energiehöhenvergleich. Dieser lautet an einem vorgegebenen Abschnitt, in dem die Berechnungsrichtung entgegen der Strömungsrichtung für $Fr < 1$ angegeben ist (Abb. 5.1-83),

$$y_R + \frac{v_R^2}{2g} + \Delta e = J_S \, \Delta x + y_L + \frac{v_L^2}{2g},$$

$$\Delta e = \Delta z + \Delta y + \Delta k = \Delta h + \Delta k$$
mit $\Delta y = y_L - y_R$.

Der angenommene Unterschied Δh in der Wasserspiegellage stimmt dann mit den tatsächlichen Verhältnissen überein, wenn

$$\Delta h = \Delta e - \Delta k. \tag{5.1.220}$$

Treten im Berechnungsabschnitt nur Reibungsverluste auf, so ist $\Delta e = \Delta e_r$.

$$\Delta e_r = \frac{v_m^2}{C_m^2 R_m} \Delta x, \qquad v_m = \frac{(v_L + v_R)}{2},$$

$$\text{somit} \quad \Delta h = \frac{v_m^2}{C_m^2 R_m^2} \Delta x - \frac{1}{2g}\left(v_L^2 - v_R^2\right).$$

$$\tag{5.1.221}$$

Der Gang der Berechnung im Einzelnen ist nachstehend wiedergegeben. Zugleich wird damit die Grundlage für eine numerische Berechnung gezeigt.

Beispiel 5.1-8:
Ausgangsdaten: Q, ∇W_R, ∇S_R, A_R, Rauheit
Startwerte: $v_R = Q/A_R$, y_R
Annahme: Δh.

Berechnung: $\nabla W_L = \nabla W_R + \Delta h$: y_L, A_L, v_L.

Mittelbildung für die Berechnung von Δe_r:

$$A_m = \tfrac{1}{2}(A_R + A_L) \quad U_m = \tfrac{1}{2}(U_R + U_L) \quad R_m = \frac{A_m}{U_m}.$$

Bestimmung des Geschwindigkeitsbeiwertes aus R_m und der Rauheitsangabe (empirisch) oder über die relative Rauheit (künstliches Gerinne):

$$C_m = k_{St} \, R_m^{\frac{1}{6}}.$$

Berechnung des Energieliniengefälles:

$$J_E = \frac{v_m^2}{C_m^2 R_m}$$

$$\Delta e_r = J_E \, \Delta l = J_E \, \Delta x.$$

Berechnung von $\frac{1}{2g}\left(v_L^2 - v_R^2\right)$.

Berechnung $\Delta e_r - \frac{1}{2g}(v_L^2 - v_R^2) = \Delta h$.

Gegebenenfalls muss eine Verbesserung von Δh zur Abstimmung führen.

Der eindimensionalen abschnittsweisen Berechnung sind enge Grenzen gesetzt. Dies beginnt mit unterschiedlichen Rauheiten des Gerinneumfangs und wird bei gegliederten Querschnitten verstärkt. Deshalb wurde immer wieder versucht, Verbesserungen vorzunehmen. So werden den verschiedenen Rauheitsbereichen Einflussflächen zugeord-

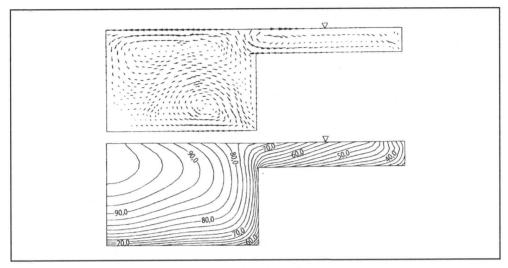

Abb. 5.1-84 Sekundärströmungen und Verteilung der axialen Fließgeschwindigkeiten in einem gegliederten Querschnitt

net, deren Abgrenzungen im Querschnitt schubspannungsfrei bleiben müssen. Die Beeinflussung zwischen Flussschlauch und Vorland wird durch die Einführung von Trennflächen simuliert, die bei der Berechnung des Abflusses im Flussschlauch mit einer hohen Rauheit belegt werden. Nähere Angaben zu diesem Verfahren sind im DVWK-Merkblatt 220 festgehalten. Inzwischen ist es möglich, mit Hilfe von Turbulenzmodellen die Geschwindigkeitsverteilung in beliebigen Querschnitten über die Simulation der Sekundärströmungen [Kölling 1995] sehr genau zu berechnen. Als Beispiel sind in Abb. 5.1-84 die Sekundärströmung und die Isotachen für die Axialgeschwindigkeiten wiedergegeben.

Die Grenze der eindimensionalen Berechnung ist endgültig erreicht, wenn bei hohen Abflüssen der Stromstrich aus dem Flussschlauch in den Bereich der Vorländer ausweicht. Für diese Fälle kann eine zuverlässige Berechnung des Wasserspiegelverlaufs nur durch die numerische Simulation mit Hilfe eines tiefengemittelten 2D-Modells vorgenommen werden [Ammer 1998]. Die Entwicklung führt in Gerinneabschnitten, bei denen die Annahme der hydrostatischen Druckverteilung nicht mehr gerechtfertigt ist, zu 3D-Modellen, welche nicht an diese Voraussetzung gebunden sind [Bürgisser 1999].

5.1.10.5 Zusätzliche Einflüsse auf die Wasserspiegellage

Bei den Verlustansätzen wurden bisher nur die Reibungsverluste infolge der Wandschubspannung längs des benetzten Umfangs berücksichtigt. Für die ungleichförmige Strömung wurde dabei das Reibungsgefälle in Anlehnung an das Fließgesetz für die gleichförmige Bewegung formuliert. Jede Veränderung in der Gerinnegeometrie hat Rückwirkungen auf das Geschwindigkeitsprofil. Deswegen sind auch in der Gerinnehydraulik zusätzliche Verluste anzusetzen, welche die Abweichungen gegenüber dem Normalabflusszustand ausdrücken. Wie in der Rohrhydraulik sind hierfür geeignete Verlustbeiwerte zu wählen. Richtungsänderungen führen zu Verformungen der freien Oberfläche, die bei strömendem Abfluss eine Wasserspiegelanhebung an der Krümmeraußenseite bewirken. Sohlennah kommt es zu einer Sekundärströmung in Richtung Krümmungsmittelpunkt (Abb. 5.1-85).

Bei *schießendem Abfluss* kann es durch Diskontinuitäten an der Berandung oder infolge anderer Störungsquellen zur Ausbildung von stehenden Wellen kommen. Die Ursache dafür liegt im Mechanismus der Ausbreitung von Störungen im Schussstrahl.

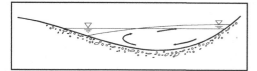

Abb. 5.1-85 Wasserspiegellage und Sekundärströmungen im Krümmungsbereich

Eine punktförmige Störung löst grundsätzlich kreisförmige Wellen aus, die sich mit einer Wellenausbreitungsgeschwindigkeit

$$c = \sqrt{g\,y} \qquad (5.1.222)$$

ausbreiten. Diese Geschwindigkeit überlagert sich mit der Fließgeschwindigkeit v, wobei im Schießen $c < v$ gilt, weswegen sich eine Störung nicht nach oberstrom ausbreiten kann. Sofern die Störung stationären Charakter hat, führt der Mechanismus auf die Ausbildung einer geradlinigen Wellenfront. Modellhaft kann sie als Umhüllende der sich ausbreitenden kreisförmigen Wellen gedeutet werden.

Der Ausbreitungswinkel β der Wellenfront ergibt sich in Abhängigkeit von der Fließgeschwindigkeit v und der Ausbreitungsgeschwindigkeit c für einen Rechteckquerschnitt zu

$$\sin\beta = \frac{c}{v} = \frac{\sqrt{g\,y}}{v} = \frac{1}{Fr}. \qquad (5.1.223)$$

Im Gegensatz zu Störungswellen sind Stau- und Sunkwellen durch Änderungen der Fließtiefe, -richtung und -geschwindigkeit gekennzeichnet. Die sich einstellende Wellenfront (WF) trennt eindeutig zwei unterschiedliche Fließzustände. Stau- und Sunkwellen werden durch erzwungene Umlenkungen der Strömung verursacht, die beispielsweise an Diskontinuitäten im Wandverlauf auftreten (Abb. 5.1-86).

Aus den bekannten Größen y_1 und v_1 vor der Störung wird der Fließzustand unterstrom der Wellenfront mit der Geschwindigkeit v_2 und der Fließtiefe y_2 mit Hilfe von Kontinuitätsbedingung und Impulssatz über eine Beziehung zwischen den Geschwindigkeiten v_1 und v_2

$$\frac{v_2}{v_1} = \frac{\cos\beta}{\cos(\beta-\delta)}$$

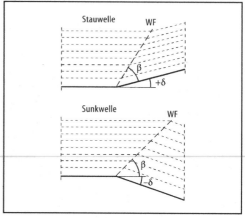

Abb. 5.1-86 Stau- und Sunkwellen infolge von Diskontinuitäten der Gerinnewand für Fr > 1

und den Wassertiefen

$$\frac{y_2}{y_1} = \frac{\tan\beta}{\tan(\beta-\delta)} \qquad (5.1.224)$$

berechnet. Das schlagartige Entstehen einer Wellenfront weist Ähnlichkeiten zum gewöhnlichen Wechselsprung auf und wird aufgrund des Verlaufs der Wellenfront als „schräger Wechselsprung" bezeichnet. Für den Ausbreitungswinkel β der Wellenfront gilt

$$\beta = \arc\sin\left[\frac{1}{Fr_1}\sqrt{\frac{1}{2}\frac{y_2}{y_1}\left(\frac{y_2}{y_1}+1\right)}\right]. \qquad (5.1.225)$$

In Gerinnen mit gekrümmten Berandungen entstehen Stoßwellen als Interferenzbild von Stau- und Sunkwellen. Der rechnerische Zugang erfolgt durch das Auffassen der Wand als Polygonzug mit anschließender Diskretisierung. Je nach Ablenkungswinkel entstehen dabei in jedem Polygonpunkt Stau- oder Sunkwellen.

Beim Abfluss mit hohen Geschwindigkeiten, wie er in Schussrinnen oder in steil geneigten Rohrleitungen mit Freispiegelabfluss bei Regenwasserentlastungen vorkommt, wird Luft im Bereich der Oberfläche eingetragen und eine Grenzschicht gebildet, die von der gasförmigen Phase eingeleitet wird. Dabei bewirkt die geringere Dichte des Wasser-Luft-Gemisches eine Zunahme der Fließtiefe.

5.1.10.6 Diskontinuierliche Strömung

Anwendungsfälle sind Sammel- und Verteiler-rinnen, wie sie z. B. auf jeder Abwasserreinigungs-anlage vorkommen. In natürlichen Gerinnen ist die Beeinflussung der Oberflächenströmung durch den Grundwasserstrom zu beachten. Grundsätzlich gelten für diese Art von Strömung

$$\frac{dQ}{dx} \neq 0 \qquad v = f(Q).$$

Der Impulssatz ist hier anzuwenden, da durch den seitlichen Zu- bzw. Abfluss die Kraftwirkung auch senkrecht zu Transportrichtung im Hauptgerinne betrachtet werden muss. Wird der seitliche Zufluss mit dQ bezeichnet, so gilt für den Sonderfall der senkrechten Zuströmung für den Impulsstrom in x-Richtung mit den Bezeichnungen von Abb. 5.1-87

$$\frac{dI_x}{dt} = \varrho \begin{pmatrix} -Q_i v_i - dQ\left(v_i + \dfrac{dv}{2}\right) \\ +(Q_i + dQ)(v_i + dv) \end{pmatrix} \qquad (5.1.226)$$

$$= \varrho\left(Q_i\, dv + dQ\, \frac{dv}{2}\right).$$

Hierbei sind wegen der Kontinuitätsbedingung

$$-Q_i - dQ + Q_{i+1} = 0,$$

$$dQ = Q_{i+1} - Q_i,$$

$$dv = v_{i+1} - v_i.$$

Nach Division durch die Gewichtskraft des be-trachteten Bereichs wird

$$\frac{dI_x}{gm\,dt} = \frac{dI_x}{\varrho g\left(A_i + \dfrac{dA}{2}\right)dx\,dt} = \frac{1}{g}\left(v_i + \frac{dv}{2}\right)\frac{dv}{dx}.$$

Wegen $dQ/dx \neq 0$ ist die Änderung der Geschwindig-keitshöhe zwischen den betrachteten Querschnitten

$$\frac{1}{g}v\frac{dv}{dx} = \frac{1}{2g}\frac{d}{dx}\left(\frac{Q^2}{A^2}\right)$$

$$= \frac{Q}{g\cdot A^2}\frac{dQ}{dx} - \frac{Q^2}{g\cdot A^3}\frac{dA}{dy}\frac{dy}{dx}. \qquad (5.1.227)$$

Die differentielle Form des Impulssatzes für die kontinuierliche Strömung

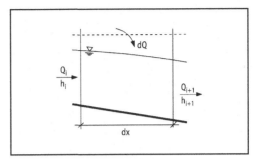

Abb. 5.1-87 Diskontinuierliche Strömung bei senkrech-tem Zufluss

$$-\varrho g A\,dy + \varrho g A\,dz - \tau_0 U\,dx = \varrho A\,dx\,v\frac{dv}{dx}$$

nimmt für die diskontinuierliche die Form

$$-\frac{dy}{dx} + \frac{dz}{dx} - J_r = \frac{1}{g}v\frac{dv}{dx} = \frac{v}{gA}\frac{dQ}{dx} - Fr^2\frac{dy}{dx}$$

an. Nach einigen Umformungen ergibt sich daraus für die Dgl. der Spiegellinie

$$\frac{dy}{dx} = \frac{J_S - J_r - \dfrac{v}{gA}\dfrac{dQ}{dx}}{1 - Fr^2}. \qquad (5.1.228)$$

In dieser Gleichung sind die Größen v, A und Fr für die mittleren Verhältnisse im Abschnitt anzuset-zen. Die Gleichung gilt in gleicher Weise auch für den seitlichen Abfluss, wegen der Kontinuitätsbe-dingung ist dann allerdings

$$-dQ = Q_{i+1} - Q_i.$$

Ähnlich wie die Dgl. der Spiegellinie für die kon-tinuierliche Strömung kann Gl. (5.1.228) durch ab-schnittsweise Berechnung oder numerische In-tegration (z. B. Runge-Kutta-Verfahren) gelöst werden.

5.1.10.7 Instationäre Gerinneströmung

Wegen der zeitlichen Veränderlichkeit von y=y(x,t) und v=v(x,t) sind die lokale Beschleunigung $\partial v/\partial t$ in der Bewegungsgleichung und $\partial y/\partial t$ in der Kontinuitätsbedingung zu beachten. Bei den praxisrelevanten Fällen kann je nach Art der Veränderung dieser Größen in sprunghafte und allmähliche Änderungen untergliedert werden. Wegen der freien Oberfläche ist bei der instationären Strömung nicht nur $v = v(x,t)$, sondern auch die Querschnittsfläche $A = A(x,y,t)$.

Grundgleichungen sind wie immer am Volumenelement abzuleiten. Auch hier bilden die Kontinuitätsbedingung und der Impulssatz die Grundgleichungen zur Beschreibung der instationären Strömung mit freier Oberfläche. Als Kontrollvolumen wird ein Gerinneabschnitt betrachtet, dessen Wasserspiegellage sich in Abhängigkeit von der Zeit verändert. Für die Querschnittsfläche gilt daher $A = A(x,y(x,t))$. In der Kontinuitätsbedingung für die kontinuierliche Strömung

$$\frac{\partial Q}{\partial x} + \frac{\partial A}{\partial t} = 0 \qquad (5.1.229)$$

sind wegen $Q = v \cdot A$ die zusätzlichen partiellen Ableitungen zu beachten.

Beim Impulssatz taucht im Term für den Impulsstrom zusätzlich die lokale Beschleunigung auf, während beim Ansatz der Volumen- und Oberflächenkräfte keine Änderungen gegenüber der ungleichförmigen Bewegung vorzunehmen sind. Somit wird

$$\frac{\partial y}{\partial x} + \frac{v}{g}\frac{\partial v}{\partial x} + \frac{1}{g}\frac{\partial v}{\partial t} = J_S - J_E. \qquad (5.1.230)$$

Für die diskontinuierliche Strömung sind in den beiden vorgenannten Gleichungen die bereits bekannten Zusatzterme mit aufzunehmen. Die Kombination der Gln. (5.1.229) und (5.1.230) sind als *St.-Venant'sche Dgln.* bekannt. Numerische Verfahren und moderne Rechner ermöglichen inzwischen die Lösung dieses Dgl.-Systems. Da die Grundgleichungen der Hydromechanik zugrunde liegen, wird hierbei von „hydrodynamischen Modellen" gesprochen. Letztlich beschreiben die St. Vernant'schen Gleichungen einen eindimensionalen Strömungsvorgang. Eine Anwendung ist nur in künstlichen Gerinnen wie dem Abfluss in Entwässerungsleitungen näherungsweise gegeben. Aber selbst hier bereitet die numerische Aufbereitung Schwierigkeiten, da sich bei instationären Be-

wegungen jede Störung im System mit der Wellenausbreitungsgeschwindigkeit fortpflanzt.

Für die Berechnung in natürlichen Gerinnen ist die eindimensionale Beschreibung nicht ausreichend. Hier wird auf die *Flachwassergleichungen* zurückgegriffen, in welchen die zweidimensionale Strömung für tiefengemittelte Horizontalgeschwindigkeiten formuliert ist. Auf diese Weise können unter Vernachlässigung der Vertikalgeschwindigkeit die unvermeidlichen Querbewegungen beim Ausufern berücksichtigt werden. Auf die Weiterentwicklung zur 3D-Anwendung wurde bereits 5.1.10.5 hingewiesen.

Beispiele für plötzliche Veränderungen der Wasserspiegellage sind *Schwall*- und *Sunkerscheinungen* in Stauhaltungen und die *Dammbruchwelle*. Bei einer Durchflusserhöhung in einem Flusskraftwerk entstehen oberstrom ein Entnahmesunk und unterstrom ein Füllschwall. Für die Dimensionierung sind Vorausberechnungen der dabei zu erwartenden Änderungen der Spiegellagen und deren zeitlicher Verlauf wichtig. Wird mit c die Fortpflanzungsgeschwindigkeit der Störung im Wasserspiegel bezeichnet, so gilt

$$c = v_o \pm \sqrt{\frac{g\,A_0}{b}}\sqrt{1 + \frac{3}{2}\frac{sb}{A_o} + \left(\frac{sb}{A_o}\right)^2}, \qquad (5.1.231)$$

wobei v_0 und A_0 auf die Verhältnisse vor der Störung bezogen sind, s die Höhe der Diskontinuität bedeutet und b die zugehörige mittlere Wasserspiegelbreite im Bereich der Störung darstellt. Bezogen auf die Veränderung des Durchflusses ΔQ gilt für die Größe der Störung

$$s = \frac{\Delta Q}{b \cdot c}.$$

Diese erreicht ein Maximum bei einem vollständigen Abschluss. Die Höhe des dabei zu beobachtenden Füllschwalls ist

$$s_{\max} = \frac{v_0^2}{2g} + \sqrt{\left(\frac{v_0}{2g}\right)^2 + \frac{v_0^2}{2g}\frac{2A_0}{b}}. \qquad (5.1.232)$$

Über größere Entfernungen löst sich der Schwallkopf allerdings in Einzelwellen auf.

Bei der *Dammbruchwelle* muss für die Berechnung der Störungen nach oberstrom und unterstrom eine Annahme über die Größe der zu erwartenden Bresche getroffen werden. Eindeutige Verhältnisse liegen bei der Vorgabe einer vollständigen plötzlichen Entfernung einer Stauwand vor. Dabei muss das die Sperrenstelle durchströmende Volumen durch eine nach oberstrom laufende Sunkwelle freigesetzt werden. An der Sperrenstelle ist unter diesen Voraussetzungen eine maximale Absenkung des Wasserspiegels beim Ausfluss aus großen Stauhaltungen von

$$z_{max} = \frac{5}{9} y_0 \qquad (5.1.233)$$

zu beobachten. Der zugehörige Ausfluss ist

$$Q = \frac{8}{27} b \sqrt{g} \; y_0^{3/2} . \qquad (5.1.234)$$

5.1.11 Physikalische und Numerische Modelle

Trotz der stürmischen Entwicklung der rechentechnischen Möglichkeiten und der damit verbundenen permanenten Verbesserung der Aussagefähigkeit von Numerischen Modellen ist das Physikalische Modell nach wie eine Standardmethode für die Behandlung schwieriger strömungstechnische Fragestellungen. Eine hervorragende Abbildung der realen Vorgänge wird z. B. bei der Simulation Druckstoßerscheinungen in Druckrohrsystemen unter der Annahme einer eindimensionalen Strömung erreicht. Auch die Simulation von Grundwasserströmungen ist wegen des linearen Widerstandsverhaltens der Strömung von der Hydraulik her unproblematisch. Erfolgreiche Simulationen bedingen allerdings umfassende Informationen über die hydrologischen und geohydraulischen Randbedingungen. Bei der Gerinneströmung wurde bereits auf den Einsatz von mehrdimensionalen Strömungsmodellen hingewiesen. Gegenwärtige Entwicklungen lassen vermuten, dass in wenigen Jahren bereichsweise auch 3D-Simulationen, z. B. im Bereich von Kontrollquerschnitten, diese Modelle ergänzen werden.

Die Simulationserfolge nehmen ab mit kleiner werdenden Geschwindigkeiten bei großräumigen Strömungsfeldern. Dabei auftretende Phänomene können nicht mehr stationär behandelt werden, da beim Zerfall von Wirbelstrukturen in diesen Strömungsfeldern auch der Zufallsanteil zu simulieren ist. Ein Beispiel hierfür sind die überaus komplexen Strömungsstrukturen, welche unter Beteiligung mehrerer Phasen in Nachklärbecken zu beobachten sind. Hier gewinnt für künftige Entwicklungen der Einsatz von Feldmessmethoden zunehmend an Bedeutung. Strömungssonden auf der Basis der Ultraschallmessung erlauben heute detaillierte Aussagen über Strömungsstrukturen auch bei kleinen mittleren Fließgeschwindigkeiten.

Die weitere Entwicklung auch der Numerischen Modelle wird davon abhängen, wie stark durch die Fortentwicklung der physikalischen Grundlagen des Strömungsgeschehens auch eine gesicherte Basis für deren Simulation geschaffen werden kann. Physikalische Modelle und Feldmessungen werden zur Anpassung der Simulation an die Wirklichkeit diese Entwicklung noch lange begleiten. Auch in Zukunft wird die komplexe Struktur turbulenter Strömungen noch manche Hürde auf dem langen Weg zu deren numerischer Simulation darstellen.

Abkürzungen zu 5.1

BHRA   British Hydromechanics Research Association

BS   British Standards

Dgl.   Differentialgleichung

DVWK   Deutsche Verband für Wasserwirtschaft und Kulturbau e. V.

OW   Oberwasser

UW   Unterwasser

WF   Wellenfront

WS   Wassersäule

Literaturverzeichnis Kap. 5.1

Ammer M, Lerch A (1998) Wasserspiegellagenberechnung mit einem 2D-Fließgewässermodell bei komplizierten Fluss-Vorland-Bedingungen. Wasserwirtschaft 88 (1998) pp 500–505

Bürgisser M (1999) Numerische Simulation der freien Wasseroberfläche bei Ingenieurbauten. Mitteilungen VAW der ETH Zürich Nr. 162

Colebrook CF (1938/1939) Turbulent flow in pipes with particular reference to the transition region bdtween the smooth and rough pipe law. J. Inst. Civ. Eng. 11 (1938/39) pp 133–156

Evangelisti G (1969) Water hammer analysis by the method of characteristics. L'Energia Elletrica 46 (1969) pp 673–692, 759–771, 839–858

Kobus H, Kinzelbach W (1989) Contaminant transport in groundwater. Balkema, Rotterdam

Kölling C, Valentin F (1995) SIMK-Durchflussmessungen. Wasserwirtschaft 85 (1995) pp 494–499

Kraatz W (1989) Flüssigkeitsstrahlen. In: Bollrich G (Hrsg) Technische Hydromechanik. Bd 2. VEB Verlag für Bauwesen, Berlin, pp 237–323

Miller DS (1990) Internal flow systems. 2. Edn. BHRA, Cranfield

Preißler G, Bollrich A (1992) Technische Hydromechanik. Bd. 1: Grundlagen. 3. Aufl. Verlag für Bauwesen, Berlin

Rinaldi P (2003) Über das Verhalten turbulenter Freistrahlen im begrenzten Raum. Mitteilungen Hydraulik und Gewässerkunde der TU München Nr. 71

Rouse H (1950) Engineering hydraulics. John Wiley & Sons, New York

Schlichting H (1965) Grenzschichttheorie. 5. Aufl. Braun, Karlsruhe

Schröder RCM (1990) Hydraulische Methoden zur Erfassung von Rauheiten. DVWK-Schrift Nr. 92. Parey, Hamburg

Spitz K (1980) Ein Beitrag zur Bemessung der engeren Schutzzone in Porengrundwasserleitern. Wasserwirtschaft 70 (1980) pp 365–369

Spurk J (1996) Strömungslehre. 4. Aufl. Springer, Berlin/Heidelberg/New York

Valentin F (1997) Widerstandsverhalten der diskontinuierlichen Strömung – Beispiel Tauchrohr. Wasserwirtschaft 87 (1997) pp 448–453

Normen, Merkblätter

BS 3680: Methods of measurement of flow in open channels. Part 4: Weirs and flumes. 4A: Thin plate weirs and venturi flumes (1965)

DIN 4044: Hydromechanik im Wasserbau; Begriffe (Juli/1980)

DIN 19700-10: Stauanlagen; Gemeinsame Festlegungen (Januar/1986)

DVWK-Merkblatt 220: Hydraulische Berechnung von Fließgewässern. DVWK, Bonn (1991)

5.2 Hydrologie und Wasserwirtschaft

Andreas Schumann, Gert A. Schultz

5.2.1 Hydrologie

5.2.1.1 Einleitung

Nach DIN 4049 bezeichnet der Begriff „Hydrologie" die Wissenschaft vom Wasser, seinen Eigenschaften und seinen Erscheinungsformen auf und unter der Landoberfläche. Die Aufgabe der Hydrologie im Bereich des Bauingenieurwesens besteht darin, die Bemessungs- und Bestimmungsgrößen bereitzustellen, die für die Planung und den Betrieb wasserwirtschaftlicher Anlagen und Bauwerke in, an oder über den Gewässern benötigt werden. Die Hydrologie ist eine angewandte Wissenschaft, die dem Gebiet der Geophysik zugerechnet wird.

Die räumliche und zeitliche Verteilung des Wassers wird vom Wasserkreislauf der Erde bestimmt. Als periodischer, von der Sonne angetriebener Prozess führt die Verdunstung von der Erdoberfläche der Atmosphäre Wasser zu, das in dieser über mehr oder weniger große Entfernungen transportiert wird und dann als Niederschlag auf die Erdoberfläche zurückfällt, dort erneut verdunstet oder nach zwischenzeitlicher Speicherung als Abfluss zurück in die Ozeane fließt. Die langfristige Wasserhaushaltsbilanz der Kontinente lautet somit

Niederschlag = Abfluss + Verdunstung.

Bei der Betrachtung einer Zeitspanne und eines Gebiets (z. B. eines Jahres und eines Flussgebiets) ist die zeitliche Speicherung zu berücksichtigen:

Niederschlag = Abfluss + Verdunstung ± Speicherung.

$$N(t) = Q(t) + E(t) + dS/dt \qquad (5.2.1)$$

Die Speicherung kann dabei unterirdisch im Grundwasser, als Bodenfeuchte oder oberirdisch in Seen, Talsperren, Flüssen, als Schnee oder Eis und in den Pflanzen erfolgen.

Die mittlere jährliche Wasserhaushaltsbilanz Deutschlands wird im Hydrologischen Atlas Deutschlands (HAD 2003) wie folgt charakterisiert: der mittlere Niederschlag beträgt N=859 mm/Jahr, der Abfluss Q=327 mm/Jahr und die Verdunstung 532 mm/Jahr. Etwa 71% der Verdunstung in Deutschland ist durch die Transpiration der Pflanzen bedingt [Keller 1978].

5.2.1.2 Komponenten des Wasserhaushalts und ihre Messung

Niederschlag

Als Niederschlag werden die verschiedenen Formen des atmosphärischen Wassers bezeichnet, die auf die Erdoberfläche fallen bzw. auf dieser kondensieren. Es kann zwischen fallendem Niederschlag (in flüssigem Aggregatzustand als Regen, in fester Form als Schnee, Graupel oder Hagel) und zwischen abgesetztem Niederschlag (flüssig als Tau oder Nebelniederschlag, fest als Reif, Glatteis oder Nebelfrost) unterschieden werden.

Niederschlag entsteht im Ergebnis der Kondensation des in der Atmosphäre enthaltenen Wasserdampfes. Mit abnehmender Lufttemperatur erhöht sich die relative Luftfeuchte. Falls der absolute Wassergehalt der Luft seinen Maximalwert erreicht und Kondensationskerne vorhanden sind, kommt es zur Tropfenbildung. Nach ihrer Bildung fallen die Wassertropfen unter Wirkung der Gravitation auf die Erdoberfläche. Die Abkühlung der Luft ist i. d. R. durch die Druckabnahme aufsteigender Luft mit der Höhe bedingt (adiabatische Abkühlung). Entsprechend den drei verschiedenen Formen der adiabatischen Abkühlung sind folgende Niederschlagsformen zu unterscheiden:

- *Frontenniederschläge* entstehen bei zyklonaler Abkühlung durch Konvergenz im Zentrum von Tiefdruckgebieten und bei Aufgleitvorgängen an Luftmassengrenzen unterschiedlicher Temperatur (Kalt- oder Warmfronten). Hinsichtlich der Niederschlagsbildung weisen Warm- und Kaltfronten Unterschiede auf. Warmfronten bewirken durch das Aufgleiten der warmen Luftmassen auf kalte Luft ihre Abkühlung und damit großräumige, gleichmäßige Niederschläge (Landregen). Kaltfronten zwingen dagegen warme Luft zum Aufsteigen. Sie haben eine höhere Zuggeschwindigkeit, was i. Allg. zu wesentlich höheren Niederschlagsintensitäten als bei Warmfronten führt.
- *Orographische Niederschläge* entstehen im Stau an der Luvseite von Gebirgen, an denen feuchte

Luftmassen zum Aufsteigen gezwungen sind (Gewitter).
- *Konvektive Niederschläge* entstehen durch aufsteigende, erwärmte Luft in einer kälteren, dichteren Umgebung und sind durch begrenzte Flächenausdehnung, hohe Intensität und kurze Dauer gekennzeichnet (Gewitter).

Niederschlagsmessung. Niederschlag wird punktförmig mit standardisierten Auffanggeräten gemessen. In Deutschland wird der Niederschlagsmesser nach Hellmann mit einer Auffangfläche von 200 cm^2 in einer Auffanghöhe von 1 m über Gelände verwendet. Die Messung erfolgt in mm Niederschlagshöhe (1 mm entspricht 1 Liter pro m^2). Registrierende Niederschlagsmesser (z. B. der nach dem Heberprinzip arbeitende Niederschlagsschreiber nach Hellmann und Niederschlagsregistriergeräte auf der Grundlage der Kippwaage oder der elektronischen Wägung) ermöglichen eine Erhöhung der zeitlichen Auflösung. Für die Auswertung sind Zeitintervalle von 5 Minuten an sinnvoll.

Fehler der Niederschlagsmessung ergeben sich aus dem Windeinfluss, der zur Minderung der in das Auffanggefäß gelangten Niederschlagsmenge führt, den Benetzungsverlusten des Auffangtrichters, die ebenfalls den gemessenen Niederschlag verringern, und in geringerem Maße durch die Verdunstungsverluste aus der Sammelkanne. Der Gesamtfehler der Niederschlagsmessung – zu geringe Messwerte – liegt in Deutschland in der Größenordnung von 10%, er variiert aber zwischen verschiedenen Standorten der Niederschlagsmessgeräte sowie saisonal stark. Für Schnee kann der Messfehler infolge der Windverfrachtung an freien Stationen etwa 30% betragen. Im Sommer ist dagegen mit etwa 12% zu rechnen. Details zur Niederschlagskorrektur finden sich im ATV-DVWK Merkblatt M-504, [ATV-DVWK 2002]. Bei Verwendung von langjährigen Niederschlagsreihen sollte ein Stationaritätstest durchgeführt werden.

Die *Niederschlagshöhe* bezeichnet die Niederschlagsmenge, die in einem betrachteten Zeitabschnitt gefallen ist. Sie wird meist in mm pro Tag angegeben, wobei der Tag nicht dem Kalendertag, sondern dem Zeitraum zwischen zwei Ablesungen im Abstand von 24 Stunden entspricht. Die *Niederschlagsintensität* ist der Quotient aus der Niederschlagsmenge und der Niederschlagsdauer (Angabe meist in mm pro Stunde). Die *Niederschlagsdauer* bezeichnet die Zeit, die ein Niederschlagsereignis bis zur nächsten Unterbrechung andauert.

Wasserwirtschaftlich werden hauptsächlich *Gebietsniederschläge*, d. h. auf die Fläche (z. B. eines Einzugsgebiets) bezogene Niederschlagswerte benötigt. Gebietsniederschläge werden für vorgegebene Zeitintervalle (z. B. Stunden, Tag) als Flächenmittel aus den punktförmig vorliegenden Stationswerten berechnet. Nur bei kleinen Einzugsgebieten (≤ 10 km^2) kann ein Stationswert als Gebietsniederschlag betrachtet werden. Eine arithmetische Mittelbildung ist nur in ebenem Gelände und bei gleichmäßiger Verteilung der Niederschlagsmessstellen sowie des Niederschlags über das betrachtete Gebiet möglich.

Das *Thiessen-Polygon-Verfahren* beruht auf einer einfachen geometrischen Gebietsaufteilung, bei der jedem Punkt des Einzugsgebietes der Niederschlag der jeweils nächsten Station zugewiesen wird. Um die repräsentative Fläche für jede Niederschlagsstation zu ermitteln, werden die Stationen gradlinig verbunden und die Mittelsenkrechten auf diesen Verbindungslinien errichtet, die um jede Station ein Polygon bilden (Abb. 5.2-1).

Der vom jeweiligen Polygon bestimmte Anteil der Fläche am betrachteten Gebiet A_i/A_E entspricht dem Gewicht der Station i bei der Mittelbildung:

$$\overline{N} = \sum_{i=1}^{n} \frac{A_i}{A_E} N_i \, . \tag{5.2.2}$$

Um gemessene Stationsniederschläge rasterbasiert (z. B. bei der Wasserhaushaltsmodellierung auf GIS-Basis) über die Fläche zu interpolieren, können die Niederschlagswerte in den Knotenpunkten dieses Rasters aus den jeweils umliegenden Stationswerten unter Verwendung der euklidischen Distanzwerte zur entfernungsbezogenen Wichtung ermittelt werden:

$$N_{xy} = \frac{\sum\limits_{i=1}^{n} N_i \big/ d_i^m}{\sum\limits_{i=1}^{n} 1 \big/ d_i^m} \, . \tag{5.2.3}$$

Durch den Exponenten m wird die Distanzabhängigkeit des Niederschlages variiert. Ein höherer

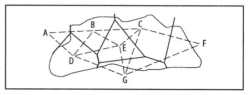

Abb. 5.2-1 Gebietsniederschlag mit Thiessen-Polygonverfahren

Wert von m (m>1) bedingt ein geringes Gewicht entfernter Stationen. Der Gebietsniederschlag ergibt sich dann durch arithmetische Mittelbildung der berechneten Werte aller Gitterpunkte. Neben den distanzabhängigen Verfahren werden zunehmend geostatistische Ansätze, insbesondere das Kriging-Verfahren, zur Ermittlung räumlich verteilter Niederschlagswerte aus Punktmessungen genutzt.

Für Planungszwecke werden Starkniederschläge mit statistischer Zuordnung über die Eintrittswahrscheinlichkeit benötigt. Dabei ist die Abhängigkeit zwischen Niederschlagsmenge N und -dauer zu berücksichtigen. Bei der statistischen Auswertung werden für gewählte Dauerstufen (üblicherweise zwischen 5 Minuten und 72 Stunden) die Jahres- und Halbjahresmaxima der Niederschlagshöhe betrachtet und durch Überschreitungshäufigkeiten charakterisiert. Im Ergebnis des vom Deutschen Wetterdienst bearbeiteten Projekts „Koordinierte Starkniederschlagsregionalisierung (KOSTRA)" wurden für die Bundesrepublik Deutschland (alte und neue Bundesländer) flächendeckend regionalisierte Starkniederschlagshöhen mit statistischer Charakterisierung als Karten im Maßstab 1:2,5 Mio. veröffentlicht [DWD 1997]. Die einzelnen Niederschlagswerte sind jeweils einem von 5343 Rasterfeldern mit Flächen von je 71,5 km^2 zugeordnet. Seit 2006 ist eine aktualisierte, nunmehr auf den Beobachtungszeitraum 1951 bis 2000 bezogene Version in Form einer digitalen Datenbank (Kostra-DWD 2000) verfügbar, die Starkregen mit Dauerstufen zwischen 5 Minuten und 72 Stunden und statistischen Wiederkehrintervallen zwischen 0,5 und 100 Jahren ausweist.

Schnee als eine besondere Niederschlagsform hat eine erhebliche wasserwirtschaftliche Bedeutung. Er beeinflusst den Wasserhaushalt eines Einzugsgebietes über die Wasserspeicherung im Winterhalbjahr und die mehr oder weniger kurzfristige

Freisetzung dieses Wasservorrats bei der Schneeschmelze im Frühjahr. Die Schneeschmelze kann zur Hochwasserentstehung führen, füllt aber i.d.R. auch den Grundwasserspeicher auf, was zur Vergleichmäßigung des Abflusses in den Folgemonaten führt. Schnee besteht aus einer Mischung aus Eiskristallen (10 bis 40 Vol.%), Luft (60 bis 90 Vol.%) und Wasser (0 bis 30 Vol.%).

Der Zustand der Schneedecke lässt sich mit folgenden Messgrößen beschreiben: Schneehöhe d, die mit dem Schneepegel (Lattenpegel) gemessen wird, Schneedichte r_s, d.h. die Masse des Schnees je Volumeneinheit (kg/dm³), Wasservorrat w (Wassermenge, die in der Schneedecke als Eis oder Wasser gespeichert ist), der auch als „Wasseräquivalent" bezeichnet wird (Angabe in mm), die Schneedeckendauer und die Zahl der Tage eines Jahres mit Schneedecke (wichtig für den Wärmehaushalt). Das Wasseräquivalent w berechnet sich zu

$$w = r_s \cdot d \qquad (5.2.4)$$

mit r_s in mm/cm, d in cm, w in mm oder r_s in kg/dm³, d in cm, w in mm (1 kg/dm³=10 mm Wasser/cm Schnee).

Die Schneedichte hängt wesentlich vom Alter der Schneedecke ab. Sie beträgt bei Neuschnee etwa 0,5 bis 1,7 mm Wasser pro cm Schnee, bei Pulverschnee 1 bis 2, bei gelagertem Schnee 3,5 bis 6 und bei extrem nassem Neuschnee 4 bis 8 mm/cm Schnee. Damit weist die Schneedecke ein beträchtliches Retentionsvermögen auf.

Für die Berechnung der Wasserabgabe kann die Energiebilanz der Schneedecke verwendet werden, aus der sich die Energiemenge für das Schmelzen der Eiskristalle ergibt. Das Aufstellen der Energiebilanz erfordert jedoch umfangreiche Messdaten von Temperatur, Feuchtigkeit, Wind, Strahlung und Temperaturverteilung in der Schneedecke, die meist nicht verfügbar sind. Man behilft sich deshalb mit vereinfachten Wärmehaushaltsverfahren wie dem *Tagesgradverfahren* [Maniak 1997], bei dem die positiven Tagesmittelwerte der Lufttemperatur summiert und über einen Umrechnungsfaktor in Tageswerte der Wasserabgabe der Schneedecke umgerechnet werden.

Abfluss

Mit „Abfluss" wird nach DIN 4049 das Wasservolumen bezeichnet, das einen bestimmten Gewässer-

querschnitt in der Zeiteinheit durchfließt und einem Einzugsgebiet zugeordnet ist. Der Abfluss Q an einem Gewässerquerschnitt wird indirekt über das Produkt aus durchflossener Fläche A und mittlerer Fließgeschwindigkeit v_m ermittelt. Das Wasservolumen oder die Abflussmenge Q pro Zeiteinheit (Angabe in m³/s oder l/s) berechnet sich zu

$$Q = v_m \cdot A , \qquad (5.2.5)$$

wobei A=f(w) und w Wasserstand.

Die mittlere Geschwindigkeit ergibt sich mathematisch aus der Integration der ortsabhängigen Fließgeschwindigkeit über die Breite B und die Wassertiefe T.

$$v_m = \iint\limits_{BT} v_{b,t} \ \mathrm{d}B\,\mathrm{d}T . \qquad (5.2.6)$$

Um die mittlere Geschwindigkeit zu bestimmen, werden punktuelle Geschwindigkeitsmessungen gewichtet gemittelt. Diese Messungen erfolgen meist mit hydrometrischen Flügeln. Es handelt sich dabei um einen Propeller mit horizontaler Drehachse (Abb. 5.2-2). Entsprechend Anströmgeschwindigkeit und Steigung der verwendeten Flügelschaufel steht die Zahl der Umdrehungen pro Zeiteinheit in einer (durch Eichung in einem definierten Messgerinne mit bekannter Geschwindigkeit) bekannten Relation zur Fließgeschwindigkeit des anströmenden Wassers.

Da sowohl die Wassertiefe als auch die Fließgeschwindigkeit über einen Gewässerquerschnitt sehr unterschiedlich sein können, wird der Querschnitt in einzelne Lamellen (Abb. 5.2-3) unterteilt, für die jeweils eine mittlere Fließgeschwindigkeit $v_{m,i}$ und die durchflossene Fläche A_i erfasst werden.

Je nach Regelmäßigkeit des Profils werden hierzu meist n=10...20 Lamellen betrachtet. In die

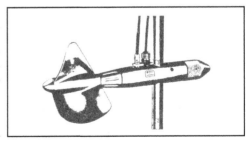

Abb. 5.2-2 Messflügel mit horizontaler Achse

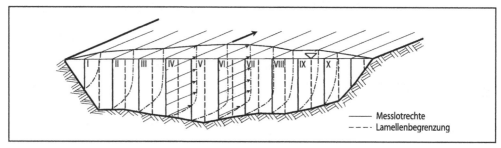

Messlotrechte
Lamellenbegrenzung

Abb. 5.2-3 Räumliches Geschwindigkeitsprofil eines Flussquerschnitts

Mitte jeder Lamelle wird eine Messlotrechte für die Erfassung der Geschwindigkeit gelegt. Die Zahl der Messpunkte der Geschwindigkeit je Messlotrechte hängt von der Turbulenz und der vertikalen Verteilung der Fließgeschwindigkeit ab. Gebräuchliche Verfahren verwenden zwei bis sechs über die Wassertiefe verteilte Messpunkte mit gewichteter Mittelbildung zur Berechnung der mittleren Lamellengeschwindigkeit $v_{m,i}$. Durch Summation der Abflüsse der verschiedenen Lamellen (Produkt aus der mittleren Geschwindigkeit der Lamelle v_{mi} und der Fläche dieser Lamelle A_i) erhält man den Gesamtabfluss

$$Q = \sum_{i=1}^{n} A_i \cdot v_{m,i} \cdot \qquad (5.2.7)$$

Aus parallelen Messungen von Wasserstand w, durchflossener Querschnittsfläche A und mittlerer Fließgeschwindigkeit v_m zu verschiedenen Terminen wird die – i. d. R. nichtlineare – Beziehung zwischen Abfluss und Wasserstand an einem Gewässerquerschnitt ermittelt. Diese Wasserstand-Abflussbeziehung, die auch als „Abflusskurve" bezeichnet wird, kann verwendet werden, um aus Wasserstandsbeobachtungen Abflusswerte abzuleiten. Abflusskurven müssen ständig überprüft und ggf. neu aufgestellt werden, da sich durch Erosion, Sedimentation, Verkrautung und Eis Veränderungen dieser Beziehung ergeben.

Der Wasserstand lässt sich einfach erfassen, z. B. an einem Lattenpegel (Abb. 5.2-4). Der Pegelnullpunkt muss dabei eine definierte Höhenlage haben, die mit drei Festpunkten zu sichern ist. Damit ist zu gewährleisten, dass Wasserstandsaufzeichnungen über einen längeren Zeitraum vergleichbar

bleiben. Die Pegellatten müssen so am Gewässer angebracht werden, dass der Wasserstand möglichst wenig beeinflusst wird und in seinem gesamten Schwankungsbereich abgelesen werden kann. Falls dies mit einer Pegellatte nicht möglich ist, sind mehrere Pegellatten höhenversetzt anzubringen (Staffelpegel). Pegellatten werden senkrecht oder geneigt (dann mit einer entsprechend der Böschungsneigung verzerrten Skalierung) angebracht. Wasserstände werden auf Zentimeter genau abgelesen.

Geeignete Pegelstandorte befinden sich in gradlinigen Fließstrecken ohne Rückstau, mit stabiler Gewässersohle und strömendem Fließzustand im gesamten zu erwartenden Abflussbereich.

Zur automatischen Registrierung von Wasserstandsschwankungen dienen meist Schwimmerschreibpegel oder Druckluftpegel. Schwimmerpegel (Abb. 5.2-5) bestehen aus einem Schwimmer als Messwertaufnehmer, einer Übertragung (Schwimmerseil, Umlenkrolle mit Getriebe) und einer Registriereinrichtung (Schreibgerät oder elektronische Datenspeichereinheit). Wasserstandsänderungen werden als vertikale Bewegungen des Schwimmers über Drahtseile oder Stahllochbänder

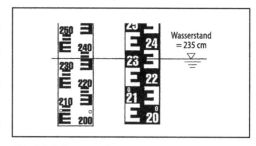

Wasserstand = 235 cm

Abb. 5.2-4 Lattenpegel

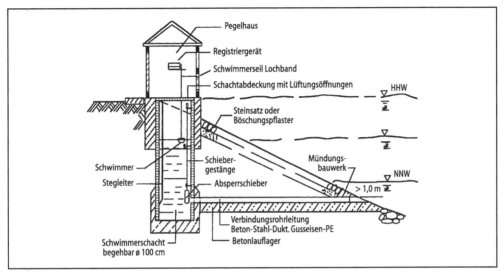

Abb. 5.2-5 Prinzipskizze einer Pegelanlage (Schwimmersystem)

auf eine Rolle übertragen, deren Auslenkungen dann auf das Registriergerät oder einen Messwertwandler übertragen werden. Der Schwimmer wird zum Schutz vor Wind, Wellenschlag, Strömung, Treibzeug und Eis in einem Schacht oder in einem Rohr eingesetzt. Schwimmerschacht oder Schwimmerschutzrohr stehen mit dem offenen Gewässer durch Rohrleitungen oder Zulauföffnungen in Verbindung.

Neben der Wasserstandserfassung über Schwimmer kann auch der hydrostatische Druck als Maß für die Wasserstandshöhe verwendet werden. Gebräuchlich sind hierfür zwei Verfahren, der Druckluftpegel und die Anwendung von Druckmessdosen mit elektrischer Übertragung.

Zur Charakterisierung der Wasserstands- und Abflussverhältnisse an einem Pegel werden gewässerkundliche Hauptzahlen verwendet, die Grenz- oder Mittelwerte bezeichnen. Die Auswertung der Wasserstandsaufzeichnungen erfolgt für einen Jahreszeitraum, wobei statt des Kalenderjahres häufig noch das Abflussjahr vom 1. November bis zum 31. Oktober verwendet wird. Hauptzahlen werden für den Wasserstand, den Abfluss und die Abflussspende ermittelt. Die Abflussspende bezeichnet den auf die Einzugsgebietsfläche bezogenen Abfluss.

Verdunstung

Als „Verdunstung" wird der Übergang des Wassers vom flüssigen oder festen in den gasförmigen Aggregatzustand bei Temperaturen unterhalb des Siedepunktes bezeichnet. Die Verdunstung wird wie der Niederschlag als Wasserhöhe in mm in Verbindung mit einem Bezugszeitraum (Tag, Monat, Jahr) angegeben. Man unterscheidet folgende Arten der Verdunstung:

– Die *Evaporation*, auch als „unproduktive Verdunstung" bezeichnet, stellt die Verdunstung von der unbewachsenen Erdoberfläche, von freien Wasserflächen und von zeitweilig infolge des Niederschlags auf der Pflanzenoberfläche gespeicherten Wassers dar.
– Die *Transpiration* bezeichnet die Wasserdampfabgabe der Pflanzen an die Atmosphäre über die Spaltöffnungen und die Blattoberflächen im Zuge ihrer Stofftransport- und Umsetzungsprozesse.
– Die *Evapotranspiration* ist die Summe von Evaporation und Transpiration.

Zusätzlich unterscheidet man zwischen der potentiellen und der realen Verdunstung. Die erstere bezeichnet die aufgrund der meteorologischen Verhältnisse energetisch mögliche Verdunstung bei unbegrenzt verfügbarem Wasser. Entsprechend den drei genannten Verdunstungsarten unterscheidet man somit die potentielle Evaporation, die potentielle Transpiration und die potentielle Evapotranspiration. Die jeweils reale Verdunstungsform bezeichnet die Verdunstungsgröße, die bei gegebenen meteorologischen Bedingungen und dem tatsächlich aktuell verfügbaren Wasservorrat auftritt.

Die Messung der Verdunstung kann je nach betrachteter Verdunstungsart direkt oder indirekt vorgenommen werden:

– *Evaporimeter* (Verdunstungsmessgeräte) ermitteln Verdunstungswerte von stets feuchtgehaltenen Flächen (Filterpapier oder Keramikscheibe) oder mit offenen, mit Wasser gefüllten Verdunstungsgefäßen, bei denen der Wasserverlust über die Änderung der Wasserspiegelhöhe im Gefäß gemessen wird.

– *Lysimeter* dienen der Ermittlung des Wasserhaushaltes eines Bodenkörpers mit bekannten Abmessungen, Eigenschaften und Vegetationsverhältnissen. Bei wägbaren Lysimetern wird die Änderung des Wassergehalts des Bodenkörpers infolge des Niederschlags auf die Bodenoberfläche (als Gewichtszunahme) bzw. infolge der Verdunstung (Gewichtsabnahme) durch kontinuierliche Wägung des Bodenkörpers registriert. Zusätzlich wird die Sickerwassermenge aus dem Bodenkörper gemessen. Die reale Verdunstung ergibt sich somit aus der Differenz zwischen dem Niederschlag auf die Bodenoberfläche, der Sickerwassermenge und der Änderung des Wasservorrats. Bei nicht wägbaren Lysimetern werden nur die Sickerwassermenge und der Niederschlag gemessen, womit sich die Berechnungsmöglichkeiten auf die mittlere Jahressumme der Verdunstung als Differenz aus Niederschlag und Sickerwassermenge beschränken.

Auf die Verdunstung kann auch geschlossen werden, indem der Bodenwassergehalt zu unterschiedlichen Zeitpunkten ermittelt wird. Die Bodenfeuchte ist dabei möglichst kontinuierlich und ohne Störung des Bodenprofils zu bestimmen. Hierzu können Tensiometer oder TDR-Sonden verwendet werden. Bei der *Wasserdampfstrommethode*, auch als „Turbulenz-Korrelationsmethode" (engl.: eddy flux correlation) bezeichnet, wird der vertikale Wasserdampfstrom als Produkt von Schwankungen der spezifischen Luftfeuchte und der vertikalen Windgeschwindigkeitskomponente um ihre Mittelwerte erfasst.

Je nach betrachteter Art der Verdunstung (Evaporation oder Evapotranspiration, reale oder potentielle Verdunstung, Verdunstung von Land- oder Wasserflächen), nach der Anzahl der berücksichtigten Einflussfaktoren (Verfügbarkeit von Wasser und Energie, Eigenschaften der bodennahen Luftschicht, der Boden- und Vegetationsoberfläche) und nach der erforderlichen Auflösung sind verschiedene Ansätze zur Berechnung der Verdunstung möglich. Eine Zusammenstellung der in Deutschland gebräuchlichen Verfahren enthält das DVWK-Merkblatt 238 [DVWK 1996]. In Anlehnung an dieses Merkblatt sind in Tabelle 5.2-1 die wichtigsten Ansätze hinsichtlich ihres Anwendungsbereiches und der erforderlichen Eingangsgrößen charakterisiert.

Im Folgenden wird exemplarisch die Grundgleichung des häufig verwendeten *Penman-Verfahrens* angeführt, bei dem die Energiebilanz mit aerodynamischen Faktoren verknüpft wird, um die Verdunstung einer stets feuchten, bewachsenen Landfläche zu berechnen.

$$E_{Penm} = \frac{s}{s+\gamma} \cdot \frac{Rn-G}{L} + \frac{\gamma}{s+\gamma} \cdot f(v) \cdot (e_s(T)-e) \tag{5.2.8}$$

mit Rn Nettostrahlung, G Bodenwärmestrom, L spezielle Verdunstungswärme (für 1 mm Verdunstungshöhe/cm^2 sind etwa 247 J/cm^2 erforderlich), f(v) von Windgeschwindigkeit und Bewuchshöhe abhängige Funktion, $e_s(T)-e$ Sättigungsdefizit (abhängig von Lufttemperatur T und Dampfdruck e) s Steigung der Sättigungsdampfdruckkurve in hPa/K, g Psychrometerkonstante (0,655 hPa/K).

Die Anwendung des Penman-Verfahrens in der Praxis erfordert die aufwendige Aufbereitung der Eingangsdaten, die möglichst als Zeitreihen vorliegen sollten. So wird z.B. die Nettostrahlung aus der Strahlungsbilanz an der Erdoberfläche unter Berücksichtigung der Tageslänge und der Bewölkung ermittelt. Hier wird deshalb auf die Literatur verwiesen [Maniak 1997; DVWK 1996, ATV-DVWK 2002].

Tabelle 5.2-1 Ausgewählte Berechnungsverfahren der Verdunstung (nach [DVWK 1996]

Anwendungsbereich: Verdunstung von Wasserflächen		
Verfahren	**Zeitliche Auflösung**	**Erforderliche Eingangsgrößen**
Dalton	Tag, Dekade, Monat	Temperatur der Wasseroberfläche Dampfdruck der Luft Windgeschwindigkeit
Energiebilanz	Dekade	Strahlungsbilanz (Globalstrahlung) Luft- und Wasseroberflächentemperatur Dampfdruck der Luft, Gewässertiefe
Penman	Tag, Dekade, Monat	Strahlungsbilanz (Globalstrahlung) Lufttemperatur und Dampfdruck der Luft Windgeschwindigkeit
Anwendungsbereich: potentielle Verdunstung von Landflächen mit homogener Landnutzung		
Haude	Monat	Lufttemperatur und Dampfdruck der Luft zum Mittagstermin
Penman	Tag	Strahlungsbilanz, Lufttemperatur Dampfdruck der Luft Windgeschwindigkeit
Ture-Wendling	Dekade	Globalstrahlung, Lufttemperatur
Anwendungsbereich: reale Verdunstung homogener Landflächen mit jeweils unterschiedlicher Landnutzung und Bodenart		
Bagrov-Glugla	langjähriges Jahresmittel	Niederschlag potentielle Verdunstung Landnutzung, Bodenart Grundwasserflurabstand
Renger-Wessolek	Jahr	Sommer- und Winterniederschlag potentielle Verdunstung nach Haude pflanzenverfügbare Wassermenge
Wendling	Tag	Niederschlag, potentielle Verdunstung Landnutzung Bodenwassergehalt bei Welkepunkt und Feldkapazität Anfangswert des Bodenwasservorrats
Penman-Monteith	Tag, Stunden	wie Penman-Verfahren zusätzlich Verdunstungswiderstände Vegetationsdichte (LAI)

5.2.1.3 Hydrologische Modelle: Datenverarbeitung, GIS, Fernerkundung, digitale Geländemodelle

In den letzten zwei Jahrzehnten wurden hydrologische Daten im Rahmen von Umweltinformationssystemen vielfältig über das Internet verfügbar gemacht (z. B. http://www.dgj.de). Dabei sind neben hydrologischen Hauptzahlen auch Abflussdaten in Echtzeit abrufbar. Insbesondere in Hochwassersituationen sind derartige Informationen von großer Bedeutung.

Mit der Einführung von leistungsfähigen Computersystemen und der Bereitstellung von Geoinformationssystemen haben mathematische Modelle in der Hydrologie eine breite Anwendung gefunden. Unter Nutzung digitaler Karten wie z. B. CORINE Land Cover 2000, einem europaweit einheitlichen Informationssystem zur Landnutzung, das für Deutschland im Maßstab 1:100.000 37 Landnutzungsklassen ausweist, den Bodenübersichtskarten (BÜK) oder Digitalen Höhenmodellen können hydrologische Prozesse flächendetailliert simuliert werden. Viele dieser Informationen basieren auf Fernerkundungsdaten. Neben der hohen räumlichen Auflösung haben Fernerkundungsdaten insbesondere den Vorteil einer hohen Aktualität. Dieser Vorteil wird zunehmend für die Erfassung hydrologisch relevanter Variablen wie z. B. der Schneebedeckung oder der Bodenfeuchte genutzt. Derartige Daten können in Echtzeit übertragen werden und erlauben somit eine unmittelbare Umsetzung in wasserwirtschaftlich relevante Parameter, z. B. bei der landwirtschaftlichen Bewässerung. Allerdings ist zu beachten, dass Fernerkundungsdaten stets nur Informationen zu elektromagnetischen Strahlungsgrößen beinhalten, die nur indirekt Rückschlüsse auf hydrologische Variable (z. B. über die Absorption oder Reflexion von Wellen ausgewählter Spektralbereiche) ermöglichen. Eine Klassifikation dieser Daten mit Hilfe von Zusatzinformationen, d. h. zeitgleich gemessener hydrologischer Variablen, ist i. d. R. die Voraussetzung für die Anwendung von Fernerkundungsdaten. Da es oft hinreichend ist, eine derartige Klassifikation an einigen Stützstellen durchzuführen, die Fernerkundung jedoch ein großräumiges, flächendifferenziertes Bild liefert, erschließen sich zunehmend neue Anwendungsgebiete. So wurde vom DWD ein bundesweites Netz von 17 Wetterradarsystemen, verbunden mit einer Online-Aneichung der Radarniederschlagsdaten mit Hilfe von automatischen Bodenniederschlagsstationen, eingerichtet, das eine nahezu flächendeckende Ermittlung der räumlichen Niederschlagsverteilung in Deutschland ermöglicht.

Hydrologische Modelle können je nach Verwendungszweck als Kontinuumsmodelle, bei denen der gesamte Wasserhaushalt eines Gebietes über einen längeren Zeitraum (z. B. von mehreren Jahren) simuliert wird (5.1.2.6), oder als Ereignismodellen, die insbesondere Hochwasserphasen abbilden, aufgebaut werden. Kontinuumsmodelle arbeiten i. d. R. auf der Grundlage von Tageswerten, Ereignismodelle auf der Basis von Stundenwerten, wobei in der Stadtentwässerung auch deutlich geringere Zeitschritte (z. B. 5 Minuten) gebräuchlich sind. Eine andere Differenzierung hydrologischer Modelle bezieht sich auf die Zielsetzung der Modellierung. So wird zwischen Planungsmodellen und operationell nutzbaren Vorhersagemodellen unterschieden. Planungsmodelle dienen zur Prognose von langfristigen Veränderungen der hydrologischen Verhältnisse, z. B. in Folge von Landnutzungs- oder Klimaänderungen, während Vorhersagemodelle die weitere kurzfristige Entwicklung der Abflüsse auf der Grundlage gemessener oder vorhergesagter Niederschlagsdaten beschreiben.

Durch die Kopplung von Fernübertragungssystemen mit Sensoren zur Erfassung des Niederschlages, der Abflüsse und der Bodenfeuchte wird es möglich, aktuelle Messdaten im Rahmen der Hochwasservorhersage zu nutzen und die Vorhersagen mit den tatsächlichen Zustandsdaten abzugleichen. Hierzu wurden in einer Reihe von Bundesländern Hochwasservorhersagezentralen eingerichtet.

5.2.1.4 Hochwasserberechnungsverfahren

In der Hydrologie unterscheidet man zwischen zwei Typen von mathematischen Berechnungsverfahren, nämlich deterministischen und stochastischen Methoden. Mit ersteren berechnet man hydrologische Variablen (z. B. HW-Ganglinien aus Niederschlag und ggf. Schneeschmelze) auf der Basis geophysikalischer Gesetze nach dem Kausalitätsprinzip, letztere dienen zur Berechnung statistischer Größen (z. B. des „Jahrhunderthochwassers" mit Hilfe von Verfahren der Wahrscheinlichkeitstheorie und der mathematischen Statistik).

Hochwasserstatistik

Für wasserbauliche und wasserwirtschaftliche Fragen werden folgende Kenngrößen von Hochwasserereignissen benötigt: Hochwasserstand, HW-Scheitelabfluss, Abflusssumme, Abflussfülle, Hochwasserdauer, Ganglinie des Hochwassers. Der HW-Scheitelabfluss und die HW-Fülle werden statistisch bewertet. Hierzu dient das Wiederkehrintervall T eines Hochwassers (HW). Es gibt an, alle wie viel Jahre ein Hochwasserkennwert (z. B. der Scheitelabfluss) im statistischen Mittel erreicht oder überschritten wird. Zwischen dem Wiederkehrintervall und der Überschreitungs- bzw. Unterschreitungswahrscheinlichkeit besteht bei Verwendung von Jahreshöchstabflüssen die Beziehung

$$T = \frac{1}{P_{\ddot{u}}} = \frac{1}{1 - P_u} \qquad (5.2.9)$$

mit $P_{\ddot{u}}$ und P_u Über- bzw. Unterschreitungswahrscheinlichkeit des HW-Abflusses.

Ein HW-Scheitelabfluss mit einem Wiederkehrintervall von 20 Jahren wird somit in etwa 5 % aller Beobachtungsjahre einer langen Reihe überschritten und in 95 % der Beobachtungsjahre erreicht oder unterschritten.

Ausgehend von einer Beobachtungsreihe der Jahreshöchstabflüsse an einem Pegel können die empirischen Unterschreitungswahrscheinlichkeiten wie folgt ermittelt werden:

- die Stichprobe vom Umfang n wird, beginnend mit dem kleinsten Wert, $(X_{min},...,X_{max})$ geordnet,
- jedem Wert wird eine Rangzahl m zugewiesen (für X_{min} ist m=1, für X_{max} gilt m=n),
- die empirische Unterschreitungswahrscheinlichkeit eines HW-Abflusses ergibt sich zu

$$P_u = \frac{m}{n+1}. \qquad (5.2.10)$$

Damit ist die Wahrscheinlichkeitsaussage jedoch auf die Länge der Beobachtungsreihe beschränkt. Es ist somit i. d. R. erforderlich, der Stichprobe gemessener Hochwasserereignisse eine statistische Verteilungsfunktion anzupassen, die dann die Möglichkeit der Extrapolation auf seltene Ereignisse, d. h. hohe Unterschreitungswahrscheinlichkeit bzw. geringe Überschreitungswahrscheinlichkeit, bietet. Die Anpassung einer Verteilungsfunktion kann

- graphisch erfolgen (freie Anpassung), indem die gemessenen Hochwasserwerte über den empirischen Unterschreitungswahrscheinlichkeiten gemäß Gl. (5.2.10) graphisch dargestellt werden und eine Ausgleichskurve eingetragen wird. Bei Verwendung eines Netzdruckes für eine Verteilungsfunktion (Wahrscheinlichkeitspapier) kann der Ausgleich statt mit einer Kurve durch eine Gerade vorgenommen werden.
- mathematisch erfolgen, indem aus der Stichprobe die Parameter einer Verteilungsfunktion berechnet („geschätzt") werden (z. B. mit Hilfe der Momentenmethode oder der Maximum-Likelihood-Methode) [Plate 1993].

Für hochwasserstatistische Analysen geeignete Gruppen von Verteilungsfunktionen sind die Extremalverteilung und die Familie der Gamma-Verteilung. Aus der Gruppe der Extremwertverteilungen sind besonders die Allgemeine Extremwertverteilung und (als deren Sonderfall) die Extremwertverteilung Typ 1 (Gumbel-Verteilung) gebräuchlich. Aus der Familie der Gamma-Verteilung werden insbesondere die Pearson-III-Verteilung, die Weibull-Verteilung mit drei Parametern und die Log-Pearson-III-Verteilung genutzt. Die Anpassung der Verteilungsfunktion(en) an eine Stichprobe kann in folgenden statistischen Tests geprüft werden: Kol-

mogorov-Smirnov-Test, der Chi-Quadrat-Test und der nw^2-Test [DVWK 1998].

Anpassen einer Verteilungsfunktion. Im Folgenden wird als Beispiel die Anpassung der Pearson-III-Verteilung mit Hilfe des Momentenverfahrens dargestellt. Die Verteilung wird durch drei Parameter beschrieben, die im Weiteren mit a, b und d bezeichnet werden. Die Verteilungsfunktion hat die Form

$$F(x) = \frac{\Gamma(b(x-d), a+1)}{\Gamma(a+1)}, \qquad (5.2.11)$$

mit

$$\Gamma(a+1) = \int_0^\infty e^{-t} \cdot x^a dx ,$$

der vollständigen Gammafunktion, und

$$\Gamma(x, a+1) = \int_0^x e^{-t} \cdot t^a dt ,$$

der unvollständigen Gammafunktion.

Der Parameter d bezeichnet den unteren bzw. den oberen Grenzwert des Merkmalbereichs der Verteilungsfunktion. Für die Parameter a und b gelten folgende Bedingungen: a>−1 und b>0. Für die Anpassung der Pearson-III-Verteilung an eine Stichprobe von Jahreshöchstabflüssen HQ(a) werden neben dem Mittelwert und der Standardabweichung s(x) noch der Schiefe – und der Variationskoeffizient $c_s(x)$ und $c_v(x)$ als Parameter benötigt. Sie berechnen sich aus der Stichprobe (x_1 ... x_n) wie folgt:

$$\bar{x} = \frac{1}{n}\sum_{i=1}^{n} x_i , \; s^2 = \frac{1}{n-1}\sum_{i=1}^{n}(x_i - \bar{x})^2 , \qquad (5.2.12)$$

$$c_s(x) = \frac{n\sum_{i=1}^{n}(x_i - \bar{x})^3}{(n-1)(n-2)s^3(x)} , \qquad (5.2.13)$$

$$c_v(x) = \frac{s(x)}{\bar{x}} . \qquad (5.2.14)$$

Die Pearson-III-Verteilung ist einseitig begrenzt. Die Grenze des Merkmalbereichs d kann wie folgt aus den Stichprobenparametern geschätzt werden:

$$d = \bar{x}\left(1 - \frac{2c_v}{c_s}\right). \qquad (5.2.15)$$

Bei einem negativen Schiefekoeffizient ergibt sich somit eine (für hochwasserstatistische Betrachtungen anzuzweifelnde) obere Grenze der Verteilungsfunktion. Bei kleinen positiven Werten der Schiefe kann sich für die berechnete untere Grenze ein negativer Wert ergeben. In diesem Fall wird die untere Grenze der Verteilung in den Nullpunkt gelegt (d=0).

Die Parameter a und b sind nach der Momentenmethode wie folgt aus dem Mittelwert, dem Variations- und dem Schiefekoeffizienten zu schätzen:

$$a = \frac{4}{c_s^2} - 1, \quad b = \frac{2}{\bar{x} \cdot c_v \cdot c_s}. \qquad (5.2.16)$$

Häufig wird die Pearson-III-Verteilung in der Hochwasserstatistik in logarithmischer Form angewendet. Vor Anpassung der Pearson-III-Verteilung an eine Stichprobe der Jahreshöchstabflüsse empfiehlt sich deshalb als erstes die Prüfung einer Anpassung der logarithmischen Pearson-III-Verteilung. Hierzu werden die Werte der Stichprobe der Jahreshöchstabflüsse logarithmiert.

$$y_i = \ln(HQ_i). \qquad (5.2.17)$$

Aus den logarithmierten Werten werden dann die Stichprobenparameter $\bar{y}$, $s(y)$, $c_s(y)$ und $c_v(y)$ berechnet. Für einen Wert von $c_s(y) \geq 0$ kann in Abhängigkeit vom statistischen Wiederkehrintervall der logarithmierte Wert des HW-Scheitelabflusses wie folgt berechnet werden:

$$y_{(T)} = \bar{y} + s(y) \cdot k(c_s(y), T). \qquad (5.2.18)$$

Beispiel: $\bar{y} = 4{,}24$, $s(y) = 0{,}49$,

$c_s(y) = 0{,}5$, $T = 100a$.

Die Werte von k sind in Abhängigkeit vom Schiefekoeffizient c_s und dem Wiederkehrintervall T Tabelle 5.2-2 zu entnehmen. Der gesuchte Bemessungsabfluss ergibt sich dann zu

$$HQ(T) = e^{y(T)}. \qquad (5.2.19)$$

Im vorstehenden Beispiel ergibt sich k=2,686 und somit $HQ_{100} = 258 \text{ m}^3/\text{s}$. Falls sich ein $c_s(y)$-Wert kleiner Null ergibt, sollte statt der logarithmischen Pearson-III-Verteilung die Pearson-III-Verteilung angewandt werden. Hierzu sind die Stichprobenparameter $\bar{x}$, $s(x)$, $c_s(x)$ und $c_v(x)$ aus der Reihe der Jahreshöchstabflüsse zu ermitteln. Falls sich für $c_s(x)$ ein Wert kleiner Null ergibt oder der Wert für

die untere Grenze d kleiner als Null ist, so muss statt des Wertes für $c_s(x)$, der aus der Stichprobe ermittelt wurde, ein korrigierter Wert $c_{s\,korr}(x) = 2 \cdot c_v(x)$ verwendet werden. In diesem Fall wird die Gamma-Verteilung angewandt. Der gesuchte HW-Scheitelabfluss mit vorgegebenem statistischen Wiederkehrintervall berechnet sich dann zu

$$x(T) = \bar{x} + s(x) \cdot k(c_{s\,korr}(x), T). \qquad (5.2.20)$$

Der Wert des Häufigkeitsfaktors k ist Tabelle 5.2-2 zu entnehmen.

Damit eine Beobachtungsreihe eine brauchbare statistische Aussage liefert, sollte sie mindestens 30 Jahre umfassen. In Ausnahmefällen können auch kürzere Reihen verwendet werden, der Reihenumfang sollte jedoch generell nicht kürzer als 20 Jahre sein. Bei der Aufbereitung der verfügbaren Abflussdaten muss die Unsicherheit der Abflusskurve im Hochwasserbereich berücksichtigt werden, da für hohe Wasserstände meist keine Abflussmessungen vorliegen. Die Stichprobe soll sich aus voneinander unabhängigen Elementen zusammensetzen und nicht durch Veränderungen im Gebiet oder am Gewässer beeinflusst sein.

Anwendung von Niederschlag-Abfluss-Modellen

Niederschlag-Abfluss-Modelle (N-A-Modelle) beschreiben die kausalen Zusammenhänge zwischen einem Niederschlagsereignis und dem aus diesem unmittelbar gebildeten Abfluss (Direktabfluss) aus einem Einzugsgebiet. Mit einem derartigen mathematischen Modell wird die aus einem Niederschlagsereignis resultierende Abflussganglinie berechnet. Der Abflussprozess wird hierzu meist in zwei Hauptphasen unterteilt:

- Die *Abflussbildung* bestimmt den Anteil des Niederschlags, der unmittelbar im Ergebnis eines Niederschlagsereignisses zum Abfluss gelangt und damit die Fülle des Direktabflusses. Sie wird durch Prozesse auf der Bodenoberfläche und der oberen Bodenzone bestimmt.
- Die *Abflusskonzentration* bestimmt die zeitliche Verteilung (die Ganglinie) des Direktabflusses am Auslassquerschnitt eines Gebiets. Sie ergibt sich im Ergebnis von Retentions- und Translationsprozessen im Hangbereich und im Entwässerungsnetz.

Tabelle 5.2-2 k-Werte für die Pearson-III-Verteilung

Schiefekoeffizient c_{sx} bzw. c_{sy}	Wiederholungszeitspanne T in Jahren													
	1,01	2	2,5	3	5	10	20	25	40	50	100	200	500	1000
0	-2,326	0,000	0,253	0,440	0,842	1,282	1,645	1,751	1,960	2,054	2,326	2,576	2,878	3,090
0,1	-2,252	-0,017	0,238	0,417	0,836	1,292	1,637	1,785	2,007	2,107	2,400	2,670	3,004	3,233
0,2	-2,178	-0,033	0,222	0,403	0,830	1,301	1,700	1,818	2,053	2,159	2,473	2,763	3,118	3,377
0,3	-2,104	-0,050	0,205	0,388	0,824	1,309	1,726	1,849	2,098	2,211	2,544	2,856	3,244	3,521
0,4	-2,029	-0,066	0,189	0,373	0,816	1,317	1,750	1,830	2,142	2,261	2,615	2,949	3,366	3,666
0,5	-1,955	-0,083	0,173	0,358	0,808	1,323	1,774	1,910	2,185	2,311	2,686	3,041	3,488	3,811
0,6	-1,880	-0,099	0,156	0,342	0,800	1,328	1,797	1,939	2,227	2,359	2,755	3,132	3,609	3,956
0,7	-1,806	-0,116	0,139	0,327	0,790	1,333	1,819	1,967	2,268	2,407	2,824	3,223	3,730	4,100
0,8	-1,733	-0,132	0,122	0,310	0,780	1,336	1,839	1,993	2,308	2,453	2,891	3,312	3,850	4,244
0,9	-1,660	-0,148	0,105	0,294	0,769	1,339	1,859	2,018	2,346	2,498	2,957	3,401	3,969	4,388
1,0	-1,588	-0,164	0,088	0,277	0,758	1,340	1,877	2,043	2,384	2,542	3,022	3,489	4,088	4,531
1,1	-1,518	-0,180	0,070	0,270	0,745	1,341	1,894	2,066	2,420	2,585	3,087	3,575	4,206	4,673
1,2	-1,449	-0,195	0,053	0,242	0,732	1,340	1,910	2,087	2,455	2,626	3,149	3,661	4,323	4,815
1,3	-1.383	-0,210	0,036	0,225	0,719	1,339	1,925	2,108	2,489	2,666	3,122	3,745	4,438	4,955
1,4	-1,318	-0,225	0,018	0,207	0,705	1,337	1,938	2,128	2,521	2,706	3,271	3,828	4,553	5,095
1,5	-1,256	-0,240	0,001	0,189	0,690	1,333	1,951	2,146	2,552	2,743	3,330	3,910	4,667	5,234
1,6	-1,197	-0,254	-0,016	0,171	0,675	1,329	1,962	2,163	2,582	2,780	3,388	3,990	4,779	5,371
1,7	-1,140	-0,268	-0,033	0,153	0,660	1,324	1,972	2,179	2,611	2,815	3,444	4,069	4,890	5,507
1,8	-1,087	-0,282	-0,050	0,135	0,643	1,318	1,981	2,193	2,638	2,848	3,499	4,147	5,000	5,642
1,9	-1,037	-0,294	-0,067	0,117	0,627	1,310	1,989	2,207	2,664	2,881	3,553	4,223	5,108	5,775
2,0	-1,990	-0,307	-0,084	0,099	0,609	1,302	1,996	2,219	2,689	2,912	3,605	4,298	5,215	5,908
2,1	-0,946	-0,319	-0,100	0,081	0,592	1,293	2,001	2,230	2,172	2,942	3,656	4,372	5,320	6,039
2,2	-0,905	-0,330	-0,116	0,063	0,574	1,284	2,006	2,240	2,735	2,970	3,705	4,444	5,424	6,168
2,3	-0,867	-0,341	-0,131	0,045	0,555	1,273	2,009	2,248	2,755	2,997	3,753	4,515	5,527	6,296
2,4	-0,832	-0,351	-0,147	0,027	0,537	1,262	2,011	2,256	2,775	3,023	3,800	4,584	5,628	6,423
2,5	-0,799	-0,360	-0,161	0,010	0,518	1,250	2,012	2,262	2,793	3,048	3,845	4,652	5,728	6,548
2,6	-0,769	-0,369	-0,176	-0,007	0,499	1,238	2,013	2,267	2,811	3,071	3,889	4,718	5,827	6,672
2,7	-0,740	-0,377	-0,189	-0,024	0,480	1,224	2,012	2,272	2,827	3,093	3,832	4,783	5,923	6,794
2,8	-0,714	-0,384	-0,203	-0,041	0,460	1,210	2,010	2,275	2,841	3,114	3,973	4,847	6,019	6,915
2,9	-0,690	-0,390	-0,215	-0,057	0,440	1,195	2,007	2,277	2,855	3,134	4,013	4,909	6,113	7,034
3,0	-0,667	-0,396	-0,227	-0,073	0,420	1,180	2,003	2,278	2,867	3,152	4,051	4,970	6,205	7,152

Abflussbildung. Bei niederschlagshöhenabhängigen Ansätzen (Abflussbeiwertansätze) wird der effektive Niederschlag in Abhängigkeit von der Niederschlagshöhe ermittelt. Hierbei werden unterschiedliche Kenngrößen der jeweiligen Teilfläche berücksichtigt (z. B. Bodenart, Bodennutzung, Anfangsfeuchte). Der Anteil des effektiven Niederschlags an der Niederschlagsmenge wird durch den Abflussbeiwert ausgedrückt:

$$\Psi = \frac{N_{eff}}{N}. \qquad (5.2.21)$$

Häufig werden zusätzlich Anfangsverluste in der Größenordnung von 5 bis 15 mm zu Beginn eines Niederschlagsereignisses pauschal berücksichtigt. Der Abflussbeiwert eines Extremniederschlagsereignisses schwankt von Ereignis zu Ereignis stark. Für extreme Starkniederschläge kann er bei kleinen Gebieten 0,6 bis 0,8 betragen; er nimmt mit wachsender Gebietsgröße jedoch bis auf 0,5 bis 0,7 ab (Angaben zum Abflussbeiwert z. B. bei [Imhoff 1993]).

Bei niederschlagsintensitätsabhängigen Ansätzen wird der zeitliche Verlauf des Niederschlags berücksichtigt, indem das Infiltrationsvermögen des Bodens als zeitlich mit der Niederschlagsdauer variierende Größe betrachtet wird. Da die Infiltrationsrate für den Direktabfluss als „Verlustgröße" betrachtet wird, verwendet man auch die Bezeichnung „Verlustraten-Ansätze". Gebräuchlich ist der Ansatz von Horton (Abb. 5.2-6):

$$f(t) = f_c + (f_0 - f_c) \cdot e^{-kt} \qquad (5.2.22)$$

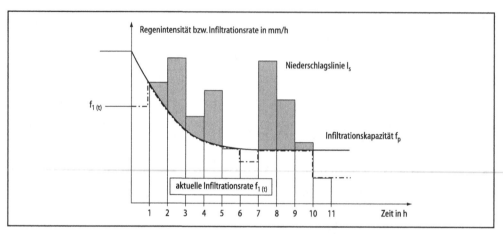

Abb. 5.2-6 Verlauf der Infiltrationsrate beim Horton-Ansatz

mit f(t) zeitlicher Verlauf der Infiltrationsrate, f_c Endinfiltrationsrate für t → ∞, f_0 Anfangsinfiltrationsrate, k Rückgangskonstante.

Die drei Parameter dieses Ansatzes werden in Abhängigkeit von der betrachteten Bodenart gewählt. Für den Fall, dass die Niederschlagsintensität die Infiltrationsintensität unterschreitet, sind gesonderte Überlegungen notwendig.

Die Abflussbildung kann in Annäherung an die ablaufenden physikalischen Prozesse durch Bodenspeichermodelle beschrieben werden. In Bodenspeichermodellen sind neben der Infiltration als wasserzuführender Prozess die Perkolation, d. h. die Tiefenversickerung, und der laterale Abfluss in Form des hangparallelen Zwischenabflusses als Wasserabgabe zu beachten. Damit wird es möglich, die Infiltration in Abhängigkeit vom aktuellen Wassergehalt des Bodens zu berechnen. Geeignete Modelle hierzu sind z. B. das Infiltrationsmodell nach Green-Ampt [Maniak 1993] oder das 2-Stufen-Infiltrationsmodell nach Peschke [Dyck/Peschke 1995].

Abflusskonzentrationsmodelle. Der Weg vom Entstehungsort bis zum Gebietsauslass verzögert die in der Abflussbildungsphase ermittelte effektive Niederschlagsganglinie zeitlich. Falls sich die Form der Ganglinie des effektiven Niederschlags dabei nicht ändert, handelt es sich um eine zeitliche Verschiebung (Translation). In der Regel tritt aber auch eine Dämpfung der entstehenden Hochwasserwelle

durch Speicherungseffekte auf (Retention). Ein Einzugsgebiet kann als lineares zeitinvariantes System aufgefasst werden, in dem eine Eingangsgröße p(t) – der Effektivniederschlag – in eine Ausgangsgröße q(t) – den Direktabfluss am Gebietsauslass – transformiert wird. Diese Transformation lässt sich mit der Impulsantwortfunktion h(t) beschreiben. Die Eingabefunktion wird hierzu in einzelne Impulse der Dauer dτ unterteilt. Zu jedem Einzelimpuls wird dann eine Einheitsimpulsantwort betrachtet. Das Produkt des Impulses p(τ) dτ und der bis zum Zeitpunkt t verschobenen Einheits-Impulsantwortfunktion liefert dann die Ausflussfunktion (Abb. 5.2-7). Die gesamte Ausflussfunktion q(t) ergibt sich somit nach dem Faltungsintegral zu

$$q(t) = \int_0^t p(\tau) h(t - \tau) d\tau. \tag{5.2.23}$$

Da der Effektivniederschlag meist als Folge von Rechteckimpulsen gleicher Dauer Δt mit der intervallweise konstanten Intensität p_i (in mm/h) vorliegt, wird das Faltungsintegral in der diskreten Form verwendet:

$$q_j = \sum_{i=1}^n p_{j-i+1} \cdot \Delta t \cdot h_i(\Delta t). \tag{5.2.24}$$

Mit n wird dabei die Zahl der Ordinaten der Impulsantwortfunktion bezeichnet. Die Impulsantwortfunktion h(Δt) ist als Ganglinie des direkten Abflusses definiert, die sich aus dem Effektivnieder-

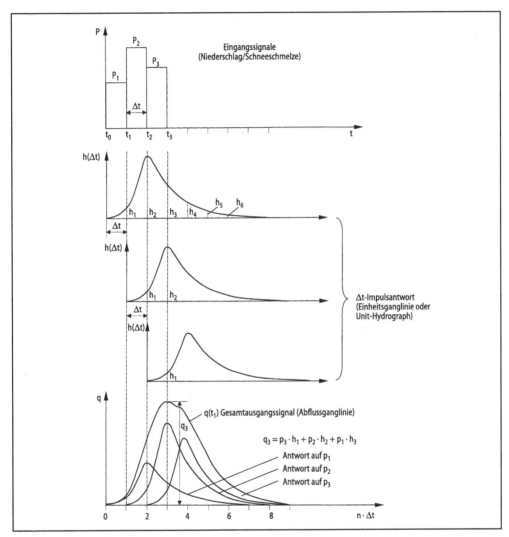

Abb. 5.2-7 Schema der Ermittlung einer Abflussganglinie aus Effektivniederschlag und Einheitsganglinie (nach [Dyck/ Peschke 1995])

schlag der Höhe von 1 mm und der Dauer Δt ergibt. Diese Funktion, auch als „Einheitsganglinie" oder „Unit-Hydrograph" bezeichnet, kann – wie im Folgenden dargestellt – aus gemessenen Niederschlagsabflussereignissen ermittelt werden.

Die Anwendung des Unit-Hydrograph-Verfahrens für die Ermittlung von HW-Abflussganglinien erfolgt in zwei konsekutiven Schritten:

– Bestimmung des Unit-Hydrographs mit Hilfe von Gl. (5.2.24) entsprechend Abb. 5.2-7. Gleichung (5.2.24) ergibt ein System von insgesamt m+n-1 Gleichungen (m+n-1 Anzahl der gemessenen Abflussordinaten) mit n Unbekannten (Anzahl der Ordinaten des Unit-Hydrographs). Die Anzahl der Niederschlagsordinaten beträgt m. Gleichung (5.2.24) ergibt damit ein überbe-

stimmtes Gleichungssystem, das mit Hilfe des Prinzips der kleinsten Fehlerquadratsumme optimal gelöst werden kann [Maniak 1997; Dyck/Peschke 1995];
- Bestimmung der HW-Ganglinie mit Hilfe des vorstehend ermittelten Unit-Hydrographs und eines vorgegebenen Bemessungsniederschlags. Diese Berechnung der einzelnen Bemessungsganglinien erfolgt wiederum nach Gl. (5.2.24), was nun keine Probleme mehr macht, da sowohl die Niederschlagswerte p als auch die Unit-Hydrograph-Ordinaten h bekannt sind.

Zur Bestimmung des Unit-Hydrographs wird der Effektivniederschlag und der Direktabfluss eines Hochwasserereignisses benötigt. Erforderlich sind die

- Messung der Niederschlagswerte (-intensitäten für Zeitintervalle Δt),
- Ermittlung des Effektivniederschlags z.B. mit dem Abflussbeiwertverfahren,
- aus Messungen hervorgegangene Abflussganglinie für das zugehörige Hochwasserereignis,
- Ermittlung des Direktabflusses durch Abtrennung des Basisabflusses (der berechnete Effektivniederschlag muss gleich der Direktabflusssumme sein und ist ggf. entsprechend zu korrigieren).

Bezeichnet man den Effektivniederschlag mit N, den Unit-Hydrograph mit U und den Abfluss mit Q, so gilt entsprechend Gl. (5.2.24) für die Abflussganglinien-Ordinate zum Zeitpunkt k

$$Q_k = N_k \cdot U_1 + N_{k-1} \cdot U_2 + \ldots + N_{k-n+1} \cdot U_n \quad (5.2.25)$$
$$(k = 1, \ldots, m+n-1)$$

mit n Anzahl der Ordinaten des Unit-Hydrographs und m Anzahl der Niederschlagsordinaten.

Da $U_i = 0$ für $i>n$ und $N_i=0$ für $i>m$ ist, kann auf die Berechnung der Abflussordinaten für $k>(m+n)$ verzichtet werden. Der Maximalwert für k, für den noch $Q_k>0$ gilt, ergibt sich zu $r=m+n-1$. Da die Impulsantwort eine Funktion ist, gibt es nach dem letzten Niederschlagsintervall noch eine Reihe von Abflussintervallen infolge des zuletzt gefallenen Niederschlags. Für $k=1$ bis $k=m+n-1$ kann ein Gleichungssystem nach Gl. (5.2.25) aus $r=m+n-1$ Gleichungen mit n Unbekannten, den Unit-Hydrograph-Ordinaten, aufgestellt werden. Es handelt sich dabei – wie vorstehend bereits kurz erwähnt

wurde – um ein überbestimmtes Gleichungssystem, das mit Hilfe des Prinzips der kleinsten Fehlerquadrate optimal gelöst werden kann [Maniak 1997].

Der berechnete Wert Q_k^b wird um einen Fehler F_k vom gemessenen Wert Q_k^g abweichen. Nach dem Prinzip der Summe der kleinsten Fehlerquadrate kann man diesen Fehler über alle Ordinaten k minimieren:

$$F = \sum_{k=1}^{m+n-1} F_k^2 = \sum_{k=1}^{m+n-1} \left[Q_k^g - Q_k^b \right]^2, \quad (5.2.26)$$

$$\text{Minimum, wenn } \frac{\partial F}{\partial U_k} = 0 \quad \text{(für alle } k\text{).} \quad (5.2.27)$$

Dies ist ein System von n partiellen Differentialgleichungen mit n Unbekannten. Setzt man die Gln. (5.2.25) und (5.2.26) in Gl. (5.2.27) ein, so ergibt sich

$$\frac{\partial F}{\partial U_k} = 2 \sum_{i=k}^{k+m} \left(Q_i^g - Q_i^b \right) \cdot \left(-N_{i-(k-1)} \right) = 0. \quad (5.2.28)$$

Dieses Gleichungssystem von nunmehr n Gleichungen mit n unbekannten Ordinaten U_k kann – z.B. nach Gauß-Jordan – gelöst werden. Die auf diese Weise gefundene Einheitsganglinie ist häufig ereignisabhängig, weshalb es sich empfiehlt, sie aus mehreren Ereignissen (Hochwässern) zu bestimmen und die Ergebnisse zu mitteln.

Unter Annahme von Modellvorstellungen (z.B. eines Einzellinearspeichers oder einer Speicherkaskade) kann man eine Impulsantwortfunktion auch in Abhängigkeit von Modellparametern als analytische Funktion beschreiben. Die Modellparameter können wiederum aus gemessenen Niederschlag-Abfluss-Ereignissen – z.B. nach der Momentenmethode – ermittelt werden [Maniak 1997].

Hochwasserablauf in Fließgewässern (Flood Routing)

Der Ablauf einer Hochwasserwelle in einer Flussstrecke, auch „Flood Routing" genannt, lässt sich mit hydraulischen oder hydrologischen Verfahren mathematisch beschreiben. Die hydraulischen Ansätze lösen die hier anzuwendenden Saint-Venant-Gleichungen numerisch, da explizite mathematische Lösungen für praktische Anwendungen so gut wie nie möglich sind. Die numerischen Lö-

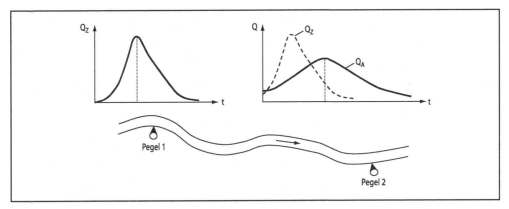

Abb. 5.2-8 Hochwasserganglinien an zwei Pegeln eines Flusses

sungsansätze basieren auf Finiten Elementen bzw. expliziten und impliziten Differenzenverfahren [Ven te Chow et al. 1988].

Hydrologische Verfahren beschränken sich auf die Anwendung der Kontinuitätsgleichung. Gebräuchlich sind verschiedene Ansätze, von welchen hier nur das Muskingum-Verfahren und das Kalinin-Miljukov-Verfahren kurz beschrieben werden.

Beim *Muskingum-Verfahren* werden zeitgleiche Abflussganglinien an einem Oberpegel QZ(t) und an einem Unterpegel QA(t) benötigt, um für den betrachteten Flussabschnitt eine Übertragungsfunktion der Zu- in die Abflüsse zu identifizieren (Abb. 5.2-8). Die lineare Speicherbeziehung (Speicherkonstante K) wird um einen instationären Speicheranteil erweitert, dessen Größe mit einem Gewichtsfaktor x (0<x<1) angepasst wird. Damit ist das Speichervolumen zwischen den Pegeln 1 und 2 eine lineare Funktion von Zufluss und Abfluss.

$$S = K \cdot QA(t) + K \cdot x \cdot [QZ(t) - QA(t)]$$
$$= K[x \cdot QZ(t) + (1-x) \cdot QA(t)]. \qquad (5.2.29)$$

Die zeitliche Änderung der Speicherung ergibt sich nach der Kontinuitätsgleichung für diskrete Zeitintervalle Δt zu

$$S(t+1) - S(t) = \frac{QZ(t) + QZ(t+1)}{2} \cdot \Delta t$$
$$- \frac{QA(t) + QA(t+1)}{2} \cdot \Delta t. \qquad (5.2.30)$$

Durch Einsetzen von Gl. (5.2.29) in Gl. (5.2.30) und Umformen erhält man die Rekursionsgleichung für die Ermittlung von QA(t+1).

$$QA(t+1) = QZ(t+1)\left[\frac{\Delta t - 2Kx}{\Delta t + 2K(1-x)}\right] +$$
$$QZ(t)\left[\frac{\Delta t + 2Kx}{\Delta t + 2K(1-x)}\right] + QA(t) \cdot \left[-\frac{\Delta t - 2K(1-x)}{\Delta t + 2K(1-x)}\right].$$
$$(5.2.31)$$

Die Parameter K und x können graphisch aus gemessenen Ganglinien von Hochwasserwellen am Zufluss- und Abflusspegel bestimmt werden [Maniak 1997]. Danach lässt sich der jeweils folgende Abfluss QA(t+1) rekursiv aus bekanntem Q_Z und Q_A nach Gl. (5.2.31) berechnen.

Beim *Verfahren von Kalinin und Miljukov* [Maniak 1997] wird ein betrachteter Flussabschnitt in eine Reihe charakteristischer Teilabschnitte gleicher Länge L unterteilt. Die Länge L jedes charakteristischen Abschnitts ergibt sich aus einer eindeutigen Beziehung zwischen dem Wasserstand h und dem Abfluss Q zu

$$L = \frac{Q}{I_w} \cdot \frac{\Delta h}{\Delta Q} \qquad (5.2.32)$$

mit I_w Wasserspiegelgefälle.

Die Beziehung zwischen dem Wasserstand h und dem Abfluss Q wird mit Hilfe der Fließformel für stationäre Abflussbedingungen von Manning-

Strickler beschrieben. Jeder Abschnitt der Länge L wird dann als ein Einzellinearspeicher mit der Speicherkonstanten K betrachtet. Die Anzahl der Einzellinearspeicher ergibt sich aus dem Quotienten der Gesamtlänge des betrachteten Flussabschnitts und der Länge des charakteristischen Abschnitts. Den Parameter K erhält man unter Annahme stationärer Abflussverhältnisse zu

$$K = b_m \cdot L \cdot \frac{\Delta h}{\Delta Q} \qquad (5.2.33)$$

mit b_m mittlere Wasserspiegelbreite.

Gegenüber dem Muskingum-Verfahren erfordert das Verfahren von Kalinin und Miljukov einen höheren Aufwand, da Querprofile und Wasserspiegellagen benötigt werden. Da jedoch meist die erforderlichen Zu- und Abflusspegel des Muskingum-Verfahrens fehlen, wird das Verfahren von Kalinin und Miljukov häufiger angewandt, da es den Vorteil der Verwendung hydraulischer Kenngrößen (Rauheiten, Profile) hat und so für die Abschätzung der Veränderungen von Hochwasserabläufen bei Gewässeraus- und -umbauten dienen kann.

5.2.1.5 Niedrigwasserstatistik

Als Niedrigwasser (NW) bezeichnet man die Unterschreitung eines spezifischen Grenz- oder Schwellenabflusses, der sich aus der Art der Nutzungen, der stofflichen Belastung oder statistischen Kenngrößen des Abflussgeschehens ergibt. Um extreme Niedrigwasser zu beschreiben, kann man sich statistischer Methoden bedienen. Zu beachten

ist dabei, dass Abflussmessungen bei Niedrigwasser sehr empfindlich gegenüber Störungen durch kurzzeitige menschliche Eingriffe (Wehre u.Ä.) sowie gegenüber natürlichen Veränderungen im Gewässer (Verkrautung, Sedimentation, Erosion) sind. Weiterhin sind Niedrigwasserabflüsse häufig anthropogen beeinflusst (Einleitung von Abwasser, Entnahme von Brauchwasser).

Zur Beschreibung von Niedrigwasserereignissen werden mehrere Kenngrößen verwendet (Abb. 5.2-9) [DVWK 1983]:

– der Niedrigwasserabfluss NMxQ in m³/s als niedrigstes arithmetisches Mittel von x aufeinanderfolgenden Tageswerten des Abflusses innerhalb eines betrachteten Zeitabschnitts (z.B. der Sommer- oder Winterhalbjahre),
– die Dauer der Unterschreitung eines Schwellenwertes entweder als längste Unterschreitungsdauer oder als Summe aller Unterschreitungsdauern eines Schwellenwertes Q_S innerhalb des Zeitabschnitts,
– das Abflussdefizit entweder als größte Fehlmenge zwischen dem Schwellenwert QS und der Ganglinie Q(t) oder als Summe aller Fehlmengen zwischen Q_S und Q(t) innerhalb des Zeitabschnitts.

Bei der statistischen Niedrigwasseranalyse interessiert im Gegensatz zur Hochwasseranalyse das Extremereignis mit einer großen Überschreitungswahrscheinlichkeit. In der aus der Hochwasserstatistik bekannten Jährlichkeitsangabe (statistisches Wiederkehrintervall) nutzt man deshalb die Beziehung

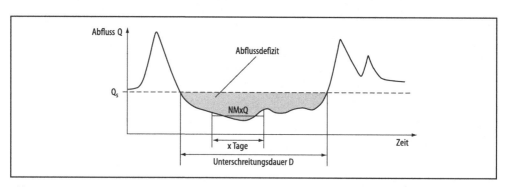

Abb. 5.2-9 Kenngrößen eines Niedrigwasserereignisses

$$P_u = \frac{1}{T}, \quad P_{\ddot{u}} = 1 - P_u = 1 - \frac{1}{T}. \tag{5.2.34}$$

Das zehnjährliche Niedrigwasser wird somit in 90% aller Jahre überschritten, in 10% aller Jahre erreicht bzw. unterschritten. Das 50-jährliche Niedrigwasser wird in 2% aller Jahre ($P_u = 0{,}02$) unterschritten, in 98% aller Jahre überschritten.

Für die statistische Analyse von Niedrigwasserereignissen eignen sich insbesondere folgende Verteilungsfunktionen [Maniak 1997; Dyck/Peschke 1995]:

- logarithmische Normalverteilung,
- logarithmische Extremwertverteilung Typ III (Weibull-Verteilung),
- logarithmische Pearson-III-Verteilung.

5.2.1.6 Berechnung und Simulation des Wasserhaushalts

Wasserhaushaltsmodelle werden insbesondere zur Berechnung einzelner Komponenten des Wasserkreislaufes, z. B. der Verdunstung oder der Grundwasserneubildung, verwendet. Unter Vorgabe von Szenarien wird versucht, auf dieser Grundlage die Wirkung von Veränderungen (Landnutzung, Klima) abzuschätzen.

Gegenüber der ereignisbezogenen Betrachtung in Niederschlag-Abfluss-Modellen, bei denen einzelne Prozesse (z. B. die Verdunstung) vernachlässigt bzw. summarisch beschrieben werden (z. B. mit Verlustratenansätzen), ist bei Wasserhaushaltsberechnungen die Gesamtbilanz der Wasserhaushaltskomponenten zu betrachten. Je nach Zielsetzung erfolgt eine Bilanzierung der Komponenten Niederschlag, Verdunstung, Abfluss und Speicherung mit unterschiedlicher Berücksichtigung von Teilprozessen (z. B. der Speicherung in der ungesättigten und der gesättigten Bodenzone) und für unterschiedliche Bilanzzeitintervalle (Jahre, Halbjahre, Monate, Dekaden, Tag, Stunde). Die notwendige zeitliche Auflösung hängt dabei von der prozessbezogenen Detaillierung ab. Wasserbilanzen sind einerseits als mittlere Bilanzen (z. B. als mittlere Jahresbilanzen der Grundwasserneubildung) oder als aktuelle Wasserbilanzen aufzustellen, mit denen für einen Untersuchungszeitraum die dynamischen Prozesse in den einzelnen Bilanz-

intervallen beschrieben werden. Hier beschränken sich die weiteren Ausführungen auf Wasserhaushaltsmodelle.

Neben den betrachteten Zeitintervallen ist die räumliche Detaillierung ein wesentliches Merkmal von Wasserhaushaltsmodellen. Generell kann zwischen Blockmodellen, bei denen die Gebietscharakteristika summarisch durch effektive Parameter ohne örtliche Differenzierung berücksichtigt werden, und räumlich differenzierten Modellen (engl.: distributed models) unterschieden werden. Räumlich differenzierte Modellansätze können entweder auf der Grundlage eines orthogonalen Rasters erstellt werden, oder man fasst hydrologisch ähnliche Gebiete zu Hydrotop-Einheiten zusammen.

Bei rasterbasierten Ansätzen werden die Gebietseigenschaften nur zwischen den Rasterflächen differenziert. Bei heterogenen Gebieten sollte deshalb die Rasterweite enger als bei homogenen Gebieten gewählt werden. Da rasterbasierte Modelle den realen Ortsbezug der einzelnen Flächenelemente erhalten, eignen sich diese Modelle besonders für Einzugsgebiete mit orographisch bedingt heterogenen Niederschlagsverteilungen. Allerdings ist der numerische Aufwand für rasterbasierte Modellrechnungen infolge der meist großen Zahl der Flächenelemente hoch.

Die Bildung von hydrologisch ähnlichen Flächeneinheiten reduziert die Zahl der differenziert zu betrachtenden Teilgebiete. Dies setzt jedoch die Definition von Ähnlichkeitskriterien für die hydrologisch relevanten Gebietseigenschaften voraus, die von den betrachteten Teilprozessen und Modellansätzen abhängen. Es kann z. B. – je nach verwendeter Verdunstungsmodellkomponente – eine Differenzierung in Wald und landwirtschaftliche Nutzfläche oder aber in Nadelwald, Laubwald, Grünland, Getreideanbauflächen, Flächen mit Hackfruchtanbau usw. erforderlich sein. Für die Aufbereitung der Eingangsdaten und die Visualisierung der Ergebnisse flächendetaillierter Modelle finden i. d. R. Geoinformationssysteme (GIS) Anwendung.

5.2.1.7 Stochastische Generierung von Abflüssen

Da hydrologische Beobachtungsreihen häufig relativ kurz sind und somit wenig gravierende Hoch- bzw. Niedrigwasserereignisse aufweisen, ist es in solchen Fällen sinnvoll, „künstliche Daten" mit Hilfe stochastischer Generierungsmethoden für lange Zeitperioden zu berechnen. Auf diese Weise lassen sich Zuverlässigkeiten wasserwirtschaftlicher Systeme bzw. deren Versagenswahrscheinlichkeiten besser berechnen.

Bei stochastischen Analysen in der Hydrologie wird der Abflussprozess als ein Zufallsprozess betrachtet. Die Realisierungen dieses stochastischen Prozesses werden als Zeitreihe hinsichtlich ihrer stochastischen Eigenschaften analysiert, um insbesondere ihr Schwankungsverhalten und etwaige langfristige Veränderungen (Trend, Sprünge) zu ermitteln. Auf der Grundlage dieser Analyse lassen sich stochastische Zeitreihenmodelle aufstellen, mit denen die wichtigsten stochastischen Eigenschaften dieser Zeitreihen wiedergegeben werden können. Damit kann man neue, „synthetische" Abflussreihen (i. d. R. Monatswerte) generieren, die in ihren wesentlichen statistischen Eigenschaften mit der Ausgangsreihe übereinstimmen. Statt einer gemessenen Realisierung liegen dann viele stochastisch generierte Reihen vor, wodurch sich v. a. bei Anwendung von Simulationsverfahren die Aussagefähigkeit der Ergebnisse erhöht.

Allen stochastischen Zeitreihenmodellen ist die Berücksichtigung eines Zufallsterms $\varepsilon(t)$, der durch eine Zufallszahl beschrieben wird, gemeinsam. Die statistischen Eigenschaften der betrachteten Zeitreihe werden mit ihren statistischen Parametern Mittelwert $\bar{y}$ und Varianz s^2 sowie der Autokorrelationsfunktion r_k beschrieben:

$$\bar{y} = \frac{1}{N}\sum_{t=1}^{N} y_t , \quad s^2 = \frac{1}{N-1}\sum_{t=1}^{N}(y_t - \bar{y})^2 ,$$
$$r_K = \frac{C_K}{s^2}, \quad C_K = \frac{1}{N}\sum_{t=1}^{N-K}(y_{t+K}-\bar{y})(y_t - \bar{y}). \quad (5.2.35)$$

Falls stochastische Daten für mehrere Pegel generiert werden sollen, müssen auch die Kreuzkorrelationskoeffizienten zwischen diesen Pegeln bekannt sein. Beschränkt man sich hier auf einen Pegelstandort, so sind unterschiedliche Zeitreihenmodelle möglich. Der einfachste Fall stellt ein Autoregressionsmodell der Ordnung p dar:

$$y_t = \mu + \sum_{j=1}^{P}\Phi_j \cdot (y_{t-j}-\mu) + \varepsilon_t \quad (5.2.36)$$

mit Φ_j Parameter des Modells, $\mu = E(y_t)$ Erwartungswert von y, ε_t Zufallsvariable mit dem Mittelwert 0 und der Varianz σ_ε^2.

Falls man sich auf die Berücksichtigung der Autokorrelation erster Ordnung beschränkt, lautet das Autoregressionsmodell

$$y_t = \mu + \Phi_1 \cdot (y_{t-1}-\mu) + \varepsilon_t . \quad (5.2.37)$$

Bei Verwendung der Momentenmethode können die Parameter dieses Modells wie folgt geschätzt werden:

$$\mu = \bar{y}, \quad \Phi_1 = r_1, \quad \sigma_\varepsilon^2 = s^2(1 - r_1^2), \quad (5.2.38)$$

wobei mit $\bar{y}$ der Mittelwert der Stichprobe, mit s^2 deren Varianz und mit r_1 der Autokorrelationskoeffizient erster Ordnung bezeichnet wird. Die Zufallsvariable kann dann mit der Beziehung $\varepsilon_t = s(1 - r_1^2)^{1/2} \cdot u_t$ beschrieben werden, wobei u_t eine Zufallszahl mit dem Mittelwert 0 und der Varianz 1 bezeichnet, deren Verteilungsfunktion der Verteilung von y_t entspricht. Bei Abflussreihen sind die statistischen Parameter je nach betrachteter Realisierung (z. B. Monat) des Abflusses unterschiedlich. Man verwendet deshalb meist stochastische Modelle mit saisonal variablen Parametern.

Komplexere stochastische Zeitreihenmodelle berücksichtigen zusätzlich die Abweichung der vorhergehenden Realisierung vom Mittelwert Null durch ein gewichtetes Gleitmittel:

$$x_t = \mu + \sum_{j=1}^{p}\Phi_j(x_{t-1}-\mu) + \varepsilon_t - \sum_{j=1}^{q}\Theta_j \varepsilon_{t-j} \quad (5.2.39)$$

mit Φ_j Parameter des Autoregressionsteils und Θ_j Parameter zur Ermittlung des Gleitmittels.

Derartige Modelle werden international als „ARMA-Modelle" (Autoregression-moving-average-Modelle) bezeichnet. Die theoretischen Grundlagen zur Datengenerierung sind keineswegs trivial, weshalb hier nur auf die Literatur verwiesen werden kann [Hipel/McLeod 1995].

5.2.2 Wasserwirtschaft

5.2.2.1 Einführung

Mit dem Begriff „Wasserwirtschaft" wird die zielbewusste Ordnung aller menschlichen Einwirkungen auf das ober- und unterirdische Wasser bezeichnet. Die Wasserwirtschaft hat folgende Aufgaben:

- mengen- und gütemäßige Sicherung der menschlichen Nutzungsansprüche an das natürliche Wasserdargebot,
- Gewässerschutz zur Erhaltung der Selbstreinigungskraft der Gewässer sowie der Erhaltung und Wiederherstellung regenerationsfähiger Ökosysteme,
- Schutz vor Schädigungen durch das Wasser.

Bei allen wasserwirtschaftlichen Aktivitäten sind die zeitliche und räumliche veränderlichen physikalischen, chemischen und biologischen Eigenschaften des Wassers maßgebend. Das Leitbild einer integrativen Wasserbewirtschaftung (IWRM: Integrated Water Resources Management) geht von einer Förderung der sozialen und wirtschaftlichen Entwicklung durch wasserwirtschaftliche Maßnahmen aus, bei der zugleich die Funktionsfähigkeit wasserabhängiger Ökosysteme gesichert und verbessert werden soll. Nach einer Definition von Savenije und Van der Zaag (2000) erfordert dies einen integrativen Ansatz, bei dem folgende vier Aspekte gemeinsam berücksichtigt werden müssen:

- die verschiedenen, zusammenhängenden Komponenten des Wasserkreislaufs und der Wasserbeschaffenheit in ihren unterschiedlichen Zeit- und Raumskalen,
- die unterschiedlichen sektoriellen Ansprüche, d. h. die verschiedenen Interessen der unterschiedlichen Wassernutzer (einschließlich der Umweltanforderungen sowie sozialer und kultureller Anforderungen),
- die Nachhaltigkeit von Wassernutzungen und die Rechte zukünftiger Generationen,
- die verschiedenen Interessenvertreter in allen Ebenen des Entscheidungsprozesses.

Wasserwirtschaftliche Planungen sind ein wesentliches Element der Strukturpolitik eines Landes und somit integrierter Bestandteil der Raumordnung und Landesplanung.

In Deutschland bildet das Wasserhaushaltsgesetz [WHG 1996] des Bundes den Rahmen für föderative Landeswassergesetze. Die EU vereinheitlicht durch Richtlinien wie die 2000 erlassene Wasserrahmenrichtlinie [EU 2000] oder die Hochwasserrichtlinie [EU 2007] aus dem Jahr 2007 die Wasserpolitik der Mitgliedsländer. Diese Richtlinien definieren die wesentlichen Zielsetzungen und die Planungsabläufe in den Mitgliedsstaaten.

5.2.2.2 Wasserwirtschaftliche Projektbewertung

Bevor eine Detailplanung wasserwirtschaftlicher Maßnahmen in Angriff genommen wird, ist es erforderlich, die Auswirkung derartiger Projekte zu bewerten. Aus den USA kommend, wurde auch in Deutschland das sog. „Vier-Konten-System" eingeführt [Senatskommission für Wasserforschung 1992], welches als Hauptziel wasserwirtschaftlicher Projekte die Verbesserung der Lebensqualität fordert. Diese wird über eine Projektfolgeabschätzung in den folgenden vier Bereichen spezifiziert: volkswirtschaftliche Entwicklung, Umweltqualität, Regionalentwicklung und soziales Wohlbefinden. Diese Bereiche werden als „Bewertungskonten" bezeichnet. Projektbewertungen dienen der Entscheidungsfindung sowohl im Hinblick auf eine „Ja/Nein-Entscheidung" als auch hinsichtlich der Wahl der optimalen Alternative aus mehreren möglichen Projekten.

Ökonomische Projektbewertung

Die Frage der Wirtschaftlichkeit eines wasserwirtschaftlichen Projekts kann über vier Maßzahlen ermittelt werden, nämlich die Nutzen/Kosten-Analyse sowie die Berechnung des Kapitalwerts, des internen Zinssatzes und der Annuität. Alle vier Maßzahlen basieren auf einer Betrachtung von Kosten, Nutzen und Zinssatz. Hier kann nur exemplarisch kurz die Nutzen/Kosten-Analyse (NKA) angesprochen werden.

Da die verschiedenen Nutzen und Kosten zu unterschiedlichen Zeitpunkten anfallen, erfordert ihre Vergleichbarkeit eine Umrechnung auf eine einheitliche Zeitbasis. Hierzu werden durch Diskontierung mit dem inflationsbereinigten Zinssatz Nutzen- bzw. Kostenbarwerte ermittelt. Das Nutzen/Kosten-Verhältnis errechnet sich aus der Summe aller Nutzenbarwerte N, geteilt durch die Summe der Kostenbarwerte K, also

$$N/K = \frac{\sum\limits_{t=1}^{T} B_t/(1+i)^t}{\sum\limits_{t=1}^{T} \dfrac{C_t + OM_t + R_t}{(1+i)^t}}, \qquad (5.2.40)$$

wobei B_t Nutzen im Jahre t, R_t Ersatzkosten in t, C_t Investitionskosten in t, T Planungshorizont, OM_t Betriebs- und Unterhaltskosten in t, i inflationsbereinigter Zinssatz.

Ein Projekt ist wirtschaftlich, wenn das Nutzen/Kosten-Verhältnis N/K>1 ist. Unter verschiedenen Alternativen ist dasjenige Projekt am wirtschaftlichsten, welches das größte Nutzen/Kosten-Verhältnis aufweist.

Ökologische Projektbewertung

Bisher konnten auf dem Gebiet der Ökologie noch keine so griffigen quantifizierbaren Kriterien entwickelt werden wie im Bereich der Ökonomie. Hier greift im Wesentlichen die Umweltverträglichkeitsprüfung (UVP), die gemäß UVPG [UVPG 1990] für die dort definierten neun Schutzgüter Beeinträchtigungen (oder Gewinne) als Entscheidungshilfe spezifiziert.

Ein weiteres ökologisches Bewertungsprinzip existiert in Form der „Ökologischen Risikoanalyse" [BfG 1996], die es erlaubt, ökologische Beeinträchtigungen infolge eines Projekts unter Berücksichtigung der ökologischen Wertigkeit des Ist-Zustands und des Grades der Schädigung durch Ordinalzahlen flächendetailliert im betroffenen Gebiet zu quantifizieren. Sie ist getrennt für jedes relevante Schutzgut (Wasser, Boden, Tiere, Pflanzen usw.) durchzuführen. Die Ergebnisse ermöglichen die Darstellung der ökologischen Schädigung durch ein Projekt und den Vergleich von Projektalternativen im Hinblick auf ihre ökologischen Auswirkungen mit dem Ziel, die ökologisch verträglichste Alternative zu wählen [Giers 1998].

Regionale und sozialpolitische Aspekte

Neben der volkswirtschaftlichen Entwicklung spielen auch die Auswirkungen eines Projekts auf die regionalen Entwicklungsmöglichkeiten (Arbeitsmarkt, regionales Einkommen, Infrastruktur, Bevölkerungsentwicklung usw.) eine Rolle. Sie werden meist verbal argumentativ dargestellt [Senatskommission für Wasserforschung 1992].

Das soziale Wohlbefinden (soziale Sicherheit, Einkommensverteilung) lässt sich häufig durch soziale Kenngrößen (z.B. Arbeitslosenziffer) ausdrücken und beurteilen [Senatskommission für Wasserforschung 1992]. Hierbei spielt auch die Versorgungssicherheit (z.B. Trinkwasser) oder die Reduktion von Hochwassergefahren über Risikoberechnungen eine Rolle. Auch die potentielle Nutzung wasserwirtschaftlicher Anlagen (z.B. Talsperren) für Freizeit und Erholung [Tiedt 1994], die u.a. über die Erhöhung des Bruttosozialprodukts, den Individualnutzen und den regionalen Einkommenstransfer monetär quantifiziert werden kann, zählt zu diesem Konto.

Mehrdimensionale Bewertungsverfahren

Die beschriebenen Bewertungsprinzipien sind eindimensional in dem Sinne, dass sie jeweils lediglich ein Konto bewerten können. Da jedoch zur Entscheidung über Projekte häufig verschiedene relevante Aspekte in einer Gesamtschau bewertet werden müssen, empfehlen sich mehrdimensionale Bewertungsverfahren. Diese Verfahren zur multikriteriellen Entscheidungsunterstützung („Multi-Criteria Decision Making") dienen bei wasserwirtschaftlichen Planungen meist zum Vergleich zwischen einigen, im Voraus bekannten Alternativen, die jeweils durch Attribute (Kriterien) charakterisiert werden können. Durch Ansätze des „Multi-Attribute Decision Making (MADM)" werden präferentielle Alternativen ausgewählt. Neben den gewichteten Linearkombinationen von Kriterien, die am Beispiel der Nutzwertanalyse nachfolgend beschrieben werden, sind paarweise „outranking"-Vergleiche zwischen Alternativen gebräuchlich, in deren Ergebnis einzelne Alternativen ausgesondert werden. Ein verbreiteter Ansatz, bei dem die Prioritäten des Entscheidungsträgers zur hierarchischen Gliederung der Attribute und, in deren Folge, der Alternativen genutzt werden, ist das AHP-Verfahren von Saaty [2001].

Die *Nutzwertanalyse* [Bretschneider et al. 1993] ist ein mehrdimensionales Verfahren, das auch nichtmonetäre Auswirkungen berücksichtigen kann. Mit ihm lässt sich keine absolute Abwägung (Ja/Nein) vornehmen, sondern nur unter verschiedenen Alternativen die günstigste aussuchen. Für jedes Projektziel (Trinkwasser, Hochwasserschutz usw.) werden Zielgewichte (z. B. 0,5; 0,1; 0,3) festgelegt. Nun wird für jedes Projektalternative der Nutzwert im Sinne von Ordinalzahlen (z. B. wie Schulnoten 1 bis 5) für jedes Projektziel in Form einer Matrix festgelegt und mit dem zugehörigen Zielgewicht multipliziert. Auf diese Weise entstehen für jedes Ziel und jede Projektalternative Teilnutzwerte, deren Summe für jedes Projekt den Gesamtnutzwert ergibt. Das Projekt mit dem höchsten Gesamtnutzwert ist zu wählen.

Die *Kostenwirksamkeitsanalyse* [Bretschneider et al. 1993] ist eine Kombination von Nutzen/Kosten-Analyse und Nutzwertanalyse. Für mehrere Projektalternativen werden nach der NWA berechnete Nutzwerte den nach der NKA ermittelten Kosten gegenübergestellt. Der Entscheidungsträger muss durch Abwägung zwischen Nutzwerten und Kosten seine optimale Alternative finden.

5.2.2.3 Bewirtschaftung von Oberflächenwasser-Ressourcen

Die Bewirtschaftung von Oberflächenwasser-Ressourcen erfordert die Planung und den Betrieb von wasserwirtschaftlichen Systemen. Diese Systeme werden zum einen nach den Zwecken, denen sie dienen, zum anderen nach der Anordnung ihrer Elemente unterschieden. Die Zwecke sind üblicherweise Trink- und Brauchwasserversorgung, Wasserkraft, Bewässerung, Schifffahrt, Niedrigwasseranreicherung, ökologisch orientierte Abgaben und Hochwasserschutz. Erfüllt ein wasserwirtschaftliches System nur einen dieser Zwecke, handelt es sich um eine Einzweckanlage, anderenfalls um Mehrzwecksysteme.

Zur Erfüllung eines (oder mehrerer Zwecke) kann ein wasserwirtschaftliches System aus nur einem Element (z. B. einer Talsperre) bestehen, anderenfalls handelt es sich um wasserwirtschaftliche Systeme mit mehreren Elementen. Ein einfaches System wäre ein Einzelspeicher für einen Zweck (z. B. HW-Rückhaltebecken), ein komplexes System würde viele Elemente enthalten, die gemeinsam vielen Zwecken dienen. Ein derartig komplexes wasserwirtschaftliches System ist z. B. das des Ruhrverbands, das u. a. aus zahlreichen Talsperren, Uferfiltratentnahmeanlagen, Kläranlagen und Flussstaustufen besteht.

Speicherplanung und -betrieb

Für die Oberflächenwasserbewirtschaftung ist der Speicher (Talsperre, Flussstaustufe, HW-Rückhaltebecken, Sedimentationsbecken, Pumpspeichersystem) das wichtigste technische Bewirtschaftungsinstrument. In 5.2.2.3 werden Versorgungsspeichersysteme behandelt, in 5.2.2.4 HW-Schutzsysteme.

Grundbegriffe. Für Speicher in Versorgungssystemen sind bei Annahme von bekannten Zuflusswerten drei Parameter von besonderer Bedeutung: die Speicherkapazität S, die Entnahme Q_E aus dem Speicher sowie die Sicherheit p, mit der eine Entnahme langfristig aus dem Speicher gewährleistet werden kann. Abb. 5.2-10 zeigt den Zusammenhang zwischen S, Q_E und p. Hohe Entnahmen erfordern große Speicherkapazitäten; bei gegebener Speicherkapazität führen hohe Entnahmen zu geringen Sicherheiten.

Um z. B. verschiedene Talsperrenstandorte zu vergleichen, werden zwei wasserwirtschaftliche Kenngrößen verwendet: der Ausbaugrad und der Ausgleichsgrad. Der Ausbaugrad b ist das Verhältnis der Speicherkapazität S (in Mio. m³) zur mittleren jährlichen Zuflusssumme SMQ (in Mio. m³):

$$\beta = \frac{S}{SMQ}. \tag{5.2.41}$$

Falls $\beta > 1$ ist, handelt es sich um einen Überjahresspeicher, bei dem es länger als ein Jahr mit mittlerem Zufluss dauert, bis der Speicher gefüllt ist, wenn in dieser Zeit keine Abgabe erfolgt.

Der Ausgleichsgrad α bezeichnet die Relation zwischen der möglichen konstanten Entnahme Q_E (in m³/s) und dem langjährigen Mittel des Zuflusses MQ (in m³/s):

$$\alpha = \frac{Q_E}{MQ} \quad (0 \leq \alpha \leq 1,0). \tag{5.2.42}$$

Die mögliche konstante Entnahme hängt dabei vom verfügbaren Speicherraum S ab (Abb. 5.2-11a). Zwischen Ausgleichs- und Ausbaugrad besteht somit die in Abb. 5.2-11b dargestellte Beziehung. a=1,0 bedeutet Vollausgleich, d. h. alles langfristig zufließende Wasser wird entnommen.

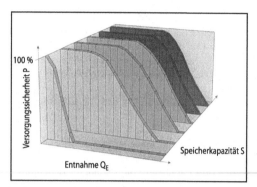

Abb. 5.2-10 Zusammenhang zwischen Speicherkapazität S, Entnahmemenge Q_E und Versorgungssicherheit p für einen Versorgungsspeicher bei gegebenen Zuflüssen

Im Folgenden werden zunächst Methoden zur Planung von Versorgungsspeichern, schließlich aber auch die Methoden zur Gestaltung des Speicherbetriebs beschrieben.

Der Speicherraum einer Talsperre wird konstruktiv durch die Höhe des Absperrbauwerkes sowie die Anordnung der Entnahme- und HW-Entlastungsanlagen bestimmt. Die oberen bzw. unteren Begrenzungen der Stauräume werden durch Stauhöhen bezeichnet. Sie werden nach DIN 19700 [2004] in folgende Bereiche (Abb. 5.2-12) unterteilt (je nach Art und Nutzung der Stauanlage können einzelne Stauraumanteile und Ziele aus Abb. 5.2-12 entfallen):

Die Speicherlamelle zwischen der Unterkante der Einlauföffnung des Grundablasses (tiefstes Absenkziel) und dem tiefsten Punkt des Stauraumes wird als *Totraum* bezeichnet. Er dient zur Aufnahme von abgesetzten Stoffen (Sediment).

Der *Reserveraum* I_R bezeichnet einen Teil des Stauraumes, der nur in außergewöhnlichen Fällen

bewirtschaftet wird. Die Bemessung des Reserveraumes erfolgt auf der Grundlage wasserwirtschaftlicher und ökologischer Gesichtspunkte. Insbesondere wassergütewirtschaftliche Ansprüche im Zusammenhang mit der wasserwirtschaftlichen Nutzung können die erforderliche Größe des Reserverraums maßgeblich bestimmen.

Der *Betriebsraum* I_{BR} dient zur Realisierung der nutzungsorientierten Wasserbereitstellung der Talsperre. Das Stauziel und das Absenkziel können aus Gründen des Betriebs, insbesondere unter Berücksichtigung der saisonal bedingt veränderlichen Hochwasserrisiken oder unter gütewirtschaftlichen Gesichtspunkten, jahreszeitlich variabel gestaltet werden.

Der *gewöhnliche Hochwasserschutzraum* I_{GHR} bezeichnet den Speicherraum, der für den Rückhalt von Hochwasserwellen verwendet wird und deshalb im Normalbetrieb frei bleibt. Er wird mit einem über die Eintrittswahrscheinlichkeit definierten Hochwasserereignis, bei dem die HW-Entlastungsanlage der Talsperre nicht anspringen soll, bestimmt. Die Größe des gewöhnlichen HW-Schutzraumes definiert die HW-Schutzwirkung der Talsperre.

Der *außergewöhnliche Hochwasserschutz- oder -rückhalteraum* I_{AHR} wird bei einem Hochwasserereignis eingestaut, das zu einem Anspringen der HW-Entlastungsanlage führt. Die Größe dieses Stauraumes wird durch das höchste Stauziel bestimmt, das sich bei Durchlauf des Bemessungshochwassers entsprechend der hydraulischen Leistungsfähigkeit der HW-Entlastungsanlage, etwaigen Parallelentlastungen sowie der Retentionswirkung in der Talsperre einstellt. Je nach betrachtetem Bemessungshochwasser unterscheidet man dabei zwei höchste Stauziele: Das höchste Stauziel Z_{H1} ergibt sich beim Durchlauf der Hochwasserwelle

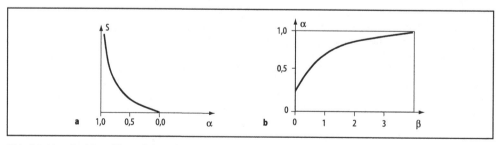

Abb. 5.2-11 a Speicherwirkungslinie und **b** Beziehung zwischen Ausgleichsgrad α und Ausbaugrad β

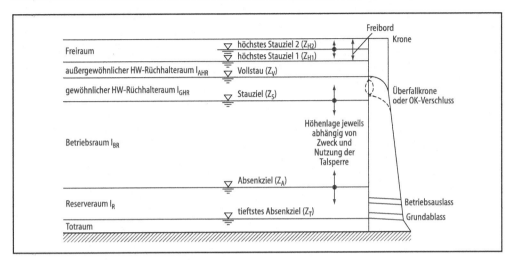

Abb. 5.2-12 Speicherräume und Stauziele (nach DIN 19700)

im Bemessungsfall 1 (dient zur Bemessung der HW-Entlastungsanlage), das höchste Stauziel Z_{H2} dagegen im Bemessungsfall 2, der für den Nachweis der Standsicherheit zugrunde gelegt wird. In diesem (extremen) Bemessungsfall kann auch der Freiraum eingestaut werden. Das gewählte Freibordmaß bestimmt die Größe des Freiraumes. Bei der Bemessung des Freibordes (DIN 19700 Teil 10 [2004]) ist bei Staudämmen der Sicherheitszuschlag grundsätzlich mindestens so festzulegen, dass er einen Höhenunterschied zwischen Staudammkrone und Staudammdichtung abdeckt.

Für Planungszwecke ist neben der Speicherkapazität der zu den einzelnen Speicherfüllungen S gehörende *Wasserstand* h von Bedeutung, da er die Sperrenhöhe und somit die Bauwerkkubatur bedingt. Der Zusammenhang zwischen Speicherinhalt und zugehörigen Wasserstandshöhen ist aufgrund der topographischen Gegebenheiten nicht linear. Abbildung 5.2-13 zeigt typische Beziehungen zwischen Wasserstand und Speicherinhalt bzw. Wasseroberfläche, die sog. „Speicherkennlinien".

Für verschiedene Speicher konnte gezeigt werden, dass die Speicherinhaltslinie Parabelform hat. Mathematisch gilt dann

$$S = a \cdot h^b , \qquad (5.2.43)$$

wobei a und b Parameter sind.

Die wasserwirtschaftliche Bemessung einer Talsperre kann nach zwei Gesichtspunkten erfolgen:

– die Größe des Nutzraumes ist gesucht, mit dem eine geforderte Sollabgabe Q_S mit einer bestimmten vorgegebenen Sicherheit zu gewährleisten ist, oder

– die mögliche Sollabgabe Q_S wird gesucht, die aus einem Speicher vorgegebener Größe mit einer bestimmten Sicherheit abgegeben werden kann.

Bei beiden Betrachtungsweisen wird die Relation von Speicherraum und Abgabe über die Sicherheit der Sollabgabe bestimmt. Es sind verschiedene Definitionen für diese Sicherheit denkbar. So unterscheidet man folgende Sicherheiten, die jeweils auf den einen Betriebszeitraum bezogen sind:

– nach der Häufigkeit $PH = \dfrac{N^+}{N} \cdot 100\%$ (5.2.44)

mit der Gesamtzahl N^+ der betrachteten Zeitintervalle (Monate, Jahrzehnte oder Tage), in denen eine Sollabgabe gewährleistet ist, bezogen auf die Zahl der Zeitintervalle des Gesamtzeitraumes,

– nach der Menge $PM = \dfrac{\Sigma Q_a \cdot \Delta t}{\Sigma Q_S \cdot \Delta t}$ (5.2.45)

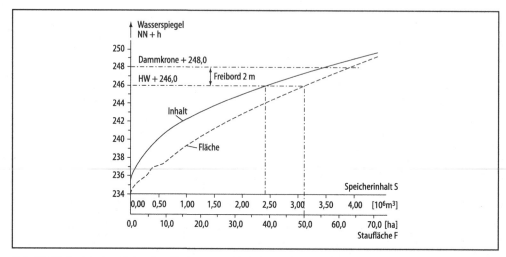

Abb. 5.2-13 Speicherkennlinien eines Hochwasserrückhaltebeckens in einem Lahn-Nebenfluss

mit der Gesamtmenge $\sum Q_a \cdot \Delta t$, die geregelt abgegeben wird, bezogen auf die gesamte Sollabgabemenge.

Es gilt PH≤PM. Je länger der betrachtete Bezugszeitraum ist, desto aussagefähiger sind die ermittelten Sicherheiten.

Unter Berücksichtigung der Tatsache, dass eine 100%-ige Sicherheit infolge des stochastischen Charakters des Abflussprozesses bei der Bemessung anhand einer – zwangsläufig vom Informationsgehalt her beschränkten – Zeitreihe nicht gewährleistet werden kann, ergibt sich die dritte Fragestellung der wasserwirtschaftlichen Bemessung: Die Sicherheit ist gesucht, mit der aus einer Talsperre vorgegebener Größe eine bestimmte Sollabgabe bereitgestellt werden kann.

Summenlinienverfahren. Die beiden „klassischen" Aufgaben bei der Bemessung eines Versorgungsspeichers wurden vorstehend genannt:

– die Größe des Nutzraumes S ist gesucht, mit dem eine geforderte Sollabgabe Q_S für eine bestimmte vorgegebene Sicherheit p gewährleistet werden kann,
– die mögliche Sollabgabe Q_S wird gesucht, die aus einem Speicher vorgegebener Größe S mit einer bestimmten Sicherheit p gewährleistet werden kann.

Diese Bemessungsaufgabe kann mit Hilfe des Summenlinienverfahrens gelöst werden. Die Summenlinie SL(t) wird aus einer Ganglinie (z. B. Q(t)) berechnet, indem Q(t) über die Zeit t integriert wird:

$$SL(t) = \int_0^t Q(t)\, dt\,. \tag{5.2.46}$$

Für diskrete Abflusswerte Q_i ergibt sich

$$SL_n = \sum_{i=1}^n Q_i \cdot \Delta t\,. \tag{5.2.47}$$

Das Summenlinienverfahren kann sowohl graphisch als auch numerisch (sinnvollerweise mit EDV) angewandt werden. Wegen der leichteren Verständlichkeit wird hier das graphische Verfahren dargestellt.

Zunächst wird der Fall des Vollausgleichs (α=1,0) behandelt, d. h. langfristig gesehen wird die Entnahme gleich dem Zufluss sein. Abbildung 5.2-14 zeigt für eine Sperrstelle eine Zuflusssummenlinie zusammen mit einer Bedarfssummenlinie, die einem über die Zeit konstanten Bedarf in Höhe des langjährigen mittleren Zuflusses entspricht. In den Zeiten, in denen die Zuflusssumme über der Bedarfssumme liegt (z. B. t_0 bis t_1, t_2 bis

t_3, t_4 bis t_5) muss Wasser in der Talsperre gespeichert werden, während zu Zeiten, in denen die Zufluss-SL unter der Bedarfs-SL liegt (z. B. t_1 bis t_2 und t_3 bis t_4), Wasser aus dem Speicher abgegeben werden muss. Die erforderliche Speicherkapazität, die bei gegebenen Zuflüssen (ausgedrückt durch die Zufluss-SL) den Wasserbedarf gerade deckt, ergibt sich als Summe des größten Überschusses (in Abb. 5.2-14 ist dies $ü_3$) und des größten Defizits (in Abb. 5.2-14 ist dies D_1) der Zuflusssummenlinie gegenüber der Bedarfssummenlinie. Beweis: Wenn zur Zeit t_0 eine Speicherfüllung von D_1 vorhanden wäre, so würde der Speicher zur Zeit t_D für einen Moment vollständig entleert sein, zur Zeit t_U randvoll werden und am Schluss (t_S) wären Zufluss- und Bedarfssumme ausgeglichen.

In der Praxis werden Talsperren immer für einen Teilausgleich ($\alpha < 1$) gebaut, d. h. der Bedarf ist kleiner als das Wasserdargebot. In diesem Fall ist die Bedarfs-SL flacher als im vorigen Beispiel ($\alpha = 1$), und die erforderliche Speicherkapazität wird kleiner. Die Bemessung der Talsperre (Bestimmung der erforderlichen Speicherkapazität) geschieht nach Abb. 5.2-15 folgendermaßen: Auf den Hochpunkten der Zufluss-SL wird die Neigung der Bedarfs-SL jeweils tangential angetragen, und die maximal auftretenden Differenzen zur Zufluss-SL werden ermittelt (in Abb. 5.2-15 sind dies D_1 und D_2). Ihr Maximum entspricht der erforderlichen Speicherkapazität.

Für den Bemessungsfall, dass die Speicherkapazität vorgegeben ist (z. B. aus geomorphologischen oder infrastrukturellen Gründen), ergibt sich die gesuchte maximale Entnahme aus diesem Speicher ebenfalls aus Abb. 5.2-15: Man trägt die bekannte Speicherkapazität D in den Mulden der Zufluss-SL vertikal auf und bestimmt die Neigungen zum linksseitigen Hochpunkt, deren Minimum die gesuchte maximale Entnahme identifiziert ($Q_E = \tan \alpha$). Auch für nichtkonstanten Bedarf kann das Summenlinienverfahren in analoger Weise angewandt werden.

Das Prinzip des Summenlinienverfahrens geht davon aus, dass die beobachtete Abflussganglinie, aus der die Zufluss-SL berechnet wurde, für das Einzugsgebiet repräsentativ ist. Falls sich die historische Ganglinie wiederholen würde, würde der Nutzraum der Talsperre je einmal randvoll bzw. ganz entleert werden. Träten in der künftigen Zeitreihe extremere Bedingungen auf, würde der Speicher versagen. Die Versagenswahrscheinlichkeit des Versorgungsspeichers ist somit unbekannt. Bei einer sehr langen Zuflussganglinie kann davon ausgegangen werden, dass die wesentlichen Charakteristika der Zuflussreihe repräsentiert werden und das Verfahren zumindest näherungsweise zur Ermittlung der Beziehung zwischen Stauinhalt und Abgabe geeignet ist. Falls keine lange Zeitreihe der Zuflüsse zur Verfügung steht, empfiehlt sich die Anwendung der stochastischen Datengenerierung (s. 5.2.1.7). Die Transformation der Summenlinien in sog. „Summen-Differenzlinien" vermeidet die unsichere Ermittlung der Bemessungsgrößen infolge schleifender Schnitte bei der gra-

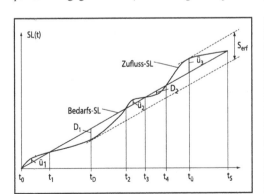

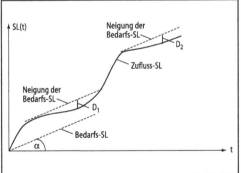

Abb. 5.2-14 Bemessung der erforderlichen Kapazität eines Versorgungsspeichers mit Hilfe des Summenlinienverfahrens (für Vollausgleich)

Abb. 5.2-15 Summenlinienverfahren bei Teilausgleich

phischen Anwendung des Summenlinienverfahrens [Maniak 1997].

Speicherbemessung auf der Grundlage von Simulationsverfahren. Simulation beinhaltet die wirklichkeitsäquivalente Nachahmung von Systemen der realen Welt und von Prozessen, die sich in diesen Systemen abspielen, im Modell. Für die Bemessung eines Versorgungsspeichers wird dieses Prinzip wie folgt angewandt: Für eine gegebene Zuflussganglinie an der Sperrstelle und für eine vorgegebene Speicherbetriebsregel wird die Kapazität des Nutzraumes zunächst hypothetisch angenommen. Dann wird für jedes Zeitintervall (Tag bzw. Monat) der vorhandenen (oder künstlich generierten) Zuflussganglinie (möglichst über Jahrzehnte) die Speicherbilanzgleichung gemäß Abb. 5.2-16 und Gl. 5.2.47 sukzessive gelöst.

Als Ergebnis erhält man die Ganglinien von Zufluss, Abgaben und Speicherfüllung gemäß Abb. 5.2-17. Das in der Mitte dargestellte Abgabeziel kann Niedrigwasseraufhöhung, Trinkwasser, Turbinenwasser usw. sein. Von Interesse ist der Verlauf der Abgabeganglinie (s. Abb. 5.2-17 Mitte) und der Speicherfüllungsganglinie (s. Abb. 5.2-17 unten). Man erkennt, dass 1963 eine Trockenperiode war, die zur Entleerung der Talsperre und zum Versagen der Anlage führte (hier: Einhaltung des Abgabezieles). Ist die aus einer solchen Simulation ermittelte Versagenswahrscheinlichkeit nicht akzeptabel, muss die gewählte Speicherkapazität geändert und ein neuer Simulationslauf durchgeführt werden. Auf diese Weise kann iterativ diejenige Speicherkapazität gefunden werden, die zu einer akzeptablen Versagenswahrscheinlichkeit führt.

$$Q_Z(t) - Q_A(t) - Q_E(t) - V(t) = \frac{dS}{dt}(t). \qquad (5.2.48)$$

Während die Simulationstechnik nicht direkt zu einer adäquaten Speichergröße führt, sondern nur auf iterativem Wege, können Optimierungsverfahren den gesuchten Bemessungsparameter in gewissen Fällen direkt optimal bestimmen. Eine Darstellung dieser Verfahren (z. B. Lineare Programmierung, Dynamische Programmierung, Nichtlineare Optimierungsmethoden, Suchtechniken) würde den Rahmen dieses Beitrags sprengen [Bretschneider et al. 1993].

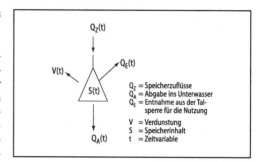

Abb. 5.2-16 Komponenten einer Speicherbetriebssimulation

Betrieb wasserwirtschaftlicher Systeme. Eine strikte Trennung von Planung und Betrieb wasserwirtschaftlicher Systeme ist insofern nicht möglich, als sich beide gegenseitig beeinflussen. Die vorstehend beschriebene Speicherbemessung basierte auf einer vorgegebenen Betriebsregel. Wird diese geändert, ändert sich auch die Kapazität des geplanten Speichers.

Nach Ermittlung der erforderlichen Speicherkapazität bzw. der möglichen Sollabgabe muss das eigentliche Betriebsregime der Talsperre, d.h. die Abgaberegelung in Abhängigkeit von saisonalen Schwankungen des Bedarfs bzw. der Zielgrößen des Talsperrenbetriebs und der Variabilität des Zuflusses, ermittelt werden. Hierzu werden meist Simulationsrechnungen durchgeführt, bei denen eine saisonal variable Abgabe in Abhängigkeit vom betrachteten Zeitraum, dem aktuellen Speicherinhalt und dem Zufluss solange variiert wird, bis eine möglichst hohe Sicherheit der Realisierung der Betriebsziele erreicht wird.

Der Vorteil dieser Methodik besteht darin, dass komplexe Betriebsregeln, bei denen z. B. Mindestinhalte und saisonal variable Hochwasserschutzräume ebenso wie zuflussabhängige Abgabeziele berücksichtigt werden müssen, untersucht werden können. Der Arbeitsaufwand für diese iterative Vorgehensweise ist relativ hoch, und eine optimale Betriebsregel kann nicht mit Sicherheit gefunden werden. Unter bestimmten Gegebenheiten können daher hierfür auch Verfahren zur Optimierung der Betriebsregeln genutzt werden, wobei das – allerdings rechenintensive – Verfahren der Stochastischen Dynamischen Programmierung

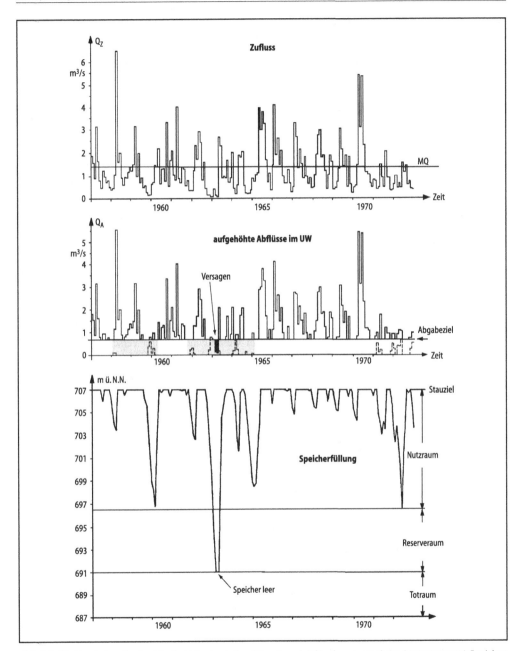

Abb. 5.2-17 Ergebnisse der Speicherbetriebssimulation (Monatswerte) für eine vorgegebene (angenommene) Speicherkapazität (Stauziel: 707 m ü. N.N.)

(SDP) die meisten Möglichkeiten bietet [Loucks et al. 1981].

Die Formulierung einer adäquaten *Speicherbetriebsregel* erfordert als Bewertungskriterium die Berechnung der Zuverlässigkeit für die Deckung eines vorhandenen oder künftigen Wasserbedarfs, die die Betriebsregel gewährleisten kann, und zwar:

– nach der Zeit (Dauer),
– nach der Größe des möglichen Gesamtdefizits (in m³) gegenüber dem Bedarf bzw.
– dem maximal auftretenden Einzeldefizit gegenüber dem Bedarf (in m³/s).

Diese Größen lassen sich ebenfalls mit Hilfe von Simulationsberechnungen ermitteln.

Für die *Echtzeitsteuerung* einer Talsperre (oder einer Gruppe von Talsperren im Verbund) von Tag zu Tag müssen derartige generelle Betriebsregeln noch verfeinert werden und sich adaptiv am jeweiligen Systemzustand orientieren. Dies geschieht üblicherweise unter Nutzung eines Hardware-Softwaresystems, das im Dialogbetrieb wichtige Entscheidungshilfen leisten kann, v. a. dann, wenn entsprechende Computer-Expertensysteme Eingang finden [Wolbring et al. 1996].

5.2.2.4 Hochwasserschutz

Im Rahmen der Aufgaben des Hochwasserschutzes obliegen dem Bauingenieur Planung, Bau und Betrieb von HW-Schutzanlagen. Diese Aufgaben umfassen jedoch nur einen Teil des HW-Risikomanagements (Abb. 5.2-18). In diesem Sinne ist Hochwasserschutz keine einmalige Aufgabe, sondern eine Aufgabe, die mit einer periodisch zu wiederholenden Risikoanalyse beginnt und mit den immer neu zu prüfenden technischen und planerischen Maßnahmen zur Schadensminimierung endet. Es handelt sich hierbei um die Kombination der Phasen „Risikoermittlung" und „Risikohandhabung". Die vier unteren Kästchen von Abb. 5.2-18 bilden die Kette der aufeinanderfolgenden Stufen, die bei einem effizienten Hochwassermanagement durchlaufen werden müssen [Plate 1997]. Für den Bauingenieur sind in diesem Zusammenhang die Feststellung der Hochwassergefährdung als hydrologische Aufgabe und die Risikominderung durch Planung von Maßnahmen (vornehmlich Baumaßnahmen) von Bedeutung. So fordert die Hochwasserrichtlinie der EU z. B. die Beurteilung des Hochwasserrisikos durch die Erstellung von Überflutungskarten für Hochwasserereignisse verschiedener Größe (Jährlichkeit T=100a und ein darüberliegendes „extremes" Hochwasser) bis 2013 und die Aufstellung von Risikomanagementplänen bis 2015.

Der bauliche Hochwasserschutz gliedert sich im Wesentlichen in drei verschiedene Typen auf, die alternativ oder im Verbund verwirklicht werden können:

– Hochwasserfreilegung von Städten und Gebieten durch flussbauliche Maßnahmen, z. B. Eindeichung, Beseitigung von hydraulischen Engstellen, Bau von Hochwasserentlastungskanälen etc.,
– Hochwasserschutz ganzer Gebiete durch Bau von HW-Rückhaltebecken (einzeln oder in Gruppen),

Abb. 5.2-18 Schema des HW-Risikomanagements [Plate 1997]

- Rückgabe ehemaliger Ausuferungsflächen an den Fluss durch Rückverlegung oder vollständigen Rückbau von Deichen.

Gerade die letztgenannte Maßnahme gewinnt im Hinblick auf ihren ökologischen Nutzen in den Flussauen stark an Bedeutung [LAWA 1995].

Grundsätzliches
Hochwasserschutz bedeutet nicht die völlige Beseitigung jeglicher Hochwassergefährdung, sondern lediglich eine Reduktion des Hochwasserrisikos und der zu erwartenden Schäden. Eine absolute Sicherheit ist aufgrund des stochastischen Charakters des Abflussprozesses und infolge wirtschaftlicher Grenzen nicht zu gewährleisten, d. h. ein Restrisiko bleibt.

Für die Planung des Hochwasserschutzes sind je nach Aufgabenstellung unterschiedliche Hochwassermerkmale relevant:

- *Hochwasserscheitelabfluss bzw. -wasserstand* für die Dimensionierung von Deichen, Dämmen, Entlastungskanälen und ggf. HW-Entlastungsanlagen,
- *Hochwasserfülle* zur Planung von Rückhaltemaßnahmen, insbesondere für Talsperren und HW-Rückhaltebecken (HRB),
- *Dauer der Überschreitung eines bestimmten Wasserstands* für die Ermittlung möglicher Gefährdungen infolge von Durchsickerungen an Deichen und Dämmen sowie für die Planung von Binnenentwässerungen,
- *Hochwasserganglinien* zur Ermittlung der retentionsabhängigen Speicherung und für die Bemessung von HW-Speicherräumen sowie ggf. HW-Entlastungsanlagen.

In Anlehnung an das DVWK-Merkblatt 209 [DVWK 1989a] sind folgende HW-Schutzkonzepte zu unterscheiden:

- *Beeinflussung des Hochwassers*
  - im Einzugsgebiet durch Förderung der Versickerung und des Rückhalts (Änderung der Landnutzung, Erhöhung der Geländeretention, Rückhalt von Niederschlagswasser in Siedlungsgebieten),
  - am Gewässer (Hochwasserspeicherung mit HRB und Talsperren, Hochwasserum- und -ableitung z. B. durch Flutmulden, Flussrege-

lung, Erhöhung der Rauheit und Änderung des Fließweges, Deiche, Gewässerausbau);
- Beeinflussung *der Hochwasserschäden* durch
  - administrative Maßnahmen im Überflutungsgebiet (Nutzungsbeschränkungen, Freimachen gefährdeter Flächen, Bauvorschriften, Information und Übungen),
  - lokale Baumaßnahmen und Objektschutz (lokale Eindeichung, äußere und innere Schutzvorkehrungen bei Einzelobjekten wie Rückstauklappen, überflutungs- und auftriebssichere Gestaltung),
  - Hochwasserverteidigung (HW-Warndienst, Materialbereitstellung, Sicherungsmaßnahmen, Evakuierung).

Ermittlung von Hochwasserschäden
Wie in 5.2.1.4 dargestellt, lassen sich Hochwassergefahren an Fließgewässern durch ihre Wahrscheinlichkeitsverteilung charakterisieren. Bei großen Hochwässern sind erwartungsgemäß die Schäden größer als bei kleinen, d. h. zu großen Hochwasserschäden gehören kleine Überschreitungswahrscheinlichkeiten. Lässt sich für ein Flussgebiet eine monetäre Schadensfunktion in Abhängigkeit von der Größe des Hochwassers (in m^3/s) aufstellen, so kann man durch Kombination dieser Schadensfunktion mit der zugehörigen HW-Wahrscheinlichkeitsverteilung den Erwartungswert des Hochwasserschadens pro Jahr bestimmen. Abbildung 5.2-19 zeigt eine derartige Schadensfunktion und die HW-Häufigkeitsanalyse dazu. Der jährliche Schadenserwartungswert ergibt sich zu

$$S = \int_{P_0}^{0} P\, S(P)\, dP. \qquad (5.2.49)$$

Für die praktische Anwendung empfiehlt sich eine intervallweise Berechnung (s. Abb. 5.2-19):

$$S = \sum_{i=1}^{n} S_i \cdot \Delta P_i \qquad (5.2.50)$$

mit S Schaden in € und P Auftretenswahrscheinlichkeit. Die Berechnung kann etwa bei P = $0{,}001(HQ_{1000})$ abgebrochen werden, da geringere Jährlichkeiten kaum noch einen Beitrag zu den Schadenskosten leisten.

Für eine HW-Schutzmaßnahme lässt sich der Nutzen gemäß 5.2.2.2 dadurch berechnen, dass der Barwert des Schadens (über die Lebensdauer eines Projekts, z. B. 80 Jahre) auf der Basis der jährlichen Schadenserwartungswerte für die Alternativen vor und nach dem Bau der HW-Schutzmaßnahme (z. B. HRB) berechnet und die Differenz zwischen beiden Werten als Nutzen der Baumaßnahme gewertet wird. Stellt man diese in Relation zu Bau- und Betriebskosten der Anlage (über z. B. 80 Jahre), so ergibt sich daraus das Nutzen/Kosten-Verhältnis für die Baumaßnahme als ein mögliches Bewertungskriterium.

Hochwasserrückhaltebecken (HRB)

Während aus ökologischer Sicht das gelegentliche Auftreten von Hochwässern (auch größeren) im Gewässerbett und in Talauen durchaus erwünscht ist, streben die dort lebenden Menschen einen möglichst sicheren Hochwasserschutz auf niedrigem Abflussniveau an. Der ökologischen Zielsetzung dient am besten die weitgehende Rückgabe der Talauen an den Fluss (Entsiedelung der Auen oder weitgehende Zurückverlegung der Deiche), während den Ansprüchen der im Tal lebenden Menschen am besten dadurch Rechnung getragen wird, dass genügend große HW-Schutzspeicher (Rückhaltebecken oder Talsperren) gebaut werden,

die den größten Teil der ankommenden Hochwässer im Scheitelbereich speichern können. Für die Lösung dieses Interessenkonflikts gibt es keine generelle Methodik; sie muss jeweils im Einzelfall durch Konsens erarbeitet werden.

Die Berechnung der Hochwasserminderung durch Rückverlegen von Deichen oder vollständiges Zur-Verfügung-Stellen der Talauen erfolgt mit Methoden der in 5.2.1.4 dargestellten Flood-routing-Methodik für die erweiterten Durchflussprofile.

Arten von Hochwasserrückhaltebecken. HRB stellen im Gegensatz zu Talsperren Speicher für den *kurzzeitigen* Rückhalt eines spezifischen Abflussanteils des niederschlagsbedingten Direktabflusses dar. Die Notwendigkeit des Baues von HRB ergibt sich aus der Schadwirkung von Hochwasserereignissen im Flusstal und dabei besonders auch zum Ausgleich hochwasserverschärfender Maßnahmen wie Flächenbebauung oder Minderung der Retentionswirkung des Gewässers durch Eindeichung.

HRB können nach verschiedenen Gesichtspunkten unterteilt werden. Hinsichtlich der Nutzung kann unterschieden werden zwischen

- Becken mit Dauerstauraum, in welchen Wasser ständig oder zeitweilig unabhängig vom Auftreten eines Hochwassers gespeichert wird, um da-

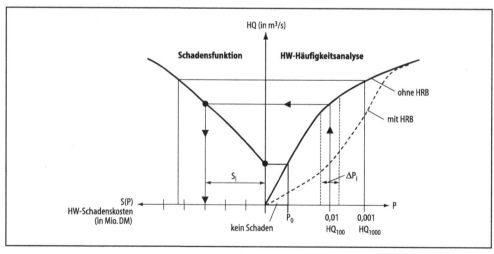

Abb. 5.2-19 Aufstellen der Schaden-Häufigkeitsbeziehung als Basis der Berechnung der Schadenreduzierung durch eine HW-Schutzmaßnahme

mit z. B. ökologischen Zielstellungen und Anforderungen von Freizeit und Erholung zu entsprechen, sowie
- Becken ohne Dauerstau, die nur im Hochwasserfall eingestaut werden. Die Vor- und Nachteile beider Lösungen werden z. B. bei [DVWK 1991] diskutiert.

Eine andere Unterscheidungsmöglichkeit ist durch die Lage zum Gewässer gegeben. Hier sind direkt durchflossene HRB (Hauptschluss) von Anlagen im Nebenschluss zu unterscheiden (HW-Rückhaltepolder), die über Zuleitungskanäle und -bauwerke gefüllt werden.

Nach der Betriebsform sind ungesteuerte und gesteuerte HRB zu unterscheiden. Ungesteuerte Becken verfügen über einen Auslass, der in Abhängigkeit vom Füllungsstand des Beckens und entsprechend seiner hydraulischen Dimensionierung unkontrolliert eine Wassermenge an den Unterlauf abgibt. Die Höhe dieser Abgabe ist durch die Retentionswirkung des HRB bedingt. Der Vorteil dieser Betriebsweise besteht in der direkten Anpassung der Abgabe an den Zufluss ohne Regelungserfordernis, der Nachteil in einer vergleichsweise geringen HW-Schutzwirkung, die sich zudem relativ zur Größe des auftretenden Hochwassers abschwächt.

Um den optimalen Betrieb eines HRB zu sichern, ist die Abgabe Q_A bei Hochwasser auf den schadlos abführbaren Abfluss Q_S (z. B. bordvoller Abfluss zwischen Deichen) zu beschränken. Bei der Abgabesteuerung sind drei Fälle zu unterscheiden, die nach der Relation der freien Speicherkapazität S des HRB und der Fülle des zufließenden Hochwassers SHQ zu unterscheiden sind:

1. S>SHQ: Die zulässige Maximalabgabe Q_S aus dem HRB kann unterschritten werden (Abb. 5.2-20, Fall 1).
2. S = SHQ: Die Abgabe entspricht der zulässigen Maximalabgabe, das Becken wird gefüllt (Abb. 5.2-20, Fall 2). Dieser Sonderfall wird der Bemessung des HRB zugrunde gelegt, tritt im praktischen Betrieb jedoch sehr selten auf.
3. S < SHQ: Infolge der ungünstigen Relation zwischen der Zuflusssumme und der Speicherkapazität ist der schadlose Abfluss als Abgabeziel nicht zu gewährleisten. Bei der optimalen Steuerung wird die Abgabe den größer werdenden Zu-

flusswerten schrittweise angepasst, um noch Speicherraum für die Kappung des Scheitels der Welle freizuhalten (Abb. 5.2-20, Fall 3a). Diese Steuerung setzt jedoch eine Echtzeitvorhersage der Zuflussganglinie voraus. Wird der schadlose Abfluss als Abgabeziel dagegen solange beibehalten, bis die Hochwasserentlastung des HRB anspringt, kann eine Minderung des Hochwasserscheitels nur noch durch die Retentionswirkung des außergewöhnlichen HW-Schutzraumes erreicht werden (Abb 5.2-20, Fall 3b), was meist zu ungünstigeren Ergebnissen führt.

Bemessung von Hochwasserrückhaltebecken. HRB haben die Aufgabe, Hochwassergefahren und Hochwasserschäden unterhalb des Speichers deutlich zu reduzieren. Dies kann nach zwei Zielkriterien geschehen: Minimierung des Scheitelabflusses der aus dem Speicher abgegebenen Hochwasserganglinie (meist in dicht besiedelten Gebieten) und Minimierung der Überflutungsdauer in den Talauen unterstrom des HRB (zumeist in landwirtschaftlich genutzten Gebieten). Maßgebend für Planung, Bau und Betrieb von HRB ist DIN 19700, Teil 12.

Bemessung ungesteuerter Hochwasserrückhaltebecken. Bei ungesteuerten HRB befinden sich im Absperrbauwerk ständig offene Auslässe. Der Abfluss aus dem HRB richtet sich somit nach der Zuflussganglinie, der Retention im verfügbaren Speicherraum und den Durchmessern der Auslassöffnungen. Die Dimensionierung dieser Auslässe erfolgt sinnvollerweise so, dass der Scheitel der Ausflussganglinie (max QA) den schadlosen Abfluss (QS in Abb. 5.2-20) nicht übersteigt. Die Speicherbemessung erfolgt dadurch, dass eine solche Kombination von Speicherkapazität S_{erf} und Auslassdurchmesser D ermittelt wird, die gerade diese Bedingung (max QA≤QS) erfüllt. Dieser Nachweis ist durch Retentionsberechnungen im Sinne einer doppelten Iteration (Variation von Dammhöhe sowie Durchmesser des Auslasses) zu führen.

Der Verlauf einer Hochwasserwelle in einem Speicher kann mit der Speichergleichung beschrieben werden:

$$QZ(t) = QA(t,S) + dS/dt \qquad (5.2.51)$$

mit QZ(t) Zuflussganglinie, QA(t,S) Abflussganglinie aus dem Betriebs- bzw. Grundablass und über

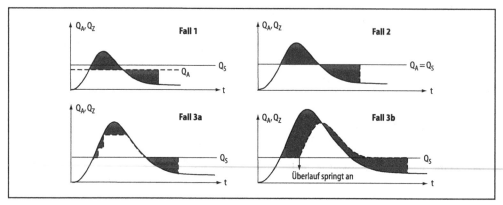

Abb. 5.2-20 Betriebsweisen von HW-Rückhaltebecken

die HW-Entlastungsanlage, die sich entsprechend den hydraulischen Gegebenheiten füllungsabhängig einstellt, dS/dt=Speicherinhaltsänderung.

Für endliche Zeitintervalle Δt gilt

$$[QZ(t)+QZ(t+\Delta t)]/2$$
$$-[QA(t,S_1)+QA(t+\Delta t,S_2)]/2 \qquad (5.2.52)$$
$$=(S_1-S_2)/\Delta t$$

mit S_1, S_2 Speicherinhalt am Anfang bzw. Ende des Zeitintervalls Δt.

Die hydraulische Wirkungsweise des Betriebs- bzw. Grundablasses und der Entlastungsanlage bedingt die Abhängigkeit der Speicherabgabe vom Speicherinhalt über die zugehörige Druck- bzw. Überfallhöhe. Somit erfordert die Lösung von Gl. (5.2.52) die Kenntnis der Beziehung zwischen Stauhöhe und Ausfluss aus dem Speicher (Ausflusskurve QA=f(H)) sowie zwischen Speicherinhalt S und der Stauhöhe H (Speicherinhaltslinie gemäß Abb. 5.2-4). Beispiele für diese Zusammenhänge sowie eine Darstellung von Zufluss- und Abgabeganglinie finden sich in Abb. 5.2-21.

Die erforderliche Speicherkapazität S_{erf} und der Auslassdurchmesser D werden in einer Simulationsrechnung des Speicherbetriebs mit der Bemessungszuflussganglinie QZ als Input und in Kenntnis der Speicherwirkung gemäß Abb. 5.2-21 bemessen. Hierzu müssen Speicherkapazität und Auslassprofil zunächst sinnvoll angenommen werden. Die Simulationsberechnung erfolgt in jedem Zeitschritt iterativ, indem zunächst zum Ende des Zeitintervalls Δt

die erwartete Speicherfüllung (bzw. Stauhöhe) angenommen wird und die Gültigkeit von Gl. (5.2.52) überprüft wird. Die Annahme des Endwasserstands wird dann solange iterativ korrigiert, bis Gl. (5.2.52) tatsächlich erfüllt ist.

Je nach Dimensionierung des Betriebsauslasses wird sich eine mehr oder weniger große Retentionswirkung ergeben, derzufolge jeweils eine unterschiedlich große Speicherkapazität benötigt wird. Das Berechnungsergebnis kann anhand von QZ(t) und QA(t) kontrolliert werden: Der Scheitel von QA(t) muss im Schnittpunkt der Abflussganglinie mit dem abfallenden Ast der Zuflussganglinie QZ(t) liegen (Abb. 5.2-21). Dies ergibt sich aus der Bedingung, dass zu dem Zeitpunkt, an dem der Zufluss in den Speicher kleiner als der Abfluss wird, der größte Speicherinhalt im Becken und damit das Maximum des Abflusses erreicht wird.

Die Größe der HW-Entlastungsanlage muss für das Auftreten eines größeren Hochwasserereignisses (Bemessungsfall 1 nach DIN 19700 Teil 12) ggf. bei Versagen des leistungsfähigsten Verschlusses so dimensioniert werden, dass die zulässige Überstauhöhe im HRB nicht überschritten wird. Einzelheiten hierzu sind in DIN 19700 Teil 12 [2004] geregelt.

Bemessung gesteuerter Hochwasserrückhaltebecken. HRB können effizienter eingesetzt werden, wenn die Abgaben ins Unterwasser aus dem HRB für jede Zuflussganglinie adaptiv geregelt werden. Ist der Abfluss QS, der im Unterwasser eines HRB schadlos abgeführt werden kann, bekannt (ggf.

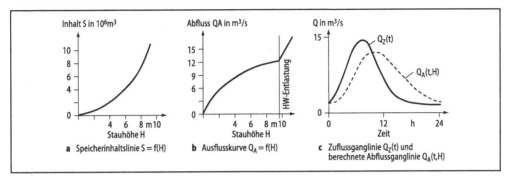

Abb. 5.2-21 Grundlagen der Speicher-Retentionsberechnung

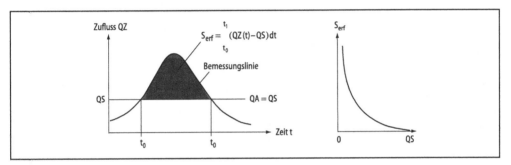

Abb. 5.2-22 Bemessung eines HRB für konstante Regelabgabe QS (schadloser Abfluss im Unterwasser)

durch die Höhe der seitlichen HW-Schutzdeiche determiniert), so wäre es sinnvoll, das HRB im Falle eines Hochwassers so zu steuern, dass QA=QS ist. Die Bemessung eines derartigen HRB erfolgt sinnvollerweise auf der Basis einer Bemessungswelle (DIN 19700 Teil 12, 2004). Die erforderliche Speicherkapazität ergibt sich gemäß Abb. 5.2-22 zu

$$S_{erf} = \int_{t_0}^{t_1} (QZ(t) - QS)\,dt . \qquad (5.2.53)$$

Die erforderliche Speicherkapazität entspricht der schraffierten Fläche in Abb. 5.2-22. Je kleiner die schadlose Abgabe QS ist, desto größer ist die erforderliche Speicherkapazität.

Stochastische HRB-Bemessung. Neben der HRB-Bemessung auf Basis von deterministischen Bemessungswellen ist auch eine Bemessung durch

Anwendung der Langzeitsimulation des Speicherbetriebs möglich. Für eine vorgegebene, an der Sperrstelle gültige Langzeit-Zuflussganglinie (über viele Jahre), die entweder einer Messreihe entspricht oder mit Hilfe deterministischer oder stochastischer hydrologischer Verfahren (Kontinuumsimulation) erzeugt werden kann, wird eine Langzeitsimulation des Speicherbetriebs durchgeführt. Hierfür müssen zunächst die Speicherkapazität und die Speicherbetriebsregel vorgegeben werden. Als Ergebnis erhält man die zur Langzeitganglinie gehörige Abgabeganglinie aus dem Speicher. Hierfür wird eine HW-Häufigkeitsanalyse durchgeführt und deren Ergebnis getestet. Ist die Versagenshäufigkeit im Hochwasserfall zu groß (Versagen bedeutet Überlauf der HW-Entlastungsanlage), müssen die Bemessungsparameter (Speicherkapazität, Betriebsregel) solange sinnvoll variiert werden und für jede Variante eine neue Simulation durchgeführt werden, bis das Ergebnis (Versagenswahrscheinlichkeit) akzeptabel wird. Mehr hierzu findet sich in [Bretschneider et al. 1993].

Flussparallele Hochwasserdeiche

Zur Hochwasserfreilegung von Talauen werden Flüsse häufig mit seitlichen Führungsdeichen versehen. Die Höhe dieser Deiche ist so zu bemessen, dass ein extremer Hochwasserabfluss vorgegebener Überschreitungswahrscheinlichkeit (z. B. HQ_{100}) zwischen den Deichen abgeführt werden kann. Die Deichhöhe ist nun so zu bestimmen, dass das HQ_x stationär durch das verfügbare Durchflussprofil abgeführt werden kann. Hierbei gilt

$$A = \frac{HQ_x}{v} \qquad (5.2.54)$$

mit v mittlere Fließgeschwindigkeit und A durchströmter Querschnitt zwischen den Deichen (z. B. Doppeltrapezprofil). Die Geschwindigkeit v muss mit einer entsprechenden hydraulischen Formel berechnet werden (z. B. Manning-Strickler-Formel).

Mit dem Anlegen der Deiche wird nicht nur die ökologische Situation (s. 5.2.2.4) in den Talauen verschlechtert, sondern die hierdurch bewirkte Reduzierung natürlicher Retentionsflächen in den Talauen führt zu Hochwasserverschärfungen, wodurch die verbleibenden Talauen häufiger und höher überflutet werden. Hierdurch entstehen auch größere Hochwasserschäden und eine verstärkte Gefährdung von Menschenleben.

Hinsichtlich einer teilweise vorkommenden Durchfeuchtung von Deichen oder ihrer völligen Durchsickerung ist die Sickerströmung für den Bemessungshochwasserstand (stationärer Zustand) zu ermitteln [DVWK 1986].

Aufgrund der bekannten wasserwirtschaftlichen und ökologischen Nachteile von Deichen ist man zunehmend bemüht, den Neubau von Flussdeichen zu vermeiden bzw. naturnahe Gestaltungsweisen zu nutzen (z. B. Fließpolder).

5.2.2.5 Wasserwirtschaftliche Pläne

Das im August 2009 verkündete Wasserhaushaltsgesetz des Bundes [WHG 2010] trat zum 1.3.2010 in Kraft und löste das WHG aus dem Jahre 1996 [WHG 1996] ab. Die zeitabhängigen Veränderungen der Rahmenbedingungen wasserwirtschaftlicher Planungen lassen sich durch den Vergleich

der Paragraphen 1 der Wasserhaushaltsgesetze (WHG) 1996 und 2010 belegen. War §1 des WHG vom 12.11.1996 noch deutlich nutzungsbezogen: „Die Gewässer sind als Bestandteil des Naturhaushaltes und als Lebensraum für Tiere und Pflanzen zu sichern. Sie sind so zu bewirtschaften, dass sie dem Wohl der Allgemeinheit und im Einklang mit ihm auch dem Nutzen einzelner dienen und vermeidbare Beeinträchtigungen ihrer ökologischen Funktionen unterbleiben", so stellt das am 01.03.2010 in Kraft getretene Wasserhaushaltsgesetz den Schutz der Gewässer in den Vordergrund: „Zweck dieses Gesetzes ist es, durch eine nachhaltige Gewässerbewirtschaftung die Gewässer als Bestandteil des Naturhaushalts, als Lebensgrundlage des Menschen, als Lebensraum für Tiere und Pflanzen sowie als nutzbares Gut zu schützen".

Mit der Neufassung des WHG entfallen verschiedene Planungsinstrumente wie die wasserwirtschaftlichen Rahmenpläne (§36 WHG von 1996) oder die Bewirtschaftungspläne (§36b WHG von 1996). Stattdessen werden zwei wasserwirtschaftliche Planungsvorgaben der EU umgesetzt: die im Jahr 2000 erlassene Wasserrahmenrichtlinie 2000/60/EG und die Hochwasserrichtlinie 2007/60/EG, die im Jahr 2007 veröffentlicht wurde. In beiden Richtlinien werden flussgebietsbezogene Planungen mit unterschiedlichen Zielsetzungen gefordert. In der Wasserrahmenrichtlinie stellt die Verbesserung und Erhaltung eines guten ökologischen Zustandes das Planungsziel dar. Dagegen fordert die Hochwasserrichtlinie die Minderung nachteiliger Hochwasserfolgen durch Hochwasserrisikomanagement. Die Umsetzungen beider EU-Richtlinien sind in unterschiedlicher Art und Weise im WHG 2010 geregelt. Für die Wasserrahmenrichtlinie finden sich Regelungen im Abschnitt 7 („Wasserwirtschaftliche Planung und Dokumentation"), die Umsetzung der EU-Hochwasserrichtlinie wird dagegen im Abschnitt 6 („Hochwasserschutz") geregelt [WHG 2010].

Bewirtschaftungspläne für Flussgebiete in Umsetzung der Wasserrahmenrichtlinie der EU

Die Wasserrahmenrichtlinie 2000/60/EG [EU 2000] definiert einen Ordnungsrahmen für den Schutz und die Verbesserung des Zustandes aquatischer Ökosysteme einschließlich der direkt von ihnen abhängigen Landökosysteme. Sie beinhaltet die Forderung der

Nachhaltigkeit der Wassernutzungen durch den langfristigen Schutzes der vorhandenen Ressourcen und folgt in ihrem Planungsansatz dem DPSIR-Schema der European Environment Agency [EEA, 1996]. Die allgemeine Vorgehensweise in der Umweltplanung kann danach durch eine Ursachen-Wirkungskette zwischen den Verursachern von Umweltbelastungen (Driving Forces), den resultierenden Umweltbelastungen (Pressures), dem Zustand (State), der sich aus diesen Belastungen ergibt, und den spezifischen Wirkungen (Impact) von Umweltbelastungen beschrieben werden (Abb. 5.2-23). Die gesellschaftlichen Reaktion (Response) beinhaltet dabei nicht nur Einwirkungen auf die einzelnen Elemente dieser Kette z. B. durch die Umweltgesetzgebung, die Maßnahmen zur Reduzierung von Belastungen initiiert, sondern auch die Umweltforschung, mit der die kausalen Zusammenhänge in dieser Kette erfasst werden.

Für Oberflächengewässer werden ein guter ökologischer und ein guter chemischer Zustand angestrebt. Für die ökologische Qualität sind hierzu Bewertungen anhand biologischer, morphologischer und chemischer Parameter erforderlich. Zur Bestimmung der chemischen Qualität werden Qualitätsstandards für 30 prioritäre Stoffe vorgegeben. Die Erreichung des guten ökologischen Zustandes soll auf der Grundlage von flussgebietsbezogenen Bewirtschaftungsplänen und Maßnahmeprogrammen gewährleistet werden. Die Inhalte und Fristen der Maßnahmeprogramme und Bewirtschaftungs-

pläne sind in den §§82, 83 und 84 des WHG [2010] bezeichnet. Die bis Ende 2009 zu erstellenden und danach alle 6 Jahre zu aktualisierenden Bewirtschaftungspläne beinhalten, neben der allgemeinen Beschreibung der Flussgebietseinheit, eine Zusammenfassung aller signifikanten Belastungen und anthropogenen Einwirkungen, eine Liste der Umweltziele für die Gewässer, eine wirtschaftlichen Analyse der Wassernutzungen, die Zusammenfassung der Maßnahmenprogramme zur Erreichung der Umweltziele und Maßnahmen zur Information und Anhörung der Öffentlichkeit. Die Maßnahmeprogramme dienen dazu, die Vorgaben, die in den §§27 bis 31, 44 und 47 des WHG bezeichnet sind, zu erreichen. §27 gibt die Bewirtschaftungsziele für oberirdische Gewässer an, §28 bezeichnet die Einstufung künstlicher und erheblich veränderter Gewässer, §29 die Fristen, §30 abweichende Bewirtschaftungsziele und §31 Ausnahmen von den Bewirtschaftungszielen. Die Paragraphen 44 und 47 beinhalten die Bewirtschaftungsziele für Küstengewässer und das Grundwasser.

Für stark anthropogen überprägte Oberflächengewässer („heavily modified") sind geringere Zielsetzungen möglich, die die jeweiligen Nutzungen berücksichtigen. Regelungen hierzu finden sich in §83 des WHG [2010]. Für Einstufungen als „erheblich veränderter Gewässer" werden Angaben zu etwaigen Fristverlängerungen mit Gründen und Maßnahmen, die zur Erreichung der Bewirtschaftungsziele innerhalb der verlängerten Frist erfor-

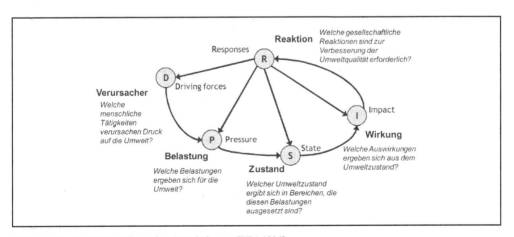

Abb. 5.2-23 Das DPSIR-Schema der Umweltplanung [EEA 1996]

derlich sind, gefordert. Die Zielvorgabe des „guten ökologischen Zustandes" kann in derartigen Fällen durch das „gute ökologische Potential" ersetzt werden, das sich möglichst eng an vergleichbaren naturnahen Gewässern orientieren soll.

Für das Grundwasser wird in der Wasserrahmenrichtlinie ein guter qualitativer und ein guter chemischer Zustand gefordert. Hier erfolgt keine Ausweisung von Qualitätszielen jedoch soll ein Gleichgewicht zwischen Grundwasserentnahme und -neubildung erreicht werden.

Der gute ökologische und gute chemische Zustand soll EU-weit bis Dezember 2015 erreicht werden. Fristverlängerungen bis 2021 bzw. 2027 sind möglich. Maßnahmeprogramme und Bewirtschaftungspläne sind in Deutschland erstmals bis zum 22.12.2015 und anschließend alle sechs Jahre zu überprüfen.

Planungen zur Reduzierung der Hochwasserrisikos

Die Hochwasserrichtlinie 2007/60/EG (EU 2007) sieht drei Umsetzungsphasen vor. Zunächst ist eine vorläufige Bewertung des Hochwasserrisikos erforderlich. Bis Dezember 2013 sind Hochwassergefahrenkarten und Hochwasserrisikokarten zu erstellen. Hochwassergefahrenkarten bezeichnen die Überflutungsgebiete bei unterschiedlichen Hochwasserereignissen, Hochwasserrisikokarten potenzielle hochwasserbedingte nachteilige Auswirkungen. Die Umsetzung der EU-Hochwasserrichtlinie wird im Abschnitt 6 „Hochwasserschutz" des Wasserhaushaltsgesetzes [WHG 2010] geregelt. Dort finden sich Vorgaben zu den Gefahren- und Risikokarten, die zu erstellen sind (§74) und zu den Risikomanagementplänen (§75). Wie bei der Umsetzung der Wasserrahmenrichtlinie sind auch hier Flussgebietseinheiten zu berücksichtigen. Gefahrenkarten sind für Hochwasser mit niedriger Wahrscheinlichkeit (Extremereignisse) und Hochwasser mit mittlerer Wahrscheinlichkeit (Wiederkehrintervall mindestens 100 Jahre) aufzustellen. Sie müssen das jeweilige Ausmaß der Überflutung, Wassertiefe und soweit erforderlich Wasserstand und Fließgeschwindigkeit darstellen. Risikokarten basieren auf den Gefahrenkarten und bezeichnen die nachteiligen Folgen der Überflutungen. Die erforderlichen Angaben beinhalten die Anzahl der betroffenen Einwohner, die wirtschaftliche Tätigkeit im betroffenen Gebiet, An-

lagen, die im Falle der Überflutung Umweltverschmutzungen verursachen können, sowie potentiell betroffene Schutzgebiete. Gefahren- und Risikokarten sind in Deutschland bis zum 22.12.2013 zu erstellen. Auf ihrer Grundlage werden bis Dezember 2015 Hochwasserrisikomanagementpläne erstellt, in denen Maßnahmen zur Verringerung nachteiliger Hochwasserfolgen für die menschliche Gesundheit, die Umwelt, das Kulturerbe und wirtschaftliche Tätigkeiten aufgeführt werden. Sofern angebracht wird auf nicht-bauliche Maßnahmen der Hochwasservorsorge und/oder einer Verminderung der Hochwasserwahrscheinlichkeit orientiert. Der Schwerpunkt der Planung liegt auf Schadensvermeidung, Schutz und Vorsorge. Kosten und Nutzen sind zu berücksichtigen. Sie sind bis zum 22.12.2015 zu erstellen. Die Pläne sind alle sechs Jahre zu überprüfen und erforderlichenfalls zu aktualisieren.

5.2.2.6 Künftige Entwicklungen

Im Zusammenhang mit der Diskussion zu Klimaänderungen hat sich in den letzten Jahren das Bewusstsein für die begrenzte Informationsbasis der wasserwirtschaftlichen Grundlagen erhöht. Wenn die zeitliche Veränderlichkeit der Planungsgrundlagen, die Instationarität, akzeptiert ist, stellt sich die Frage nach angepassten Planungsmethoden. Wie eingangs bereits erwähnt (s. 5.2.2.1), werden die herkömmlichen Planungsprinzipien (ökonomischer Nutzen, technische Effizienz, Funktionszuverlässigkeit) in Zukunft nicht mehr ausreichen. Stärker werden das in der UNO-Agenda 21 (Kapitel 18) [UNCED 1993] festgeschriebene Prinzip der Nachhaltigen Entwicklung (Sustainable Development) sowie das z. B. in der EU-Wasserrahmenrichtlinie [EU 2000] festgelegte Prinzip der Integrierten Flussgebietsbewirtschaftung berücksichtigt werden müssen. Neben der klimatischen Variabilität werden auch demografische und wirtschaftliche Veränderungen maßgebend.

Das *Prinzip der nachhaltigen Entwicklung* erfordert Planungen, welche die Bedürfnisse der gegenwärtigen Generation erfüllen, ohne künftigen Generationen die Möglichkeit zu nehmen, ihre eigenen Bedürfnisse zu befriedigen. Auf die Wasserwirtschaft bezogen bedeutet dies, dass künftige Entwicklungen über lange Zeitperioden in der Planung berücksichtigt werden, und dies nicht nur –

wie bisher meist geschehen – im Hinblick auf den künftigen Wasserbedarf. Vielmehr erfordert es Vorhersagen künftiger Entwicklungen aller Parameter, die für die beiden Hauptkomponenten wasserwirtschaftlicher Planung, nämlich Wasserbedarf und -verfügbarkeit, relevant sind. In Hinblick auf die Instationarität der Planungsgrundlagen sollte nicht nur eine einzelne Vorhersage, sondern eine größere Zahl von Szenarien künftiger Entwicklungen für jeden relevanten Parameter bestimmt werden, um auf diese Weise der Planungsunsicherheit derartiger Vorhersagen Rechnung zu tragen.

Das in der EU-Wasserrahmenrichtlinie festgelegte *Prinzip der integrierten Flussgebietsbewirtschaftung* erfordert bei der Planung wasserwirtschaftlicher Maßnahmen die Betrachtung des gesamten Flusseinzugsgebietes und Gewässersystems. Berücksichtigt werden müssen Wassermenge und Wassergüte simultan, Hochwasser- und Niedrigwasserverhältnisse sowie erwartete sozioökonomische Entwicklungen im Einzugsgebiet. Makroskalige und *globale Prozesse* gehen über die Einzugsgebietsbetrachtung hinaus, da sie großräumig angelegt sind. Extreme Hochwasser sowie gravierende Trockenperioden basieren meist auf großräumigen meteorologischen und anderen Prozessen. Typisches Beispiel für diese Effekte ist das bekannte El-Niño-Phänomen.

Die Betrachtung von *Langzeitentwicklungen* gehört zur Thematik der nachhaltigen Entwicklung, soll aber noch einmal erwähnt werden, um deutlich zu machen, dass es sich hier nicht nur um sozioökonomische Entwicklungen (im Hinblick auf den künftigen Wasserbedarf), sondern auch um Natur- und anthropogene Prozesse handelt. Beispiele für langfristige Entwicklungen in der Natur sind Prozesse möglicher Klimaänderungen; Beispiele für langfristige anthropogene Veränderungen finden sich in der Veränderung von Landnutzungen (Landwirtschaft, Urbanisierung, Ausdehnung von Wüsten, Vernichtung von Wäldern). Diese Veränderungen haben z. T. erhebliche hydrologisch-wasserwirtschaftliche Auswirkungen.

Damit wird es erforderlich, die Planung wasserwirtschaftlicher Maßnahmen künftig nicht mehr isoliert zu betrachten, sondern im Rahmen einer integrierten *Umweltplanung* vorzunehmen.

Neue technische Entwicklungen werden eine größere Rolle im Planungsinstrumentarium spielen: Geographische Informationssysteme (GIS), digitale Geländemodelle, digitale Karten, Fernerkundungsdaten (Satelliten, Wetterradar, Überfliegungen), Computer-Expertensysteme sowie komplexe Optimierungen bei Planung und Betrieb wasserwirtschaftlicher Systeme.

Abkürzungen zu 5.2

ARMA-Modell	Autoregressives Moving Average Model
AVwV	Allgemeine Verwaltungsvorschriften
BfG	Bundesanstalt für Gewässerkunde
BGBl.	Bundesgesetzblatt
DFG	Deutsche Forschungsgemeinschaft
DVWK	Deutscher Verband für Wasserwirtschaft und Kulturbau e.V.
DWD	Deutscher Wetterdienst
EDV	Elektronische Datenverarbeitung
GIS	Geoinformationssystem
HRB	Hochwasserrückhaltebecken
HW	Hochwasser
KWA	Kostenwirksamkeitsanalyse
LAI	Leaf Area Index
LAWA	Länderarbeitsgemeinschaft Wasser
NKA	Nutzen/Kosten-Analyse
NW	Niedrigwasser
NWA	Nutzwertanalyse
SDP	Stochastische Dynamische Programmierung
SL	Summenlinie
UNCED	United Nations Conference on Environment and Development
UVP	Umweltverträglichkeitsprüfung
UVPG	Umweltverträglichkeitsprüfungsgesetz
UVU	Umweltverträglichkeitsuntersuchung
UW	Unterwasser
WHG	Wasserhaushaltsgesetz
WKUE	Weltkommission für Umwelt und Entwicklung
WWRP	Wasserwirtschaftliche Rahmenpläne

Literaturverzeichnis Kap. 5.2

ATV-DVWK (2002) ATV-DVWK-Regelwerk M 504 Verdunstung in Bezug zu Landnutzung, Bewuchs und Boden

Bretschneider H, Lecher K, Schmidt M (Hrsg) (1993) Taschenbuch der Wasserwirtschaft 1993. Verlag Paul Parey, Hamburg

Chow VT, Maidment DR, Mays LW (1988) Applied Hydrology. Mc Graw-Hill, New York (USA)

DVWK (1983) Niedrigwasseranalyse, Statistische Untersuchung des Niedrigwasser-Abflusses. Regeln 120 des Deutschen Verbands für Wasserwirtschaft und Kulturbau e.V. Verlag Paul Parey, Hamburg

DVWK (1986) Flussdeiche. Merkblatt 210 des Deutschen Verbands für Wasserwirtschaft und Kulturbau e.V., DVWK-Fachausschuss Flussdeiche, Bonn

DVWK (1989a) Wahl des Bemessungshochwassers; Entscheidungswege zur Festlegung des Schutzes und Sicherheitsgrades. DVWK-Merkblätter zur Wasserwirtschaft, 209. Verlag Paul Parey, Hamburg

DVWK (1989b) Flussdeiche. DVWK-Merkblätter zur Wasserwirtschaft, 210. Verlag Paul Parey, Hamburg

DVWK (1991) Hochwasserrückhaltebecken. Merkblatt 202 des Deutschen Verbands für Wasserwirtschaft und Kulturbau e.V., DVWK-Fachausschuss Steuern und Regeln von Speichern, Bonn

DVWK (1996) Ermittlung der Verdunstung von Land- und Wasserflächen. Merkblatt 238 des Deutschen Verbands für Wasserwirtschaft und Kulturbau e.V., Fachausschuss Verdunstung, Bonn

DVWK (1999) Statistische Analyse von Hochwasserabflüssen. Merkblatt 251 Arbeitskreis „Hochwasserwahrscheinlichkeit" im DVWK-Fachausschuss „Niedrigwasser"

DWD (1997) Starkniederschlagshöhen für Deutschland. KOSTRA. Selbstverlag des Deutschen Wetterdienstes, Offenbach

Dyck S, Peschke G (1995) Grundlagen der Hydrologie. Verlag für Bauwesen, Berlin

EU (2000) Richtlinie 2000/60/EG des Europäischen Parlaments und des Rates vom 23. Oktober 2000 zur Schaffung eines Ordnungsrahmens für Maßnahmen der Gemeinschaft im Bereich der Wasserpolitik (ABl. L 327 vom 22.12.2000, S. 1), zuletzt geändert durch die Richtlinie 2008/105/EG (ABl. L 348 vom 24.12.2008, S. 84)

EU (2007) Richtlinie 2007/60/EG des Europäischen Parlaments und des Rates vom 23. Oktober 2007 über die Bewertung und das Management von Hochwasserrisiken (ABl. L 288 vom 6.11.2007, S. 27)

Giers A (1998) Planungsunterstützung bei wasserbaulichen Maßnahmen durch ein computergestütztes öko-hydrologisches Informations- und Bewertungssystem. In: Dodt, J (Hrsg) Materialien zur Raumordnung. Bd 52. Geographisches Institut der Ruhr-Universität Bochum, Eigenverlag

HAD (2003) Hydrologischer Atlas Deutschlands

Hipel KW, McLeod AI (1995) Time series modelling of water resources and environmental systems. Developments in water science 45. Elsevier, Amsterdam (Niederlande)

Imhoff K (1993) Taschenbuch der Stadtentwässerung. Oldenbourg Verlag, München

Keller R (Hrsg) (1978) Hydrologischer Atlas der Bundesrepublik Deutschland. Verlag Boldt, Boppard

LAWA (1995) Leitlinien für einen zukunftsweisenden Hochwasserschutz: Hochwasser – Ursachen und Konsequenzen. Länderarbeitsgemeinschaft Wasser, Stuttgart

Loucks DP, Stedinger, JR, Haith, DA (1981) Water resources systems planning and analysis. Prentice-Hall, Englewood Cliffs, NJ (USA)

Maniak U (1997) Hydrologie und Wasserwirtschaft: eine Einführung für Ingenieure. Springer-Verlag, Berlin/Heidelberg/New York

Plate E (1993) Statistik und angewandte Wahrscheinlichkeitslehre für Bauingenieure. Verlag Ernst & Sohn, Berlin

Plate E (1997) Risikomanagement bei Hochwasser: Beispiel Oberrhein. Eclogae Geologicae Helvetiae, Nr 90. Birkhäuser Verlag, Basel (Schweiz)

Saaty TL (2001) Decision Making for Leaders – The Analytic Hierarchy Process for Decisions in a Complex World. 3. Aufl. RWS Publishing, Pittsburgh (USA)

Savenije HHG, van der Zaag, P (2000) Conceptual framework for the management of shared river basins with special reference to the SADC and EU. Water Policy 2 (2000) 1-2, pp. 9–45

Senatskommission für Wasserforschung (1992) Mitteilung Nr X der Deutschen Forschungsgemeinschaft (DFG). In: Schultz GA (Hrsg) Bewertung wasserwirtschaftlicher Maßnahmen. Verlag Chemie (VCH), Weinheim

Tiedt M (1994) Freizeitnutzung von Talsperren in der wasserwirtschaftlichen Projektbewertung. Wasserwirtschaft 84 (1994) 12

UNCED (1993) United Nations Conference on Environment and Development, Agenda 21: Programme of action for sustainable development. Chapter 18: Protection of the quality and supply of freshwater resources: Application of integrated approaches to the development, management and use of water resources. No. E. 93.1.11. UN Publications, New York

UVPG (1990) Gesetz über die Umweltverträglichkeitsprüfung in der Fassung der Bekanntmachung vom 24. Februar 2010 (BGBl.-I 2010 S. 94), geändert durch Artikel 11 des Gesetzes vom 11. August 2010 (BGBl-I 2010 S. 1163)

Ven te Chow, Maidment, D.R., Mays L.W (1988) Applied Hydrology, Mc Graw- Hill

WHG (1996) Gesetz zur Ordnung des Wasserhaushalts (Wasserhaushaltsgesetz). BGBl-I 1996, S-1695. Bundesanzeiger Verlagsges., Bonn. Geändert am 30.04.1998 (BGBl-I 1998, S-832) und am 25.08.1998 (BGBl-I 1998, S-2455)

WHG (2010) Gesetz zur Neuregelung des Wasserrechts vom 31.7.2009. BGBl- I 2009 S-2585). Wolbring F et al. (1996) Wupex – ein Expertensystem zur Bewirtschaftung der Brauchwassertalsperren im oberen Wupper-Einzugsgebiet. Wasserwirtschaft 86 (1996) 6, pp 310–314

Normen

DIN 4049 Teil 1: Hydrologie; Grundbegriffe (12/1992)

DIN 19700: Stauanlagen. Teil 10: Gemeinsame Festlegungen. Teil 11: Talsperren (07/2004)

5.3 Wasserbau

Theodor Strobl, Franz Zunic

In den folgenden Abschnitten werden vorwiegend Fragen des konstruktiven Wasserbaus behandelt. Dabei liegt der Schwerpunkt bei der Gestaltung und konstruktiven Durchbildung von Stauanlagen (Fluss- und Talsperren) und deren Betriebseinrichtungen und Nebenanlagen. Daneben werden die Zielsetzungen und aktuellen Aufgaben des Flussbaus umrissen. Zuletzt wird ein Überblick in die Grundlagen der Stromgewinnung aus Wasserkraft gegeben. Dabei werden die wichtigsten Bauformen von Wasserkraftanlagen vorgestellt und der Einsatz und die Anordnung von Turbinen und Generatoren beschrieben.

Die hydrologischen und wasserwirtschaftlichen Grundlagen zur Bemessung wasserbaulicher Anlagen sowie die hydraulischen Beziehungen zur Beschreibung der vielfach komplexen Strömungsvorgänge an und in wasserbaulichen Anlagenteilen sind in den vorangehenden Abschnitten dieses Kapitels bereits behandelt worden.

Wasserbauliche Anlagen der See- und Binnenschifffahrt sowie der Hafenbau sind im Kapitel „Verkehrssysteme und Verkehrsanlagen" zu finden.

5.3.1 Stauanlagen

Stauanlagen sind Wasserbauwerke, mit deren Hilfe Bäche und Flüsse aufgestaut werden. Man unterscheidet zwischen Tal- und Flusssperren. Eine Talsperre riegelt den gesamten Talquerschnitt ab, und das Gewässer wird bis zu den Talflanken hin aufgestaut. Bei einer Flusssperre begrenzen parallel zum Fluss verlaufende Stauhaltungsdämme den Aufstau seitlich im Tal (Abb. 5.3-1).

Während Talsperren i. d. R. über ein großes Beckenvolumen verfügen und damit in der Lage sind, einen hohen Anteil des Abflusses über einen langen Zeitraum zu speichern und nach Bedarf abzugeben, spielt bei Flusssperren die Wasserspeicherung eine untergeordnete Rolle. Nur bei Anlagen mit größerem Stauvolumen kann durch Zwischenspeicherung der Abfluss zeitweise zurückgehalten werden (Schwellbetrieb).

Sonderformen von Stauanlagen sind Hochwasser- (HW-)Rückhaltebecken zum Auffangen bzw. zur Dämpfung von Hochwasserabflüssen, Pumpspeicherbecken in Verbindung mit Hochdruck-Wasserkraftanlagen, Sedimentationsbecken zum Rückhalt absetzbarer Schwebstoffe und Geschiebesperren zum Rückhalt von Geschiebefrachten.

Wichtige Normen sind DIN 4048 Teil 1 (Wasserbau – Begriffe – Stauanlagen) und Teil 2 (Wasserbau – Begriffe – Wasserkraftanlagen) sowie DIN 19700 (Stauanlagen) mit den Teilen 10 bis 15.

Zu beachten sind weiterhin die Veröffentlichungen und Regelwerke der nationalen und internationalen Verbände, z. B. der Deutschen Vereinigung für Wasserwirtschaft, Abwasser und Abfall e.V. (DWA, früher DVWK) und des Deutschen Nationalen Komitees für Große Talsperren (DNK), welches Deutschland in der International Commission on Large Dams (ICOLD) vertritt. In dieser Organisation sind fast alle im Talsper-

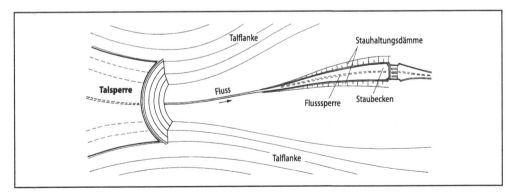

Abb. 5.3-1 Grundsätzlicher Unterschied zwischen Talsperre und Flusssperre

renbau tätigen Länder der Welt zusammenge-
schlossen.

5.3.1.1 Flusssperren (Staustufen)

An einer Flusssperre wird der gewünschte Aufstau
durch *Wehrbauwerke* bewirkt. Dient die Staustufe
auch der Erzeugung elektrischer Energie, wird neben dem Wehr eine *Wasserkraftanlage* errichtet.
Als weitere Bauwerke kommen bei schiffbaren
Flüssen *Schleusen* hinzu. Wehr, Wasserkraftwerk
und Schleusen bilden das *Absperrbauwerk* und zusammen mit den *Stauhaltungsdämmen* die *Staustufe* (Abb. 5.3-2).

Flusssperren erfüllen im Wesentlichen folgende
Aufgaben:

–   Aufstau nach oberstrom für Ausleitungen (Be-
    wässerung, Trinkwasserversorgung, Energieer-
    zeugung und Schifffahrt),
–   Erhöhung der Fahrwassertiefe für die Schiff-
    fahrt,
–   Sohlstabilisierung durch Verringerung des Ener-
    gieliniengefälles und damit der Schleppkraft der
    Strömung (Schutz des Flussbettes vor Eintie-
    fung),
–   Anhebung des Grundwasserstandes,
–   Gewinnung von Fallhöhe zur Erzeugung elek-
    trischer Energie,
–   Schaffung von Naherholungsräumen,
–   Landschaftsgestaltung (z. B. Kulturwehre in
    Städten).

Die meisten Flusssperren erfüllen gleichzeitig
mehrere dieser Aufgaben und werden daher als
Mehrzweckanlagen bezeichnet.

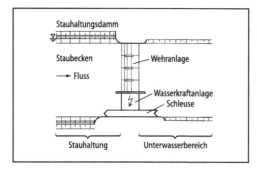

Abb. 5.3-2 Teile einer Flusssperre

Da eine wasserbauliche Maßnahme weitrei-
chende Auswirkungen auf das Flusssystem hat, ist
ein Gesamtkonzept für den jeweiligen Flussausbau
notwendig. Hierbei sind v. a. folgenden Einflüsse
zu berücksichtigen:

–   Veränderung der Geschiebefracht, häufig ver-
    bunden mit einem Rückhalt von Kies und Sand
    im Staubecken und Eintiefungstendenzen im
    Unterwasser,
–   Sedimentation von Schwebstoffen vor dem
    Wehr,
–   Anhebung des Grundwasserspiegels im ober-
    stromigen und Absenken im unterstromigen
    Bereich,
–   Änderung der Wasserqualität wegen geringerer
    Fließgeschwindigkeit,
–   Auswirkungen auf die standorttypische Lebens-
    gemeinschaft des Gewässers.

Grundsätzlich gilt, dass die Veränderungen im
Flusslauf umso geringer ausfallen, je niedriger der
Aufstau ist. Wird die Fließgeschwindigkeit im
Stauraum von v=0,3 m/s nicht unterschritten,
spricht man von einem „ökologisch vertretbaren
Aufstau".

Die Wehranlage stellt das Hauptbauwerk einer
Flusssperre dar. Das Wehr staut den Fluss auf und
gibt den Fließquerschnitt bei Hochwasser wieder
frei. Besteht das Sperrenbauwerk aus einer massiven Stauwand ohne bewegliche Teile, spricht
man von einem „festen Wehr". Wenn der Aufstau
überwiegend durch bewegliche Verschlussorgane
erzeugt wird, handelt es sich um ein bewegliches
Wehr. Eine Kombination aus einem festen Bauteil
und beweglichen Verschlussteilen nennt man
„kombiniertes Wehr".

Der Absturz ist eine Sonderform des Wehres.
Bei diesem Bauwerk ragt die Wehrkrone nur geringfügig – bis zu 15% der Wassertiefe – über die
Flusssohle. Abstürze erzeugen daher keinen Aufstau, sondern stützen lediglich die Flusssohle.

Feste Wehre

Feste Wehre sind die einfachste Möglichkeit, einen
Fluss aufzustauen. Allerdings erlauben sie keine
Abflussregelung. Der Wasserstand kann nicht vorgegeben werden, sondern stellt sich einzig aufgrund des jeweiligen Abflusses ein. Feste Wehre
werden vorwiegend als Stützwehre zur Sohlstabili-

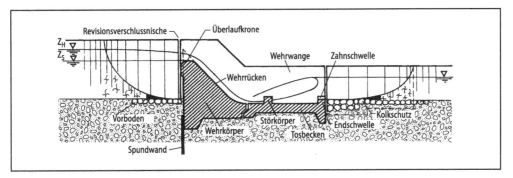

Abb. 5.3-3 Bestandteile des festen Wehres (nach DIN 4048 Teil 1)

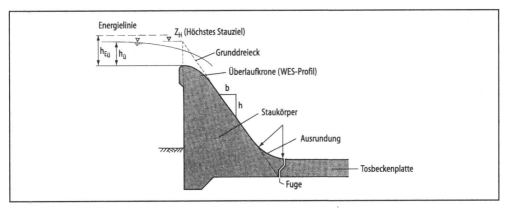

Abb. 5.3-4 Grunddreieck

sierung und bei HW-Entlastungsanlagen von Talsperren verwendet.

Bestandteile eines festen Wehres. Die Bestandteile eines festen Wehres sind in Abb. 5.3-3 dargestellt. Oberhalb des massiven Staukörpers schützt der Vorboden aus großen Wasserbausteinen oder einer Betonplatte die Sohle vor Erosion.

Das Wehr selbst besteht aus einem massiven Staukörper, der allein durch sein Gewicht die Kräfte aus dem Wasserdruck in den Untergrund ableitet. Daraus ergibt sich ein einfaches Grundkonzept für die konstruktive Gestaltung des Wehrkörpers (Abb. 5.3-4). Die äußeren Umrisse des Wehres entsprechen größtenteils einem Grunddreieck, dessen Spitze in Höhe des *Höchsten Stauzieles* Z_H liegt. In dieses Grunddreieck wird ein hydrodynamisch günstig geformtes Überlaufprofil eingepasst. Han-

delt es sich um eine Betonkonstruktion, muss die Neigung des Grunddreiecks und damit des Wehrrückens etwa bei $0{,}75 < b/h < 0{,}85$ liegen, damit die angreifenden Momente aus Wasserdruck und Sohlenwasserdruck von der Gewichtskraft des Stützkörpers aufgenommen werden können. Eine konstruktive Fuge zwischen Wehrkörper und anschließendem Tosbecken bildet den fiktiven Drehpunkt beim Nachweis der Kippsicherheit des Bauwerks.

Bei geschiebeführenden Flüssen empfiehlt es sich, Wehrrücken und Tosbecken mit einer mindestens 15 cm dicken Schicht aus verschleißfestem Beton nach DIN 1045 zu versehen. Störkörper sollten in diesem Fall mit einem Stahlmantel vor Erosion, Abrasion und Kavitation geschützt werden.

Ein besonderes Augenmerk verdient das *Überlaufprofil.* Es ist so zu gestalten, dass Strahlablösungen (Minderung der Abflussleistung) und zu große Unterdrücke (Kavitationsgefahr) vermieden werden. Je strömungsgünstiger dieses Profil ausgebildet wird, desto leistungsfähiger ist das Wehr. Die Abflussleistung Q eines Wehres mit der Breite B bestimmt sich ohne Rückstaueinfluss zu

$$Q = \frac{2}{3} \cdot \mu \cdot B \cdot \sqrt{2g} \cdot (h_{\ddot{u}} + \frac{v^2}{2g})^{3/2} .$$

Wenn die Fließgeschwindigkeit v im Oberwasser kleiner als etwa 1 m/s ist, kann die Geschwindigkeitshöhe $v^2/(2 \cdot g)$ i.d.R. vernachlässigt werden. Der dimensionslose Überfallbeiwert μ ist von der Form der Überlaufkrone abhängig. Strömungsgünstig ausgerundete Profile erreichen μ-Beiwerte zwischen etwa 0,65 und 0,75.

Nach dem Wehrrücken folgt das *Tosbecken*. Hier findet die Energieumwandlung des Abflusses statt. Um die Flusssohle hinter dem Tosbecken vor Erosion zu schützen, bedarf es i. Allg. einer Sohlbefestigung in Form eines Kolkschutzes.

Heberwehr. Weil *Heberwehre* keine beweglichen Verschlussteile haben, zählt man sie zu den festen Wehren. Das hydraulische Prinzip und die Abflusscharakteristik dieser Sonderform ist in Abb. 5.3-5 dargestellt. Bei Erreichen eines Wasserstandes knapp über der innen liegenden Wehrschwelle springt der Heber an. Die Anspringnase lenkt den Wasserstrahl an die Heberhaube, die dadurch schnell evakuiert wird. Hierdurch kommt es zu einem raschen Übergang vom Freispiegel- zum Druckabfluss, und der Heber erreicht sehr schnell eine hohe Abflussleistung. Dieser Abfluss nimmt

auch bei weiter steigendem Wasserstand kaum zu, da die Gesetze des Druckabflusses zugrunde liegen. Nimmt der Zufluss in die Stauhaltung wieder ab und erreicht der Wasserstand die Einlaufkante der Heberhaube, reißt der Wasserstrom infolge der eingesaugten Luft abrupt ab. Sonderkonstruktionen mit bedienbaren Belüftungsvorrichtungen erlauben eine frühere Einstellung des Abflusses.

Aufgrund der geschilderten Abflusscharakteristik ist ein Heberwehr nur eingeschränkt steuerbar und auch nicht überlastbar. Es bietet damit keine Reserven für extreme Hochwasserabflüsse. Dennoch wurden Heberwehre früher vielfach als HW-Entlastungsanlagen bei Fluss- und Talsperren verwendet, weil sie eine hohe spezifische Abflussleistung aufweisen.

Bewegliche Wehre
Bewegliche Wehre sind Stauvorrichtungen, bei denen ein Aufstau durch bewegliche Stahlverschlüsse bewirkt wird. Diese können ganz oder teilweise geöffnet werden; auf diese Weise ist eine Beeinflussung des Oberwasserstandes durch Regulierung der Durchflussleistung möglich.

Bei schwierigen Randbedingungen wie Schräganströmung oder Einstau vom Unterwasser sollten anhand wasserbaulicher Modelluntersuchungen die hydrodynamischen Kräfte auf die Verschlüsse genau ermittelt werden, damit die Antriebsorgane ausreichend sicher dimensioniert werden können. Dabei lässt sich auch die Formgebung der Verschlüsse optimieren.

Das Öffnen und Schließen der Verschlüsse kann mechanisch, hydraulisch, elektrisch oder selbsttätig durch das Wasser erfolgen. Die Randbedin-

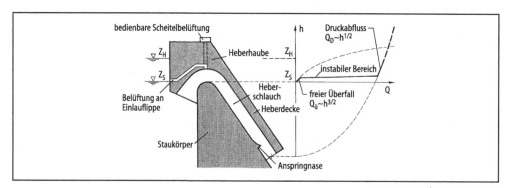

Abb. 5.3-5 Heberwehr und Abflusscharakteristik

gungen – Bemessungshochwasserabfluss, Eis und Geschiebe, Untergrundverhältnisse und optische Erscheinung – bestimmen die Art der Verschlüsse, die Anzahl der Wehrfelder und deren lichte Weite sowie die Stauhöhe.

(n-1)-Bedingung. Bei Hochwasser muss die Stauwirkung des Wehres eingeschränkt oder ggf. aufgehoben werden. Die Verschlüsse müssen sicher geöffnet, und der ursprüngliche Flussquerschnitt muss freigegeben werden können. DIN 19700 Teil 13 schreibt hierzu die Einhaltung der sog. *(n-1)-Bedingung* vor. Diese Vorschrift verlangt, dass Wehre mit beweglichen Verschlüssen so zu dimensionieren sind, dass das Bemessungshochwasser BHQ_1 auch bei Ausfall eines Wehrfeldes schadlos und unter Einhaltung des festgelegten Hochwasserstauziels abgeführt werden kann. Nur bei kleinen einfeldrigen Wehren darf u. U. statt der (n-1)-Regel die (n-a)-Regel angewendet werden. Dabei bewegt sich der Wert a zwischen 0 und 1 [DVWK 1990b]. Bei unterschiedlichen Wehrfeldern muss jenes mit der größten Abflussleistung als nicht zu öffnen unterstellt werden. Bei Wehrfeldern mit mehreren Verschlüssen übereinander (z. B. Staubalkenwehre) genügt es, die leistungsfähigste Öffnung als geschlossen anzusetzen, wenn im Revisions- oder Reparaturfall auch tatsächlich nur ein Verschluss und nicht ein ganzes Wehrfeld abgeschlossen wird.

Die (n-1)-Bedingung muss somit sowohl die Möglichkeit des Ausfalls eines Verschlusses durch Reparatur- und Wartungsarbeiten als auch das unvorhergesehene Blockieren des Verschlusses oder Versagen der Antriebsaggregate abdecken. Zusätzlich ist noch folgendes zu beachten:

– Revisions- und Reparaturarbeiten sollten nur in Niedrig- oder Mittelwasserzeiten durchgeführt werden,
– Minimierung des Öffnungsrisikos durch Wahl bewährter Verschlusssysteme wie Klappe, Segmentverschluss oder Schütz,
– Bevorzugung von Wehrverschlüssen, die sich allein aus dem Wasserdruck (z. B. Stauklappen) oder mit nur geringer Antriebskraft (z. B. Sektoren und Segmentverschlüsse) öffnen lassen.

Einteilung der beweglichen Wehre. Am zweckmäßigsten unterteilt man bewegliche Wehre anhand ihrer Verschlüsse. Grundsätzlich unterscheiden sich

diese durch die Bewegung beim Öffnen und Schließen und die Art, wie der Abfluss freigegeben wird. Verschlüsse werden entweder durch Heben und Senken oder über eine Drehbewegung des Verschlussorgans verstellt und dadurch über- oder unterströmt. Die Kombinationen von unterschiedlichen Verschlusstypen ermöglicht die gleichzeitige Über- und Unterströmung.

Bei der Wahl der Verschlüsse ist besonders auf eine gute Abfuhr von Eis, Geschiebe und Geschwemmsel zu achten. Eine Einteilung verschiedener Verschlusstypen zeigt Abb. 5.3-6.

Hubverschlüsse. Das *Dammbalkenwehr* besteht aus einzelnen Balken, die horizontal übereinander in seitlich in den Pfeilern eingelassene Dammbalkennuten eingeführt werden. Sie geben dort die Wasserdruckkräfte an die Pfeiler ab. Die Abdichtung zwischen den Balken gewährleisten längs der Berührungsflächen eingelassene oder aufgeschraubte Gummileisten. Da das Bedienen dieses Verschlusses sehr umständlich und zeitraubend ist, wird er heute nur noch als temporärer Revisionsverschluss verwendet. Häufig werden hierzu größere Dammtafeln eingesetzt. Mit Hilfe eines Portal- oder Autokranes lassen sich die Elemente ober- und unterwasserseitig eines Wehrverschlusses einführen und ermöglichen so die Inspektion des Wehrkörpers und der Wehrverschlüsse.

Beim *Nadelwehr* bilden dicht nebeneinanderstehende Bohlen, stählerne Rohre oder Spundbohlen den Verschluss. Die so entstehende Staufläche wird leicht geneigt an eine Brücke oder einen Steg angelehnt. Eine Aussparung am Wehrboden (Schloss) sorgt für die Arretierung der einzelnen Nadeln am Fußpunkt. Zum Regulieren werden einzelne Nadeln entfernt. Umständliche Bedienung und Wasserdurchlässigkeit sind die Gründe, warum auch dieser Verschluss praktisch nur noch für Revisionszwecke verwendet wird.

Die früher weit verbreiteten *Hubschützen* finden heute im Bereich der Flusssperren fast keine Verwendung mehr, allenfalls bei kleinen untergeordneten Anlagen oder aus Gründen des Denkmalschutzes. Zu begründen ist dies zum einen durch die hydraulisch ungünstige Energieumwandlung infolge der fehlenden Möglichkeit einer gleichzeitigen Über- und Unterströmung. Zum anderen erfordern die aus dem Wasserdruck resultierenden

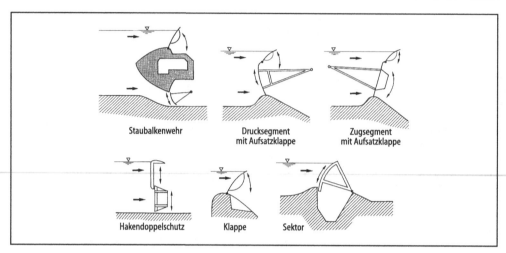

Abb. 5.3-6 Einteilung wichtiger Verschlüsse bezüglich ihrer Bewegung und der Art der Abflussfreigabe

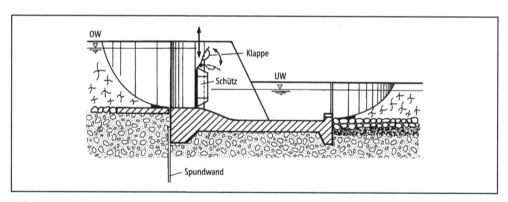

Abb. 5.3-7 Schütz mit Aufsatzklappe

Reibungskräfte in den Auflagernischen große Hubkräfte und stellen damit im Vergleich zum Dreh-
verschluss ein erhöhtes Öffnungsrisiko dar. In den
Pfeilern sind v. a. bei Rollschützen große Nischen
für das Auflager notwendig, was statisch und hydrodynamisch ungünstig ist.

Bei großen Kräften aus Wasserdruck empfiehlt
sich die Verwendung von *Rollschützen* statt Gleitschützen, da die Rollreibung nur 10% der Gleitrei-
bung beträgt (μ_{gleit}=0,3; μ_{roll}=0,03). Bei kleinen
Verschlussflächen stellen die Hubkräfte i. d. R.
kein Problem dar. Daher werden Schützen auch als
Absperrorgane beim Grundablass einer Talsperre

eingesetzt. Das Regelorgan sollte dabei als Roll-
schütz geplant werden. Für Revisionsverschlüsse
sind wegen des vorhandenen Druckausgleichs
Gleitschützen verwendbar, da hier keine großen
Hubkräfte aus Wasserdruck vorhanden sind.

Aufsatzklappen können die Sicherheit und die
Wirtschaftlichkeit von Hubschützen wesentlich verbessern. Außerdem wird die Energieumwandlung
positiv beeinflusst. Diese kombinierten Verschlüsse
werden bei Stauhöhen bis etwa 10 m und lichten
Weiten zwischen 20 und 30 m eingesetzt, wobei die
Klappenhöhe je nach Anlagengröße üblicherweise
zwischen 1,0 und 3,5 m beträgt (Abb. 5.3-7).

Beim *Hakendoppelschütz* handelt es sich um eine Kombination von zwei Hubschützen (vgl. Abb. 5.3-6). Dieser Wehrverschluss wird bei Stauhöhen von 8 bis 16 m und lichten Weiten bis 40 m eingesetzt. Kleinere Abflüsse werden durch ein Absenken der Oberschütze abgeführt; ist unterwasserseitig ein ausreichend großes Wasserpolster vorhanden, kann das Unterschütz angehoben und schließlich der zusammengefahrene Verschluss ganz aus dem Wasser herausgehoben werden. Neben den großen Hubkräften sind die benötigten vier Antriebe und der erhöhte Verschleiß der Dichtungen wesentliche Nachteile. Daneben kommt es leicht zu Spritzstrahlen, die im Winter vereisen und den Antrieb blockieren können. Außerdem erfordern diese Verschlüsse wegen der großen Hubhöhen und tiefen Nischen breite und hohe Pfeiler, die im Landschaftsbild eines Flusstales heute als störend empfunden werden.

Drehverschlüsse. Beim *Segmentwehr* besteht der Staukörper aus einer geraden oder kreiszylindrischen Blechhaut mit entsprechenden Aussteifungen. Durch Drehen um eine feste horizontale Achse wird er aus dem Wasser gehoben. Der Staukörper wird meist so gestaltet, dass der resultierende Wasserdruck durch das Gelenk geht oder mit einer kleinen Exzentrizität am Gelenk vorbeigeht (um das Eigengewicht beim Öffnen zu kompensieren) und somit nur geringe Hubkräfte notwendig sind. Segmente sind daher ideale Verschlusskörper für Wehranlagen mit hohem Wasserdruck bzw. großer Stauhöhe (Abb. 5.3-8).

Zu den Vorteilen des Segmentwehres gehören neben den geringen Hubkräften die schmalen Pfeiler, da keine Nischen benötigt werden. Weil genügend Platz für das Herausdrehen des Verschlusses vorgesehen werden muss, bereitet allerdings die Positionierung von Wehrbrücken manchmal Schwierigkeiten.

Beim alleinigen Einsatz von Segmenten findet eine schlechte Energieumwandlung statt, da der Verschluss nur unterströmt wird. Die Kombination mit überströmbaren Aufsatzklappen hebt diesen Nachteil auf. Gleichzeitig erleichtert die Klappe die Feinregulierung des Abflusses und damit die Einhaltung des Stauzieles.

Beim *Drucksegment* liegen die Segmentarme und Lager auf der Unterwasserseite, werden also

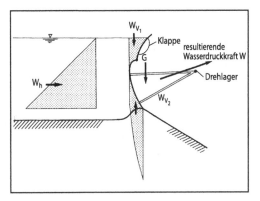

Abb. 5.3-8 Kräfte am Drucksegment

auf Druck beansprucht. Die Blechhaut des Verschlusses ist kreiszylindrisch geformt. Ein Nachteil beim Drucksegment ist, dass die Segmentarme auf Druck und die Wehrpfeiler im Bereich der Krafteintragung auf Zug beansprucht werden. Dies bedingt eine zusätzliche Pfeilerbewehrung hinter dem Drehgelenk zur Rückverankerung der aufzunehmenden Kräfte. Wegen der Konzentration des Wasserdruckes auf nur zwei Lagerpunkte ist die Breite der Wehrfelder (in Abhängigkeit von der Stauhöhe) auf maximal etwa 25 m begrenzt. Ein besonderer Vorteil des Drucksegments ist die leichte Zugänglichkeit des Verschlusses und der Antriebe für Revisionszwecke.

Bei *Zugsegmenten* liegen die Segmentarme und das Lager auf der Oberwasserseite (Abb. 5.3-9). Der Verschlusskörper wird aus einer ebenen Stauwand hergestellt. Als Vorteil ist die optimale Ausnutzung der Baustoffe zu nennen: Die Segmentarme erhalten Zug, die Krafteinleitung in den Beton erfolgt auf Druck im oberstromigen Pfeilerbereich. Die Lager liegen unter dem Wasserspiegel und können nicht wie bei Drucksegmenten infolge Spritzwassers vereisen. Auch sind bei zusätzlichen Aufsatzklappen, anders als bei Drucksegmenten, keine konstruktiven Schutzmaßnahmen für die Segmentarme gegen den Überfallstrahl notwendig. Ein Nachteil ist die notwendige Reduzierung der Überfallbreite durch Leitbleche zum Schutz der Antriebe, da diese unmittelbar in der Strömung liegen würden.

Wegen der geschilderten Probleme mit den Zuleitungen zu den Hydraulikarmen wird der Antrieb

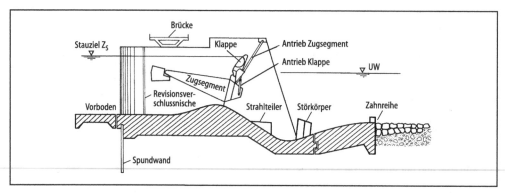

Abb. 5.3-9 Beispiel für ein Wehr mit Zugsegment und Aufsatzklappe

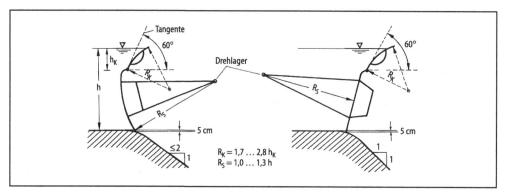

Abb. 5.3-10 Geometrie von Druck- und Zugsegment

mitunter auf der Unterwasserseite des Verschlusses angeordnet. Die Kraftübertragung ist dann jedoch nur möglich, wenn der Pfeiler hinter dem Zugsegment ausreichend hoch ausgeführt wird und die Lagerpunkte der Zylinder damit höher positioniert werden können. Nur dann kann ein Zugsegment weit genug angehoben werden. Zum Bewegen der Verschlüsse dienen elektromechanische (Ketten) oder hydraulische Antriebe (Zylinder).

Ein Vergleich zwischen Drucksegment und Zugsegment geht zugunsten des Drucksegmentes aus. Da der Materialpreis i. d. R. eine untergeordnete Rolle spielt und das Drucksegment sowohl beim Antrieb als auch bei Wartungsarbeiten viele Vorteile gegenüber dem Zugsegment aufweist, werden heute fast ausschließlich Drucksegmente gebaut.

Konstruktive Empfehlungen für Segmente: Die Länge der Stahlarme eines Zug- und Drucksegments sollte etwa das 1- bis 1,3-fache der Verschlusshöhe (einschließlich der Höhe der Aufsatzklappe) betragen (Abb. 5.3-10). Aus strömungstechnischen Gründen ist die Stauwand beim Drucksegment rund, beim Zugsegment gerade. Als Anhaltsgröße für das Gewicht eines Segmentverschlusses kann man etwa 3 bis 5 kN/m² Staufläche ansetzen.

Der Aufsetzpunkt der Verschlüsse ist etwa 5 cm unter der Wehrschwelle anzuordnen, damit eine bessere Anströmung des Wehrrückens ermöglicht wird. Beim Drucksegment sollte die Neigung des Wehrrückens nicht steiler als b/h=2:1 und beim Zugsegment möglichst flacher als b/h=1:1 gewählt werden, damit sich die Strömung an die Kontur des Wehrrückens anlegt. Da beim Zugsegment die Wehrschwelle steiler ausgeführt werden kann, ist die Längenentwicklung der Wehranlage kürzer als bei einem Drucksegment.

Klappenwehre sind Drehverschlüsse, die an einer Wehrschwelle oder auf beweglichen Verschlüssen gelagert sind (Abb. 5.3-11). Die Pfeiler können relativ schmal gehalten werden, da Klappen keine Nischen beanspruchen. Ein einseitiger Antrieb über ein Torsionsrohr ist ebenso unproblematisch wie ein seitlicher Antrieb mittels Hydraulikzylinder. Der Wasserabfluss ist sehr gut regelbar und die Funktionstüchtigkeit im Hochwasserfall auch beim Ausfall der Antriebsorgane gewährleistet, da der Wasserdruck das Öffnen unterstützt. Darüber hinaus können Eis und Geschiebe gut abgeführt werden. Bei stark geschiebeführenden Gewässern ist allerdings eine erhöhte Verschleißwirkung am Verschlussrücken und an der Horizontaldichtung zu berücksichtigen.

Klappen sind dann gut einsetzbar, wenn der Unterwasserstand auch beim Bemessungshochwasserabfluss unter dem Klappengelenk bleibt. Steigt das Unterwasser über den Klappendrehpunkt an, resultieren durch den Einstau der Belüftungsöffnungen pulsierende dynamische Kräfte auf die Klappenunterseite. Lässt sich der Einstau der Klappe von Unterwasser nicht vermeiden, so empfiehlt sich ein Ausbetonieren der Hohlkörper der Klappe, um ihre stabile Lage unter Wasser sicherzustellen. Die Antriebskräfte müssen dann entsprechend groß dimensioniert werden.

Zum Aufrichten von Klappen sind ebenfalls große Kräfte notwendig, da der gesamte Wasserdruck zu überwinden ist. Werden Klappen einseitig angetrieben, können sie bei Stauhöhen von bis zu 6 m mit Lichtweiten bis 20 m und bei Stauhöhen kleiner als 2 m bis zu 40 m verwendet werden. In Kombination mit anderen Wehrverschlüssen (Hubschützen, Segmenten, Staubalken) lassen sich auch größere Stauhöhen erzielen.

Konstruktionshinweise: Die Sekantenneigung in Staustellung sollte etwa 60° betragen. Der Klappenrücken ist so zu formen, dass Strahlablösungen und größere Unterdrücke beim Überfall vermieden werden. Der Klappenradius ist daher in Abhängigkeit von der Verschlusshöhe zu wählen und sollte etwa das 1,7- bis 2,8-fache der Verschlusshöhe betragen.

Der Raum zwischen Verschluss und Überfallstrahl muss ausreichend belüftet sein, um Schwingungen zu vermeiden. Dies lässt sich durch Strahlaufreißer erreichen, die allerdings nur bei kleinen Überströmungshöhen wirkungsvoll sind, sowie durch Belüftungskanäle, die in den Pfeilern bzw. Wehrwangen liegen und unter dem Drehpunkt der Stauklappe ausmünden.

Beim Antrieb über ein Torsionsrohr wird dieses in das Innere der Wehrpfeiler geführt, wo sich die Antriebskammer befindet. Auf ausreichende Breite der Pfeiler ist in diesem Fall zu achten. Auch ein Antrieb von unten aus dem Wehrrücken heraus ist mit Hilfe von Druckzylindern möglich, wenn im Wehrkörper genügend Raum vorhanden ist.

Ein *Sektorwehr* besteht aus einer kreisförmigen Stauwand, die mit einem Ablaufrücken verbunden ist. Dieser Verschluss (meist aus Stahl) wird drehbar gelagert. Die Wehrschwelle muss gegen die Stauwand abgedichtet werden. Durch eine hydraulische Verbindung der Sektorkammer mit dem Oberwasser wird das Sektorwehr infolge des entstehenden Überdrucks angehoben; werden die Ventile zum Unterwasser geöffnet, senkt sich der Staukörper infolge des Druckabbaus wieder ab (Abb. 5.3-12). Dieser Staukörper wird somit nur hydraulisch – ohne Fremdenergie – bewegt. Es

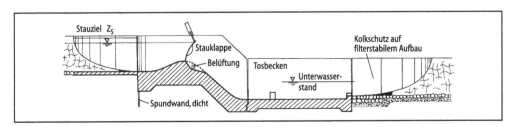

Abb. 5.3-11 Klappenwehr im Schnitt

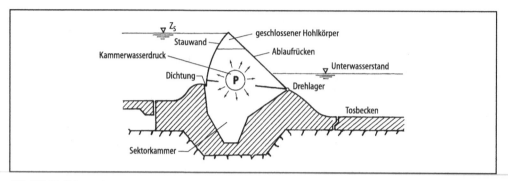

Abb. 5.3-12 Sektorwehr

sind Lichtweiten bis 60 m möglich, da die Kraft linienförmig in den Wehrkörper abgetragen wird. Die Pfeiler benötigen keine Nischen und Antriebsvorrichtungen und können dadurch sehr niedrig, schmal und ohne Aufbauten gehalten werden, was eine optisch ansprechende Gestaltung der Wehranlage bewirkt. In den Pfeilern sind nur die Füll- und Entleerungsleitungen untergebracht. Da große Stauhöhen tiefe Sektorgruben zur Folge haben, werden Sektorwehre nur bei Stauhöhen zwischen 6 und 9 m eingesetzt.

Kombinierte Wehre

Kombinierte Wehre ohne festen Staukörper. Bei einem Segmentwehr bringen zusätzliche Klappen (vgl. Abb. 5.3-9) den Vorteil, dass dieser Wehrtyp sowohl über- als auch unterströmt werden kann. Dies ermöglicht eine bessere Energieumwandlung und gestattet die Feinregulierung der Abflüsse. Bei Drucksegmenten mit Aufsatzklappe müssen die Segmentarme vor dem Überfallstrahl geschützt werden. Dies ist z. B. durch Leitbleche auf den Stauklappen möglich. Bei Zugsegmenten mit Aufsatzklappen ist dieser zusätzliche Schutz nicht notwendig, jedoch müssen bei Kettenantrieb kleine Abweisbleche auf den Klappen zum Schutz der Ketten angebracht werden.

Kombinierte Wehre mit festem Staukörper. Da ein fester Staukörper aus Beton i. d. R. billiger ist als ein entsprechend hohes Stahlbauteil, kann es bei Stauhöhen ab 10 m wirtschaftlicher sein, die Stauhöhe durch eine Kombination aus festem und beweglichem Wehr zu erzielen.

Feste Betonteile kleiner als etwa 15% der Oberwassertiefe nennt man „Höcker", und die Anlage wird noch den beweglichen Wehren zugeordnet. Erst bei einem höheren Anteil am Aufstau handelt es sich um einen festen Staukörper, und man ordnet die Anlage den kombinierten Wehren zu. In Verbindung mit festen Staukörpern lassen sich sowohl Klappen als auch Zug- und Drucksegmente sinnvoll einsetzen.

Der feste Staukörper wird in seiner Größe und Form genauso wie bei den festen Wehren mit Hilfe eines Grunddreiecks konstruiert. Dieser Wehrtyp ist jedoch ungeeignet, wenn ein Anlandungskeil vor der Schwelle vermieden werden muss (z. B. wegen eines tiefliegenden seitlichen Kraftwerkeinlaufs), da sich die Beseitigung des Geschiebes nur mit zusätzlichen Einrichtungen (z. B. Kiesschleusen) durchführen lässt.

Beim *Staubalkenwehr* wird der für den Abfluss nicht benötigte Durchflussquerschnitt durch einen festen Staubalken aus Stahlbeton abgeschlossen, der sowohl über- als auch unterströmt wird. Der Betonkörper kann bei kleineren Abmessungen massiv ausgebildet werden. Bei größeren Anlagen bietet er Raum für einen Betriebsgang (Wehrgang) und für die Unterbringung der Antriebsaggregate (Abb. 5.3-13).

Die maßgeblichen Vorteile von Staubalkenwehren sind:

– große Stauhöhen sind wirtschaftlich erreichbar durch einen hohen Anteil an Beton und relativ kleine Stahlverschlüsse,
– günstige Auswirkung auf die (n-1)-Bedingung, da nur eine Öffnung angesetzt zu werden braucht und nicht das ganze Wehrfeld,

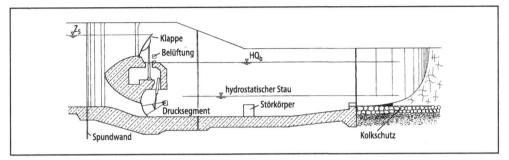

Abb. 5.3-13 Staubalkenwehr mit Drucksegement und Klappe

- gute Energieumwandlung durch gleichzeitige Über- und Unterströmung des Staubalkens,
- optisch ansprechend wirkender Überfallstrahl und günstiger Einfluss auf den Sauerstoffeintrag,
- Geschiebeabzug durch die tiefliegenden Auslässe (*Tiefablässe*) möglich,
- sicherer Winterbetrieb, da keine Vereisungsgefahr der Tiefablassverschlüsse.

Als Nachteil ist allenfalls die schlechte Zugänglichkeit der unteren Verschlüsse und Dichtungen zu nennen.

Als obere Verschlüsse verwendet man heute praktisch nur noch Klappen und bei den Tiefablässen Drucksegmente. Die Tiefablässe werden bei großen Öffnungsweiten durch Zwischenpfeiler unterteilt, um die Kräfte aus Wasserdruck auf die Verschlüsse zu begrenzen. Der Staubalken sollte strömungsgünstig ausgebildet werden um für beide Verschlüsse eine gute Anströmung zu gewährleisten (s. Abb. 5.3-13).

Schlauchwehre. Schlauchwehre bestehen aus Gummigewebematten. Die Aufwölbung der Gummimatten wird durch eine Wasserfüllung – seltener Luftfüllung – erreicht, deren Druck höher ist als der vom Oberwasser angreifende Wasserdruck (Abb. 5.3-14). Mit der Änderung des Innendrucks kann man den Oberwasserstand verändern oder bei Hochwasser den Abflussquerschnitt vergrößern. Schlauchwehre haben sich auch bei geschiebeführenden Flüssen und bei Geschwemmselanfall dank ihrer hohen Elastizität bewährt und bieten eine Alternative zu den konventionellen Wehrtypen, insbesondere zu Klappenwehren.

Weitere Vorteile der Schlauchwehre sind die gute Einpassung in die Flusslandschaft und die – verglichen mit Stahlkonstruktionen – deutlich niedrigeren Investitionskosten. Allerdings liegen noch keine Langzeiterfahrungen vor, insbesondere was die Haltbarkeit des Schlauchmaterials anbelangt, da Schlauchwehre erst seit etwa Mitte der 70er-Jahre gebaut werden.

Schlauchwehre eignen sich insbesondere an kleineren Flüssen bei geringen Stauhöhen. Es wurden aber auch schon Stauhöhen von über 3 m erreicht (Gries/Salzach 1992: Zwei Felder mit Schlauchhöhen von 3,50 m und Feldbreiten von je 19,50 m). Bei kleineren Stauhöhen wurden Längen von über 50 m erreicht. Es sind auch größere Längen realisierbar, jedoch steigt das Betriebsrisiko bei Revisionsarbeiten.

Schlauchwehre können auch mit Luft statt Wasser gefüllt werden, jedoch sprechen bei bestimmten Randbedingungen einige Gründe für die Befüllung mit Wasser:

- Bei luftgefüllten Wehren muss wegen der Gefahr des Aufschwimmens infolge Auftriebs ein möglicher Einstau von Unterwasser ausgeschlossen werden.
- Bei schräger Anströmung (z. B. Streichwehr) ergeben sich beim luftgefüllten Schlauch höhere Schwingungen an der Wehrkrone.
- Der wassergefüllte Schlauch ist vom vollgefüllten bis zum liegenden Schlauch stufenlos regulierbar.
- Beim luftgefüllten Schlauch bilden sich unterhalb von etwa zwei Drittel der Maximalhöhe V-förmige Einbuchtungen. Dies führt zu Abfluss-

Abb. 5.3-14 Beispiel für ein luftgefülltes Schlauchwehr (Wehr Türkheim/Wertach, Blick von unterstrom)

konzentrationen in Teilbereichen des Wehres. Als Folge davon können lokale Auskolkungen im Unterwasser auftreten.

– Bei dauernd überströmten Wehren (z. B. Kulturwehren) kann es bei Luftfüllung zu Schwingungen kommen, was zum Scheuern des Schlauches am Betonsockel führt und Abnutzungserscheinungen zur Folge hat.

Tosbecken

An ein Wehr schließt immer ein Tosbecken an. Hier findet die Energieumwandlung statt (sog. *Wechselsprung*). Dabei wird die potentielle und kinetische Energie des überfallenden Wassers durch heftige Verwirbelung in Schall- und (vornehmlich) Wärmeenergie umgewandelt.

Das Tosbecken wird vom Wehrkörper durch eine speziell ausgebildete Fuge getrennt (Abb. 5.3-15), die verhindert, dass der massive und schwere Staukörper aufgrund seiner stärkeren Setzungen tiefer zu liegen kommt als die Tosbeckenplatte und dadurch hydrodynamische Kräfte in der Fuge und unter der Tosbeckenplatte wirken. Selbstverständlich kann bei Gründung auf Fels auf diese aufwendige Fugenkonstruktion verzichtet werden. Der

Übergang vom Wehrrücken zur Tosbeckenplatte sollte ausgerundet und die Fuge außerhalb der Ausrundung angeordnet werden.

Tosbeckenbemessung: Damit ein Tosbecken hydraulisch wirksam ist, muss es in bezug auf Eintiefung und Tosbeckenlänge dimensioniert werden. Nur dann ist eine ausreichende Energieumwandlung möglich und die anschließende Flusssohle vor Erosion geschützt. Grundlage der Bemessung ist die Ermittlung der Tiefe des Eingangsschussstrahles h_1 in das Tosbecken (s. Abb. 5.3-15). Diese ergibt sich aus einem Vergleich der Energiehöhen vor dem Wehr (Abfluss im Strömen) und im Tosbecken (schießender Abfluss). Mit Hilfe einer iterativen Berechnung kann der Eingangsschussstrahl, der abhängig ist von der gewählten Tosbeckeneintiefung e, berechnet werden. Aus ihm lässt sich die Eingangs-Froudezahl Fr_1 bestimmen zu

$$Fr_1 = \frac{v_1}{\sqrt{g \cdot h_1}}$$

(v_1 Geschwindigkeit des Eingangsschussstrahles, g Fallbeschleunigung).

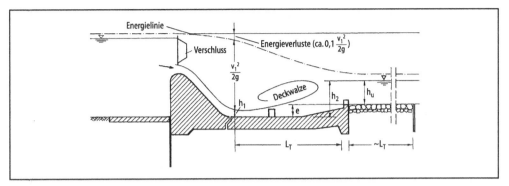

Abb. 5.3-15 Angaben zur Tosbeckenbemessung

Eine gute Energieumwandlung findet bei Froudezahlen zwischen etwa 4,0 und 8,0 statt. Damit der Wechselsprung ausschließlich im Tosbecken stattfindet und nicht nach unterstrom abwandert, ist eine ausreichende Stützkraft von unterstrom erforderlich. Die Betrachtung des hydrodynamischen Gleichgewichtes ergibt eine zum Eingangsschussstrahl korrespondierende Fließtiefe von

$$h_2 = -\frac{h_1}{2} + \sqrt{\frac{h_1^2}{4} + \frac{2 \cdot v_1^2 \cdot h_1}{g}} \ .$$

Daraus lässt sich die erforderliche Mindestfließtiefe im Unterwasser, gerechnet von der Flusssohle, berechnen zu

$$h_{u\,erf} = h_2 - e.$$

Den Einstaugrad ε erhält man bei Ansatz der tatsächlichen Unterwasserfließtiefe h_u zu

$$\varepsilon = (h_u + e)/h_2.$$

Dieser sollte größer sein als etwa 1,05, um ein Abwandern der *Deckwalze* nach unterstrom zu verhindern. Höhere Werte als 1,25 führen zu einem rückgestauten Wechselsprung, was die Energieumwandlung negativ beeinflusst. Die Tosbeckenlänge L_T sollte etwa

$$L_T = 5 \cdot (h_2 - h_1)$$

betragen.

Bei Einhaltung der Kriterien für die Froudezahl und den Einstaugrad sowie bei der berechneten Länge kann eine hinreichende Energieumwandlung innerhalb des Tosbeckens angenommen werden. In diesem Fall sind keine Einbauten in das Tosbecken erforderlich.

Zu beachten ist jedoch, dass die Dimensionierung nach den vorgenannten Kriterien nur für einen bestimmten konstanten Abfluss vorgenommen wird. Für alle anderen Abflüsse wäre die Energieumwandlung nicht optimal. Um eine hydraulische Wirksamkeit auch bei einem erweiterten Abflussbereich zu erreichen, können Tosbeckeneinbauten wie Strahlteiler und Störkörper vorgesehen werden.

Das Tosbecken wird zur unterstromigen Flusssohle i. d. R. über eine Anrampung im letzten Tosbeckendrittel angehoben. Hierbei ist eine Endschwelle vorzusehen. Diese *Endschwelle* sowie die darauf aufgesetzte *Zahnschwelle* verringern den Strömungsangriff auf die Flusssohle unmittelbar hinter dem Tosbecken (s. Abb. 5.3-3).

Neuere Entwicklungen sind *Muldentosbecken*, die eine kürzere Bauform erlauben, allerdings tiefer in den Untergrund reichen. Ein Muldentosbecken sollte jedoch auf der Basis eines hydraulischen Modellversuchs geplant werden.

Kolkschutz

Der Abfluss hinter einem Tosbecken ist gekennzeichnet durch starke Turbulenzen, verbunden mit großen Sohlschubspannungen, welche die Flusssohle hinter dem Tosbecken angreifen und zu Kolkbildung führen können. Die Verteilung der Fließgeschwindigkeit über die Fließtiefe entspricht hier noch nicht der bei

Normalabfluss mehrere hundert Meter unterhalb des Tosbeckens. Aus Stabilitätsgründen ist es daher erforderlich, den unmittelbaren Bereich hinter dem Tosbecken vor Erosion bzw. Auskolkung durch Wasserbausteine zu schützen (vgl. Abb. 5.3-3).

Wie weit der Kolkschutz nach unterstrom aufgebracht werden muss, hängt von der Beschaffenheit bzw. Stabilität der natürlichen Flusssohle ab. Bei schwierigen Verhältnissen empfiehlt sich der wasserbauliche Modellversuch. Für Vorentwürfe kann von einer Belegung der Sohle ausgegangen werden, die etwa der Tosbeckenlänge entspricht. An den Ufern ist wegen der stärkeren Turbulenzen der Kolkschutz ggf. zu verlängern. Die erforderliche Steingröße ist abhängig von der Fließgeschwindigkeit v in der Nähe der Flusssohle hinter dem Tosbecken. Erfahrungsgemäß ergeben sich Wasserbausteine der Klassen II bis IV [TLW 2003, DIN EN 13383-1]. Häufig wird der Kolkschutz zweilagig ausgeführt. Die Steine sind möglichst auf einem filterfest ausgebildeten Untergrund zu verlegen, um ein Ausspülen von Feinmaterial infolge Sickerströmung unter dem Wehr zu verhindern. Gegebenenfalls ist ein Geotextil vorzusehen. Das unterstromige Ende des Kolkschutzes wird gegen Verrutschen und Abwandern gesichert, indem einzelne Steine im Flussbett (z. B. durch gerammte Eisenbahnschienen) fixiert werden.

Wehrwangen und Wehrpfeiler

Bei einem Wehrbauwerk spielt die hydraulisch günstige An- und Abströmung eine wesentliche Rolle. Im Oberwasser erreicht man dadurch eine optimale Leistungsfähigkeit des Wehres, und im Unterwasser reduziert man damit weitgehend einen Uferangriff durch das abströmende Wasser. Abbildung 5.3-16 zeigt den Regelanschluss eines landseitigen Wehrfeldes an die Uferböschung. Eine besonders günstige Anströmung des Wehres wird erreicht, wenn sowohl die oberstromige als auch die unterstromige Wehrwange ausgerundet ist. Gute Ergebnisse werden erzielt, wenn die oberstromige Wehrwange als Viertelkreis, die unterstromige als Viertelellipse ausgebildet wird.

Der Radius des Viertelkreises ergibt sich aus der Höhe des Stauhaltungsdammes und der Neigung der Böschung. Bei der Konstruktion der Ellipse empfiehlt sich ein Verhältnis der Halbachsen zwischen etwa 1,5 und 2,0. Auf Grund der Verengung des Fließquerschnitts unmittelbar vor dem Wehr kommt es im Bereich der Uferanschlüsse zu Strömungswirbeln, die das Ufer angreifen. Daher ist dieser Bereich durch ein Steinpflaster und einen Betonkeil zu schützen. Die Wehrwangen werden zweckmäßigerweise als Winkelstützmauern ausgebildet. Bei beweglichen Verschlüssen ist beim geraden Mittelteil der Wehrwange darauf zu achten, dass keine Verschiebungen aus Erddruck oder Wasserdruck auftreten, weil sonst die Verschlüsse klemmen könnten.

Die *Wehrpfeiler* sind oberstromig auszurunden. In der Regel genügt es, einen Halbkreis zu wählen. Das Pfeilerende ist stumpf und schafft damit eindeutige Abrisskanten. Die Pfeilerrücken sind meist schräg, die Kopfseite senkrecht, wobei jedoch eine leichte Neigung zur Unterwasserseite hin empfehlenswert ist.

Die Breite der Wehrpfeiler hängt von den Aufgaben ab, die der Pfeiler zu erfüllen hat. Die Wehrpfeiler sind meist nicht massiv, sondern mit Kammern versehen, die Platz für Antriebsaggregate und Messeinrichtungen bieten. Als Faustformel für die Wahl der Breite kann in Abhängigkeit von der Wehrfeldbreite etwa

$$B_{\text{Pfeiler}} = (0{,}15\ldots0{,}30) \cdot B_{\text{Feld}}$$

angesetzt werden, wobei das kleinere Maß bei Zug- und Drucksegmenten und das größere bei Schützen vorzusehen ist.

Ist neben dem Wehr ein Kraftwerk angeordnet, kann ein günstig geformter *Trennpfeiler* wesentlich dazu beitragen, dass die Turbinen möglichst gleichmäßig und verlustarm angeströmt werden. Dies zahlt sich mittelfristig durch höhere Energieausbeute aus. Vorteilhaft ist eine großzügige Ausrundung der kraftwerkseitigen Berandung des Pfeilers. Abbildung 5.3-17 zeigt ein Beispiel mit Korbbögen. Für die wehrseitige Ausrundung ist ein Viertelkreis ausreichend.

Weitere Elemente an Wehren

Grundablass. Liegt die feste Wehrkrone deutlich über der Flusssohle, so ist ein Grundablass erforderlich, um den Stauraum bei Inspektionen und für Reparaturen ganz entleeren zu können, um Geschiebe und Schwebstoffe aus dem Staubereich zu entfernen (Kiesschleuse) und ggf. auch, um den Fluss während der Bauzeit umzuleiten.

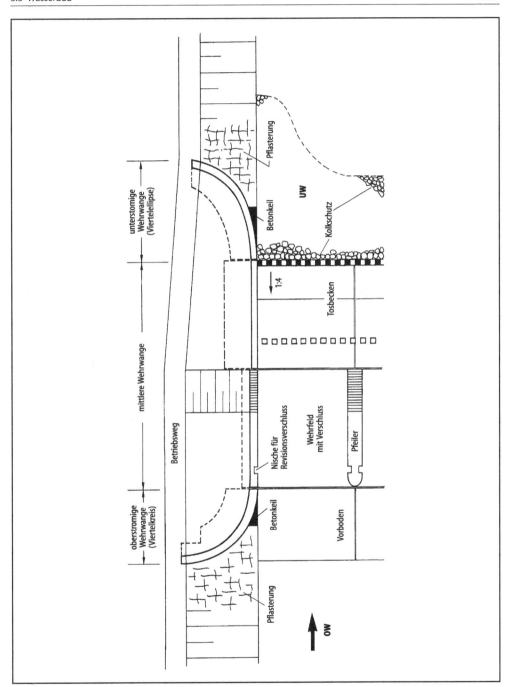

Abb. 5.3-16 Regelanschluss eines Wehres an das Flussufer

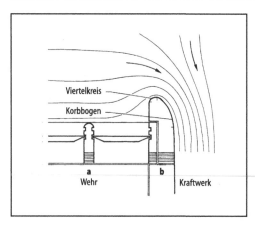

Abb. 5.3-17 Wehrpfeiler (**a**) und Trennpfeiler (**b**)

Floß- oder Bootsgassen. Sie sind Gerinne mit einem Gefälle von etwa 1:100 bis 1:200, die nur bei Bedarf freigegeben werden oder von Bootsfahrern selbsttätig bedient werden können.

Fischaufstiegshilfen. Damit Wanderfische eine Wehranlage nach oberstrom überwinden können, wurden häufig Fischaufstiegshilfen als Gerinne von 0,75 bis 1,50 m Breite geschaffen, die mit Stufen oder Hindernissen bis zu 30 cm Höhe versehen sind und vom Wasser ständig durchströmt werden. Heute bemüht man sich, der Natur nachempfundene Aufstiegshilfen zu realisieren, meist in Form von naturnah gestalteten Umleitungsgewässern, die einen ständigen Wasserstrom aus dem Oberwasser zum Unterwasser erlauben und damit die ökologische Durchgängigkeit des Flusses bewirken.

Der unterwasserseitige Zugang (Einstieg) zu einem Fischpass oder einem Umleitungsgewässer sollte möglichst nah am Wehrbauwerk liegen und eine ausreichende Lockströmung aufweisen, damit Fische den Zugang finden können. Weitere Hinweise sind [DVWK 1996a] zu entnehmen.

Fischabstiegshilfen. Aale, aber auch andere Fischarten, wollen zu bestimmten Zeiten flussabwärts wandern. Bis heute gibt es hierfür jedoch keine wissenschaftlich abgesicherten Anlagen, die zudem auch mit finanziell vertretbarem Aufwand hergestellt werden könnten.

Modernisierung und Sanierung von Wehranlagen

Da viele Wehrbauwerke inzwischen 50 bis 80 Jahre alt sind, gehören die Modernisierung und die Sanierung bestehender Wehranlagen zu den vorrangigen Aufgaben des konstruktiven Wasserbaus. Hinzu kommt, dass veränderte Bemessungsgrundlagen infolge neuer Erkenntnisse Eingang in die geltenden Normen und Richtlinien gefunden haben. Dementsprechend besteht Bedarf an einer Anpassung bestehender Wehranlagen an diese neuen Vorgaben (z. B. (n-1)-Regel).

Aus diesem Anlass hat der Deutsche Verband für Wasserwirtschaft und Kulturbau das Merkblatt 241/1996 „Modernisierung von Wehren" herausgegeben [DVWK 1996b]. Darin werden grundsätzliche Beurteilungskriterien und Lösungsvorschläge zur baulichen und betrieblichen Modernisierung von Wehrbauwerken angegeben.

Zu den wichtigsten Maßnahmen der baulichen und betrieblichen Modernisierung gehören:

– Erhöhung der Abflussleistung durch Verbesserung der Anströmung und Optimierung des Überlaufprofils,
– Verbesserung der Standsicherheit (gegen Gleiten) mit Hilfe von Verankerungen, Auflasten und Reduzierung des Sohlenwasserdrucks,
– Abdichtungsmaßnahmen zur Verbesserung der Dichtheit des Wehrkörpers,
– Ertüchtigungsmaßnahmen für das Tosbecken zur Verbesserung der Energieumwandlung,
– Beseitigung und Verhinderung von Kolken nach dem Tosbecken,
– Instandsetzung von Betonteilen durch Zementinjektionen oder Vorsatzbeton,
– Erfüllung der (n-1)- oder (n-a)-Bedingung,
– Automatisierung des Wehrbetriebs zur Verbesserung der Abfluss- und Stauzielregelung.

Oft sind die erforderlichen Maßnahmen so umfangreich, dass die Modernisierung in Umfang und Aufgabenstellung einem Neubau gleichkommt.

5.3.1.2 Talsperren

Eine Talsperre schließt ein Tal in seiner ganzen Breite ab und schafft damit einen Stauraum zur Wasserspeicherung. Sie besteht aus einem Absperrbauwerk und den zugehörigen Betriebsanlagen. Im Bereich der Stauwurzel sind gelegentlich Vorsperren vorhanden, die dann zur Talsperre gehören. Eine Vorsperre soll bei der Absenkung des Wasserspiegels in der Hauptsperre diesen im Stauwurzelbereich konstant halten, um den Belangen des Landschaftsbildes und der Naherholung Rechnung zu tragen (Abb. 5.3-18). Die wichtigste Norm für Talsperren ist DIN 19700 Teil 10 und 11. Daneben definiert auch DIN 4048 Teil 1 die wichtigsten Begriffe bzgl. der Speicherräume bei Talsperren (Abb. 5.3-19).

Aufgaben und Auswirkungen von Talsperren

Aufgaben von Talsperren:

- Hochwasserschutz,
- Niedrigwassererhöhung,
- Bewässerung,
- Trinkwasserspeicherung,
- Erzeugung von Wasserkraft,
- Erholung.

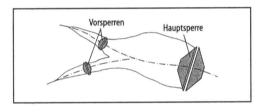

Abb. 5.3-18 Teile einer Talsperre

Auswirkungen von Talsperren:

- Unterbrechung des Fließkontinuums und damit der ökologischen Durchgängigkeit,
- Veränderung der Fließverhältnisse eines Flusses mit Geschiebe- und Schwebstoffrückhalt,
- Veränderung der Grundwasserverhältnisse,
- Veränderung des Landschaftsbildes,
- Veränderung der Region durch mögliche Sekundärnutzung (z. B. Tourismus),
- Umsiedlung der Talbewohner.

Wahl des Absperrbauwerks

Das Absperrbauwerk einer Talsperre ist eine Staumauer oder ein Staudamm (in beiden Fällen engl.: dam). *Staumauern* werden heute aus Beton oder auch aus Walzbeton (Roller Compacted Concrete, RCC) gebaut [Strobl/Zunic 2006]. Der Wasserdruck auf das Bauwerk wird entweder durch sein Eigengewicht (Gewichtsmauer) oder durch Pfeiler (Pfeilerstaumauer) auf die Talsohle übertragen oder über Bogenwirkung in die Talflanken geleitet (Bogenstaumauer).

Staudämme werden als Erd- oder Steinschüttdämme ausgeführt. Sie wirken statisch allein aufgrund ihres Gewichts und übertragen die aus dem Wasserdruck resultierenden Kräfte über Reibung in den Untergrund.

Die Art des gewählten Absperrbauwerks hängt im Wesentlichen von der Topographie und Geologie des Sperrenstandortes ab. So müssen Staumau-

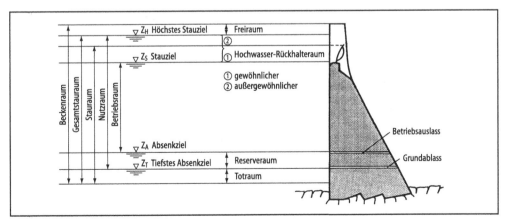

Abb. 5.3-19 Speicherräume und Stauziele bei Talsperren (nach DIN 4048 Teil 1)

ern stets auf Fels gegründet werden, während Staudämme grundsätzlich auf jedem Untergrund gebaut werden können. Ein weiterer Gesichtspunkt bei der Wahl des Bauwerktyps kann die Verfügbarkeit geeigneten Dammschüttmaterials sein sowie das Vorhandensein brauchbarer Dichtungsstoffe bzw. Betonzuschlagstoffe.

Sowohl mit Mauern als auch mit Dämmen sind Sperrenhöhen von rund 300 m erreicht worden. Beispiele: Steinschüttdamm Nurek (Tadschikistan): 300 m; Gewichtsmauer Grand Dixence (Schweiz): 285 m; Bogenstaumauer Mauvoisin (Schweiz): 250 m.

Staudämme

Ein Staudamm wird aus natürlichem Material, das in der Nähe der Sperrenstelle gewonnen werden kann, nach erdbautechnischen Grundsätzen gebaut. Staudämme lassen sich im weitesten Sinn in Erd- oder Steinschüttdämme unterteilen. Kleinere Staudämme können als homogene Dämme geschüttet werden; das übliche Konstruktionsprinzip

besteht jedoch aus einer dichten Zone mit beidseitigen Stützkörpern.

Als *Erdschüttdamm* bezeichnet man ein Absperrbauwerk, wenn der verdichtete Boden mehr als die Hälfte des Gesamtvolumens beträgt. Querschnitte von üblichen Varianten des Erdschüttdammes sind Abb. 5.3-20 zu entnehmen.

Ein *Steinschüttdamm* enthält ein Dichtungselement aus natürlichen Erdstoffen oder künstlichen Materialien (Beton, Asphalt). Mindestens 50% des restlichen Dammquerschnitts bestehen aus Kies oder Steinen zwischen 2 und 600 mm Korndurchmesser. Querschnitte üblicher Varianten des Steinschüttdammes sind in Abb. 5.3-20 dargestellt.

Die Vorteile eines Staudammes sind mannigfaltig. Weltweit wurden daher über 80% der Talsperren als Steinschüttdämme gebaut. Die wichtigsten Eigenschaften können wie folgt zusammengefasst werden:

– Staudämme können sowohl in weiten und engen als auch in steilen Tälern gebaut werden.

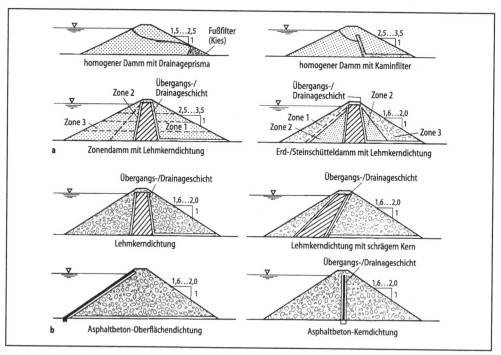

Abb. 5.3-20 Verschiedene Typen von **a** Erd-/Steinschüttdämmen und **b** Steinschüttdämmen

– Staudämme lassen sich auf fast allen geolo-
gischen Gegebenheiten gründen.
– Durch Verwendung von weitgehend natürlichen
Baustoffen müssen nur wenige Fremdstoffe wie
Zement zur Baustelle gebracht werden.
– Der Entwurf kann sich den örtlich vorhandenen
Gegebenheiten sehr gut anpassen und somit
technisch wie preislich optimiert werden.
– Die Herstellung des Staudammes ist mit einem
hohen Mechanisierungsgrad möglich.
– Die Einheitspreise bei Erd- und Steinschütt-
dämmen haben sich in der Vergangenheit viel
weniger erhöht als die für Massenbeton.

Dämme mit einer Unterscheidung in Stützkörper
und Dichtungsbereich nennt man *Zonendämme*.
Bei dauerhaft eingestauten Speicherbecken sind
sie die Regel. Bei Dämmen geringer Höhe (kleiner
etwa 20 m) ist es gelegentlich wirtschaftlicher, einen *homogenen Damm* zu schütten. Hier besteht
der gesamte Damm aus einheitlichem, wenig
durchlässigem Schüttmaterial mit k=10⁻⁶ m/s. Solche Dämme eignen sich besonders für zeitweise
vorkommenden Einstau (z.B. bei HW-Rückhaltebecken) und Flussdeiche. Da diese Dämme während eines Einstaus durchströmt werden, muss im
Bereich eines möglichen Wasseraustritts an der

luftseitigen Dammböschung der Dammfuß besonders geschützt werden.

In Abb. 5.3-21 sind die wichtigsten Teile des
Regelquerschnitts einer Dammkonstruktion angegeben. Übergangszonen zwischen dem Kern und
den Stützkörpern sind erforderlich, wenn sich die
Durchlässigkeit der verschiedenen Zonen um den
Faktor 100 bis 1000 unterscheidet. Im allgemeinen
gelten bindige Erdstoffe (Kern) bis zu einem hydraulischen Gradienten i≤5 als in sich erosionssta-
bil. Daher kann in begründeten Fällen von der Einhaltung der Filterregeln abgewichen werden. Jedoch muss die erforderliche Filterkapazität durch
eine ausreichende Dicke der Filterschicht (≥2 m)
sichergestellt sein. Weiterhin sollen Übergangszonen große Steifigkeitsunterschiede zwischen dem
Kern (E$_S$≈15MN/m²) und den Stützkörpern
(E$_S$≥100 MN/m²) ausgleichen.

Gründung von Dämmen – Kontrollgang. Grundsätzlich können Dämme auf Lockergestein gegründet werden, nach Möglichkeit sollten jedoch
stark setzungsempfindliche Schichten mit geringer
Scherfestigkeit oder Verflüssigungseigenschaften
ausgetauscht werden. Ist der Damm auf Fels gegründet, empfiehlt sich ab einer Dammhöhe von
50 m als Übergangskonstruktion zwischen Dich-

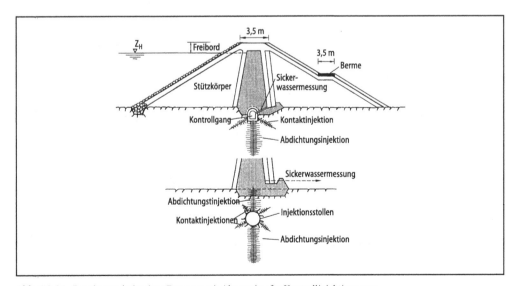

Abb. 5.3-21 Regelquerschnitt eines Dammes mit Alternative für Kontrollinjektionsgang

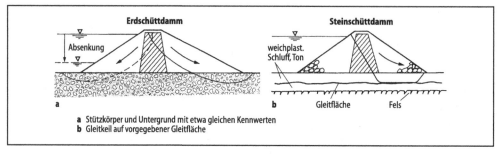

Abb. 5.3-22 Lage der kritischen Gleitkörper in Abhängigkeit der Randbedingungen

tung und Felsuntergrund ein *Kontrollgang*. Dieser stellt die Verbindung zwischen dem Dichtungskern und der Untergrundabdichtung (z. B. Injektion) her und kann auch die Messinstrumente zur Dammüberwachung – v. a. für die Messung des Sickerwassers des Dichtungskerns – aufnehmen. Üblicherweise wird die Abdichtungsinjektion vom Kontrollgang aus nach einer Mindestüberschüttung durchgeführt. Darüber hinaus können von ihm aus eventuell nötige Nachinjektionen des Untergrunds vorgenommen werden. Aus Gründen des Bauablaufs kann es auch günstig sein, die Felsinjektion von einem bergmännisch aufgefahrenen Injektionsstollen auszuführen.

Ist der Felshorizont zu tief, muss der Bereich zwischen Dammaufstandsfläche und Fels – am zweckmäßigsten mit einer Schlitzwand – abgedichtet werden. Notwendige Felsinjektionen können von der Dammaufstandsfläche oder von einem Injektionsstollen ausgeführt werden. Nur in Ausnahmefällen wurden bisher Kontrollgänge auf Lockerboden gegründet. Große konstruktive Probleme müssen hierbei gelöst werden. Ist der Fels fräsbar, so können Überlagerungsboden und Fels in einem Arbeitsgang mit einer Schlitzwandfräse (bis etwa 100 m Tiefe) abgedichtet werden. Angaben zur Felsabdichtung sind [DVWK 1990a] zu entnehmen.

Standsicherheitsnachweise. Um die dauerhafte Stabilität eines Dammes zu gewährleisten, ist eine Reihe von statischen und hydraulischen Standsicherheitsnachweisen zu führen. Abbildung 5.3-22 zeigt die Lage von kritischen Gleitkreisen, wie sie sich bei unterschiedlichen Randbedingungen ergeben können. Beim Entwurf eines Staudammes sollen jedoch auch die möglichen Verformungen der unterschiedlichen Konstruktionsteile abgeschätzt werden. Berechnungen nach der Methode der Finiten Elemente (FEM) sind hier v. a. zur Abschätzung des Einflusses verschiedener Annahmen für die Bodenkennwerte hilfreich. Hierdurch können Schwachstellen rechtzeitig erkannt werden.

Staumauern

Ist eine Gründung auf ausreichend tragfähigem Fels möglich (E-Modul>3 MPa), sind Staumauern eine Alternative zu Dammbauwerken. Staumauern haben folgende Vorteile:

– Bei extremen Hochwasserereignissen können sie ohne Gefahr für die Talsperre überströmt werden.
– Möglicherweise entfallen die Kosten für eine separate HW-Entlastungsanlage, wenn die Entlastung über die Mauerkrone erfolgen kann.
– Entnahmeleitungen können einfach durch die Mauer geführt werden.
– Insbesondere Gewichtsstaumauern widerstehen Erdbeben ohne Schäden, die zum sofortigen Verlust der Standfestigkeit führen.

Im Wesentlichen unterscheidet man zwischen (Abb. 5.3-23)

– Gewichtsstaumauern,
– Bogenstaumauern und
– Pfeilerstaumauern.

Wahl des Mauertyps. Staumauern wurden traditionell aus Bruchstein oder Ziegel hergestellt. Heute verwendet man wegen der hohen Festigkeit, der Dichtigkeit und des möglichen schnellen Baufortschritts fast ausschließlich Beton.

Entscheidend bei der Wahl des Mauertyps ist neben der Geologie insbesondere die *Talform* (Ta-

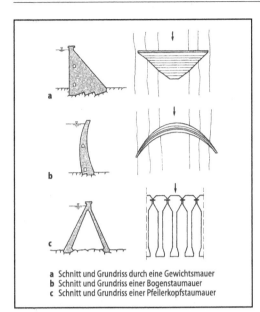

a Schnitt und Grundriss durch eine Gewichtsmauer
b Schnitt und Grundriss einer Bogenstaumauer
c Schnitt und Grundriss einer Pfeilerkopfstaumauer

Abb. 5.3-23 Staumauertypen

belle 5.3-1). Bei tief eingeschnittenen engen Tälern bevorzugt man wegen der geringen Betonkubatur *Bogenstaumauern*. Voraussetzung ist allerdings, dass die Talflanken in der Lage sind, die enormen Druckkräfte aus der Bogenwirkung aufzunehmen.

Bei breiten Tälern ist eine Abgabe der Kräfte in die Talflanken nicht möglich. Hier werden Gewichtsstaumauern und Pfeilerstaumauern geplant. Kombinationen aus verschiedenen Mauertypen sind gelegentlich bei sehr breiten Tälern mit uneinheitlichem Querschnitt gebaut worden.

Gewichtsstaumauern. Wie im Fall der festen Wehre tragen Gewichtsstaumauern die Kräfte aus Wasserdruck durch ihr Gewicht in den Untergrund ab. Die äußere Form entspricht auch hier einem Grunddreieck, das bis zum Höchsten Stauziel reicht (vgl. Abb. 5.3-4).

Als Bemessungskriterium sollen bei einer Gewichtsstaumauer im Bereich der Gründung keine Zugspannungen auftreten. Das bedeutet, dass auch bei Vollstau und ggf. zu berücksichtigendem Sohlenwasserdruck der wasserseitige Mauerfuß noch überdrückt sein muss. Diese zwingende Forderung ergibt sich aus dem Sachverhalt, dass die auf der Wasserseite vorgenommene Abdichtung zwischen Mauer und Fels nicht aufreißen darf.

Als Konsequenz dieser Forderung ergeben sich die zulässigen luftseitigen Neigungen zu b/h=0,85 bei vollem Sohlenwasserdruck und b/h=0,67 bei Ansatz eines Injektionsschleiers und einer Abminderung des Sohlenwasserdrucks auf 20% des Staudrucks.

Bei Gewichtsstaumauern werden *Standsicherheitsnachweise* mit dem sog. „Kragträgermodell"

Tabelle 5.3-1 Wahl des Staumauertyps in Abhängigkeit von der Talform

Staumauertyp	Voraussetzungen	
	topologisch	**geologisch**
Gewichtsstaumauer	Anwendungsgebiete: breite Täler	tragfähige Talsohle aus Fels
Pfeilerstaumauer		sehr tragfähige Talsohle aus Fels mit gleichmäßig großem E-Modul
Bogenstaumauer	Anwendungsgebiete: enge U- oder V-Täler mit steilen Flanken	gleichmäßig tragfähiger Fels mit hohem Verformungsmodul v. a. in den Talflanken
Bogengewichtsstaumauer	Bei Tälern mit etwa b/h <5	tragfähige Talsohle und Talflanken

oder mit einem kontinuumsmechanischen Modell durchgeführt. Zwar wird bei dem vereinfachten Nachweis mit dem Kragträgermodell die Beteiligung des Untergrunds am Tragverhalten nur ungenau erfasst, jedoch sind die nach der FEM ermittelten Spannungen und Verformungen von der Qualität der Eingabewerte zur Erfassung des Materialverhaltens abhängig. Eine ausführliche Zusammenstellung der Einwirkung (Lasten) und Lastfälle, der Widerlagerzustände und der Bemessungsfälle ist in DIN 19700 enthalten. Weitere Hinweise sind [DVWK 1996a] zu entnehmen.

Bogenstaumauern. Anders als Gewichtsmauern, die wie vertikale Scheiben die Kräfte in den Untergrund übertragen, wirken Bogenstaumauern wie horizontale Ringscheiben, welche die Druckkräfte in die Talflanken ableiten. Zu den ursprünglichen Formen zählen *Zylinder-* und *Gleichwinkelmauern*. Sie werden bei einfachen, annähernd symmetrischen Talformen realisiert.

Mit Hilfe moderner Rechenverfahren lassen sich heute auch komplexe Mauerformen statisch berechnen. Dadurch wird eine optimale Anpassung an die jeweilige Topographie sowie an das Tragverhalten des Untergrunds und der Talflanken erreicht. Das Ergebnis sind Bogenstaumauern, die auch in der Vertikalen gekrümmt sind und über die Höhe veränderliche Krümmungen aufweisen.

Kennzeichnendes Merkmal der *Zylindermauer* ist der gleichbleibende Radius über die Höhe, bezogen auf die Wasserseite der Mauer. Daraus ergibt sich wasserseitig eine senkrechte Wand. Wegen des nach unten zunehmenden Wasserdrucks vergrößert sich die Wanddicke linear mit der Wassertiefe.

Mit der für die Tragwirkung zugrunde liegenden Ringformel ergibt sich bei Minimierung der Querschnittsfläche ein optimaler Öffnungswinkel der Zylindermauer zu 133°. Ein leichtes Abweichen von diesem Optimalwert schlägt allerdings kaum zu Buche (bei 120° erhöht sich der Massenbedarf um 1%), sodass Winkel zwischen etwa 120° und 140° anwendbar sind. Dies gibt eine gewisse Freiheit bei der Anpassung an die topographischen Gegebenheiten des Tales.

Bei der *Gleichwinkelmauer* bleibt der Winkel, unter dem die Druckkraft in die Talflanken eingetragen wird, annähernd konstant. Dies ist für die Trag-

wirkung der Mauer besonders günstig. Als Ergebnis der Konstruktion ergibt sich allerdings eine Mauer, die auch in der Vertikalen gekrümmt ist und daher einen hohen Schalungsaufwand erfordert. Günstige Öffnungswinkel liegen zwischen 100° und 130°.

Pfeilerstaumauer. Bezüglich der Lastabtragung entsprechen Pfeilerstaumauern Gewichtsstaumauern. Eine wasserseitige Stauwand stützt sich auf den Mauerpfeilern ab, welche die Kräfte in den Untergrund abtragen. Der besondere Vorteil dieser Konstruktion gegenüber den Gewichtsmauern liegt im reduzierten Betonbedarf, gleichzeitig erhöht sich jedoch der Schalungsaufwand erheblich. Zusätzlich muss die Stauwand sorgfältig abgedichtet werden, was bei unterschiedlichen Verformungen bzw. Verschiebungen der einzelnen Pfeiler Probleme bereiten kann.

Wegen der reduzierten Masse einer Pfeilerstaumauer im Vergleich zu einer massiv ausgeführten Gewichtsstaumauer wird die Stauwand zur Wasserseite hin geneigt ausgebildet. Dadurch kann die nun wirkende Wasserauflast einen Teil des fehlenden Eigengewichts der Mauer ersetzen. Hinzu kommt, dass der Sohlenwasserdruck unter der Mauer erheblich reduziert ist, weil er sich unmittelbar hinter der Stauwand entspannen kann. An die Dichtigkeit und Erosionsbeständigkeit des Felsuntergrundes müssen jedoch erhöhte Anforderungen gestellt werden.

Untergrundabdichtung

Der unmittelbare Felsbereich unter einem Absperrbauwerk ist i. Allg. klüftig und muss gegen Durchströmung abgedichtet werden. Dieser Aufwand lohnt sich i. d. R. immer, weil damit eine Verringerung der Sohlenwasserdrücke einhergeht, die eine Reduzierung des erforderlichen Mauerquerschnitts ermöglicht. Zudem werden die Wasserverluste aus dem Staubecken geringer.

Die erforderliche Tiefe der Abdichtung im Fels hängt von seiner Durchlässigkeit ab. Meist reichen Dichtungsschirme bis in eine Tiefe, die der jeweiligen Höhe der Staumauer über der Gründungssohle entspricht. Der Abdichtungsumfang wird anhand der Wasseraufnahmefähigkeit des Felsuntergrundes festgelegt. Dabei wird in ein mit einer Kernbohrung (Ø>56 mm) hergestelltes Bohrloch auf eine Prüfstrecke zwischen 2,0 und 5,0 m Wasser mit

Tabelle 5.3-2 Vorgeschlagene Abdichtung des Untergrunds (nach [Houlsby 1985])

	Staumauern	Staudämme			Sonderfälle		
Allgemeiner Fall	Gewichtsstaumauer	Schmaler Kern	Breiter Kern		Erosionsgefährdeter Untergrund		Vermeidung messbarer Sickerwasserverluste im Untergrund
	Bogenstaumauer	Erd-/Steinschüttdamm	Oberflächendichtung				
Dichtungsschirm	einreihig	mehrreihig	einreihig	mehrreihig	einreihig	mehrreihig	einreihig	mehrreihig	ein- und mehrreihig
Abdichtungsstandard in Lugeon	3 ... 5	5 ... 7	3 ... 7	5 ... 10	5 ... 10	7 ... 15	3	4	1 ... 3

einem Druck bis zu 10 bar eingepresst (WAP-Versuch). Der maximale Prüfdruck hängt dabei von dem zukünftigen Wasserdruck im Gebirge ab. Dabei empfiehlt sich ein Sicherheitszuschlag von 1,5 bis 2,0. Bezogen auf einen Druck von 10 bar und der Prüflänge von 1,0 m, entspricht eine Wasseraufnahme von 1 l/min der Einheit 1 Lugeon. Tabelle 5.3-2 gibt Hilfestellung bei der Planung.

Alternativ zur Injektion kann bei Festigkeiten $q_{u} \geq 100$ MPa auch der Einsatz einer Schlitzwandfräse erwogen werden.

Mess- und Kontrolleinrichtungen bei Talsperren

Eine Talsperre muss so geplant, gebaut und überwacht werden, dass ein Versagen nach menschlichem Ermessen auszuschließen ist. Der Überwachung einer Talsperre kommt daher zentrale Bedeutung zu. Zur Regelausstattung einer Talsperre gehören Mess-

geräte, die in den folgenden Tabellen angegeben sind, getrennt für Staudamm und Staumauer. In der Übersicht ist auch das erforderliche Messprogramm wiedergegeben. Tabelle 5.3-3 gilt zusammen mit der zugehörigen Abb. 5.3-24 beispielhaft für Staudämme mit Erdkerndichtung mit einer Höhe bis zu 60 m und einer Kronenlänge bis 1000 m.

Tabelle 5.3-4 gibt zusammen mit Abb. 5.3-25 ein Ausstattungsbeispiel für das Messprogramm einer Gewichtsstaumauer mit 60 m Höhe oder einer Bogenstaumauer bis 100 m Höhe, jeweils bis zu einer Kronenlänge von 400 m. Weitere Einzelheiten sind [DVWK 1991] zu entnehmen.

Hinweis: Im Dezember 2008 erschien der Gelbdruck einer neuen Fassung des DVWK-Merkblattes 222/1991. Dieses neue Merkblatt DWA-M 514 trägt den Titel „Bauwerksüberwachung an Talsperren" und ersetzt das alte DVWK-Merkblatt.

Tabelle 5.3-3 Regelausstattung mit Messprogramm bei Staudämmen bis 60 m Höhe und 1000 m Kronenlänge

Messgröße	Messmethode/Messgerät	Zahl der Messstellen	Häufigkeit der Messungen
	visuelle Kontrolle	gesamte Stauanlage	wöchentlich
Setzungen/Verschiebungen	Nivellement auf der Dammkrone, Setzungspegel	je 3 auf jeder Kronenseite	jährlich (kontinuierlich während der Dammschüttung und des Probestaus)
Stauhöhe	Pegel	1	täglich (kontinuierlich)
Sickerwasser	Messgefäß, Messüberfall	3 Abschnitte (Talflanken und Talsohlen)	wöchentlich (kontinuierlich)
Porenwasserdruck • im Damm • im Untergrund bei erosionsgefährdeten Böden	geschlossenes System geschlossenes System	3 Messquerschnitte in 3 Messebenen mit je 3 Gebern	wöchentlich wöchentlich
Wasserspiegelhöhen	offenes System		wöchentlich
Niederschlag	Regenmesser	1	täglich

Tabelle 5.3-4 Regelausstattung mit Messprogramm bei Gewichtsstaumauern (H ≤ 60 m) und Bogenstaumauern (H ≤ 100 m) sowie bis 400 m Kronenlänge

Messgröße	Messmethode/Messgerät	Zahl der Messstellen	Häufigkeit der Messungen
	visuelle Kontrolle	gesamte Stauanlage	wöchentlich
Verschiebungen	Gewichtslot und/oder Schwimmlot	mindestens 1	wöchentlich (kontinuierlich)
	geodätische Messungen • an Mauerluftseite: • an Krone:	mindestens 3 Messpunkte mindestens 3 Messpunkte (jeweils Anbindung an ein von der Talsperre unbeein- flusstes System	1/2-jährlich 1/2-jährlich
Differenzbewegungen an den Blockfugen	Tastuhren	an allen Blockfugen (nur bei Gewichtsstaumauern)	1/2-jährlich
Stauhöhe	Pegel	1	täglich (kontinuierlich)
Sickerwasser	Messgefäß, Messüberfall	3 Abschnitte (Talflanken und Talsohlen)	wöchentlich wöchentlich (kontinuierlich)
Sohlenwasserdruck	Piezometer, Manometer	3 Messquerschnitte mit je 5 Punkten	monatlich
Temperaturen • Wasser: • Luft: • Bauwerk:	Thermometer Thermometer elektrische Thermoelemente	3 verschiedene Wassertiefen 1 3 Messlinien mit 5 Punkten	wöchentlich täglich monatlich in den ersten 3 bis 5 Jahren
Beschleunigung	Seismograph	1 (nur in Erdbebegebieten)	(kontinuierlich)
Niederschlag	Regenmesser	1	täglich

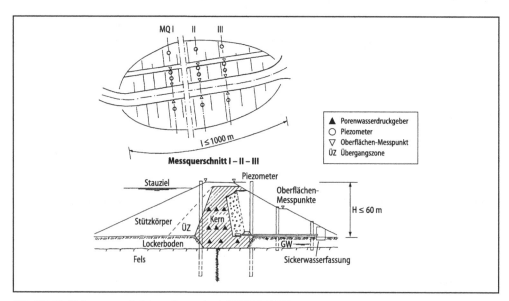

Abb. 5.3-24 Meßprogramm bei einem Damm (nach [DVWK 1991])

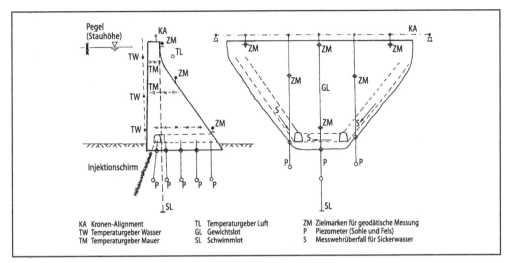

Abb. 5.3-25 Beispiel für die Regelausstattung von Staumauern mit Mess- und Kontrolleinrichtungen (nach [DVWK 1991])

Betriebseinrichtungen

Zu einer Talsperre gehören auch Nebenbauwerke, die der Nutzung und der Sicherheit der Anlage dienen. *Entnahmeanlagen* erlauben die gezielte Abgabe des gespeicherten Wassers und bei Bedarf die Entleerung des Betriebsraumes. *Entlastungsanlagen* führen den nicht speicherbaren Zufluss bei Hochwasser schadlos ab.

Entnahmeanlagen. Mit Hilfe von *Betriebsauslässen* wird das Wasser aus dem Speicherbecken für die jeweilige Nutzung (Trinkwasser, Energieerzeugung) entnommen. Die Entnahmebauwerke bestehen aus verschließbaren Einlaufkonstruktionen, die das Wasser in Druckstollen oder -leitungen einströmen lassen. Bei instabilen Hängen oder bei schwebstoffhaltigen Speicherzuflüssen mit Verlandungsgefahr haben sich besonders bei Trinkwassertalsperren Einlauftürme bewährt. Über den Rohwasserabzug aus unterschiedlichen Höhen lässt sich die Qualität des späteren Trinkwassers maßgeblich beeinflussen.

Mit dem Grundablass kann das Speicherbecken bis auf den sog. „Totraum" entleert werden. Unter Beachtung der (n-1)-Regel lässt sich der Grundablass auch zur Ableitung von Hochwasser nutzen.

Entlastungsanlagen. Der nicht speicherbare Teil eines Hochwasserzuflusses muss schadlos abgeführt werden. Für Staudämme gilt der Grundsatz, dass sie ohne einen besonderen Schutz der Dammkrone und Böschung nicht überströmt werden dürfen, da der Damm sonst zerstört werden könnte. Bei *Dämmen* bedient man sich überwiegend Überlaufkonstruktionen, die an der Talflanke angeordnet sind, also eines *Hangkanals* mit anschließender Schussrinne und Tosbecken. Diese Anlagen verfügen über große Abflussreserven, da die Leistung des Überfalls bei zunehmendem Wasserstand überproportional steigt.

Eine Alternative sind Turmbauwerke im Stausee mit einem *Einlauftrichter* (Abb. 5.3-26). Der Abfluss mündet bei diesen Entlastungsanlagen in einem Freispiegelstollen, der bei Überlastung als Druckstollen wirkt und somit keine Abflussreserven hat. Aufgrund dieser Gegebenheit werden HW-Entlastungstürme nur bei Talsperren mit relativ kleinen und genau berechenbaren Hochwasserzuflüssen vorgesehen. Zusätzlich verfügen Trinkwassertalsperren meist über eine große Retentionswirkung.

Weiterhin sind Entlastungsanlagen direkt über dem Damm als Betongerinne und bei Stauhöhen bis 15 m als Raugerinne (Landschaftsgestaltung) möglich.

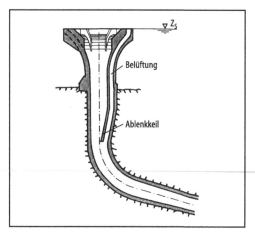

Abb. 5.3-26 Einlaufbauwerk einer HW-Entlastungsanlage (Einlauftrichter)

Bei Staumauern sind grundsätzlich die gleichen Konstruktionen wie bei Dämmen möglich. Allerdings bietet sich hier auch die Möglichkeit, das Hochwasser direkt über die Mauer zu leiten (Überfall) oder durch Öffnungen in der Mauer abzuführen (Druckabfluss). Bei Staumauern aus Walzbeton (RCC) werden meist *Treppenschussrinnen* (sog. *stepped spillways*) am Mauerrücken ausgebildet. Hier wird ein großer Teil der Energiehöhe bereits am Mauerrücken umgewandelt [Strobl/Zunic 2006].

5.3.2 Flussbau

Bis zu Beginn des 19. Jahrhunderts waren die Eingriffe des Menschen in das System Fluss-Tal nur kleinräumig und ohne nennenswerte Änderung des über viele Jahrtausende entstandenen Gleichgewichts. Mit der zunehmenden Bevölkerungsdichte und der stärkeren Nutzung der Flüsse als Transportweg gewannen die Flusstäler weiter an Bedeutung. Um diese Regionen zu besiedeln, wurden die meisten größeren Flüsse einer sog. „Correction" unterzogen. Die vom Karlsruher Bauingenieur Johann Gottfried Tulla begonnene Regulierung des Oberrheins ist hierfür ein markantes Beispiel. In der Regel bedeuteten diese „Correctionen" die Begradigung der stark mäandrierenden Flussläufe zu-

gunsten von Landgewinnung und lokalem Hochwasserschutz. Der Wasserbauingenieur wirkte hier im Sinne der Daseinssicherung im Auftrag der Gesellschaft. Erkenntnisse über die großräumigen flussmorphologischen und ökologischen Zusammenhänge des Flusssystems, wie sie heute vorliegen, gab es damals noch nicht.

5.3.2.1 Zielsetzungen und Aufgaben des modernen Flussbaus

Der heutige Flussbau unterscheidet sich wesentlich von diesen Anfängen neuzeitlicher wasserbaulicher Eingriffe in den Fluss. Die Erfahrungen der zurückliegenden Jahrzehnte zeigen, dass durch punktuelle Veränderungen einer Flusslandschaft zwar lokaler Nutzen entsteht, aber dem Flusssystem unterstrom der Maßnahmen nachhaltiger Schaden zugefügt werden kann.

Hochwasserschutz und die Verhinderung einer weiteren Eintiefung der Flüsse sind heute die Hauptaufgaben des Flussbaus. Daneben gilt es, die Funktion der Tallandschaft als Verbindung von Biotopen zu erhalten und zu verbessern. Weiter gibt es spezielle Aufgaben wie den Wildbachverbau oder den Ausbau von Flüssen zu Schifffahrtsstraßen. Zudem spielen Flüsse eine zunehmende Rolle bei Fragen der Naherholung, auf die der Wasserbauingenieur bautechnisch und gestalterisch Rücksicht nehmen muss.

EU-WRRL: Auf Drängen des Europäischen Parlaments und der EU-Mitgliedsstaaten ist im Dezember 2000 die *Europäische Wasserrahmenrichtlinie* (kurz *WRRL*) in Kraft getreten [Europäische Kommission 2002]. Darin ist insbesondere ein Verschlechterungsverbot für alle Oberflächengewässer und das Grundwasser festgelegt worden. Darüber hinaus wird, – wo möglich – ein Verbesserungsgebot gefordert; demnach soll bis zum Jahr 2015 für alle europäischen Gewässer ein „guter Zustand" bzw. bei stark veränderten Gewässern ein „gutes ökologisches Potenzial" erreicht werden. Damit soll in der Zukunft europaweit eine nachhaltige Wassernutzung gewährleistet werden. Die Ziele der WWRL sind ausführlich bei [Strobl/Zunic 2006] beschrieben.

Ein Flusslauf ist kein statisches Gebilde, das geometrisch und morphologisch unveränderlich bleibt. Eine Gleichgewichtslage kann sich jedoch nur einstellen, wenn die Abflussverhältnisse konstant bleiben und die Sohle dauerhaft gegen Erosion geschützt ist. Im Regelfall trifft beides nicht zu. Daher gibt es eine Reihe von Situationen, die flussbauliche Maßnahmen begründen:

– Der Fluss ufert bei Hochwasser aus und überschwemmt Wohngebiete.
– Aufgrund zu hoher Schleppspannung erodiert die Flusssohle, das Flussbett tieft sich ein, und der Grundwasserspiegel sinkt.
– Wegen mangelndem Transportvermögen des Flusses landet das Flussbett auf und die Überschwemmungsgefahr nimmt zu.
– Fortschreitende Uferanbrüche in Krümmungen bedrohen Siedlungen oder Verkehrswege in ihrem Bestand.

Im weiteren Sinne können flussbauliche Maßnahmen nötig werden, wenn nach Ausbau eines Flusses (Wehre, Wasserkraftwerke, Schifffahrtsstraßen usw.) das bisher zufriedenstellend stabile Regime des Flusses gestört wird.

Um die richtigen Maßnahmen zu treffen und die Eingriffe am Fluss nicht nur als „Zähmung des Flusses mit baulichen Maßnahmen" zu verstehen, sollen im folgenden die wesentlichen Berechnungsgrundlagen zusammengefasst werden. Dabei muss die Stabilität des Flussbettes bei Hochwasser v. a. in Siedlungsgebieten und in der Nähe von Verkehrswegen sichergestellt werden.

5.3.2.2 Flussmorphologie

Ein Flusslauf verändert seine Gestalt von der Quelle bis zur Mündung. Gewöhnlich kann ein Fluss in vier Bereiche unterteilt werden (Abb. 5.3-27):

– Der *Oberlauf* eines Flusses beginnt im Gebirge. Er hat einen engen Talboden und wird von kleinen Nebenflüssen gespeist. Das Fließgefälle ist groß (J>1%) und stark wechselnd, daher erodiert die Sohle, und der Fluss befördert Steine und Felsbrocken. Über lange Zeiträume betrachtet befindet sich der Oberlauf eines Flusses in einer Phase der Eintiefung.
– Im *Mittellauf* verbreitert sich der Talboden, und das Gefälle wird geringer (1‰<J<1%). Der Flusslauf ist gestreckter als im Oberlauf, dadurch

kann der Fluss sein Bett zur Seite ausdehnen. Es münden weniger Nebenflüsse ein; sie führen aber mitunter hohe Abflüsse. Im Mittellauf transportiert der Fluss Kies und Sand. Bei ausgeglichenen und ungestörten Verhältnissen findet kaum Erosion und Auflandung statt.
– Der *Unterlauf* eines Flusses ist geprägt durch ein breites Tal. Der Fluss hat ein geringes Gefälle (J<1‰), und sein Querschnitt ist breit. Er mäandriert in weiten Windungen und beansprucht bei Hochwasser weite Teile des Talraumes. Die Flusssohle ist von Sand und Schluff bedeckt.
– Im *Mündungsgebiet* wird das Fließgefälle so klein, dass selbst Feinstteile nicht mehr transportiert werden können. Es findet eine ständige Auflandung statt, i. d. R. verbunden mit der Bildung eines Flussdeltas, das sich allmählich als Schwemmland in das Meer vorschiebt.

Diese allgemeine Einteilung gilt für lange Flüsse, die im Gebirge entspringen und einem See oder Meer zufließen. Die Mehrzahl der Flüsse erreicht allerdings keinen See, sondern mündet in einen größeren Hauptfluss. Auf diese Nebenflüsse ist die geschilderte morphologische Einteilung nur beschränkt anwendbar.

5.3.2.3 Flusslauf im Grundriss

Fließendes Wasser bewegt sich – den physikalischen Gesetzen der Erdanziehung folgend – stets den tieferliegenden Gebieten eines Tales zu. Der so entstehende Flusslauf ist jedoch keineswegs eine gerade Linie; vielmehr bewirken geomorphologische Unregelmäßigkeiten, dass sich die Strömung diesen äußeren Randbedingungen anpasst und den Widerständen ausweicht. Gleichzeitig gestaltet ein Fluss durch seine Schleppkraft und infolge der Trägheitskräfte in Krümmungen das Aussehen eines Tales maßgeblich mit. Aufgrund dieses Wechselspiels entsteht in der Natur nur selten ein gestreckter Flusslauf. Stattdessen wechselt ein Fluss häufig seine Richtung und bildet Windungen und Flussschleifen aus.

Selbst ein Fluss, der durch technische Maßnahmen in ein gerades Bett gezwungen wird, entwickelt bei beweglicher Sohle nach einer Weile diese mäandrierende Bewegung innerhalb des ihm zur Verfügung stehenden Raumes. Dabei wirft er Sand- und Kiesbänke auf, die abwechselnd an den Fluss-

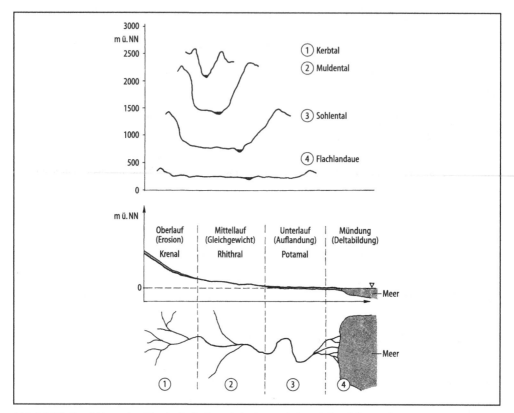

Abb. 5.3-27 Entwicklung eines Flusslaufes in Querschnitt, Längsschnitt und Grundriss von der Quelle bis zur Mündung

ufern abgelagert werden (Abb. 5.3-28). Vielfach kann man in begradigten Ausleitungsstrecken diese Entwicklung vom „Fluss im Fluss" beobachten.

5.3.2.4 Flusssohle

Die Sohle eines Flusses ist i. Allg. beweglich, da der Untergrund aus Ablagerungen von Sedimenten und Lockergestein (Alluvionen) besteht. Abhängig von der Beanspruchung der Sohle durch das strömende Wasser, gibt es mehrere mögliche Zustände der Flusssohle:

– *Gleichgewichtszustand.* Die Sohle des Flusses befindet sich bezüglich des Geschiebetransports in einem Gleichgewicht. Das von oberstrom mitgeführte Geschiebe entspricht der Menge, die nach unterstrom weitertransportiert werden kann.

Die Geschiebebilanz ist ausgeglichen, und die Sohle bleibt in einer stabilen Höhenlage.

– *Erosionszustand.* Wird aus einem Gewässerabschnitt mehr Geschiebe abtransportiert als von oberstrom nachgeführt wird, ist der Fluss in einer Erosionsphase. Die Sohle sinkt allmählich ab. Ein Geschiebedefizit stellt sich häufig ein, wenn oberstromige Flusssperren das ankommende Geschiebe zurückhalten.

– *Auflandungszustand.* Im umgekehrten Fall, wenn der Fluss viel Geschiebe mit sich führt, dieses aber nicht weiterbewegen kann, ist der Fluss im Auflandungszustand, und die Sohle hebt sich an. Gründe für einen verringerten Geschiebetrieb können eine Abnahme des Fließgefälles und/oder eine Verbreiterung des Flussbettes sein.

– Beim *geschiebetriebfreien Zustand* ist die Schleppspannung so klein, dass kein Geschiebe-

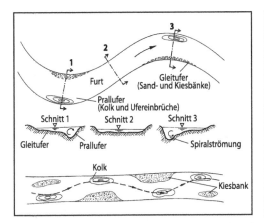

Abb. 5.3-28 Mäandrierender Fluss im Naturzustand und in einem begradigten Flussbett

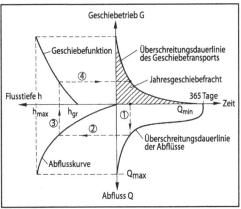

Abb. 5.3-29 Koaxialdiagramm zur Ermittlung der Jahresgeschiebefracht

trieb einsetzen kann. Die Sohle bleibt dauerhaft in ihrer ursprünglichen Lage.

Alle genannten Zustände hängen sehr vom jeweiligen Abfluss im Flussbett ab. Der Wechsel zwischen Hochwasser- und Niedrigwasserzeiten vermag den jeweiligen Zustand in einen anderen überzuführen. Von einem Geschiebegleichgewicht kann daher selbst bei ausgewogener Geschiebebilanz nur gesprochen werden, wenn man größere Zeiträume von mehreren Jahren betrachtet.

5.3.2.5 Ermittlung des Geschiebetriebes und der Geschiebefracht

Für die Planung flussbaulicher Maßnahmen ist eine möglichst genaue Kenntnis über den Geschiebetransport an einem Fluss nötig. Hierbei sind sowohl Einzelereignisse von Bedeutung (z. B. Hochwasser) als auch längerfristige Aussagen über die Entwicklung der Sohle. Als geeignetes Maß zur langfristigen Beurteilung der Geschiebebilanz eignet sich die *Jahresgeschiebefracht*. Um diese zu ermitteln, werden in einem Koaxialdiagramm folgende Kurven eingezeichnet (Abb. 5.3-29):

– Die *Überschreitungsdauerlinie* der Abflüsse gibt an, an wie vielen Tagen ein bestimmter Abfluss erreicht oder überschritten wird.
– Die *Abflusskurve* beschreibt den Zusammen-

hang zwischen dem Abfluss Q (in m³/s) und der zugehörigen resultierenden Fließtiefe h (in m).
– Die *Geschiebefunktion* gibt an, welche Geschiebemenge G (in kg/s) beim jeweiligen Wasserstand h von der Strömung transportiert werden kann.
– Aus diesen Angaben lässt sich die *Überschreitungsdauerlinie des Geschiebetransports* gewinnen. Aus ihr erhält man durch Integration über die Zeit die Jahresgeschiebefracht.

Für die Herleitung der Geschiebefunktion ist die Kenntnis der Schleppspannung nötig, die von der Strömung auf die Sohle ausgeübt wird. Bei Ansatz des Kräftegleichgewichts an einem endlichen Flussabschnitt ergibt sich die theoretische Schleppspannung τ_w (in N/m²) zu

$$\tau_w = \rho \cdot g \cdot R \cdot J$$

mit den variablen Größen
R hydraulischer Radius (in m) – bei breiten Flüssen $R^\alpha h$,
J Fließgefälle (= Sohlgefälle),
   und den konstanten Werten
ρ Dichte von Wasser (in kg/m³),
g Fallbeschleunigung (in m/s²).

Diese theoretische Formel zur Ermittlung der Schleppspannung wurde von zahlreichen Autoren praktischen Situationen angepasst. Sehr verbreitet ist die Modifikation von Meyer-Peter und Müller, die bei ihrem Ansatz berücksichtigen, dass i. d. R. nur ein Teil der Sohle beweglich ist (z. B. bei befestigten Ufern). Damit ergibt sich die wirksame Schleppspannung zu

$$\tau_w = \rho \cdot g \cdot R_S (k_{St}/k_r)^{3/2}.$$

Darin ist R_S der hydraulische Radius, diesmal aber bezogen auf den beweglichen Teil der Sohle. Es gilt $R_S = A_S/b_S$, wobei der wirksame Abflussquerschnitt A_S nach Abb. 5.3-30 mit Hilfe der Isotachen (Linien gleicher Geschwindigkeiten) ermittelt werden kann. Die Breite der beweglichen Sohle ist b_S. Für die Kornrauheit k_r setzt Müller

$$k_r = 26/d_m^{1/6} \text{ (in m}^{1/3}/\text{s).}$$

Analog kann der Strickler-Beiwert gesetzt werden zu

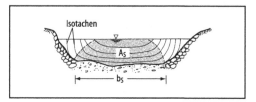

Abb. 5.3-30 Ermittlung des wirksamen Abflussquerschnitts A_S mit Hilfe der Isotachen

$$k_{St} = 21/d_m^{1/6},$$

es sei denn, genauere Werte stehen aus Wasserspiegelfixierungen zur Verfügung. In diesen beiden empirischen Formeln wird der maßgebende mittlere Korndurchmesser der Sohle d_m in m eingesetzt. Ist eine durchgehende Deckschicht über der Flusssohle ausgebildet, wird deren mittlerer Korndurchmesser angesetzt (Abb. 5.3-31).

Eine möglichst genaue Kenntnis der Flusssohle ist für die Beurteilung der Geschiebetätigkeit eines Flusses von größter Bedeutung. Daher ist es bei Projektierungsmaßnahmen unverzichtbar, an mehreren Stellen des Flusses Geschiebeproben der Unterschicht sowie der Deckschicht zu entnehmen und Siebanalysen durchzuführen.

Ist die wirksame Schleppspannung der Strömung bekannt, muss sie der kritischen Schleppspannung t_c gegenübergestellt werden. Diese ist eine Sohlschubspannung und muss erst überwunden werden, bevor sich Geschiebetrieb entwickeln kann. Die Differenz zwischen wirksamer Schleppspannung und kritischer Sohlschubspannung steht dem Geschiebetrieb zur Verfügung. Meyer-Peter bzw. Müller haben aus zahlreichen Versuchen folgenden Zusammenhang entwickelt:

$$\rho \cdot g \cdot R_S \cdot (k_{St}/k_r)^{3/2} \cdot J = A \cdot (\rho_S - \rho) \cdot g \cdot d_m + B \cdot \rho^{1/3} \cdot g^{2/3} \cdot g_S^{''2/3}$$

bzw.

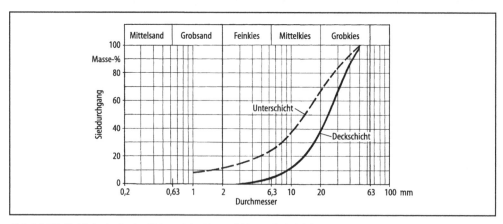

Abb. 5.3-31 Sieblinie der Deckschicht und der Unterschicht am Beispiel der Unteren Isar

$$\tau_w = \tau_c + \tau_g$$

Neben den bereits erwähnten Größen bedeuten

ρ_S Dichte des Geschiebes (in kg/m³),

$g_{\tilde{S}}$ Geschiebetrieb, unter Wasser gewogen (in kg/(m · s)),

A″, B″   Beiwerte aus Versuchen.

Meyer-Peter und Müller fanden für B″ einen konstanten Wert von 0,25. Der Beiwert A″ ist gleich 0,047 bei entwickeltem Geschiebetrieb und 0,03 bei absoluter Ruhe der Sohle. Daraus können drei Bereiche für den Geschiebetrieb unterschieden werden:

– Sohle befindet sich in absoluter Ruhe, wenn $\tau_w/(\rho_S - \rho) \cdot g \cdot d_m < 0{,}03$.
– Sohle beginnt sich zu bewegen, wenn $0{,}03 < \tau_w/(\rho_S - \rho) \cdot g \cdot d_m < 0{,}047$.
– Geschiebetransport ist voll entwickelt, wenn $\tau_w/(\rho_S - \rho) \cdot g \cdot d_m > 0{,}047$.

5.3.2.6 Flussbauliche Maßnahmen

Eine der wichtigsten flussbaulichen Maßnahmen ist die Flussregelung durch Buhnen und Leitwerke. *Buhnen* sind Querbauwerke, die vom Ufer aus senkrecht oder leicht schräg in den Fluss ragen, somit den Abflussquerschnitt einschnüren und damit im verbleibenden Strömungsquerschnitt die Fließtiefe und -geschwindigkeit erhöhen. Sie dienen heute vorwiegend als Bauwerke zur Niedrigwasserregulierung an Wasserstraßen, um für die Schifffahrt die Fahrwassertiefe zu verbessern. *Leitwerke* dienen demselben Zweck wie Buhnen, sind jedoch Längsbauwerke, die parallel zum Ufer eingebaut sind. Aus ökologischen Gründen sind Buhnen zu bevorzugen, da die Totwasserzone hinter einem Leitwerk bei Niedrigwasser nicht durchflossen wird. Allerdings heben Buhnen bei Hochwasser den Wasserspiegel im Vergleich zum ursprünglichen Zustand an.

Buhnen und Leitwerke bestehen aus massiven Steinschüttungen, um auch bei Überflutung im Hochwasserfall eine stabile Lage zu bewahren. Auf die Standfestigkeit der Buhnen ist besonders zu achten; Nachversteinungen sind meist erforderlich. Der Abstand der Buhnen beträgt erfahrungsgemäß zwischen der halben und zweifachen Flussbreite.

In den Feldern zwischen den Buhnen bildet sich eine Rückströmung aus (Kehrwasser), wodurch diese Bereiche allmählich verlanden. Dies ist durchaus erwünscht, weil dadurch zum einen die Ufer des Flusses vor Erosion und Einbrüchen geschützt werden können, zum anderen, weil diese Zonen wertvolle ökologische Bereiche darstellen.

Zur Verhinderung weiterer Eintiefungen des Flusses sind folgende Maßnahmen denkbar:

– *Sohlrampen* aus Wasserbausteinen mit konzentrierter Energieumwandlung zur Reduzierung des Sohlgefälles;
– ökologisch vertretbarer *Aufstau* des Flusses durch Wehranlagen zur Reduzierung der Fließgeschwindigkeit;
– in Ausnahmefällen *Geschiebezugabe* zur Erhöhung der Sohlschubfestigkeit des vorhandenen Flussbettes; Beispiele hierfür sind der Rhein bei Iffezheim und die Donau bei Wien mit jeweils 150 000 m³ Kies pro Jahr, der unter günstigen Bedingungen gewonnen und verklappt werden kann;
– *offenes Deckwerk*, eine neue Entwicklung, gekennzeichnet durch die Belegung der Flusssohle mit Wasserbausteinen der Klasse II bis III, die eine Fläche von etwa 30% bis 50% der Flusssohle bedecken [Hartlieb 1999].

5.3.3 Wasserkraftanlagen

Wasserkraft ist eine ideale Kombination aus Solar- und Windenergie: Die Sonne lässt das Wasser verdampfen, es bilden sich Wolken, die vom Wind landeinwärts getrieben werden und an den Berghängen abregnen. In den so entstehenden Bächen und Flüssen ist diese regenerative Wasserkraft konzentriert gespeichert.

Wasserkraftanlagen dienen schon seit Jahrtausenden der umweltverträglichen Energieerzeugung. Die potentielle Energie herabfallenden Wassers und die kinetische Energie des Wasserstromes von Bächen und Flüssen wurden zunächst direkt in mechanische Arbeit umgewandelt. Zum Antrieb von Mühlrädern und in Hammerschmieden verwendete man sehr früh das Stoßrad, später unter- und oberschlächtige Wasserräder.

Die Erfindung von Generatoren zur Erzeugung elektrischer Energie führte im 19. Jahrhundert zur

Entwicklung von unterschiedlichen Wasserturbinen. Damit war es möglich, die mechanische Arbeit des Wasserstromes an der Turbine in elektrischen Strom umzuwandeln und diese Energie über Hochspannungsleitungen an vom Fluss entfernte Orte mit Strombedarf zu leiten (1891 vom Kraftwerk Lauffen mit einer 175 km langen Leitung nach Frankfurt/Main).

Heute dienen Wasserkraftanlagen fast ausschließlich der Erzeugung elektrischer Energie. In Deutschland werden gegenwärtig etwa 3% des Strombedarfs aus Wasserkraft gewonnen. Im wasserreichen Bayern sind es rund 20% und in den Alpenländern Österreich und Schweiz sogar 60% bzw. 70%.

Von besonderem wirtschaftlichen aber auch ökologischen Interesse ist, dass Wasserkraftanlagen einen im Vergleich mit anderen Stromerzeugern unerreicht hohen Erntefaktor (EF>50) aufweisen. Der Erntefaktor ist das Verhältnis zwischen erzeugbarer elektrischer Arbeit und der für Bau und Betrieb investierten Energie. Hinzu kommt, dass die Stromerzeugung CO_2-frei ist.

5.3.3.1 Ausbauleistung und Energieermittlung

Die Energieausbeute einer Wasserkraftanlage hängt im wesentlichen vom Zufluss Q und der Nettofallhöhe H_n ab. Die zur Verfügung stehende Energie des Wasserstromes $\rho \cdot Q$ mit dem Potential $g \cdot H_n$ wird an einer Turbine in Drehleistung umgewandelt. Die Leistung P einer Turbine entspricht dem Drehmoment M_d, multipliziert mit der Winkelgeschwindigkeit ω der sich drehenden Turbine.

$$P = M_d \cdot \omega \text{ (in Nm/s)}$$

oder

$$P = \eta \cdot \rho \cdot Q \cdot g \cdot H_n \text{ (in kW)}$$

mit
η Wirkungsgrad der Wasserkraftanlage,
ρ Dichte des Wassers (in t/m^3),
g Fallbeschleunigung (in m/s^2),
Q Wasserstrom (in m^3/s),
H_n Nettofallhöhe (in m).

Der Unterschied zwischen der geodätisch vorhandenen Rohfallhöhe und der zur Energieerzeugung nutzbaren Nettofallhöhe H_n berücksichtigt bei Hochdruckanlagen die Reibungs- und Krümmungsverluste in den Triebwasserleitungen sowie die Einlaufverluste an der Triebwasserfassung. Bei modernen Anlagen liegt der Anlagenwirkungsgrad, der Verluste zwischen Turbineneinlauf und -auslauf einschließt, zwischen 0,80 und 0,85. Damit ergibt sich für eine Abschätzung der erzielbaren Leistung P die nicht dimensionsreine Beziehung

$$P \approx 8 \cdot Q \cdot H_n \text{ (in kW)}.$$

Diese *Ausbauleistung* ist die maximale elektrische Leistung eines Kraftwerks und wird nur beim Ausbauzufluss Q_a erreicht. Wegen naturbedingter Abflussschwankungen steht dieser Zufluss allerdings nicht kontinuierlich zur Verfügung. Wasserkraftanlagen an mitteleuropäischen Flüssen erreichen oder überschreiten den gewählten Ausbauzufluss nur an etwa 30 bis 60 Tagen im Jahr.

Zur Beurteilung der mittleren jährlichen Energieausbeute (*Regelarbeitsvermögen*) muss die mittlere Unterschreitungsdauerlinie des Zuflusses bekannt sein. Aus dieser und aus weiteren Kennkurven kann die Leistungsdauerlinie über ein Jahr aufgestellt werden (Abb. 5.3-32).

Die gegenwärtig leistungsstärkste Wasserkraftanlage der Erde ist die chinesische Anlage *Three Gorges* am Jangtekiang mit einer Ausbauleistung von 18.200 MW. Ihre 26 Turbinen besitzen damit ein Regelarbeitsvermögen von 84 Mio kWh. Übertroffen wird die jährliche Stromproduktion nur noch von der Wasserkraftanlage *Itaipu Binacional* am Rio Paraná an der Grenze zwischen Brasilien und Paraguay. Diese Anlage kann aufgrund gleichmäßiger Zuflüsse jährlich etwa 10% mehr Strom produzieren (in 2008: 94,68 Mio kWh). Die gesamte Stromproduktion beider Anlagen zusammen entspricht etwa der Energieerzeugung von 20 Reaktorblöcken moderner Kernkraftwerke (Tabelle 5.3-5).

5.3.3.2 Nieder- und Hochdruckanlagen

Verfügen Kraftwerke über eine Fallhöhe von 50 m und mehr, spricht man von „Hochdruckanlagen". Flusskraftwerke haben i. d. R. kleinere Fallhöhen und sind Niederdruckanlagen.

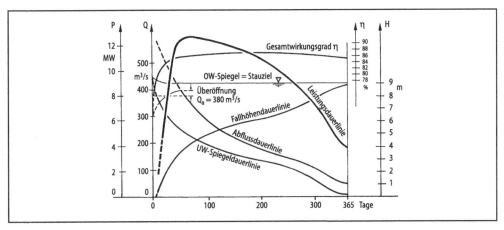

Abb. 5.3-32 Leistungsplan einer Niederdruck-Wasserkraftanlage

Tabelle 5.3-5 Beispiele für die Ausbauleistung von Wasserkraftanlagen

Kraftwerk	Inbetriebnahme	Land	Leistung in MW
Itaipu	1983	Brasilien/Paraguay	12600 (14000 seit Erweiterung in 2005)
Grand Coulee	1942	USA	6494
Sajan	1978	Rußland	6400
La Grande 2	1979	Kanada	5328
Tarbela	1977	Pakistan	3046
Gezhouba	1980	China	2715
Nurek	1976	Tadschikistan	2700
Mica	1976	Kanada	2600
Cabora Bassa	1977	Mocambique	2425
Atatürk	1992	Türkei	2400

Niederdruckanlagen

An Flüssen werden *Flusskraftwerke* (Wasserkraftanlagen) immer in Verbindung mit Wehren gebaut. Das Wehr staut den Fluss auf die gewünschte Höhe (Stauziel) und bewirkt dadurch den für die Energieerzeugung nutzbaren Unterschied zwischen Ober- und Unterwasser. Das Wehr führt darüber hinaus auch Hochwasser ab.

Die Flusssohle im Unterwasser des Kraftwerks wird ausgebaggert und dadurch tiefer gelegt. Damit erreicht man eine Erhöhung der Fallhöhe und stellt gleichzeitig sicher, dass auch in Zeiten niedriger Wasserführung der Auslauf des Kraftwerks stets eingestaut bleibt. Dies ist aus betrieblichen Gründen unabdingbar.

Die *Anordnung eines Kraftwerks im Fluss* unterscheidet sich in Bezug auf die Lage des Kraftwerks zum Wehr (Abb. 5.3-33):

– Bei der *Blockbauweise* (a) werden Kraftwerk und Wehr nebeneinander in getrennten Baukörpern angeordnet. Zwischen Wehr und Kraftwerk sorgt der Wehrpfeiler für eine hydraulisch günstige Anströmung des Kraftwerks. Ist die erforderliche Breite des Absperrbauwerks (Kraftwerk und Wehr) größer als die Flussbreite, wird das Kraftwerk in einer Bucht des aufgeweiteten Flusses angeordnet. Bei ausreichend langer Verziehung stört dies die Kraftwerkanströmung kaum, ermöglicht aber bei Hochwasser einen ungestörten Abfluss über das Wehr (Abb. 5.3-34).

– *Zweiseitige Kraftwerke* (b) werden gelegentlich an Grenzflüssen zwischen zwei Ländern gebaut. Jeder Betreiber hat seine Kraftanlage am eigenen Ufer; das Wehr ist ein bilaterales Projekt.

– Seltener sind *Inselkraftwerke* (c), weil die Zugänglichkeit zum Kraftwerk erschwert ist. Findet

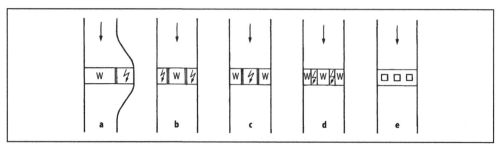

Abb. 5.3-33 Anordnung von Wasserkraftanlagen im Fluss

Abb. 5.3-34 Beispiel für die Blockbauweise (Staustufe Vohburg/Donau)

man in Ausnahmefällen in Flussmitte besonders günstige geologische Verhältnisse für die Gründung des im Vergleich zum Wehr massiveren Kraftwerkblocks, mag diese Lösung wirtschaftlicher sein als die Blockbauweise.

– Eine besonders interessante Bauform stellen *Pfeilerkraftwerke* (d) dar. Hier sind die Wehrpfeiler zu einzelnen breiten Kraftwerkblöcken ausgebaut, in denen je ein Maschinensatz (Turbine und Generator) untergebracht ist.

– Bei *überströmbaren Kraftwerken* (e) fehlen Aufbauten; sie können daher sehr gut in die Flusslandschaft eingegliedert werden. Im Hochwasserfall ist die gesamte Anlage überströmt.

Umleitungskraftwerk. Bei ihm sind Wehr und Kraftwerk oft viele Kilometer voneinander getrennt (Abb. 5.3-35). Das Kraftwerk wird außerhalb des Flusses errichtet, was v. a. in der Vergangenheit hinsichtlich bautechnischer Erleichterungen wich-

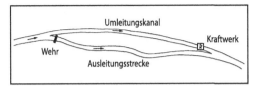

Abb. 5.3-35 Ausleitungskraftwerk

tig war. Ein weiterer Vorteil ist die hohe Energiedichte, die man bei speziellen topographischen Voraussetzungen durch große Fallhöhen erreichen kann.

Problematisch ist die Ausleitung des Wassers aus dem Fluss, der dann auf viele Kilometer Lauflänge nur mit einer sog. „Pflichtwasserabgabe" bedacht wird.

Gestaltung im Längsschnitt und Aufriss. Beim Uferanschluss des Kraftwerks gelten die Konstruktionshinweise für Wehre sinngemäß. Besondere Beachtung verdient der Einlaufbereich. Er muss möglichst strömungsgünstig ausgebildet sein, damit Energieverluste infolge Strömungsumlenkung und Wirbelbildung weitgehend vermieden werden.

Für Vorentwürfe können die in Abb. 5.3-36 und 5.3-37 angegebenen Maße verwendet werden. Die Abmessungen beziehen sich auf den vom Turbinenhersteller vorgegebenen Wert für den Laufraddurchmesser d_1.

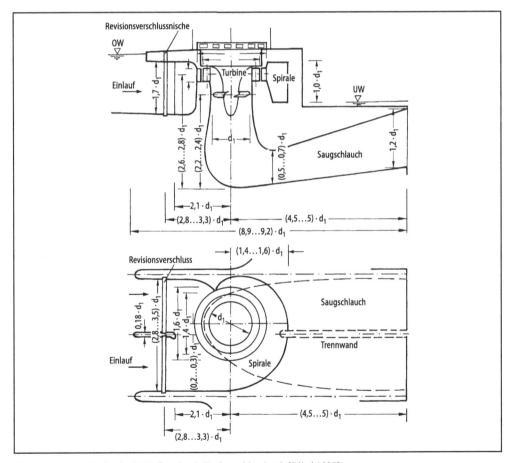

Abb. 5.3-36 Schnitt durch ein Kraftwerk mit Kaplanturbine (nach [Blind 1987])

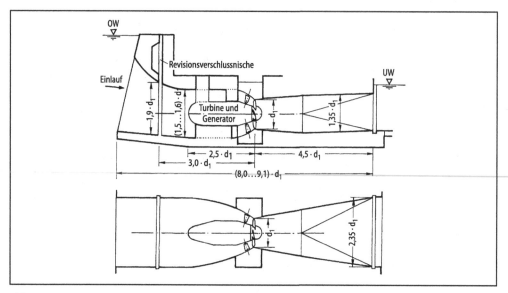

Abb. 5.3-37 Schnitt durch ein Kraftwerk mit Rohrturbine (nach [Blind 1987])

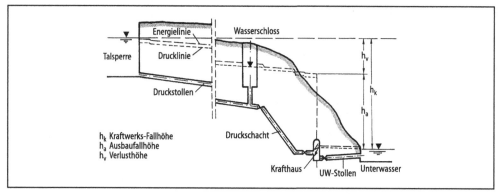

Abb. 5.3-38 Hydraulisches System einer Hochdruckanlage

Hochdruckanlage

Wasserkraftwerke mit Fallhöhen über 50 m zählt man zu den Hochdruckanlagen. Man findet sie überwiegend im Gebirge, wenn in hochgelegenen Talsperren das zufließende Wasser gesammelt und über Triebwasserstollen einem Kraftwerk im Tal zugeführt wird.

In Abb. 5.3-38 ist das hydraulische System einer klassischen Hochdruckanlage skizziert, wenn Talsperre und Krafthaus räumlich weit auseinander lie-

gen. Beim Schnellschluss der Turbinen entsteht im Zuleitungsrohr ein Druckstoß, auf den die Rohrleitung bemessen werden muss. Bei langen Zuleitungen ist es wirtschaftlich, ein Wasserschloss anzuordnen, das den Zuleitungsstollen vom Druckstoß entlastet (Wasserschlosstypen s. Abb. 5.3-39). Abbildung 5.3-40 zeigt ein *Talsperrenkraftwerk*. Hier befindet sich das Maschinenhaus am Fuß der Staumauer.

Zu den Hochdruckanlagen gehören auch *Pumpspeicherwerke*. Diese mit Pumpturbinen ausgestat-

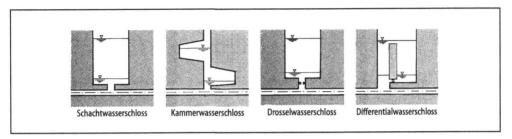

Abb. 5.3-39 Wasserschlosstypen

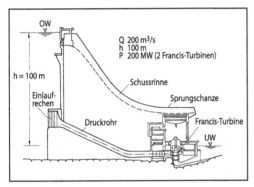

Abb. 5.3-40 Beispiel für ein Talsperrenkraftwerk

teten Kraftwerke ermöglichen eine schnelle Anpassung der Stromproduktion an einen erhöhten Strombedarf während der Spitzenzeiten des täglichen Verbrauchs. Innerhalb von wenigen Sekunden lassen sich Pumpturbinen von Pumpbetrieb auf Turbinenbetrieb umstellen und können damit teuren Spitzenstrom erzeugen.

5.3.3.3 Turbine und Generator

Je nach Fallhöhe und Abfluss kommen unterschiedliche Turbinentypen zur Anwendung (Abb. 5.3-41 und 5.3-42). Man unterscheidet im Wesentlichen zwischen

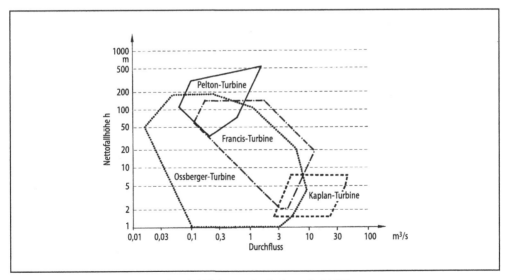

Abb. 5.3-41 Einsatzbereiche für Turbinen bei Kleinwasserkraftanlagen (P<2 MW)

- Überdruckturbinen (Kaplan-Turbine, Francis-Turbine),
- Gleichdruckturbinen (Pelton-Turbine),
- Durchströmturbinen (Ossberger-Turbine).

Bei Hochdruckanlagen kommen ausschließlich *Francis-* und *Pelton-Turbinen* zum Einsatz. Bei Fallhöhen ab etwa 100 m und kleinen Durchflüssen wird die Pelton-Turbine verwendet. Größere Durchflüsse verarbeitet die Francis-Turbine besser; ihr idealer Druckbereich liegt unter 100 m. Die jeweiligen Einsatzbereiche für Wasserkraftanlagen gibt Abb. 5.3-42 wieder. Die Bereiche bei Kleinwasserkraftanlagen sind in Abb. 5.3-41 enthalten.

Überdruckturbinen. Bei *Kaplan-* und *Francis-Turbinen* handelt es sich um geschlossene Systeme, die sich vollständig im Wasser befinden. Der Druckunterschied zwischen Turbinenoberseite und -unterseite versetzt das Laufrad in Drehbewegung. Besonders zu beachten ist die Höhenlage der Turbinenschaufel. Bei zu hoher Anordnung in bezug zum Unterwasser besteht die Gefahr der Kavitation, d. h. der Dampfblasenbildung, verbunden mit einem erodierendem Angriff auf die Turbinen.

Gleichdruckturbinen. Von „Gleichdruckturbinen" spricht man, wenn das Triebwasser die Zuleitung

unter sehr hoher Geschwindigkeit verlässt und unter atmosphärischem Druck auf die Turbinenschaufeln stößt. Diese Turbinen heißen daher auch „Freistrahlturbinen". Der starke Impuls des aufprallenden Wassers versetzt die Turbine in Drehbewegung. Bei diesem Prinzip wird demnach nicht mit Überdruck gearbeitet, sondern die Druckhöhe des Wassers, seine potentielle Energie, wird vollständig in kinetische Energie umgewandelt. Freistrahlturbinen arbeiten besonders effizient bei hohen Drücken und – damit verbunden – großen Austrittsgeschwindigkeiten (>100 m/s).

Die heutige Bauform der Freistrahlturbine wird nach ihrem Entwickler meist „Pelton-Turbine" genannt. Es gibt sie mit ein oder mehreren Düsen. Bei der Wahl von mehr als drei Düsen empfiehlt sich wegen der einfacheren Führung der Zuleitungsrohre eine vertikale Anordnung der Turbinenachse.

Durchströmturbinen. Insbesondere bei Kleinwasserkraftanlagen im Nieder- und Mitteldruckbereich hat sich die Durchströmturbine (Ossberger-Turbine) bewährt (Abb. 5.3-43). Das walzenförmige Laufrad ähnelt einem Wasserrad. Es ist in mehrere Zellen aufgeteilt, die je nach Wasserdargebot beaufschlagt werden können. Damit erreicht die Durchströmturbine auch bei Teilbeaufschlagung einen guten Wirkungsgrad. Das Laufrad hat etwa 30 gekrümmte Schaufeln, die über den Leitapparat radial beaufschlagt werden. Die Anströmung ist sowohl horizontal als auch vertikal möglich. Der Einsatzbereich der Turbine liegt zwischen wenigen Litern pro Sekunde und etwas über 10 m³/s. Bei einem Fallhöhenbereich zwischen 1 und 200 m sind Leistungen bis etwa 1500 kW erzielbar.

Systembedingt tritt bei der Durchströmturbine keine Kavitation auf. Auch ist sie relativ unempfindlich gegen Verunreinigungen und Treibgut im Triebwasser. Die Robustheit der Durchströmturbine, verbunden mit geringem Wartungsbedarf, haben für eine rasche Verbreitung v. a. in Entwicklungsländern gesorgt.

5.3.3.4 Ökologie und Wasserkraft

Die Wasserkraftnutzung ist immer mit einem Eingriff in das Ökosystem der Flusslandschaft verbunden. Daher muss in den Abwägungsprozess der

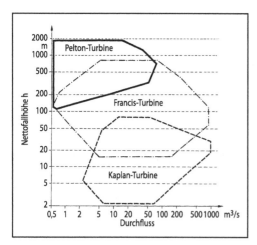

Abb. 5.3-42 Einsatzbereich für Turbinen bei großen Wasserkraftanlagen

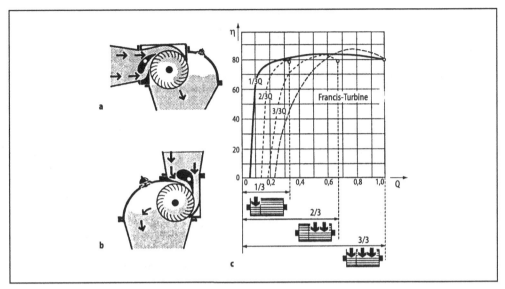

Abb. 5.3-43 Durchströmturbine [Ossberger-Turbinenfabrik 1990]

Vor- und Nachteile auch der Eingriff in den Naturhaushalt berücksichtigt werden. In den Ländern der Europäischen Gemeinschaft ist eine Umweltverträglichkeitsprüfung (UVP) vorgeschrieben. Den positiven Aspekten wie

– regenerative und CO_2-freie Energieerzeugung,
– hoher Erntefaktor im Vergleich zu anderen Energieträgern und
– ausgereifte Technik mit hohem Wirkungsgrad

stehen die Eingriffe in den Naturhaushalt gegenüber wie

– Aufstau des Gewässers, verbunden mit geringerer Fließgeschwindigkeit und verstärkter Sedimentation,
– Ausleitung des Wassers bei Umleitungskraftwerken und
– Unterbrechung des Fließkontinuums.

Beschränkungen in der Stauhöhe, ökologisch vertretbare Mindestwasserregelungen und Umgehungsgewässer können diese Eingriffe minimieren. Konkrete Angaben über Höhen und Abfluss hängen jedoch sehr stark von den jeweiligen Randbedingungen ab und sind aus Fachliteratur zu entnehmen.

Abkürzungen zu 5.3

DNK	Deutsches Nationales Komitee für Große Talsperren
DWA	Deutsche Vereinigung für Wasserwirtschaft, Abwasser und Abfall e.V., Hennef
FEM	Finite-Element-Methode
GW	Grundwasserstand
HW	Hochwasser
ICOLD	International Commission on Large Dams, Lausanne (Schweiz)
OW	Oberwasser
RCC	Roller Compacted Concrete
UVP	Umweltverträglichkeitsprüfung
UW	Unterwasser
WAP	Wasserabpressversuch

Literaturverzeichnis Kap. 5.3

Blind H (1987) Wasserkraftanlagen. In: Blind H (Hrsg) Wasserbauten aus Beton. Ernst & Sohn, Berlin

Blind H, Linse D, Knauss J (1987) Talsperren. In: Blind H (Hrsg) Wasserbauten aus Beton. Ernst & Sohn, Berlin

Breth H (1994) Zur Anwendung der Sicherheitstheorie im Staudammbau. Mitteilungen des Instituts und der Versuchsanstalt für Geotechnik der TH Darmstadt, 32, pp 13–20, 1–191

Breth H, Arslan U (1989) Die Beanspruchung des Asphalt-
betons als Innendichtung in hohen Dämmen, vorgeführt
an zwei Beispielen. STRABAG-Schriftenreihe Asphalt-
Wasserbau, 45, pp 9–52

DVWK (1990a) Dichtungselemente im Wasserbau. Merkblatt 215 des Deutschen Verbands für Wasserwirtschaft
und Kulturbau e.V., Bonn. Parey-Verlag, Hamburg

DVWK (1990b) Betrachtungen zur (n-1)-Bedingung an
Wehren. Merkblatt 216 des Deutschen Verbands für
Wasserwirtschaft und Kulturbau e.V., Bonn. Parey-Ver-
lag, Hamburg

DVWK (1991) Mess- und Kontrolleinrichtungen zur Überprüfung der Standsicherheit von Staumauern und Staudämmen. Merkblatt 222 des Deutschen Verbands für
Wasserwirtschaft und Kulturbau e.V., Bonn. Parey-Verlag, Hamburg

DVWK (1996a) Fischaufstiegsanlagen – Bemessung, Gestal-
tung, Funktionskontrolle. Merkblatt 232 des Deutschen
Verbands für Wasserwirtschaft und Kulturbau e.V., Bonn.
Wirtschafts- und Verl.-Ges. Gas und Wasser, Bonn

DVWK (1996b) Modernisierung von Wehren. Merkblatt
241 des Deutschen Verbands für Wasserwirtschaft und
Kulturbau e.V., Bonn. Wirtschafts- und Verl.-Ges. Gas
und Wasser, Bonn

DVWK (1996c) Berechnungsverfahren für Gewichtsstaumauern – Wechselwirkung zwischen Bauwerk und Untergrund. Merkblatt 242 des Deutschen Verbands für Wasserwirtschaft und Kulturbau e.V., Bonn. Parey-Verlag,
Hamburg

Europäische Kommission (2002): Die Wasserrahmenrichtlinie – Tauchen Sie ein. Luxemburg

Giesecke J, Mosonyi E (1998) Wasserkraftanlagen: Planung, Bau und Betrieb. 2. Aufl. Springer, Berlin/Hei-
delberg/New York

Häusler E (1987) Wehre. In: Blind H (Hrsg) Wasserbauten
aus Beton. Ernst & Sohn, Berlin

Hartlieb A (1999) Offene Deckwerke – Eine naturnahe Me-
thode zur Sohlstabilisierung eintiefungsgefährdeter
Flussabschnitte. Bericht Nr. 84 der Versuchsanstalt für
Wasserbau, Obernach. TU München

Houlsby GT (1985) Design and construction of cement grout-
ed curtains. Trans. 15th ICOLD, Lausanne (Schweiz)

Kaczynski J (1994) Stauanlagen – Wasserkraftanlagen.
Werner-Verlag, Düsseldorf

Lattermann E (1997) Wasserbau in Beispielen. Werner-
Verlag, Düsseldorf

Kutzner Ch (1996) Erd- und Steinschüttdämme für Stauanlagen. Ferdinand Enke Verlag, Stuttgart

Lange G, Lechner K (1993) Gewässerregelung – Gewäs-
serpflege; Naturnaher Ausbau und Unterhaltung von
Fließgewässern. Verlag Paul Parey, Hamburg

Mangelsdorf J, Scheurmann K (1980) Flussmorphologie –
Ein Leitfaden für Naturwissenschaftler und Ingenieure.
Oldenbourg-Verlag, München

Ossberger (1990) Firmenschrift „Die Wasserkraftidee“.
Ossberger-Turbinenfabrik GmbH+ Co, Weissenburg

Schröder W (1998) Wasserbau und Wasserwirtschaft. In:
Schneider K-J (Hrsg) Bautabellen für Ingenieure mit
Berechnungshinweisen und Beispielen. 13. Aufl.
Werner-Verlag, Düsseldorf

Schröder W et al. (1994) Grundlagen des Wasserbaus: Hydrologie, Hydraulik, Wasserrecht. 3. Aufl. Werner-Verlag, Düsseldorf

Striegler W (1998) Dammbau in Theorie und Praxis. Verlag
für Bauwesen, Berlin

Strobl Th (1982) Ein Beitrag zur Erosionssicherheit von
Einphasen-Dichtungswänden. Wasserwirtschaft 72
(1982) 7/8, pp 269–272

Strobl Th (1991) Felsabdichtung unter Talsperren mit einer
Schlitzwandfräse. Wasserwirtschaft 81 (1991) 7/8,
pp 345–351

Strobl Th et al. (1992) Kerndichtungen aus Asphaltbeton
für Erd- und Steinschüttdämme. Bericht Nr 72 der Versuchsanstalt für Wasserbau, Obernach. TU München

Strobl Th et al. (1996) Wasserkraft im Spannungsfeld zwischen Umwelt und Energieerzeugung. Bauingenieur 71
(1996) 6, pp 269–273

Strobl Th et al. (1997) Das MEFI-Modell – Ein Verfahren
zur Ermittlung ökologisch begründeter Mindestabflüsse
in Ausleitungsstrecken von Wasserkraftanlagen. Bericht
Nr. 80 der Versuchsanstalt für Wasserbau, Obernach.
TU München

Strobl Th, Zunic F (2006) Wasserbau: Aktuelle Grundlagen
– Neue Entwicklungen. Springer, Berlin/Heidelberg/
New York

TLW: Technische Lieferbedingungen für Wasserbausteine
(2003)

Vischer D, Huber A (2002) Wasserbau: Hydrologische
Grundlagen, Elemente des Wasserbaus, Nutz- und
Schutzwasserbauten an Binnengewässern. 6. Aufl.
Springer, Berlin/Heidelberg/New York

Normen

DIN 1045: Beton und Stahlbeton; Bemessung und Ausführung (07/1988)

DIN EN 13383-1: Wasserbausteine – Teil 1: Anforderungen
(8/2002)

DIN 4048 Teil 1: Wasserbau – Begriffe – Stauanlagen
(01/1987)

DIN 4048 Teil 2: Wasserbau – Begriffe – Wasserkraftanlagen (07/1994)

DIN 19700: Stauanlagen. Teil 10: Gemeinsame Festlegungen. Teil 11: Talsperren. Teil 12: Hochwasserrückhaltebecken. Teil 13: Staustufen. Teil 14: Pumpspeicherbecken. Teil 15: Sedimentationsbecken (07/2004)

5.4 Wasserversorgung

Wilhelm Urban, Ana Cangahuala

5.4.1 Rechtliche Grundlagen

5.4.1.1 EG-Vertrag

Etwa zeitgleich mit der Einführung eines bundes-
einheitlichen *Wasserrechts* wurde der Vertrag zur
Gründung der Europäischen Gemeinschaft in der
Fassung vom 25.03.1957 angenommen. Mit die-
sem Vertrag verpflichtete sich auch Deutschland,
EG-Recht und damit EG-Richtlinien in Deutsches
Recht aufzunehmen.

Als Beispiel sei hier die EG-Richtlinie über die
Qualität von Wasser für den menschlichen Gebrauch vom 15.07.1980 (80/778/EWG) genannt,
die mit der Richtlinie 98/83/EG des Rates der
europäischen Union vom 03.11.1998 novelliert
und somit dem wissenschaftlichen und technischen
Fortschritt angepasst worden ist.

5.4.1.2 Wasserrahmenrichtlinie (WRRL)

Die Wasserrahmenrichtlinie (2000/60/EG) bildet
den neuen Rahmen für das gesamte Wasserrecht.
Sie vereint u.a. *Trinkwasser*-, Badegewässer- und
Grundwasserrichtlinie als Tochterrichtlinien und
gibt einen gemeinsamen europäischen Ordnungsrahmen. Daraus ergibt sich erstmals auf euro-
päischer Ebene eine Verzahnung aller wasser-
relevanter Themengebiete. Hauptziel ist das Erreichen eines guten Zustands für alle Wasserkörper bis 2015. Maßnahmen zur Zielerreichung
sind ein Verschlechterungsverbot und ein Ein-
leiteverbot für Schadstoffe. Wesentlich ist hierbei die Einteilung der Oberflächen- und Grund-
wasserkörper nach geografischen und geologischen Gesichtspunkten über Staatsgrenzen hinweg,
denn es werden ausschließlich Einzugsgebiete betrachtet.

5.4.1.3 Wasserhaushaltsgesetz (WHG)

Rahmengesetz des Bundes für den Bereich des
Gewässerschutzes ist das Gesetz zur Ordnung
des Wasserhaushalts. Das Wasserhaushaltsgesetz
(WHG) wurde am 27.07.1957 verabschiedet und
am 19.08.2002 neu gefasst. Die letzte Änderung

dieses Gesetzes stammt vom 22.12.2008. Das Gesetz darf nach der nächsten Änderung, jedoch spätestens ab 2010 von den Ländern im Rahmen der
konkurrierenden Gesetzgebung mit eigenen Gesetzen abgeändert werden. Das neue Wasserrecht-Ge-
setz zur Neuregelung des Wasserrechts, Art. 1
„Gesetz zur Ordnung des Wasserhaushalts (Wasserhaushaltsgesetz – WHG) vom 6. August 2009 –
tritt am 1. März 2010 in Kraft.

5.4.1.4 Trinkwasserverordnung

Die Trinkwasserverordnung (Verordnung über
Trinkwasser und über Brauchwasser für Lebensmittelbetriebe) wurde 1976 auf der Grundlage des
Bundesseuchengesetzes vom 18.07.1961 verfasst.
Außerdem ist nach dem Lebensmittel- und Bedarfsgegenständegesetz vom 21.12.1958 die „Verordnung über die Verwendung von Zusatzstoffen
bei der Aufbereitung von Trinkwasser" (Trinkwasser-Aufbereitungs-Verordnung) erlassen worden.
In der Trinkwasserverordnung in der Fassung vom
05.12.1990 wurden die einschlägigen Vorschriften
der *Trinkwasser-Aufbereitungs-Verordnung* einge-
arbeitet. (TrinkwV, 2. Abschnitt mit den §5 und §6
sowie den zugehörigen Anlagen).

Die aktuell gültige Novelle der Trinkwasserverordnung 2001 vom 31.10.2006 setzt die Vorgaben
der EU-Richtlinie über die Qualität von Wasser für
den menschlichen Gebrauch von 1998 um (s.
5.4.1.2.). Der Bundesrat hat am 26. November
2010 einige Änderungen für die Novelle der Trinkwasserverordnung 2001 akzeptiert.

Die TrinkwV regelt die Anforderungen an die
Beschaffenheit von Trinkwasser und Wasser für
Lebensmittelbetriebe. Sie beinhaltet:

- Anforderungen an die mikrobiologische Be-
  schaffenheit,
- Grenzwerte für chemische (toxische) Stoffe,
- Kenngrößen und Grenzwerte zur Beurteilung
  der Beschaffenheit des Trinkwassers (senso-
  rische und physikalisch-chemische Kenngrö-
  ßen), Grenzwerte für chemische (nichttoxische)
  Stoffe,
- Zusatzstoffe für die *Trinkwasseraufbereitung*,
- Umfang und Häufigkeit der Untersuchungen,
- Richtwerte für Kupfer und Zink am Zapfhahn
  der Hausinstallationen.

5.4.1.5 Infektionsschutzgesetz

Das Infektionsschutzgesetz (IfSG) in der Fassung der Bekanntmachung vom 20.07.2000, zuletzt geändert am 13.12.2007, dient der Verhütung und Bekämpfung übertragbarer Krankheiten beim Menschen. Es ersetzt u. a. das Bundesseuchengesetz. Der siebte Abschnitt des IfSGs beschäftigt sich mit Wasser.

5.4.1.6 *DIN 2000*

Die DIN 2000 in der aktuellen Ausgabe von 10/2000 enthält alle maßgebenden Leitsätze für die Trinkwasserversorgung, die Anforderungen an *Trinkwasser* sowie für die Planung, den Bau und den Betrieb der Anlagen. In dieser Norm sind die allgemeinen Anforderungen an Trinkwasser hinsichtlich Güte, Beschaffenheit und Verfügbarkeit sowie die Aufgaben der öffentlichen Wasserversorgung geregelt.

5.4.2 *Wasserbeschaffenheit, Wassergüte*

5.4.2.1 Beschaffenheit natürlicher Wässer

Wasser ist ein ausgezeichnetes Lösungsmittel und liegt als solches in der Natur nicht chemisch rein vor. Auf den unterschiedlichen Wegen des natürlichen Wasserkreislaufs werden im Wasser in Abhängigkeit von den Boden- und Gesteinsverhältnissen sowie der Zusammensetzung der atmosphärischen Luft verschiedene Stoffe angereichert. Diese *Wasserinhaltsstoffe* können in anorganische und organische sowie nach Art des Lösungssystems in suspendierte, Kolloide oder echt gelöste Stoffe unterschieden werden, wobei die echt gelösten Salze und Gase den Hauptanteil ausmachen. Die Tabelle 5.4-1 gibt einen Überblick über die wichtigsten Inhaltsstoffe natürlicher Wässer.

Tabelle 5.4-1 In natürlichen Wässern vorkommende Inhaltsstoffe [Grombach et al. 2000, S. 35]

Lösungssystem	Echte Lösung				Kolloide Lösung	Suspension
Lösungsform	molekulardispers				kolloiddispers	grobdispers
Häufigster Teilchendurchmesser in cm	10^{-8}-10^{-6}				10^{-7}-10^{-5}	$>10^{-5}$
	Elektrolyte		Nichtelektrolyte			
	Kationen	Anionen	Gase	Feststoffe		
Hauptinhaltsstoffe häufig > 10 mg/l	Na^+ K^+ Mg^{2+} Ca^{2+}	Cl^- NO_3^- HCO_3^- SO_4^{2-}	O_2 N_2 CO_2	$SiO_2 \cdot nH_2O$		Tone, Feinsand, organische Bodenbestandteile
Begleitstoffe meist << 10 mg/l häufig > 0,1 mg/l	Sr^{2+} Fe^{2+} Mn^{2+} NH^{4+}	F^- Br^- J^- NO_2^- $H_2PO_4^-$ HPO_4^{2-} HBO_2	H_2S NH_3 CH_4 He	Organische Verbindungen (Stoffwechselprodukte)	Oxidhydrate von Metallen, z. B. von Fe, Mn, Kieselsäure u. Silicate	Oxidhydrate Fe u. Mn Öle u. Fette Sonstige organische Stoffe
					Huminstoffe	
Spurenstoffe < 0,1 mg/l	Li^+ Rb^+ Ba^{2+} As^{3+} Cu^{2+} Zn^{2+} Pb^{2+}	HS^-	Rn			

5.4.2.2 *Trinkwasseruntersuchungen*

Mikrobiologische Kenngrößen

Nach der TrinkwV dürfen keine Krankheitserreger im Trinkwasser nachweisbar sein. Da dieser Nachweis äußerst schwierig ist, nimmt man die Prüfung mit *Keimen* vor, die selbst keine Krankheitserreger sind (Escherichia coli, coliforme Keime). Das Auftreten dieser im Darm von Warmblütern vorkommenden Bakterien in 100-ml einer Wasserprobe gilt als *Indikator* für möglicherweise vorhandene pathogene Keime im Trinkwasser. Zudem ist die Koloniezahl unter genormten Vermehrungsbedingungen zu ermitteln. Hierbei soll im *Rohwasser* ein Richtwert von 100 Kolonien pro Milliliter (ml) und im Reinwasser nach einer Desinfektion von 20 Kolonien pro ml nicht überschritten werden. Darüber hinaus kann von der zuständigen Gesundheitsbehörde eine Untersuchung auf Fäkalstreptokokken, sulfitreduzierende und/oder sporenbildende Anaerobier usw. angeordnet werden.

Sensorische Kenngrößen

Trinkwasser soll farblos, klar, kühl, geruchlos und geschmacklich einwandfrei sein. Diese sinnfälligen *Merkmale des Wassers* sollten in ihrer Aussagekraft nicht unterschätzt werden. Eine Voruntersuchung von Farbe, Trübung, Geruch und Geschmack kann zu wesentlichen Erkenntnissen führen und die folgenden Untersuchungen erleichtern.

Physikalisch-chemische Kenngrößen

Temperatur. Die Temperatur des Trinkwassers soll nach DIN 2000 zwischen 5 °C und 15 °C liegen. Zu kaltes Wasser kann gesundheitsgefährdend wirken, zu warmes Wasser schmeckt fade, verschafft keine Abkühlung und neigt stärker zur Wiederverkeimung.

pH-Wert. Der negative dekadische Logarithmus der Hydroniumionenaktivität wird als „pH-Wert" bezeichnet:

$$pH = -\lg\left[a\left(H_3O^+\right)\right] \qquad (5.4.1)$$

mit a Aktivität in mol/l und H_3O^+ Hydroniumionen. Oft wird der Wert auch vereinfacht als Maß für die Wasserstoffionenkonzentration verwendet.

Die Konzentration ist aufgrund von Ionenwechselwirkungen geringfügig größer als die Aktivität.

Ist die H_3O^+-Ionen-Aktivität größer als jene der OH^--Ionen, bezeichnet man die Lösung als „sauer", umgekehrt als „basisch". Bei einer Wassertemperatur von 25 °C sind bei einem pH-Wert von 7 ebenso viele H_3O^+- wie OH^--Ionen im Wasser enthalten. Zu beachten ist, dass sich bei einer pH-Wert-Änderung von 1 die Konzentration um den Faktor 10 ändert.

Der pH-Wert hat einen maßgeblichen Einfluss auf die chemischen und biologischen Reaktionsprozesse im Wasser. Seine Kontrolle und Einstellung wirken daher entscheidend auf die Wasseraufbereitung ein. Trinkwasser sollte sich nach Anlage 3 der TrinkwV in einem *pH-Bereich* von 6,5 bis 9,5 befinden.

Leitfähigkeit. Die elektrische Leitfähigkeit ist ein Maß für die Summe der gelösten Salze im Wasser. Die verwendete Einheit ist Mikrosiemens pro Zentimeter (µS/cm). Die Leitfähigkeit ist temperaturabhängig. Bei einer Temperaturerhöhung um 1 °C steigt die Leitfähigkeit um 2%. Typische Wertebereiche verschiedener Wässer sind

- destilliertes Wasser   < 3,
- Regen-, Schneewasser   10...100,
- Grundwasser   500...2000,
- Mineralwasser   >1000.

Summe der Erdalkalien (Härte). Die Summe der gelösten Erdalkalien wird als „Härte" bezeichnet. Bei den meisten Wässern sind dies in Abhängigkeit ihrer geogenen Herkunft Calcium- und Magnesiumionen, selten ist noch Barium und Strontium in geringen Anteilen enthalten. Die Karbonate und Bikarbonate des Calciums und Magnesiums bilden die sog. „Karbonat-Härte" oder „vorübergehende Härte", während die Chloride, Nitrate, Sulfate, Phosphate und Silikate des Calciums und Magnesiums die Nichtkarbonat-Härte oder bleibende Härte ausmachen. Beide zusammen ergeben die Gesamthärte. Die Unterscheidung erfolgt aufgrund des Vorgangs, nach dem die Calcium- und Magnesiumkarbonate (vorübergehende Härte) beim Kochen des Wassers durch Austreiben der Kohlensäure als Kalkstein ausgefällt werden, während die Nichtkarbonat-Härte (bleibende Härte) erhalten bleibt.

Der günstige *Härtebereich für Trinkwasser* liegt zwischen 10°dH und 20°dH. Gesundheitlich besitzt die Härte keine Relevanz; zu hartes Wasser erhöht jedoch den Waschmittelverbrauch und fällt beim Erhitzen aus (Karbonathärte), wodurch der Energieverbrauch zu- und die Anlagenlebensdauer rapide abnimmt. Gemäß Waschmittelgesetz sind die *Wasserversorgungsunternehmen* verpflichtet, den Härtebereich des abgegebenen Wassers anzugeben Der Begriff „Härte" ist zwar allgemein üblich, aber seit dem 01.01.1978 nicht mehr zulässig. Die gültige Einheit ist „Summe Erdalkalien" in mmol/l.

Kohlensäure. Kohlensäure (H_2CO_3) ist in allen natürlichen Wässern in Form von Kohlenstoffdioxid (CO_2), Hydrogenkarbonat (HCO_3^-) und Karbonat (CO_3^{2-}) enthalten. Es stammt aus der Atmosphäre, Mineralien oder biologischen Abbauprozessen. Die Anteile der einzelnen Formen im Wasser sind vorrangig vom pH-Wert abhängig.

Die Konzentration des Kohlenstoffdioxids bestimmt – unter Einfluss der Temperatur – im Wesentlichen die Löslichkeit von Calciumkarbonat im Wasser. Wird das Löslichkeitsprodukt des Calciumkarbonats im Wasser überschritten (Übersättigung), kann es in Anlagen und Leitungen zur Ausfällung von Kalk kommen. Umgekehrt führt eine Untersättigung an Calciumkarbonat im Wasser zur Kalk-Aggressivität d. h. zur Lösung von vorhandenem Calciumkarbonat und damit zum Angriff von zementhaltigen Werkstoffen.

Das chemische Gleichgewicht zwischen den verschiedenen Formen der Kohlensäure und Calciumkarbonat wird als „Kalk-Kohlensäure-Gleichgewicht" bezeichnet. Im Gleichgewichtszustand kann sich bei entsprechender Härte und ausreichendem Sauerstoffgehalt des Wassers eine Deckschicht bilden (z. B. an den Rohrinnenwandungen), welche die Korrosion des *Rohrwerkstoffs* und da-

mit eine unzulässige Abgabe von Stoffen an das *Trinkwasser* unterbindet. Darüber hinaus ist die Ausbildung dichter Deckschichten Voraussetzung für das Erreichen der üblichen Betriebs- bzw. Lebensdauer der Materialien.

Gesundheitlich ist Kohlensäure unbedenklich. Häufig wird sie Mineralwässern zugesetzt, um ihnen einen erfrischenden Geschmack zu verleihen.

Chemische Stoffe

In zunehmendem Maße werden *Rohwasservorkommen* durch anthropogene Einwirkungen beeinträchtigt. In zunehmendem Maße werden Rohwasservorkommen durch anthropogene Einwirkungen beeinträchtigt. Es handelt sich hierbei um ein verbreitetes Auftreten von Arzneimittelrückständen wie z. B. das Antiepileptikum Carbamazepin, das Antirheumatikum Diclofenac, den Lipidsenker Bezafibrat, das Antibiotikum Sulfomethoxazol oder die Röntgenkontrastmittel Amidotrizoesäure und Iopamidol.

Aber auch synthetische organische Komplexbildner wie z. B. Nitrilotriessigsäure (NTA), Ethylendiamintetraessigsäure (EDTA), Diethylentriaminpentaessigsäure (DTPA) oder die Gruppe der hochresistenten perfluorierten Chemikalien (z. B. Perfluoroctansulfonsäure PFOS, Perfluoroctansäure PFOA) sowie Pestizidwirkstoffe (Atrazin, Diuron, Simazin, Isoproturon) und deren Metabolite (z. B. Desethylatrazin) sind hier zu nennen.

An den Ländermessstellen untersucht man die Nitratbelastung der Gewässer und dokumentiert diese in Berichten. Die Oberflächen- und Küstengewässer weisen in den letzten Jahren eine leicht abnehmende Nitratbelastung auf. Auch im Grundwasser sind überwiegend sinkende Nitratwerte festzustellen, dies gilt besonders an Messstellen mit bisher sehr hohen Nitratkonzentrationen. Dennoch steigen an einigen Messstellen die Nitratgehalte nach wie vor. Gemäß den Trendberechnungen und Modellbetrachtungen kann auch in den nächsten Jahren ein Rückgang der Nitratbelastungen erwartet werden. [Nitratbericht 2008, Bundesministerium für Umwelt, Naturschutz und Reaktorsicherheit 2008].

Eine neue Problematik ergibt sich seit 10 bis 15 Jahren mit dem Auftreten endokrin (hormonell) wirkender Substanzen in der aquatischen Umwelt, die das Potenzial besitzen in das Hormonsystem von Mensch und Tier einzugreifen (endokrine Disruption).

Tabelle 5.4-2 Härtebereiche (nach Wasch- und Reinigungsmittelgesetz vom 29.04.2007)

Härtebereich	Calciumkarbonat [mmol/l]
Weich	<1,5
Mittel	1,5…2,5
Hart	>2,5

Substanzen mit östrogener Wirkung sind natürliche und synthetische Östrogene wie z. B. der Wirkstoff der Antibabypille, das synthetische Östrogen 17-α-Ethinylöstradiol, so wie das natürliche weibliche Sexualhormon 17-β-Östradiol und seine Metaboliten Östron und Östriol, Phytoöstrogene, die Industriechemikalien Alkylphenole (z. B. Nonylphenole, Octylphenole) und Tributylzinn (TBTO), die vielproduzierte Alltagschemikalie Bisphenol A, polychlorierte Biphenyle (PCBs) Phthalate und die Pestizidwirkstoffe DDT, Methoxychlor und Atrazin.

Die EU untersucht vor allem die Folgen der endokrinen Disruption auf das menschliche Hormonsystem und Schäden an Organen im Menschen. Es gibt Untersuchungen, die auf eine Verringerung der Spermienzahl und -qualität von Männern [Scharpe/Skakkeback 1993] hinweisen. Weiterhin gibt es Hinweise, dass es zu einer Zunahme von Missbildungen der männlichen Fortpflanzungsorgane und einem gehäuften Auftreten bestimmter hormonabhängiger Krebsarten wie Brust- und Hodenkrebs kommt, was mit der Exposition mit östrogenen Substanzen in Verbindung gebracht wird. Nach wie vor befinden sich die meisten Tests für endokrine Wirkungen noch in Entwicklung und im internationalen Standardisierungsprozess. Dementsprechend sollen vorhandene Testergebnisse von Fall zu Fall auf ihre Validität und Relevanz geprüft werden. Grundsätzlich können und sollen endokrine – wie andere ökotoxikologische Endpunkte – im Verfahren für die Ableitung von Umweltqualitätsnormen verwendet werden [Moltmann et al. 2007].

Die Anforderungen bezüglich chemischer Inhaltsstoffe wurde in der *Trinkwasserverordnung* vom Mai 2001 (Anlage 2 TrinkwV) umgesetzt und Häufigkeit und Umfang der Untersuchungen (Anlage 4 TrinkwV) festgelegt.

5.4.3 Wasserdargebot, Wassergewinnung

5.4.3.1 Allgemeines

Betrachtet man das Wasser als natürliche *Ressource* der Erde, so stellt es sich als eine unerschöpfliche Rohstoffquelle dar: Das Wasser unterliegt einem ständigen Kreislauf und ist immer wieder verfügbar. Trotz vielfacher Nutzung nimmt die Menge nicht ab, es verändern sich lediglich die Art und das Ausmaß der Inhaltsstoffe.

Der natürliche *Kreislauf des Wassers* wird im Wesentlichen angetrieben von der Sonnenenergie und der Erdanziehungskraft. Das Wasser gelangt in Form des Niederschlags (Regen, Schnee) auf die Erde. Ein Teil wird von dort sofort wieder verdunstet, der andere Teil fließt entweder den *Oberflächengewässern* als Regen- oder Tauwasser zu oder versickert im Boden. Teile des Sickerwassers werden von den Pflanzen aufgenommen, andere bleiben in geeigneten Porenräumen des Bodens reversibel haften, während die restlichen Wässer zum *Grundwasser* perkolieren und von dort als *unterirdischer Abfluss* zu den Oberflächengewässern gelangen. Von der Gewässeroberfläche, vom Boden, von befestigten Flächen und über die Pflanzen steigt Wasser in Form von Wasserdampf durch Verdunstung in die Atmosphäre auf und lässt dort bei ausreichender Abkühlung Wolken entstehen. Der Niederschlag aus den Wolken schließt den Wasserkreislauf (Abbildung 5.4-1).

Das langjährige Mittel des gesamten theoretisch verfügbaren Wasserdargebots in Deutschland von etwa 188 Mrd. m^3 wird von der öffentlichen Wasserversorgung (2,7%), der Bergbau und Verarbeitendes Gewerbe (3,8%) und den Wärmekraftwerken (10,4%) zu insgesamt etwa 17% in Anspruch genommen. [Unweltbundesamt nach Daten des Statistischen Bundesamtes (2007) und der Bundesanstalt für Gewässerkunde (2006)].

Nach der BDEW-Wasserstatistik von 2011 entfielen in der öffentlichen Wasserförderung etwa 61,5% auf die Grundwasser-, 8,2% auf die Quellwasser- und 30,3% auf die Oberflächenwassergewinnung [BDEW-Wasserstatistik von 2011].

5.4.3.2 Oberflächenwasser

Fließende Gewässer

Fließende Gewässer mit ausreichender Niederwasserführung sind fast überall in Deutschland für die Wassergewinnung nutzbar. Besonders in Ballungszentren – also in Gebieten, in denen die Grundwasservorräte den Bedarf nicht decken können – muss häufig auf *Flusswasser* zurückgegriffen werden. Die jahreszeitlich bedingten Schwankungen der Wasserführung und der Wassertemperatur, aber

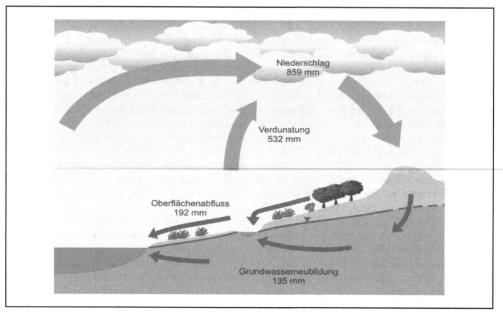

Abb. 5.4-1 Schematische Darstellung des Wasserkreislaufs mit Zahlen der mittleren Wasserbilanz für Deutschland 1961–1990 (nach BfG 2008, Niederschlagswert korrigiert) (Quelle: Bundesanstalt für Geowissenschaften und Rohstoffe (BGR))

auch der von Niederschlagsereignissen im Einzugsgebiet abhängigen Schwebstoffführung, erschweren die Entnahme eines Wassers ausreichender Güte für Trinkwasserzwecke. Beeinträchtigungen entstehen außerdem durch Einleitungen organischer Stoffe, von Medikamenten und Nährstoffen aus kommunalen und industriellen Abwasserreinigungsanlagen, durch den Eintrag von Pflanzenbehandlungsmitteln und Dünger von landwirtschaftlichen Flächen sowie weiteren Einleitungen aus punktförmigen und diffusen Quellen (z. B. Altlasten, Arzneimittelwirkstoffe, Verkehrsflächen). Zukünftig ist in Oberflächengewässern auch mit hormonellen Belastungen, Arzneimittelwirkstoffen und Resten von Röntgenkontrastmitteln zu rechnen.

Flusswasser für den Trinkwassergebrauch muss grundsätzlich, für den Brauchwassergebrauch i. d. R., aufbereitet werden. Oft ist es sinnvoll, das Oberflächenwasser erst nach *Filtration* durch eine natürliche Bodenpassage in Form einer Uferfiltratnutzung oder künstlichen *Grundwasseranreicherung* zu nutzen. Die Gewinnung, ob direkt oder indirekt, sollte immer die Möglichkeit einer kurzfristigen Stilllegung der Rohwasser-Pumpanlagen einbeziehen, um Störfälle und Hochwasserereignisse, die die Wassergüte erheblich beeinträchtigen, ausgleichen zu können.

Eine gezielte Auswahl der Entnahmestellen kann die Gefährdung reduzieren. Entnahmestellen sind möglichst oberhalb von Siedlungen und in ausreichender Entfernung von den nächsten flussaufwärts gelegenen Abwassereinleitungen einzurichten. Stau- und Hafenanlagen sowie Bade- und andere Freizeiteinrichtungen sollten in diesem Bereich vermieden werden.

Im Wasserwerk Schierstein bei Wiesbaden wurde das Entnahmebauwerk allerdings über der Rheinsohle in Strommitte positioniert, um der stärker belasteten Mainfahne am rechten Rheinufer auszuweichen.

Für das Oberflächenwasser als *Rohwasser* für die Trinkwasserversorgung wurde [DVGW-W 151 1975] erstellt. Das Arbeitsblatt enthält *Grenzwerte* zu allgemeinen Gütemerkmalen sowie anorganischen und organischen Parametern. Das Arbeitsblatt war als Leitlinie für den *Gewässerschutz* gedacht, an dem Maßnahmen zur Sanierung oder Qualitätserhaltung von Oberflächenwässern ausgerichtet werden. Entsprechend den Erkenntnisgewinnen wurde es durch [DVGW-W 251 1996] ersetzt.

Stehende Gewässer
Seen, Talsperren.

Die *Trinkwassergewinnung* aus Talsperren und Seen ist wesentlich vorteilhafter als aus Flüssen, weil durch die Stauhaltung rasche und *hohe Abfluss- und Qualitätsschwankungen* ausgeglichen werden. In den neuen Ländern werden aufgrund ungünstiger Grund- und *Oberflächenwasserverhältnisse* durchschnittliche Anteile der *Talsperren* von 66,4% – in den alten Bundesländern bei ca. 23,4% erreicht.

In Deutschland ist die Nutzung von *Seewasser* zu Trinkwassergewinnung praktisch zur Gänze (etwa 99%) auf den Bodensee durch den Zweckverband Bodenseewasserversorgung beschränkt [DVGW 1996]. Zu den Vorzügen des Bodensees gehört seine große Tiefe. Für die Wassergewinnung eignen sich tiefe Seen besser als flache, da nahezu alle maßgebend auf die *Wasserqualität* Einfluss nehmenden biologischen Prozesse an der Oberfläche ablaufen. Tiefe Seen bilden eine Temperaturschichtung aus, die sich aus den Bereichen Epilimnion, Metalimnion und Hypolimnion (von oben nach unten) zusammensetzen. Das Hypolimnion eignet sich aufgrund seiner gleich bleibend niedrigen Temperaturen und des gleichzeitigen Lichtmangels hervorragend zur *Wasserentnahme*, da bei diesen Bedingungen biologische Prozesse nur eine untergeordnete Rolle spielen.

Neben der Temperaturschichtung treten in vielen Seen chemisch oder biologisch bedingte Schichtungen auf. Seen können aufgrund dieser Verhältnisse in oligotrophe, mesotrophe und eutrophe Seen unterteilt werden. Oligotrophe (nährstoffarme) Seen bieten die besten Voraussetzungen für die Trinkwassernutzung, eutrophe (nährstoffreiche) Seen sind nur bedingt für die *Trinkwassergewinnung* geeignet. Durch das Überangebot an Nahrung wird in der oberen Schicht eine große Menge an organischem Material erzeugt. Beim mikrobiellen Abbau der Organik in der Tiefe wird der gelöste Sauerstoff verbraucht, so dass anaerobe Reak-

tionsprozesse auftreten. Eine sorgfältige Entfernung von mikrobiologischen und organischen Verunreinigungen ist bei eutrophen und mesotrophen Seen daher immer notwendig.

Gewässerbelastungen können – wie bei Fließgewässern – von unterschiedlicher Herkunft, Art, Ausmaß und jahreszeitlicher Variabilität sein. Grundsätzlich sind bei Seen, die zur Trinkwassergewinnung genutzt werden, umfangreiche Gewässerschutzmaßnahmen für die Einzugsgebiete anzustreben. Dies können z.B. legislative Maßnahmen zur Vermeidung von Abwassereinleitungen, zur Begrenzung des landwirtschaftlichen Düngemittel-, Pestizid- und Biozideintrags oder zur Begrenzung des Phosphorgehalts in Wasch- und Reinigungsmitteln sein. Die weit reichenden Anforderungen an die Trinkwassergüte lassen sich darüber hinaus nur durch eine intensive Wasseraufbereitung erreichen, die besonders auf die weitgehende Entnahme gelöster und partikulärer organischer Stoffe sowie Mikroorganismen (Viren, Bakterien, Algen, Parasiten) abgestimmt sein muss.

Trinkwassertalsperren gelten als die günstigste Form der Oberflächenwassergewinnung. Sie werden an relativ unbelasteten Oberläufen von geeigneten Bächen und Flüssen angelegt. Bei der Speicherbewirtschaftung ist zu beachten, dass *Trinkwassertalsperren* meist auch zur Energiegewinnung genutzt werden. Hierbei werden am Grundauslass der Talsperrenmauer Turbinen angeordnet, die die Wasserkraft in elektrische Energie umwandeln. Zeitliche Bedarfsschwankungen der benötigten Trinkwassermenge stehen daher in Konkurrenz zur Wasserkraftnutzung des Elektrizitätswerkes. Die letzte große in Deutschland errichtete Trinkwassertalsperre befindet sich in Leibis-Lichte und wurde im Sommer 2006 in Betrieb genommen. Der Neubau großer Talsperren ist in Deutschland aufgrund geografischer und politischer Rahmenbedingungen eher selten [Landesamt für Umwelt Sachsen-Anhalt, 2008].

Die Wasserentnahme erfolgt bei Trinkwassertalsperren häufig über Türme mit Entnahmemöglichkeiten in verschiedenen Wassertiefen, um so an dem jeweils vorherrschenden Speicherbeckenfüllgrad die beste Wasserqualität fördern zu können. An Seen befindet sich die Fassungsanlage meist uferfern etwa 5 m über dem Seegrund (z. B.

Bodensee), damit ein Einziehen von Sedimenten ausgeschlossen ist.

Meerwasser

Meerwasser steht in beinahe unbegrenzter Menge zur Verfügung. Doch aufgrund seines hohen Salzgehaltes von durchschnittlich rund 35.000 mg/l TDS (total dissolved solids) ist es für den Menschen nicht genießbar. Die aufwendigen und kostspieligen Aufbereitungsverfahren (z. B. *Umkehrosmose*) sind nur in ariden Gebieten sinnvoll, wenn kein Süßwasser gefördert werden kann.

Bei der Planung von Meerwasserentsalzungsanlagen ist darauf zu achten, dass diese nicht in Hafengebieten, an Schiffsanlegeplätzen oder anderen Bereichen mit hoher Verschmutzungswahrscheinlichkeit gebaut werden. Daneben sind die Auswirkungen der Gezeiten und des Wellenschlags bei der Bemessung küstennaher Entnahmen zu berücksichtigen.

5.4.3.3 Regenwasser

Regenwasser wird als Rohwasser nur dann für die Trinkwasserversorgung verwendet, wenn anderes Wasser nicht zur Verfügung steht. Dies kann in ariden Gebieten von besonderer Bedeutung sein. Das Niederschlagswasser wird auf zweckmäßigen Flächen, zum Beispiel auf Dächern, aufgefangen und in meist unterirdischen Behältern gesammelt.

Da die Speichermenge von der zeitlichen Verteilung des Jahresniederschlags und der Intensität der Einzelereignisse abhängt, ergeben sich bei der Bemessung erhebliche Unsicherheiten. Überdies ist zu berücksichtigen, dass Regenwasser keineswegs unbelastet ist, sondern auf seinem Weg durch die Atmosphäre neben den natürlichen Gasen verschiedenste anthropogene Luftschadstoffe aufnehmen kann.

Der Aufwand für die Speicherung und Aufbereitung sowie die daraus entstehenden Kosten lassen die Nutzung von Regenwasser in der öffentlichen Trinkwasserversorgung in Deutschland häufig als nicht rentabel erscheinen. Sie muss jedoch im Zusammenhang mit der gesamten Wasser- und Abwasserwirtschaft eines hydrologischen Einzugsgebiets gesehen werden und regionale Besonderheiten mit einbeziehen. Die Nutzung von Regenwasser in Gebäuden z. B. zur Toilettenspülung hat sich in den letzten Jahren stark verbreitet und kann in verschiedenen Bundesländern in örtlichen Satzungen vorgeschrieben werden. Wasser für diese Nutzung muss i. d. R. abgesehen von einer Filtration vor dem Regenwasserspeicher nicht weiter aufbereitet werden. Die Nutzung von Regenwasser zum Wäsche waschen wird in Deutschland nicht empfohlen, ist aber auch nicht verboten [DVGW 2002]. Der Bau von Anlagen zur Bewirtschaftung von Regenwasser ist in DIN 1989 Regenwassernutzungsanlagen, Teil 1-4 (Planung, Bau, Filter, Speicherung, Steuerung, 2002-2005) genormt.

Regenwasserbewirtschaftung reduziert den direkten Abwasseranfall bei Regenereignissen und mindert somit anfallende Spitzen bei der Abwasserableitung. Dies kann Auswirkungen auf die Kanaldimensionierung und die Bemessung der Regenwasser-Behandlungsanlagen haben sowie die ökologische Funktionsfähigkeit von Vorflutern verbessern helfen. Kanäle können durch die Nutzung von Regenwasser oft kleiner und angepasster dimensioniert werden, da der Regen den Spitzenlastfall bei der Kanaldimensionierung darstellt. Durch regional bedingte geringe Niederschlags- und damit Grundwasserneubildungsraten oder qualitative Beeinträchtigungen des vorhandenen Grund- und Oberflächenwassers können Probleme bei der quantitativen und qualitativen Sicherstellung der Trinkwasserversorgung entstehen. Als beschränkte Alternative bzw. Ergänzung zu Fernwasserversorgungssystemen unter maximaler Umsetzung des rationellen Wassergebrauchs bietet sich hier die Regenwassernutzung an.

5.4.3.4 Grundwasser

Hydrogeologische Grundbegriffe

Die hydrogeologischen Grundbegriffe für das Grundwasser sind in DIN 4049-1 bis DIN 4049-3 festgelegt.

Grundwasser entsteht durch Versickerung von Niederschlagswasser im Boden. Nach DIN-4049 wird Grundwasser definiert als „unterirdisches Wasser, das die Hohlräume der Erdrinde zusammenhängend ausfüllt und dessen Bewegung maßgeblich von der Schwerkraft und den durch die Bewegung selbst ausgelösten Reibungskräften bestimmt wird".

Wasserführende Gesteinsschichten werden als „Grundwasserleiter" oder „Aquifere" bezeichnet.

Zu den grundwasserleitenden Gesteinen gehören Lockergesteine (z. B. Sand, Kies), in denen das Wasser durch die Gesteinsporen zirkuliert, aber auch Festgesteine (z. B. Sandstein, Kalkstein, Basalt), die mit Poren, Rissen und Hohlräumen durchzogen sind.

Werden mehrere Grundwasserleiter durch undurchlässige, nichtleitende Gesteine (z. B. Fels, Ton, Lehm) getrennt, spricht man bei den einzelnen Grundwasserleitern auch von „Grundwasser-Stockwerken". Die nichtleitenden Gesteine werden als „Grundwasserstauer" oder, bezogen auf die untere Begrenzung des Grundwasserleiters, als „Grundwassersohle" bezeichnet (siehe Abbildung 5.4-2 in der sind weitere typische Begriffe zu entnehmen).

Wenn das *Grundwasser* durch eine undurchlässige Schicht so begrenzt wird, dass der *Wasserdruck* an der betrachteten Stelle größer als der Luftdruck ist, so bezeichnet man das Grundwasser als „gespannt". Ist der Wasserdruck des gespannten Grundwassers so hoch, dass das Wasser in einer *Bohrung* über die Geländeoberkante hinaus fließt oder eine Fontäne bildet, bezeichnet man das Was-

ser als „*artesisch gespannt*". Bei freiem oder ungespanntem *Grundwasser* sind Luft- und *Wasserdruck* an der Wasseroberfläche identisch.

Das Sicker- und Grundwasser wird auf seinem Weg durch den Boden und das Gestein durch Lösungsprozesse, Adsorption bzw. Ionenaustausch, Oxidation bzw. Reduktion sowie biologische Vorgänge mit wasserlöslichen Stoffen angereichert. Aufgrund der physikalischen und chemischen Wechselwirkungen zwischen dem Grundwasser und dem anstehenden Gestein werden Mineralien im Wasser gelöst. Zu den am häufigsten im Untergrund vorkommenden gelösten Salzen gehören karbonatische, sulfatische und chloridische Verbindungen wie Kalkstein, Dolomit, Magnesit, Anhydrit, Gips und Steinsalz.

Adsorptionsvorgänge führen dazu, dass im Wasser gelöste Ionen und Moleküle an der Oberfläche von Gesteinen oder Kolloiden (Teilchendurchmesser 10^{-9} bis 10^{-7} m) gebunden werden. Bei Ionenaustauschvorgängen zwischen *Wasserinhaltsstoffen* und Gesteinen werden Ionen im Kristallgitter der Gesteine gebunden, dafür wird

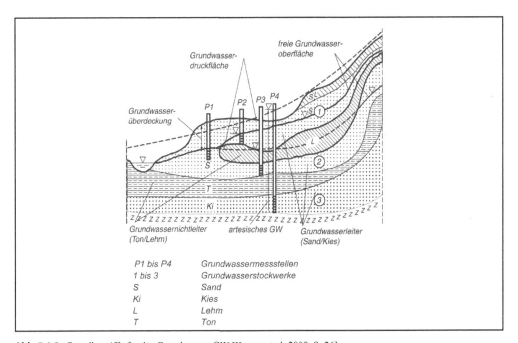

Abb. 5.4-2 Grundbegriffe für das Grundwasser GW [Karger et al. 2008, S. 26]

eine äquivalente Menge an gebundenen Ionen an das Wasser abgegeben. Wichtige adsorbierend wirkende Stoffe sind Tonminerale, Metallhydroxide und organische Substanzen (Pflanzenreste, Humus, Mikroorganismen); als Ionenaustauscher sind v.a. Tonminerale zu nennen.

Mit dem Sickerwasser wird gelöster Sauerstoff in das Grundwasser eingetragen, so dass in vielen juvenilen Grundwässern Sauerstoffsättigung herrscht (etwa 11,3 mg O_2/l, 10°C, 1013 hPa). Stark sauerstoffhaltige Wässer wirken oxidierend. So werden z. B. gelöste zweiwertige Eisen- und Manganverbindungen zu gering löslichen dreiwertigen Eisen- bzw. vierwertigen Manganverbindungen oxidiert; organische Verbindungen unterliegen ebenfalls der chemischen Oxidation. Sauerstoffarme Wässer wirken dagegen reduzierend, d. h., die schwer löslichen Eisen- und Manganverbindungen werden zu leicht löslichen Verbindungen reduziert und gelangen in das Grundwasser.

Bei der Oxidation und Reduktion von Eisen sind häufig Mikroorganismen (Bakterien, Pilze, Algen) beteiligt, die als Katalysatoren wirken. Mikrobielle Prozesse kommen im Untergrund eine ebenso große Bedeutung zu wie den chemisch-physikalischen Prozessen. Neben den Oxidations-Reduktions-Prozessen von Eisen sind hierbei v.a. die Sulfat- und Nitratreduktion zu nennen. Der Großteil der organischen Substanzen wird durch Mikroorganismen im Untergrund abgebaut. Das aus den Abbauprozessen entstehende Endprodukt Kohlenstoffdioxid kann wiederum zu Lösungsprozessen (z. B. der Auflösung und Verkarstung von Kalkstein) im Untergrund führen.

Die Beschaffenheit des Grundwassers hängt also wesentlich von der Zusammensetzung und den Eigenschaften des anstehenden Bodens und der Gesteine sowie von dessen Verweilzeit ab.

Brunnenformeln

Dupuit und Thiem entwickelten die Brunnenformeln für freien und gespannten *Grundwasserspiegel* auf der Basis eines Ansatzes von Darcy zwischen 1863 und 1870. Für die vertikale Fassung bei gespanntem Grundwasserleiter

$$Q_E = 2\pi \cdot k_f \cdot m \cdot \frac{H - h}{\ln \frac{R}{r}} \qquad (5.4.2)$$

freiem Grundwasserleiter

$$Q_E = \pi \cdot k_f \cdot \frac{H^2 - h^2}{\ln \frac{R}{r}} \qquad (5.4.3)$$

Für die horizontale Fassung mit Sickerleitung bei *gespanntem Grundwasserleiter*

$$Q_E = k_f \cdot l \cdot m \cdot \frac{H - h}{R} \qquad (5.4.4)$$

freiem Grundwasserleiter

$$Q_E = k_f \cdot l \cdot \frac{H^2 - h^2}{R} \qquad (5.4.5)$$

mit
Q_E Brunnenergiebigkeit (m^3/s),
k_f Durchlässigkeitsbeiwert (m/s),
m Mächtigkeit (gespannt) (m),
H *Grundwassermächtigkeit* bzw. Abstand der GW-Sohle zum Ruhe-GW-Spiegel (m),
h *Wassertiefe* über der GW-Sohle *im Brunnen* (m),
R Reichweite des Absenkungsbereichs (m),
r Brunnenradius (m).

Die Reichweite R wird häufig aus der empirischen Formel von Sichardt berechnet:

$$R = 3000 \cdot s \cdot \sqrt{k_f} \qquad (5.4.6)$$

mit
s Absenkung (m),
k_f Durchlässigkeit (m/s).

Die Eintrittsgeschwindigkeit am Bohrlochrand darf eine bestimmte Höhe nicht überschreiten, um Sandfreiheit zu garantieren.

Mit dem Erfahrungswert der maximalen Geschwindigkeit nach Sichardt

$$v_{max} = \frac{\sqrt{k_f}}{15} \qquad (5.4.7)$$

und der Eintrittsfläche des Filters

$$2\pi \cdot r \cdot h \qquad (5.4.8)$$

ergibt sich die Formel für das *Fassungsvermögen* des Brunnens zu

$$Q_F = 2\pi \cdot r \cdot h \cdot \frac{\sqrt{k_f}}{15} \qquad (5.4.9)$$

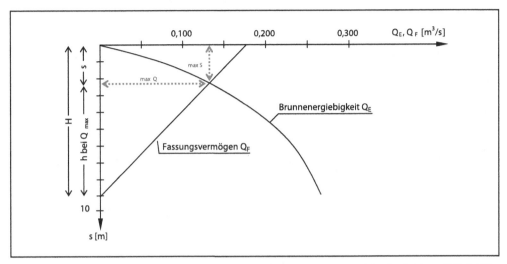

Abb. 5.4-3 Ermittlung der größtmöglichen Entnahme bei ungespanntem Grundwasserleiter (nach [Martz 1993, S. 88])

Aus dem Schnittpunkt der *Brunnenergiebigkeit* Q_E und dem Fassungsvermögen Q_F als Funktion der Absenkung s lässt sich der sinnvolle Betriebsbereich des Brunnens graphisch ermitteln (Abbildung 5.4-3).

Grundwasserentnahme

Senkrechte Fassungsanlagen. Man unterscheidet Schlagbrunnen, Schachtbrunnen und Bohrbrunnen.

Schlagbrunnen wurden in der Vergangenheit häufig für Einzelversorgungsanlagen verwendet. Schlagbrunnen stellen nur für hochliegende Grundwasserspiegel bis maximal 5 m unter Geländeoberkante (GOK) eine Alternative dar. Das Einrammen des Filter- und Aufsatzrohres in den Boden ist nur in sandig-kiesigem Lockergestein möglich. Die *Wasserentnahme* erfolgt i. Allg. mit *Handpumpen* [Martz 1993; Mutschmann/Stimmelmayr 2007]. Auch *Schachtbrunnen* werden nur noch vereinzelt für kleinere Anlagen (Hausanlagen) mit hochliegendem Grundwasserspiegel ausgeführt. Der Schachtdurchmesser beträgt 1 bis 2 m, die Schachttiefe liegt bei 5 bis 20 m. Der Wassereintritt erfolgt im Grundwasserbereich durch Schlitze an der seitlichen Wandung sowie durch die Sohle. Das Wasser wird mittels *Pumpen* maschinell gefördert.

Wegen seiner Vielseitigkeit ist der vertikale *Bohrbrunnen* die am weitesten verbreitete Bauform zur Gewinnung von Grundwasser. Der Bohrbrunnen kann in porösen Lockergesteinen oder klüftigen Festgesteinen größere Mengen an Grundwasser auch aus großen Tiefen (mehrere 100 m) fördern. Der Bohrbrunnen kann neben der Gewinnung von Grundwasser z. B. für Baugrunderkundungen, zur Erkundung des hydrogeologischen Aufbaus, zur Beobachtung des Grundwasserspiegels oder für Versuchsbohrungen (Pumpversuch) verwendet werden [Mutschmann J, Stimmelmayr F 2007].

Bohrbrunnen für *Wassergewinnungsanlagen* sind fast ausnahmslos als *Filterkiesbrunnen* ausgebildet.

Horizontale Fassungsanlagen. Bei Grundwasserleitern mit wasserführenden Schichten von geringer Mächtigkeit oder mit einem Grundwasserspiegel nahe der Geländeoberkante können horizontale Wasserfassungen in Form von offenen Gräben, Sickergräben, *Sickerrohren* und Sickerstollen eingesetzt werden. Sickerleitungen kommen heute meist bei künstlicher Grundwasseranreicherung und in Gebirgsstollen vor [Martz 1993].

Die wichtigste Bauform horizontaler Fassungen stellt der *Horizontalfilterbrunnen* dar. Mit ihm werden – ausgehend von einem im Durchmesser 2 bis 5 m weiten senkrechten Sammelschacht – etwa 1 bis 2 m über dem Grundwasserstauer mehrere Filterrohre mit einer Länge bis zu 30 oder 40 m sternförmig in die wasserführenden Lockergesteinsschichten vorgetrieben. Das Verfahren eignet sich nur für Lockergesteine; der Durchlässigkeitsbeiwert k_f sollte möglichst hoch sein.

Das Verfahren ist wegen der vergleichsweise hohen Kosten des Schachtes gegenüber dem *Vertikalfilterbrunnen* i. d. R. erst bei Entnahmemengen größer als 100 l/s, bei Entnahmetiefen nicht größer als 30 bis 40 m, wirtschaftlich [Mutschmann J, Stimmelmayr F 2007].

Im Bedarfsfall ist eine konkrete, auf die betriebliche Lebensdauer der *Brunnen* ausgerichtete Nutzen/Kosten-Ermittlung unter etwaiger Einbeziehung ökologischer Kriterien durchzuführen.

Grundwasseranreicherung

Uferfiltration. Bei der Uferfiltration wird Fluss- oder Seewasser über die Gewässersohle und die Uferbereiche in den Untergrund infiltriert. Dies geschieht durch Erzeugung eines hydraulischen Gefälles zwischen dem *Wasserspiegel* im Oberflächengewässer und in der Fassungsanlage. Als Fassungsanlagen werden meist *Brunnengalerien* oder *Längsdrainagen* verwendet. Das entnommene Wasser enthält wechselnde Anteile von Uferfiltrat und echtem Grundwasser. Neben der Erhöhung des nutzbaren *Grundwasserdargebots* bietet die Uferfiltration gegenüber der Direktentnahme den Vorteil einer wesentlichen Qualitätsverbesserung des Oberflächenwassers durch die filtrierende Wirkung der Bodenpassage; sie kann bis zur Trinkwasserqualität reichen. Im Allgemeinen erfordert die Rohwasserqualität des geförderten Uferfiltrats eine (bisweilen recht komplexe) Aufbereitung einschließlich Desinfektion für die Verwendung zu Trinkwasserzwecken.

Künstliche Grundwasseranreicherung. Bei der künstlichen Grundwasseranreicherung erfolgt die künstliche Versickerung von Oberflächenwasser in den Untergrund. Nach einer mittleren Verweil- bzw. Fließzeit im Untergrund von i. Allg. 50 Tagen wird dieses zusammen mit anstehendem Grund-

wasser wieder zu Tage gefördert. Zur Infiltration werden Infiltrationsbecken, Sickerschlitzgräben oder *Infiltrationsbrunnen* verwendet. Die möglichst weitgehende Erfassung des infiltrierten Wassers wird durch die Absenkung in den Entnahmebrunnen bzw. die Aufhöhung des Wasserspiegels an der Infiltrationsstelle erreicht [DVGW 1987].

Die Grundwasseranreicherung dient nicht nur der Trinkwassergewinnung, sondern auch folgender Maßnahmen:

– landwirtschaftliche Bewässerung,
– Hochwasserschutz,
– Abflussregulierung,
– hydraulische Sperre gegen Zufluss von Wasser ungeeigneter Beschaffenheit (z. B. von Altlasten verunreinigtes Grundwasser),
– Zufluss von saniertem Wasser nach einer Altlastensanierung,
– Verhinderung des Zufließens von Wasser aus tiefen Bodenschichten (z. B. mit hohem Salzgehalt) [DVGW 1987].

5.4.3.5 Quellwasser

Als „Quelle" bezeichnet man Orte, an denen Grundwasser natürlicherweise an der Oberfläche austritt. Je nach Art der Überdeckung, der Mächtigkeit und den Filtereigenschaften der wasserführenden Schichten weicht die Beschaffenheit des Quellwassers erheblich von der des Grundwassers ab.

Die Güte des Quellwassers lässt sich anhand von Messungen der Temperatur, der Schüttung (pro Zeiteinheit austretende *Wassermenge*) und der Trübung feststellen. Eine starke Trübung nach längeren Niederschlägen, nach Starkregenereignissen oder während der Schneeschmelze ist ein Zeichen für eine geringe Filterwirkung der wasserführenden Schicht bzw. der Bodenpassage. Kurze Sickerwege können auch auf starke Schwankungen der Quellwassertemperatur zurückgeführt werden. Aufschluss über die Ertragsschwankungen der Quelle gibt die Schüttung, die über mehrere Jahre, möglichst auch innerhalb von Trockenjahren, zu erfassen ist. Quellwasser ist häufig bakteriologisch einwandfrei [Martz 1993]. Für eine Verwendung als Trinkwasser muss das Quellwasser nach physikalisch-chemischen und bakteriologischen Eigenschaften der Trinkwasserverordnung entsprechen, was durch regelmäßige Untersuchungen zu belegen ist.

Die Fassung des Quellwassers ist bautechnisch einfach und erfolgt grundsätzlich unter Gelände. Es ist jedoch darauf zu achten, die natürlichen Verhältnisse im Quellbereich nicht zu stören, um die Rohwasserqualität, v. a. jedoch die Quellschüttung, nicht zu beeinträchtigen. Erforderliche Betriebseinrichtungen, *Armaturen* und Leitungsverbindungen werden im Sammelschacht (Quellstube) in einiger Entfernung vom Quellaustritt (Quellfassung) eingebaut.

5.4.3.6 Wasserschutzgebiet

Die gesetzliche Grundlage für die Errichtung von *Wasserschutzgebieten* bildet das *Wasserhaushaltsgesetz* (WHG). Nach § 19 WHG können zum Wohl der Allgemeinheit Wasserschutzgebiete als Sonderrechtsgebiete ausgewiesen werden. Dies hat vielfach Beschränkungen der Bodennutzung bis zu Handlungsverboten in *Grundwasserschutzgebieten* zur Folge. Ausgeführt wird das Gesetz durch die Ländergesetzgebung und letztlich per Verordnung durch die Wasserwirtschaftsbehörden der Länder, die sich im Regelfall an den „Richtlinien für *Trinkwasserschutzgebiete*" des DVGW orientieren.

In den Arbeitsblättern „DVGW-W 101 2006: Schutzgebiete für Grundwasser" und „DVGW-W 102 2002: Schutzgebiete für Talsperren" werden die Schutzgebiete entsprechend ihrer Gewässerart deklariert.

Seen lassen sich im Regelfall aufgrund ihrer natürlichen Verhältnisse nicht unter den gleichen nachhaltigen Schutz stellen wie z. B. Talsperren. Neben der *Trinkwassergewinnung* unterliegt der See häufig noch anderen Nutzungen. Die Beeinträchtigungen der Wassergüte durch Zuflüsse und die Gefahr der Eutrophierung des Sees ist deshalb erheblich größer als bei *Trinkwassertalsperren*. Die Planung und Ausweisung von Trinkwasserschutzgebieten für Seen muss sich an dieser Mehrfachnutzung orientieren und ist aus diesem Grund nur sinngemäß in Anlehnung an die Regelungen für Talsperren durchführbar. Daher wurde das frühere DVGW-Arbeitsblatt W 103 1975: „Schutzgebiete für Seen" mit Erscheinen des überarbeiteten Arbeitsblattes W 102 2002 zurückgezogen.

Grundwasser

Um das Grundwasser frei vor nachteiligen Einwirkungen zu halten, ist es vor Verunreinigungen und sonstigen Beeinträchtigungen, wie chemischen (z. B. Nitrate, Sulfate, Schwermetalle, Pestizidwirkstoffe), physikalischen (z. B. Wärmeeintrag und -entzug) und biologischen (z. B. Mikroorganismen, Stoffwechsel- und Abbauprodukte), wirkungsvoll zu schützen. Die Schutzzuweisung muss zum einen das unterirdische, zum anderen das oberirdische Einzugsgebiet einschließen und je nach Art, Ort und Dauer der möglichen Wassergefährdung eine Gliederung nach *Schutzzonen* enthalten [DVGW-W 101 2006]. Mit der Annahme, dass die Gefährdung einer Grundwasser-Entnahmestelle durch einen Gefahrenherd, wie z. B. industrielle und gewerbliche Nutzung, Abwasser, Abfallanlagen, Altlasten, Landwirtschaft, Verkehr, Bergbau und weitere, mit zunehmendem Abstand abnimmt, wird allgemein die folgende Einteilung der Schutzzonen vorgenommen:

– Zone I   Fassungsbereich,
– Zone II   engere Schutzzone,
– Zone III   weitere Schutzzone.

Zone I. Sie soll den unmittelbaren Fassungsbereich der Wassergewinnungsanlage vor Verunreinigungen und Beeinträchtigungen aller Art schützen. Der Schutzbereich umfasst mindestens einen Umkreis von 10-m um die Anlage und ist in der Regel vor Zutritt geschützt.

Zone II. Die engere Schutzzone soll vor einer mikrobiologischen Gefährdung des Trinkwassers schützen. Die Zone bemisst sich nach der mittleren Verweildauer des Grundwassers im Boden, die vom Rand der Schutzzone II bis zum Fassungsbereich mindestens 50 Tage betragen soll.

Zone III. Sie soll Schutz bieten vor weit reichenden Beeinträchtigungen, vor schwer oder nicht abbaubaren chemischen und radioaktiven Stoffen [DVGW-W 101 2006]. Bei einer Abstandsgeschwindigkeit von über 5 m/d sollte die Wassergewinnungsanlage ca. 3 km entfernt liegen [DVGW-W 101 2006]. Nutzungsbeschränkungen oder Verbote können daher beispielsweise für Industrie- und Straßenverkehrsanlagen, Deponien sowie die

Land- und Forstwirtschaft festgelegt werden. Bei ausgedehnten Einzugsgebieten kann die Zone III in die Bereiche IIIA und IIIB aufgeteilt werden, deren Grenze ungefähr 2 km von der Fassung entfernt verläuft.

Für die Bemessung der Schutzzonen müssen die Morphologie des Einzugsgebietes, die geologischen, hydrogeologischen, hydrologischen und hydraulischen Verhältnisse, die mehrjährigen Daten über chemische, physikalische und bakteriologische Untersuchungen, die wasserrechtlich genehmigte Entnahmemenge sowie die *Grundwassernutzung* durch Dritte herangezogen werden.

Trinkwassertalsperren

Talsperren, die für die Trinkwasserversorgung errichtet oder eingerichtet werden, bedürfen eines besonderen Schutzes vor Beeinträchtigungen jeglicher Art. Neben der Sicherung des unterirdischen *Einzugsgebiets* und der eigentlichen Talsperre ist bei der Planung und Bewirtschaftung auf besonderen Schutz der oberirdischen Zuläufe im Einzugsgebiet unter besonderer Beachtung des Waldes [DVGW-W 105 2002] zu achten.

Je intensiver das Einzugsgebiet einer Talsperre genutzt wird, desto größer ist die Gefahr einer Beeinträchtigung, vor allem durch Krankheitserreger, wasser- und gesundheitsgefährdende Stoffe, Nährstoffe, die Trinkwassergewinnung beeinträchtigende Stoffe (z. B. algenbürtige Stoffwechselprodukte durch Eutrophierung) und absetzbare und suspendierte Stoffe.

Wie beim *Grundwasserschutz* erfolgt die Schutzgebietszuweisung in drei Zonen [DVGW-W 102 2002]:

- Schutzzone I: umfasst Speicherbecken, Stausee, Vorsperren sowie den Uferbereich mit den angrenzenden Flächen bis zu einer Entfernung von 100 m.
- Schutzzone II: umfasst die oberirdischen Zuläufe, deren Quellbereiche sowie das im Abstand von 100 m um diese und um die Schutzzone I gelegene Gebiet.
- Schutzzone III: umfasst das verbleibende Einzugsgebiet und entfällt, falls das Einzugsgebiet bereits von Schutzzone I und II abgedeckt ist.

Seen

Seen sind aufgrund der natürlichen Verhältnisse nur bedingt zu schützen und daher für die Trinkwasserversorgung nur begrenzt nutzbar. Neben der Wassergewinnung unterliegt der See häufig noch anderen Nutzungen. Die Beeinträchtigungen der Wassergüte durch Zuflüsse und die Gefahr der Eutrophierung des Sees ist aufgrund dieser Mehrfachnutzungen erheblich größer als bei Trinkwassertalsperren. Die Ausweisung des Schutzgebiets muss sich an dieser Mehrfachnutzung orientieren. Das *Wasserschutzgebiet*, das ebenfalls aus drei Zonen besteht orientiert sich an den Kriterien für Talsperren.

5.4.3.7 Überwachung von Grund- und Oberflächenwasser

Zum Schutz der Ressource Wasser gehört nicht nur die Ausweisung von Schutzgebieten, sondern auch deren Überwachung. Dieser vorbeugende *Gewässerschutz* erfordert die Erhebung, Erfassung und Verwaltung der Daten möglicher Gewässergefährdungspotentiale, deren Überwachung und Auswertung.

Es empfiehlt sich, dass die zuständigen Behörden gemeinsam mit den Wasserversorgungsunternehmen Überwachungspläne aufstellen [DVGW W 101 2006].

Aufgrund der Unterschiedlichkeit der Objekte gibt es je nach zu überwachendem Objekt und Überwachungsziel verschiedene Überwachungsmethoden, z. B. Boden- und Gewässerbeprobung, Grundwasserbeprobung (Bohrbrunnen), Fernerkundung, Luftbildaufnahmen, Lichtscanner, Radar oder Satelliten.

Die Erfassung der Daten sowie ihre Verwaltung und Auswertung können mittels moderner Informationssysteme automatisiert werden. Raumbezogene Daten sind sinnvoll mit einem Geoinformationssystem zu bearbeiten.

5.4.4 Wasseraufbereitung

Wässer, die von Natur aus den Anforderungen der *Trinkwasserverordnung* genügen, sind bei der Wassergewinnung zu bevorzugen. Häufig stehen solche Wässer jedoch nicht überall und in ausreichender Menge zur Verfügung, so dass auf Wassergewinnungen zurückgegriffen werden muss, die einer Aufbereitung bedürfen. Nach DVGW W 202 (A) 2010 wird Trinkwasseraufbereitung wie folgt definiert: Das Ziel der Wasseraufbereitung ist es, die Beschaffenheit eines Wassers an die für Trinkwasser geltenden Anforderungen anzupassen und/oder die Trinkwasserbeschaffenheit dahin gehend zu verändern, dass sich die korrosionschemischen Eigenschaften und die Gebrauchstauglichkeit verbessern.

Ziel der Aufbereitung ist die Elimination von Stoffen und Stoffgruppen aus Rohwässern, die z. B.:

– die Gesundheit beeinträchtigen (z. B. Krankheitserreger, humantoxische Stoffe: Nitrat, Pestizide, Chlorierte Kohlenwasserstoffe)
– den Genuss beeinträchtigen (z. B. Geruchs- oder Geschmacksstoffe)
– betriebstechnisch störend wirken (z. B. Kohlensäure, Eisen).

Zur Aufbereitung eines Wassers muss Energie aufgewendet werden. Häufig ist der Einsatz von Aufbereitungsstoffen (Feststoffe, Lösungen, Gase) zusätzlich erforderlich. Es entstehen meist Rückstände, die entsorgt werden müssen. In speziellen Fällen kann der Prozess so geführt werden, dass die Rückstände als Nebenprodukte in einer Form anfallen, die eine Verwertung und oder einen Verkauf ermöglicht.

Dazu werden spezielle Reinigungsverfahren eingesetzt. Der Gesamtprozess der Wasseraufbereitung setzt sich oft aus diversen Einzelverfahren zusammen. Es ist daher sinnvoll, derartig komplexe Reinigungsverfahren in Grundoperationen zu zerlegen. Diese Grundoperationen basieren auf mathematischen und naturwissenschaftlichen Grundlagen, die nach physikalischen, chemischen und biologischen Reaktionsprozessen differenziert werden können. Die Aufteilung in verfahrenstechnische Einzelkomponenten führt zu einem besseren Verständnis der Verfahren und zu einer Verbesserung der Prozesskontrolle der einzelnen Aufbereitungsstufen. Im DVGW-Arbeitsblatt W 202 2010 ist festgelegt, welchen Anforderungen hinsichtlich Qualität, Aufbereitungskapazität, Einhaltung gesetzlicher und normativer Bestimmungen, Qualifikation, Wirtschaftlichkeit und Prozessstabilität die Aufbereitung genügen sollte.

5.4.4.1 Physikalische Verfahren

Flockung

Nach DVWG-Arbeitsblatt W 218-1998, die Flockung eines der Grundverfahren der Wasseraufbereitung. Sie kommt vor allem zur Aggregation von dispersen Feststoffen (einschießlich Mikroorganismen) zum Einsatz. In Oberflächenwässern treten häufig fein verteilte Feststoffe unterschiedlichster Zusammensetzung mit organischen (z. B. Pflanzenreste, Algen) und anorganischen (z. B. Metallhydroxide, Tonteilchen) Bestandteilen auf. Feststoffteilchen, deren Durchmesser unter 0,5 mm liegen, können in wirtschaftlich vertretbaren Absetzzeiten nicht in ausreichendem Maße aus dem Wasser abgeschieden werden.

Die Stabilität der Teilchen resultiert aus Abstoßungskräften, die im Wesentlichen durch gleichsinnige, negative Teilchenladungen hervorgerufen werden.

Mit der Zugabe von *Flockungsmitteln* auf Metallsalzbasis (z. B. Aluminiumsulfat, Eisen-III-Chlorid) erreicht man eine Entstabilisierung der Teilchenoberflächen und somit eine Aggregation einzelner Teilchen (Mikroflockung) woraus die Bildung von absetzbaren Flocken (Makroflockung) resultiert. Die gebildeten Flocken können mittels nachgeschalteter mechanischer Abtrennverfahren (Sedimentation, Filtration, Flotation) entfernt werden.

Tabelle 5.4-3 Kennwerte der Flockungsmittel – Eintragung [Grombach et al. 2000, S. 539]

	Mischung	Flockenbildung	Einheit
Geschwindigkeitsgradient	1000	30 – 80	s^{-1}
Leistungseintrag per $m^3 s^{-1}$	30 – 60	0,3 – 0,6	$kW (m^3 s^{-1})^{-1}$
Energieeintrag per m^3	0,01 – 0,02	10^{-4}	$kWh\ m^{-3}$
Gradient x Zeit	$(20-100) 10^3$	$(20-100)\cdot 10^3$	–
Aufenthaltszeit	20 – 100	600 – 3000	s

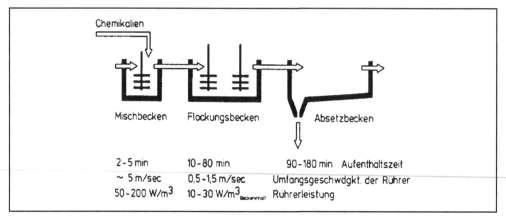

Abb. 5.4-4 Daten Klassischer Flockungsanlagen [Tiessen, E. in DVGW-Schriftenreihe Wasser 206, 1983, S. 18-4]

Um die Flockung in technischen Anlagen an die jeweils gegebenen Rohwasserbedingungen anzupassen, sind Flockungstests hilfreich, die Thema des DVGW-Arbeitsblattes W 218-1998 sind.

Der Flockungsprozess ist sehr komplex und abhängig von verschiedenen chemischen und physikalischen Parametern. Verändert sich die Qualität von Oberflächenwässern müssen die Flockungsbedingungen häufig neu definiert werden.

Im DVGW-Arbeitsblatt W 219 2010 wird der Einsatz von anionischen und nichtionischen Polyacrylamiden als Flockungshilfsmittel dargestellt.

In Abbildung 5.4-4 ist der schematische Aufbau einer Flockungsanlage zu sehen. Die Schritte der Flockung erfordern unterschiedliche verfahrenstechnische Bedingungen siehe Tabelle 5.4.-3.

Sedimentation

Die Sedimentation gehört zu den mechanischen Trennverfahren und hat die Abtrennung einer oder mehrerer Komponenten aus dem Stoffsystem zur Aufgabe. Dabei setzen sich die Feststoffteilchen unter Wirkung der Schwerkraft ab (Abbildung 5.4-5).

Die kritische Teilchengröße für die Sedimentation liegt bei etwa 0,5 mm. Kleinere Teilchen (z. B. Kolloide, Bakterien) bleiben in Schwebe und können nur durch Zugabe von *Flockungsmitteln* (siehe Abbildung 5.4-6) sedimentiert werden. Die geringen Absetzgeschwindigkeiten kleiner Teilchen

ergeben eine praktische Begrenzung, weshalb vorher eine Flockung erfolgt.

Sedimentationsbecken können je nach Sinkgeschwindigkeit der Partikel sehr viel Fläche benötigen. Eine kompakte Alternative hierzu ist der *Lamellenabscheider*. Durch *Lamellen* wird hierbei das Sedimentationsbecken in viele kleinere parallel betriebene Sedimentationsbecken unterteilt. Dies führt zu einem kleineren Flächenbedarf der Anlage bzw. einer höheren Oberflächenbelastung. Die Sedimentation kommt in der Trinkwasseraufbereitung vor allem bei der Flockenabtrennung sowie der Behandlung von Filterspülwässern zum Einsatz.

Gasaustausch

Der Zweck des Gasaustausches ist es, unerwünschte Gase auszutreiben („Strippung") oder erwünschte Gase in das Wasser einzutragen.

Zwischen den Gaskonzentrationen in der wässrigen Phase und der umgebenden Gasphase besteht, in Abhängigkeit von *Druck* und Temperatur, ein Gleichgewicht bei der Strippung (c_1) und der Absorption (c_2), das die Grundlage des Gasaustausches bildet (Abbildung 5.4-7). Beim Gasaustausch werden Gase in der wässrigen Phase gelöst oder gelöste Gase treten in die umgebende Gasphase über.

Dieses Prinzip wird in der Wasseraufbereitung zum Austrag von Gasen genutzt, die in der Luft in nur sehr geringen Konzentrationen enthalten

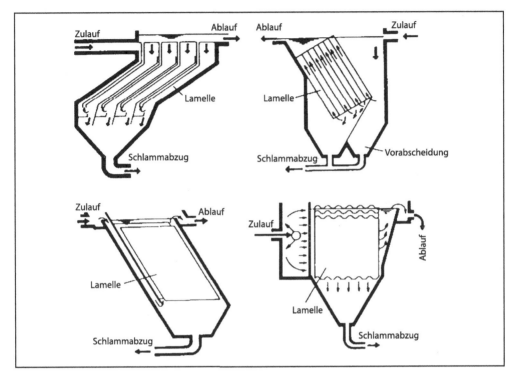

Abb. 5.4-5 Gleichstrom-Lamellenabscheidern (links oben), Gegenstrom-Lamellenabscheidern (rechts oben), Diagonal-strom-Lamellenabscheidern (links unten), Cross-Flow-Lamellenabscheidern (rechts unten) [Schade et. al. in Korrespondenz Abwasser Nr. 31 1984, S.106]

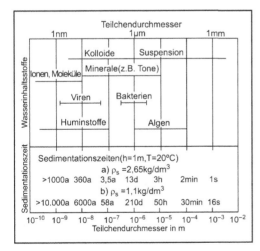

Abb. 5.4-6 Sedimentationszeiten verschiedener Wasserinhaltsstoffe [DVGW-W 217 1987, S. 7]

sind (z. B. Kohlenstoffdioxid) bzw. zum Gaseintrag (Sauerstoff), wenn dieses Gas im Wasser weit unter der Sättigungskonzentration vorhanden ist.

Bei der Ausgasung von Stoffen kommen offene, drucklose Anlagen in umbauten Räumen zur Anwendung, die ein Entweichen des Gases ermöglichen. Tabelle 5.4-4 zeigt Beispiele für Leistungsdaten von Anlagen zum Gasaustausch.

Handelt es sich dagegen nur um eine Anreicherung des Wassers mit Sauerstoff, und soll z. B. Kohlenstoffdioxid nicht ausgasen, werden geschlossene Anlagen bevorzugt.

Das DVGW W 250-1985 behandelt Maßnahmen zur Sauerstoffanreicherung von Oberflächengewässern.

Es ist zu berücksichtigen, dass in diesem Merkblatt vorrangig auf die grundsätzlichen Möglichkeiten der Sauerstoffanreicherung von stehenden

Tabelle 5.4-4 Beispiele für Leistungsdaten von Anlagen zum Gasaustausch [Mutschmann/Stimmelmayr 2007, S. 239]

Anlage zum Gasaustausch	Flächenbelastung ca. $m^3(m^2 \cdot h)$	Energiebedarf ca. $[Wh/m^3]$	CO_2-Austrag ca. [%]
Verdüsungsanlage von unten nach oben	10	75	70
Verdüsungsanlage von oben nach unten	30	25	65
Zerstäuberverdüsung	40	80	65
Verdüsungsanlage schräg zueinander	2–7	40	67
Turmverdüsung	45	130	80
Stahlapparat	Nur zur Mischung von Wässern mit unterschiedlichem CO_2-Gehalt (und Teilentsäuerung)		
Dispergatoren	50	30	80
Intensivbelüfter n. Erben	225	25–75	80
Flachbelüfter m. Lochboden (Inka-Belüftung)	15–30	100	80–95
Flachbelüfter m. Kerzen bzw. Keramikrohren	20	10–35	70–95
Kaskadenbelüftung	50–250	10–30	60–80
Wellbahnbelüftung im Gleichstrom	300–700	10	50–90
Wellbahnbelüftung im Gegenstrom	100	26	98
	400	40	95
Mehrstufenwellbahnbelüftung im Kreuzstrom	600	je Stufe 8	90
Füllkörperkolonne (geschlossene Anlage)	40–100 (bei CKW auch <10)	25–55	70–95

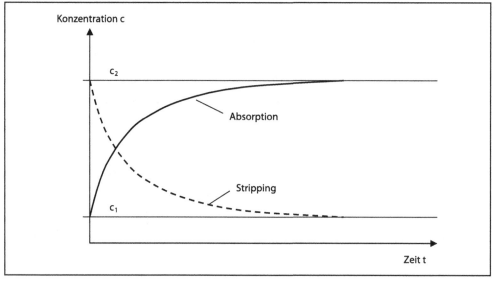

Abb. 5.4-7 Zeitliche Änderung der Konzentration von Stoffen bei Absorption und Strippen (nach [Bächle in DVGW – Schriftenreihe Wasser Nr. 206 1987, S. 3-6])

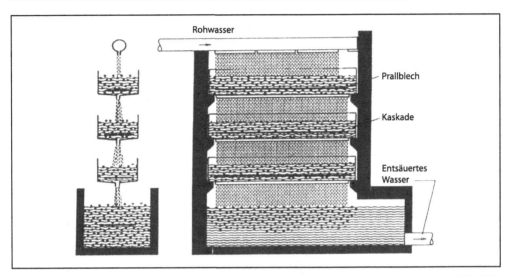

Abb. 5.4-8 Kaskadenbelüftung – hier als offene Kaskade [Bächle in DVGW-Schriftenreihe Wasser Nr. 206 1987, S. 3-10]

Gewässern hingewiesen wird beziehungsweise entsprechende Festlegungen getroffen werden. Grundsätzlich ist der Sauerstoffeintrag mit verschiedenen Belüftungsanlagen möglich; eine Kaskadenbelüftung zeigt Abb. 5.4-8.

Filtration

Bei der *Filtration* werden feste Stoffe (Partikel, Schwebstoffe) durch ein poröses Filtermaterial aus dem *Rohwasser* abgeschieden. Zusätzlich werden Filter häufig für chemische und biologische Umsetzungen *unerwünschter Wasserinhaltsstoffe* verwendet (z. B. Nitrifikation, Entmanganung, Oxidation organischer Verbindungen, chemische Entsäuerung). Triebkraft der Filtration ist ein Druckgefälle Dp, das zwischen der Suspensions- und Filtratseite des Filters besteht. Die Druckdifferenz erzeugt eine Kraft, die die Flüssigkeit durch den Filter drückt.

Filter können nach ihren Merkmalen unterschieden werden [DVGW W 213-1 bis 6 2005]:

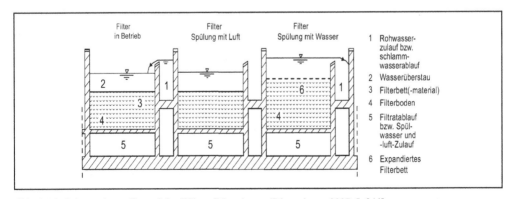

Abb. 5.4-9 Schema eines offenen Schnellfilters [Mutschmann/Stimmelmayr 2007, S. 244]

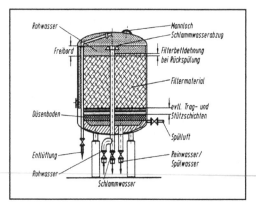

Abb. 5.4-10 Bestandteile eines geschlossenen Filters [Mutschmann/Stimmelmayr 2007, S. 244]

- Filtergeschwindigkeit (Langsamfilter, Schnellfilter),
- Spülung (spülbare, nicht spülbare Filter),
- Bauweise (offen, geschlossen Filter siehe: Abb. 5.4-9 und Abb. 5.4-10)
- Stoffphasen (Nass- oder Überstaufilter, Trocken- oder Rieselfilter),
- Fließrichtung (aufwärts oder abwärts durchströmt),
- Schichtaufbau (Einschicht- oder Mehrschichtfilter).

Als (nicht reaktive) Filtermaterialien finden Anthrazit, Bims, Filterkoks, Lava, Quarzsand oder Kies Verwendung.

Die Filter in der Wasseraufbereitung werden meist als Raumfilter betrieben, d. h. die abgeschiedenen Teilchen sind kleiner als die durchströmte Porenweite des Filtermediums (keine Siebwirkung). Die Teilchen werden aufgrund verschiedener Mechanismen (Massenträgheit, Sedimentation, Diffusion, Hydrodynamik) an die Oberfläche der Filterkörner transportiert und bleiben dort durch elektrostatisch wirksame Kräfte bzw. *Molekülen* haften. Mit zunehmender Beladung des Filters durch angelagerte Teilchen verändert sich dessen Wirksamkeit. Die Anlagerung der Teilchen bewirkt eine Verkleinerung des durchflossenen Porenquerschnitts, wodurch ein hydraulischer Druckverlust entsteht, der als „Filterwiderstand" bezeichnet wird.

Wenn der Filterwiderstand während des Betriebs einen vorgegebenen Differenzdruck zwischen Filterzu- und -ablauf (*Druckfilter*) oder eine bestimmte Überstauhöhe (*offener Filter*) erreicht hat oder wenn die zu entfernenden Wasserinhaltsstoffe nicht mehr in ausreichendem Umfang im Filtermedium zurückgehalten werden können bzw. die Grenzkonzentration im Filterablauf erreichen, muss die Filterwirksamkeit wieder hergestellt werden. Bei Schnellfiltern geschieht dies durch Spülen, bei Langsamsandfiltern durch Abschälen der oberen Filterschicht. Die Filterreinigung ist vor dem Zeitpunkt der Filterverstopfung oder dem Filterdurchbruch vorzunehmen.

Als Filtermedien werden Schüttungen aus gekörnten Materialien (bei Schnell- und Langsamfiltration) oder poröse Membranen (Membranfiltration) eingesetzt, in Spezialfällen auch andere Systeme (z. B. Filterkerzen, Filterkartuschen). Wichtige Referenzliteratur zur Filtration ist unter anderem der Teil des DVGW-W 213-1-2005, das Grundbegriffe und Grundsätze von Filtrationsverfahren zur Partikelentfernung behandelt.

Dieses Arbeitsblatt gilt für die Partikelentfernung bei der direkten Trinkwasseraufbereitung im Bereich der öffentlichen Wasserversorgung. Ein Schwerpunkt wird auf die Aufbereitung von Fluss-, See-, Talsperren-, Quell-, Karst- und Kluftwässern gelegt, bei denen sich hydrologische Ereignisse auf den Partikelgehalt auswirken.

Der zweite Teil des Arbeitsblattes W 213-2-2005 „Filtrationsverfahren zur Partikelentfernung" handelt von der Beurteilung und Anwendung von gekörnten Filtermaterialien. Er gilt für die Partikelentfernung durch gekörnte Filtermaterialien bei der Aufbereitung von Wasser zu Trinkwasser. Die Filtermaterialien können physikalisch und chemisch wirken, aber auch als Träger für Mikroorganismen dienen. Der 3. Teil des Arbeitsblattes W 213-3-2005 behandelt die Schnellfiltration. Er gilt für die Partikelentfernung bei der direkten Aufbereitung von Wasser zu Trinkwasser mittels Schnellfiltration. Das Arbeitsblatt legt die wesentlichen Aspekte für die Planung und den Betrieb von Anlagen zur Schnellfiltration dar. Außerdem wird auf Störungen des Filterbetriebes und deren Vermeidung eingegangen. [DVGW-W 213 1-3 2005]

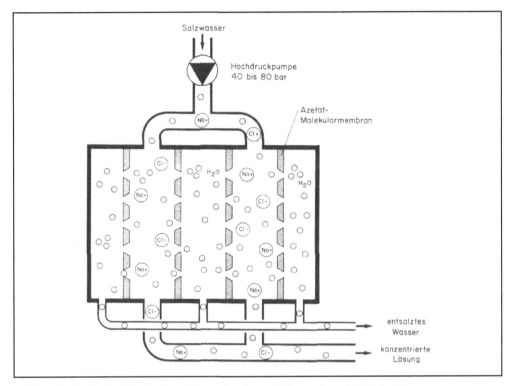

Abb. 5.4-11 Prinzip des Molekularfilters (Umgekehrte Osmose) [Grombach et. al. 2000, S. 495]

Membranverfahren

Membranverfahren sind physikalische Verfahren zur Stofftrennung molekulardisperser und kolloiddisperser Wassergemische, bei denen das zu behandelnde Rohwasser über eine Trennschicht (Membran) mehr oder weniger weitgehend in das Lösungsmittel Wasser (Permeat) und eine aufkonzentrierte Phase (Konzentrat) getrennt wird. Triebkraft der Trennung ist eine Druckdifferenz zwischen der Rohlösung und dem Permeat. Membranverfahren erlauben im Gegensatz zur herkömmlichen Filtration eine Phasentrennung bis in den Molekülbereich.

Um die Trennungsoperationen besser zu verstehen, kann die Membrantechnik in die beiden Prinzipien der Lösungs-Diffusions-Membran (Umkehrosmose, Nanofiltration) und der Porenmembran (Ultrafiltration, Mikrofiltration) unterteilt werden. Bei der Lösungs-Diffusions-Membrantechnik besteht die Trennschicht aus einem homogenen Material, das die Abtrennung von gelösten Ionen und Molekülen ermöglicht. Bei der Trennung durch Umkehrosmose muss der osmotische Druck, der zu einem Konzentrationsausgleich zwischen den beiden Seiten der Membran führt, durch Schaffung einer ausreichenden Druckdifferenz überwunden werden (Abb. 5.4-11).

Die Selektivität der Nanofiltration beruht auf negativen Ladungsgruppen, die sich auf oder in der Membran befinden, die über elektrostatische Wechselwirkungen mehrwertige Anionen an der Permeation hindern. Die Selektivität der Porenmembranen, die eine poröse Struktur besitzen, beruht auf einem Siebeffekt, der durch die Porengrößenverteilung der Membran bestimmt wird.

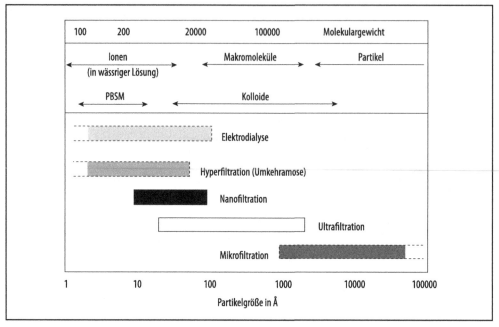

Abb. 5.4-12 Abgrenzung der verschiedenen Membranfiltrationsverfahren hinsichtlich der Teilchengröße und der erforderlichen Drucke [Grombach et. al. 2000 S. 562]

Abbildung 5.4-12 zeigt die abtrennbaren Partikel- und Molekülgrößen durch die verschiedenen Trennverfahren.

Adsorption

Bei der Adsorption werden Ionen oder Moleküle (Adsorbat) an der Oberfläche eines Feststoffes (Adsorbens) infolge der Wirkung physikalischer Kräfte angelagert. Dieser in der Natur weit verbreitete Prozess wird bei der Wasseraufbereitung durch Verwendung eines technisch hergestellten Adsorbens genutzt, wobei am häufigsten *Aktivkohle* in Korn- oder Pulverform zum Einsatz kommt. Die für die Adsorptionswirkung wesentliche hohe Porosität des Materials entsteht durch eine spezielle Behandlung (Aktivierung) verschiedener natürlicher Ausgangsmaterialien (z. B. Steinkohle, Braunkohle, Torfkoks, Kokosnusskohlen). Unterschieden werden:

- Makroporen (Zuleitungsporen) d > 25 nm
- Mesoporen 25 nm > d > 2 nm
- Mikroporen (Adsorptionsporen) d < 2 nm.

Mikroporen sind besonders für die große innere Oberfläche der Aktivkohle von 500 bis 1500 m²/g verantwortlich. Die innere Oberfläche ist ein Maß für die Aktivierung und für die gesamte Adsorptionskapazität. [Grombach et al. 2000].

Um an der Kornoberfläche zu adsorbieren, müssen die im Wasser gelösten Stoffe dorthin transportiert werden. Dieser Transport kann in die beiden Phasen der Film- und Korndiffusion zerlegt werden. Die gelösten Stoffe werden zunächst durch den Flüssigkeitsfilm an das Kohlekorn transportiert und gelangen dann mittels Korndiffusion ins Innere der Aktivkohle, an deren innere Oberfläche die Stoffe schließlich adsorbieren.

Die Aktivkohle wirkt adsorbierend auf organische Mikroverunreinigungen, Farb-, Geruch- und Geschmacksstoffe, auf Phenole, Kohlenwasserstoffe, Detergentien, bestimmte Pestizidwirkstoffe, auf einzelne natürliche Radionuklide, auf manche endokrin wirksamen Stoffe etc., die in Konzentrationen von [μg/l] in Rohwässern zur Trinkwassergewinnung vorkommen können. Auf Korn-Aktivkohle können sich unter bestimmten Milieubedingungen auch sessile Mikroorganismenpopulationen ansiedeln, die den Abbau bestimmter organischer Mikroverunreinigungen oder die Nitrifikation von Ammonium vollziehen. Überschüssige Zusatzstoffe (z. B. Chlor, Ozon, Kaliumpermanganat) können mit Hilfe von Aktivkohle aus dem Wasser entfernt werden.

An der Aktivkohle lagern sich auch natürliche organische Wasserinhaltsstoffe (z. B. Huminstoffe) an, die vordergründig gar nicht aus dem Wasser entfernt werden müssten, zum Teil sogar als sogenannte Korrosions-Inhibitoren im Rohrleitungssystem erwünscht sind, allerdings Adsorptionsplätze für zu adsorbierende Mikroverunreinigungen belegen und damit den Aktivkohleverbrauch erheblich vergrößern können. Eine der Aktivkohle vorgeschaltete Ozonstufe, welche die organischen Schadstoffe in schlechter adsorbierbare Verbindungen, aber zum Teil auch gleichzeitig in besser biologisch abbaubare, überführt, kann die Gesamteliminationsleistung der Aktivkohlestufe erhöhen.

Die Anlagerung adsorbierbarer Wasserinhaltsstoffe an die Aktivkohle führt mit zunehmender Betriebzeit zur Belegung der verfügbaren Adsorptionsplätze. Dies führt zu einer Limitierung der Adsorptionskapazität und folglich zu einem Auftreten von Mikroverunreinigungen im Ablauf des Aktivkohlefilters. Damit wird eine externe Erneuerung (Regeneration) der Aktivkohle erforderlich, wonach ein neuer Adsorptionszyklus für die Aufnahme der zu entfernenden Wasserinhaltsstoffe beginnt. Für Wasserwerkskohle hat sich bisher nur die thermische Regeneration bewährt. Die Entsorgung der beladenen Pulverkohle erfolgt mit dem Filterschlamm.

5.4.4.2 Chemische Verfahren

Fällung

Bei der Fällung werden gelöste Wasserinhaltsstoffe in absetzbare (ungelöste) Stoffe überführt, die in Form eines meist schwer löslichen Niederschlags ausfallen. Dies geschieht unter Zuhilfenahme von chemischen Fällmitteln, die mit dem gelösten Stoff unter Änderung des pH-Wertes und des chemischen Lösungsgleichgewichts der beteiligten Stoffe reagieren. Fällungs- und Flockungsvorgänge laufen in

der Wasseraufbereitung häufig nebeneinander ab, so dass eine strenge Unterscheidung oft nicht möglich ist.

Oxidation

Oxidationsmittel werden u. a. verwendet, um reduzierte, gelöste Wasserinhaltsstoffe in ungelöste, abscheidbare Stoffe überzuführen. Allgemein definiert ist unter Oxidation nicht nur die Reaktion mit Sauerstoff zu verstehen. Bei der Oxidation nimmt das Oxidationsmittel Elektronen auf, die das zu oxidierende Element (oder die Verbindung) abgibt und damit in eine höhere Wertigkeitsstufe übergeht, die zumeist leichter entfernbar ist.

Zielgruppen der Oxidation sind v. a. reduzierte Eisen-, Mangan- und Stickstoffverbindungen, organische Kohlenstoffverbindungen sowie die Abtötung oder Inaktivierung von Mikroorganismen. Zur Aufbereitung von Wasser für menschlichen Gebrauch sowie *Desinfektionsverfahren* sind mehrere Stoffe zugelassen, die in der Liste der *Aufbereitungsstoffe* und Desinfektionsverfahren gemäß § 11 Trinkwasserverordnung 2001 Stand: Juni 2009 des Umweltbundesamt enthalten sind. Es ist zu beachten, dass Chlor und Chlordioxid in der Trinkwasseraufbereitung nur noch zur Desinfektion, nicht aber als Oxidationsmittel für andere Zwecke zugelassen sind, da besonders bei Chlorgas und Hypochlorit krebserregende organische Chlorverbindungen (Haloforme, Trihalogenmethane) gebildet werden können.

Für Desinfektionszwecke hat sich in den letzten Jahren die photolytisch induzierte Oxidation mit ultravioletter Strahlung (UV-Strahlung) durchgesetzt. Der kombinierte Einsatz von chemischen und photolytisch wirksamen Oxidationsmitteln wie Ozon und UV-Strahlung oder Wasserstoffperoxid und UV-Strahlung hat bislang bei der Trinkwasseraufbereitung infolge der hohen Betriebskosten und der vielfach ungeklärten Metabolitenbildung wenig Bedeutung erlangt.

Neutralisation

Laut Trinkwasserverordnung ist der pH-Wert des Trinkwassers in einem zulässigen Bereich zwischen 6,5 und 9,5 einzustellen. Als „Neutralisation" wird die Anhebung des pH-Wertes durch Zugabe von Alkalien (Kalkhydrat, Natronlauge) oder Filtration über alkalische Materialien (Kalkstein, dolomitisches Filtermaterial gemäß DIN 1962) auf einen zulässigen Wert der Trinkwasserverordnung bezeichnet. Hierbei wird freie, aggressive Kohlensäure im Wasser gebunden und somit das chemische Gleichgewicht zwischen den verschiedenen Dissoziationsformen der Kohlensäure und Calciumkarbonat hergestellt (Kalk-Kohlensäure-Gleichgewicht).

Ionenaustausch

Beim Ionenaustausch wird die Fähigkeit eines meist in Kornform vorliegenden festen Stoffes genutzt, bestimmte Ionen aus dem umgebenden Wasser aufzunehmen und dafür eine äquivalente Menge anderer Ionen gleicher Ladungsvorzeichen abzugeben. Nach Erreichen des Gleichgewichts zwischen der Ionenkonzentration des inneren und des äußeren Teiles des Austauschermaterials ist der Austauschvorgang beendet.

Die Ionenaustauscher bestehen meist aus Materialien auf Kunststoffbasis in gekörnter Form mit Korngrößen zwischen 0,5 und 2 mm. Unterschieden werden, je nach Ladung der Ionen, Anionen- (OH^-, Cl^-) und Kationenaustauscher (H^+, Na^+). Zu den Ionenaustauschern werden häufig auch Adsorberharze gerechnet, da viele dieser Materialien ionenaustauschende Gruppen enthalten. Ähnlich wie Aktivkohle haben Adsorberharze eine große innere Oberfläche, an der organische Moleküle adsorbieren können.

Da die Kapazität des Filters im Betrieb durch den Austausch der Ionen erschöpft wird, muss er regeneriert werden. Dazu spült man den Ionenaustauscher zunächst mit Wasser, um alle am Filterkorn abgelagerten Partikel zu entfernen. Anschließend wird er mit einer die Austauscherionen enthaltenden Lösung gespült und damit seine ursprüngliche Ionenaustauschkapazität wieder hergestellt.

Einsatzbereiche von Ionenaustauschverfahren in der Trinkwasseraufbereitung [DVGW 1987] sind die Entfernung von

– Calcium- und Magnesiumionen,
– Nitrat- und Sulfationen,
– Huminstoffen und
– Schwermetallen.

5.4.4.3 Technische Durchführung der Wasseraufbereitung

Entsäuerung

Ziel der Entsäuerung ist es, eine günstige korrosionschemische Zusammensetzung des Wassers zu erreichen. Dies wird durch die Anhebung des pH-Wertes bewirkt. Physikalisch kann das durch das Ausgasen von Kohlenstoffdioxid (Gasaustausch), chemisch durch Zudosierung von Kalkhydrat oder Natronlauge bzw. durch Filtration über alkalische Materialen und durch Zugabe von Alkalien erfolgen. Abhängig ist die Anwendung des Verfahrens von der vorhandenen Karbonathärte und dem Anteil der zu entfernenden freien, so genannten kalkaggressiven Kohlensäure. Zudem ist eine sinnvolle Reihenfolge im Aufbereitungsprozess zu beachten.

Im DVGW-W 214-1 2005 findet man Grundsätze und Verfahren der Entsäuerung des Wassers.

Im W 214-2 2009: „Planung und Betrieb von Filteranlagen" und im W 214-3 2007 Planung und Betrieb von Anlagen zur Ausgasung von Kohlenstoffdioxid.

Enteisenung

Die Enteisenung ist technisch notwendig, um Ablagerungen zu vermeiden, sobald mehr als 0,05 mg/l Eisen im Wasser enthalten sind, auch wenn nach der Trinkwasserverordnung Werte bis 0,2 mg/l zulässig sind. Die im Wasser gelösten Eisenionen werden durch Oxidation in unlösliche, abtrennbare Verbindungen überführt. Das Ausscheiden des Eisens wird erschwert, wenn organische Stoffe im Wasser enthalten sind.

Nach der Oxidation des Eisens werden die ausgefällten Verbindungen durch Filtration in einem offenen oder geschlossenen Schnellfilter entfernt. Die Zugabe von Flockungsmittel kann hier unterstützend und leistungssteigernd wirken. Eingearbeitete Filter sind mit einer Eisenoxidhydrat-Schicht überzogen, die die Oxidation katalytisch erheblich beschleunigt. Eine völlige Entfernung dieser Schicht ist bei der Rückspülung zu vermeiden. Biologische Prozesse können zusätzlich die Eisenoxidhydrat-Fällung fördern.

Im DVGW W 223 2005: Teil 1 finden sich die Grundsätze und Verfahren der Enteisenung und Entmanganung für die zentrale Aufbereitung von

Wasser zu Trinkwasser. Teil 2 behandelt die Planung und den Betrieb von Filteranlagen für die Enteisenung und Entmanganung durch Eisen(II)- und Mangan(II)-Filtration bei der zentralen Aufbereitung von Wasser zu Trinkwasser. Im Teil 3 wird auf die Planung und den Betrieb von Anlagen zur unterirdischen Aufbereitung eingegangen.

Entmanganung

Eine Entmanganung wird ebenso aus technischen Gründen ab einer Mangankonzentration von 0,02 mg/l Wasser empfohlen, wenn gleich der Parameterwert gemäß TrinkwV bei 0,05 mg/l liegt.

Mangan tritt in gelöster Form in sauerstoffarmen Gewässern auf, häufig bei gleichzeitigem Vorhandensein von gelöstem Eisen. Die Funktionsweise der Entmanganung ist jener der Enteisenung sehr ähnlich. Das gelöste Mangan wird oxidiert und somit in eine abtrennbare Form überführt.

Äußerst wichtig bei der nachgeschalteten Schnellfiltration ist allerdings das eingearbeitete Filtermaterial, das mit einer Mangandioxidschicht (Braunstein) belegt ist. Diese Schicht wirkt katalytisch, d. h., sie beschleunigt die folgende chemische Oxidation des Mangans, ohne selbst verändert zu werden.

Beim Rückspülen des Filters darf die Mangandioxidschicht nicht vollständig entfernt werden, da sehr lange Einarbeitungszeiten erforderlich sind. Im Regelfall werden Entmanganungsfilter wie Enteisenungsfilter von Eisen und Mangan verwertenden Organismen besiedelt. Auf eingearbeiteten Entmanganungsfiltern sind mikrobiologische und autokatalytische Effekte regelmäßig gemeinsam wirksam.

Entfernung organischer Inhaltsstoffe

Um Algen und Plankton zu entfernen, wird das Rohwasser meist oxidiert. Anschließend werden die entstehenden Verbindungen in einer Flockungs- oder Sedimentationsstufe aus dem Wasser abgetrennt.

Geschmack, Farbe und Geruch müssen je nach Herkunft unterschiedlich behandelt werden. Sind sie anorganischer Herkunft, so lassen sie sich durch einfachen Gasaustausch aus dem Wasser entfernen. Stammen sie jedoch von organischen Prozessen, so kommen starke Oxidationsmittel wie Kaliumpermanganat und Ozon zum Einsatz. Bakterien mit einem $\varnothing > 0,01$ μm (10^{-8} m) lassen sich physikalisch mit Mikrofiltration aus dem Wasser entfernen.

Noch kleinere Inhaltsstoffe, beispielsweise Kolloide und Viren lassen sich mit Ultrafiltration entfernen. Mittels Nanofiltration ist mittlerweile selbst die Entfernung von Pestizidwirkstoffen im Größenbereich von 1 nm möglich. Das Vorkommen von Detergentien oder Phenolen im Rohwasser ist aufgrund einer verbesserten Klärtechnik in den vergangenen Jahren stark zurück gegangen und für die Trinkwassergewinnung meist nicht mehr problematisch. Geringe Mengen können durch Adsorption an Aktivkohle und durch im Bedarfsfall vorgeschaltete Oxidationsverfahren entfernt werden.

Enthärtung

In Deutschland ist eine generelle zentrale Enthärtung in Wasserwerken nicht üblich, da von den normalerweise auftretenden Wasserhärten keine Gefährdung der menschlichen Gesundheit zu erwarten ist. Eine Teil-Enthärtung wird meist aus wasserpolitischen und technischen Gründen bei stark differierenden Rohwässern in einem Versorgungsgebiet durchgeführt.

Bei der Entfernung durch das *Kalk-Soda-Verfahren* besteht die Möglichkeit, zwischen Karbonat- und Nichtkarbonathärte zu unterscheiden. Die Zugabe von Kalkhydrat bewirkt das Ausfällen von unlöslichem, kohlensaurem Kalk und unlöslichem Magnesiumhydrat. Auf diese Weise kann die Karbonathärte entfernt werden. Wird auch noch Soda zudosiert, so wird auch die Nichtkarbonathärte entfernt.

Die *Schnellentkarbonisierung* verläuft ähnlich wie das Kalk-Soda-Verfahren. Da aber kein Soda zudosiert wird, kann nur die vorübergehende Härte (Karbonathärte) entfernt werden.

Setzt man Mineralsäure (Salz- oder Schwefelsäure) zu, wird bei der Säure-*Entkarbonisierung* die Karbonathärte in Nichtkarbonathärte umgewandelt, wobei das freiwerdende Kohlenstoffdioxid bis zum Erreichen eines stabilen Wassers durch Belüftung ausgetrieben werden muss.

Durch Mischung eines schwach sauren Kationenaustauschers in H^+-Form und eines schwach basischen Anionenaustauschers in HCO_3^--Form lassen sich beim *Carix-Verfahren* gemeinsam die Härtebildner Calcium (Ca^{2+}) und Magnesium (Mg^{2+}) gegen H^+-Ionen und die Anionen Sulfat, Nitrat und Chlorid gegen HCO_3^--Form austauschen.

Entsalzung

Ziel der Entsalzung ist das vollkommene Entfernen aller im Wasser gelösten Salze. Dabei muss zwischen Brackwasser und Meerwasser unterschieden werden. Brackwasser ist ein Gemisch aus Süß- und Salzwasser, wie es z. B. in Flussmündungen anzutreffen ist. Demgegenüber enthält Meerwasser eine deutlich höhere Salzkonzentration (etwa 30 bis 36 g/l).

Für die Brackwasseraufbereitung werden i.d.R. Ionenaustauscher oder die Membrantechnik (Umkehrosmose) genutzt. Mittlerweile ist die Umkehrosmose auch im großtechnischen Maßstab in der Meerwasserentsalzung einsetzbar. Eine günstige Möglichkeit zur Meerwasserentsalzung stellt die solarthermische Destillation dar, bei der das salzhaltige Wasser zunächst mit Hilfe von Sonnenenergie verdampft und dann kondensiert wird. Das Salz verbleibt im Verdampfungsrückstand, das Kondensat ist salzfrei.

Desinfektion

Die Desinfektion dient dem Abtöten bzw. Inaktivieren von Keimen im Wasser. Sie soll auch eine Langzeitwirkung haben, d. h. eine Sicherheit gegen Wiederverkeimung im Trinkwassernetz geben.

Laut TrinkwV dürfen im Trinkwasser nur folgende Keime/Koloniezahlen auftreten:

- Keine coliformen Keime in einer 100 ml Wasserprobe
- Die Koloniezahl in einer 1 ml Trinkwasserprobe muss kleiner als 100 sein
- Die Koloniezahl in einer bereits desinfizierten Trinkwasserprobe muss kleiner als 20 sein

Zur Desinfektion stehen verschiedene Verfahren zur Verfügung. Das einfachste – das Abkochen von Wasser – sollte nur in Notfallsituationen genutzt werden. Bei der Entkeimung (Rückhalt und Entnahme aktiver und/oder inaktiver Mikroorganismen) in Filtern muss eine Langsamsandfiltration betrieben und auf bereits vorher keimarmes Wasser geachtet werden. Das gebräuchlichste Verfahren – die Chlorung – zeichnet sich durch eine rasche und dauerhafte Wirkung sowie geringe Kosten aus. Häufig verwendete Chlorzusätze sind gasförmiges Chlor, Natriumhypochlorit und Chlordioxid. Eine zu hohe Dosierung ist zu vermeiden, wenn dadurch organische Chlorverbindungen (Haloforme, Trihalogenmethane) entstehen können. An den Entnahmestellen im Versorgungsnetz darf an keiner Stelle mehr als 0,1 mg/l freies aktives Chlor im Trinkwasser enthalten sein.

Das wirksamste Desinfektionsmittel ist Ozon. Es wird rasch in die natürlichen Bestandteile des Wassers abgebaut, so dass kaum nachteilige Wirkungen von ihm ausgehen. Nachteilig wirken sich die hohen Kosten für die Errichtung und den Betrieb einer Ozonanlage aus. Da das Restozon sehr aggressiv ist, muss gewährleistet sein, dass es nicht ins Versorgungsnetz gelangt. Daraus wird auch deutlich, dass Ozon keine Langzeitwirkung gegen Wiederverkeimung im Netz haben kann, diese unter bestimmten Bedingungen sogar initiiert. Hinweise über die Erzeugung und Dosierung von Ozon ist in DVGW-W 625 1999 zusammengestellt [DVGW (1999a)].

Die Bestrahlung mit ultraviolettem Licht (UV-Strahlung) im Wellenlängenbereich zwischen 200 und 290 nm (Maximum bei 254 nm) ist eine weitere kostengünstige und effektive Variante zur Inaktivierung von Keimen. Im Unterschied zur chemischen Desinfektion mit Chlor hat die UV-Strahlung nur am Wirkungsort desinfizierende Wirkung. Eine Wiederverkeimung auf längeren Transportwegen ist unter ungünstigen Randbedingungen daher möglich. Die Anlage muss so konzipiert sein, dass die Strahlen den gesamten Durchflusskörper (Rohrleitung) durchdringen können. Die Wirksamkeit hängt somit wesentlich von der Geometrie der Strahleranordnung und einer gleichmäßigen hydraulischen Verteilung des Wassers im Bestrahlungsreaktor ab.

Die DVGW legt Bestimmungen zu Anforderungen und Prüfung von UV-Desinfektionsanlagen in den Arbeitsblättern W 294, Teil 1 bis 3, fest [DVGW W 294-1 bis 3 2006].

Entfernen von Stickstoffverbindungen

Bei der Entfernung von Stickstoffverbindungen muss zwischen der Entfernung von Ammonium und der von Nitrat unterschieden werden. Bei Ammoniumkonzentrationen größer als 0,5 mg/l (Parameterwert) kann eine Eliminierung durch folgende Verfahrenskombinationen erreicht werden:

– Belüftung und anschließende Bodenpassage,
– Belüftung und ein nachgeschalteter biologisch wirksamer Filter.

Zur Nitratentfernung, nötig bei Nitratwerten größer als 50 mg/l (Grenzwert), gibt es drei verschiedene Vorgehensweisen. In der Praxis wird i. d. R. das dritte Verfahren angewandt:

– Ionenaustausch,
– Denitrifikation in biologisch aktiven Filtern,
– Teilstromverfahren (Verschneiden mit nitratarmem Wasser).

5.4.4.4 Verfahrenskombinationen

Die vielfältige Zusammensetzung der Rohwässer macht es erforderlich, verschiedene Verfahren hintereinander zu schalten. Die Tabelle 5.4-5 zeigt Beispiele von Verfahrenskombinationen der Trinkwasseraufbereitung aus Grund- und Oberflächenwässern.

5.4.4.5 Beseitigung von Abfällen

Beim Betrieb von Wasserversorgungs- und Wasseraufbereitungsverfahren fallen Abwässer und Abfälle an, die nach geltendem Recht entsorgt werden müssen. Die rechtlichen Anforderungen an die Entsorgung von Abwässern und Abfällen sind in den letzten Jahren erheblich gestiegen.

Für die Behandlung von Abwässern stehen verschiedene Verfahren zur Verfügung, die sich im Wesentlichen an die Schlammbehandlung in Abwasserbehandlungsanlagen anlehnen [DVGW-W 221 1999]. Die aktuellen Hinweise zur Beseitigung

Tabelle 5.4-5 Beispiele von Verfahrenkombinationen [Grombach et al. 1993, S. 694]

Wiesbaden WW Schierstein	Zürich WW Lengg	Mülheim (Ruhr) WW Styrum-W.	Stuttgart WW Langenau	Hannover WW Fuhrwerk	Mainz WW Eich	Gelsenkirchen WW Witten
Rheinwasser	Zürichsee-wasser	Ruhrwasser	Donauwasser	Grundwasser	Grundwasser	Uferfiltrat
Belüftung	Vorozonung	Vorozonung	Flockung	Belüftung	Entkarbonisierung	Sedimentation
Flockung	Flockungs-filtration	Flockung	Sedimentation	Flockung	Belüftung	Flockung
pH-Anhebung	Zweistufen-filtration	Sedimentation	Vorozonung	Sedimentation	Ozonung (zeitweise)	$KMnO_4$-Zugabe
Sedimentation	ph-Anhebung	Ozonung	Nitrifikation (biologisch)	Schnellfiltration	Zweischicht-filtration	Filtration
Filtration	Ozonung	Nitrifikation	Ozonung	Huminsäure-elimination (Anionenaustauscher)	Aktivkohle	Bodenpassage
Aktivkohle	Aktivkohle-filtration	Zweischicht-filtration	Flockung		Chlordioxid	Ozonung
Untergrund-passage	Langsamfiltration (zeitweise)	Aktivkohle (zeitweise)	Filtration			Flockung
Belüftung	Chlordioxid	Chlordioxid	Aktivkohle			A-Kohle/Sand-filtration
Flockung (Pulverkohle-Dosierung)	Untergrund-filtration	pH-Anhebung				Chlordioxid
Refiltration		Chlor oder Chlor und Chlordioxid				pH-Anhebung
Langsam-filtration						
Chlordioxid						

von Abfällen sind im DVGW-W 221 2010 Teil 1: „Grundsätze für Planung und Betrieb" sowie Teil 2: „Behandlung" und in Merkblatt W 222 2010 „Einleiten und Einbringen von Rückständen aus Anlagen der Wasseraufbereitung in Abwasseranlagen" zu finden.

5.4.5 Wasserbedarf, Wasserverbrauch

Begrifflich muss zwischen Wasserbedarf und Wasserverbrauch unterschieden werden. Der Wasserbedarf ist eine Planungsgröße für das in einem bestimmten Zeitraum für die Wasserversorgung benötigte Wasservolumen. Beim Wasserverbrauch handelt es sich um den tatsächlichen, durch Messung ermittelten Wert des in einer bestimmten Zeitspanne abgegebenen Wasservolumens an den Verbraucher.

Der *Wasserverbrauch* ist von Faktoren wie z. B.: der sozialen Struktur der Bevölkerung, dem Wohnkomfort, der technischen Ausstattung mit wasserverbrauchenden Geräten, der Wirtschaftsstruktur (z. B. Art der Industrie und Anteil der Landwirtschaft) sowie dem Wasserdargebot und den klimatischen Verhältnissen (Temperaturen, Niederschlag, Grundwasserneubildung) abhängig.

Für die Ermittlung des *Wasserbedarfs* ist eine genaue Erhebung der Einflussfaktoren erforderlich, um daraus die künftige Entwicklung zu berechnen. Wesentliche Parameter sind die Bevölkerungsentwicklung, die Branchen und das Wachstum von Gewerbe und Industrie unter Berücksichtigung der Produktionsverfahren (Schließung von Wasserkreisläufen, Mehrfachnutzung von Wasser), aber auch die anderen genannten Faktoren sind zu berücksichtigen.

Folgende Bedarfsarten sind zu unterscheiden, die für Detailplanungen jeweils wieder untergliedert werden müssen:

– Haushalt und Kleingewerbe,
– Großgewerbe und Industrie,
– Einzelverbraucher,
– öffentliche Einrichtungen,
– Löschwasser,
– Eigenverbrauch des Wasserwerks.

Der Planungszeitraum, für den der zukünftige Wasserbedarf zu berechnen ist, hängt vom Planungsprojekt ab. Im Allgemeinen sind Planungszeiträume von 30 bis 40 Jahren für Bauwerke (Hauptleitungen, Tiefbehälter, Wassertürme) und zehn bis 15 Jahren für Installationen (Pumpen, Armaturen) aber auch Brunnenanlagen üblich.

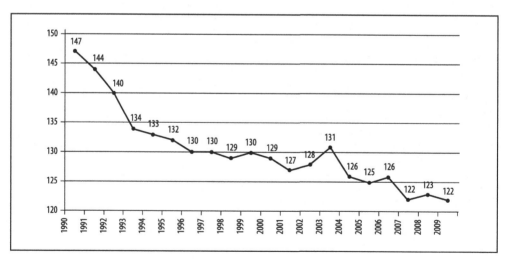

Abb. 5.4-13 Entwicklung des personenbezogenen Wassergebrauchs in Litern pro Einwohner und Tag in Deutschland [BDEW-Wasserstatistik 2010; bezogen auf Haushalte und Kleingewerbe]

5.4.5.1 Haushalt und Kleingewerbe

Für die Bestimmung des Haushaltsbedarfs ist die Bevölkerungsentwicklung des Versorgungsgebietes, d. h. die derzeitige und zukünftige Zahl der zu versorgenden Einwohner, möglichst genau zu prognostizieren weshalb häufig Abschätzungen auf Grundlage plausibler Szenarien gemacht werden. Grundlage der Bevölkerungsentwicklung ist der Vergleich von Geburtenzahlen und Sterbefällen sowie von Zu- und Abwanderungen im Versorgungsgebiet und dieser ist prinzipiell sehr schwer vorherzusehen.

Die Entwicklung des Wasserverbrauchs hat in Deutschland in den letzten Jahren einen Sättigungswert erreicht. Vom steigenden Komfort (z. B. hygienische Ansprüche) und dem Trend zu kleineren Haushalten (z. Z. 2,07 Einwohner pro Wohneinheit) sind keine Steigerungen des Wasserverbrauchs zu erwarten. Im Gegenteil: Aufgrund der Modernisierung von Verbrauchsanlagen und steigenden Wasserpreisen ist seit rund 20 Jahren eine rückläufige Tendenz im Wasserverbrauch erkennbar. Der durchschnittliche Wasserverbrauch betrug 2009 pro Einwohner und Tag weniger als 123 (Abb. 5.4-13).

5.4.5.2 Der Wasserbedarf von Industrie, Gewerbe und Einzelverbrauchern

Der Wasserbedarf von Industrie, Gewerbe und Einzelverbrauchern ist sinnvollerweise gezielt am Standort bzw. dem Verbrauchsort festzustellen. Bei der Planung neuer Anlagen in der Industrie erweist sich die Bestimmung des Wasserbedarfs als schwierig, da genaue Angaben über den Wasserbedarf in der Produktion meist zu diesem Zeitpunkt nicht gemacht werden können. Es muss daher auf Erfahrungswerte zurückgegriffen werden, die für eine überschlägige Bemessung geeignet sind (z. B. [DVGW-W 410 2008]).

5.4.5.3. Löschwasserbedarf

Der Löschwasserbedarf ist die Gesamtmenge an Wasser, die im Brandfall verfügbar sein muss. Der Brandschutz gehört zum Aufgabenbereich der Gemeinde, die meist der örtlichen Wasserversorgung die Bereitstellung der erforderlichen Wassermengen

überträgt. Für Groß- und Mittelstädte ist der Löschwasserbedarf i. d. R. durch die Auslegung des Rohrnetzes abgedeckt. Nur in Leitungssträngen mit kleinen Anschlusszahlen kann der Feuerlöschwasser-Bedarf für die Leitungsauslegung maßgebend werden. Dies gilt besonders auch für Kleinstädte und Siedlungen, bei denen die Löschwasserbereitstellung einen zusätzlichen Bemessungsfall darstellt. Da die Löschwasserbereitstellung zur Deckung eines kurzzeitigen Spitzenbedarfs dient, führt eine Bemessung nach dem Brandfall zu Rohrnennweiten, die im Normalbetrieb sehr geringe Fließgeschwindigkeiten und damit hohe Verweilzeiten im Rohrnetz ergeben. In bestimmten Fällen ist es daher sinnvoll, den Löschwasserbedarf durch Entnahmestellen außerhalb des Leitungsnetzes (z. B. Zisternen, Löschteiche, Seen, Flüsse) bereitzustellen.

Richtwerte für die Rohrnetzberechnung des Löschwasserbedarfs finden sich in [DVGW-W 405 2008]. Besonders gefährdete Standorte erfahren über den Grundschutz hinaus eine besondere Berücksichtigung durch den Objektschutz, dessen Löschwassermenge dem speziellen Bedarfsfall entsprechend über dem allgemeinen Grundschutz nach [DVGW-W 405 2008] liegt. Das genannte Arbeitsblatt wurde vor allem mit dem Ziel erstellt, Hilfen für die Berücksichtigung des Löschwasserbedarfes bei der Projektierung neuer Rohrnetzteile zu bieten und bei der Prüfung, des Leistungsumfanges vorhandener Wasserversorgungsanlagen (Rohrnetzteile) zu helfen, damit diese den Löschwasserbedarf decken können.

5.4.5.4 Eigenverbrauch der Wasserwerke

Der Eigenverbrauch der Wasserwerke setzt sich im Wesentlichen aus den Spülwassermengen für Aufbereitungsanlagen und Rohrnetzspülungen zusammen. Der Verbrauch ist abhängig von der Größe des Versorgungsgebietes (Länge der Versorgungsleitungen) und der Art der Wasseraufbereitung. Im Mittel sind 1,3% bis 1,5% – ohne Aufbereitungsanlage 1,0% – des durchschnittlichen Tagesbedarfs anzusetzen.

5.4.5.5 Wasserverluste

Gemäß DVGW W 392 2003: „Rohrnetzinspektion und Wasserverluste – Maßnahmen, Verfahren und Bewertungen" lassen sich die Wasserverluste aus der Wassermengebilanz ermitteln. Die Differenz aus Rohnetzeinspeisung in das Rohrnetz und der Rohrnetzabgabe an die Verbraucher ergibt die gesamten Wasserverluste. Als Wasserverluste gehen Zählerabweichungen, Abgrenzungsverluste bei Ablesung, Schleichverluste, Wasserdiebstahl, nicht gemessene Abgaben und echte Leckverluste ein. Wasserverluste durch Auslaufen an undichten Stellen sind nicht zu vermeiden. Selbst bei gut gewarteten Anlagen sind als Mittelwert Wasserverluste zwischen 5% und 10% der Jahresabgabe zu erwarten. [DVGW W 392 2003].

5.4.5.6 Bedarfsberechnung

Bei der Bestimmung des Wasserbedarfs muss auf die zeitlichen und örtlichen Besonderheiten geachtet werden. Der Tagesbedarf ist jahreszeitlich bedingten klimatischen Schwankungen unterworfen – mit Maximalwerten im Juli und August. Die Tagesverbräuche zeigen darüber hinaus einen typischen Wochen- und Tagesgang in Abhängigkeit von der Siedlungsstruktur (z. B. Gewerbe, Pendleranteil, Wohngebiet,

Ausflugsgebiet). Eine Berechnung des Wasserbedarfs ist nach folgenden Formeln möglich:

durchschnittlicher Tagesbedarf

$$Q_{dm} = \frac{\Sigma Q}{365} \qquad (5.4.10)$$

maximaler Tagesbedarf

$$Q_{d\,max} = Q_{dm} f_d \qquad (5.4.11)$$

durchschnittlicher Stundenbedarf bei durchschnittlichem Tagesbedarf

$$Q_{hm} = \frac{Q_{dm}}{24} \qquad (5.4.12)$$

maximaler Stundenbedarf am Tag des größten *Wasserbedarfs*

$$Q_{hmax} = Q_m f_h \qquad (5.4.13)$$

mit

Q   Wasserabgabe pro Jahr (m^3/a),

Tabelle 5.4-6 Einsatzbereiche von Kreiselpumpen [DVGW-W 612 1989, S.10]

Einsatzbereiche	Laufradform – Pumpenbauart			
	radial	halbaxial	axial	Sternrad
Förderung aus Brunnen, Schächten	Unterwassermotorpumpe, Bohrlochwellenpumpe, Tauchmotorpumpe			
Förderung aus oberirdischen Gewässern (Direktentnahme)	Gliederpumpe, Spiralgehäusepumpe			
Förderung aus oberirdischen Gewässern (Direktentnahme)	Unterwassermotorpumpe, Tauchmotorpumpe			
	Gliederpumpe	Rohrgehäusepumpe		
	Bohrlochwellenpumpe, Spiralgehäusepumpe			
Förderung in Rohrleitungssystemen	Unterwassermotorpumpe, Spiralgehäusepumpe Gliederpumpe			
Entwässerung, sofern Pumpe erforderlich	Tauchmotorpumpe			Seitenkanalpumpe
spez. Drehzahl nq in min⁻¹	10–60	50–150	110–500	4–12
Förderhöhe einstufig	bis ca. 250 m	bis ca. 90 m	bis ca. 18 m	bis ca. 180 m
Förderhöhe mehrstufig	bis ca. 1000 m		bis ca. 40 m	bis ca. 300 m
NPSH (Net Positive Suction Head Required)	1–20	3–12	3–12	1–3

Q_{dm} durchschnittlicher Tagesbedarf m³/d,

Q_{dmax} maximaler Tagesbedarf (m³/d),

Q_{hm} durchschnittlicher Stundenbedarf (m³/h) bei durchschnittlichem Tagesbedarf,

Q_{hmax} maximaler Stundenbedarf (m³/h) am Tag des größten Wasserbedarfs,

f_d Tagesspitzenfaktor,

f_h Stundenspitzenfaktor.

Bei der Anlagenbemessung werden Zubringer-Versorgung Leitungen im Rohrnetz auf den maximalen Stundenbedarf am Tag des größten Wasserbedarfs Q_{hmax} ausgelegt. Wassergewinnungs-, Aufbereitungs- und Speicheranlagen sowie Fernleitungen (bei vorhandenem Ausgleichsspeicher) werden auf den maximalen Tagesbedarf Q_{dmax} bemessen. Für Anschlussleitungen, ist der Spitzendurchfluss Q_S für eine Bezugszeit t_B von 10 s, für Zubringer-, Haupt- und Versorgungsleitungen, für Pumpen- und Druckerhöhungsanlagen für 1 Stunde sowie für Behälter nach Maßgabe von DVGW-W 300 zu berechnen [DVGW-W 410 2008].

Die Spitzenfaktoren berechnen sich in Abhängigkeit von der Anzahl der versorgten Einwohner E und gelten im Bereich von 1000 bis 1000000 E:

$$f_h = 18{,}1 \times E^{-0{,}1682}$$

$$f_d = 3{,}9 \times E^{-0{,}0752}$$

5.4.6 Wasserförderung

5.4.6.1 Aufgabe

Nur in wenigen Fällen kann ein Wasserversorgungsgebiet durch freien Zulauf aus dem Gewinnungsgebiet gespeist werden. In der Regel müssen mechanische Hebeeinrichtungen dem Wasser soviel Energie zuführen, dass jeder Punkt im Versorgungsgebiet mit ausreichendem Druck und ausreichender Wassermenge versorgt werden kann.

In der Wasserversorgung werden heute zum Heben des Wassers beinahe ausschließlich Kreiselpumpen verwendet. Sie eignen sich für fast alle Aufgaben der Wasserversorgung. Andere Pumpenarten wie Kolbenpumpen, hydraulische Widder oder Mammutpumpen werden vereinzelt bei Vorliegen spezieller Bedingungen oder Aufgaben eingesetzt.

5.4.6.2 Pumpenarten

Kreiselpumpen

Kreiselpumpe sind Strömungsmaschinen zur Energieerhöhung der Förderflüssigkeit mittels eines durch einen Motor angetriebenen rotierenden Laufrads.

Kreiselpumpen nutzen die Zentrifugalkraft, um das Wasser mit einer schnellen Drehbewegung an das Gehäuse der Pumpe zu treiben, von dem es in die Druckleitung geführt wird. Dabei wird im Fördermedium Geschwindigkeitsenergie in Druckenergie umgesetzt Sie bieten einige Vorteile, die sie gegenüber anderen Pumpenarten favorisieren: Kreiselpumpen sind:

– einfach zu handhaben,
– kostengünstig in Anschaffung und Betrieb,
– gering im Platzbedarf,
– betriebssicher und langlebig.

Nachteilig wirkt sich die Empfindlichkeit gegen sandhaltiges Wasser und ihr z. B. gegenüber Kolbenpumpen geringerer Wirkungsgrad aus. Tabelle 5.4-6 zeigt eine Zusammenstellung verschiedener Bauformen und Schwerpunkte des Einsatzes von Kreiselpumpen. Die in 5.4.6.3 folgenden Beschreibungen beziehen sich auf die Anwendungsform der Kreiselpumpe mit Radialrad.

Kolbenpumpen

Kolbenpumpen sind Verdränger-Apparate, bei denen das im Zylinder befindliche Fördermedium durch einen beweglichen Kolben in eine Steigleitung hinaufgedrückt wird. Durch wechselseitiges Öffnen und Schließen der Saug- und Druckventile wird bei zurücklaufendem Kolben neues Wasser in den Zylinder gesaugt und das in die Steigleitung geförderte Wasser am Zurückfließen gehindert (Grombach P, Haberer K u. a. 2000)

Sie werden vereinzelt noch in Hausanlagen oder Kleinwasserwerken eingesetzt für die Hebung kleiner Wasserströme auf große Förderhöhen (bei Q/H < 1:50), für langsam oder nicht mit konstanter Drehzahl laufende Antriebsmaschinen und bei Anlagen bei denen der Förderstrom unabhängig von einer schwankenden Förderhöhe konstant gehalten werden muss.

5.4.6.3 Pumpenbetrieb

Pumpenkennlinie

Die Kennlinie einer Kreiselpumpe stellt den funktionalen Zusammenhang zwischen Förderstrom Q und Förderhöhe H sowie den weiteren Pumpenkenngrößen P (Leistungsbedarf), η (Wirkungsgrad) und H_H (Haltedruckhöhe) dar. Bei einer mit konstanter Drehzahl angetriebenen Kreiselpumpe hängen die genannten Größen vom Förderstrom Q ab. Durch Veränderung der Pumpendrehzahl verschiebt sich die Kennlinie nach der Beziehung

$$\frac{Q_x}{Q} = \frac{n_x}{n} \qquad (5.4.14)$$

nach oben oder unten.

Die Drehzahl kann bei den i. Allg. zur Anwendung kommenden Drehstrommotoren (Asynchronmotoren) nicht geregelt werden. Diese Möglichkeit bieten jedoch thyristor- oder frequenzgesteuerte und damit in der Drehzahl regulierbare Motoren. Bei anderen Antriebsaggregaten (Dampf- oder Gasturbine, Verbrennungsmotor) erfolgt die Drehzahlregelung i. d. R. über den Antrieb, seltener über das Getriebe.

Rohrkennlinie

Die Rohrkennlinie (Anlagenkennlinie) stellt den Zusammenhang zwischen der Förderhöhe H und dem Förderstrom Q dar. Dabei ist die Förderhöhe H entsprechend dem Darcyschen Widerstandsgesetz

$$h_v = \lambda \frac{L}{D} \frac{v^2}{2g} \qquad (5.4.15)$$

mit

h_v Rohrreibungsverlust (m),
l   Widerstandsbeiwert,
L   Rohrlänge (m),
D   Rohrdurchmesser (m),
v   Geschwindigkeit (m/s),
g   Fallbeschleunigung (m/s²).

vom Förderstrom parabelförmig abhängig.

Die Ermittlung und Konstruktion einer Rohrkennlinie kann für eine in Bezug auf Durchmesser und Länge definierte Rohrleitung mit Hilfe des vorgenannten DARCY-WEISBACH-Widerstandsgesetzes erfolgen. Zur Vereinfachung sind diese

Werte in so genannten Druckabfalltabellen (DVGW-W 302, 1981) zusammengestellt.

Zusammenwirken von Kreiselpumpe und Anlage

Um hydraulische Systeme zu berechnen, bedient man sich häufig graphischer Verfahren. Diese werden zur Lösung nichtlinearer Gleichungssysteme anstelle von Iterationsverfahren verwendet. Sie sind besonders anschaulich und gestatten auch die Verarbeitung von Funktionen, die nicht mathematisch formuliert sind. Sie werden daher bevorzugt zur Darstellung bzw. Ermittlung des Arbeitsbereiches von Kreiselpumpen eingesetzt.

Die graphische Lösung geschieht durch Überlagerung von Pumpenkennlinien mit Rohrleitungskennlinien. Dieser Superposition der Kurven liegen das Kontinuitätsgesetz und die Bernoulli-Gleichung zugrunde. Deren logische Anwendung führt zu folgenden Prinzipien:

– Bei Parallelbetrieb mehrerer Pumpen sind die zu gleichen Förderhöhen gehörenden Förderströme zu addieren, d. h., die Pumpenkennlinien werden in Richtung Q überlagert. Voraussetzung ist, dass die Pumpenkennlinien auf den gleichen Punkt des Rohrleitungssystems und den gleichen Energiehorizont bezogen sind.

– Beim Hintereinanderschalten mehrerer Pumpen sind die zu gleichen Förderströmen gehörenden Förderhöhen zu addieren, d. h., die Pumpenkennlinien werden in Richtung H überlagert. Auch hier sind die Pumpenkennlinien auf den gleichen Punkt des Rohrleitungssystems zu beziehen.

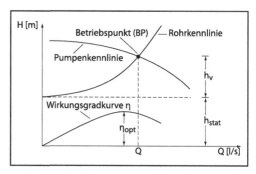

Abb. 5.4-14 Betriebspunkt

– Die eigentliche Pumpenkennlinie einer Pumpe kann auf einen beliebigen Punkt des Rohrleitungssystems bezogen werden, indem die zu jedem Fördersystem gehörende Verlusthöhe h_v (Rohrleitungskennlinie) bis zu diesem Punkt abgezogen bzw. abgetragen wird, d. h. negative Überlagerung der Pumpenkennlinie und Rohrleitungskennlinie in Richtung H.

– Basieren die Förderhöhen mehrerer Pumpen saugseitig auf unterschiedlichen Wasserständen, so sind die Pumpenkennlinien auf einen gemeinsamen Energiehorizont zu beziehen, z. B. auf m ü. NN.

Der mögliche Förderstrom für ein ausgewähltes System mit vorgegebener Pumpen- und Rohrkennlinie ergibt sich aus dem Schnittpunkt dieser beiden Kennlinien im sog. „Betriebspunkt" (Abbildung 5.4-14). Mit dem Betriebspunkt ergibt sich die Förderhöhe der Anlage, die von h_{geo} der Pumpe aufzubringen ist. Die Förderhöhe setzt sich aus dem geodätischen Höhenunterschied h_{stat} und den Rohrreibungsverlusten h_v zusammen.

Die Auswahl der Pumpe erfolgt im Regelfall nach dem Kriterium, dass die Kennlinie der Pumpe durch den Schnittpunkt mit der Rohrkennlinie einen Betriebspunkt ergibt, der größer oder gleich dem erforderlichen Förderstrom ist. Der optimale Wirkungsgrad der Pumpe sollte in der Nähe des Betriebspunktes liegen.

Die in der Pumpe zu installierende Leistung ergibt sich aus der Förderleistung und dem Pumpenwirkungsgrad nach der Beziehung

$$P = \frac{\rho g Q H}{\eta} \qquad (5.4.16)$$

mit
P   Leistungsbedarf (W),
ρ Dichte des Fördermediums (kg/m³),
g   Fallbeschleunigung (m/s²),
Q   Förderstrom der Pumpe (m³/s),
H   Förderhöhe (m),
η Wirkungsgrad der Pumpe (etwa 0,7 bis 0,9).

Bei der Bemessung des Antriebsmotors empfiehlt es sich, zur Vermeidung von Überlastungen eine 20%ige Leistungsreserve vorzusehen.

5.4.6.4 Kavitation und Haltedruckhöhe (NPSH-Wert)

Wird innerhalb der Wasserströmung an einer Stelle der Dampfdruck unterschritten, entstehen Dampfblasen, die bei Anstieg des Druckes entlang der Laufradschaufeln schlagartig kondensieren. Dieser Vorgang, der mit „Kavitation" bezeichnet wird, mindert die Pumpenleistung, erzeugt Geräusche, beansprucht das Material sehr stark und reduziert die Lebensdauer des Laufrades. Der Punkt niedrigsten Druckes liegt am Laufradeintritt. Dort muss, in Abhängigkeit vom Pumpen- und Laufradtyp, eine bestimmte Mindestenergiehöhe NPSH (Net Positive Suction Head) zur Verfügung stehen, um Kavitation zu vermeiden. Der $NSPH_{vorh}$-Wert der Anlage sollte möglichst groß sein, auf jeden Fall aber größer als die erforderliche Haltedruckhöhe $NPSH_{erf}$ der Pumpe.

$NPSH_{erf}$ beschreibt die Summe aller Verluste (Gesamt-Druckabfall) vom Eintritt der Förderflüssigkeit in den Saugstutzen bis zum Laufrad-Eintritt der Pumpe.

$NPSH_{vorh}$ oder Haltedruckhöhe der Anlage beschreibt wieweit die Förderflüssigkeit beim Saugstutzen vom Verdampfungsdruck entfernt liegt; geht $NPSH_{vorh}$ gegen Null tritt Kavitation auf. Unter Berücksichtigung von $NPSH_{erf}$ gilt $NPSH_{vorh}$ > $NPSH_{erf}$.

5.4.7 Wasserspeicherung

5.4.7.1 Aufgabe

Wasserversorgungsunternehmen haben die Aufgabe, zu jedem Zeitpunkt eine ausreichende Menge an Trink- und Nutzwasser zur Verfügung zu stellen. Der Wasserverbrauch in einem Versorgungsgebiet ist jedoch nicht konstant, sondern schwankt in Abhängigkeit von der Tages- und Jahreszeit z. T. beträchtlich. Um diese zeitlichen Schwankungen im Verbrauch auszugleichen, den erforderlichen Versorgungsdruck im Rohrnetz aufrechtzuerhalten und Versorgungsunterbrechungen infolge von Betriebsstörungen zu vermeiden, sind Speicherräume notwendig. Sie erlauben eine weitgehend unabhängige Betriebsführung.

Bei Speicherräumen lassen sich Anlagen unterscheiden, die einem Monats- oder Jahresausgleich dienen (z. B. Trinkwassertalsperren, künstliche Seen, Teiche), die Bestandteil einer Wasseraufbereitung sind (z. B. Flusswasserwerke), die speziell der Löschwasservorhaltung dienen (Löschteiche) oder Speicherbehälter für die Trinkwasserversorgung als Bestandteil der öffentlichen Wasserversorgungsanlagen. Die folgenden Ausführungen beziehen sich allein auf die letztgenannten Anlagen als wesentlichste Form der technischen Ausführung von Speicheranlagen in der Wasserversorgung. Sie dienen grundsätzlich dem Ausgleich von täglichen Bedarfsschwankungen in Versorgungsgebiet. Das Arbeitsblatt DVGW 300 2005 ist gültig für die Planung und den Bau sowie für den Betrieb und die Instandhaltung von Wasserbehältern aus Beton (schlaff bewehrt bzw. vorgespannt) in der Trinkwasserversorgung. Auch beim Einsatz von Betonfertigteilen sowie bei Verwendung anderer Materialien gelten die Angaben sinngemäß.

5.4.7.2 Arten der *Wasserspeicherung*

Die Aufgaben der Wasserbehälter lassen sich nach der Lage im Netz und der Betriebsweise unterscheiden. Wasserbehälter werden nach ihrer topographischen Lage in Hochbehälter, mit der Sonderform des Turmbehälters, und Tiefbehälter eingeteilt.

Hochbehälter
Hochbehälter werden auf einem natürlichen Hochpunkt als Erdhochbehälter errichtet, oder es wird ein künstlicher Hochpunkt durch den Bau eines Wasserturms geschaffen. Hochbehälter müssen den erforderlichen Druck im Leitungsnetz bei maximalem Verbrauch auch an den topographisch ungünstigen Stellen des Wasserversorgungsgebietes aufrechterhalten. Der Ruhedruck ist mit der topographischen Lage des Hochbehälters bereits vorgegeben. Durch die Bildung eines festen Druckpunktes im Netz entsteht eine hohe Versorgungssicherheit, da bei Betriebsstörungen oder im Brandfall benötigtes Wasser ohne Einsatz von mechanischen Förderanlagen bereitgestellt werden kann. Eine weitere maßgebliche Aufgabe der Behälter besteht im Ausgleich der Schwankungen, die durch die Differenz zwischen Wasserzulauf (Wassergewinnung) und Wasserentnahme (Wasserverbrauch) hervorgerufen werden.

Tiefbehälter
In Gebieten ohne topographisch geeignete Hochpunkte müssen Tiefbehälter bereitgestellt werden. Sie speichern die für den Betrieb erforderlichen Wassermengen, ohne direkten Einfluss auf den Druck im Versorgungsnetz zu haben. Tiefbehälter dienen als Vorlagebehälter für Pumpwerke und Druckerhöhungsanlagen. Bei der Versorgung des Gebiets müssen diese Förderanlagen den Schwankungen des Wasserbedarfs angepasst werden. Mit energetisch effizienten, drehzahlgeregelten Pumpenantrieben lässt sich die Druckhaltung des Pumpwerks steuern. Bei Pumpbetrieb ist auf eine sichere Energieversorgung durch Bereitstellung einer Notstromversorgung zu achten.

Turmbehälter
Wenn in der Nähe des Versorgungsgebietes keine natürlichen Hochpunkte zur Verfügung stehen, aber trotzdem ein ausreichender Ruhedruck ohne Förderanlagen im System vorgehalten werden soll, können als Hochbehälter auch Turmbehälter dienen. Die Konstruktion ist jedoch wesentlich teurer als die von Tiefbehältern. Wassertürme verdienen als Blickfang besondere Aufmerksamkeit bezüglich der architektonischen Gestaltung und Einfügung in das Stadt- oder Landschaftsbild.

5.4.7.3 Druckregelung

Auch bei stark abgesenktem Wasserspiegel im Hochbehälter muss im Versorgungsgebiet ein ausreichender Netzdruck vorhanden sein, um den üblichen Bedarf des Versorgungsgebietes zu decken. Um im Netz einen ausreichenden Druck zu gewährleisten, muss der Behälter hoch genug liegen. Es ist daher im Hochbehälter eine Wasserspiegellage von 40 bis 60 m über dem Versorgungsgebiet anzustreben. Tiefbehälter sind über den Pumpbetrieb auf einen Ruhedruck von 5 bis 6 bar am Hausanschluss zu regeln. Zu hohe Drücke sind zu vermeiden, da die Verluste durch Leckstellen und die Gefahr von Rohrbrüchen mit zunehmendem Druck ansteigen.

Die Bestimmung des niedrigsten Betriebswasserstands und weitere Anforderungen sind in der Verordnung über „Allgemeine Bedingungen für die Versorgung mit Wasser" (AVBWasserV) und in [DVGW 400-1 2004] festgelegt. Der Mindestdruck im Netz richtet sich nach der Art der Bebauung und gliedert sich wie folgt (neue Netze):

- für Gebäude mit EG   2,0 bar,
- für Gebäude mit EG und 1 OG   2,5 bar,
- für Gebäude mit EG und 2 OG   3,0 bar,
- für Gebäude mit EG und 3 OG   3,5 bar,
- für Gebäude mit EG und 4 OG   4,0 bar.

Bei normgerechter Bemessung und Ausführung der Wasserverbrauchsanlagen steht an der am ungünstigsten gelegenen Zapfstelle ein Mindestdruck von 1 bar zur Verfügung.

Der maximale *Versorgungsdruck*, gemessen als Ruhedruck, sollte 8 bar nicht überschreiten. Oberhalb eines Ruhedrucks von 6 bar sind zum Schutz von Armaturen und zur Einhaltung von Schallschutzanforderungen Druckminderer an den Hausanschlüssen zu installieren.

Bei Höhenunterschieden von mehr als 50 m sollte das Versorgungsgebiet in mehrere Druckzonen eingeteilt werden. Die Zonen sind streng voneinander zu trennen. Den Zonen werden üblicherweise eigene Behälter und ggf. Förderanlagen zugeordnet.

Mehrgeschossige Bauten, die die übliche Bebauungshöhe übersteigen, und Hochhäuser erhalten eigene, nach Bedarf mehrfach abgestufte Druckerhöhungsanlagen, welche im Rahmen des Facility Managements verwaltet und betrieben werden.

5.4.7.4 Lage zum Versorgungsgebiet

Um die Druckverluste und die Kosten für die auf den Spitzenbedarf bemessenen Versorgungsleitungen gering zu halten, sind Hochbehälter so nahe wie möglich am Verbrauchsschwerpunkt zu errichten. Tiefbehälter liegen meist in der Nähe der Wassergewinnung bzw. Wasseraufbereitungsanlage. Nach der Lage zum Netz unterscheidet man Durchlauf-, Gegen- und Zentralbehälter.

Durchlaufbehälter

Der Durchlaufbehälter ist zwischen Wassergewinnung und Versorgungsgebiet angeordnet; das Wasser wird durch den Wasserbehälter geleitet. Diese Variante zeichnet sich durch geringe Druckschwankungen und beinahe konstante Förderhöhen aus.

Die Zirkulation durch den Behälter führt zu einer guten Wassererneuerung. Nachteilig können sich lange Fließwege in der Wasserverteilung auswirken.

Gegenbehälter

Gegenbehälter liegen in Fließrichtung hinter dem Versorgungsgebiet oder im Nebenschluss der Zubringerleitung; nur das nicht im Versorgungsgebiet aktuell benötigte Wasser erreicht den Behälter. Die Vorteile liegen in den geringeren Druckverlusten und der zweiseitigen Versorgung des Netzes. Allerdings führt diese Regelung zu sehr unterschiedlichen Druckverhältnissen im Netz und zu einer langsamen Wassererneuerung durch lange Verweilzeiten im Behälter, womit die Gefahr einer Beeinträchtigung der Wasserqualität gegeben ist.

Zentralbehälter

Zentralbehälter werden in Mischform als Durchlauf- und/oder Gegenbehälter betrieben. Dadurch ergeben sich eine hohe Versorgungssicherheit sowie geringe Druckverluste und Druckschwankungen im Netz, außerdem sind dadurch eventuell kleinere Rohrdurchmesser möglich. Die Wassererneuerung ist schlechter als bei Durchlaufbehältern. In ebenem Gelände muss der Zentralbehälter als Turmbehälter ausgeführt werden [DVGW-W 400-1 2004].

Bemessung des Nutzinhalts

Ziel der Behälterbewirtschaftung ist i. Allg. der Ausgleich über den verbrauchsreichsten Tag des Jahres. In Sonderfällen kann ein Wochenausgleich

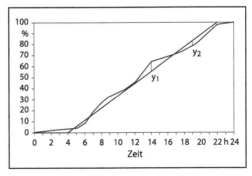

Abb. 5.4-15 Fluktuierende Wassermenge; graphische Bestimmung mit Hilfe des Summenlinienverfahrens

Tabelle 5.4-7 Fluktuierende Wassermenge, Tabellenrechnung

Zeitabschnitt [Uhr]	Verbrauch [%]	Summe [%]	Zulauf [%]	Fehlbetrag [%]	Überschuss [%]	Speicherinhalt [%]
0–1	0,82	0,82		−0,82		−0,82
1–2	0,82	1,64		−0,82		−1,64
2–3	0,41	2,05		−0,41		−2,05
3–4	0,41	2,46		−0,41		−2,46
4–5	0,82	3,28	5,56		+4,74	+2,28
5–6	4,89	8,17	5,56		+0,67	+2,95
6–7	11,08	19,25	5,56	−5,52		−2,57
7–8	7,82	27,07	5,56	−2,26		−4,83
8–9	5,38	32,45	5,56		+0,18	−4,65
9–10	3,75	36,20	5,56		+1,81	−2,84
10–11	3,75	39,95	5,56		+1,81	−1,03
11–12	5,38	45,33	5,56		+0,17	−0,86
12–13	10,27	55,60	5,56	−4,72		−5,58
13–14	9,45	65,05	5,56	−3,89		**−9,47**
14–15	2,12	67,17	5,56		+3,44	−6,03
15–16	2,52	69,69	5,56		+3,04	−2,99
16–17	2,52	72,21	5,56		+3,04	+0,05
17–18	2,94	75,15	5,56		+2,62	+2,67
18–19	3,80	78,95	5,56		+1,76	**+4,43**
19–20	5,78	84,73	5,56	−0,22		+4,21
20–21	7,84	92,57	5,56	−2,28		+1,93
21–22	5,79	98,36	5,56	−0,23		+1,70
22–23	0,82	99,18		−0,82		+0,88
23–24	0,82	100,00		−0,82		+0,06

in Betracht kommen, der aber einen wesentlich größeren Behälterraum erfordert. Der Nutzinhalt des Behälters setzt sich aus dem Tagesausgleichsvolumen und dem Sicherheits- und Löschwasservorrat zusammen.

Im Grundriss sollen Erweiterungen möglich sein. Bei Wassertürmen ist dies i. Allg. ausgeschlossen; hier empfiehlt sich ein zeitlich größeres Planungsziel. Bei mehreren Behältern im Netz lässt sich das Tagesausgleichsvolumen aufteilen. Richtwerte der Behältergröße sind für Versorgungsgebiete bis 4000 m³/d

- bei Q_{dmax} < 2000 m³: Nutzinhalt = Q_{dmax},
- bei Q_{dmax} > 2000 m³: Abminderungen bis 20% möglich;

  für Versorgungsgebiete >4000 m³/d

- Nutzinhalt etwa $(0,3\dots0,8) \cdot Q_{dmax}$.

Für Wassertürme gilt als Richtwert:

$(0,20 - 0,35) \cdot Q_{dmax}$.

Eine genauere Bestimmung des Behälterinhalts erfolgt über die Ermittlung der fluktuierenden Wassermenge für einen Tagesausgleich. Die fluktuierende Wassermenge kann über eine Tabellenrechnung (Tabelle 5.4-7) oder graphisch (Abbildung 5.4-15) mit Hilfe des Summenlinienverfahrens bestimmt werden.

Der Speicherinhalt ergibt sich aus den größten Differenzen des Wasserspiegels im Speicherraum. Nach Tabelle 5.4-7 (s. auch Abb. 5.4-15) ist V = $y_1 + y_2 = |−9,47| + 4,43 = 13,9\%$ von Q_{dmax}.

Der Sicherheitsvorrat ist vom System der Zubringerleitung und von Betriebsstörungen abhängig. Als Richtgröße kann für die Größe des notwendigen Sicherheitsvorrats folgende Formel angesetzt werden:

$$V_{si} = \frac{Q_{dm}}{n_z} t_A \qquad (5.4.17)$$

mit

V_{si} Sicherheitsvorrat (m³),
Q_{dm} durchschnittlicher Tagesbedarf (m³/d),
n_z Anzahl der Zuleitungen,
t_A Ausfalldauer.

Der Löschwasserbedarf wird gemäß Tabelle 1 des DVGW-Arbeitsblattes W 405 2008 berechnet. Abhängig von der baulichen Nutzung und der Größe der Gefahrenausbreitung beträgt die Löschwassermenge in der Regel 96 m³/h, in Ausnahmefällen 192 m³/h.

5.4.8 Wassertransport, Wasserverteilung

Planung von Leitungen

Der Wassertransport und die Wasserverteilung werden in der Wasserversorgung fast ohne Ausnahme in geschlossenen Rohrleitungen durchgeführt.

Man unterscheidet zwischen den Leitungen, die dem Transport des Trinkwassers von den Gewinnungs-, Aufbereitungs- und Speicheranlagen zum Versorgungsgebiet dienen, und denen, die das Wasser innerhalb von Versorgungsgebieten bis zu den einzelnen Verbrauchern verteilen.

Mit der europäischen Systemnorm DIN EN 805 „Anforderungen an Wasserversorgungssysteme und deren Bauteile außerhalb von Gebäuden" im März 2000 wurden vom DIN gleichzeitig die bisherigen Normen für die Bauausführung und Druckprüfung von Rohrleitungen DIN 19630 und DIN 4279 komplett bzw. teilweise zurückgezogen, obwohl deren Inhalte durch die DIN EN 805 nicht vollständig abgedeckt werden. Die dadurch entstandenen Lücken sowie die zur DIN EN 805 erforderlichen ergänzenden Konkretisierungen werden durch das DVGW W 400 „TRWV Technische Regeln Wasserverteilungsanlage" in 3 Teilen abgedeckt.

- W 400 – 1 Planung (Okt. 2004)
- W 400 – 2 Bau und Prüfung (Sept. 2004)
- W 400 – 3 Betrieb und Instandhaltung (Sept. 2006)

Zur Planung eines Rohrnetzes gehört:

- die Erkundung der Trasse (das Trassieren)
- die bildhafte Darstellung (das Zeichnen von Plänen)
- das Bemessen der Rohrleitung
- die Wahl der Rohrnetzwerkstoffe und der Art der Einbauteile (Armaturen)

Hydraulische Berechnung von Druckrohrleitungen

In der Wasserverteilung können die meisten hydraulischen Zustände stationär beschrieben werden. Instationäre Zustände, das heißt Zustände, in denen sich der Druck oder der Durchfluss innerhalb kurzer Zeit (z. B. Druckstöße bei Abschiebern einer Leitung, Pumpenausfall) ändert, werden im Folgenden nicht behandelt.

Die Verlusthöhe h_v in Druckrohrleitungen kann durch das Darcysche Widerstandsgesetz gut beschrieben werden (siehe Gleichung 5.4.15). Die Formel gilt exakt nur für Strömungen in geraden, kreisrunden Druckrohren. Je mehr Einzelwiderstände aus Krümmern, Abzweigungen und Einbauten hinzukommen, desto größer sind die zu erwartenden Abweichungen. Untersuchungen haben jedoch gezeigt, dass die Anwendung einer integralen Rauheit k_i in folgenden Fällen zu einer hohen Übereinstimmung zwischen Rechnung und Messung führt:

- $k_i = 0,1$ mm: Fernleitungen und Zubringerleitung mit gestreckter Leitungsführung,
- $k_i = 0,4$ mm: Hauptleitung mit weitgehend gestreckter Leitungsführung,
- $k_i = 1,0$ mm: neue, stark vermaschte Netze.

Zu beachten ist, dass der k_i-Wert werkstoffabhängig ist und der von Kunststoffmaterialien über Steinzeug, Gusseisen bis zu Beton hin zunimmt.

Für ältere Rohrleitungen und Rohrnetze ist die Messung und Bestimmung der Rauhigkeit vor Ort zu empfehlen.

Für die angegebenen Rauheiten k_i sind Tabellen und Druckverlusttafeln in z. B. [DVGW-W 302 1981] für DN 40 bis DN 2000 enthalten.

Transportleitungen

Transportleitungen sind definitionsgemäß Rohrleitungen, die dem Transport von Wasser über größere Entfernungen, ohne Anschluss von einzelnen Abnehmern dienen. Im Allgemeinen werden unterschieden:

- Fernleitungen (im allgemeinen über 25 km Länge, ab DN 500 und Q > 0,5 m³/s)
- Zubringerleitungen (Leitungen zwischen Wasserwerk und Versorgungsnetz)
- Hauptleitungen (Leitungen im Versorgungsgebiet, ohne Anschlussleitungen).

Üblicherweise werden Transportleitungen als Druckleitungen ausgeführt. Freispiegelkanäle setzen entsprechende Topographie voraus und sind nicht für große Durchflussschwankungen geeignet.

Die Leitungstrassierung ist mit der Raumplanung abzustimmen. Die Leitungen sind auf möglichst kurzem Weg durch freies Gelände zu führen. Trassierungen durch Ortschaften, Verkehrsflächen und Waldgebiete sind zu vermeiden, da es sich um störende Eingriffe handelt bzw. unsichere Baugrundfragen mit erhöhten Planungs- und Vorerkundungsaufwendungen auftreten können. Steilhänge sind möglichst in der Falllinie zu überwinden. Verkehrsflächen (Straßen, Schienen) sind rechtwinklig zu kreuzen. Gewässer werden in der Regel durch Düker oder an Brücken gekreuzt.

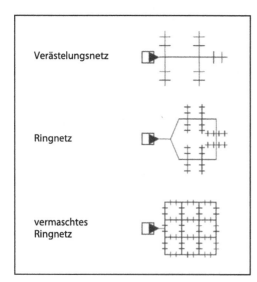

Abb. 5.4-16 Versorgungsnetze (nach [DVGW-W 403 1998, S. 16])

Um Schäden durch Frost bzw. zu hohen Wassertemperaturen zu vermeiden, sind Leitungen in Deutschland unter Berücksichtigung regionaler Klimadaten in einer Mindesttiefe von 1,0 bis 1,5 m zu verlegen. Die Ermittlung der erforderlichen Verlegetiefen von Wasseranschlussleitungen erfolgt im Detail nach [DVGW-W 397 2004].

Entlüftungsventile müssen an den Hochpunkten der Leitungen eingebaut werden. An den Hochpunkten sammelt sich Luft, die aus dem Wasser bei steigender Temperatur und abnehmendem Druck ausgast, und führt zu Querschnittsverengungen und unter Umständen zu erheblichen Druckverlusten. Entleerungseinrichtungen sind an den Tiefpunkten vorzusehen. Absperreinrichtungen und Rohrbruchsicherungen sollten zur Sicherung der Leitungen in ausreichenden Abständen eingebaut werden. Die Fließgeschwindigkeit sollte in den Leitungen 2,0 bis 3,0 m/s nicht überschreiten. Kleinere Rohrdurchmesser mit hohen Durchflussgeschwindigkeiten verringern zwar die Investitionskosten der Rohrverlegung, durch die hohen Druckverluste steigen jedoch die Betriebskosten. Bei längeren Leitungen und insbesondere bei Fernleitungen sind die Wirkungen instationärer Strömungsverhältnisse zu berücksichtigen. Dabei ist die mehrfache Unterbrechung der Transportleitung durch Zwischenbehälter oft sinnvoll [DVGW-GW 303-1 2006, DVGW-W 400-1 2004].

Versorgungsnetze
Die Wasserverteilung im Versorgungsgebiet erfolgt über Rohrnetzsysteme.

Grundsätzlich lassen sich Verästelungsnetze, Ringnetze und vermaschte Ringnetze unterscheiden (Abb. 5.4-16).

Da die Versorgungsnetze meist historisch gewachsen sind, herrschen häufig Mischformen der einzelnen Systeme vor. Innerhalb der geschlossenen Bebauung finden sich meist vermaschte Ringnetze, dessen Vorteile bezüglich der Betriebssicherheit (hohe Versorgungssicherheit und Leistungsreserven) offensichtlich sind.

In den Außenbereichen überwiegen die Vorteile der Verästelung. Die Verweilzeiten sind bei vermaschten Netzen nicht zu hoch, Betriebsunterbrechungen betreffen nur wenige Abnehmer. Jedoch kann in Diagonalsträngen Stagnation auftreten mit entsprechenden Veränderungen der Wassergüte. In den Endsträngen muss der Löschwasserbedarf nicht vorgehalten werden.

5.4.8.1 Rohre in der Wasserverteilung

Das Rohrnetz der öffentlichen Wasserversorgung umfasst in Deutschland rund 515.000 km. Der Anschlussgrad der Bevölkerung an die öffentliche Wasserversorgung beträgt zurzeit in Deutschland über 99% [BDEW Branchenbild der deutschen Wasserwirtschaft 2008].

Zu den Bestandteilen des Rohrnetzes gehören die Rohre selbst sowie die Rohrverbindungen, Formstücke, Armaturen und andere Einbauten. Die unterschiedlichen Werkstoffe der Rohre lassen sich nach ihrer Festigkeit, Korrosionsbeständigkeit, den anfallenden Kosten und vielen anderen Kriterien unterscheiden. Jedes Rohrmaterial besitzt Vor- und Nachteile und muss, entsprechend geeigneter Vorgabekriterien, vom Planer ausgewählt werden.

Folgende Werkstoffe werden im Rohrleitungsbau der öffentlichen Wasserversorgung im Allgemeinen verwendet, wobei Kunststoffrohre bei Neuverlegungen in den letzten Jahren den größten Anteil besitzen:

- Gusseisen
- Stahl
- Zementgebundene Werkstoffe
- Kunststoffe

Die Rohre besitzen in der Wasserversorgung ausschließlich kreisförmige Querschnitte. Die Bezeichnung erfolgt nach der Nennweite (DN), d. h. im Allgemeinen dem Innendurchmesser des Rohres in Millimeter. Eine weitere wesentliche Größe ist der Nenndruck (PN) in bar, der dem zulässigen Betriebsdruck in der Leitung entspricht.

Gussrohre

Seit 1951 werden in Deutschland größtenteils duktile Gussrohre verwendet. Sie sind eine Weiterentwicklung der ursprünglichen Graugussrohre. Duktiles Gusseisen ist im Gegensatz zu Grauguss plastisch verformbar. Überbeanspruchungen führen nicht zum Bruch, sondern werden durch Verformen abgebaut. Duktiles Gusseisen ist generell etwas korrosionsanfälliger als Grauguss. Hierbei kommt es besonders zur Mulden bzw. Lochkorro-

sion. Zum Schutz gegen Rostbildung wurden die anfangs unbeschichteten Rohre mit Bitumenlack, später zusätzlich mit Spritzverzinkung bearbeitet. In einem neutralen Sandbett ist diese Schutzart für alle nicht-aggressiven Böden geeignet. Eine Weiterentwicklung stellt die Zementmörtelauskleidung sowie Umhüllungen aus Polyethylen und/oder faserverstärktem Zementmörtel dar. Nach [DIN 30675-2 1993] sind diese Umhüllungen für alle Bodenarten geeignet und bei der Faserzement-Umhüllung kann sogar auf das Sandbett verzichtet werden. Dies spart erhebliche Kosten ein. [Roscher 2000]. Die Rohrverbindungen sind entweder starr (z. B. Stemmmuffenverbindungen) oder beweglich (z. B. Schraubmuffenverbindung – Abwinkelbarkeit 3°) lieferbar. Duktile Gussrohre gibt es für Nennweiten von DN 80 bis DN 2000 und Nenndrücken zwischen 16 und 40 bar. Die Baulängen liegen maximal bei 6–8 m.

Stahlrohre

Stahl ist ein Eisenwerkstoff mit einem Kohlenstoffgehalt von ca. 1,7%. Durch mehrere zusätzliche Begleitstoffe erhält der Stahl seine hohe Festigkeit, große Bruchdehnung und gute Schweißbarkeit. Die maximalen Leitungslängen von Stahlrohren liegen bei 16 bis 18 m, bei maximalen Durchmessern von DN 1200. Die Schweißbarkeit ermöglicht eine Strangverlegung. Das Schneiden und Schweißen vor Ort ermöglicht eine lage- und höhenmäßige Anpassung der einzelnen Rohre. (z. B. bei Düker und Kreuzungen). Die Rohre werden meistens mit einer Stumpfschweißverbindung verbunden.

Es handelt sich um längskraftschlüssige Verbindungen. Von Nachteil ist die hohe Korrosionsempfindlichkeit. Typischerweise kommt es zu ebenmäßiger Korrosion oder zu Lochfraß. Bei der ebenmäßigen Korrosion entsteht in der Praxis meist eine narbig ausgebildete Oberfläche. Beim Lochfraß kommt es zu einem örtlichen Korrosionsangriff. Die zu Beginn kraterförmigen Vertiefungen führen am Ende zu Durchlöcherungen [Roscher 2000]. Korrosionsschutzmaßnahmen sind daher unumgänglich. Für den Innenschutz eignet sich eine Zementmörtelauskleidung, für den Außenschutz eine Umhüllung aus Polyethylen. Längere Stahlleitungen werden häufig auch kathodisch geschützt.

Betonrohre

Stahlbeton- und Spannbetondruckrohre werden vorwiegend für größere Leitungsdurchmesser zwischen DN 250 und DN 4000 verwendet. Die Rohre sind bis zu 5,0 m lang. Stahlbetonrohre werden für geringe Drücke bis 2,5 bar (z. B. Entleerungsleitung) hergestellt. Spannbetonrohre hingegen für Drücke bis 25 bar. Die Bemessung bestimmt sich nach den Belastungsannahmen für Auflast und Rohrinnendruck. Als Rohrverbindungen werden Glockenmuffen- und Rollringdichtungen verwendet.

Korrosionsschutzmaßnahmen sind selbst bei langer Nutzung nicht erforderlich. Kunststoffüberzüge oder bituminöse Beschichtungen bieten ausreichenden Schutz bei besonders aggressiven Wässern oder Böden.

Kunststoffrohre

In Deutschland werden in der Wasserversorgung vorwiegend Polyethylen (PE) und Polyvinylchlorid (PVC) eingesetzt [Roscher 2000]. Inzwischen wurde PVC jedoch durch den moderneren Kunststoff PE-HD (Polyethylen hoher Dichte) ersetzt. Er zeichnet sich durch Korrosionsbeständigkeit, hohe Elastizität sowie geringe hydraulische Rauhigkeit aus. Da PE-HD sehr leicht und gut schweißbar ist, kann der Werkstoff ausgezeichnet transportiert und verarbeitet werden. Laut [DVGW-W 400-1 2004] ist PE-HD empfindlich gegenüber örtlichen Spannungsspitzen, weshalb auf einen exakten Einbau und eine Bettung in reinem Quarzsand geachtet werden sollte. Eine zunehmende Bedeutung erlangt dieser Kunststoff durch das Relining-Verfahren, bei dem PE Rohre in schadhafte Altrohre eingezogen werden [DVGW-W 400-1 2004].

Die Rohre werden bis DN 1000, GFK-Rohre sogar bis DN 2000 angeboten. PVC-Rohre sind ausgelegt auf Nenndrücke zwischen 4 und 16 bar, PE-Rohre zwischen 2,5 und 10 bar. Die Rohrlänge ist bei PE-Rohren beliebig wählbar, PVC-Rohre sind zwischen 5 und 12 m lang.

5.4.8.2 *Armaturen*

Armaturen in Rohrleitungsanlagen dienen der Einstellung von Volumenstrom und Druck, der Rückflussverhinderung sowie dem Trennen und Verbin-

den von Anlagenteilen, schließlich der Entnahme von Wasser, der Be- und Entlüftung und der Druckbegrenzung. Die Auslegung von Armaturen in erdverlegten Leitungen soll eine Funktionsdauer von 50 Jahren garantieren. In Trinkwassernetzen wird eine Nenndruckstufe von mindestens PN 10 (10 bar) verlangt. Im Vergleich zu metallisch dichtenden früheren Bauarten werden heute bis PN 25 weichdichtende Bauarten in der Regel bevorzugt. Das Dichtungsmaterial muss den hygienischen Anforderungen nach der gesundheitlichen Beurteilung von Kunststoffen und anderen nichtmetallischen Werkstoffen gemäß dem Lebensmittel- und Bedarfsgegenständegesetz für den Trinkwasserbereich (KTW Empfehlungen) des Bundesgesundheitsamtes und den Anforderungen des DVGW-W 270 2007 genügen.

5.4.8.3 *Wasserdurchflussmessung und Wasserzählung*

Die Wasserzählung bezeichnet die summarische Erfassung der Wassermenge für einen bestimmten Zeitraum in der Einheit $[m^3]$ oder $[l]$ (Liter). Die Messgeräte werden daher als Wasserzähler bezeichnet. Der Wasser- bzw. Durchflussmesser zeigt den Wasserdurchfluss an, d. h. die Wassermenge, die pro Zeiteinheit eine Messstelle durchfließt, in der Einheit $[m^3/h]$ oder $[l/s]$.

Wasserdurchflussmessungen und Wasserzählungen sind in Wasserversorgungsanlagen vorwiegend in Druckleitungen üblich.

Typische Anwendungen sind:

- Wasserdurchflussmesser
  - im Rohrnetz, zur Erfassung der momentanen Abgabe,
  - im Wasserwerk, für den technischen und wirtschaftlichen Betrieb der Anlage,

- Wasserzähler
  - am Pumpwerk, zur Ermittlung des geförderten Wassers,
  - an den Verbrauchsstellen, zur Ermittlung der abgegebenen Wassermenge an den Verbraucher,
  - im Wasserwerk, für den technischen und wirtschaftlichen Betrieb der Anlage.

Die technischen Regeln für die Volumen- und Durchflussmessung befinden sich im DVGW-W 406 2003. Das Merkblatt behandelt alle Wasserzähler, magnetische und induktive Durchflussmessgeräte (MID) und Ultraschall-Durchflussmessgeräte (USD). Wohnungswasserzähler werden nicht behandelt. Diesbezüglich sei auf das DVGW Merkblatt W407 2001 verwiesen.

Messprinzipien und -geräte
Volumetrische Zähler und Geschwindigkeitszähler. Den Durchfluss zerlegt man in einzelne Messraumfüllungen (Kolbenhub, Kolbendrehung, Raum zwischen den Flügeln eines Messrades) und zählt die Anzahl der Füllungen bzw. Umdrehungen des Rades.

Die gebräuchlichste Form der Wasserzähler in deutschen Haushalten ist der Flügelradzähler mit ca. 90% Anteilen. Wasserzähler mit Gewindeanschluss und einem Nenndurchfluss von $Q_n \leq 10$ m³/h werden üblicherweise als Hauswasserzähler bezeichnet.

Auf Unterflurhydranten werden so genannte Standrohrzähler eingesetzt. Für die Messung von großen Volumenströmen werden Großwasserzähler (Woltmannzähler) oder Verbundzähler eingesetzt.

Magnetisch induktive Wasserzähler (MID) erfassen die von einer elektrisch leitenden Flüssigkeit beim Durchfliesen eines Magnetfeldes eine der Fließgeschwindigkeit und in der Flüssigkeit vorhandenen Ladungsträgern proportional erzeugte Spannung. Vorteile sind Verschleißfreiheit nahe zu Druckverlustfreiheit hohe Messgenauigkeit, Nachteile eine Mindestleitfähigkeit des Fördermediums und ein Strombedarf im Betrieb.

Ultraschall Durchflussmesser basieren auf der Messung der Strömungsgeschwindigkeit des Fluids mit Hilfe elektromagnetische Wellen bestimmter Wellenlängen oberhalb der Hörschwelle des Menschen (20 kHz). Sie arbeiten druckverlustfrei, sind verschleißfrei und auch in nicht leitenden Flüssigkeiten einsetzbar.

5.4.9 Energieoptimierung und Kosteneinsparpotentiale

5.4.9.1 Allgemeines

Die öffentliche Wasserversorgung ist der Lieferant des wichtigsten Naturproduktes und sieht sich aus diesem Grund trotz eines vergleichsweise geringen Anteils am Gesamtenergieverbrauch in der Pflicht, mit den Ressourcen Wasser und Energie sparsam und verantwortungsvoll umzugehen.

Nicht zuletzt wegen dem Vorsorgegrundsatz sollten Energieeinsparungsmöglichkeiten und damit nicht zuletzt auch Kosteneinsparpotenziale abgeleitet werden.

Energiesparpotentiale ergeben sich hauptsächlich für elektrische Energie, allerdings auch für Gas und Heizöl. Durch die Einsparung von elektrischer Energie wird die Freisetzung von CO_2 reduziert [DVGW Wasser Information Nr. 77 2010].

Die Optimierung der Energieumsetzung und der damit einhergehenden Kostensenkung lassen sich in den Anlagen der Wasserversorgung auf verschiedenste Art und Weise sowohl in der Wasserförderung und -verteilung als auch in der Wasseraufbereitung realisieren.

Es sollte jedoch darauf geachtet werden, dass die Versorgungssicherheit immer oberste Priorität hat.

Weiterhin ist darauf Wert zu legen, dass durch die Maßnahmen keine Unfall- oder andere Gesundheitsgefahren entstehen.

Eine Erhebung in den Wasserversorgungsunternehmen im Jahre 2005, die ca. 30% der gesamten Wasserabgabe 2005 des Landes ausmachten, ergab, dass der durchschnittliche Energiebedarf bei Wassergewinnung und- Verteilung bei 0,38 kWh/m³ lag [Bodensee-Wasserversorgung, 2007]. Eine Energiebilanz im WVU sollte durchgeführt werden um die Energieflüsse zu zeigen [DVGW Information Wasser Nr. 77 2010].

5.4.9.2 Wasserförderung

Die meiste Energie in der Wasserversorgung wird für die Wasserförderung benötigt. Die höchsten Optimierungspotentiale bieten sich in diesem Bereich:

- durch die Anpassung der Pumpen an die Anlagenkennlinie, wobei der Wirkungsgrad von Pumpen (s. auch Abb. 5.4-14) und Antrieben berücksichtigt werden muss,
- durch die Abstimmung der wirtschaftlichsten Rohrnennweite (DN) unter Berücksichtigung der anfallenden Energie- (Rohr- und Einzelverluste) und Festkosten (Leitungsbau),
- durch die Minimierung von Leitungsverlusten durch geeignete Wahl der Werkstoffe, Formstücke, Armaturen und Messeinrichtungen.

Oft entzieht man überschüssige Restenergie aus Fallleitungen durch Drosselung mit Armaturen oder Blenden einer weiteren Nutzung. Durch Einsatz von Kreiselpumpen als Turbinen kann die hydraulische Energie in mechanische Energie umgeformt und damit größtenteils als elektrische Energie zurückgewonnen werden.

Bei der Wassergewinnung kann durch Brunnenregenerierung, d. h. Wiederherstellung der Leistungsfähigkeit (z. B. nach Versandung, Verockerung, Versinterung) des Brunnens, der Energiebedarf erheblich gesenkt werden. Wasserverluste in Rohrleitungen führen immer zu Energieverlusten, da auch dieses Wasser gefördert, aufbereitet und transportiert werden muss. Deshalb ist der qualifizierte Bau und Betrieb der Leitungen genauso wichtig wie die Überwachung und Instandhaltung der Anlagen.

Im DVGW Information Wasser Nr. 77 2010 „Handbuch Energieeffizienz/Energieeinsparung in der Wasserversorgung" Abschnitt 3.7 sind mögliche Energieeinsparpotenziale und entsprechende Maßnahmen in der Wasserförderung aufgeführt. Im Bezug auf Pumpen wird auf deren korrekten Betrieb, Dimensionierung und die Rohrleitungsführung vor und nach den Pumpen eingegangen.

5.4.9.3 Wasseraufbereitung

Ähnlich wie bei der Wasserförderung, stehen bei der Wasseraufbereitung die verfahrenstechnischen Aspekte und die Versorgungssicherheit im Vordergrund. Aber auch hier gibt es mögliche Einsparpotentiale.

Beispielhaft seien hier Empfehlungen in [DVGW-W 611 1996] für folgende Anlagen genannt:

- Filteranlagen: Filterlaufzeiten verlängern,
- Chloranlagen: Beheizung optimieren durch Einhaltung von Mindesttemperaturen,
- Ozonanlagen: Einbringungsenergie reduzieren durch Erhöhung der Ozonkonzentration im Gas,
- Chemikaliendosierung: Beheizung optimieren sowie Lager- und Dosieranlagen bei temperaturempfindlichen Chemikalien isolieren,
- Schlammentwässerung: Energietechnisch sinnvollstes Verfahren auswählen.

Mittels Wärmepumpen kann die Abwärme aus Antriebsmotoren für die Beheizung von Räumen direkt genutzt werden. Bei Mehrschichtfiltern können die Rückspülintervalle gegenüber Einschichtintervallen vergrößert werden [Wasserversorgung, Heft 2, S. 48, 2007].

Durch die geeignete Wahl des Wasservorkommens kann indirekt Energie eingespart werden. Dabei sollten sowohl die Qualität des Rohwassers als auch die Wahl der Aufbereitungsverfahren unter energetischen Gesichtspunkten betrachtet werden. Energieintensive Verfahren, wie z. B. eine Ozonung oder UV – Bestrahlung, sollten hinsichtlich energiesparender Alternativen überprüft werden [DVGW – Information Wasser 77 2010].

5.4.10 Automatisierungstechnik

Ziel des Betriebes einer Wasserversorgungsanlage ist es, ein optimales Zusammenwirken aller Bereiche von der Gewinnung bis zum Verbraucher sicher zu stellen [Moser 1988]. Während ihres Betriebs müssen maschinelle und elektrische Anlagen kontinuierlich auf ihre betriebsrelevanten Daten hin kontrolliert werden [Naumann 1984]. Früher wurden die erforderlichen Sollwerte manuell erreicht, heute haben die meisten Wasserversorgungsunternehmen zumindest in Teilbereichen ihrer Anlagen Automatisierungssysteme. Die rasche Weiterentwicklung von Hard- und Software führte in den letzten Jahren dazu, dass selbst einfache Steuerungen günstiger mit speicherprogrammierbaren Steuerungen (SPS) zu verwirklichen sind als mit herkömmlicher Relaistechnik. Die Entwicklung der Wasserwerksautomatisierung wurde bisher vorwiegend aus der Sicht der Prozessleittechnik betrachtet. Die Verbesserung der Automatisierungskomponenten und ihre gleichzeitige Verbilligung ermöglichen einen wirtschaftlichen Einsatz für die Prozessführung. Die Anforderungen der nächsten Jahrzehnte werden dagegen bestimmt durch:

– schwieriger werdende Umweltbedingungen mit Auswirkungen auch auf die Wasserwerksbetriebe und
– den daraus resultierenden Zwang, über die Prozessleittechnik hinauszudenken.

Nach der Verordnung über Allgemeine Bedingungen für die Versorgung mit Wasser (AVBWasserV) § 5 Umfang der Versorgung, Benachrichtigung bei Versorgungsunterbrechungen gilt (1): „Das Wasserversorgungsunternehmen ist verpflichtet, das Wasser unter dem Druck zu liefern, der für eine einwandfreie Deckung des üblichen Bedarfs in dem betreffenden Versorgungsgebiet erforderlich ist".

Dies wird durch den Einsatz von Einrichtungen zum Messen, Regeln, der Prozessleitung und Steuerung in den Wasseranlagen gewährleistet. Das DVGW-Arbeitsblatt W 645-1 2007 behandelt Messeinrichtungen, die in Anlagen zur Erfassung von Wassergüteparametern, wie z. B. pH-Wert, Trübung, Leitfähigkeit und Chlor eingesetzt werden. Dieses Arbeitsblatt ersetzt die DVGW-Merkblätter W 642 und W 643.

Das DVGW-Arbeitsblatt W 645-2 2009 (A), „Teil 2: Steuern und Regeln" befasst sich mit Ein-

richtungen, die zum Steuern und Regeln in Wasserversorgungsanlagen eingesetzt werden. Dieses Arbeitsblatt ersetzt die DVGW-Merkblätter W 640 und W 641.

Das DVGW-Arbeitsblatt W 645-3 2006 (A), „Überwachungs-, Mess-, Steuer- und Regeleinrichtungen in Wasserversorgungsanlagen – Teil 3: Prozessleittechnik" unterstützt bei der Planung und Einführung von Prozessleitsystemen, die sowohl bei der Teil- als auch Vollautomatisierung zum Einsatz kommen. Ein teilautomatisierter Betriebszustand ist in der Regel mit geringem Aufwand realisierbar. Eine vollautomatisierte Betriebsweise ist nur bei Kenntnis aller maßgeblichen Einflussgrößen auf den Betriebsablauf und des jeweils optimal angepassten Betriebszustand möglich.

5.4.11 Trinkwasserinstallation

In DIN 1988 sind in acht Teilen mit Anhängen die technischen Regeln zum Erstellen und Betreiben von Trinkwasserinstallationen festgelegt. Die DIN 1988 befasst sich mit Trinkwasseranlagen sowohl in Gebäuden als auch auf Grundstücken. Dies schließt die Anschlussleitungen, von der Versorgungsleitung bis zur Übergabestelle (Hauswasserzähler), die Wasserzählanlagen mit Absperr- und Prüfvorrichtungen sowie die Verbrauchsleitungen ein [Volger/Laasch 1994]. Seit 1989 arbeitet man daran, technische Regeln der DIN 1988 europaweit

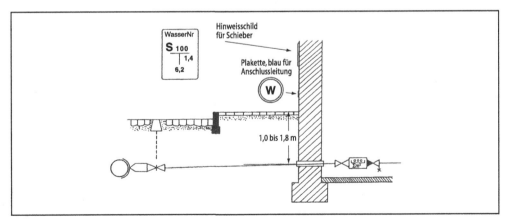

Abb. 5.4-17 Verlegung von Anschlussleitungen [Soiné et al. 1988, S. 299]

in Einklang zu bringen. Mittlerweile liegen vor: EN 806-1, Entwürfe zu Teil 2 und 3 zur formellen Abstimmung und Rohentwürfe zu Teil 4 und 5. Teil 4 der DIN 1988: „Schutz des Trinkwassers, Einhaltung der Trinkwassergüte" ist Gegenstand der Norm EN 1717. DVGW und DIN (Deutsches Institut für Normung) haben sich darauf verständigt, dass bis zum Erscheinen aller Teile der EN 806 die DIN 1988 gültig bleibt, um für Planer und Betreiber der Installationen Rechtssicherheit zu gewährleisten. Bezüglich aktueller Informationen zum Stand der Technik in der Hausinstallation sei auf das Buch: „Praxis der Trinkwasser-Installation", DVGW Fachbuchreihe Praxis, Bonn (2002).

5.4.11.1 Zuständigkeit

Das Verhältnis zwischen Wasserversorgungsunternehmen (WVU) und Kunden wird durch die „Verordnung über Allgemeine Bedingungen für die Versorgung mit Wasser" (AVBWasserV) vom 20.06.1980 i. d. g. F. (s. Normen) geregelt. Laut AVBWasserV endet die Verantwortung des WVU am Hausanschluss. Gemäß §12 (2) dürfen Anschlussnehmer nur unter Beachtung der gesetzlichen Vorschriften, behördlicher Bestimmungen und der anerkannten Regeln der Technik (DIN 1988) Anlagen errichten, erweitern, ändern und unterhalten. Arbeiten an größeren Anlagen müssen vom WVU oder einer anerkannten Installationsfirma durchgeführt werden.

Aus diesem Grund hat das WVU das Recht eine Prüfung der Kundenanlagen bei Herstellung und Änderung vorzunehmen und bei besonders großen Mängeln den Anschluss an das Versorgungsnetz zu verweigern.

5.4.11.2 Anschluss

Anschlussleitungen werden an jedes Grundstück gelegt. Sie zweigen von der Straßenleitung möglichst rechtwinklig ab, damit der Kunde auf dem kürzesten Weg an das Versorgungssystem angeschlossen wird. Jede Anschlussleitung wird mit einer Absperreinrichtung ausgestattet (Abb. 5.4-17).

Bei der Hauseinführung der Anschlussleitung muss die Leitung durch ein Schutzrohr gegen schädliche Beanspruchungen geschützt werden. Der Wasserzähler des WVU wird meist direkt hinter der Hauseinführung im Anschlussraum eingebaut. Teil der Wasserzählanlage sind die Hauptabsperrarmatur vor und die Absperrarmatur mit Rückflussverhinderer hinter dem Wasserzähler. Der Einbau der Wasserzählanlage erfolgt möglichst waagerecht, frostgeschützt und leicht zugänglich.

Die Verbrauchsleitungen des Gebäudes beginnen hinter der Wasserzählanlage. Die Unterteilung erfolgt nach Verteilungsleitungen im Keller, Steig- und Stockwerkleitungen sowie Einzelzuleitungen und Zirkulationsleitungen. DIN 1988 Teil 3 regelt die Berechnung der Leitungen.

5.4.11.3 Schutz des Trinkwassers, Erhaltung der Trinkwassergüte

Störende Einwirkungen auf Einrichtungen des WVU oder Dritter und Rückwirkungen auf die Trinkwassergüte dürfen nicht vorkommen. Zu Beeinträchtigungen kann es zum Beispiel durch Verunreinigungen, Frost oder Erwärmung kommen. Die Trinkwassergüte ist daher bis zum Ende der Installationsanlage zu erhalten. Damit eine Trinkwasserverschmutzung mit ausreichender Sicherheit vermieden wird, sind für Hausinstallationen eine Sammelsicherung (Rückflussverhinderer, Rohrunterbrecher) und für die einzelnen Entnahmestellen im Bedarfsfall zusätzlich Einzelsicherungen einzubauen. Erdverlegte Leitungen können vor Frost geschützt werden, wenn sie in ausreichender Tiefe verlegt werden. Dämmmaterialien schützen Leitungen und Wasserzähler in Gebäuden. Frostgefährdete Leitungen müssen Absperr- und Entleerungsmöglichkeiten bieten. Zu einer unerwünschten Erwärmung des Wassers kann es in Leitungen in unmittelbarer Nähe von Heizungsanlagen oder Warmwasserleitungen v. a. bei längeren Stagnationszeiten kommen. Derartige Leitungen sind am besten zu vermeiden [Volger/Laasch 1994].

Trinkwasseranlagen (Hausinstallation) dürfen nicht mit Nicht-Trinkwasseranlagen und Eigenwasserversorgungsanlagen verbunden werden (DIN 2000). Die Einspeisung von Trinkwasser aus dem öffentlichen Versorgungsnetz darf deshalb in diesem Fall nur über einen freien Auslauf in die Hausanlage erfolgen. Dies erfolgt entweder über einen Hochbehälter oder über einen Tiefbehälter.

Gemäß DIN 1988-4 (TRWI) sind in DIN EN 1717 fünf Gefahrenklassen (Kategorien) bestimmt worden, die den Maßstab der Absicherung von Apparaten in der Trinkwasserinstallation festlegen:

- Kategorie 1: Wasser für den menschlichen Gebrauch bei direkter Entnahme aus einer Trinkwasserinstallation ohne Gefährdung der Gesundheit oder Beeinträchtigungen – z. B. vorübergehende Trübung durch Luftbläschen.
- Kategorie 2: Flüssigkeiten ohne Gesundheitsgefährdung, für den menschlichen Gebrauch geeignet z. B. Kaffee, stagnierendes oder erwärmtes Trinkwasser.
- Kategorie 3: Flüssigkeiten, die eine Gesundheitsgefährdung durch Anwesenheit von weniger giftigen Stoffen darstellen – z. B. Ethylenglykol, Kupfersulfatlösung, Heizungswasser ohne Zusatzstoffe oder mit Zusatzstoffen nach Kategorie 3.
- Kategorie 4: Flüssigkeiten, die eine Gesundheitsgefährdung durch Anwesenheit von giftigen, besonders giftigen, radioaktiven, mutagenen oder kanzerogenen Stoffen darstellen – z. B. Lindan, Parathion, Hydrazin.
- Kategorie 5: Flüssigkeiten, die eine Gesundheitsgefährdung durch mögliche Anwesenheit von Erregern übertragbarer Krankheiten darstellen – z. B. Hepatitisviren, Salmonellen.

5.4.11.4 Druckerhöhungsanlagen

Wenn der vorhandene Wasserdruck nicht ausreicht, um das gesamte Gebäude (z. B. Hochhäuser) mit Trinkwasser zu versorgen, werden Druckerhöhungsanlagen (DEA) benötigt. In besonders hohen Gebäuden können verschiedene Druckzonen eingerichtet werden. Möglichst gleichmäßige Druckverhältnisse in den Leitungen werden dann durch Druckventile erreicht. Vor oder hinter der Pumpanlage sollten Druckbehälter angeordnet werden, um die Anlagenteile vor Druckstößen zu sichern.

5.4.11.5 Korrosion, Steinbildung, Nachbehandlung

Aufgrund chemisch-physikalischer Reaktionen tritt zwischen Werkstoff und tranportiertem Wasser Korrosion auf. Im günstigsten Fall entstehen dabei Deckschichten aus Korrosionsprodukten, die den Werkstoff oft jahrzehntelang vor Angriffen schüt-

zen. Auf der anderen Seite kann es zu Schäden kommen, zum Zuwachsen von Leitungen bzw. Armaturen oder zur Beeinträchtigung der Wasserqualität. Ausschlaggebend für Korrosionsprozesse sind

- Wasserbeschaffenheit,
- Art und Qualität des Werkstoffs,
- Installationsbedingungen,
- Betriebsbedingungen.

Um Schäden zu vermeiden bzw. so gering wie möglich zu halten, ist bei der Planung auf die richtige Wahl des Werkstoffs und die Abfolge elektrochemisch verschiedener Werkstoffe in Fließrichtung zu achten (DIN 1988 Teil 7). Bei Innenkorrosion ist auch eine Nachbehandlung möglich.

Beim Wassertransport sind zu hohe Temperaturen ($>60°C$) zu vermeiden, da sie Kalkabscheidung begünstigen können (führt zu Steinbildung). In normalen Kaltwasserrohrleitungen tritt die Steinbildung praktisch nicht auf. Die Steinbildung kann auch durch den Austausch von Calcium- gegen Natrium-Ionen verhindert werden, ist jedoch nur bedingt empfehlenswert.

Zum Schutz vor Außenkorrosion bei elektrisch leitenden Verbindungen (z. B. Stahl) kann ein kathodischer Korrosionsschutz verwendet werden. Meist setzt man den kathodischen Schutz zusätzlich zu einem Schutzüberzug (z. B. PE-Umhüllung, Bitumenumhüllung) ein [DIN 1988 Teil 7].

5.4.11.6 Feuerlösch- und Brandschutzanlagen

In der Regel werden Löschwasser- und Verbrauchsleitungen eines Grundstücks durch eine gemeinsame Anschlussleitung versorgt. Die Richtwerte für den Löschwasserbedarf sind dem DVGW Arbeitsblatt W405 zu entnehmen. In Leitungssträngen mit kleinen Durchflüssen kann der Feuerlöschwasserbedarf für die Auslegung maßgebend werden, wodurch es zu großen Nennweiten und im Normalbetrieb zu sehr langen Verweilzeiten kommen kann. In diesen Fällen ist zu überlegen, den Löschwasserbedarf durch Entnahmestellen außerhalb des Leitungsnetzes, zum Beispiel Flüsse, Seen oder Löschteiche, bereitzustellen. Hierbei ist darauf zu achten, dass keine Löschwassereinspeisungen über Nichttrinkwasseranlagen (z. B. Löschteiche, Bäche) in das Leitungsnetz möglich sind.

Um Fehlanschlüsse und andere unsachgemäße Einbauten zu vermeiden, ist der Bau und Betrieb von Feuerlösch- und Brandschutzanlagen mit der örtlichen Feuerwehr abzusprechen und vom WVU zu genehmigen.

In normalen Wohngebäuden ist keine Löschwasserverteilung vorgesehen. Die Löschleitung wird im Bedarfsfall von der Feuerwehr vorgenommen. In besonderen Gebäuden (große Wohn-, Büro- und Industrieanlagen) erfolgt die Löschwasserverteilung innerhalb des Gebäudes über fest installierte Düsenanlagen (offene Düsen oder Sprinkleranlage) oder Hydranten (Unterflur-, Überfluroder Wandhydranten), die über Rohrleitungen miteinander verbunden sind.

Abkürzungen zu 5.4

AVBWasserV	Verordnung über Allgemeine Bedingungen für die Versorgung mit Wasser
ATT	Die Arbeitsgemeinschaft Trinkwassertalsperren e. V.
BDEW	Bundesverband der Energie- und Wasserwirtschaft e. V., Bonn
BfG	Bundesanstalt für Gewässerkunde
BGR	Bundesanstalt für Geowissenschaften und Rohrstoffe
BGW	Bundesverband der deutschen Gas- und Wasserwirtschaft e. V., Bonn
BMELV	Bundesministerium für Ernährung, Landwirtschaft und Verbraucherschutz
BMU	Bundesministeriums für Umwelt, Naturschutz und Reaktorsicherheit
DEA	Druckerhöhungsanlagen
DVGW	Deutsche Vereinigung des Gas- und Wasserfaches e. V.
DWA	Deutsche Vereinigung für Wasserwirtschaft, Abwasser und Abfall e. V.
GOK	Geländeoberkante
GW	Grundwasser
IfSG	Infektionsschutzgesetz
NPSH	Net Positive Suction Head
SPS	Speicherprogrammierbare Steuerung
TDS	Total dissolved solids
TrinkwV	Trinkwasser-Verordnung
TRWI	Technische Regeln für Trinkwasser-Installation
VKU	Der Verband kommunaler Unternehmen e. V.
WHG	Wasserhaushaltsgesetz
WRRL	Wasserversorgungsunternehmen
WW	Wasserwerk

Literaturverzeichnis Kap. 5.4

AVBWasserV (1980) Verordnung über Allgemeine Bedingungen für die Versorgung mit Wasser i.d.g.F.

Baur A (1992) Wasserspiele. Oldenbourg-Verlag, München

BGW (Bundesverband der deutschen Gas- und Wasserwirtschaft)(Hrsg.)(1995) 106. Wasserstatistik. Berichtsjahr 1994. Bundesverband der deutschen Gas- und Wasserwirtschaft e. V., Bonn

BDEW, ATT, DBVW, DVGW, DWA und VKU (2008) Branchenbild der deutschen Wasserwirtschaft 2008. wvgw Wirtschafts- und Verlagsgesellschaft Gas und Wasser mbH, Bonn

BGW (1995) Entwicklung der öffentlichen Wasserversorgung 1990-1995. Bundesverband der deutschen Gas- und Wasserwirtschaft e. V., Bonn

Bischofsberger W (1983) Automatisierung in Wasserwerken. Berichte aus Wassergütewirtschaft und Gesundheitsingenieurwesen Nr-42, TU München

Bodensee-Wasserversorgung (2007) Fachveröffentlichung Wissensdurst. Heft 2, S.48

Bundesministerium für Umwelt, Naturschutz und Reaktorsicherheit (2008) „Nitratbericht 2008"

Busch K-F, Luckner L (1974) Geohydraulik. Ferdinand Enke Verlag, Stuttgart

DVGW (1987) Wasseraufbereitungstechnik für Ingenieure. Schriftenreihe Bd-206, 3. Aufl, wvgw Wirtschafts- und Verlagsgesellschaft Gas und Wasser mbH, Eschborn

DVGW (1989) Wassergewinnung. 2. Aufl. DVGW, Eschborn

DVGW (1995) Lehr- und Handbuch Wasserversorgung. Bd 3: Maschinelle und elektrische Anlagen in Wasserwerken. Oldenbourg-Verlag, München

DVGW (1996) Lehr- und Handbuch der Wasserversorgung. Bd 1: Wassergewinnung und Wasserwirtschaft. Oldenbourg-Verlag, München

DVGW (2002) Fachbuchreihe „Praxis der Trinkwasser-Installation Aktuelle Erläuterungen zur DIN 1988 und den zugehörigen DVGW-Arbeitsblättern. Wirtschafts-Verlagsgesellschaft Gas und Wasser mbH, Bonn

DVGW-Information Wasser Nr. 77 (2010) Handbuch Energieeffizienz/ Energieeinsparung in der Wasserversorgung

DVGW-W 101 (2006) Richtlinien für Trinkwasserschutzgebiete – I. Teil: Schutzgebiete für Grundwasser

DVGW-W 102 (2002) Richtlinien für Trinkwasserschutzgebiete – II. Teil: Schutzgebiete für Talsperren

DVGW-W 105 (2002) Behandlung des Waldes in Wasserschutzgebieten für Trinkwassertalsperren

DVGW-W 151 (1975) Eignung von Oberflächenwasser als Rohstoff für die Trinkwasserversorgung

DVGW-W 202 (2010) Technische Regeln Wasseraufbereitung (TRWA) – Planung, Bau, Betrieb und Instandhaltung Anlagen zur Trinkwasseraufbereitung.

DVGW-W 210 (1983) Filtration in der Wasseraufbereitung. Teil 1: Grundlagen

DVGW-W 211 (1987) Filtration in der Wasseraufbereitung. Teil 2: Planung und Betrieb von Filteranlagen

DVGW-W 213 -1 bis 6 (2005) Filtrationsverfahren zur Partikelentfernung

DVGW-W 214-1 (2005) Entsäuerung von Wasser – Teil 1: Grundsätze und Verfahren

DVGW-W 214-2 (2009) Entsäuerung von Wasser – Teil 2: Planung und Betrieb von Filteranlagen

DVGW-W 214-3 (2007) Entsäuerung von Wasser – Teil 3: Planung und Betrieb von Anlagen zur Ausgasung von Kohlenstoffdioxid

DVGW-W 214-4 (2007) Entsäuerung von Wasser – Teil 4: Planung und Betrieb von Dosieranlagen

DVGW-W 217 (1987) Flockung in der Wasseraufbereitung; Teil 1: Grundlagen

DVGW-W 218 (1998) Flockung in der Wasseraufbereitung; Teil 2: Flockungstestverfahren

DVGW-W 219 (2010) Einsatz von anionischen und nichtionischen Polyacrylamiden als Flockungshilfsmittel bei der Wasseraufbereitung

DVGW-W 221-1 (2010) Rückstände und Nebenprodukte aus Wasseraufbereitungsanlagen; Teil 1: Grundsätze für Planung und Betrieb

DVGW-W 221-2 (2010) Rückstände und Nebenprodukte aus Wasseraufbereitungsanlagen; Teil 2: Behandlung

DVGW-W 221-3 (2000) Rückstände und Nebenprodukte aus Wasseraufbereitungsanlagen; Teil 3: Vermeidung, Verwertung und Beseitigung

DVGW-W 222 (2010) Einleiten und Einbringen von Rückständen aus Anlagen der Wasserversorgung in Abwasseranlagen.

DVGW-W 223 -1 bis 3 (2005) Enteisenung und Entmanganung

DVGW-W 240 (1987) Beurteilung von Aktivkohlen zur Wasseraufbereitung

DVGW-W 250 (1985) Maßnahmen zur Sauerstoffanreicherung von Oberflächengewässern

DVGW-W 251 (1996) Eignung von Fließgewässern für die Trinkwasserversorgung

DVGW-W 253 (1993) Trinkwasserversorgung und Radioaktivität

DVGW-W 270 (2007) Vermehrung von Mikroorganismen auf Materialien für den Trinkwasserbereich – Prüfung und Bewertung

DVGW-W 293 (1994) UV-Anlagen zur Desinfektion von Trinkwasser

DVGW-W 294-1 (2006) UV-Geräte zur Desinfektion in der Wasserversorgung; Teil 1: Anforderungen an Beschaffenheit, Funktion und Betrieb

DVGW-W 294-2 (2006) UV-Geräte zur Desinfektion in der Wasserversorgung; Teil 2: Prüfung von Beschaffenheit, Funktion und Desinfektionswirksamkeit

DVGW-W 294-3 (2006) UV-Geräte zur Desinfektion in der Wasserversorgung; Teil 3: Messfenster und Sensoren zur radiometrischen Überwachung von UV-Desinfektionsgeräten; Anforderungen, Prüfung und Kalibrierung

DVGW-W 300 (2005) Wasserspeicherung – Planung, Bau, Betrieb und Instandhaltung von Wasserbehältern in der Trinkwasserversorgung

DVGW-W 302 (1981) Hydraulische Berechnung von Rohrleitungen und Rohrnetzen; Druck-Verlust-Tafeln für Rohrdurchmesser von 40-2000-mm

DVGW-W 303 (2005) Dynamische Druckänderungen in Wasserversorgungsanlagen

DVGW-GW 303-1 (2006) Berechnung von Gas- und Wasserrohrnetzen - Teil 1: Hydraulische Grundlagen, Netzmodellisierung und Berechnung

DVGW-W 311 (1988) Planung und Bau von Wasserbehältern

DVGW-W 312 (1993) Wasserbehälter – Maßnahmen und Instandhaltung

DVGW-W 315 (1983) Bau von Wassertürmen – Grundlagen und Ausführungsbeispiele

DVGW-W 318 (1983) Wasserbehälter – Kontrolle und Reinigung

DVGW-W 319 (1990) Reinigungsmittel für Trinkwasserbehälter

DVGW-W 331 (1983) Hydranten

DVGW-W 332 (1968) Hinweise und Richtlinien für Absperr- und Regelarmaturen in der Wasserversorgung

DVGW-W 338 (1967) Hinweise und Richtlinien für den Frostschutz und das Auftauen von Rohrnetzanlagen

DVGW-W 341 (1990) Rohre aus Spannbeton und Stahlbeton in der Trinkwasserversorgung

DVGW-W 391 (1986) Wasserverluste in Wasserverteilungsanlagen; Feststellung und Beurteilung

DVGW-W 392 (2003) Rohrnetzinspektion und Wasserverluste - Maßnahmen, Verfahren und Bewertungen

DVGW-W 397 (2004) Ermittlung der erforderlichen Verlegetiefen von Wasseranschlussleitungen

DVGW-W 400-1 (2004) TRWV Technische Regeln Wasserverteilungsanlagen, Planung

DVGW-W 400-2 (2004) TRWV Technische Regeln Wasserverteilungsanlagen, Bau- und Prüfung

DVGW-W 400-3 (2006) TRWV Technische Regeln Wasserverteilungsanlagen, Betrieb und Instandhaltung

DVGW-W 404 (1998) Wasseranschlussleitungen

DVGW-W 405 (2008) Bereitstellung von Löschwasser durch die öffentliche Wasserversorgung

DVGW-W 406 (2003) Volumen- und Durchflussmessung von kaltem Trinkwasser in Druckrohrleitungen

DVGW-W 410 (2008) Wasserbedarf

DVGW-W 503 (1966) Richtlinien für den Anschluss von das Trinkwasser gefährdenden Geräten und Anlagen (ersetzt durch DIN 1988-4)

DVGW-W 507 (1990) Gewerbliche Spülmaschinen

DVGW-W 510 (2004): Kalkschutzgeräte zum Einsatz in Trinkwasserinstallationen; Anforderungen und Prüfungen

DVGW-W 512 (1996) Verfahren zur Beurteilung der Wirksamkeit von Wasserbehandlungsanlagen zur Verminderung von Steinbildung

DVGW-W 545 (2005) Qualifikationskriterien für Fachfirmen zur Rohrinnensanierung von Trinkwasser-Installationen durch Beschichtung

DVGW-W 548 (2005) Rohrinnensanierung von Trinkwasser-Installationen durch Beschichtung

DVGW-W 551 (2004) Trinkwassererwärmungs- und Trinkwasserleitungsanlagen; technische Maßnahmen zur Verminderung des Legionellenwachstums; Planung, Errichtung, Betrieb und Sanierung von Trinkwasser-Installationen

DVGW-W 553 (1998) Bemessung von Zirkulationssystemen in zentralen Trink wassererwärmungsanlagen

DVGW-W 555 (2002) Nutzung von Regenwasser (Dachablaufwasser) im häuslichen Bereich

DVGW-W 610 (1981) Förderanlagen – Bau und Betrieb

DVGW-W 611 (1996) Energieoptimierung und Kostensenkung in Wasserwerksanlagen

DVGW-W 612 (1989) Planung und Gestaltung von Förderanlagen

DVGW-W 613 (1994) Energierückgewinnung durch Wasserkraftanlagen in der Trinkwasserversorgung

DVGW-W 625 (1999) Anlagen zur Erzeugung und Dosierung von Ozon

DVGW-W 630 (1996) Elektrische Antriebe in Wasserwerken

DVGW-W 641 (1991) Automatisierung in Wasserwerken

Garbrecht G, Eck W u.a. (1989) Wasserversorgung im antiken Rom. Oldenbourg-Verlag, München

Grombach P, Haberer K, Merkl G, Trüeb E (2000) Handbuch der Wasserversorgungstechnik. 2. Aufl. Oldenbourg-Verlag, München

Haberer K (1987) Ziele der Wasseraufbereitung und deren Verwirklichung im Wandel der Zeit. In: DVGW-Fortbildungskurse – Wasserversorgungstechnik für Ingenieure und Naturwissenschaftler – Kurs 6: Wasseraufbereitungstechnik für Ingenieure. DVGW-Schriftenreihe, Bd-206, 3. Auflage

Höll K (1986) Wasser. 7. Aufl. Gruyter Verlag, Berlin

Hölting B (1989) Hydrogeologie. 3. Aufl. Ferdinand Enke Verlag, Stuttgart

Hölzel G (1997) Entwicklung eines Testverfahrens zur Optimierung der Flockung von Oberflächenwasser zur Trinkwassergewinnung im Hinblick auf die Chlorzehrung. Schriftenreihe VFTV, Essen

Karger R, Cord-Landwehr K, Hoffman F (2008) Wasserversorgung. 13. Aufl. Vieweg + Teuber Verlag | GWV Fachverlage Gmbh, Wiesbaden

Liste der Aufbereitungsstoffe und Desinfektionsverfahren gemäß § 11 Trinkwasserverordnung 2001, 11 Änderung, Stand: Juni 2009.

Martz G (1993) Siedlungswasserbau Teil 1: Wasserversorgung. 4. Aufl. Werner-Verlag, Düsseldorf

Moser H (1988) Eröffnung. In: Automatisierung in der Wasserversorgung – auch für kleinere Unternehmen? Schriftenreihe WAR (Wasserversorgung, Abwassertechnik, Abfalltechnik, Umwelt- und Raumplanung), Bd-34, TH Darmstadt, S-1-4

Moltmann J, Markus L, Knacker T, Keller M, Scheurer M, Ternes T (2007) Gewässerrelevanz endokriner Stoffe und Arzneimittel, Abschlussbericht F+E -Vorhaben – FKZ 205 24 205, Umwelt Bundes Amt

Mutschmann J, Stimmelmayr F (2007) Taschenbuch der Wasserversorgung. 14. Aufl. Braunschweig (Vieweg), Wiesbaden

Naumann J (1984) Automatisierung in Wasserwerken. gwf-Wasser/Abwasser 125 (1984) H 7, S-337-342

Roscher H u.a.(2000) Sanierung städtischer Wasserrohrnetze mit CD-ROM Strategien – Verfahren – Fallbeispiele der Rehabilitation. Verlag für Bauwesen, Fachhochschule Erfurt

Schade, Hattingen, Sapulak, Krakow in Korrespondenz Abwasser Nr. 31 1984

Scharpe R u.a.(1993) Are oestrogens involved in falling sperm count and disorders of the male reproduktive tract? Lancet 341: 1392 -1395

Soiné J, Baur A u.a. (1988) Handbuch für Wassermeister. Oldenbourg-Verlag, München

Sontheimer H, Spindler P, Rohmann V (1980) Wasserchemie für Ingenieure. Eigenverlag Engler-Bunte-Institut der Universität Karlsruhe

Thaler S (1998) Endokrin wirkende Substanzen – Auswirkungen auf Gewässer und Boden. Korrespondenz Abwasser 45 (1998) H 3, S 402-406

Verordnung über Trinkwasser und über Wasser für Lebensmittelbetriebe (Trinkwasserverordnung-TrinkwV (1990)

Verordnung über die Qualität von Wasser für den menschlichen Gebrauch (Trinkwasserverordnung – TrinkwV 2001) Vom 21. Mai 2001 Zuletzt geändert durch Art. 363 Neunte ZuständigkeitsanpassungsVO vom 31.10.2006 (BGBl. I S. 2407)

WABAG (1996) Handbuch Wasser. 8. Aufl. Vulkan-Verlag, Essen

Volger K, Laasch E (1994) Haustechnik. 9. Aufl. Teubner-Verlag, Stuttgart

Wüsthoff A (2001) Handbuch des Deutschen Wasserrechts. Lose-Blatt-Sammlung. E. Schmidt Verlag, Berlin

Zabern v P (1987) Die Wasserversorgung antiker Städte. Verlag Philipp von Zabern, Mainz

Normen

DIN 1988: Technische Regeln für Trinkwasser-Installationen – Teile 1 bis 8 (12/88)

DIN 1988-7 (2004): Technische Regeln für Trinkwasser-Installationen (TRWI) - Teil 7: Vermeidung von Korrosionsschäden und Steinbildung; Technische Regel des DVGW

DIN 1989-1 (2002): Regenwassernutzungsanlagen Teil 1: Planung, Ausführung, Betrieb und Wartung

DIN 1989-2 (2004): Regenwassernutzungsanlagen Teil 2: Filter

DIN 1989-3 (2003) Regenwassernutzungsanlagen Teil 3: Regenwasserspeicher

DIN 1989-4 (2005): Regenwassernutzungsanlagen Teil 4: Bauteile zur Steuerung und Nachspeisung

DIN 2000 (1973): Zentrale Trinkwasserversorgung – Leitsätze für Anforderungen an Trinkwasser; Planung, Bau und Betrieb von Anlagen

DIN 3543 (1984): Anbohrarmaturen aus metallischen Werkstoffen mit Betriebsabsperrung

DIN 4049 Teil 1 (1979): Hydrologie; Begriffe quantitativ

DIN 4279-3 (1990) Innendruckprüfung von Druckrohrleitungen für Wasser; Druckrohre aus duktilem Gusseisen und Stahlrohre mit Zementmörtelauskleidung

DIN 4753-3 (1993): Wassererwärmer und Wassererwärmungsanlagen für Trink- und Betriebswasser; Wasserseitiger Korrosionsschutz durch Emaillierung; Anforderungen und Prüfung

DIN 19630 (1982): Richtlinien für den. Bau von Wasserrohrleitungen

DIN 19635-100 (2008): Dosiersysteme in der Trinkwasserinstallation – Teil 100: Anforderungen zur Anwendung von Dosiersystemen nach DIN EN 14812

DIN 30675-1 (1992): Äußerer Korrosionsschutz von erdverlegten Rohrleitungen; Schutzmaßnahmen und Einsatzbereiche bei Rohrleitungen aus Stahl.

DIN EN 805 (2000): Anforderungen an Wasserversorgungssysteme und deren Bauteile außerhalb von Gebäuden

DIN EN 1717 (2001): Schutz des Trinkwassers vor Verunreinigungen in Trinkwasser-Installationen und allgemeine Anforderungen an Sicherheitseinrichtungen zur Verhütung von Trinkwasserverunreinigungen durch Rückfließen

5.5 Abwassertechnik

Norbert Dichtl

5.5.1 Grundlagen

5.5.1.1 Definition Abwasser (DIN 4045)

„Abwasser ist durch Gebrauch verändertes abfließendes Wasser und jedes in die Kanalisation gelangende Wasser". Folgende Abwasserarten sind zu unterscheiden (Tabelle 5.5-1).

5.5.1.2 Abwassermenge

Falls keine statistisch abgesicherte Auswertung von Messungen über den Abwasseranfall möglich ist, kann für den häuslichen Schmutzwasserzufluss mit den Werten aus Tabelle 5.5-2 für den Tageszufluss und den Zufluss in der Spitzenstunde (Q_h) gerechnet werden, wobei der Abwasseranfall des Kleingewerbes enthalten ist. Der Zufluss in der Spitzenstunde ist nahezu unabhängig von der An-

Tabelle 5.5-1 Abwasserarten

Abwasserart	Definition
Rohabwasser	das einer Reinigungsanlage zufließende Abwasser
Schmutzwasser	durch Gebrauch verunreinigtes Wasser aus Haushaltungen, Gewerbebetrieben und Industrie
Regenwasser	abfließender Regen
Fremdwasser	in die Kanalisation eindringendes Grundwasser (Undichtigkeiten, unerlaubt eingeleitetes Drän- oder Regenwasser (Fehlanschlüsse) sowie einem Schmutzwasserkanal zufließendes Oberflächenwasser (z. B. über Schachtabdeckungen)

Tabelle 5.5-2 Häuslicher Schmutzwasseranfall [ATV-Handbuch 1995]

Kläranlagen-anschlusswert [E]	Schmutz-wasseranfall [L/(E · d)]	Faktor x für die Spitzenstunde [-]
< 5 000	150	1/8
5 000 - 10 000	180	1/10
10 000 - 50 000	220	1/12
50 000 - 250 000	260	1/14
> 250 000	300	1/16

schlussgroße der Kläranlage und beträgt etwa 0,005–l/(E·s). Das Abwasser aus Gewerbe- (Q_g) und Industriegebieten (Q_i) ist bei der Ermittlung der Schmutzwasserzuflusses zusätzlich mit 0,5 bis 1,0-l/(s·ha) zu berücksichtigen. Fremdwasser sollte so weit wie möglich von der Kläranlage ferngehalten werden. Wenn keine Messergebnisse verfügbar sind, ist der Fremdwasserzufluss mit $Q_f = 0,05...0,15$–l/ (s·ha) zu berechnen.

Trockenwetterzufluss im Jahresmittel (Mischwasser):

$$Q_{T,aM} = Q_{S,aM} + Q_{F,aM} \qquad \text{(in m}^3\text{/h)} \quad (5.5.1)$$

Regenwetterzufluss:

$$Q_m = f_{S,QM} \cdot Q_{S,aM} + Q_{F,aM} \qquad \text{(in m}^3\text{/h)} \quad (5.5.2)$$

mit dem Schmutzwasserzufluss:

$$Q_{S,aM} = Q_{H,aM} + Q_{G,aM} + Q_{I,aM} \quad \text{(in m}^3\text{/h)} \quad (5.5.3)$$

5.5.1.3 Abwasserbelastung

Die in Tabelle 5.5-3 angegebenen Werte sollten mindestens verwendet werden, wenn keine Messwerte verfügbar sind. Infolge der Rückführung von Trüb-, Filtrat- oder Zentratwasser aus der Schlammbehandlung können sich um bis zu 20% höhere Werte ergeben.

Abwässer aus Gewerbe- und Industriebetrieben sind in Einwohnerwerte umzurechnen. Falls möglich, sind hierfür Messwerte zu verwenden, sonst Näherungswerte aus der Literatur (z. B. [Imhoff/Imhoff 2007]).

5.5.1.4 Reinigungsanforderungen

Der Rat der EG hat am 21.05.1991 eine Richtlinie über die Behandlung kommunalen Abwassers ver-

Tabelle 5.5-3 Abwasserbelastung [ATV-A-131 2000]

Parameter	Einwohnerspezifische Schmutzfracht [g/(E · d)]	Konzentration bei 150 L/(E · d) [mg/L]
CSB	120	800
BSB$_5$	60	400
abf. Stoffe	70	467
TKN	11	73
ges. P	1,8	12

abschiedet (Tabelle 5.5-4), in der Fristen für die Realisierung genannt werden. Es findet eine Einteilung nach Größe und Einzugsgebiet („empfindliche" und „nicht empfindliche" Gebiete) statt. Bis auf wenige Ausnahmen ist Deutschland als empfindliches Gebiet ausgewiesen. Die Mitgliedsstaaten der EG können eigene Vorschriften erlassen, sofern diese mindestens die Vorgaben der EG-Richtlinie erfüllen [Richtlinie des Rates].

Die nationalen Anforderungen für die Einleitung von Abwasser in Gewässer sind in [Abwasserverordnung, Anhang 1] in Abhängigkeit von der Größenklasse der Abwasserreinigungsanlage festgelegt (Tabelle 5.5-5).

5.5.2 Naturnahe Abwasserbehandlung

Bei der naturnahen Abwasserbehandlung wird in erster Linie die Selbstreinigungskraft des Wassers und des Bodens genutzt. Wegen des im Vergleich mit technischen Verfahren größeren Platz- und Raumbedarfs kommen diese Verfahren in den Industrieländern v. a. für kleine Ausbaugrößen (unter 5000 EW) in Betracht. Vorteilhaft ist der geringere Technik- und Maschineneinsatz sowie der niedrigere Wartungs- und Unterhaltungsaufwand. Deshalb kann die naturnahe Abwasserbehandlung in den Entwicklungsländern auch heute noch für alle Ausbaugrößen sinnvoll sein.

5.5.2.1 Landbehandlung

Die Landbehandlung kann zur Abwasserreinigung, zur landwirtschaftlichen Abwasserverwertung oder zur Grundwasseranreicherung genutzt werden. In der Regel ist eine biologische Vorreinigung durchzuführen. Bei der Grundwasseranreicherung ist sogar eine weitestgehende biologische Reinigung erforderlich. Planungsgrundlage ist die zulässige jährliche Wassermenge, die pro Flächeneinheit aufgebracht werden darf (Tabelle 5.5-6).

Geeignet sind flache und möglichst siedlungsferne Flächen mit leichten bis mittelschweren Böden (Durchlässigkeitsbeiwert $k_f = 10^{-3}...10^{-5}$m/s) und einem Grundwasserstand von mindestens 1,5 m unter GOK. Das Abwasser wird weiträumig auf der Bodenoberfläche verteilt, wobei die Aufbringung durch Hang- oder Furchenverrieselung

Tabelle 5.5-4 Zulässige Einleitungen kommunalen Abwassers in Gewässer [91/271/EWG]

| Anforderungen für Anlagen | > 15000 E | ab 31.12.2000 |
	2000...15000 E	ab 31.12.2005
Einzuhalten in der 24-h-Mischprobe	*Konzentration in mg/l*	*Verringerung in %*
BSB5	25	70...90
CSB	125	75
zusätzliche Anforderugen bei Einleitungen in empfindlichen Gebieten ab 31.12.1998:		
ges. P: 10000...100000 E	2	
>100000 E	1	80
ges. P: 10000...100000 E	15	
>100000 E	10	70...80

Tabelle 5.5-5 Deutsche Mindestanforderungen an das Einleiten von Abwasser in ein Gewässer [Abwasserverordnung Anhang 1]

| Größen-klasse | Einwohnerwerte (1 EW = 60 g BSB$_5$/d) | Einzuhalten in der qualifizierten Stichprobe oder der 2 h Mischprobe | | | | |
		CSB [mg/L]	BSB$_5$ [mg/L]	NH$_4$-N[1] [mg/L]	anorg. N[2] [mg/L]	ges. P [mg/L]
I	< 1 000	150	40	–	–	–
II	1 000 – 5 000	110	25	–	–	–
III	5 000 – 20 000	90	20	10	–	–
IV	20 000 – 100 000	90	20	10	18[3]	2
V	> 100 000	75	15	10	13[3]	1

[1] NH$_4$-N = Ammoniumstickstoff; T ≥ 12 °C oder 1. Mai – 1. Okt.
[2] anorg. N = NH$_4$-N + NO$_3$-N + NO$_2$-N; T ≥ 12 °C oder 1. Mai – 1. Okt.
[3] kann im Bescheid auf bis zu 25 mg/L angehoben werden, wenn die Verminderung der Gesamtstickstofffracht mindestens 70% beträgt (24 h Frachtvergleich).

Tabelle 5.5-6 Zulässige Beschickung bei der Abwasserlandbehandlung nach [ATV-Handbuch 1997 b]

| Art des Abwassers | Verfahren der Landbehandlung | Zulässige Beschickung in m²/m² · a | | |
| | | Landwirtschaftliche Verwertung | | Grundwasser-anreicherung |
		Vorrang: Landwirtschaft (Niederschlag 600/1000 mm/a)	Vorrang: Reinigung	Verfahren der Landbehandlung
mechanisch gereinigt	Verrieselung ohne Drän	0,5/0,2	–	–
	Verrieselung mit Drän	3,0/1,5	3,0	–
	Verregnung ohne Drän	0,5/0,2	–	–
	Bodenfilter mit Drän	–/–	5,0...20,0^d	–
weitgehend biologisch gereinigt	Verrieselung	2,0/1,0	3,0	3,5...7,0
	Verregnung	> 0,5/0,2	–	> 0,5
	Versickerung	–/–	–	3,5...7,0

sowie Verregnung erfolgen kann. Im Bodenkörper werden die eingetragenen Stoffe abgebaut, angelagert oder weitertransportiert.

Mit der Landbehandlung werden organische Verbindungen gut abgebaut. Bei ausreichender Durchlüftung des Bodenkörpers ist auch eine Stickstoffoxidation, i. d. R. jedoch keine Stickstoffelimination möglich. Phosphor, Schwermetalle und organische Schadstoffe können adsorptiv gebunden werden.

5.5.2.2 Abwasserteichanlagen

Mit *belüfteten* oder *unbelüfteten Abwasserteichen* ist eine vollbiologische Reinigung erreichbar, sodass die Einhaltung der Mindestanforderungen der Größenklassen I und II (bis 5000 EW) möglich ist. *Absetzteiche* dienen der Abtrennung absetzbarer Stoffe und der Ausfaulung des abgesetzten Schlammes, *Schönungsteiche* werden zur Nachbehandlung des Abwassers nach technischen Kläranlagen verwendet. Mit ihnen ist sowohl die Behandlung von kommunalem Abwasser als auch von im Abbauverhalten vergleichbaren Industrieabwässern möglich. Die Bemessung erfolgt gemäß [DWA A 201 2005] ATV (Tabelle 5.5-7). Den Teichanlagen ist ein Rechen vorzuschalten, der bei Ausbaugrößen bis 500 EW von Hand geräumt werden kann.

Die Form der Teiche kann dem Gelände angepasst werden. Böschungen sind bei bewachsenem Boden mit einer Neigung von $\leq 1{:}2$ und bei Tondichtung von $\leq 1{:}3$ auszuführen, wobei für Absetzteiche zusätzlich eine Rampe mit einer Neigung $\leq 1{:}5$ für die maschinelle Räumung erforderlich ist. Das unbelüftete oder belüftete Teichvolumen sollte auf zwei bis drei nacheinander durchströmte Einheiten aufgeteilt werden. Eine gleichmäßige Durchströmung der Teiche wird erreicht, wenn ein großes Länge/Breite-Verhältnis (z. B. 6:1) gewählt wird oder konstruktive Maßnahmen wie Leitdämme bzw. -wände dafür sorgen.

Schlammaufwirbelungen lassen sich vermeiden, wenn an den Einläufen Verteilereinrichtungen wie Prallwände angeordnet werden. Die Auslässe sind zum Rückhalt von Schwimm- und Schwebstoffen mit Tauchwänden zu versehen.

Den belüfteten Teichen ist ein Nachklärteich oder eine Nachklärzone nachzuschalten. Den Übergang zu Belebungsanlagen bilden Anlagen, bei denen der abgesetzte Schlamm in die belüfteten Teiche zurückgeführt wird.

Klüftige Untergründe und Böden mit Durchlässigkeitswerten $k_f \geq 10^{-8}$ m/s verlangen Dichtungsmaßnahmen. Bei Böden mit $k_f \leq 10^{-8}$ m/s kann auf zusätzliche Verdichtungsmaßnahmen verzichtet werden. Bei Schönungsteichen ist ein k_f-Wert von $< 10^{-7}$ m/s ausreichend.

Für die Mischwasserbehandlung sind die Grundsätze nach [ATV A 128 1992] anzuwenden. In der Regel begrenzt ein Regenüberlauf die zu behandelnde Wassermenge auf Q_{krit}. Mit einer als Drosselstrecke ausgebildeten Verbindung zwischen den Teichen lässt sich die konstruktiv vorzusehende Aufstaumöglichkeit realisieren.

5.5.2.3 Pflanzenbeete

Mechanisch oder biologisch vorbehandeltes Abwasser durchströmt einen mit Sumpfpflanzen wie Schilf oder Binsen bewachsenen und nach unten hin abgedichteten Bodenkörper in vertikaler oder horizontaler Richtung. Die Reinigungswirkung beruht auf geochemisch-mechanischen, biologisch-chemischen und physikalisch-sorptiven Vorgängen und ist ausreichend, um die Reinigungsanforderungen der Kläranlagengröße I zu erfüllen. Das Verfahren kann zwischen der Landbehandlung und dem unbelüfteten Teich angeordnet werden.

Die Bemessung erfolgt bisher anhand von Erfahrungswerten, wobei für kommunales Abwasser mit den in Tabelle 5.5-8 genannten Ansätzen eine gute Reinigungswirkung zu erwarten ist. Die Reinigungsleistung lässt sich langfristig sicherstellen, wenn Grobstoffe und Schlamm vorher aus dem Abwasser entfernt werden (z. B. mittels Dreikammerabsetzgruben, Absetzteichen oder Emscherbecken). Bei der Mischwasserbehandlung ist ein Aufstauraum über den Beeten erforderlich.

5.5.3 Mechanische Reinigung

5.5.3.1 Rechen

Ziel ist die Entfernung von Grobstoffen, die in den folgenden Reinigungsstufen zu Verstopfungen führen können. Zu unterscheiden sind

- Stabrechen (Spaltweite Grobrechen: 20 bis 100 mm, Feinrechen 8 bis 20 mm),
- Siebrechen (Öffnungsweite 1 bis 6 mm).

Beim Stabrechen ist die Rechenkammerbreite so zu wählen, dass die Summe der Spaltweiten der Breite des zuführenden Gerinnes entspricht. Die Fließgeschwindigkeit zwischen den Stäben sollte bei einem Belegungsgrad von etwa 0,7 zwischen 0,8 und 1,1 m/s liegen. Um Ablagerungen zu verhindern, sollte vor dem Rechen eine Fließgeschwindigkeit von 0,5 m/s möglichst nicht unterschritten werden.

Tabelle 5.5-7 Bemessungswerte für Abwasserteichanlagen (60 g BSB$_5$/(E·d); 150 L/(E·d)) [DWA-A-201 2005]

Kenngrößen	Einheit	Teichart				
		absetzen	unbelüftet	belüftet	Nachklär	Schönung
spezifisches Volumen V$_{EW}$	m³/E	≥ 0,5				
spezifische Oberfläche A$_{EW}$	m²/E					
– Anlage ohne vorgeschalteten Absetzteich	m²/E	≥ 10				
– Anlage mit vorgeschaltetem Absetzteich	m²/E	≥ 8				
– bei Mitbehandlung von Regenwasser A$_{EW,Mi}$	m²/E	Zuschlag 5				
– für teilweise nitrifizierten Ablauf	m²/E	≥ 15			20	
Mindestgröße	m²					
Raumbelastung B$_{R,BSB}$	g/(m³ · d)		≤ 25			
oder						
Flächenbelastung B$_{A,BSB}$	g/(m²· d)			B$_A$ = B$_R$ • h		
für nitrifizierten Ablauf				zusätzliche Festbetteinrichtungen		
Wassertiefe h	m	≥ 1,5	~ 1,0	1,5 bis 3,5	≥ 1,2	1 bis 2
Sauerstoffverbrauch O$_{VC,BSB}$	Kg/kg			≥ 1,5		
Leistungsdichte P$_R$	W/m³			1 bis 3		
Durchflusszeit t$_R$						
– bei Trockenwetter	d	≥ 1		≥ 5		1 bis 2
– bei Maximalabfluss	d				≥ 1	
Schlammanfall						
– mit vorgeschaltetem Absetzbecken	l/(E•a)	130	70	70		5
– ohne vorgeschaltetem Absetzbecken	l/(E•a)		200	200		5

Tabelle 5.5-8 Erfahrungswerte für die Bemessung von Pflanzenbeeten [DWA A 262 2006]

		Horizontalfilter	Vertikalfilter
k$_f$ des Filterkörpers	m/s	$10^{-3} - 10^{-4}$	$10^{-3} - 10^{-5}$
spez. Beetfläche	m²/EW	≥ 5	≥ 4
mindeste Oberfläche	m²	20	16
Tiefe des Bodenkörpers	M	≥ 0,5	≥ 0,5
organische Flächenbelastung	g BSB$_5$/(m²·d)	≤ 16	≤ 20
hydraulische Flächenbelastung (Trockenwetter)	mm/d	40	≤ 80

Tabelle 5.5-9 Rechengutanfall

Art des Rechens	Rechengutanfall in l/V · a
Grobrechen	2…10
Feinrechen	5…20
Siebrechen	15…35

Der Rechengutanfall hängt in erster Linie von der Stab- bzw. Öffnungsweite ab (Tabelle 5.5-9). Eine mechanische Entwässerung kann das Volumen auf etwa 40% verringern. Rechengut wird i. d. R. gemeinsam mit Hausmüll entsorgt.

5.5.3.2 Sandfang

Im Sandfang sollen Sande und absetzbare anorganische Stoffe zurückgehalten werden, um betriebliche Probleme wie versandete Belebungsbecken und erhöhten Verschleiß an Pumpen und Rührwerken in nachgeschalteten Anlagenteilen zu minimieren. Organische Stoffe sollen den Sandfang möglichst passieren. Den Sandanfall bestimmen örtliche Verhältnisse (Topographie, Industrie, Bevölkerungsdichte und Entwässerungssystem); er schwankt zwischen 2-l/(E·a) für eine enge Bebauung und 5-l/(E·a) für eine weitläufige Bebauung [Imhoff/Imhoff 2007].

Unbelüfteter Langsandfang

Die zur Erzielung eines gewählten Abscheidegrades zulässige Oberflächenbeschickung q_A wird maßgeblich vom Sandkorndurchmesser bestimmt. Die Oberflächenbeschickung des Sandfanges ist so zu wählen, dass Sand mit einem Korndurchmesser bis zu 0,2 mm abgetrennt werden kann (Tabelle 5.5-10).

Um das Absetzen von organischem Schlamm zu verhindern, sollte die Fließgeschwindigkeit v zwischen 0,2 und 0,3 m/s liegen. Die Oberfläche ergibt sich zu

$$A = Q/q_a = L \cdot B \quad \text{(in m}^2) \qquad (5.5.4)$$

mit

Q Abwasserzufluss (in m³/h),
L Länge (in m),
B Breite (in m)

und die Querschnittsfläche zu

$$F = Q/v \quad \text{(in m}^2). \qquad (5.5.5)$$

Eine annähernd konstante Fließgeschwindigkeit bei unterschiedlichen Wassermengen ist erreichbar, wenn ein entsprechendes Kanalprofil (z. B. parabel- oder trapezförmig) gewählt und ggf. eine Rohrleitung als Drosselstrecke eingerichtet wird.

Für den abgesetzten Sand ist an der Beckensohle ein Sammelraum vorzusehen. Die Räumung erfolgt i. Allg. mit fahrbaren Räumerbrücken und Pumpen, Bandräumern mit Kratzern oder an der Sohle angeordneten Räumschnecken.

Belüfteter Sandfang

Der Querschnitt wird so groß gewählt, dass auch bei maximaler Wassermenge die Fließgeschwindigkeit unter 0,2 m/s liegt. Eine Umwälzströmung, die mittels Einblasen von Luft an der Beckensohle erzeugt wird, verhindert die Ablagerung organischer Stoffe weitestgehend. Zur Vermeidung eines aeroben biologischen Abbaus im Sandfang kann die Umwälzströmung auch hydraulisch durch Düsen mit aufwärtsgerichtetem Strahl erzeugt werden.

Da mit der Belüftung Geruchsstoffe ausgetragen werden, sind belüftete Sandfänge i. d. R. abgedeckt. Meist wird seitlich ein Fettfang angeordnet, der durch eine Tauchwand vom Sandfang abgetrennt

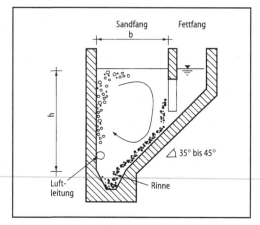

Abb. 5.5-1 Belüfteter Sandfang mit Fettfang

Tabelle 5.5-10 Oberflächenbeschickung Sandfang [Imhoff 2007]

Abscheidegrad [%]	q_A [m/h]		
	Sandkorndurchmesser [mm]		
	0,16	0,2	0,25
100	12	17	27
90	16	28	45
85	20	36	58

wird (Abb. 5.5-1). Die wichtigsten Bemessungsdaten sind in Tabelle 5.5-11 zusammengestellt.

Die Sandräumung erfolgt wie beim unbelüfteten Langsandfang. Klassierer trennen die feinen organischen Stoffe ab, und das Sandfanggut wird entwässert. Nach den Vorgaben der TA Siedlungsabfall 1994 darf Sandfanggut mit einem Glühverlust > 5% nicht auf Deponien abgelagert werden, daher wird dem Sandfang häufig eine Sandwaschanlage nachgeschaltet. Darüber hinaus ist die Weiterverwendung des Sandes als Baustoff möglich.

5.5.3.3 Absetzbecken

Im Absetzbecken erfolgt die Abtrennung fester, absetzbarer Stoffe aus der flüssigen Phase. Daneben finden auch Flockungsvorgänge und Eindickprozesse sowie die Zwischenspeicherung des abgesetzten Materials statt.

Tabelle 5.5-11 Bemessungsdaten für belüftete Sandfänge [ATV-Handbuch 1997a]

Parameter	Größe
Fließgeschwindigkeit	< 0,2 m/s
Breite/Tiefe bei Trockenwetterzufluss	< 1,0
Breite/Tiefe bei Regenwetterzufluss	> 0,8
Querschnittsfläche	1...15 m²
Beckenlänge	> 10 × Breite, max. 50 m
Durchflusszeit bei Regenwetterzufluss	ca. 10 min
Einblastiefe	0,30 m über Rinnenoberkannte
Sohlneigung	35°...45°
spez. Lufteintrag, Querschnittsfläche < 3 m²	0,5...0,9 m³/(m³·h)
spez. Lufteintrag, Querschnittsfläche 3...5 m²	0,5...1,1 m³/(m³·h)
spez. Lufteintrag, Querschnittsfläche > 5 m²	0,5...1,3 m³/(m³·h)

Vorklärbecken

Überwiegend werden horizontal durchströmte Rechteck- oder Rundbecken mit einer Beckentiefe $h_{ges}=2...3$ m gewählt. Für die Bemessung sind die Parameter Durchflusszeit t_R und Oberflächenbeschickung q_A relevant. Zwischen beiden besteht die Beziehung

$$t_R = h_{ges}/q_A \quad \text{(in h)}. \quad (5.5.6)$$

Die Oberflächenbeschickung q_A sollte 2,5 bis 4,0 m/h betragen. Die Durchflusszeit t_R und die entsprechende Reduzierung der im Abwasser verbleibenden Schmutzfrachten kann der Tabelle 5.5-12 entnommen werden, sofern keine Messungen vorliegen. Bei der folgenden Denitrifikation ist eine kurze Durchflusszeit zu wählen, um den Rückhalt und Abbau organischer Stoffe zu beschränken. Für Belebungsanlagen mit Schlammstabilisierung ist eine Vorklärung nicht notwendig.

Nachklärbecken

Nachklärbecken von Belebungsanlagen

Mit den im Folgenden dargestellten Bemessungsregeln gemäß [ATV A 131 2000] lässt sich ein Gehalt an abfiltrierbaren Stoffen von ≤ 20-mg/l realisieren, wenn folgende Randbedingungen eingehalten werden:

- Länge bzw. Durchmesser des Nachklärbeckens ≤ 60 m
- Schlammindex 50 ml/g ≤ ISV ≤ 200 ml/g,
- Vergleichsschlammvolumen VSV ≤ 600 ml/l,

- Rücklaufschlammstrom
  $Q_{RS} \leq 0,75 \cdot Q_m$ (horizontal durchströmt), bzw.
  $Q_{RS} \leq 1,0 \cdot Q_m$ (vertikal durchströmt),
- Trockensubstanzgehalt im Zulauf Nachklärbecken TS_{BB} bzw. $TS_{AB} > 1,0$ kg/m³.

Damit entfallen auf die absetzbaren Stoffe im Ablauf weniger als 15 mg BSB_5/l und 30 mg CSB/l sowie für den Fall, dass Phosphor durch Fällung oder vermehrte biologische Phosphorentnahme (Bio-P) entfernt wird, max. 2 mg ges. P/l. Für weitergehende Anforderungen können Schönungsteiche, Filter oder Siebe nachgeschaltet werden. Die Bemessung der *Nachklärung* ist für den maximalen Zufluss Q_m bei Regenwetter durchzuführen. Die Beckenoberfläche beträgt

$$A_{NB} = Q_m/q_A \quad \text{(in m²)}. \quad (5.5.7)$$

Die Flächenbeschickung q_A wird aus der zulässigen Schlammvolumenbeschickung q_{SV} und dem Vergleichsschlammvolumen VSV berechnet:

Tabelle 5.5-12 Einwohnerbezogene Frachten im Abwasser ohne Berücksichtigung des Schlammwassers [ATV A 131 2000]

Parameter		Durchflusszeit t_R in der Vorklärung	
[g/(E·d)]	Rohabwasser	0,5 – 1,0 h	1,5 – 2,0 h
BSB_5	60	45	40
CSB	120	90	80
TS_0	70	35	25
N	11	10	10
P	1,8	1,6	1,6

Tabelle 5.5-13 Richtwerte für den Schlammindex [ATV-A-131, 2000]

Reinigungsziel	Schlammindex [mL/g] Gewerblicher Einfluss	
	günstig	ungünstig
ohne Nitrifikation	100 – 150	–120 – 180
Nitrifikation und Denitrifikation	100 – 150	–120 – 180
Schlammstabilisierung	75 – 120	100 – 150

$$q_A = q_{SV}/VSV = q_{SV}/(TS_{BB} \cdot ISV) \quad \text{(in m/h)}, \quad (5.5.8)$$

wobei TS_{BB} der Trockensubstanzgehalt im Belebungsbecken (in kg/m³) ist. Sind keine Messergebnisse verfügbar, sollten für den Schlammindex ISV die in Tabelle 5.5-13 angegebenen Werte angesetzt werden.

Die Flächen- und die Schlammvolumenbeschickung werden beim vertikal durchströmten Nachklärbecken durch die Ausbildung eines Flockenfilters positiv beeinflusst. Folgende Werte sollten nicht überschritten werden:

– horizontal durchströmt:
  $q_{SV} \leq 500 \text{ l/(m}^2 \cdot \text{h)}$, $q_A \leq 1,6$ m/h;
– vertikal durchströmt:
  $q_{SV} \leq 650 \text{ l/(m}^2 \cdot \text{h)}$, $q_A \leq 2,0$ m/h.

Für vertikal durchströmte Becken liegt die maßgebende Fläche A_{NB} auf halber Höhe zwischen Einlaufebene und Wasserspiegel.

Rücklaufschlamm
Der angestrebte Trockensubstanzgehalt TS_{BB} im Belebungsbecken kann nur erreicht werden, wenn für das gewählte Rückführverhältnis RV sich der zur Einhaltung der Gleichung

$$TS_{BB} = RV \cdot TS_{RS}/(1 + RV) \quad \text{(in kg/m}^3) \quad (5.5.9)$$

notwendige Trockensubstanzgehalt (Konzentration) TS_{RS} im Rücklaufschlamm einstellt. Bei horizontal durchströmten Nachklärbecken kann die Bemessung für maximal $Q_{RS} = 0{,}75 \cdot Q_m$, bei vertikal durchströmten Nachklärbecken $Q_{RS} = 1{,}0 \cdot Q_m$ erfolgen.

Der im Rücklaufschlamm erreichbare Trockensubstanzgehalt liegt niedriger als der Trockensubstanzgehalt TS_{BS} an der Beckensohle, da in Abhängigkeit vom Verhältnis Rücklaufschlammstrom

zu Räumvolumenstrom der Rücklaufschlamm mit dem dem Nachklärbecken zufließenden Wasser verdünnt wird. Ohne weiteren Nachweis kann angenommen werden:

– Schildräumer: $TS_{RS} \sim 0{,}7 \cdot TS_{BS}$
  (in kg/m³),   (5.5.10)
– Saugräumer: $TS_{RS} \sim (0{,}5...0{,}7) \cdot TS_{BS}$
  (in kg/m³),   (5.5.11)
– Trichterbecken: $TS_{RS} \sim TS_{BS}$ (in kg/m³). (5.5.12)

Der Trockensubstanzgehalt an der Beckensohle hängt vom Schlammindex sowie der Eindickzeit t_E ab und kann mit der empirischen Gleichung

$$TS_{BS} = \frac{1000}{ISV} \cdot \sqrt[3]{t_E} \quad \text{(in kg/m}^3) \quad (5.5.13)$$

bestimmt werden. In Abb. 5.5-2 sind die damit berechneten Schlammkonzentrationen TS_{BS} an der Beckensohle für Eindickzeiten von 1,0; 1,5; 2,0 und 2,5 h dargestellt. Es wird empfohlen, für Belebungsanlagen die t_E-Werte der Tabelle 5.5-14 anzusetzen.

Die Räumeinrichtung muss diese Eindickzeiten sicherstellen. Um Schlammauftrieb infolge Denitrifikation und die Rücklösung von Phosphor zu begrenzen, sollten Eindickzeiten von über 2 h vermieden werden.

Beckentiefe
Das Nachklärbecken wird in vier Zonen mit unterschiedlichen Funktionen gegliedert (Tabelle 5.5-15). Die Klarwasserzone dient dazu, eine von der Wehrkante ausgehende Sogwirkung zu mildern und Einflüsse aus Wind, Dichteunterschieden oder ungleichmäßiger Flächenbeschickung auszugleichen. In der Trennzone wird das zufließende Schlamm-Wasser-Gemisch verteilt. Die Speicherzone nimmt den bei Mischwasserzufluss in das Nachklärbecken verlagerten Schlamm auf. Die

Tabelle 5.5-14 Eindickzeit in Abhängigkeit von der Art der Abwasserreinigung [DWA A 131, 2000]

Art der Abwasserreinigung	Eindickzeit t_E
Belebungsanlagen ohne Nitrifikation	1,5 – 2,0 h
Belebungsanlagen mit Nitrifikation	1,0 – 1,5 h
Belebungsanlagen mit Denitrifikation	2,0 – (2,5) h

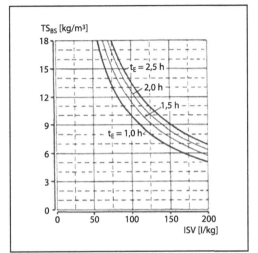

Abb. 5.5-2 Trockensubstanzgehalt TS_{BS} an der Nachklär-beckensohle [ATV A 131 2000]

Eindick- und Räumzone dient zur Aufkonzentrie-rung des abgesetzten Belebtschlammes.

Aus der Summe der Teiltiefen h_1 bis h_4 ergibt sich die Beckentiefe h_{ges}, wobei diese bei hori-zontal durchströmten Becken mit geneigter Sohle auf zwei Drittel des Fließweges einzuhalten ist (Abb. 5.5-3) und dort mindestens 3 m betragen soll. Die minimale Beckentiefe am Einlauf beträgt 4 m und am Rand 2,5 m.

Als vertikal durchströmt gelten Nachklärbe-cken, bei denen die vertikale Komponente des Ab-

Tabelle 5.5-15 Zoneneinteilung im Nachklärbecken [ATV-Handbuch 1997 a]

Funktion	Teilhöhe [m]	
Klarwasserzone	$h_1 \geq 0,50$	(5.14)
Trennzone	$h_2 = 0,5 \cdot q_A \cdot (1 + RV)/(1 - VSV/1000)$	(5.15)
Speicherzone	$h_3 = q_{SV} \cdot (1 + RV)/1111$	(5.16)
Eindick- und Räumzone	$h_4 = TS_{BB} \cdot q_A \cdot (1 + RV) \cdot t_E/TS_{BS}$	(5.17)

wasserfließweges mindestens die Hälfte der hori-zontalen Komponente beträgt. Es ist nachzuwei-sen, dass die Teilvolumina, die sich aus der Multi-plikation der wirksamen Oberfläche mit den Teilhöhen h_2 bis h_4 ergeben, im Bereich des Trich-ters vorhanden sind (Abb. 5.5-4).

Nachklärbecken von Tropf- und Tauchkörperan-lagen

Für die Bemessung wird die maximale stündliche Abwassermenge angesetzt. Bei Anlagen mit < 500 EW ist hierfür von einem Zehntel der Tagesmenge auszugehen. Durchfließt der Rücklauf das Nach-klärbecken, ist dieser ebenfalls zu berücksichtigen. Bei den Bemessungswerten nach ATV A 281 in Ta-belle 5.5-16 kann davon ausgegangen werden, dass die Ablaufgrenzwerte von $TS_e \leq 20$ mg/l eingehal-ten werden.

Konstruktive Hinweise

Für vertikal durchströmte Becken beträgt die Trichterneigung 60°. Die Abwasserzugabe erfolgt über einen zentrisch angeordneten Zylinder, der in

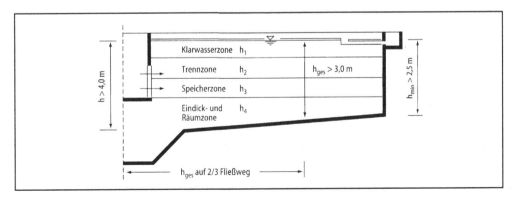

Abb. 5.5-3 Horizontal durchströmtes Rundbecken zur Nachklärung

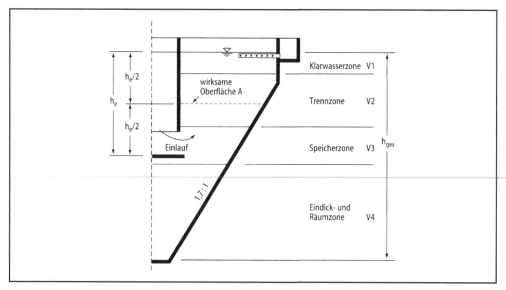

Abb. 5.5-4 Vertikal durchströmtes Rundbecken zur Nachklärung

Tabelle 5.5-16 Bemessungswerte für Tropf- und Tauchkörpernachklärbecken (nach ATV und DIN)

Anlagengröße		50-500 EW	< 50 EW
Richtlinie	DWA A 281 2001	DWA A 122 1992	DIN 4261 T2
Flächenbeschickung q_A [m/h]	< 0,80	0,40 – 0,60	< 0,40
Aufenthaltszeit t [h]	> 2,50	3,00 – 3,50	> 3,50
Beckentiefe [m]	> 2,00		> 1,00
Beckenoberfläche [m²]			> 0,70

etwa mit der Unterkante bis zur halben Höhe der Speicherzone reicht und einen Durchmesser von 20% des Beckendurchmessers hat (s. Abb. 5.5-4).

Bei der Ermittlung der Oberfläche horizontal durchströmter Becken ist i. d. R. ein Zuschlag für eine Einlaufstörzone mit einer Länge entsprechend der Beckentiefe fällig. Auf eine effektive Vernichtung der kinetischen Energie des einlaufenden Abwassers ist zu achten. Günstig sind Becken mit einer Länge bzw. einem Durchmesser von über 30 m. Die sinnvollen Obergrenzen liegen bei einer Länge von 60 m bzw. einem Durchmesser von 50 m. Das Verhältnis von Länge zu Breite beträgt bei Rechteckbecken üblicherweise 5:1 bis 10:1.

Günstig ist der flächige Abzug des Wassers durch die Anordnung mehrerer Rinnen mit ge-

zahnten Überfallwehren, die einen Abstand untereinander und von der Beckenwand entsprechend der Beckentiefe am Rand haben. Die Beschickung der Ablaufrinnen sollte für einseitige Anströmung nicht größer als 10 m³/(m·h) und bei beidseitiger Anströmung höchstens 6 m³/ (m·h) sein. Vor den Ablaufrinnen sind Tauchwände zum Rückhalt des Schwimmschlammes vorzusehen. Bewährt haben sich auch getauchte Rohre, die in Rundbecken radial angeordnet werden.

Zur Schlammräumung werden in horizontal durchströmten Rundbecken Schild- und Saugräumer eingesetzt, bei Rechteckbecken kommen zusätzlich auch Bandräumer in Betracht. Bemessungshinweise gibt [ATV-Handbuch 1997a].

5.5.4 Biologische Reinigungsanlagen

5.5.4.1 Festbettanlagen

Zu den für die Abwasserreinigung bedeutenden Festbettverfahren zählen *Tropfkörper*, *Rotationstauchkörper* und *Anlagen mit getauchtem Festbett* (Abb. 5.5-5) sowie das *Biofilterverfahren*. Gemeinsames Kennzeichen der Verfahren ist, dass Mikroorganismen ortsfest in einem Biofilm auf dem Trägermaterial wachsen. Daraus hat sich die ebenfalls gebräuchliche Bezeichnung „Biofilmverfahren" abgeleitet. Als Vorteile dieser Anlagen sind zu nennen:

– einfach und stabil zu betreiben,
– keine Schlammrückführung erforderlich,
– begünstigte Elimination schwer abbaubarer Kohlenstoffverbindungen infolge Anreicherung von Mikroorganismen mit langer Generationszeit,
– vergleichsweise hoher Raumumsatz,
– geringer Energiebedarf.

Die Festbettverfahren sind zum Abbau von organischen Inhaltsstoffen und zur weitestgehenden Nitrifikation geeignet. Eine Denitrifikation ist in vor- oder nachgeschalteten Stufen möglich. In der Regel findet simultan auch eine Denitrifikation statt, die jedoch nur schwer zu steuern ist.

Tropfkörper

Das Abwasser wird über dem mit Mikroorganismen besiedelten Füllmaterial aus Gesteins- oder Schlackenbrocken (spez. Oberfläche $A_R \approx 90$ m²/m³, 50% Hohlraumanteil) oder Kunststoffelementen ($A_R \leq 150$ m²/m³, Hohlraumanteil $\leq 95\%$) verregnet. Zur Vermeidung von Verstopfungen ist die Durchflusszeit in der Vorklärung bei brockengefüllten Tropfkörpern >1h zu wählen, während bei Kunststoffelementen eine Grobentschlammung ausreicht.

Bedingt durch den Kamineffekt durchströmt Luft den Tropfkörper von unten nach oben und sorgt für die Sauerstoffversorgung. Um Überschussschlamm abspülen zu können, muss ggf. durch Rückpumpen aus der Nachklärung eine minimale hydraulische Flächenbeschickung $q_A \cdot (1 + RV)$ sichergestellt werden. Das Rücklaufverhältnis ist so zu wählen, dass die Mischkonzentration $C_{BSB,ZB,RF}$ einen Wert von 150 mg BSB₅/l nicht übersteigt. Dafür ist i. d. R. ein RV ≤ 1 ausreichend.

$$RV = C_{BSB,ZB} / C_{BSB,ZB,RF} - 1 \qquad (5.5.14)$$

Mit [ATV A 281 2001] kann die Bemessung über die Raumbelastung B_R und die erforderliche Oberflächenbeschickung $q_A \cdot (1+RV)$ erfolgen (Tabelle 5.5-17). Für das Tropfkörpervolumen gilt

$$V = B_{d,BSB,ZB}/B_{R,BSB} + B_{d,TKN,ZB}/B_{R,TKN} \ \text{(in m}^3\text{)} \qquad (5.5.15)$$

Die BSB₅- und TKN-Tagesfrachten $B_{d,BSB,ZB}$ bzw. $B_{d,TKN,ZB}$ in kg/d können entweder über die Zahl der Einwohnerwerte (EW) oder durch Messungen der Wassermenge Q_d und der entsprechenden Konzentrationen von BSB₅ und TKN in der abgesetzten 24 h-Mischprobe errechnet werden.

Für den Nachweis der Oberflächenbeschickung $q_{A(1+RV)}$ ist der maximale stündliche Trockenwetterzufluss (Q_d/x mit dem Spitzenzuflussfaktor x = 8...16) als Bemessungswert heranzuziehen. Die Oberflächenbeschickung sollte mindestens 0,4 bis 0,8 m/h betragen. Über die zulässige Oberflächenbeschickung kann die Höhe der Tropfkörperfüllung ermittelt werden:

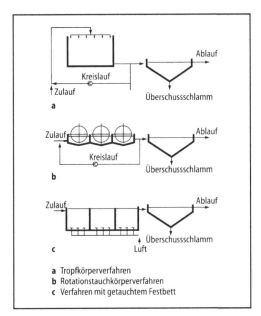

a Tropfkörperverfahren
b Rotationstauchkörperverfahren
c Verfahren mit getauchtem Festbett

Abb. 5.5-5 Festbettverfahren zur Abwasserreinigung

Tabelle 5.5-17 Bemessungswerte für Tropfkörper [ATV A 281 2001]

A_R [m²/m³]	Ohne Nitrifikation $B_{R,BSB}$ [kg/m³·d]	Mit Nitrifikation $B_{R,BSB}$ [kg/m³·d]	$B_{R;TKN}$ [kg/m³·d]
Brockenfüllung	0,4[1]	0,4	0,1
100	0,4[1]	0,4	0,1
150	0,6[1]	0,6	0,15
200[2]			0,2[2]

[1] Anlagen mit 50–1000 EW: B_R linear bis auf 0,2 kg BSB₅/(m³·d) abmindern. Anlagen mit ≤ 50 EW (Richtlinie des Deutschen Institutes für Bautechnik): B_R ≤ 015 kg BSB₅/(m³·d) und V ≥ 4 m³.

[2] nur für die Nitrifikation in der zweiten Stufe

$$H = x \cdot q_{A\,(I+RV)} \cdot C_{BSB,ZB,RF}/(1000 \cdot B_R) \text{ (in m)} \quad (5.5.16)$$

Bewährt haben sich Höhen zwischen 2,8 und 4,2 m. Die spezifische biologische Überschussschlammproduktion $\ddot{U}S_B = \ddot{U}S_R/B_R$ ($\ddot{U}S_R$ = raumbezogene Überschussproduktion [kg Überschussschlamm/m³ Tropfkörper], B_R = Raumbelastung [kg BSB₅/m³ Tropfkörper]) beträgt im Mittel 0,75 kg/kg (einschl. 20% Erhöhung durch Regenwasserbehandlung).

Rotationstauchkörper

Der auf dem Trägermaterial haftende biologische Rasen wird durch Drehung abwechselnd dem in einer Wanne befindlichen Abwasser und der Luft ausgesetzt. Als Aufwuchsmaterial dienen Scheiben aus Polystyrol und mit profiliertem Kunststoff gefüllte Walzen. Zusätzlich soll die Rotation sicherstellen, dass der Beckeninhalt durchmischt wird und sich der in Suspension befindliche belebte Schlamm nicht absetzt.

Die Bemessung erfolgt über die Ermittlung der erforderlichen Aufwuchsfläche A. In [ATV-A-281 2001] ist in Abhängigkeit vom Reinigungsziel die zulässige Flächenbelastung festgelegt (Tabelle 5.5-18).

$$A = B_{d,BSB,ZB}/B_{A,BSB} + B_{d,TKN,ZB}/B_{A,TKN} \text{ (in m²)} \quad (5.5.17)$$

In [ATV-A-281 2001] werden für die Überschussschlammproduktion wie beim Tropfkörper im Mittel 0,75 kg/kg angegeben. Nach [Cheung/Krauth/ Roth 1980] kann mit den in Tabelle 5.5-19 genannten Werten der Überschussschlammanfall in Abhängigkeit von der BSB₅-Flächenbelastung ermittelt werden.

Anlagen mit getauchtem Festbett

Das Trägermaterial für die Mikroorganismen ist dauerhaft vom Abwasser überstaut. Die Aufwuchskörper (Packungen aus geformtem Kunststoff) werden in einem oder mehreren Reaktoren angeordnet. Die verwendeten Materialien unterscheiden sich z. T. erheblich hinsichtlich ihrer wirksamen Oberfläche. Die Belüftung sorgt für die erforderliche Sauerstoffzufuhr und die Spülung für die Aufrechterhaltung der Wegsamkeit. Bei sehr hohen spezifischen

Tabelle 5.5-18 BSB₅-Flächenbelastung für Rotationstauchkörper [ATV A 281 2001]

Anzahl der Kaskaden	ohne Nitrifikation		mit Nitrifikation (TKN/BSB₅ ≤0,3)			
	Scheibentauchkörper	Sonstige Rotationstauchkörper	Scheibentauchkörper		Sonstige Rotationstauchkörper	
	$B_{A,BSB}$ [g/(m²·d)]	$B_{A,BSB}$ [g/(m²·d)]	$B_{A,BSB}$ [g/(m²·d)]	$B_{A,TKN}$ [g/(m²·d)]	$B_{A,BSB}$ [g/(m²·d)]	$B_{A,TKN}$ [g/(m²·d)]
≥ 2	8[1]	5,6[2]				
≥ 3	10[1]	7[2]	8[3]	1,6[3]	5,6[4]	1,1[4]
≥ 4			10[3]	2[3]	7[4]	1,4[4]

[1] Anlagen mit 50–1000 EW: $B_{A,BSB}$ linear bis auf 4 g/m²·d abmindern

[2] Anlagen mit 50–1000 EW: $B_{A,BSB}$ linear bis auf 3 g/m²·d abmindern

[3] Anlagen mit 50–1000 EW: $B_{A,BSB}$ linear bis auf 4 g/m²·d bzw. $B_{A,TKN}$ linear bis auf 1,2 g/m²·d abmindern

[4] Anlagen mit 50–1000 EW: $B_{A,BSB}$ linear bis auf 3 g/m²·d bzw. $B_{A,TKN}$ linear bis auf 0,85 g/m²·d abmindern

Tabelle 5.5-19 Überschussschlammproduktion in Abhängigkeit von der BSB_5-Flächenbelastung [Cheung/Krauth/Roth 1980]

BSB_5-Flächenbelastung [g/(m²·d)]	2,5	5,0	7,5	10,0	15,0
Überschussschlammproduktion [kg/kg $BSB_{5,elim.}$]	0,24	0,49	0,76	1,03	1,58

Oberflächen kann eine zusätzliche hydraulische Rückspülung erforderlich werden.

Derzeit ist keine Bemessung anhand allgemeingültiger Größen möglich, sodass Vorversuche durchgeführt werden sollten. Nach [ATV-Handbuch 1997b] deuten bisher vorliegende Messergebnisse darauf hin, dass für die Flächenbelastung B_A die Werte für Rotationstauchkörper aus [ATV A 281 2001] angesetzt werden können, wobei jedoch für den Lastfall „Nitrifikation" von Belastungswerten über 4 g BSB_5/(m²·d) abgeraten wird. Eine Aufteilung in mehrere Kaskaden steigert den biologischen Wirkungsgrad und mindert die Auswirkung von Belastungsstößen.

Die Sauerstoffzufuhr kann entsprechend [ATV A 131 2000] berechnet werden, wobei jedoch nach [ATV-Handbuch 1997b] folgende Punkte zu beachten sind:

- spezifischer Sauerstoffverbrauch für den BSB_5-Abbau, bezogen auf den BSB_5, OVC = 1,6 kg O_2/kg-BSB_5;

- keine Betrachtung temperaturabhängiger Lastfälle;
- Stoßfaktoren $f_C = 1,2$ und $f_N = 2,0$ für die Kohlenstoff- bzw. Stickstoffbelastung;
- Sauerstoffkonzentration $C_x = 4,0$ mg/l;
- Eintragswerte bis zu 50% höher als beim Belebungsverfahren.

Der biologischen Stufe ist eine Grobstoffentfernung sowie eine ausreichend groß dimensionierte Vorklärung vorzuschalten. Zur Abtrennung der Feststoffe ist eine Sedimentationsstufe erforderlich. Die Dimensionierung kann man analog zu Tropfkörperanlagen vornehmen.

Biofilter

In Biofiltern (Abb. 5.5-6) wird die auf biologische Prozesse zurückzuführende Reinigungswirkung (vergleichbar mit den übrigen Festbettverfahren) mit einem gezielten Feststoffrückhalt kombiniert. Für die Sauerstoffversorgung wird üblicherweise Luft in den oder unter dem Filter eingeblasen (Luftbeaufschlagung i. d. R. zwischen 4 und 15 Nm³/(m²·h)).

Zur Erzielung der Filtrationswirkung ist ein entsprechend feinkörniges Trägermaterial (z. B. Blähton, Blähschiefer oder Polystyrol, Körnung 2,0 bis 8,0 mm) zu wählen. Biofilter werden i. Allg. überstaut im Gleich- oder Gegenstrom betrieben. Um zurückgehaltene Feststoffe und Überschussschlamm zu entfernen, wird kontinuierlich oder

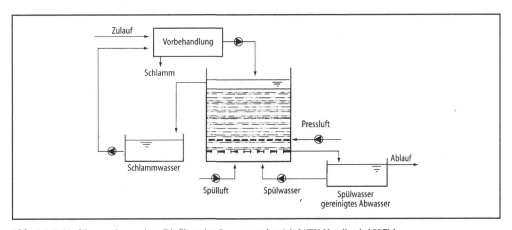

Abb. 5.5-6 Verfahrensschema eines Biofilters im Gegenstrombetrieb [ATV-Handbuch 1997b]

diskontinuierlich mit Luft und Wasser gespült (Intervalle: 12 h bis 3 d; Rückspülgeschwindigkeiten für Luft: 60 bis 100 Nm³/(m²·h), für Wasser 15 bis 80 m³/(m²·h); Gesamtdauer 30 bis 40 min).

Biofilteranlagen dienen als Haupt- oder als Nachreinigungsstufe. Für die Bemessung sind die Parameter Filtergeschwindigkeit v_F und biologische Raumumsatzleistung B_R maßgebend. Bei Trockenwetter wird üblicherweise im Normalbetrieb mit $v_F = 2,0...8,0$ m³/(m²·h) gearbeitet, bei Regenwetter oder Ausfall einzelner Einheiten kann die Filtergeschwindigkeit auf 10 bis 15 m³/(m²·h) gesteigert werden [ATV-Handbuch 1997b]. Die Netto-Filterfläche wird mit $A = Q/v_F$ (in m²) bestimmt.

Aus der in Abhängigkeit vom Reinigungsziel zu wählenden Raumbelastung (Tabelle 5.5-20) kann das erforderliche Netto-Schüttvolumen zu $V = B/B_R$ (in m³) berechnet werden. Als Bemessungsfracht B ist der Maximalwert, z. B. der 2-h-Mittelwert der Tagesspitze, einzusetzen. Übliche Filterbetthöhen liegen zwischen 2 und 4 m.

Sowohl bei der Ermittlung der Netto-Filterfläche A als auch des Netto-Schüttvolumens V sind Ausfallzeiten (z. B. für die Spülung) nicht enthalten. Die Anzahl der Spülzyklen lässt sich begrenzen, wenn in einer Vorbehandlung (z. B. Vorklärung, evtl. kombiniert mit einer Vorfällung) sichergestellt wird, dass der AFS-Gehalt im Zulauf im Mittel unter 50 bis 75 mg/l liegt. Im Ablauf sind AFS-Werte unter 10 mg/l erreichbar.

Der Feststoffanfall setzt sich aus den zurückgehaltenen Stoffen des Zulaufs und dem Schlammanfall der biologischen Umsetzungen zusammen. Letzterer liegt in gleicher Größenordnung wie beim Belebungsverfahren und kann zu 0,4 bis 0,6 kg/kg BSB5 abgeschätzt werden.

5.5.4.2 Belebungsverfahren

Die Biomasse ist im Belebungsbecken suspendiert und wird über Belüftungseinrichtungen mit dem für die biologischen Prozesse erforderlichen Sauerstoff versorgt. Der Beckeninhalt kann mit der Belüftungseinrichtung oder Rührwerken umgewälzt werden. Über die Einstellung entsprechender Milieubedingungen lassen sich mit dem Belebungsverfahren Kohlenstoff-, Stickstoff- und Phosphorverbindungen aus dem Abwasser entfernen. Die organischen Stoffe werden von den Mikroorganismen zum Aufbau neuer Biomasse aufgenommen und zum Energiestoffwechsel veratmet.

Bemessungsgrundlagen

Für die Bemessung ist das vorhandene Datenmaterial auszuwerten und u. U. in zusätzlichen Messungen zu ergänzen. Nur in Ausnahmefällen sollte auf die alleinige rechnerische Ermittlung der Belastungszahlen zurückgegriffen werden. Auszuwerten sind

– die Daten von mindestens drei aufeinanderfolgenden Monaten zur Zeit der höchsten Belastung,
– Wochengänge zu verschiedenen Jahreszeiten und
– für die Verschmutzungsparameter Tagesganglinien als 2-h- Mischproben.

Bei Trennkanalisation ist der maximale Zufluss bei Regenwetter als 1-Stunden-Mittel ($Q_{Tr,h,max}$) für hydraulische Berechnungen der Kläranlagen maßgebend. In allen anderen Fällen ist der Mischwasserabfluss (Q_M) heranzuziehen. Der Mischwasserabfluss ergibt sich aus dem in Abb. 5.5-7 gewählten Faktor wie folgt:

$$Q_M = f_{S,QM} \cdot Q_{S,aM} + Q_{F,aM} \quad \text{(in m³/h)} \quad (5.5.18)$$

mit

$Q_{S,aM}$ mittlerer jährlicher Schmutzwasserabfluss (in l/s)

$Q_{F,pM}$ mittlerer jährlicher Fremdwasserabfluss (in l/s)

Als maßgebende Belastungen für Belebungsanlagen sind 2- (oder 4-) Wochenmittel der Frachten in der Periode, in der das 2-Wochenmittel der Temperatur im Bereich der Bemessungstemperatur T_{Bem} liegt, heranzuziehen. Wenn das 2- (oder 4-) Wo-

Tabelle 5.5-20 Raumumsatzleistungen BR von Biofiltern [ATV-Handbuch 1997b]

	B_R (stündl. Raten) in kg/(m³·h)	B_R (Tagesraten) in kg/(m³·h)
BSB5	0,17...0,29	4...7
CSB	0,29...0,42	7...10
Nitrifikation (NH_4-N)	0,004...0,063 (max. 0,083)	0,1...1,5 (max. 2,0)
Denitrifikation (NO_2-N, NO_3-N)	0,033...0,170 (max. 0,208)	0,8...4,0 (max. 5,0)

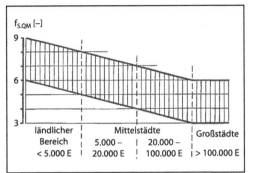

Abb. 5.5-7 Bereich des Faktors f $_{S,QM}$ zur Ermittlung des optimalen Mischwasserabflusses zur Kläranlage auf der Basis des mittleren jährlichen Schmutzwasserabflusses [DWA A 198 2003]

chenmittel der organischen Fracht in der Periode der tiefsten Temperatur um mehr als 10% höher ist als bei T_{Bem}, gelten die Frachten bei tiefster Temperatur als maßgebend. Sind diese Daten nicht vorhanden, kann der 85%-Wert aller Messungen aus den letzten zwei bis drei Jahren verwendet werden. Das Datenkollektiv dafür sollte mindestens 40 gleichmäßig über diesen Zeitraum verteilte Tagesfrachten umfassen.

In Tabelle 5.5-21 sind die für die Bemessung relevanten Parameter zusammengestellt. Rückbelastungen aus der Schlammbehandlung sind extra zu erfassen. Für Anlagen zum ausschließlichen Kohlenstoffabbau werden die N- und P-Frachten nicht benötigt. Sind keine Messungen möglich, kann wie folgt vorgegangen werden:

1. Berechnung des Trockenwetterzuflusses nach [ATV A 128 1992]:

$$Q_t = Q_s + Q_f = \frac{24}{x} \cdot Q_h + \sum_{1}^{n} \frac{24}{a_g} \cdot \frac{365}{b_g} \cdot Q_g$$

$$+ \sum_{1}^{n} \frac{24}{a_i} \cdot \frac{365}{b_i} \cdot Q_i + Q_f \quad (\text{in m}^3/\text{h}) \quad (5.5.19)$$

mit
Q_s Tagesspitze des Schmutzwasserzuflusses (in m³/h),
Q_f Jahresmittelwert des Fremdwasserzuflusses aus Misch- und Trenngebieten bei Trockenwetter (in m³/h),

x Spitzenstundenwert entsprechend der Einwohnerzahl (s. Tabelle 5.5-2),
Q_h täglicher Zufluss aus Wohngebieten und des kleingewerblichen Anteils (in m³/h),

wobei
$$Q_h = EZ \cdot w_s / 24$$
mit
EZ angeschlossene Einwohner,
w_s Wasserverbrauch (in m³/(E·d)),
a Arbeitsstunden pro Tag,
b Produktionstage pro Jahr,
Q_g Jahresmittel des gewerblichen Abwasserzuflusses (in m³/h),
Q_i Jahresmittel des industriellen Abwasserzuflusses (in m³/h).

Sind die erforderlichen Angaben nicht verfügbar, kann der Spitzenzufluss nach 5.5.1.2 berechnet werden.

2. Ermittlung der einwohnerspezifischen Verschmutzungswerte mit Tabelle 5.5-12.

Bemessung des Belebungsbeckens
Das Volumen des Belebungsbeckens errechnet sich zu

$$V_{BB} = \frac{B_{d,BSB_5}}{B_{TS} \cdot TS_{BB}} = \frac{B_{d,BSB_5}}{B_{R,BSB_5}} \quad (\text{in m}^3). \quad (5.5.20)$$

Mit der Bemessung des Nachklärbeckens wird der Trockensubstanzgehalt im Belebungsbecken festgelegt. Richtwerte für den Trockensubstanzgehalt sind in Abb. 5.5-8 dargestellt [ATV A 131 2000]. Bei Abwässern, die zu einem Belebtschlamm mit hohem Schlammindex führen können, sind die jeweils niedrigeren Werte zu wählen.

Für die Bemessung von einstufigen Belebungsanlagen gilt grundsätzlich das Arbeitsblatt ATV A 131. Wegen der Besonderheiten von kleineren Kläranlagen wird bei der Bemessung der Anlagen bis 5000 EW auf die Arbeitsblätter [ATV A 122] und [ATV A 126] sowie [DIN 4261] verwiesen.

Bemessungsvorgang für Anlagen mit 500 bis 5000 EW
[ATV A 126 1993] empfiehlt für diese Ausbaugröße Anlagen mit Schlammstabilisierung (Schlamm-

Tabelle 5.5-21 Für die Bemessung erforderliche Angaben

Parameter	benötigt für
1. Q_d bei Trockenwetter	Berechnung der Konzentrationen aus Schmutzfrachten
2. Q_m	Bemessung Nachklärbecken
3. T_{Bem}	Festlegung des Schlammalters
4. mittlere BSB_5-Fracht bei T_{Bem} im maßgebenden Belastungszeitraum	Überschussschlammanfall und Sauerstoffverbrauch
5. mittlere Fracht an TS_0 bei T_{Bem} im maßgebenden Belastungszeitraum	Überschussschlammanfall
6. mittlere TKN-Fracht bei T_{Bem} im maßgebenden Belastungszeitraum	Denitrifikationsvolumen und Sauerstoffbedarf
7. mittlere P-Fracht bei T_{Bem} im maßgebenden Belastungszeitraum	Ermittlung des Fällmittelbedarfes
8. Verhältnis von maximaler stündlicher BSB_5-Fracht (aus 2–4 h Mischproben) zu mittlerer TKN-Fracht (siehe 4.)	Ermittlung des Spitzen-Sauerstoffbedarfes
9. Verhältnis von maximaler stündlicher TKN-Fracht (aus 2–4 h Mischproben) zu mittlerer TKN-Fracht (siehe 6.)	Ermittlung des Sauerstoffbedarfes
10. mittlere Säurekapazität $K_{S;0}$ im maßgebenden Belastungszeitraum	Ermittlung der verbleibenden Säurekapazität

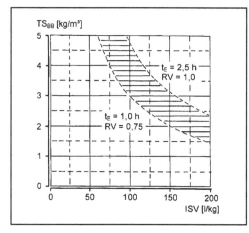

Abb. 5.5-8 Richtwerte für den Schlammtrockensubstanzgehalt im Belebungsbecken in Abhängigkeit vom Schlammindex für $TS_{RS} = 0,7 \times TS_{BS}$ [DWA A 131 2000] = NEU

alter $t_{TS} \geq 20$ d, kein Vorklärbecken und keine Schlammfaulung) und gibt Bemessungswerte für den Schlammindex ISV, den Trockensubstanzgehalt TS_{BB} und die BSB_5-Raumbelastung $B_{R,BSB5}$ vor (Tabelle 5.5-22). Mit diesen Vorgaben an die Bemessung ist die Einhaltung der Anforderungen der Kläranlagengrößen I und II erreichbar.

Das erforderliche Sauerstoffzufuhrvermögen berechnet sich für eine Sauerstofflast $O_B \geq 3$ kg/kg zu

$$\alpha OC = 0,125 \cdot B_{d,BSB_5} \quad \text{(in kg/h)}. \qquad (5.5.21)$$

Solange $TKN/BSB_5 \leq 1/3,5$ liegt, wird damit der Sauerstoffbedarf für den Kohlenstoffabbau und die Stickstoffoxidation abgedeckt. Ist das TKN/BSB_5-Verhältnis größer (z. B. durch Industrieeinfluss), so ist der zusätzliche Sauerstoffbedarf nachzuweisen. Je nach Art der Belüftungseinrichtung ist der Sauerstoffzufuhrfaktor a zwischen 0,5 und 0,9 zu wählen.

Für den spezifischen Überschussschlammanfall $ÜS_B$ kann mit 1 kg/kg gerechnet werden. Dies entspricht ohne Eindickung bei 1,0% Trockenrückstand (TR) etwa 5 l/(E·d), mit Voreindickung auf 2,5%-TR ca. 2 l/(E·d) und – wenn der Schlamm gelagert wird – (TR = 5%) etwa 1 l/(E·d).

Bemessungsvorgang für einstufige Belebungsanlagen nach [ATV A 131 2000]

Das *Schlammalter* beschreibt die mittlere Aufenthaltszeit einer Belebtschlammflocke im Belebungsbecken; es wird vom Reinigungsziel festgelegt. Um bei Anlagen mit *Nitrifikation* ein Ausspülen der sich nur im belüfteten Abwasser vermehrenden Nitrifikanten zu verhindern, ist das aerobe Mindestschlammalter mit

$$t_{TS,aer.} = SF \cdot 2,13 \cdot 1,103^{(15-T)} \quad \text{(in d)} \qquad (5.5.22)$$

Tabelle 5.5-22 Bemessungswerte nach [ATV A 126 1993]

Abwasser mit	ISV in mL/g	TS_{BB} in kg/m³	$B_{R,BSBS}$ in kg/(m³·d)
geringem organisch-gewerblichem Anteil	75–100	≤ 5	$\leq 0{,}25$
hohem organisch-gewerblichem Anteil	100–150	≤ 4	$\leq 0{,}20$
hohem und stark schwankendem organisch-gewerblichem Anteil	150–200	≤ 3	$\leq 0{,}15$

Tabelle 5.5-23 Minimales Schlammalter t_{TS} [ATV A 131 2000]

Reinigungsziel Bemessungstemperatur	Anlage $\leq$ 20 000 EW		Anlage > 100 000 EW	
	10°C	12°C	10°C	12°C
ohne Nitrifikation	5		4	
mit Nitrifikation	10	8,2	8	6,6
mit Nitrifikation und Denitrifikation				
V_D/V_{BB} = 0,2				
= 0,3	12,5	10,3	10,0	8,3
= 0,4	14,3	11,7	11,4	9,4
= 0,5	16,7	13,7	13,3	11,0
	20,0	16,4	16,0	13,2
Mit Nitrifikation, Denitrifikation und Schlammstabilisierung	25		nicht empfohlen	

zu bestimmen. SF wird als Sicherheitsfaktor bezeichnet. Für Anlagen mit mehr als 100000 EW muss SF $\geq 2{,}3$ sein, und für Anlagen ≤ 20000 EW gilt SF $\geq 2{,}9$.

Wenn die Temperatur im Ablauf des Belebungsbeckens im Winter $T_{ÜW} = 12°C$ unterschreitet, ist für Gl. (5.5.22) $T_{ÜW}$ 2°C als Bemessungstemperatur einzusetzen, um den Ablaufgrenzwert von Ammonium sicher einzuhalten. Daher ergibt sich für Anlagen mit mehr als 100.000-EW das aerobe Schlammalter zu $t_{TS,aer} = 8$ d. Wird die Anlage für Nitrifikation und Denitrifikation ausgelegt, steigt das Schlammalter t_{TS} auf

$$t_{TS} = \frac{t_{TS,aer.}}{1 - V_D / V_{BB}} \quad \text{(in d)}. \qquad (5.5.23)$$

mit

V_D für die Denitrifikation genutzter Raumteil (in m³),

V_{BB} Nutzinhalt des Belebungsbeckens (in m³).

Die entsprechenden Schlammalter sind in [ATV A 131 2000] ermittelt worden (Tabelle 5.5-23).

Für Anlagen mit 20.000 bis 100.000 EW sind Zwischenwerte abzuschätzen. Bei Anlagen ohne

Nitrifikation ist zusätzlich nachzuweisen, dass die Belüftungszeit bei Trockenwetterzufluss mindestens 2 h und bei Regenwetterzufluss mindestens 1 h beträgt [ATV-Handbuch 1997b]. $V_D/V_{BB} > 0{,}5$ sollte nicht gewählt werden.

Liegt die Temperatur im Bemessungszeitraum deutlich unter 12°C, muss – bei über 12°C kann – das erforderliche Schlammalter angepasst werden:

$$t_{TS}(T°C) = t_{TS}(10°C) \cdot 1{,}103^{(10-T)} \text{ (in d)}. \quad (5.5.24)$$

Für den Fall der *Nitrifikation und Denitrifikation* ist das $S_{NO3,D}/C_{BSB,ZB}$-Verhältnis zu berechnen, um das erforderliche V_D/V_{BB}-Verhältnis festlegen zu können. Hierzu ist eine Stickstoffbilanz bei Trockenwetter zur Ermittlung des zu denitrifizierenden Nitrat-Stickstoffs NO_3-N_D durchzuführen:

$$S_{NO3,D} = C_{N,ZB} - S_{orgN,AN} - S_{NH4,AN} - S_{NO3,AN} - X_{orgN,BM} \qquad (5.5.25)$$

mit

$C_{N,ZB}$ Stickstoff im Zulauf der Belebungsanlage, inklusiv Rückbelastung

$S_{orgN,AN}$ = 2 mg/l (i. d. R.).

$S_{NH4,AN}$ i. d. R. als 0 anzunehmen

Tabelle 5.5-24 Bemessung der Denitrifikation für 10 °C [ATV A 131 2000]

V_D/V_{BB}	Art der Denitrifikation	
	vorgeschaltet[1]	simultan
	Denitrifikationskapazität kg NO_3–N_D/kg BSB_5	
0,20	0,11	0,05
0,30	0,13	0,08
0,40	0,14	0,11
0,50	0,15	0,14

[1] Die Werte gelten auch für intermittierende oder alternierende Denitrifikation

$S_{NO3,AN}$ entsprechend den Anforderungen wählen, $X_{orgN,BM}$ im Biomassen eingebundener Stickstoff, etwa 0,04 bis 0,05 g $X_{orgN,BM}$ /g $C_{CSB,ZB}$,

Bei gleichem V_D/V_{BB} wird die Denitrifikationskapazität noch durch die Verfahrenswahl für die Denitrifikation (Abb.-5.5-9) beeinflusst. Für das Verfahren der *simultanen* Denitrifikation kann die Denitrifikationskapazität mit

$$\frac{S_{NO3,D}}{C_{BSB,ZB}} = \frac{0,75 \cdot OV_{C,BSB}}{2,9} \cdot \frac{V_D}{V_{BB}} \quad \text{(in kg/kg)}$$
(5.5.26)

berechnet werden. Wegen des höheren Sauerstoffverbrauchs im ersten Becken wurden in [ATV A 131 2000] die Werte für die vorgeschaltete Denitrifikation gegenüber der simultanen Denitrifikation ohne weiteren rechnerischen Nachweis erhöht (Tabelle 5.5-24).

Aus Untersuchungen von Ermel (1983) wurde ein Faktor abgeleitet, mit dem auch für die vorgeschaltete Denitrifikation die Denitrifikationskapazität berechnet werden kann [ATV-Handbuch 1997b]:

$$\frac{S_{NO3,D}}{C_{BSB,ZB}} = \frac{0,75 \cdot OV_{C,BSB}}{2,9} \cdot \left[\frac{V_D}{V_{BB}}\right]^{0,765}$$
$$\text{(in kg/kg)}$$
(5.5.27)

Bei der vorgeschalteten Denitrifikation muss über die Summe aus Rücklaufschlamm (Q_{RS}) und Rezirkulation (Q_{RZ}) sichergestellt werden, dass das zu denitrifizierende Nitrat in die Denitrifikationsstufe gelangt. Mit dem Rückführverhältnis $RV = Q_{RS}/Q$ und dem Rezirkulationsverhältnis $RZ = Q_{RZ}/Q$ erhält man

$$RV + RZ = \frac{S_{NO3,D}}{S_{NO3,AN}}$$
(5.5.28)

und damit den Wirkungsgrad der Denitrifikation

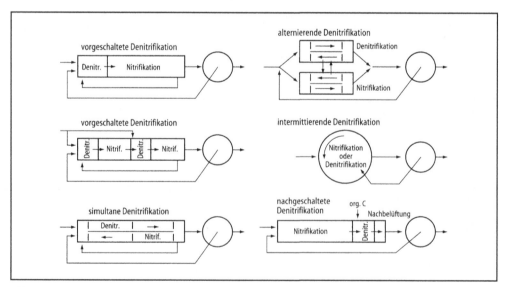

Abb. 5.5-9 Wesentliche Verfahren zur Denitrifikation

$$\eta_D = 1 - \frac{1}{1 + RV + RZ} \cdot \qquad (5.5.29)$$

Bemessung der Phosphatelimination
Biologische P-Elimination
Wird dem Belebungsbecken ein anaerobes Mischbecken vorgeschaltet, dem das Abwasser und der Rücklaufschlamm zufließen, kann die Fähigkeit bestimmter Bakterien ausgenutzt werden, im anoxischen und/oder aeroben Milieu erhöhte Mengen an Phosphat aufzunehmen. Im anaeroben Milieu geben die Bakterien Phosphat ab und nehmen dafür organische Säuren auf. Mit dem Überschussschlamm wird der phosphatreiche Belebtschlamm aus dem System entfernt. Hauptsächlich wird das Hauptstromverfahren eingesetzt (Abb. 5.5-10), von dem zahlreiche Varianten entwickelt wurden.

Anaerobe Mischbecken zur biologischen Phosphorelimination sind so zu bemessen, dass eine Mindestkontaktzeit von 0,5 bis 0,75 Stunden für den maximalen Trockenwetterzufluss zusammen mit dem Rücklaufschlammstrom gegeben ist. Für eine genaue Berechnung der möglichen Phosphatelimination sind umfangreiche Analysen und komplexe Berechnungen erforderlich. Nach [ATV A 131 2000] kann bei üblichem kommunalen Abwasser und mit vorgeschaltetem anaeroben Becken für die biologische Phosphorelimination $X_{P,BioP}$ 0,01 bis 0,015·$C_{BSB,ZB}$ angesetzt werden. Der sich daraus ergebende Schlammanfall $ÜS_{P,BioP}$ (in kg TS/kg BSB5) beträgt:

$$US_{d,P,BioP} = Q_d \cdot 3,0 \cdot X_{P,Fäll,bioP} \qquad (5.5.30)$$

Phosphatfällung
Zur Einhaltung der Anforderungen an die P-Elimination ist die biologische P-Elimination mit einer

Simultan- oder Nachfällung zu kombinieren. Für die Simultanfällung durch Eisen- oder Aluminiumsalze wird mit b = 1,5 mol Me/mol P gerechnet. Damit kann i. d. R. eine Ablaufkonzentration von < 1,0 mg P/l erzielt werden. Das bedeutet, dass für 1 kg Phosphor 2,7 kg Eisen bzw. 1,3 kg Aluminium zugegeben werden müssen. Der daraus resultierende Schlammanfall $ÜS_P$ (in kg TS/kg BSB5) beträgt
bei Fällung mit Eisensalzen

$$US_{d,P,Fe} = Q_d \cdot 6,8 \cdot X_{P,Fäll,Fe} \qquad (5.5.31)$$

und bei Fällung mit Aluminiumsalzen

$$US_{d,P,Al} = Q_d \cdot 5,3 \cdot X_{P,Fäll,Al} \qquad (5.5.32)$$

Bestimmung der Schlammproduktion
Die spezifische Überschussschlammproduktion $ÜS_B$ (in kg TS/kg BSB5) resultiert aus dem Abbau organischer Verbindungen sowie den zufließenden abfiltrierbaren organischen Stoffen ($ÜS_{BSB5}$) und ggf. dem Anteil $ÜS_P$ aus der Phosphatfällung.

$$ÜS_d = ÜS_{d,C} + ÜS_{d,P}. \qquad (5.5.33)$$

$ÜS_{d,C}$ kann in Abhängigkeit vom $X_{TS,ZB}/C_{BSB,ZB}$-Verhältnis, dem Schlammalter und der Temperatur berechnet werden:

$$ÜS_{d,C} = B_{d,BSB} \cdot (0,75 + 0,6 \cdot \frac{X_{TS,ZB}}{C_{BSB,ZB}} - \qquad (5.5.34)$$
$$\frac{(1 - 0,29 \cdot 0,17 \cdot 0,75 \cdot t_{TS} \cdot 1,072^{(T-15)}}{1 + 0,17 \cdot t_{TS} \cdot 1,072^{(T-15)}})$$
$$(\text{in kg TS/d})$$

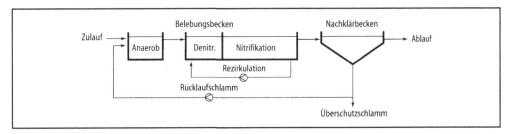

Abb. 5.5-10 Biologische P-Elimination im Hauptstromverfahren mit dem modifizierten Bardenpho-, Phoredox- oder A²O-Verfahren

Tabelle 5.5-25 Schlammproduktion $\ddot{U}S_{BSB5}$ [ATV A 131 2000]

$X_{TS,ZB}/$ $C_{BSB,ZB}$	Schlammalter in Tagen					
	4	6	8	10	15	25
0,4	0,79	0,69	0,65	0,59	0,56	0,53
0,6	0,91	0,81	0,77	0,71	0,68	0,65
0,8	1,03	0,93	0,89	0,83	0,80	0,77
1,0	1,15	1,05	1,01	0,95	0,92	0,89
1,2	1,27	1,17	1,13	1,07	1,04	1,01

Tabelle 5.5-26 Spezifischer Sauerstoffverbrauch OV_C [ATV A 131 2000]

	OV_C [kg O_2/kg BSB_5]					
	Schlammalter [d]					
T [°C]	4	6	8	10	15	25
10	0,85	0,99	1,04	1,13	1,18	1,22
12	0,87	1,02	1,07	1,15	1,21	1,24
15	0,92	1,07	1,12	1,19	1,24	1,27
18	0,96	1,11	1,16	1,23	1,27	1,30
20	0,99	1,14	1,18	1,25	1,29	1,32

Tabelle 5.5-25 gibt $\ddot{U}S_{d,C}$ für 10°C bis 12°C in Abhängigkeit vom Schlammalter wieder.

Bemessung der Sauerstoffzufuhr
Der Sauerstoffbedarf setzt sich aus $OV_{d,C}$ für die BSB_5-Elimination (Tabelle 5.5-26) und dem Anteil $OV_{d,N}$ für die Nitrifikation unter Berücksichtigung des Sauerstoffrückgewinns aus der Denitrifikation $OV_{d,D}$ zusammen, er wird getrennt für beide Anteile berechnet.

$$OV_{d,C} = B_{d,BSB} \cdot (0,56 + \frac{0,15 \cdot t_{TS} \cdot F_T}{1 + 0,17 \cdot t_{TS} \cdot F_T})$$

(in kg O_2/d)   (5.5.35)

Der Sauerstoffbedarf für die Nitrifikation $OV_{d,N}$ und das Sauerstoffäquivalent $OV_{d,D}$ wird zu

$$OV_{d,N} = Q_d \cdot 4,3 \cdot$$
$$(S_{NO3,D} - S_{NO3,ZB} + S_{NO3,AN}) / 1000 \quad (5.5.36)$$
$$\text{(in kg } O_2/d)$$

und

$$OV_{d,D} = Q_d \cdot 2,9 \cdot S_{NO3,D} / 1000 \quad (5.5.37)$$
$$\text{(in kg } O_2/d)$$

ermittelt. Sofern keine Messergebnisse über die Belastungsschwankungen vorliegen, werden die Anteile $OV_{d,C}$ $OV_{d,N}$ und $OV_{d,D}$ mit den entsprechenden Stoßfaktoren f_C und f_N aus Tabelle 5.5-27 multipliziert, um den maximalen stündlichen Sauerstoffbedarf OV_h zu bestimmen.
Damit errechnet sich der Sauerstoffbedarf zu

$$OV_h = \frac{f_c \cdot (OV_{d,C} - OV_{d,D}) + f_N \cdot OV_{d,N}}{24}$$

(5.5.38)

Tabelle 5.5-27 Stoßfaktoren f_C und f_N [ATV A 131 2000]

Stoßfaktor	Schlammalter [d]					
	4	6	8	10	15	25
f_C	1,30	1,25	1,20	1,20	1,15	1,10
f_N für $\leq 20\,000$ EW	–	–	–	2,50	2,00	1,50
f_N für $>100\,000$ EW	–	–	2,00	1,80	1,50	–

Da die Sauerstoffverbrauchsspitzen für die Nitrifikation und für die Kohlenstoffelimination i. d. R. nicht gleichzeitig auftreten, sind zwei Rechengänge durchzuführen, dabei ist der höhere OV_h-Wert als der maßgebende Spitzensauerstoffbedarf zu nehmen:

1. $f_C = 1$ und f_N nach Tabelle 5.5-27
2. $f_N = 1$ und f_C nach Tabelle 5.5-27.

Es sind die Lastfälle Nitrifikation bei 10°C und Nitrifikation mit Denitrifikation bei 20°C nachzuweisen.

Berechnung des Belebungsbeckenvolumens
Das Volumen des Belebungsbeckens wird mit Gl. (5.5.20) berechnet, wobei die Schlammbelastung zu

$$B_{TS} = \frac{1}{\dfrac{\ddot{U}S_d}{B_{d,BSB}} \cdot t_{TS}}$$

(5.5.39)

(in kg/(kg · d))

ermittelt wird. Für die nach [ATV A 131 2000] geforderte Bemessung bei 12°C können die Werte t_{TS} und $\ddot{U}S_{d,C}$ anhand der Tabellen und der Wert $\ddot{U}S_{d,P}$

nach den oben genannten Gleichungen ermittelt werden. Für andere Temperaturen sind die angegebenen Funktionsgleichungen zu verwenden. Das Schlammalter ist durch Iteration zu bestimmen. Dabei wird wie folgt vorgegangen:

1. $t_{TS,aer}$ aus Gl. (5.5.24) bestimmen.
2. Vorhandene Denitrifikationskapazität $S_{NO3,D}/C_{BSB,ZB}$ ermitteln.
3. V_D/V_{BB} abschätzen, damit t_{TS}, Gl. (5.5.23) und $OV_{d,C}$, Gl. (5.5.35), berechnen.
4. Denitrifikationskapazität mit Gl. (5.5.26), simultane Denitrifikation, bzw. Gl. (5.5.27), vorgeschaltete Denitrifikation, berechnen.
5. Vergleich der vorhandenen mit der berechneten Denitrifikationskapazität. Falls die vorhandene Denitrifikationskapazität größer als die berechnete mit vergrößertem – im umgekehrten Fall mit verkleinertem – V_D/V_{BB} ist, ist die Berechnung bei 3. erneut zu beginnen.

Überprüfung der Säurekapazität

Mit der Nitrifikation sowie der Zugabe von Metallsalzen zur Phosphatfällung wird die Säurekapazität $K_{KS,ZB}$ vermindert. Um ein Absinken des pH-Wertes in einen für die Nitrifikation problematischen Bereich zu verhindern, sollte die verbleibende Säurekapazität $K_{KS,AB}$ mindestens 1,5 mmol/l betragen. Damit wird i. d. R. ein pH-Wert $\geq 6,6$ eingehalten. Zu untersuchen ist in der Regel der ungünstigste Lastfall mit weitgehender Nitrifikation, beschränkter Denitrifikation und höchster Fällmitteldosierung.

$$S_{KS,AB} = S_{KS,ZB} - [0,07 \cdot (S_{NH4,ZB} - S_{NH4,AN} + S_{NO3,AN} - S_{NO3,ZB}) + 0,06 \cdot S_{Fe3} + 0,04 \cdot S_{Fe2} + 0,11 \cdot S_{Al3} - 0,03 \cdot X_{P,Fäll}]$$ (5.5.40)

$$\text{(in mmol/l)}$$

mit Säurekapazitätswerte in mmol und alle anderen Konzentrationen in mg/l. Der freie Säure- oder Laugenanteil in bestimmten Fällungsmitteln ist gesondert zu berücksichtigen.

Belüftungssysteme

Die erforderliche Sauerstoffzufuhr OC wird wie folgt aus dem stündlichen Sauerstoffverbrauch OV berechnet:

$$OC = \frac{OV}{\alpha} \cdot \frac{C_S}{C_S - C_x} \quad \text{(in kg/h)} \quad (5.5.41)$$

mit
C_S Sättigungswert;
C_x Sauerstoffgehalt im Belebungsbecken, empfohlen: 2 mg/l für Anlagen mit und ohne Nitrifikation und 0,5 mg/l bei Anlagen mit Nitrifikation und Denitrifikation im Umlaufbecken;
α Sauerstoffzufuhrfaktor, je nach Abwasser und Belüftungssystem zwischen 0,5 und 1,0.

Für das Verfahren der intermittierenden Denitrifikation ist die Sauerstoffzufuhr entsprechend der Belüfterlaufzeit t_B (in h) pro Tag zu erhöhen:

$$OC_{intermittierend} = OC \cdot \frac{24}{t_B} \quad \text{(in kg/h)} \quad (5.5.42)$$

Druckbelüfter

Man unterscheidet zwischen der grobblasigen (Bohrungen mit 3 bis 10 mm Durchmesser), der mittelblasigen (Bohrungen mit 1 bis 3 mm Durchmesser) und der feinblasigen Belüftung (poröses keramisches Material oder perforierte Gummimembrane). Heute wird überwiegend die feinblasige Belüftung angewandt; grobblasige Belüfter werden noch für die Umwälzung (z. B. im belüfteten Sandfang) verwendet.

Die Belüftungselemente der feinblasigen Belüftung werden als Rohre, Dome, Teller oder Platten hergestellt. Von besonderer Bedeutung ist die Anordnung der Elemente im Becken. Günstig ist eine möglichst flächige und gleichmäßige Verteilung der Belüfter im Belebungsbecken. Unabhängig von der Bauform liegt der auf das Beckenvolumen bezogene Luftvolumenstrom zwischen 1 und 5 Nm³/(m³·h). Rohrbelüfter werden mit 4 bis 10 Nm³/(m·h) beaufschlagt, Teller und Dome mit 0,7 bis 10 Nm³/(Element·h), Plattenbelüfter aus Folienmaterial mit 5 bis 20 Nm³/(m²·h). Übliche Einblastiefen h_E liegen zwischen 3,0 und 8,0 m (etwa 0,25 m über Beckensohle). Für den Sauerstoffzufuhrfaktor a werden bei der Druckbelüftung meist Werte zwischen 0,4 und 0,7 angesetzt [ATV-Handbuch 1997b].

Die unterschiedlichen Eintragssysteme werden durch die spezifische Sauerstoffzufuhr $OC_{L,h}$ (in g/(Nm³ · m)) und den Sauerstoffertrag OP (in kg/kWh) gekennzeichnet (Tabelle 5.5-28). Zur Er-

Tabelle 5.5-28 Richtwerte für die Sauerstoffzufuhr für Druckbelüftung [ATV-Handbuch 1997 b]

System	günstige Verhältnisse		mittlere Verhältnisse	
	$OC_{L,h}$ [g/(Nm³·m)]	OP [kg/kWh]	$OC_{L,h}$ [g/(Nm³·m)]	OP [kg/kWh]
Reinwasser				
feinblasig[1]	17/22/14	3,2/3,9/3,0	13/17/11	2,4/2,9/2,3
mittelblasig[2]	7,0	1,4	6,0	1,1
grobblasig	6,0	1,2	5,0	0,9
Betriebsbedingungen				
feinblasig[1]	10/13/8,5	1,9/2,3/1,8	7,5/10/6,5	1,4/1,8/1,4
mittelblasig[2]	5,5	1,1	4,5	0,8
grobblasig	4,5	0,9	4,0	0,7

[1] 1. Zahl: Flächenbelüftung mit Elementen (Rohre, Dome, Teller), 2. Zahl: Flächenbelüftung mit Folienplatten, 3. Zahl: Mit getrennter Umwälzung
[2] tiefliegende Ausführung

mittlung des erforderliche Luftstroms Q_L ist in Gl. (5.5.43) $OC_{L,h}$ für Reinwasser einzusetzen:

$$Q_L = \frac{OC \cdot 1000}{OC_{L,h} \cdot h_E} \quad \text{(in Nm}^3\text{/h).} \qquad (5.5.43)$$

Oberflächenbelüfter
Die von den Belüftern an der Wasseroberfläche erzeugte Turbulenz trägt den Sauerstoff ein, wobei gleichzeitig der Beckeninhalt durchmischt wird und Ablagerungen verhindert werden.

Zu den überwiegend in Umlaufbecken eingesetzten *Walzenbelüftern* zählen Bürstenbelüfter, Stabwalzen und Mammutrotoren. Üblicher Walzendurchmesser ist 1 m bei Längen zwischen 1,5 und 9,0 m. Die Beckenbreite ist um 1,0 m größer als die Walzenlänge, und die Beckentiefe beträgt 2,5 bis 3,5 m. Für eine überschlägige Bemessung kann man bei Walzen mit Leitschild eine Sauerstoffzufuhr von 7 kg O₂/(m Walze·h) und einen Sauerstoffertrag von 1,8 kg/kWh ansetzen.

Kreiselbelüfter werden i. d. R. mittig in dem ihnen zugeordneten Beckenabschnitt angeordnet und rotieren um ihre vertikale Achse mit Drehzahlen zwischen 20 und 70 min⁻¹. Es sind Rotoren mit Durchmessern von 0,5 bis 5,0 m erhältlich. Die Randgeschwindigkeiten liegen zwischen 3 und 6 m/s. Unter günstigen Verhältnissen wird ein O₂-Ertrag zwischen 1,8 und 2,2 kg/kWh, unter mittleren Verhältnissen zwischen 1,3 und 1,8 kg/kWh erreicht. Die Anordnung von vertikalen und/oder horizontalen Platten im Belüf-

tungsbecken mindert die Gefahr von Rotationen und Schwingungen des Wasserkörpers.

5.5.5 Abwasserfiltration

Vorrangiges Ziel ist die Entfernung partikulärer Stoffe nach der biologischen Reinigung. Zur Einhaltung weitergehender Anforderungen an die Ablaufqualität kann es erforderlich sein, die im Ablauf der Nachklärung verbleibenden abfiltrierbaren Stoffe (Parameter AFS in mg/l, Membranfiltration mit Porenweite 0,45 µm) zurückzuhalten, um die BSB₅-, CSB-, P- und N-Konzentrationen zu senken (Tabelle 5.5-29).

Raumfilter (Trockenfilter oder überstaute Filter mit Aufwärts- oder Abwärtsdurchströmung) erzielen ihre Wirkung nicht nur durch die Filtration, sondern können zur Flockungsfiltration – mit der Zugabe von Fällungs- bzw. Flockungsmitteln werden zusätzlich abfiltrierbare Stoffe erzeugt – und zur biologisch intensivierten Filtration – geeignete Filtermaterialien und die Sauerstoffversorgung können zum Abbau des Rest-CSB sowie zur Restnitrifikation führen – verwendet werden (Tabelle 5.5-30). Die Wirkung erstreckt sich über die gesamte Höhe (1,0 bis 3,0 m) des Filters. Beim *Flächenfilter* (Höhe bis 0,30 m) beschränkt sich die Wirkung auf die Oberfläche des Filterbettes, weshalb keine intensivierte biologische Wirkung erzielt werden kann. *Tuchfilter* (aus feinfaserigen Nadelfilzen) und *Mikrosiebe* (Ge-

Tabelle 5.5-29 Gehalte an BSB₅, CSB, P und N in den abfiltrierbaren Stoffen [ATV A 203 1995]

BSB₅-Schlammbelastung der vorgelagerten biologischen Stufe	BSB₅/AFS g/g	CSB/AFS g/g	P/AFS g/g Simultanfällung ohne	mit	N/AFS g/g
< 0,15 kg/(kg·d)	0,5	1,0	0,01	0,03	< 0,1
0,15-0,3 kg/(kg·d)	1,0	1,5	0,01	0,03	< 0,1

Tabelle 5.5-30 Wirkungsbereiche der verschiedenen Filtrationsverfahren [ATV A 203 1995]

	AFS	CSB (gelöst)	NH₄⁺	P (gelöst)
Filtration	++	0	0	0
biol. intensivierte Filtration	++	+	+	+
Flockungsfiltration nach Simultanfällung oder erhöhter biol. P-Elimination	++	+	0	+
(zus. biol. intensiviert	(++)	(+)	(+)	(++)

0 = keine bis geringe Wirkung, + = gute Wirkung, ++ = sehr gute Wirkung

webe aus nichtrostenden Stählen oder Kunststoff, Öffnungsweiten 15 bis 35 μm) verringern den Suspensagehalt durch Absiebung entsprechend ihrer Maschenweite.

Raumfilter können nach [ATV A 203 1995] bemessen werden. Der Aufbau ist Tabelle 5.5-31 zu entnehmen. Als Filtergeschwindigkeit werden bei Q_t für unbelüftete Filter 7,5 m/h und für belüftete Filter 5,0 m/h empfohlen. Bei Regenwetter ist der Zufluss auf 15 bzw. 10 m/h zu begrenzen. Verfahren mit diskontinuierlicher Spülung (Spülung i. d. R. alle 24 bis 48 h) sollten eine Überstauhöhe ≥ 2,0 m aufweisen und für Anlagen zwischen 100.000-EW und 1 Mio.-EW mindestens sechs Einheiten mit jeweils < 80 m² vorgesehen werden.

5.5.6 Gemeinsame Behandlung von gewerblichem bzw. industriellem mit häuslichem Abwasser

Die Gemeinden sind gesetzlich verpflichtet, alle auf ihrem Gebiet anfallenden Abwässer zu beseitigen. In der Regel werden die Abwässer aus Gewerbe und Industrie einer öffentlichen *Abwasseranlage* zugeführt (Indirekteinleitung). Gesetzliche Regelungen müssen sicherstellen, dass die Funktionssicherheit der aufnehmenden Kläranlage gewährleistet wird und für das Gewässer relevante Stoffe, die nicht in der kommunalen Kläranlage entfernt werden können, schon im Vorfeld begrenzt werden.

5.5.6.1 Rechtliche Grundlagen

Das Wasserhaushaltsgesetz [WHG 2009] fordert in § 7a für das Einleiten von Abwasser eine Reinigung entsprechend dem Stand der Technik. Die Abwasserverordnung [2004] legt in Anhängen für bestimmte Herkunftsbereiche von Abwässern den Stand der Technik fest. Die Länder haben sicherzustellen, dass bei Indirekteinleitung dieser Abwässer die Reinigung nach dem Stand der Technik vor seiner Vermischung, d. h. vor der Einleitung in öffentliche Abwasseranlagen, erfolgt.

In den Entwässerungssatzungen der Gemeinden werden zum Schutz der Abwasseranlagen und deren Betrieb Anforderungen an das Abwasser aus dem nichthäuslichen Bereich gestellt (Tabelle 5.5-32). In der Regel werden die Entwässerungssatzungen in Anlehnung an [DWA M 115 2005] aufgestellt.

5.5.6.2 Abwasservorbehandlung

Jeder Indirekteinleiter kann über betriebliche Maßnahmen den Gehalt problematischer Abwasserinhaltsstoffe minimieren. Dazu gehören der Ersatz stärker belasteter Roh- und Hilfsstoffe, die Verringerung des Schadstoffanteils durch geänderte Produktionsverfahren, die Minderung von Produktionsverlusten, die Schließung von Kreisläufen und die Rückführung oder Rückgewinnung bestimmter Inhaltsstoffe.

Können die Richtwerte der Entwässerungssatzung und/oder die Einleitbedingungen gemäß des

Tabelle 5.5-31   Filterbettaufbau für übliche Raumfilter [ATV A 203 1995]

abwärts durchströmt **Einschichtfilter** Schichthöhe 0,8–1,2 m		**Zweischichtfilter** obere Schicht Schichthöhe 0,8–1,0 m		aufwärts durchströmt Schichthöhe 1,2–3,0 m		**Trockenfilter** abwärts durchströmt obere Schicht Schichthöhe 1,0–1,2 m	
Material	Körnung [mm]	Material	Körnung [mm]	Material	Körnung [mm]	Material	Körnung [mm]
Filtersand	1,0–1,6 1,0–2,0	Anthrazit Blähschiefer Blähton Bims untere Schicht Schichthöhe 0,4–0,6 m	1,4–2,5 1,4–2,5 1,4–2,5 2,5–3,5	Filtersand	2,0–3,15	Anthrazit Blähton Blähschiefer untere Schicht Schichthöhe 0,4–0,6 m	2,5–4,0 2,5–4,0 2,5–4,0
		Material	Körnung [mm]			Material	Körnung [mm]
		Filtersand	0,71–1,25			Filtersand Basalt	1,0–2,0 1,0–2,0

Stützschicht[1]
Material: Basalt, Filterkies
Schichthöhe [m]: 0,2–0,3

[1] Notwendigkeit und Korngröße in Abhängigkeit von Filterböden und Filtermaterial zu wählen

relevanten Anhangs der Abwasserverordnung [2004] trotzdem nicht eingehalten werden, ist eine Vorbehandlung durchzuführen, die i. d. R. aus der Kombination mehrerer Grundoperationen (Tabelle 5.5-33) besteht. Da der Abwasseranfall und die Zusammensetzung meist schwanken, sollte vor der Behandlung ein *Mengen- und Konzentrationsausgleich* durchgeführt werden.

Bei der *Emulsionsspaltung* wird durch die Zugabe hydrolysierender, mehrwertiger Ionen die Oberflächenladung der Emulsion herabgesetzt und so eine Koaleszenz ermöglicht. Die entstehenden Flocken werden mittels Filtrationsverfahren abgetrennt.

Mit der *Fällung* werden in einer chemischen Reaktion gelöste in ungelöste Stoffe überführt. Die dabei entstehenden feindispersen oder kolloidal verteilten Stoffe lassen sich in der anschließenden *Flockung* nach Zugabe von Elektrolyten (meist dreiwertige Eisen- oder Aluminiumsalze) in sedimentierbare Flocken überführen. Hauptanwendungsgebiet ist die Metall- und Phosphatfällung.

Die *Neutralisation* bzw. die Einstellung des pH-Wertes durch Zugabe von Säuren oder Laugen ist entscheidend für die Wirksamkeit der Ausfällungsreaktion bei metallhaltigen Abwässern, Reduktions- und Oxidationsreaktionen sowie der biologischen Abwasserreinigung.

Die *Oxidation* wird vornehmlich zur Behandlung cyanid- und nitrithaltiger Abwässer mit Wasserstoffperoxid, Ozon oder Corat als Oxidationsmittel gewählt. Eine Verminderung des biologisch schwer abbaubaren CSB ist ebenfalls möglich.

Ionenaustauscher bestehen i. Allg. aus Adsorberharzen mit funktionellen Gruppen, die dissoziierbare Anteile enthalten. Beim Ionenaustausch werden bestimmte Ionen aus der zu behandelnden Lösung entfernt und dafür die dissoziierbaren Anteile freigesetzt. Beladene Ionenaustauscher können regeneriert werden, wobei das Regenerat seinerseits weiterbehandelt werden muss. Einsatzgebiete sind z. B. die Entsalzung und die Rückgewinnung von Metallen aus Spülwässern.

Zu den *Membranverfahren* zählen die Mikrofiltration (MF) und Ultrafiltration (UF), bei der die Porenweite die Trenngrenze bestimmt, sowie die Nanofiltration (NF) und Umkehrosmose (UO), deren Trenneffekt durch die Diffusionskoeffizienten der einzelnen Komponenten bestimmt wird. Mit der UO ist der Rückhalt gelöster Salze möglich.

Bei der *Extraktion* wird dem Abwasser eine mit dem Abwasser nicht mischbare Lösung zugegeben mit dem Ziel, eine oderer mehrere Komponenten aus dem Abwasser in das Extraktionsmittel zu überführen.

Tabelle 5.5-32 Beschaffenheitskriterien für nicht häusliches Abwasser [DWA M 115 2005]

1. Allgemeine Parameter	
Temperatur	35 °C
pH-Wert	6,5 – 10,0
2. organische Stoffe und Stoffkenngrößen	
Schwerflüchtige lipophile Stoffe gesamt Kohlenwasserstoffe	300 mg/L
*Kohlenwasserstoffe	100 mg/L
gesamt soweit weitergehende Entfernung erforderlich	20 mg/L
*Adsorbierbare organisch	1 mg/L
gebundenen Halogene (AOX)	
*Leichtflüchtige halogenierte Kohlenwasserstoffe (LHKW)	
*Phenolindex, wasserdampfflüchtig Farbstoffe	0,5 mg/L
Organische halogenfreie Lösemittel	100 mg/L
	In sehr niedrigen Konzentrationen, sodass der Vorfluter visuell nicht gefärbt erscheint
	10 g/L als TOC
3. Anorg. Stoffe (gelöst oder ungelöst)	
*Antimon (Sb)	0,5 mg/L
*Arsen (As)	0,5 mg/L
*Barium	5 mg/L
*Blei (Ba)	1 mg/L
*Cadmium (Cd)	0,5 mg/L
*Chrom (Cr)	1 mg/L
*Chrom-VI (Cr)	0,2 mg/L
*Cobalt (Co)	2 mg/L
*Kupfer (Cu)	1 mg/L
*Mangan (Mn)	1)
*Nickel (Ni)	1 mg/L
*Selen (Se)	1)
*Silber (Ag)	1)
*Quecksilber (Hg)	0,1 mg/L
*Zinn (Sn)	5 mg/L
*Zink (Zn)	5 mg/L
*Thallium (Tl)	1)
*Vanadium (V)	1)
Aluminium und Eisen (Al + Fe)	2)
7. Weitere anorganische Stoffe	
NH_4-N + NH_3-N	100 mg/L < 5000 EW
	200 mg/L > 5000 EW
NO_2-N	10 mg/L
*Cyanid, leicht freisetzbar (Cn)	1 mg/L
Sulfat (SO_4)	600 mg/L, Abwasseranlagen ohne HS-Zement
	3000 mg/L, Abwasseranlagen in HS-Zement-Ausführung
*Sulfid, leicht freisetzbar (S^{2-})	2 mg/L
Fluorid, gelöst (F)	50 mg/L
Phosphor gesamt (P)	50 mg/L
8. Chemische und biochemische Wirkungskenngrößen	100 mg/L
Spontane Sauerstoffzehrung Aerobe biologische Abbaubarkeit	1)
Nitrifikationshemmung	Bei häufiger, signifikanter Hemmung der Nitrifikation:

* Parameter mit Anforderungen nach dem Stand der Technik in den Anhängen zur Rahmen-AbwasserVwV
1) Auf die Nennung eines Richtwertes wird verzichtet.
2) Keine Begrenzung, soweit keine Schwierigkeiten bei der Abwasserableitung und -reinigung auftreten
Allgemein: In Einzelfällen können sowohl höhere als auch niedrigere Werte erlassen werden.

Tabelle 5.5-33 Grundoperationen der Stofftrennung [ATV-Handbuch 1997 b]

Materie	physikalisch-chemisch			biologisch
	ungelöst (absetzbare Stoffe, Schwimmstoffe)	(suspendierte Stoffe)	gelöst (organisch, anorganisch)	gelöst und ungelöst (organisch, biologisch abbaubar)
Grund-operationen	Rechen- und Siebverfahren Sedimentation Filtration Flotation Zentrifugation Leichtstoffabscheidung	Fällung, Flockung Emulsionsspaltung Flockungsfiltration	Neutralisation Oxidation Reduktion Adsorption Ionenaustausch Membranverfahren Extraktion Strippen Thermische Verfahren	aerob (Belebung, Tropfkörper) anaerob

Beim *Strippen* werden flüchtige Bestandteile (z. B. Ammoniak oder flüchtige Organika) aus der Flüssig- in die Gasphase überführt. In der Regel ist darauf eine Behandlung des Strippgases erforderlich.

Mit den *thermischen Verfahren* (Verbrennung, Nassoxidation) können die organischen Bestandteile bis zur vollständigen Mineralisation oxidiert werden.

5.5.7 Bemessungsbeispiel

5.5.7.1 Grundlagen

Gegeben: 150000 EW; mittlerer jährlicher Schmutzwasserabfluss $Q_{S,aM} = 20000$ m³/d; an 85% der Tage unterschrittener Tagesabfluss $Q_{t,d,85} = 56000$ m³/d; $f_{S,QM} = 3,5$: Mischwasserabfluss im Regenwetter $Q_m = 4000$ m³/h; Konzentrationen Ablauf Vorklärung (einschl. Rückbelastung aus der Schlammbehandlung): $C_{BSB,ZB} = 250$ mg/l; $X_{TS,ZBo} = 200$ mg/l; $S_{TKN,ZB} = 65$ mg/l; $S_{NH4,ZB} = 45$ mg/l; $S_{NO3,ZB} = 0$ mg/l; $S_{KS,ZB} = 7,5$ mmol/l; 6 mg P/l sind durch Simultanfällung zu entfernen.

Reinigungsziel: Nitrifikation und Denitrifikation bei 12°C; $S_{NO3,NK} = 12$ mg/l.

Gewählt: Belüfteter Sandfang, Vorklärung; Belebungsanlage mit vorgeschalteter Denitrifikation und simultaner P-Fällung, $TS_{BB} = 4,0$ kg/m³; Nachklärung als horizontal durchströmtes Rundbecken.

5.5.7.2 Belüfteter Sandfang

Gewählt: $t_A = 10$-min; $V = Q_m/t_A = 4000/60 \cdot 10 = 667$ m³; gewählt: 3 Einheiten zu je 230 m³ mit Breite

2,4 m, Höhe 3,3 m, Sohlneigung 45° → $A \approx 6$ m² → L = 38,3 m. Einblastiefe 3,0 m; spez. Lufteintrag gewählt: 1,0 Nm³/(m³·h) → $Q_L = 3 \cdot 1,0 \cdot 230 = 667$ Nm³/h.

5.5.7.3 Vorklärung

Für weitestgehende Denitrifikation: $t_R = 0,5$ h → $V_{VK} = 0,5 \cdot 4000 = 2000$ m³; gewählt: 3 Einheiten zu je 700 m³ mit Tiefe 2,5 m und Breite 8 m → Länge 35 m.

5.5.7.4 Nachklärung

Gewählt: Schildräumer, ISV = 120 ml/g, Eindickzeit $t_E = 2$ h → $TS_{BS} = 10,5$ kg/m³ → $TS_{RS} = 7,35$ kg/m³ → RV = 1,2. Da horizontal durchströmt: $q_{SV} = 500$ l/(m²·h) → $q_A = 1,04$ m/h → $A_{NB} = 3846$ m²; gewählt: 3 Becken mit Durchmesser d = 40 m → $q_{A,vorh} = 1,06$ m/h, $q_{SV,vorh} = 508$ l/(m²·h) → Beckentiefen: $h_1 = 0,50$ m; $h_2 = 2,2$ m; $h_3 = 0,99$ m; $h_4 = 1,74$ m → $h_{ges} = 5,43$ m im 2/3-Punkt des Fließweges (> 3,0 m). Ablaufrinnenlänge (einseitige Anströmung gewählt) $L_{erf} = 4000/10 = 400$ m < $L_{vorh} = 3 \cdot p \cdot 45 = 424$ m.

5.5.7.5 Belebungsbecken

– Ausbaugröße >100000-EW: $t_{TS,aer} = 6,6$ d.
– Stickstoffbilanz: $S_{NO3,DN} = 65 + 0 + 0-12-0,05 \cdot 250 (2 + 1) = 37,5$ mg/l.
– Denitrifikationskapazität: NO₃ $N_D/BSB_5 = 0,15$.
– Erforderliches $V_D/V_{BB} = 0,5$ → $t_{TS} = 14$ d.
– Überschussschlammproduktion. Gewählt: Fällung mit Eisensalzen → $ÜS_{d,P,Fe} = 0,082$ kg TS/

kg BSB_5; $X_{TS,ZB}/C_{BSB,ZB} = 0,8 \rightarrow \ddot{U}S_{d,C} =$ 0,834 kg TS/kg BSB_5; $\ddot{U}S_B = 0,082 + 0,834 = 0,916$ kg TS/kg BSB_5.

- Belebungsbeckenvolumen: $B_{TS} = 0,0654$ kg/ (kg · d); $B_{d,BSB5} = 14000$ kg/d $\rightarrow$ $V_{BB} = 44884$ m³; $V_D = V_N = 22442$ m³; gewählt: 4 parallele Straßen zu je 11250 m³ (Tiefe 4,5 m; Breite 25 m; Länge 100 m).
- Sauerstoffverbrauch OV: nur Nitrifikation: $NO_3\text{-}N_e = 65\text{-}0,05\cdot250 - (2 + 1) = 49,5$ mg/l; $f_C = 1,16$; $f_N = 1,56$.

Maßgebender Sauerstoffverbrauch OV (Tabelle 5.5-34) bei 10°C: OV = $1/24\cdot2,97\cdot14000 = 1732$ kg O_2/h, bei 20°C: OV = $1/24\cdot2,74\cdot14000 = 1598$ kg O_2/h.

- Sauerstoffzufuhr OC: gewählt: feinblasige Rohrbelüfter; $OC_{L,h} = 17$ g/(Nm³·m), OP = 3,2 kg/ kWh (Reinwasser, günstige Bedingungen); a = 0,6; $C_x = 2$ mg/l; Einblastiefe = 4,2 m. O_2-Sättigungswert bei 10°C: 11,29 mg/l, bei 20°C: 9,09 mg/l (Einfluss der Einblastiefe nicht berücksichtigt).
  $OC_{10°C} = 1732/0,6\cdot11,29/(11,29\text{-}2) = 3508$ kg O_2/h maßgebend.
  $OC_{20°C} = 1598/0,6\cdot9,09/(9,09\text{-}2) = 3414$ kg O_2/h $\rightarrow Q_L = 3508 \cdot 1000/(17 \cdot 4,2) = 49131$ Nm³/h; gewählt: 8 Gebläse mit je 7200 Nm³/h (davon 1 Gebläse als Reserve); Energiebedarf = 3508/ 3,2 = 1096 kWh/h.
- Überprüfung der Säurekapazität: Nitrifikation bei 10°C; Eisenzugabe = $2,7\cdot(6\text{-}0,5\text{-}250\cdot0,01) = 8,1$ mg/l; $K_{Se} = 7,5\text{-}0,07\cdot(45\text{-}1 + 49,5) + 0,06\cdot 8,1\text{-}0,03\cdot3 = 1,35$ mmol/l $< K_{Se,erf} = 1,5$ mmol/l $\rightarrow$ Im ungünstigsten Fall ist die Zugabe von Kalkmilch vorzusehen.
  Nitrifikation und Denitrifikation bei 10°C; Eisenzugabe = 8,1 mg/l; $K_{Se} = 7,5\text{-}0,07 \cdot (45\text{-}1 + 12) + 0,06 \cdot 8,1\text{-}0,03\cdot3 = 3,98$ mmol/l $> K_{Se,erf}$ = 1,5 mmol/l.

5.5.8 Entwässerungsverfahren

Abwasser wird in Kanalisationen zur Kläranlage geleitet. Bei der Planung und Sanierung von Entwässerungssystemen wird zwischen Misch- und Trennkanalisation unterschieden. Weiterhin existieren dazwischen modifizierte Misch- und Trennsysteme [ATV A 105 1997]. Gemäß WHG vom 01. März 2010, § 55 ist eine Vermischung von Schmutz- und Niederschlagswasser nicht zulässig. Entsprechende Verwaltungsvorschriften für Sonder- und Übergangsregelungen stehen jedoch noch aus.

5.5.8.1 Mischkanalisation

Schmutz- und Regenwasser wird zusammen in einem Kanal zur Kläranlage abgeleitet. Aufgrund der begrenzten Leistungsfähigkeit der Kläranlage und um aus technischen und wirtschaftlichen Erfordernissen den Kanalquerschnitt zu begrenzen, werden in der Mischkanalisation an geeigneten Stellen Regenentlastungsbauwerke oder Regenrückhalteräume angeordnet. Unverschmutztes Wasser (z.B. aus Quellen, Brunnen, Dränwasser) darf nicht in den Mischwasserkanal eingeleitet werden [ATV A 105 1997].

Vorteile der Mischkanalisation:

- Kostenersparnis, da nur jeweils eine Leitung verlegt wird (abgesehen von Regenüberlaufkanälen),
- Betriebskosten günstiger als Trennkanalisation,
- kleinere Niederschlagsereignisse werden einer Behandlung auf der Kläranlage unterzogen,
- verschmutztes Regenwasser von z.B. Straßenflächen wird einer Behandlung auf der Kläranlage unterzogen.

Nachteile der Mischkanalisation:

- ungleichmäßige Belastung der Kläranlage durch unterschiedlich anfallende Mischwassermengen aufgrund des variablen Regenwasseranfalls,

Tabelle 5.5-34 Ermittlung des maßgebenden Sauerstoffverbrauches

Lastfall	$f_C = 1,16$ und $f_N = 1,0$ OV$_h$ kgO$_2$/kgBSB$_5$	$f_C = 1,0$ und $f_N = 1,56$ OV$_h$ kgO$_2$/kg BSB$_5$
Nitrifikation 10°C	2,60	2,97
Nitrifkation und Denitrifikation 20°C	2,29	2,74

– Regenüberläufe zur Entlastung der Mischwasserkanäle erforderlich, dadurch kann ungereinigtes Abwasser in die Gewässer gelangen,
– auch weniger verschmutztes Niederschlagswasser wird in der Kläranlage gereinigt.

5.5.8.2 Trennkanalisation

Schmutz- und Regenwasser wird jeweils in einem separaten Kanal abgeführt, wobei das Regenwasser auf kürzestem Weg in den Vorfluter eingeleitet werden soll. Das Schmutzwasser wird der Kläranlage zugeführt und dort gereinigt.

Vorteile der Trennkanalisation:

– Betrieb der Kläranlage günstiger, da nur das Schmutzwasser gereinigt wird.

Nachteile der Trennkanalisation:

– höhere Bau- und Betriebskosten,
– Fehlanschlüsse möglich (Schmutzwasser-Hausanschluss an Regenwasserleitung, Regenwasser-Hausanschluss an Schmutzwasserleitung).

5.5.8.3 Sonderverfahren

Das anfallende Regenwasser wird am Ort der Entstehung vollständig oder teilweise verwertet oder versickert. Dabei werden zwei Entwässerungszonen unterschieden:

(1) verschmutztes Regenwasser und
(2) nicht schädlich verunreinigtes Regenwasser.

Qualifiziertes Trennverfahren

Das Schmutzwasser wird im Schmutzwasserkanal abgeleitet. Regenwasser aus (1) wird zu einer Regenwasserbehandlung oder ggf. zur Kläranlage abgeführt, Regenwasser aus (2) wird versickert, genutzt oder in Gewässer eingeleitet.

Qualifiziertes Mischverfahren

Schmutzwasser und Regenwasser aus (1) werden zur Kläranlage abgeleitet, Regenwasser aus (2) versickert, genutzt oder in Gewässer eingeleitet.

Druck- und Vakuumentwässerung

Die Anwendung erfolgt in Gebieten mit schwierig bzw. kostenintensiv zu verlegenden Freispiegelkanälen für Schmutzwasser. Bei der Druckentwässerung wird jedes Haus mit einer kleinen Pumpstation ausgerüstet, die das Schmutzwasser in eine Druckrohrleitung fördert. Bei der Vakuumentwässerung wird dagegen das Schmutzwasser durch eine zentrale Vakuumanlage abgesaugt. Regenwasser aus (2) wird versickert, genutzt oder in Gewässer eingeleitet. Üblicherweise werden sowohl bei Druck- als auch Vakuumentwässerungsverfahren Toiletten mit Wasserspülungen verwendet. Das Schmutzwasser fließt im freien Gefälle einem Sammeltank zu und wird von dort gepumpt oder abgesaugt. Im Zusammenhang mit neuen Sanitärkonzepten bietet die Vakuumentwässerung darüber hinaus die Möglichkeit, Luft als Transportmedium einzusetzen.

5.5.8.4 Wahl des Entwässerungsverfahrens

Unabhängig von den grundsätzlichen Vor- und Nachteilen der Entwässerungssysteme sollten bei der Auswahl im Einzelnen folgende Aspekte beachtet werden [ATV A 105 1997], s. auch Tabelle 5.5-35:

– Die Anwendung des Mischverfahrens erfolgt vorzugsweise in kleinen ländlichen Gemeinden (Trennkanalisation zu aufwändig) sowie in Stadtkerngebieten (Regenwasser stark verschmutzt).
– Das Trennverfahren wird hauptsächlich in Städten, Industriegebieten und Siedlungen längs eines Wasserlaufes eingesetzt.

5.5.9 Abwasseranfall und Kanalnetzberechnung

Mögliche Grundlagen für die Bestimmung von maßgebenden Wassermengen und Berechnungslastfällen bieten das Arbeitsblatt DWA A 118 sowie die DIN EN 752.

5.5.9.1 Trockenwetterabfluss

Der Trockenwetterabfluss (Q_t) setzt sich aus den Komponenten häusliches Schmutzwasser (Q_h), gewerbliches und industrielles Schmutzwasser (Q_{i+g}) sowie Fremdwasser (Q_f) zusammen. Q_h und Q_{i+g} bilden zusammen den Schmutzwasserabfluss Q_s.

Tabelle 5.5-35 Kriterien für die Wahl des Entwässerungssystems

	Trennsystem	Mischsystem
Verschmutzung der Oberflächen		
– Wohngebiete	x ohne RW-Behandlung	x
– Industrie-/ Gewerbegebiete	x mit RW-Behandlung	x
Belastbarkeit der Gewässer		
– hoch	x	x
– normal	x	x
– gering	x mit RW-Behandlung	x mit weitergehender RW-Behandlung
Kläranlage mit		
– guter Pufferungswirkung	x	x
– schlechter Pufferungswirkung	x	–
Kanäle zum Gewässer		
– kurz	x	–
– lang	–	x
Gefälle im Einzugsgebiet		
– gering	x	–
– gut	x	x
Grundwasserstand		
– hoch	x	–
– tief	x	x
Siedlungsdichte		
– hoch	x	x
– gering	x	–
Straßen, Gassen		
– breit	x	–
– schmal	–	x
Trennung der Abwasserarten		
– gut möglich	x	–
– schlecht möglich	–	x
Schmutzwasserzuflüsse von außen-liegenden Gebieten		
– keine	x	x
– große	x	x mit weitergehender RW-Behandlung
– große mit starker Verschmutzung	x	x mit weitergehender RW-Behandlung

Häusliches Schmutzwasser

Die häusliche Schmutzwassermenge Q_h entspricht ungefähr dem Trinkwasserverbrauch. Abzuziehen ist der Verbrauch an Trinkwasser für Bewässerung. Hinzuzufügen ist das in privaten Brunnen geförderte Wasser. Für den Ansatz einer einwohner- oder flächenspezifischen Schmutzwasserabflussspende können lokal repräsentative Werte z. B. durch Auswertung von Pumpwerksdaten gewonnen werden.

Die Schmutzwasserkanalisation wird nach dem maximalen stündlichen Abfluss bemessen, der abhängig von der Siedlungsgröße ist (vgl. Tabelle 5.5-2).

Nach DWA A 118 wird der häusliche Abwasseranfall anhand von Richtwerten ermittelt:

$$Q_h = \frac{q_h \cdot D \cdot A_{E1}}{1000} \quad \text{(in l/s)} \quad (5.5.44)$$

mit

Q_h	häuslicher Schmutzwasserabfluss	l/s
q_h	spezifischer Spitzenabfluss l/(s*1000 E) Richtwert = 4 – 5 l/(s*1000 E)	
D	Siedlungsdichte	E/ha
A_{E1}	Einzugsfläche des Wohngebietes	ha

Bei speziellen Gemeinschaftseinrichtungen, wie Krankenhäusern oder Gaststätten, kann ggf. auf entsprechende Tabellenwerte zurückgegriffen werden (z. B. DIN 4261).

Gewerbliches und industrielles Schmutzwasser
Bei bestehenden Betrieben wird die Schmutzwassermenge Q_{g+i} durch Befragen der Betreiber oder durch Messen festgestellt. Dabei sind auch Zuschläge für eventuelle Erweiterungen zu berücksichtigen. Für geplante Gewerbe- und Industriebetriebe wird auf Erfahrungswerte nach DWA A 118 (03/2006) oder, wenn vorhanden, auf Messwerte vergleichbarer Gebiete zurückgegriffen.

Betrieb mit geringer Wasserabnahme:
$q_{g+i} = 0,2$ l/(s*ha) bis $0,5$ l/(s*ha)

Betrieb mit mittlerer bis hoher Wasserabnahme:
$q_{g+i} = 0,5$ l/(s*ha) bis $1,0$ l/(s*ha)

Angegebene Werte sind Tagesspitzenwerte bezogen auf die kanalisierte Einzugsgebietsfläche, ohne Kühlwasser.

$$Q_{g+i} = q_{g+i} * A_{E2} \quad (l/s) \tag{5.5.45}$$

mit
Q_{g+i} gewerbl. + ind. Schmutzwasserabfluss l/s
q_{g+i} Abflussspende l/(s*ha)
A_{E2} Einzugsfläche des Gewerbe-
und Industriebetriebes ha

Fremdwasser
Als Fremdwasser bezeichnet man in den Schmutzwasserkanal eindringendes Grundwasser (z. B. bei undichten Kanälen), Regenwasser (aus Fehlanschlüssen) sowie Oberflächenwasser (z. B. über Schachtabdeckungen).

Im Arbeitsblatt DWA A 118 sind verschiedene Möglichkeiten beschrieben, Fremdwasserzuflüsse für Neuplanungen zu quantitativ abzuschätzen. Teilweise ist es üblich, bei der Dimensionierung der Schmutzwasserkanalisation einen Zuschlag von 100% zu Q_s anzusetzen.

Auskunft über eventuell zu berücksichtigende Fremdwassermengen im Bestand gewinnt man über Abflussmessungen oder Auswertung von Pumpwerksdaten.

Bei der Bemessung von Mischwasserkanälen ist Fremdwasser i. d. R. vernachlässigbar, da Fehlanschlüsse nicht möglich sind und Wasser aus Drä-

nagen und Außengebieten nicht eingeleitet werden dürfen.

5.5.9.2 Ermittlung des Regenabflusses

Die Regenabflüsse sind abhängig von der Regenintensität und der Oberflächenbeschaffenheit (Neigung und Versiegelung) des Einzugsgebietes. Der Anteil der abflusswirksamen Regenmengen wird durch den Abflussbeiwert angegeben.

Regenabfluss
Der Regenabfluss Q_r berechnet sich zu:

$$Q_r = \psi \cdot r_{T(n)} \cdot A_E \quad (\text{in l/s}) \tag{5.5.46}$$

mit
Q_r Regenabfluss l/s
Ψ Abflussbeiwert –
$r_{T(n)}$ Regenspende l/(s*ha)
A_E Einzugsgebiet ha

Regenspende
Die Regenspende r berechnet sich zu

$$r = 166,67 \cdot i \quad (\text{in l/(s·ha)}), \tag{5.5.47}$$

wobei sich die Regenstärke i ergibt aus:
$i = h_R/T \quad (\text{mm/min})$
mit
i Regenstärke mm/min
h_R Regenhöhe mm (entspricht l/m²)
T Regendauer min

Dank einer statistischen Auswertung langjähriger Aufzeichnungen von Regenschreibern ließ sich ein Zusammenhang zwischen Regenspende r, Regenhäufigkeit n und Regendauer T feststellen (sog. Regenreihen). Als charakteristischer Wert gilt die Regenspende, die bei 15 Minuten Regendauer einmal im Jahr erreicht oder überschritten wird.

Das Verhältnis einer beliebigen Regenspende $r_{T(n)}$ zu $r_{15, (n = 1)}$ wird als *Zeitbeiwert* φ bezeichnet. Es gilt:

$$\varphi = \frac{38}{T+9} \cdot (n^{-0,25} - 0,369). \tag{5.5.48}$$

mit
φ Zeitbeiwert –
T Regendauer min
n Häufigkeit 1/a

Tabelle 5.5-36 Örtliche Regenspenden [nach Schneider 2008]

Ort	$r_{15(1)}$ l/(s*ha)	Ort	$r_{15(1)}$ l/(s*ha)
Augsburg	120	Heilbronn	104
Berlin	94	Kassel	109
Bitterfeld	95	Kiel	76
Bonn (108)	115	Konstanz (150)	
Braunschweig	91	Leipzig	97
Bremen (108)	78	Lübeck (106)	90
Dortmund (84)	84	Mainz (117)	105
Dresden	102	Minden	84
Duisburg	104	München (135)	117
Düsseldorf	102	Nürnberg	90
Essen (96)	89	Oldenburg (108)	
Flensburg (100)		Osnabrück (150)	96
Frankfurt (120)	115	Passau (123)	
Görlitz	107	Saarbrücken (135)	88
Halle	84	Stuttgart (126)	133
Hamburg (99)	87	Tübingen (200)	
Hannover (100)	95		

Werte in Klammern sind Ergebnisse neuerer Auswertungen nach (A118).

Die Gleichung gilt für Häufigkeiten von n = 0,05 bis n = 4 und Regendauern T ≤ 150 min

Berechnungsregendauer
Die maßgebliche Berechnungsregendauer ist abhängig von der Geländeneigung und dem befestigten Flächenanteil (vgl. Tabelle 5.5-37).

Regenhäufigkeit
Die für Berechnungen mit Block- oder Modellregen geltende Annahme, dass ein Niederschlagsereignis mit Auftrittswahrscheinlichkeit n auch ein Abflussereignis mit gleicher Auftrittswahrscheinlichkeit zur Folge hat, ist nicht korrekt. Generell spielt es also keine Rolle, mit welcher Auftrittswahrschein-

lichkeit ein Regen gewisser Intensität erreicht wird. Entscheidend für die Beurteilung eines Schadenpotenzials ist, wie oft ein Kanal überstaut. Diese Frage kann mit statistisch aufbereiteten künstlichen Regen also nicht beantwortet werden. Daher wird mit hydrodynamischen Modellen die Überstauhäufigkeit (Nachweis Wasserspiegel ≥ Geländeoberkante) ermittelt, vgl. Tabelle 5.5-38. Dabei wird zwischen der Dimensionierung von Neubauten und der tolerierbaren Überlastung bestehender Kanäle (Mindestleistungsfähigkeit) für jeden Schacht unterschieden. Der Nachweis erfolgt mit einer Vielzahl gemessener Regen (Langzeitsimulation) [Wendehorst 1996].

Spitzenabflussbeiwert
Durch den Spitzenabflussbeiwert Ψ_S wird das Ableitungsvermögen einer Entwässerungsfläche charakterisiert.
Es gilt:

$$\psi_S = \frac{\text{max. Regenabflussspende}}{\text{max. Regenspende}}. \qquad (5.5.49)$$

Ψ_S ist abhängig von:

- Anteil der befestigten Flächen (Dächer, Straßen, Einfahrten usw.),
- mittlere Geländeneigung (größere Neigung führt zu einem höherem Abflussbeiwert),
- Regenstärke und Regendauer.

Die Neigung des Entwässerungsgebietes wird in 4 Gruppen unterteilt:

Gruppe	mittlere Geländeneigung I_g
1	$I_g < 1\%$
2	$1\% \le I_g \le 4\%$
3	$4\% < I_g \le 10\%$
4	$I_g > 10\%$

In bebauten Gebieten beträgt Ψ_S mindestens 0,35.

Tabelle 5.5-37 Erforderliche Regendauer T_B [nach ATV A 118]

Geländegruppe	1		2	3	4	
Geländegefälle in %	< 1		1 bis 4	4 bis 10	> 10	
Anteil der befestigten Flächen in %	≤ 50	> 50	> 0		≤ 50	> 50
Mindestregendauer min T in min.	15	10				5
Bemessungsregen	r_{15}	r_{10}				r_5

Tabelle 5.5-38 Maßgebliche Regen-, Überstau- und Überflutungshäufigkeiten [nach Wendehorst, 1996]

Art der Nutzung Angaben in 1/a; z.B. bedeutet n ≤ 0,33: in 1/0,33 = 3 Jahren einmal aufgetreten	A 118 Regenhäufigkeit	ATV A.Gr. 1.2.6. Überstauhäufigkeit		DIN EN 752 T.2	
		Mindest-leistungs-fähigkeit	Neu- und Umbauten	Regen-häufigkeit	Überflutungs-häufigkeit
ländliche Baugebiete	–	–	–	1,0	0,10
allgemeine Baugebiete (Wohngebiete bei EN)	1,0 bis 0,5	≤ 0,50	≤ 0,33	0,50	0,05
Stadtzentrum, Gewerbe, Industrie	1,0 bis 2,0	≤ 0,33	≤ 0,20	0,50	0,033
bei EN: Überflutungsnachweis kann entfallen	–	–	–	0,20	–
Außengebiete (Straßen außerhalb)[1]	1,0	≤ 1,0	≤ 0,5	–	–
Unterführungen, U-Bahnen (Vorflut)[2]	0,2 bis 0,05	≤ 0,20	≤ 0,10	0,10	0,02

[1] bei A 118 (7.77) außerhalb bebauter Gebiete
[2] bei A 118 (7.77)

Ermittlung der Einzugsflächen

Der Abwasseranfall (Schmutz- und Regenwasser) wird entsprechend der zugehörigen Einzugsgebietsfläche ermittelt. Zunächst werden die Kanaltrassen in den Lageplan eingetragen und die Einzugsgebiete für jede Haltung (Kanalabschnitt zwischen zwei Schächten) bestimmt. Ausgehend von den Eckpunkten der Einzugsgebietsflächen wird die Winkelhalbierende gezeichnet und die Schnittpunkte miteinander verbunden (vgl. Abb. 5.5-12). Die entstandenen Flächen werden ausgemessen. Bei der Einzugsflächenermittlung für die Regenwasserkanalisation sind ggf. die Geländeneigung bzw. Höhenlinien zu berücksichtigen. Informationen über die Anschlusssituation im Bestand liefern z. B. Grundstücksakten.

5.5.9.3 Kanalnetzberechnung

Allgemeines

Die Berechnung erfolgt, sofern sie nicht computergestützt durchgeführt wird, in Listenform. Generell können anhand von Listen nur vereinfachte Berechnungsmethoden ohne Druckabflussverhältnisse durchgeführt werden. Für den Nachweis der Überstauhäufigkeit werden hydrodynamische, computergestützte Berechnungsmodelle benötigt.

Im Folgenden werden die gebräuchlichsten einfachen Verfahren aufgeführt. Dabei wird die Berechnung des Schmutzwasserabflusses so durchgeführt wie in Abschn. 5.5.9.1 erläutert. Die Ermittlung des Regenabflusses kann je nach Größe des zu berechnenden Kanalnetzes von der in Abschn. 5.5.9.2 beschriebenen Darstellung abweichen.

Anwendungshilfen zu den nachfolgend beschriebenen Verfahren sind (nach [Schneider 2008]):

Listenrechnung:
gleichförmiges, kleines Netz, einfache hydraulische Verhältnisse (kein Rückstau, keine Vermaschung, keine oder wenige Sonderbauwerke), Fließzeit bis etwa 15 Minuten

Zeitbeiwertverfahren:
gleichförmiges, kleines bis mittelgroßes Netz, Fließzeit bis etwas 30 Minuten, sonst wie „Listenrechnung"

Zeitabflussfaktorverfahren:
wie Zeitbeiwertverfahren

Flutplanverfahren:
(Summenlinienverfahren):
gleichförmige und ungleichförmige kleine bis mittelgroße Netze, Fließzeit bis etwa 50 Minuten, sonst wie Zeitbeiwertverfahren

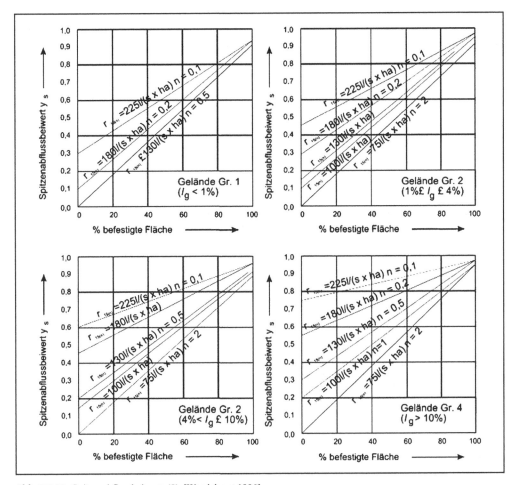

Abb. 5.5-11 Spitzenabflussbeiwerte Ψ_S [Wendehorst 1996]

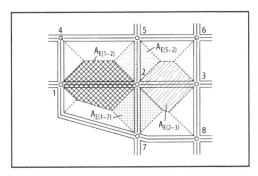

Abb. 5.5-12 Einzugsflächenermittlung [Kayser 1992]

Listenrechnung
Annahme für die Berechnung:
Gesamtfließzeit im Kanal < Regendauer T_B der Bemessungsregenspende (Listenkopf, Abbildung 5.5-13).

Zeitbeiwertverfahren
Annahme für die Berechnung:
Der größte Regenabfluss wird unter der Voraussetzung ermittelt, dass die Fließzeit im Kanalnetz gleich der maßgebenden Regendauer ist. Der Abflussbeiwert ist konstant.

1	2	3	4	5	6	7	8	9
Lfd. Nr. der Einzel- fläche	Name der Straße	Haltung von	bis	Länge	Einzel- fläche	Gesamt- fläche	Abfluss- beiwert	
		Schacht oben	unten	L	A_{Ez}	ΣA_{Ez}	ψ	$A_{Ez} \cdot \psi$
Nr.	–	Nr.	Nr.	m	ha	ha	–	ha

10	11	12	13	14	15	16	17	18
Schmutz- wasser- abfluss- spende	Zufluss von Fläche	Schmutzwasserabfluss einzeln	zus.	Fremd- wasser- abfluss	Trocken- wetter abfluss	Regenabfluss $r..(..) = ::: 1/(s \cdot ha)$ einzeln	zus.	Gesamt- abfluss
q_h	Nr.	Q_h	ΣQ_h	Q_f	Q_h	Q_f	ΣQ_f	Q_{ges}
l/s·ha)	Nr.		l/s	l/s	l/s	l/s	l/s	l/s

19	20	21	22	23	24	25	26
Abfluss in Fläche	Sohlen- gefälle	Form und Größe	Rauheit	Vollführung		Trocken- wetter- geschw.	Bemerkungen
	I_{So}		k_b	Q_v	v_v	v_f	
Nr.	‰	mm	mm	l/s	m/s	m/s	–

Abb. 5.5-13 Einfacher Listenkopf, nach [Schneider 1994]

Durch den veränderlichen Zeitbeiwert φ wird die Abminderung des Regenabflusses berücksichtigt (Veränderlichkeit der Regenspende mit der Regendauer).

Der Regenabfluss wird wie folgt ermittelt:

$$Q_r = r_{T(n)} \cdot \varphi_{T(n)} \cdot \Psi_S \cdot A_E \quad \text{(in l/s)} \quad (5.5.50)$$

mit

Q_r	Regenabfluss	l/s
$r_{T(n)}$	Regenspende	l/(s*ha)
Ψ	Abflussbeiwert	
φ	Zeitbeiwert	
A_E	Einzugsgebiet	ha

Die Regenspende und der Zeitbeiwert werden entsprechend 0 ermittelt. Für den Zusammenfluss zweier Kanäle gilt:

$Q_{r2} \le 0,111\, t_{f2} * Q_{r1}$, dann $Q_r = (Q_{r1} + Q_{r2} * t_{f1} * t_{f2}^{-1}) * \varphi_1$, weitere Rechnung mit t_{f1}

$Q_{r2} > 0,111\, t_{f2} * Q_{r1}$, dann $Q_r = (Q_{r1} + Q_{r2}) * \varphi_2$

Index 1 kennzeichnet den Kanal mit kürzeren, Index 2 mit der längeren Fließzeit. Q_{r1} und Q_{r2} sind rechnerische Abflüsse aus dem 15-Minuten-Regen.

In Abb. 5.5-14 ist der Listenkopf für das Zeitbeiwertverfahren dargestellt [1994].

Zeitabflussfaktorverfahren

Bei diesem Verfahren wird der Spitzenabflussbeiwert Ψ_S als veränderliche Größe eingesetzt. Auf diese Weise werden örtlich unterschiedliche und zeitlich veränderliche Einflüsse, wie Flächenneigung, Versickerung, Verdunstung, usw. berücksichtigt.

Aus dem Zeitbeiwert und dem Abflussbeiwert wurde der neue Zeitabflussfaktor $\varepsilon(n)$ entwickelt.

Annahme für die Berechnung:

Der größte Regenabfluss wird unter der Voraussetzung ermittelt, dass die Fließzeit im Kanalnetz gleich der maßgebenden Regendauer ist.

$$Q_r = 100 \cdot \varepsilon_{(n)} \cdot \Psi_S \cdot A_E \quad \text{(in l/s)} \quad (5.5.51)$$

mit

Q_r	Regenabfluss	l/s
$\varepsilon_{(n)}$	Zeitabflussfaktor	
Ψ	Abflussbeiwert	
A_E	Einzugsgebiet	ha

1	2	3	4	5	6	7	8	9	10
Lfd. Nr. der Einzelfläche	Name der Straße	Haltung		Länge		Einzelfläche	Gesamtfläche	Einwohner	
		von	bis	Einzeln	zus.			Dichte	Anzahl einzeln
		Schacht oben	unten	L	ΣL	A_{Ez}	ΣA_{Ez}	D	
Nr.	–	Nr.	Nr.	m		ha	ha	E/ha	E

11	12	13	14	15	16	17	18	19	20
Einwohner-Anzahl zus.	Schmutzwasserabflussspende	Abfluss beiwert		Zufluss von Fläche	Schmutzwasserabfluss				Fremdwasserabfluss
					Häuslich		gewerblich		
					Einzeln	zus.	Einzeln	zus.	
	q_h	ψ	$A_{Es} \cdot \psi$		Q_h	ΣQ_h	Q_S	ΣQ_S	Q_f
E	1/(s·ha)	–	ha	Nr.	1/s	1/s	1/s	1/s	1/s

21	22	23	24	25	26	27	28	29	30
Trockenwetterabfluss	Regenabfluss r..(..) = ...1/s·ha)		Zeitbeiwert			Fließzeit		Gesamtabfluss	Abfluss in Fläche
	Einzeln	zus.			Einzeln		zus.		
Q_f	Q_f	ΣQ_f	φ	$\varphi \cdot \Sigma Q_f$		t_f		Q_{ges}	
1/s	1/s	1/s	–	1/s	S	s	min	1/s	Nr.

31	32	33	34	35	36	37	38	39	40
Gefälle		Form und Größe	Rauheit	Vollfüllung		Trockenwetter geschw.	Regenwetter		Bemerkungen
Sohle	Wsp.						Geschw.	Füllhöhe	*siehe unten
I_{So}	I_w		k_b	Q_v	v_v	v_t	v_m	h_m	
‰	‰	mm	mm	1/s	m/s	m/s	m/s	cm	

Abb. 5.5-14 Listenkopf für das Zeitbeiwertverfahren, nach [Schneider 1994]. * bei Teilfüllung: $I_w = I_{so}$ $v = v_v$ setzen, wenn $0{,}5\,Q_v < Q < Q_v$

Der Zeitabflussfaktor $\varepsilon_{(n)}$ kann aus Tabelle 5.5-39 abgelesen werden.

Flutplanverfahren (Summenlinienverfahren)
Bei diesem Verfahren wird der größte Regenabfluss auf zeichnerische Weise ermittelt. Für jedes Teileinzugsgebiet (Haltung) wird eine zugehörige trapezförmige Abflussganglinie bestimmt. Durch Überlagerung der Ganglinien der einzelnen Haltungen (Flutplan) erhält man die Abflussganglinie und somit den maximalen Regenabfluss für die Bemessungsregenspende.

Computergestützte Modelle
Bei den bisher beschriebenen Verfahren wurden als Berechnungsziel jeweils Spitzenabflüsse be-rechnet. Bei komplizierteren hydraulischen Verhältnissen, die z. B. bei vermaschten Kanalnetzen bestehen oder wenn Einstau und Rückstau in Schächten und somit Druckabflussverhältnisse zu beachten ist, ist eine genauere, zeitabhängige Berechnung des Abflusses erforderlich. Dabei wird auf sog. Niederschlag-Abfluss-Modelle zurückgegriffen, mit deren Hilfe das Abflussgeschehen in Abhängigkeit der Zeit beschrieben werden kann.

Niederschlag-Abfluss-Modelle werden hauptsächlich bei der Nachrechnung großer, bestehender Netze angewendet. Die Feststellung rechnerischer Überlastungen kann als Indikator für Sanierungsbedarf dienen. Durch Messungen (Regen sowie Abflussverhältnisse im Kanal) und anschließende Kalibrierung (berechnete Daten werden mit Mess-

Tabelle 5.5-39 Zeitabflussfaktor $\varepsilon_{(n)}$ in Abhängigkeit von der Regenspende $r_{15(n)}$ bei 15 min Regendauer bzw. Regenhäufigkeit n und der Neigung I des Einzugsgebietes [nach Wendehorst, 1996]

Regendauer T (min)	Gruppe 1 $I_g < 1\%$ für $r_{15(n)}$ in l/(s*ha)				Gruppe 2 und 3 $1\% \le I_g \le 10\%$ für $r_{15(n)}$ in l/(s*ha)				Gruppe 4 $I_g > 10\%$ für $r_{15(n)}$ in l/(s*ha)			
	100 n = 1	130 0,5	180 0,2	225 0,1	100 n = 1	130 0,5	180 0,2	225 0,1	100 n = 1	130 0,5	180 0,2	225 0,1
0	1,070	1,400	1,540	1,585	1,200	1,410	1,730	2,600	1,190	1,420	2,130	2,840
5	1,070	1,400	1,540	1,585	1,200	1,410	1,730	2,600	1,190	1,420	2,130	2,840
7	1,070	1,400	1,540	1,585	1,150	1,410	1,730	2,600	1,155	1,420	2,130	2,840
10	1,070	1,350	1,540	1,585	1,075	1,370	1,730	2,600	1,085	1,390	2,080	2,760
15	0,945	1,160	1,350	1,400	0,947	1,175	1,595	2,195	0,945	1,190	1,700	2,245
20	0,790	0,995	1,140	1,185	0,794	1,000	1,415	1,780	0,805	1,025	1,435	1,830
25	0,680	0,865	0,992	1,050	0,684	0,880	1,225	1,520	0,700	0,900	1,240	1,550
30	0,605	0,765	0,886	0,950	0,610	0,775	1,055	1,315	0,615	0,785	1,070	1,330
40	0,485	0,610	0,751	0,815	0,490	0,618	0,812	1,020	0,500	0,625	0,820	1,040
50	0,395	0,500	0,640	0,710	0,400	0,510	0,660	0,835	0,410	0,520	0,670	0,855
60	0,325	0,425	0,550	0,625	0,330	0,435	0,560	0,692	0,340	0,445	0,570	0,712
70	0,285	0,370	0,470	0,545	0,290	0,379	0,480	0,585	0,300	0,388	0,495	0,605
80	0,240	0,320	0,415	0,480	0,245	0,328	0,420	0,502	0,255	0,336	0,440	0,522
90	0,210	0,285	0,365	0,420	0,215	0,292	0,375	0,430	0,225	0,300	0,390	0,450
100	0,185	0,245	0,321	0,365	0,190	0,252	0,335	0,375	0,200	0,260	0,350	0,395
110	0,165	0,220	0,290	0,320	0,170	0,225	0,295	0,330	0,180	0,228	0,310	0,355
120	0,150	0,200	0,255	0,290	0,155	0,202	0,265	0,296	0,165	0,205	0,277	0,322

daten abgeglichen) des Netzmodelles lassen sich die Vorgänge im Kanalnetz ausreichend genau nachbilden.

5.5.10 Kanaldimensionierung

5.5.10.1 Hydraulische Grundlagen und Rohrhydraulik

Grundlage für die Abflussberechnung ist die sog. Widerstandsformel:

$$h_v = \lambda \frac{l}{d} \frac{v^2}{2g} \quad \text{(in m)} \tag{5.5.52}$$

mit

h_v	Reibungsverlust	m
λ	Widerstandsbeiwert	–
l	Leitungslänge	m
d	Innendurchmesser	m
v	mittl. Fließgeschwindigkeit	m/s
g	Erdbeschleunigung	m/s²

Dabei werden für den Widerstandsbeiwert λ drei Bereiche unterschieden (hydraulisch glatt, hydraulisch rau und technisch rau bzw. Übergangsbereich). Für das Gebiet der Bemessung von Abwasserkanälen hat nur der dritte Bereich praktische Bedeutung. Die Formel für λ (nach Prandtl-Colebrook) lautet:

$$\frac{1}{\sqrt{\lambda}} = -2 \lg \left(\frac{2,51}{Re\sqrt{\lambda}} + \frac{k}{3,71 \cdot d} \right) \tag{5.5.53}$$

mit

λ	Widerstandsbeiwert	
Re	Reynoldszahl	
k	Rauigkeitsbeiwert	(mm)
d	Innendurchmesser	(m)

Für die Berechnungen wird der Rauigkeitsbeiwert k meist durch k_b (betriebliche Rauheit) ersetzt. Dadurch werden Einflüsse aus Wandrauheit, Lageungenauigkeit, Lageänderungen, Rohrstöße, Zulauf-Formstücke und Schachtbauwerke pauschal berücksichtigt. Andere Einflüsse, z.B. Nennweiten-Unterschreitungen, Vereinigungsbauwerke, Ein- u.

Tabelle 5.5-40 Pauschalwerte für die betriebliche Rauheit [nach DWA A 110 (08.2006)]

k_b	Anwendungsbereiche
0,25	Drosselstrecken[1], Druckrohrleitungen[1][2], Düker[1] und Reliningstrecken ohne Schächte
0,50	Transportkanäle mit Regelschächten und angeformten Schächten
0,75	Sammelkanäle und -leitungen mit Regelschächten oder mit angeformten Schächten, Transportkanäle mit Sonderschächten oder angeformten Schächten
1,50	Sammelkanäle und -leitungen mit Sonderschächten, Mauerwerkskanäle, Ortbetonkanäle, Kanäle aus nicht genormten Rohren ohne besonderen Nachweis der Wandrauheit

[1] Ohne Einlauf-, Auslauf- und Krümmungsverluste
[2] Ohne Drucknetze

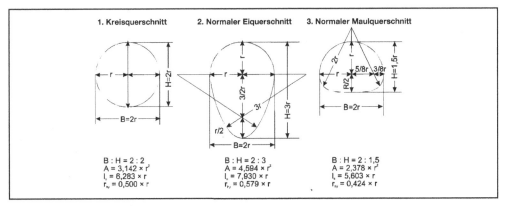

Abb. 5.5-15 Genormte Querschnittsformen geschlossener Profile mit geometrischen Werten

Auslaufbauwerke von Drosselstrecken, Druckrohrleitungen und Dükern, sind ggf. gesondert nachzuweisen. (Pauschalwerte für Rauheit siehe Tabelle 5.5-40).

5.5.10.2 Querschnittsformen

Genormte Querschnittsformen sind das Kreisprofil, das Eiprofil sowie der Maulquerschnitt, vgl. Abb. 5.5-15.

5.5.10.3 Bestimmung der Kanalquerschnitte

Eingangsgrößen der Bemessung sind Abflussmengen (vgl. Abschn. 5.5.9.1 und 5.5.9.2), Haltungslängen und Geländehöhen. Mit Hilfe der im Folgenden beschriebenen Formeln wird das Kanalprofil bestimmt. Als Rechenerleichterung wurden für verschiedene Rauheiten Nomogramme aufgestellt, aus denen das Kanalprofil in Abhängigkeit der Durchflussmengen und des Gefälles unter Be-

rücksichtigung der Fließgeschwindigkeit abgelesen werden kann, vgl. Tabelle 5.5-41.

Um die Bemessungstafeln auch für Ei- und Maulprofile anwenden zu können, gelten folgende Umrechnungsfaktoren:

Profil	B:H	$f_Q = Q/Q_K$	$Fv = v/v_K$
Normaler Eiquerschnitt	2:3	1,602	1,096
Normaler Maulquerschnitt	2:1,5	0,683	0,902

Sehr häufig sind Kanalisationsrohre nur teilgefüllt. Für die Ermittlung der Füllhöhe sowie zugehörigem Durchfluss und zugehöriger Fließgeschwindigkeit werden sog. Teilfüllungskurven (Abb. 5.5-16) verwendet.

Aus betrieblichen Gründen sollten unabhängig vom rechnerischen Gesamtabfluss folgende Werte beachtet werden:

Tabelle 5.5-41 Tabellen für volllaufendes Kreisprofil nach der Formel von Prandtl-Colebrook

	DN 150		DN 200		DN 250		DN 300		DN 350		DN 400		DN 450		DN 500	
I	Q	v	Q	v	Q	v	Q	v	Q	v	Q	v	Q	v	Q	v
100,0	49,1	2,78	105	3,37	191	3,90	310	4,40	467	4,86	665	5,30	909	5,72	1201	6,12
40,0	31,0	1,76	66,8	2,13	121	2,47	196	2,78	295	3,07	420	3,35	574	3,61	759	3,87
20,0	21,9	1,24	47,2	1,50	85,5	1,74	138	1,96	208	2,17	297	2,37	406	2,55	536	2,73
13,0	17,6	1,00	38,0	1,21	68,8	1,40	111	1,58	168	1,75	239	1,91	327	2,06	432	2,20
10,0	15,5	0,87	33,3	1,06	60,3	1,23	97,9	1,39	147	1,53	210	1,67	286	1,80	378	1,93
6,0	11,9	0,68	25,8	0,82	46,7	0,95	75,8	1,07	114	1,19	162	1,29	221	1,40	293	1,49
5,0	10,9	0,62	23,5	0,75	42,6	0,87	69,1	0,98	104	1,08	148	1,18	202	1,27	267	1,36
4,0	9,7	0,55	21,0	0,67	38,0	0,77	61,8	0,87	93,0	0,97	132	1,05	181	1,14	239	1,22
3,3	8,8	0,50	19,0	0,61	34,5	0,70	56,1	0,79	84,4	0,88	120	0,96	164	1,03	217	1,11
2,8	8,1	0,46	17,5	0,56	31,8	0,65	51,6	0,73	77,7	0,81	110	0,88	151	0,95	199	1,02
2,5	7,7	0,43	16,6	0,53	30,0	0,61	48,7	0,69	73,4	0,76	104	0,83	142	0,90	188	0,96
2,2	7,2	0,41	15,5	0,49	28,1	0,57	45,7	0,65	68,8	0,72	98,0	0,78	133	0,84	177	0,90
2,0	6,8	0,39	14,8	0,47	26,8	0,55	43,5	0,62	65,6	0,68	93,4	0,74	127	0,80	168	0,86
1,7	6,3	0,36	13,6	0,43	24,7	0,50	40,1	0,57	60,4	0,63	86,1	0,69	117	0,74	155	0,79
1,4	5,7	0,32	12,3	0,39	22,4	0,46	36,4	0,51	54,8	0,57	78,0	0,62	106	0,67	140	0,72
1,2	5,3	0,30	11,4	0,36	20,7	0,42	33,6	0,48	50,6	0,53	72,2	0,57	98,6	0,62	130	0,66
1,1	5,0	0,29	10,9	0,35	19,8	0,40	32,2	0,46	48,5	0,50	69,1	0,55	94,4	0,59	124	0,64
1,0	4,8	0,27	10,4	0,33	18,9	0,38	30,7	0,43	46,2	0,48	65,8	0,52	90,0	0,57	118	0,61
0,7	4,0	0,23	8,7	0,28	15,7	0,32	25,6	0,36	38,5	0,40	54,9	0,44	75,1	0,47	99,3	0,51
0,5	3,4	0,19	7,3	0,23	13,2	0,27	21,5	0,30	32,5	0,34	46,3	0,37	63,3	0,40	83,7	0,43
0,3	2,5	0,15	5,6	0,18	10,2	0,21	16,6	0,23	25,0	0,26	35,7	0,28	48,8	0,31	64,6	0,33
0,25	2,4	0,13	5,1	0,16	9,3	0,19	15,1	0,21	22,8	0,24	32,5	0,26	44,5	0,28	58,8	0,30
0,2	2,1	0,12	4,5	0,14	8,3	0,17	13,5	0,19	20,3	0,21	29,0	0,23	39,7	0,25	52,5	0,27

	DN 600		DN 700		DN 800		DN 900		DN 1000		DN 1100		DN 1200		DN 1400	
I	Q	v	Q	v	Q	v	Q	v	Q	v	Q	v	Q	v	Q	v
100,0	1943	6,87	2917	7,58	4147	8,25	5654	8,89	7459	9,50	9584	10,08	12042	10,65	18046	11,72
40,0	1228	4,34	1844	4,79	2621	5,22	3574	5,62	4715	6,00	6059	6,38	7613	6,73	11409	7,41
20,0	868	3,07	1303	3,39	1852	3,69	2526	3,97	3332	4,24	4282	4,51	5381	4,76	8064	5,24
13,0	699	2,47	1050	2,73	1493	2,97	2035	3,20	2685	3,42	3451	3,63	4336	3,83	6499	4,22
10,0	613	2,17	920	2,39	1309	2,60	1785	2,81	2355	3,00	3026	3,18	3802	3,36	5699	3,70
6,0	474	1,68	712	1,85	1013	2,02	1381	2,17	1823	2,32	2343	2,46	2943	2,60	4412	2,87
5,0	433	1,53	650	1,69	924	1,84	1260	1,98	1663	2,12	2138	2,25	2686	2,38	4026	2,62
4,0	387	1,37	581	1,51	826	1,64	1127	1,77	1487	1,89	1911	2,01	2402	2,12	3600	2,34
3,3	351	1,24	527	1,37	750	1,49	1023	1,61	1350	1,72	1736	1,83	2181	1,93	3269	2,12
2,8	323	1,14	486	1,26	691	1,37	942	1,48	1243	1,58	1598	1,68	2008	1,78	3010	1,96
2,5	305	1,08	459	1,19	652	1,30	890	1,40	1174	1,50	1510	1,59	1897	1,68	2844	1,85
2,2	286	1,01	430	1,12	612	1,22	834	1,31	1101	1,40	1416	1,49	1779	1,57	2667	1,73
2,0	273	0,97	410	1,07	583	1,16	795	1,25	1050	1,34	1350	1,42	1696	1,50	2543	1,65
1,7	251	0,89	378	0,98	537	1,07	733	1,15	967	1,23	1244	1,31	1563	1,38	2343	1,52
1,4	228	0,81	342	0,89	487	0,97	665	1,05	877	1,12	1128	1,19	1418	1,25	2125	1,38
1,2	211	0,75	317	0,82	451	0,90	615	0,97	812	1,03	1044	1,10	1312	1,16	1967	1,28
1,1	202	0,71	303	0,79	431	0,86	589	0,93	777	0,99	999	1,05	1256	1,11	1883	1,22
1,0	192	0,68	289	0,75	411	0,82	561	0,88	741	0,94	953	1,00	1197	1,06	1795	1,17
0,7	160	0,57	241	0,63	343	0,68	469	0,74	619	0,79	795	0,84	1000	0,88	1500	0,97
0,5	135	0,48	203	0,53	290	0,58	395	0,62	522	0,67	672	0,71	844	0,75	1266	0,82
0,3	104	0,37	157	0,41	224	0,45	305	0,48	403	0,51	519	0,55	652	0,58	978	0,64
0,25	95,4	0,34	143	0,37	204	0,41	278	0,44	368	0,47	473	0,50	594	0,53	892	0,58
0,2	85,2	0,30	128	0,33	182	0,36	248	0,39	328	0,42	423	0,44	531	0,47	797	0,52

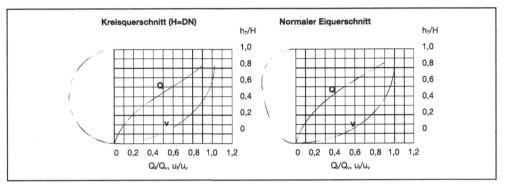

Abb. 5.5-16 Teilfüllungskurven für Kreis- und Eiprofil

Tabelle 5.5-42 Ablagerungsfreier Betrieb (nach [ATV A 110 1988])

DN	200	250	300	350	400	500	600	800	1000	1200	1400
v_{crit} in m/s	0,50	0,52	0,56	0,62	0,67	0,76	0,84	0,98	1,12	1,24	1,34
I_{crit} in ‰	2,04	1,63	1,51	1,48	1,45	1,40	1,37	1,31	1,26	1,24	1,20

Mindestquerschnitte:
Schmutzwasserkanal
DN 250, Ausnahme DN 200
Regen- bzw. Mischwasserkanal
DN 300, Ausnahme DN 250

Fließgeschwindigkeiten:
0,5 m/s $\leq$ v $\leq$ (6 bis 8) m/s

Abfluss:
Erreicht der ermittelte Gesamtabfluss Q_{ges} rd. 90% des Abflussvermögens Q_v, wird das nächst größere Kanalprofil gewählt.
Gilt für: k_b = (0,25 bis 1,50) und $h_T/d \geq 0,3$; bei $0,1 < h_T/d < 0,3$ ist v_{crit} um rd. 10% zu erhöhen.

5.5.10.4 Bauliche Ausführung

Kanalisationsrohre
Rohre für die Regenwasserkanalisation werden aus Beton hergestellt. Für Schmutz- und Mischwasserkanäle wird Steinzeug (gebrannter Ton) verwendet. Für große Dimensionen ist aber auch Beton üblich. Zum Korrosionsschutz kann eine PE-Auskleidung einbetoniert werden.
Um eine dauerhafte Dichtheit der Rohre zu gewährleisten, sind sowohl die Beton- als auch die Steinzeugrohre mit Muffen versehen. Eingegossene Dichtringe aus Kunststoff (bei Steinzeug) bzw. eingelegte Gleitringdichtungen (bei Beton) bewirken eine wasserdichte Verbindung.
Weiterhin werden auch Stahlbetonrohre, Spannbetonrohre, Faserzementrohre, PVC- und PE-Rohre in der Kanalisation eingesetzt.

Schächte
Zur Überwachung, Reinigung und Belüftung der Kanalisation werden alle 50 bis 70 m Schächte angeordnet. Die Haltung zwischen zwei Schächten verläuft geradlinig. Richtungs- und Nennweitenänderungen oder Zusammenflüsse mehrerer Rohre erfordern demnach ebenfalls Schächte. Zuflüsse von Häusern (Hausanschlussleitungen) können auch direkt mit Formstücken an die Kanäle angeschlossen werden.
Schächte werden heute aus Beton- bzw. Stahlbetonringen hergestellt. Das Schachtunterteil wird entweder gemauert (Normalschacht) oder aus einem Ortbeton (Fertigteilschacht) hergestellt. Für den Anschluss der Rohre sind im Schachtunterteil sog. Gelenkstücke eingemauert oder einbetoniert. Dadurch ist ein beweglicher Anschluss der Rohre gewährleistet. Durch den Schacht führt eine halbrunde Rinne. Bei Rohren bis zu einem Durchmesser von DN 500 hat das Schachtunterteil einen Durchmesser von 1 m, bei größeren Kanälen oder

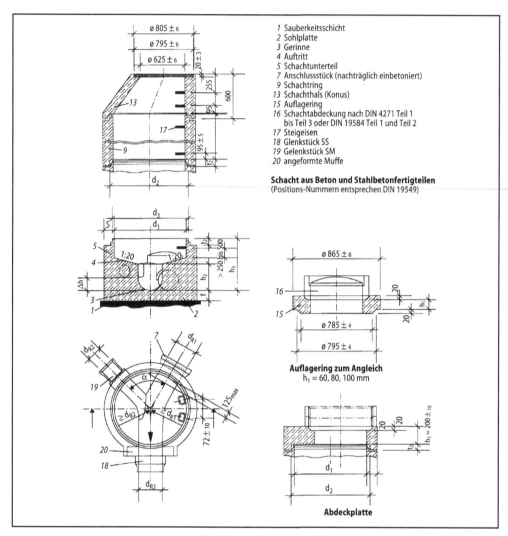

Abb. 5.5-17 Beispiel eines Einsteigschachtes [DIN 4034 T1 09.93; T2 10.90]

beim Zusammenfluss mehrerer Kanäle mit großen Durchmessern entsprechend größer. Ein Beispiel für einen Schacht ist Abb. 5.5-17 dargestellt.

Sonderbauverfahren (Vortrieb)

Neben der üblichen Verlegung der Kanalisationsrohre in offener Bauweise (Graben) ist unter gewissen Voraussetzungen die Vortriebsbauweise eine Alternative. Dabei werden zwischen einer Startbaugrube und ei-

ner Zielbaugrube die Rohre unterirdisch „verlegt". Man unterscheidet zwischen Pilotrohrbohrverfahren, Pressbohrverfahren und Schildvortriebsverfahren.

Durch die Anwendung einer grabenlosen Bauweise entfallen die Kosten für Wasserhaltung, Verbau, Aushub, Straßenwiederherstellung, usw., sodass ab einer bestimmten Kanalstreckenlänge diese Art des Kanalbaus kostengünstiger wirkt als die herkömmliche Grabenbauweise.

– *Pilotrohrbohrverfahren*

Gesteuerter Vortrieb eines Pilotrohres in den anstehenden Baugrund mit Hilfe eines Bodenverdrängungs- oder Bodenentnahmeverfahrens. Nachfolgender ungesteuerter Vortrieb von Schutz- oder Produktrohren durch Aufweitung der Bohrung nach dem Bodenverdrängungs- oder Bodenentnahmeprinzip bei gleichzeitigem Herauspressen des Pilotrohres in die Zielbaugrube.

– *Pressbohrverfahren*

Vortrieb von Schutz- oder Produktrohren bei gleichzeitigem Bodenabbau an der Ortsbrust mittels eines Bohrkopfes und kontinuierlicher Bodenabförderung mittels einer Förderschnecke. Der Antrieb des Bohrkopfes und der Förderschnecke befindet sich in der Startbaugrube.

– *Schildvortriebsverfahren*

Vortrieb von Schutz- oder Produktrohren bei gleichzeitigem vollflächigen Bodenabbau an der mechanisch- und flüssigkeitsgestützten Ortsbrust durch einen Bohrkopf und kontinuierlicher hydraulischer Bodenabförderung. Der Antrieb des Bohrkopfes befindet sich in der Schildvortriebsmaschine.

5.5.11 Sonderbauwerke der Ortsentwässerung

5.5.11.1 Regenentlastung in Mischwasserkanälen

Die biologische Stufe in Kläranlagen wird auf den zweifachen Trockenwetterabfluss bemessen. Bei Starkregen ist die Abwassermenge in Mischwasserkanälen jedoch erheblich höher. Um eine Überlastung des Kanalnetzes zu verhindern, werden Entlastungsbauwerke angeordnet, an denen Mischwasser in ein Gewässer eingeleitet wird.

Das Ziel der Mischwasserentlastung besteht darin, den Regenabfluss zur Kläranlage so zu begrenzen, dass dort die angestrebten Ablaufwerte eingehalten werden und gleichzeitig die stoßweisen Belastungen des Gewässers aus Regenentlastungen in vertretbaren Grenzen bleiben [ATV A 128 1992].

Als Kenngröße für die Belastung eines Gewässers durch Mischwasserentlastungen wird der CSB benutzt.

Je nach Situation des Gewässers, in das entlastet werden soll, unterscheidet man Normalanforde-

rungen und weitergehende Anforderungen. Welche Anforderung gilt, ist im Einzelfall zu entscheiden. Die nachfolgend beschriebenen Entlastungsbauwerke erfüllen die Normalanforderungen, deren Bezugslastfall wie folgt definiert ist:

mittl. Jahresniederschlagshöhe $h_{N,a}$	800 mm
CSB-Konzentration im Regenabfluss c_r	107 mg/l
CSB-Konzentration im Trockenwetterabfluss c_t	600 mg/l
CSB-Konzentration im Ablauf KA bei Regenwetter c_k	70 mg/l

Mit Hilfe des Bezugslastfalles wird ein Speichervolumen bestimmt, das die Entlastung in das Gewässer auf die zulässige CSB-Jahresfracht begrenzt.

Regenüberlauf (RÜ)

Mit Hilfe von Regenüberläufen werden hohe Mischwasserabflussspitzen abgemindert (siehe Abbildung 5.5-18). Bedingung ist, dass der kritische Mischwasserabfluss Q_{krit} in voller Höhe weitergeleitet werden kann, bevor eine Entlastung in das Gewässer erfolgt. Weiterhin ist einem Regenüberlauf stets ein Regenüberlaufbecken nachzuschalten.

Bei stark verschmutzten gewerblichen und industriellen Abwässern ist für das Überlaufwasser ein Mindestmischverhältnis $m_{RÜ}$ erforderlich. Eine Entlastung in Gewässer, die zeitweise kein oder wenig Wasser führen, ist zu vermeiden.

Bemessungsgrundlagen

Trockenwetterabfluss im Tagesmittel Q_{t24}

$$Q_{t24} = Q_{s24} + Q_{f24} = (Q_{h24} + Q_{g24} \\ + Q_{i24}) + Q_{f24} \quad \text{(in l/s)} \tag{5.5.54}$$

mit

Q_{t24}	Trockenwetterabfluss im Tagesmittel	l/s
Q_{s24}	Schmutzwasserabfluss im Tagesmittel	l/s
Q_{f24}	Fremdwasserabfluss im Jahresmittel	l/s
Q_{h24}	häuslicher Schmutzwasserabfluss im Tagesmittel, errechnet aus dem Jahresmittel	l/s
Q_{h24}	$(EZ*w_S)/86400$	l/s
EZ	angeschlossene Einwohner	E
w_S	Wasserverbrauch je Einwohner und Tag im Jahresmittel	l/(E*d)

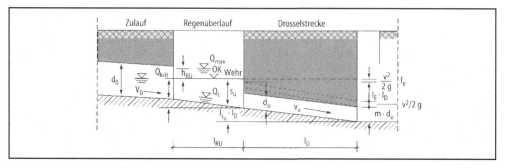

Abb. 5.5-18 Regenüberlauf (Längsschnitt)

Q_{g24} gewerblicher Schmutzwasserabfluss im Tagesmittel, errechnet aus dem Jahresmittel .... l/s

Q_{i24} industrieller Schmutzwasserabfluss im Tagesmittel, errechnet aus dem Jahresmittel .... l/s

Die Fremdwassermenge wird dabei über Nacht-messungen auf der Kläranlage abgeschätzt oder bis zu 0,15 l/(s · ha) · A_u berechnet (A_u = undurch-lässige Fläche).

Stündlicher Spitzenabfluss bei Trockenwetter Q_{tx}

$$Q_{tx} = Q_{sx} + Q_{f24} \quad \text{(in l/s),} \qquad (5.5.55)$$

$$Q_{sx} = \frac{24}{x} Q_{h24} + \frac{24}{a_g} \cdot \frac{365}{b_g} \cdot Q_{g24}$$

$$+ \frac{24}{a_i} \cdot \frac{365}{b_i} \cdot Q_{i24} \quad \text{(in l/s)} \qquad (5.5.56)$$

mit

Q_{tx} Tagesspitze des Trockenwetterab-flusses .... l/s

Q_{sx} Tagesspitze des Schmutzwasserab-flusses .... l/s

Q_{f24} Fremdwasserabfluss im Jahresmittel l/s

Q_{h24} häuslicher Schmutzwasserabfluss im Tagesmittel, errechnet aus dem Jahresmittel .... l/s

Q_{h24} (EZ*w_S)/86400 .... l/s

EZ angeschlossene Einwohner .... E

w_S Wasserverbrauch je Einwohner und Tag im Jahresmittel .... l/(E*d)

Q_{g24} gewerblicher Schmutzwasserabfluss l/s im Tagesmittel, errechnet aus dem Jahresmittel

Q_{i24} industrieller Schmutzwasserabfluss l/s im Tagesmittel, errechnet aus dem Jahresmittel

x Stundenansatz pro Tag .... h

a Arbeitsstunden pro Tag (eine Schicht = 8 h) .... h

b Produktionstage pro Jahr .... d

Kritischer Regenabfluss Q_{rkrit}

$$Q_{rkrit} = r_{krit} \cdot A_u \quad \text{(in l/s);} \qquad (5.5.57)$$

$r_{krit} = 15 \cdot 120/(t_f + 120)$ (l/(s*ha)) für $t_f < 120$ min

$r_{krit} = 15$ (l/(s*ha)) für $t_f > 120$ min

mit

Q_{rkrit} kritischer Regenabfluss .... l/s

r_{krit} kritische Regenspende .... l/(s*ha)

A_u undurchlässige Fläche .... ha

t_f längste Fließzeit bis zum RÜ aus unmittelbaren Einzugsgebieten ...... min

Kritischer Mischwasserabfluss Q_{krit}

$$Q_{krit} = Q_{t24} + Q_{rkrit} + \sum Q_{d,i} \quad \text{(in l/s)} \qquad (5.5.58)$$

mit

Q_{krit} kritischer Mischwasserabfluss .... l/s

Q_{t24} Trockenwetterabfluss imTagesmittel l/s

Q_{rkrit} kritischer Regenabfluss .... l/s

$Q_{d,i}$ Summe aller unmittelbar von oberhalb zufließenden Drosselabflüsse .... l/s

Mindestmischverhältnis $m_{Rü}$

$$m_{Rü} \geq (Q_d - Q_{t24}) / Q_{t24}$$

$$m_{Rü} \geq 7 \qquad \text{für } c_t \leq 600 \text{ mg/l} \quad (5.5.59)$$

$$m_{Rü} \geq (c_t - 180)/60 \quad \text{für } c_t > 600 \text{ mg/l}$$

mit

$m_{Rü}$	Mindestmischverhältnis	–
Q_d	Drosselabfluss bei Anspringen des	
	Regenüberlaufs	l/s
Q_{t24}	Trockenwetterabfluss imTagesmittel	l/s
c_t	mittlere CSB-Konzentration im TW	mg/l

Trockenwetterkonzentration c_t

$$c_t = (Q_h \cdot c_h + Q_g \cdot c_g + Q_i \cdot c_i)/ \qquad (5.5.60)$$

$$(Q_h + Q_g + Q_i + Q_{f24})$$

Für die Abflüsse und CSB-Konzentrationen sind Tagesmittelwerte, abgeleitet aus dem Jahresmittel einzusetzen.

Weitere Richtwerte:

$Q_d \geq 50$ l/s

$A_u \geq 2$ ha

– *Zulaufkanal*

Strömender Abfluss und kein Rückstau in den Zulaufkanal bei Q_t durch die Drossel sind Voraussetzung.

Richtwerte:

$v_0 \leq 0,75 \, v_{gr}$ bei Q_v

$v_{krit} = v_{gr}$ bei Q_{krit}

Beruhigungsstrecke vor RÜ: min l $\leq 20 \, d_0$

– *Wehr*

Wenn $v_0 \leq 0,5$ m/s bei max. Q_t, dann $s_0 = 0,6 \, d_0$ $\geq 0,25$ m (s_0 immer höher als Bemessungshochwasserstand Vorfluter)

Wenn $v_0 \; 0,5$ m/s bei max. Q_t, dann Oberkante Wehr so hoch, wie es der Rückstau im Zulaufkanal erlaubt.

$\Delta s = s_u - s_0 \; 5$ cm bei horizontaler Wehrkrone

$s_u = d_u +$ mind. 5 cm

bei zul. Anstau bis Rohrscheitel gilt: $s_0 + h_{Rü} \leq d_0$

– *Drosselstrecke*

$d_u \geq$ DN 200, nachfolgender Kanal $\geq$ DN 300

$$l_D = \frac{s_u - m \cdot d_u - \dfrac{v^2}{2g}(1+\zeta_c)}{I_E - I_{So}} \geq 20 d_u \text{ (in m)} \quad (5.5.61)$$

mit

l_D	Länge Drosselstrecke	m
s_u	Wassertiefe am Drosselmund	m
d_u	Durchmesser	m
m	Beiwert zur Bestimmung der Druck-	
	linie am Drosselende	–
v	Fließgeschwindigkeit bei Q_{krit}	m/s
g	Erdbeschleunigung	m/s²
ζ	scharfkantiger Einlauf: $\zeta = 0,35$: gut	
	ausgerundeter Einlauf: $\zeta = 0,25$	–
I_E	Energiehöhengefälle bei Q_{krit}	
	(ermittelt mit $k_b = 0,25$ mm)	–
I_{So}	Sohlengefälle	–

Richtwert: m = 1 bei Vollfüllung, sonst Tabelle 5.5-43. Selbsttätiges Füllen in der Drosselstrecke, s. Abb. 5.5-19.

Regenüberlaufbecken RÜB

Folgende RÜB werden unterschieden:

Fangbecken:

Der stark verschmutzte Spülstoß wird gespeichert. Bei Beckenvollfüllung springt ein Beckenüberlauf an, der den weiteren Zufluss in den Vorfluter ableitet. Der gespeicherte Inhalt wird der biologischen Reinigungsstufe zugeführt.

Durchlaufbecken:

Bei größeren Einzugsgebieten ohne ausgeprägten Spülstoß. Bei Beckenvollfüllung springt ein Klärüberlauf an, der mechanisch geklärtes Mischwasser in den Vorfluter ableitet. Der gespeicherte Inhalt wird der biologischen Reinigungsstufe zugeführt.

Verbundbecken:

Kombination aus Fang- und Durchlaufbecken bestehend aus Fangteil (Speicherung des Spülstoßes) und Klärteil (mechanische Reinigung).

Tabelle 5.5-43 Beiwert m zur Bestimmung der Drucklinie am Drosselende [Müller K 1994]

m	0,85...1,0	0,80	0,75	0,70	0,65	0,60	0,55	0,50	0,48
$v: \sqrt{g d_u}$	1,0	1,05	1,1	1,2	1,3	1,5	1,8	2,5	3,0

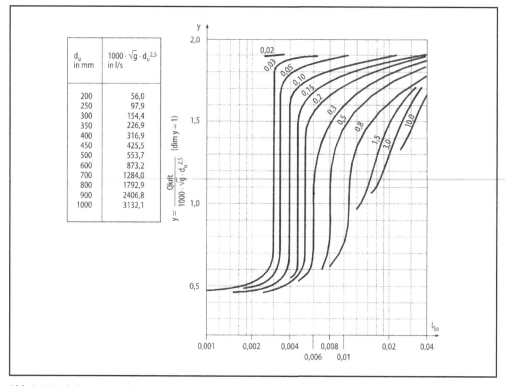

d_u in mm	$1000 \cdot \sqrt{g} \cdot d_u^{2,5}$ in l/s
200	56,0
250	97,9
300	154,4
350	226,9
400	316,9
450	425,5
500	553,7
600	873,2
700	1284,0
800	1792,9
900	2406,8
1000	3132,1

Abb. 5.5-19 Selbsttätiges Füllen in der Drosselstrecke [Schneider 1994]

Bauliche Ausführung

– in der Abflussrinne $v \geq 0,8$ m/s
– Mischwasserabfluss aus RÜB $\geq 2\, Q_{sx} + Q_{f24}$
  bei Neuplanung weiterführende Kanäle auf $Q = 3\, Q_{sx} + Q_{f24}$ bemessen

Rechteckige Becken:

– Beckenlänge $l_B \geq 2$ Beckenbreite b_B
– Längsgefälle $\geq 1\%$
– Quergefälle ≥ 3 bis 5%
– Flächenbeschickung $q_A \leq 10$ m/h
– horizontal $v \leq 0,05$ m/s

Runde Becken:

– Gefälle zur Beckenmitte $\geq 2\%$
– $q_A \leq 10$ m/h
– Drosseldurchmesser $\geq$ DN 300

– ungeregelter Drosselschieber mit Abflussquerschnitt $\geq 0,06$ m²

und

– Öffnungshöhe ≥ 20 cm
– Luftgeschwindigkeit $v_L \leq 10$ m/s in den Lüftungsquerschnitten

Das Volumen von Regenüberlaufbecken wird nach folgendem Schema bestimmt:

Zu prüfen sind Mischverhältnis m und Entleerungsdauer $t_e = V_s/q_r = (10$ bis $15)\, h$.

Vereinfachtes Aufteilungsverfahren: Aufteilung des Gesamtvolumens auf einzelne Bauwerke bei $q_{r,KA} \leq 2$ l/s * ha und $q_{r,RÜB} \leq 1,2\, Q_{r,KA}$;

max 5 RÜB in einer Reihe, max 5 RÜB in einem Einzugsgebiet;

V_{RRB} wird vernachlässigt, wenn bei RRB $q_{RÜ} \geq 5$ l/s*ha) eingehalten wird.

Tabelle 5.5-44 Berechnungsgang zur Volumenermittlung von RÜB [nach Schneider 2008]

1	Mittlere Jahresniederschlaghöhe	Deutscher Wetterdienst	h_{Na}	=	mm
2	undurchlässige Gesamtfläche		A_u	=	ha
3	längste Fließzeit im Gesamtgebiet	nur bedeutsamere Flächen	t_f	=	min
4	mittlere Geländeneigungsgruppe	$NG_m = \Sigma(NG_i * A_{EKi})/ \Sigma(A_{EKi})$	NG_m	=	–
5	MW-Abfluss der Kläranlage	Biologie bei Regenwetter	Q_m	=	l/s
6	TW-Abfluss, 24h-Tagesspitze	aus Misch- und Trenngeb.	Q_{t24}	=	l/s
7	TW-Abfluss, Tagesspitze	aus Misch- und Trenngeb.	Q_{tx}	=	l/s
8	Regenabfluss aus Trenngebieten	$Q_{rT24} = Q_{sT24}$	Q_{rT24}	=	l/s
9	CSB-Konzentration im TW-Abfluss	Jahresmittel einschließlich Q_{f24}	c_t	=	mg/l
10	mittlerer Fremdwasserabfluss	in Q_{t24} enthalten	Q_{t24}	=	l/s
11	Auslastungswert der Kläranlage	$n \approx (Q_m - Q_{f24})/(Q_{tx} - Q_{f24})$	n	=	–
12	Regenabfluss, 24h-Tagesmittel	$Q_{r24} = Q_m - Q_{t24} - Q_{rT24}$	Q_{r24}	=	l/s
13	Regenabflussspende	$q_r = Q_{r24}/A_u$	q_r	=	l/(s*ha)
14	TW-Abflussspende aus Gesamtgebiet	$q_t = Q_{t24}/A_u$	q_{t24}	=	l/(s*ha)
15	Fließzeitminderung	$a_f = 0{,}5+50/(t_f+100);\ a_f \geq 0{,}885$	a_f	=	–
16	mittlerer Regenabfluss bei Entlastung	$Q_{re} = a_f* (3{,}0 + 3{,}2q_r) *A_u$	Q_{re}	=	l/s
17	mittleres Mischverhältnis	$m = (Q_{re} + Q_{rT24})/Q_{t24}$	m	=	–
18	x_a-Wert für Kanalablagerungen	$x_a = 24\ Q_{t24}/Q_{tx}$	x_a	=	–
19	Einflusswert TW-Konzentration	$a_c = c_t/600;\ a_c \geq 1{,}0$	a_c	=	–
20	Einflusswert Jahresniederschlag	$a_h = (h_{Na}/800) - 1$	a_h	=	–
21	Einflusswert Kanalablagerungen	Siehe Abb. 5.5-20	a_a	=	–
22	Bemessungskonzentrationen	$c_b = 600\ (a_c+a_h+a_a)$	c_b	=	mg/l
23	rechnerische Entlastungskonzentration	$c_e = (107m + c_b)/(m+1)$	c_e	=	mg/l
24	zulässige Entlastungsrate	$e_o = 3700/(c_e-70)$	e_o	=	%
25	spezifisches Speichervolumen	Siehe Abb. 5.5-20	V_s	=	m³/ha
26	erforderliches Gesamtvolumen	$V = V_s*A_u$	V	=	m³

Ergänzungen zum Berechnungsgang zur Volumenermittlung von RÜB

Spalte 2:	Wenn keine Messungen vorliegen, dann $A_u = A_{red}$; A_u = ca. (0,85 bis 1,0) A_{red}
Spalte 4:	Geländeneigungsgruppe nach 5.5.9.2 (Spitzenabflusswert)
Spalte 5:	$Q_m \geq (2Q_{sx} + Q_{f24}) < Q_{bem}$; bei Neuplanung $Q_m \leq (3Q_{sx}+Q_{f24})$
Spalte 8:	Index T steht für Trenngebiet.
Spalte 15:	Fließzeitabminderung des Regenabflusses: a_f = 0,885 für t_f > 30 min; a_f = 0,50 + 0,50/(t_f + 100) für $t_f \leq 30$ min; Mindestwert jedoch a_f = 0,885
Spalte 16:	Q_{re} gültig für q_r < 2 l/(s*ha)
Spalte 19:	Starkverschmutzerzuschlag: a_c = 1 für $c_t \leq 600$ mg/l a_c = c_t/600 für c_t > 600 mg/l
Spalte 20:	Jahresniederschlagshöhe: a_h = (h_{Na}/800) −1 für 600 mm $\leq h_{Na} \leq 1000$ mm a_h = −0,25 für h_{Na} < 600 mm a_h = +0,25 für h_{Na} > 1000 mm
Spalte 23:	c_e = (c_r*m + c_b)/(m + 1)
Spalte 25:	Je Einzelbecken gilt: $V_s \geq 3{,}60 + 3{,}84\ q_r$ in m³ für Gesamtspeichervolumen gilt: $V_s \leq 40$ m³/ha

Folgende Speicherräume können auf das Gesamtvolumen angerechnet werden:

V_{stat} (> DN 800) statisches Kanalvolumen oberhalb von RÜB unter der Horizontalen in Höhe der tiefsten Überlaufschwelle mit $V_s = (V_{stat}/A_u)/1,5$ in m³/ha und für RÜB mit vorh. $q_r \leq 1,2\ q_r$

Der Einfluss der Kanalablagerungen wird mit Hilfe der folgenden Formeln und Diagramme nach ATV A 128 (04.92) bestimmt (Abbildung 5.5-20).

Stauraumkanäle

Stauraumkanäle wirken wie Regenüberlaufbecken. Das Kanalvolumen wird mit Hilfe einer Drossel zur Speicherung genutzt.

Die bauliche Ausführung ist wie folgt:

- Kreisrohre ≥ DN 1500 oder Profile mit stark geneigter Sohle,
- v ≥ 0,8 m/s,
- Wassertiefe h_T bei Trockenwetter ≥ 0,05 m,
- Schleppspannung $\tau = 2$ bis 3, $\tau_{min} = 1,3$ N/m²,
- bei $v_{TW} < 0,5$ m/s Spülmöglichkeit vorsehen,
- rechnerische Entleerung soll 15 Stunden nicht überschreiten.

Die Bemessung eines Stauraumkanals mit oben liegender Entlastung wird wie für Regenüberlaufbecken durchgeführt (Abb. 5.5-21). Dies gilt auch für Stauraumkanäle mit unten liegender Entlastung (Abb. 5.5-22); das spezifische Speichervolumen V_s erhält jedoch einen Aufschlag von 50%.

5.5.11.2 Regenklärbecken RKB

Mit Regenklärbecken wird verschmutztes Regenwasser aus dem Trennverfahren behandelt. Das Regenwasser wird dabei in Absetzbecken mechanisch gereinigt. Regenklärbecken sind nur bei Gebieten mit starker Verschmutzung erforderlich oder wenn an die Qualität des Gewässers erhöhte Anforderungen (z. B. Trinkwassernutzung, Badebetrieb) gestellt werden.

Ständig gefüllte Regenklärbecken

- Anordnung, wenn der RW-Kanal bei Trockenwetter ständig oder zeitweise Wasser führt,
- ausgebildet mit Beckenüberlauf und Schlammabzug,
- Bemessungszufluss $Q_{bem} = r_{krit} * A_{red} + Q_f$ (l/s),

- Flächenbeschickung $q_A \leq 10$ m/h,
- Beckentiefe $h_B \approx 2,0$ m,
- Beckenvolumen V = $(3,6\ Q_{bem} * h_B) / q_A$ (m³),
- V ≥ 50 m³.

Nicht ständig gefüllte Regenklärbecken

- Anordnung, wenn der RW-Kanal bei Trockenwetter kein oder wenig Wasser führt,
- konstruktive Ausbildung wie Regenüberlaufbecken,
- Beckeninhalt ist der Kläranlage zuzuführen.

5.5.11.3 Düker

Düker sind Kreuzungsbauwerke, die Hindernisse als Druckleitung unterfahren. Im Abwasserbereich ist aufgrund der absetzbaren Stoffe eine ausreichende Schleppspannung zu berücksichtigen.

Die Bauliche Ausführung ist wie folgt:

- Durchmesser Dükerrohr: DN ≥ 150 mm
- Neigung fallendes Rohr: 1 : 3
- Neigung steigendes Rohr: 1 : 6
- Schmutzwasserdüker: v ≥ 1 m/s
- Regenwasserdüker: v ≤ 4 m/s

5.5.11.4 Regenrückhaltebecken RRB

Misch- und Trennkanalisationen sind auf die relativ selten auftretenden Starkregen nicht ausgelegt. Um eine Überflutung des Kanalnetzes und gleichzeitig eine Entlastung in ein Gewässer zu vermeiden, werden Regenrückhaltebecken angeordnet. Sie fungieren als Speicher, die nach Regenende das Regenwasser wieder an den Kanal oder ein nachgeschaltetes Pumpwerk abgeben. Für den Fall der Beckenüberflutung ist ein Notüberlauf vorzusehen.

Maßgeblich für die Bemessung sind Größe und zeitlicher Verlauf von Zu- und Abfluss des Beckens. Das erforderliche Volumen wird mit Hilfe von graphischen oder rechnerischen Näherungsverfahren bestimmt.

Berechnungsgrundlagen:

- Zufluss zum Becken: $Q_r = r_{15(n)} * A_{red}$ (l/s)
- offene Zuläufe: n = 0,1   (1/a)

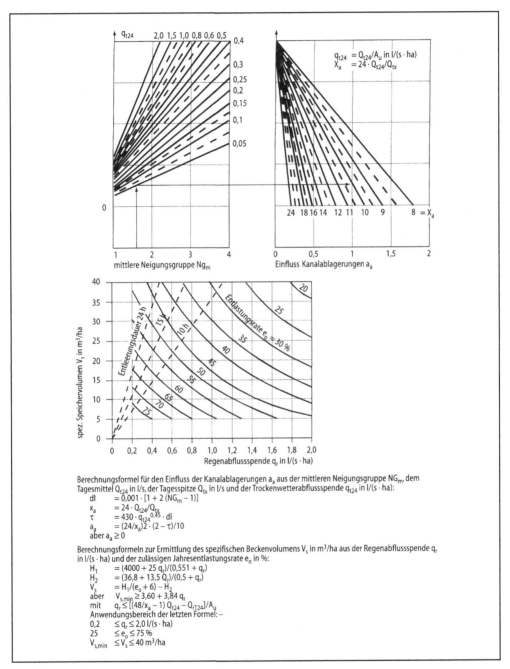

Abb. 5.5-20 Einfluss der Kanalablagerungen und spezifisches Speichervolumen in Abhängigkeit von der Regenabfluss-spende und der zugehörigen Entlastungsrate, nach [ATV A 128 1992]

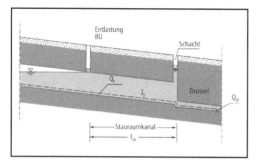

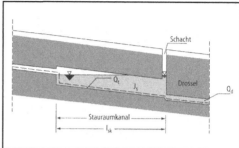

Abb. 5.5-21 Stauraumkanal mit oben liegender Entlastung   **Abb. 5.5-22** Stauraumkanal mit unten liegender Entlastung

– geschlossene Zuläufe n = (0,5 bis 0,2)   (1/a)
– Abfluss aus dem Becken: $Q_{ab} = 0,5$
  (min Q_{ab} + max. Q_{ab})   (l/s)
– Nutzvolumen: $V = BR * Q_r * (1/1000)$ m³
– Abflussverhältnis $\eta = Q_{ab}/Q_{r15(n)}$ –

Zur angeschlossenen Fläche A_u zur Bestimmung des Zuflusses gehört auch die Beckenoberfläche selbst!

Bei den graphischen Verfahren werden Zu- und Ablaufganglinien oder Summenlinien von Zu- und Abfluss für verschiedene Regen gezeichnet. Das maßgebende Volumen ist der Größtwert der Differenzfläche.

Bei dem rechnerischen Näherungsverfahren wird das Beckenvolumen in Abhängigkeit von Zufluss, Abfluss und Fließzeit bestimmt, s. Abb. 5.5-23.

Die rechnerische Entleerungszeit t_E sollte 3 bis 6 Stunden nicht überschreiten. Bei mehreren, hintereinander geschalteten Becken erfolgt für das unterhalb liegende Becken ein Zuschlag V´.

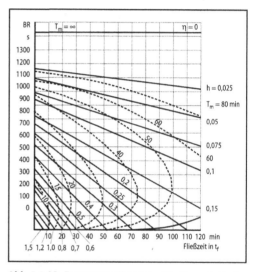

Abb. 5.5-23 Bemessungsdiagramm für Regenrückhaltebecken nach Annen und Londong [Schneider 1994]

$$V_{ges} = V + V´ \quad (m³)$$
$$V´ = 0,06 * Q´_{ab} [T_m + (1-\eta) t_f - t´_f \quad (m³)$$

bei $Q´_{ab} < Q_{ab}$ mit

V_{ges}	Rückhalteraum bei hintereinanderliegenden Rückhaltebecken	m³
V	Beckeninhalt	m³
V´	Zuschlag	m³
$Q´_{ab}$	Abfluss aus dem oberen Becken	l/s
T_m	maßgebende Regendauer	min
η	Abflussverhältnis	–
t_f	rechnerische Fließzeit im Kanalnetz bis zum Rückhaltebecken	min

$t´_f$	Fließzeit im Einzugsgebiet vom oberen zum unteren Becken	m³
Q_{ab}	maßgebender Beckenabfluss	l/s

Bezüglich einfacher Methoden zur Regenrückhaltebeckenbemessung sind einige Einschränkungen zu beachten:

1. Die zugrunde liegende Modellvorstellung des Speicherraumes mit direkt angeschlossenen Flächen und freier Drosselabgabe ins „Nichts" ist immer die gleiche und nicht auf jeden Anwendungsfall übertragbar; was passiert z. B. mit

Becken, die im Nebenschluss über Rückstau mit Zu- und Ablauf vom/zum Kanalnetz betrieben werden?

2. Es wird nach Schema DWA A 117 gewissermaßen mit Blockregen gerechnet. Je nach Betriebsart des Beckens können auch dynamische Regen den maßgebenden Lastfall repräsentieren.

3. Es wird von einer konstanten Drosselabgabe ausgegangen, die z. B. unter Rückstau aus dem Bestand oder Vorfluter nicht jederzeit erreicht werden kann. Ebenso werden zeitlich variable Zuflüsse von oberhalb liegenden Becken durch angenommene Konstanz über die komplette Regendauer nicht treffend berücksichtigt.

Sofern möglich, sollten vereinfachte Berechnungsmethoden nur zur Vorbemessung verwendet werden. Für eine genauere Bestimmung des Speichervolumens und dessen Aktivierbarkeit sollte eine hydrodynamische Berechnung in Form einer Langzeitsimulation durchgeführt werden. Nur dann kann auch eine repräsentative Häufigkeit des Anspringens des Notüberlaufes gewonnen werden.

5.5.11.5 Dezentrale Versickerung von Niederschlagswasser

Ziel der dezentralen Niederschlagsversickerung ist, das Regenwasser am Ort der Entstehung in den Untergrund abzuleiten, sodass einerseits die Kanalabmessungen verringert werden und andererseits der natürliche Wasserkreislauf erhalten werden kann.

Die Abflüsse von befestigten Flächen werden hinsichtlich ihrer Verschmutzung und möglichen Grundwasserbeeinträchtigung bei Versickerung in drei Kategorien eingeteilt:

– unbedenklich,
– tolerierbar,
– nicht tolerierbar.

Die Tabelle 1 im Arbeitsblatt DWA A 138 liefert Anhaltspunkte über die Eignung verschiedener Versickerungsmethoden in Abhängigkeit der Verschmutzung des zu versickernden Wassers.

Bemessungsgrundlagen (nach DWA A 138 2005)
Auch für Versickerungsanlagen gilt, dass zur Bemessung sowohl einfache Verfahren auf Basis statistischer Regendaten als auch die Langzeitsimulation mit gemessenen Niederschlägen möglich sind.

Für die Anwendung eines einfachen Verfahrens gelten folgende Randbedingungen:

– Häufigkeit des Bemessungsregens: $n >= 0,1$ (1/a),
– das Einzugsgebiet ist nicht größer als 200 ha bzw. die Fließzeit beträgt bis zur Anlage nicht mehr als 15 min,
– die spezifische Versickerungsrate bezogen auf A_{red} ist $q_s >= 2 \; l/(s * ha)$,
– Regenwasserzufluss: $Q_z = 10^{-7} * r_{T(n)} * A_{red}$,
– durchlässiger Untergrund und ausreichender Abstand zum Grundwasserspiegel erforderlich.

Flächenversickerung
Das Niederschlagswasser wird offen entweder direkt oder durch durchlässige Oberflächen (z. B. Mineralbeton, durchlässige Pflasterungen) versickert. Eine Speicherung ist nicht möglich bzw. nicht beabsichtigt. Die Versickerungsintensität muss deshalb größer als die Intensität des Bemessungsniederschlages sein. Flächenversickerungen sind besonders geeignet für Hofflächen, Rettungszufahrten, Parkwege, ländliche Wege, Campingplätze und Sportanlagen (s. Abbildung 5.5-24).

Der Durchlässigkeitsbeiwert k_f der durchlässigen Oberfläche sollte mindestens $2 * r_{T(n)} * 10^{-7}$ m/s betragen.

Die für die Versickerung notwendige Fläche A_s beträgt:

$$A_s = A_{red}/[10^7 * k_f)/2 * r_{T(n)}) - 1] \quad (m^2)$$
$$(5.5.62)$$

mit

A_s	erforderliche Versickerungsfläche	m^2
A_{red}	angeschlossene, befestigte Fläche	m^2
k_f	Durchlässigkeitsbeiwert der gesättigten Zone	m/s
$r_{T(n)}$	Regenspende	$l/(s*ha)$

Muldenversickerung
Bei nicht ausreichender Versickerungsfläche für die Flächenversickerung kann die Muldenversickerung eingesetzt werden, die das Niederschlagswasser zeitweise speichern kann. Ein dauerhafter Einstau ist jedoch zu vermeiden (s. Abb. 5.5-25).

Die Bemessung geht von der nach der Flächenversickerung berechneten Versickerungsfläche A_s

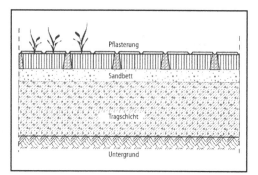

Abb. 5.5-24 Flächenversickerung durch Betongittersteine

aus. Das notwendige Speichervolumen ergibt sich bei Anwendung der Reinhold'schen Regenreihen und der Häufigkeit n = 0,2 zu:

$$V_s = 2{,}57 \cdot 10^{-4} \cdot (A_{red} + A_s) \cdot r_{15(1)} \cdot \frac{T}{T+9}$$
$$-A_s \cdot T \cdot 60 \cdot k_f / 2 \quad \text{(in m}^3\text{)},$$
$$\hspace{8cm} (5.5.63)$$

$$T = \sqrt{\frac{3{,}85 \cdot 10^{-5} \cdot (A_{red} + A_s) \cdot r_{15(1)}}{A_s \cdot k_f / 2}} - 9 \quad \text{(in min)}$$
$$\hspace{8cm} (5.5.64)$$

mit
V_s	Speichervolumen	m³
A_s	erforderliche Versickerungsfläche	m²
A_{red}	angeschlossene, befestigte Fläche	m²
T	maßgebende Dauer Berechnungs-regen	min
k_f	Durchlässigkeitsbeiwert der gesättigten Zone	m/s
$r_{15(1)}$	maßgebende Regenspende	l/(s*ha)

Rigolen- oder Rohrversickerung

Das Niederschlagswasser wird in kiesgefüllte Gräben (Rigolen) oder in unterirdisch verlegte, perforierte Rohrstränge (Rohrversickerung) geleitet, dort zwischengespeichert und anschließend versickert (s. Abb. 5.5-26).

Bei der Bemessung wird der Querschnitt des Rigolenprofils (mit oder ohne Rohr) gewählt. Zielgröße der Berechnung ist somit die erforderliche Länge L der Versickerungsanlage, die sich bei Anwendung der Reinhold'schen Regenreihen und der Häufigkeit n = 0,2 ergibt zu:

$$L = \frac{2{,}57 \cdot 10^{-4} \cdot A_{red} \cdot r_{15(1)} \cdot T/(T+9)}{b \cdot h \cdot s + (b + h/2) \cdot T \cdot 60 \cdot k_f / 2} \quad \text{(in m)},$$
$$\hspace{8cm} (5.5.65)$$

$$T = \sqrt{\frac{9 \cdot b \cdot h \cdot s}{(b + h/2) \cdot 60 \cdot k_f / 2}} \quad \text{(in min)}, \quad (5.5.66)$$

wobei
s = Porenziffer n_p = 30% bis 40%
für Rigolenversickerung
s = $[r_i^2 \pi + n_p * (h*b - r_a^2 \pi)] / (h*b)$
für Rohrversickerung

mit
L	Länge	m
A_{red}	angeschlossene, befestigte Fläche	m²
T	maßgebende Dauer Berechnungs-regen	min
k_f	Durchlässigkeitsbeiwert der gesättigten Zone	m/s
$r_{15(1)}$	maßgebende Regenspende	l/(s*ha)
b	Sohlbreite der Rigole	m
h	nutzbare Höhe der Rigole	m
s	Speicherkoeffizient	–
r_i	Innenradius	m

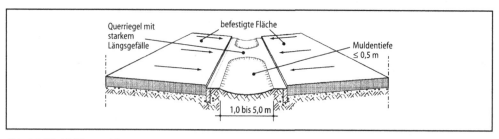

Abb. 5.5-25 Muldenversickerung

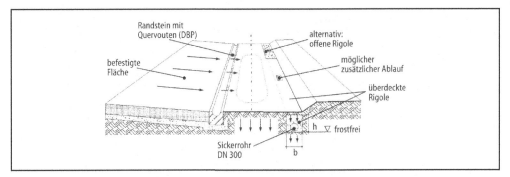

Abb. 5.5-26 Rigolenversickerung

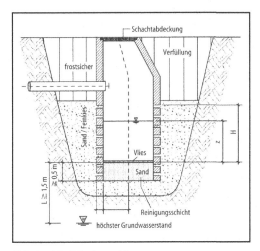

Abb. 5.5-27 Schachtversickerung

n_p Porenziffer   %
r_a Außendurchmesser   m

Schachtversickerung

Das Niederschlagswasser wird in einem durchlässigen Schacht aus Betonringen zwischengespeichert und verzögert in den Untergrund abgegeben (s. Abb. 5.5-27 und Tabelle 5.5-45). Diese Möglichkeit der Versickerung ist kaum noch zulässig, siehe DWA A 138, Tabelle 1.

Die Bemessung erfolgt mit Hilfe einer Bemessungstafel und folgender Gleichung:

$$V_s = z_{max} * \pi * r_i^2 \quad (m^3) \tag{5.5.67}$$

mit
V_s Speichervolumen   m³
z_{max} Wassertiefe im Schacht   m
r_i Innenradius   m

5.5.12 Erhaltung von Entwässerungsanlagen

5.5.12.1 Grundsätzliche Überlegungen

Die weit verzweigten Kanalisationssysteme stellen seit ihrer Entstehung vor über 100 Jahren besonders in den Großstädten ein beachtliches Vermögen dar. Die Bestandserhaltung und Sicherung dieses Vermögens wird aber erst in den letzten 15–20 Jahren als technisches und betriebswirtschaftliches Problem in Angriff genommen.

Besonders seit Entwässerungsbetriebe als kaufmännisch geführte Unternehmen dem Handelsrecht unterworfen sind, gilt der Entwicklung des Anlagevermögens, welches im Kanalnetz verborgen ist, wachsende Aufmerksamkeit.

Zunächst geht es um die Feststellung und Beurteilung des Ist-Zustandes und der Funktionssicherheit. Reicht die Leistungsfähigkeit? Werden die wasserrechtlich erlaubten Grenzen eingehalten? In welchen Bereichen herrscht Reparatur- oder Erneuerungsbedarf? Wie hoch und wie dringend ist der Bedarf?

Der Ist-Zustand wird entsprechend DIN EN 752-5 ermittelt und daraus folgend werden Sanierungsbedarfe bestimmt (s. Abb. 5.5-28).

Weiterhin ergibt sich betriebswirtschaftlich die Frage nach dem „Substanzwert" (DWA M 143-14

2005), der nur dann dem Restbuchwert entspricht, wenn die Abschreibungszeit der tatsächlichen Nutzungsdauer gleicht. Für die Ermittlung des Substanzwertes gibt es noch keine standardisierte Methode. Sicher aber ist, dass eine Erfassung des baulichen Zustands und einer daraus folgenden Beurteilung der Funktionstüchtigkeit und Betriebssicherheit die wesentliche Grundlage für eine solche Methode darstellen dürfte.

Besonders interessant wird die Verwendung von Daten aus der Substanz- und Zustandserfassung, wenn Kennzahlen zur vertraglichen Absicherung

Tabelle 5.5-45 Erforderliche Sickerzonenhöhen

	A_{red} k_f in m/s	DN 1000 200 m² z_{max} in m	$Q_{s,max}$ in L/S	400 m² z_{max} in m	$Q_{s,max}$ in L/S	DN 1200 200 m² z_{max} in m	$Q_{s,max}$ in L/S	400 m² z_{max} in m	$Q_{s,max}$ in L/S
$r_{15(1)} = 100$ l/(s·ha)	$5 \cdot 10^{-3}$	0,86	5,77	1,47	11,95	0,74	5,33	1,32	11,32
	10^{-3}	1,93	3,59	3,24	8,17	1,58	2,93	2,82	6,99
	$5 \cdot 10^{-4}$	2,50	2,67	4,33	6,75	2,02	2,09	3,60	5,20
	10^{-4}	3,89	1,12	6,94	3,20	2,98	0,77	5,49	2,17
	$5 \cdot 10^{-5}$	4,43	0,70	8,06	2,13	3,33	0,46	6,23	1,37
	10^{-5}	5,41	0,20	10,22	0,68	3,92	0,12	7,55	0,39
	$5 \cdot 10^{-6}$	5,70	0,11	10,92	0,39	4,09[t]	0,06	7,94	0,22
	10^{-6}	6,06	0,02	11,97	0,09	4,24[t]	0,01	8,43[t]	0,05
	$5 \cdot 10^{-3}$	1,47	11,95	2,36	24,34	1,32	11,32	2,20	23,77
	10^{-3}	3,24	8,17	5,40	20,08	2,82	6,99	4,66	16,23
$r_{15(1)} = 200$ l/(s·ha)	$5 \cdot 10^{-4}$	4,33	6,75	6,96	16,19	3,60	5,20	6,15	13,33
	10^{-4}	6,94	3,20	11,86	9,11	5,49	2,17	9,72	6,34
	$5 \cdot 10^{-5}$	8,06	2,13	14,06	6,42	6,23	1,37	11,26	4,23
	10^{-5}	10,22	0,68	18,82	2,33	7,55	0,39	14,23	1,35
	$5 \cdot 10^{-6}$	10,92	0,39	20,48	1,39	7,94	0,22	15,19	0,77
	10^{-6}	11,97[t]	0,09	23,25	0,36	8,43[t]	0,05	16,63[t]	0,18

	A_{red} k_f in m/s	DN 1000 200 m² z_{max} in m	$Q_{s,max}$ in L/S	400 m² z_{max} in m	$Q_{s,max}$ in L/S	DN 1200 200 m² z_{max} in m	$Q_{s,max}$ in L/S	400 m² z_{max} in m	$Q_{s,max}$ in L/S
$r_{15(1)} = 100$ l/(s·ha)	$5 \cdot 10^{-3}$	0,58	4,63	1,08	9,96	0,40	3,82	0,76	7,93
	10^{-3}	1,20	2,28	2,19	5,29	0,79	1,66	1,50	3,72
	$5 \cdot 10^{-4}$	1,49	1,52	2,75	3,73	0,95	1,04	1,83	2,43
	10^{-4}	2,08	0,49	3,96	1,33	1,26	0,30	2,46	0,73
	$5 \cdot 10^{-5}$	2,28	0,28	4,38	0,79	1,35	0,16	2,66	0,41
	10^{-5}	2,59	0,07	5,08	0,20	1,49[t]	0,04	2,97[t]	0,10
	$5 \cdot 10^{-6}$	2,67[t]	0,04	5,27[t]	0,11	1,52[t]	0,02	3,02[t]	0,05
	10^{-6}	2,73[t]	0,01	5,44[t]	0,02	1,54[t]	0,01	3,07[t]	0,01
	$5 \cdot 10^{-3}$	1,08	9,96	1,92	21,75	0,76	7,93	1,42	17,33
	10^{-3}	2,19	5,29	3,90	12,99	1,50	3,72	2,80	8,90
$r_{15(1)} = 200$ l/(s·ha)	$5 \cdot 10^{-4}$	2,75	3,73	4,92	9,61	1,83	2,43	3,42	6,03
	10^{-4}	3,96	1,33	7,29	3,88	2,46	0,73	4,71	2,01
	$5 \cdot 10^{-5}$	4,38	0,79	8,20	2,41	2,66	0,41	5,14	1,16
	10^{-5}	5,08	0,20	9,80	0,68	2,97[t]	0,10	5,84[t]	0,29
	$5 \cdot 10^{-6}$	5,27	0,11	10,27	0,37	3,02[t]	0,04	6,00[t]	0,15
	10^{-6}	5,44	0,02	10,82	0,08	3,07[t]	0,01	6,13[t]	0,03

[t] Regendauer T ≥ 150

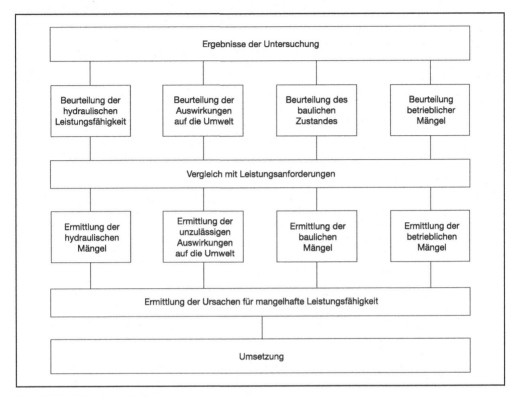

Abb. 5.5-28 Fließschema für die Beurteilung

der Bestandserhaltung und Vermögenssicherung bei Privatisierungsprozessen vereinbart werden.

Grundsätzlich ist Folgendes festzuhalten: Seit der erstmaligen systematischen Kanalisierung in Ballungszentren zu Beginn der Industrialisierung – Mitte des 19. Jahrhunderts – wurden jährlich weniger Mittel zum Substanzerhalt eingesetzt, als rechnerisch Abschreibungen zu erwirtschaften waren – soweit solche Berechnungen überhaupt stattgefunden haben. Deshalb besteht ein überdurchschnittlicher Investitions- und Reparaturbedarf. Dem „Wertzuwachs" durch Erschließungsmaßnahmen steht ein „Wertverzehr" im Altnetz gegenüber. Oftmals wird das Problem des „Wertverzehrs" dadurch verstärkt, dass Qualitätskriterien für eine Nutzungsdauer von 80–100 Jahren bei der Herstellung nicht immer eingehalten wurden.

Ziel der Sanierungsstrategien ist es, den unerwünschten Wertverzehr der Vergangenheit zu stoppen und den „Sollzustand" der Kanalnetze zu erreichen und dauerhaft zu sichern. Dabei sollten die Kosten für die Abwasserbeseitigung stabilisiert werden.

5.5.12.2 Anforderungen an den Datenbestand

Es ist empfehlenswert, den Datenbestand haltungsweise zu ordnen. Jede Haltung stellt einen eigenen Vermögensgegenstand dar, für den die betriebswirtschaftlichen, betrieblichen und die den Zustand beschreibenden Daten vorgehalten werden. So ist es möglich, Kennzahlen zu ermitteln, mit denen die Auswirkungen von Sanierungsstrategien beurteilt werden können.

Außerdem wird handels- und steuerrechtlich eine saubere Abgrenzung zwischen Erneuerung und Reparatur bzw. Investition und Aufwand möglich.

Folgende regelmäßig zu erhebende Kennzahlen können dazu dienen, die Bemühungen des Netzbetreibers um Bestands- und Werterhaltung des Kanalnetzes zu beurteilen.

– Altersverteilung der Kanäle (haltungsbezogen),
– Schadensklassenverteilung der Haltungen,
– Altersverteilung der dokumentierten Schäden (Baujahr der Kanäle mit Schäden),
– Altersschwerpunkt auf Basis der Länge und der Anschaffungskosten,
– Nutzungsdauervorrat auf Basis der Länge und der Anschaffungskosten.

Neben dem Bezug zur Länge soll mit dem Bezug zu den Anschaffungskosten erkennbar werden, ob für den Betreiber des Kanalnetzes bei der Einordnung der Dringlichkeit von Kanalbaumaßnahmen solche mit hohem Meterpreis (große Tiefe, Grundwasser, großer Querschnitt) „nachgeordnet" behandelt werden.

Die haltungsweise Dokumentation von Baujahr, Anschaffungskosten, Abschreibungsdauer sowie der Zustandsdaten einschließlich einer Vorklassifizierung ermöglicht die rechnerische Ermittlung der Kennzahlen.

Inhalte eines modernen Kanalinformationssystems sind der folgenden Zusammenstellung zu entnehmen.

Betriebswirtschaftliche Daten (haltungsbezogen):

– Baujahr/Anschaffungszeitpunkt,
– Anschaffungskosten,
– Wiederbeschaffungskosten,
– Abschreibungsdauer/Nutzungsdauer,
– „Substanzwert".

Zustandsdaten (haltungsbezogen):

– grafisch, georeferenziert,
– Abmessungen,
– Material,
– Anschlusskanäle, Schächte, Pumpwerke, Sonderbauwerke,
– Schäden/Zustand/Klassifizierung,
– Untersuchungsdaten,
– Grundwasser- und Bodenverhältnisse.

Betriebliche Daten:

– Netzhydraulik,
– angeschlossene Flächen,
– Einleiterverzeichnis/Einleitungsstellen,
– Wasserrechte,
– Ablagerungen (haltungsbezogen),
– Reinigungsintervalle (haltungsbezogen),
– Auftragsabwicklung,
– Zugänglichkeit von Schächten,
– Störungen,
– Betriebszustände.

Bei der Aktualisierung des Datenbestandes nach der Durchführung von Baumaßnahmen ist darauf zu achten, dass die betriebswirtschaftlichen Daten haltungsbezogen zu ermitteln sind. Für Baumaßnahmen, die mehrere Haltungen umfassen, ist ein zusätzlicher Verwaltungsaufwand zur Ermittlung der Kennzahlen einzuplanen.

5.5.12.3 Optische Inspektion

Stand der Technik ist die optische Erfassung des Zustandes der Kanalisation mit Hilfe von ferngesteuerten Kameras. Dabei werden der Bildausschnitt und der Blickwinkel vom Bediener gesteuert und die vorgefundene Situation entsprechend einem Kürzelsystem (ATV M 143-2, ISYBAU, BMBRS oder DIN EN 13508-2) beschrieben.

Im Rahmen eines u. a. in Braunschweig durchgeführten Forschungsprojektes „Selektive Erstinspektion" (Quelle: BMB+F Vorhaben Ideenwettbewerb Wasser und Abwasser, September 2002) wurde die Reproduzierbarkeit von Ergebnissen der optischen Inspektion mit herkömmlicher Kameratechnik geprüft. Leider stellten sich erhebliche Abweichungen bei der Schadensansprache und -beurteilung heraus, obwohl gleiche Strecken befahren wurden (s. Abb. 5.5-29 und 5.5-30). Deshalb ist die Verwendbarkeit der Daten der Schadensklassifizierung kritisch zu sehen.

Um eine Reproduzierbarkeit der optisch ermittelten Zustandsdaten zu erreichen, bietet sich die Möglichkeit an, sog. Raumbildkameras einzusetzen. Als Beispiel wird hier die „Panoramo"-Technik vorgestellt. Die Kamera dient zur Erzeugung von Rundum-Einzelbildern, die zu vollständigen Filmen zusammengesetzt und parallel als Abwicklung ausgewertet werden können. Die Fehlerquelle „un-

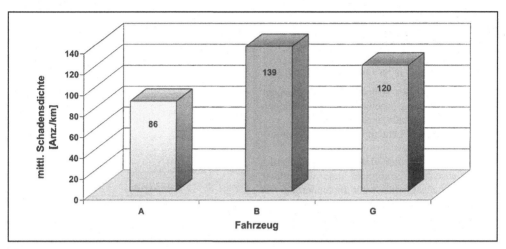

Abb. 5.5-29 Dokumentationsfehler

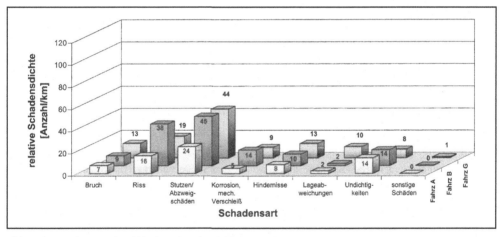

Abb. 5.5-30 Dokumentationsfehler/Interpretationsfehler

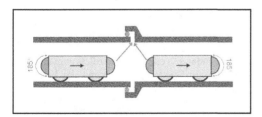

Abb. 5.5-31 Prinzipskizze Panoramo (Patent Firma IBAK, Kiel)

vollständige Erfassung" kann hiermit vermieden werden.

Vergleichbare Entwicklungen stellen die Systeme der Firmen RICO EAB, Kempten (RPP Duo Vision-System) und JT-Elektronik, Lindau (Spherix) dar. Ein Nachteil all dieser Systeme ist, dass die einzelnen Bilder – zu Raumbildern zusammengefügt – keine Bewegung zeigen. Eindringendes Wasser ist z.B. schwer zu erkennen. Weiterhin ist nachteilig, dass das Zusammenfügen der Einzelbilder mit Algorithmen erfolgt, die für Sonderprofile individuell entwickelt werden müssen. Anschlusskanäle mit Satellitenkameras sind nur über die herkömmliche Technik zu inspizieren.

Die Vorteile sind jedoch ausschlaggebend:

- Die Trennung der Arbeitsgänge „Befahrung" und „Auswertung" bewirkt eine Beschleunigung und eine Qualitätsverbesserung.
- Die vollständige Erfassung stellt die Nachvollziehbarkeit der Auswertung sicher.
- Die Möglichkeit der virtuellen Begehung des Kanalabschnitts ermöglicht eine wesentliche Entscheidungsgrundlage für die Sanierung.
- Die Kosten der Inspektion und Auswertung können gegenüber der herkömmlichen Verfahrensweise um ca. 20% gesenkt werden.

5.5.12.4 Automatische Bilderkennung

Es gibt noch einen weiteren Vorteil der digitalen Raumbilder, der sich jedoch erst in Zukunft als solcher herausstellen kann, weil die Entwicklung dieser Technik noch nicht serienreif ist. Typische Schäden und auch Anschlüsse können durch Bilderkennungsalgorithmen automatisch erkannt und den entsprechenden Zustandsklassen zugeordnet werden. Hierbei handelt es sich um eine Entwicklung, die sich noch im Versuchsstadium befindet und noch nicht großtechnisch angewandt werden kann. Eine entscheidende Hilfe wäre schon, wenn Anschlüsse und schadensfreie Bereiche automatisch festgestellt und vermessen werden könnten.

(Quelle: Abschlussbericht zum Projekt Entwicklung und Erprobung eines digitalen Bilderkennungs- und Bildverarbeitungsverfahrens zur objektiven Zustandserfassung von Kanalisationen Phase 2 AZ: 22006/02)

5.5.12.5 Geophysikalischen Methoden

Die „Bauteile" des Gesamtbauwerkes werden aus Abb. 5.5-32 (DIN EN 1610) erkennbar.

Der zielgerichtete und effiziente Einsatz von Mitteln zur Bestandserhaltung von Kanalnetzen soll optimiert werden. Deshalb suchen Kanalnetzbetreiber nach neuen Messverfahren, mit denen Bettungsdefekte außerhalb der Kanalrohre frühzeitig festgestellt werden können. So können recht-

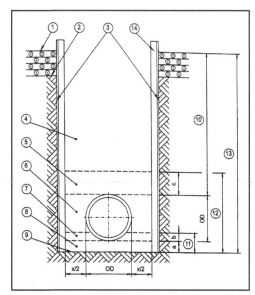

Abb. 5.5-32 Die Bauteile von Abwasserleitungen und -kanälen [DIN EN 1610]. *1* Oberfläche, *2* Unterkante der Straßen- oder Gleiskonstruktion, soweit vorhanden, *3* Grabenwände, *4* Hauptverfüllung, *5* Abdeckung, *6* Seitenverfüllung, *7* obere Bettungsschicht, *8* untere Bettungsschicht, *9* Grabensohle, *10* Überdeckungshöhe, *11* Dicke der Bettung, *12* Dicke der Leitungszone, *13* Grabentiefe, *14* Dicke der Abdeckung

zeitig Maßnahmen ergriffen werden, um Schäden an der Straße oder gar Einstürze zu vermeiden. Auch bei der Auswahl geeigneter Verfahren zur Schadensbehebung und zur Vermeidung von Aufgrabungen sind diese Kenntnisse von Vorteil. Mit der optischen Inspektion können nur sichtbare Zustandsdaten gewonnen werden und darüber hinaus allenfalls Rückschlüsse gezogen werden.

Als „Schwachpunkte" der Kanalisation sind insbesondere zu nennen:

- undichte Rohrverbindungen,
- fehlerhafte Hausanschlüsse und
- Verwendung von nicht verdichtungsfähigem Boden zur Wiederauffüllung mit der Folge einer statischen Überlastung der Rohre.

Undichtheiten und Rohrbrüche ermöglichen das Eindringen von Grundwasser in den Boden. Die mögliche Folge ist, dass Auflagerung und Einbettung ihre Funktion verlieren. Andererseits befinden sich große Teile noch nicht abgeschriebener Kanäle in optisch gutem Zustand und erfüllen ihre Funktion.

Die Bestandserhaltung und die Anpassung von Kanalnetzen an zukünftige Bedürfnisse sind die herausragenden Aufgaben von Kanalnetzbetreibern. Den Grundstein für diese Aufgaben bildet eine möglichst genaue und umfassende Erfassung des Bauzustandes.

Nach der TV-Inspektion können alle sichtbaren Schäden festgestellt werden. Über den Zustand der Auflagerung und der Einbettung sowie über den Verdichtungsgrad der Wiederverfüllung, über Auflockerungen, Hohlräume und über parallele und kreuzende Leitungen sind nur unzureichende Informationen erhältlich.

Als geophysikalische Messmethoden kommen Mikroseismik, Georadar, Ultraschall oder Gammasonden in Betracht. Auch geoelektrische Methoden wurden bereits angewandt. Die Ziele solcher Messmethoden sind, Informationen über Auflager-, Einbettungsbedingungen und Lagerungsdichten der Wiederverfüllung zu erhalten, Hausanschlüsse und parallele oder kreuzende Leitungen zu orten, Sanierungsmaßnahmen vorzubereiten und Abnahmeprüfungen zu optimieren.

(Quelle: Merkblatt DWA M 149-4)

5.5.12.6 Sanierungsverfahren

Im Sprachgebrauch der Kanaltechnik hat sich der Begriff der „Sanierungsverfahren" als Oberbegriff für Reparatur-, Renovierungs- sowie Erneuerungsverfahren eingebürgert. Handelsrechtlich entsteht damit das Problem der Abgrenzung zwischen Reparatur und Erneuerung, also zwischen Aufwand und Investition. Um begrenzte Jahresbudgets optimal auszuschöpfen, besteht bei vielen Kanalnetzbetreibern grundsätzlich die Neigung eher zu investieren, d. h. Abschreibungen zu aktivieren, als durch Reparaturen den jährlichen Aufwand zu erhöhen. Vor der Entscheidung, welches Sanierungsverfahren zur Anwendung kommen soll, ist es somit nötig, auf rechtlicher, betriebswirtschaftlicher und technischer Basis zu klären, unter welchen Voraussetzungen die Sanierungskosten gedeckt werden. Die Abb. 5.5-33–5.5-35 zeigen die möglichen Verfahren.

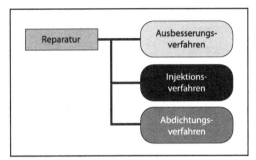

Abb. 5.5-33 Reparaturverfahren

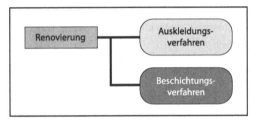

Abb. 5.5-34 Renovierungsverfahren

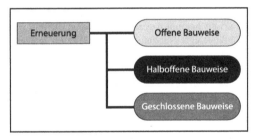

Abb. 5.5-35 Bauliche Erneuerung [Stein 1999]

5.5.12.7 Strategien

Problemlage
Der Investitions- und Reparaturbedarf hängt für einen Netzbetreiber nicht nur von den baulichen Zustandsdaten ab, sondern auch von möglichen hydraulischen Mängeln oder betrieblichen Erfordernissen. Für sich allein betrachtet könnte der Betrieb aus dem verfügbaren Budget ein Bauprogramm gestalten, mit der Einschränkung, dass die Zustandsdaten nicht sehr verlässlich sind. Dieses Bauprogramm wird aber zudem in starkem Maß

von Kriterien beeinflusst, die außerhalb des Betriebes liegen:

- Straßenbau,
- andere Leitungsträger,
- ÖPNV-Maßnahmen,
- Erschließungsbedarf,
- andere Bauvorhaben, die in den Leitungsraum eingreifen,
- „Notfälle".

Darüber hinaus kann der Netzbetreiber auf Alterungsmodelle zurückgreifen, mit denen mittel- oder langfristige Zustandsprognosen möglich sind, was bei angestrebten Nutzungsdauern von 70 und mehr Jahren hilfreich sein kann. Selbst die Demographische Entwicklung unserer Städte spielt dabei eine Rolle.

Substanzwertstrategie

Der Grundgedanke der Substanzwertstrategie ist es, den Substanzverzehr zu erkennen, zu beobachten, zu bewerten und durch geeignete Baumaßnahmen oder -programme im Sinne eines Generationenvertrages den Substanzwert zu erhalten oder zu verbessern. Der kalkulatorische Restbuchwert einer Haltung kann nur dann als Maß für den Substanzwert herangezogen werden, wenn die ihm zugrunde gelegte Nutzungsdauer der Haltung tatsächlich der betriebsgewöhnlichen Nutzungsdauer entspricht. Um erste Hinweise auf die Entwicklung des Substanzwertes eines Kanalnetzes zu erhalten, bietet es sich an, das mittlere Alter aller Haltungen jährlich zu ermitteln. Diese Kennzahl sollte die halbe mittlere geplante Nutzungsdauer (Abschreibungszeit) aller Haltungen nicht überschreiten.

Gebietsbezogene Strategie

Hier werden vorrangig ausgewählte Teilnetze bearbeitet, die im Sinne der durchzuführenden Sanierung gemeinsame Merkmale, Aufforderungen und Eigenschaften aufweisen (z. B. Pumpwerkeinzugsgebiete, Wasserschutzzonen, Wohn- und Gewerbegebiete mit hohem Fremdwasseranteil).

Zustandsstrategie

Die Strategie folgt dem langfristigen Ziel des völlig schadensfreien Netzes. Durch geeignetes Risikomanagement werden festgestellte Schäden nach Dringlichkeit beseitigt.

Mehrsparten/Mehrspartenstrategie

Straßenbaulastträger, Versorgungsträger und die Grundstücksentwässerung sind dem Kanalnetzbetreiber ebenbürtig und verfolgen gemeinsam das Ziel einer zeitlich und technisch aufeinander abgestimmten Vorgehensweise.

Feuerwehrstrategie

Bei Versagen oder dem drohenden Versagen des Systems im baulichen bzw. betrieblichen Sinn wird eine unplanmäßige ereignisorientierte Vorgehensweise nötig. Auf diese Strategie wird jeder Netzbetreiber immer wieder zurückgreifen müssen und sich deshalb darauf einstellen, auch wenn es unerwünscht ist.

Funktionsbezogene Strategie

Die funktionsbezogene Strategie findet dann Anwendung, wenn eine grundsätzliche Änderung des Entwässerungssystems durch eine wesentliche Änderung der Randbedingungen hervorgerufen wird (z. B. Umbau zum Trennsystem oder zum qualifizierten Mischsystem, Umkehrung der Entwässerungsrichtung, Abkoppelung).

Bewertung

Keine der vorgestellten Strategien sollte isoliert betrachtet und angewandt werden. Die geeignete Verfahrensweise hängt von den Randbedingungen ab, die in den jeweiligen Städten überraschend unterschiedlich sein können. Entscheidend für den Erfolg sind letztlich die Beobachtung geeigneter Kennzahlen und der darauf fußende Nachweis der erbrachten Leistungen.

Bauvorhaben im öffentlichen Straßenraum sollten vorzugsweise mit anderen Leitungsträgern, dem Straßenbau und ÖPNV-Baumaßnahmen gemeinsam koordiniert werden. Bei solchen koordinierten Baumaßnahmen kommt es erfahrungsgemäß immer wieder zu kurzfristigen Umstellungen, Verschiebungen und Streichungen. Kanalnetzbetreiber sollten zur Bestandserhaltung grundsätzlich anstreben, jährlich Investitionen etwa in der Größenordnung der erwirtschafteten Abschreibungen durchzuführen. Wenn bei Kanalnetzen der „Sollzustand" noch nicht erfüllt ist (das ist i. d. R. der Fall) muss die Reinvestitionsquote höher sein. Damit dieses Ziel erreicht werden kann und weil gleichzeitig Anpassungsbedarf mit anderen

Maßnahmenträgern besteht, muss ein „Projektvorrat" geplant werden. Aus diesem Zusammenhang wird deutlich, dass Zustandsdaten nur einen groben Anhalt für das Bau- und Investitionsprogramm bieten.

(Quelle: Merkblatt DWA M 143-14)

5.5.12.8 Nachhaltigkeit

In der Diskussion um die Nachhaltigkeit von Investitionen zur Abwasserableitung ist folgenden Punkten Rechnung zu tragen:

1. Ökonomische Nachhaltigkeit
   Die Substanzwert-Strategie ist die maßgebende Verfahrensweise zur Sicherung des Anlagevermögens. Die Bereitstellung von Finanzmitteln um Substanz erhaltende Investitionen ohne Kostensteigerungen vornehmen zu können, wird damit ermöglicht. Dazu sind Definitionen des Sollzustandes der einzelnen Vermögensteile nötig sowie Kennzahlen, die den Lebenszyklus beschreiben.
2. Bautechnische Nachhaltigkeit
   Ziel ist es, Investitionen mit der notwendigen Qualität zu planen und durchzuführen, sodass die vorgesehene Lebenszeit bzw. Abschreibungszeit ohne funktionelle oder ökologische Nachteile erreicht wird. Kriterien für Planungsgrundsätze, Werkstoffe, Bauverfahren sowie Methoden der Qualitätssicherung sind festzulegen und den sich ändernden Rahmenbedingungen anzupassen.
3. Betriebliche Nachhaltigkeit
   Abwassersammel- und -reinigungssysteme müssen den gesellschaftlichen Anforderungen angepasst werden können. Das Spannungsfeld von Bevölkerungsentwicklung, Entwicklung des Wasserverbrauchs, Anforderungen des Umwelt- und Hochwasserschutzes, Abwassergebühren und Energiekosten erzeugt einen erhöhten Planungsbedarf dieser langlebigen Anlagegüter. Deshalb ist eine vorausschauende Planung erforderlich, die mögliche zukünftige Anforderungen berücksichtigt, auch Systemumstellungen sollten durch lange Abschreibungszeiten nicht unnötig verhindert werden.

Literaturverzeichnis Kap. 5.5

Abwasserverordnung (2004) Verordnung über Anforderungen an das Einleiten von Abwasser in Gewässer

ATV A 105 (12/1997) Wahl des Entwässerungssystems

DWA A 110 (08/2006) Richtlinien für die hydraulische Dimensionierung und den Leistungsnachweis von Abwasserkanälen und -leitungen

DWA A 117 (04/2006) Richtlinien für die Bemessung, die Gestaltung und den Betrieb von Regenrückhaltebecken

DWA A 118 (03/2006) Hydraulische Bemessung und Nachweis von Entwässerungssystemen

ATV A 122 (06/1991) Grundsätze für Bemessung, Bau und Betrieb von kleinen Kläranlagen mit aerober biologischer Reinigungsstufe für Anschlußwerte zwischen 50 und 500 Einwohnerwerten

ATV A 126 (12/1993) Grundsätze für die Abwasserbehandlung nach dem Belebungsverfahren mit gemeinsamer Schlammstabilisierung bei Anschlußwerten zwischen 500 und 5000 Einwohnerwerten

ATV A 128 (04/1992) Richtlinien für die Bemessung und Gestaltung von Regenentlastungsanlagen in Mischwasserkanälen

ATV A 131 (05/ 2000) Bemessung von einstufigen Belebungsanlagen

DWA A 138 (04/ 2005) Bau und Bemessung von Anlagen zur dezentralen Versickerung von nicht schädlich verunreinigtem Niederschlagswasser

ATV A 198 (04/2003) Vereinheitlichung und Herleitung von Bemessungswerten für Abwasseranlagen

DWA A 201 (08/2005) Grundsätze für Bemessung, Bau und Betrieb von Abwasserteichen für kommunales Abwasser

ATV A 203 (04/1995) Abwasserfiltration durch Raumfilter nach biologischer Reinigung

DWA A 262 (03/2006) Grundsätze für Bemessung, Bau und Betrieb von Pflanzenkläranlagen mit bepflanzten Bodenfiltern zur biologischen Reinigung kommunalen Abwassers

ATV A 281 (09/2001) Bemessung von Tropfkörpern und Rotationstauchkörpern

ATV M 143-2 (04/1999) Optische Inspektion – Inspektion, Instandsetzung, Sanierung und Erneuerung von Abwasserkanälen und -leitungen

ATV-Handbuch (1995) Planung der Kanalisation. Ernst & Sohn, Berlin

ATV-Handbuch (1997a) Mechanische Abwasserreinigung. Ernst & Sohn, Berlin

ATV-Handbuch (1997b) Biologische und weitergehende Abwasserreinigung. Ernst & Sohn, Berlin

Cheung PS, Krauth K, Roth M (1980) Investigation to replace the conventional sedimentation tank by a microtrainer in the rotating disc system. Water Research 14 (1980) H 1, S 67–75

DWA M 115-2 (11/2004) Indirekteinleitung nicht häuslichen Abwassers, Teil 2: Anforderungen

DWA M 143-14 (11/2005) Sanierung von Entwässerungssystemen außerhalb von Gebäuden, Teil 14: Sanierungsstrategien

DWA M 149-2 (11/2006) Zustandserfassung und -beurteilung von Entwässerungssystemen außerhalb von Gebäuden, Teil 2: Kodiersystem für die optische Inspektion

Ermel G (1983) Stickstoffentfernung in einstufigen Belebungsanlagen – Steuerung der Denitrifikation. Institut für Stadtbauwesen der TU Braunschweig

Imhoff K, Imhoff KR (2007) Taschenbuch der Stadtentwässerung. Oldenbourg-Verlag, München

Kayser R (1992) Grundzüge der Siedlungswasserwirtschaft. Vorlesungsskript TU Braunschweig

Pecher R (1973) Die praktische Bemessung von Kanalnetzen und Regenrückhaltebecken mit dem zeitlich veränderlichen Abflußbeiwert. In: Korrespondenz Abwasser 20, S 29

Schneider K-J (1994) Bautabellen für Ingenieure. 11. Aufl. Werner-Verlag, Düsseldorf

Schneider K-J (2008) Bautabellen für Ingenieure. 18. Aufl. Werner-Verlag, Düsseldorf, S 13.62–13.75

Stein D (1999) Instandhaltung von Kanalisationen. 3. Aufl. Ernst & Sohn, Berlin

Steinmann GA (1990) Die Nachklärung von Tropfkörperanlagen – Wirkungsweise, Leistungsgrenzen und Bemessung. Gas – Wasser – Fach (09/1990)

TA Siedlungsabfall (1994) Dritte Verwaltungsvorschrift zum Abfallgesetz

WHG (2009) Gesetz zur Ordnung des Wasserhaushaltes (Wasserhaushaltsgesetz)

91/271/EWG (1991) Europäische Gemeinschaften: Richtlinie des Rates vom 21.05.1991 über die Behandlung von kommunalem Abwasser. Amtsblatt der Europäischen Gemeinschaften L 135 vom 30.05.1991, S 40

Normen

DIN EN 752 Teil 2: Entwässerungssysteme außerhalb von Gebäuden; Anforderungen (04/2008)

DIN EN 1610 Verlegung und Prüfung von Abwasserleitungen und -kanälen (10/1997)

DIN EN 13508-2 Untersuchung und Beurteilung von Entwässerungssystemen außerhalb von Gebäuden – Teil 2: Kodiersysteme für die optische Inspektion (09/2003)

DIN 4034: Schächte aus Beton- und Stahlbetonfertigteilen. Teil 1: Schächte für erdverlegte Abwasserkanäle und -leitungen (09/1993); Teil 2: Schächte für Brunnen- und Sickeranlagen (10/1990)

DIN 4045: Abwassertechnik, Begriffe (12/1985)

DIN 4261: Teil 1: Anlagen ohne Abwasserbelüftung; Anwendung, Bemessung und Ausführung (02/1991)

5.6 Abfalltechnik

Johannes Jager, Anke Bockreis

Die Ausrichtung der Abfallwirtschaft hat sich in den letzten Jahren stark von der eigentlichen Abfallbehandlung hin zu Klimaschutz und Ressourcenschonung geändert. So gilt die Zielsetzung des Bundesumweltministeriums aus dem Jahr 1999, dass spätestens bis zum Jahr 2020 eine hochwertige und vollständige Verwertung zumindest der Siedlungsabfälle unter Einhaltung hoher, schutzgutorientierter Standards erreicht werden soll („Ziel 2020") [BMU 1999]. Daher ist die Zielsetzung – auch auf EU-Ebene – in erster Linie die Vermeidung von Abfällen und danach die stoffliche oder energetische Verwertung.

5.6.1 Abfallrechtliche Grundlagen

5.6.1.1 Kreislaufwirtschafts- und Abfallgesetz (KrW-/AbfG)

Durch das Inkrafttreten des KrW-/AbfG am 06.10.1996 wurden die Grundlagen für die Vermeidung und das Recycling von Abfällen geschaffen. Die „möglichst weitgehende Schließung der Stoffkreisläufe" bedeutet, dass unnötige Abfälle möglichst gar nicht entstehen, trotzdem unvermeidlich entstehende Abfälle grundsätzlich wieder in der Produktion eingesetzt und Abfälle, die nicht für die Kreislaufführung geeignet sind, aus der Kreislaufwirtschaft ausgeschlossen und umweltverträglich beseitigt werden [Schnurer 1995]. Der „Kreislauf" ist also relativ offen.

Die Kreislaufwirtschaft umfasst auch das „Behandeln, Überlassen, Sammeln, Einsammeln durch Hol- und Bringsysteme, Befördern, Lagern und Behandeln von Abfällen zur Verwertung" (§4 Abs. 5 KrW-/AbfG).

Zu den wesentlichen Grundsätzen des KrW-/AbfG zählen:

Definition des Abfallbegriffs

„Abfälle […] sind alle beweglichen Sachen, die unter die in Anhang I aufgeführten Gruppen fallen und deren sich der Besitzer entledigt, entledigen will oder entledigen muss. Abfälle zur Verwertung sind Abfälle, die verwertet werden; Abfälle, die nicht verwertet werden, sind Abfälle zur Beseitigung" (§3 Abs. 1 KrW-/AbfG). Ein Entledigungswille wird gemäß §3 Abs. 2 KrW-/AbfG angenommen, wenn Stoffe anfallen, ohne dass der Zweck der jeweiligen Handlung hierauf gerichtet ist, oder die ursprüngliche Zweckbestimmung von Stoffen entfällt, ohne dass ein neuer Verwendungszweck unmittelbar an deren Stelle tritt.

Vorrang der Vermeidung vor der Verwertung
Nach §4 Abs. 1 KrW-/AbfG sind den Grundsätzen der Kreislaufwirtschaft entsprechend „Abfälle [...] in erster Linie zu vermeiden, insbesondere durch die Verminderung ihrer Menge und Schädlichkeit, [...] in zweiter Linie [...] stofflich zu verwerten oder [...] zur Gewinnung von Energie zu nutzen (energetische Verwertung)". Der Abfallvermeidung wird damit zwar im KrW-/AbfG grundsätzlich uneingeschränkte Priorität zuerkannt, eine konkrete Pflicht zur Abfallvermeidung besteht aber gemäß §5 Abs. 1 KrW-/AbfG nur nach Erlass von Rechtsverordnungen (nach §23 bzw. §24 KrW-/AbfG; s. Produktverantwortung).

Stoffliche und energetische Verwertung sind grundsätzlich gleichrangig, wobei die im Einzelfall umweltverträglichere Verwertungsart Vorrang haben soll (§6 Abs. 1 KrW-/AbfG). Die umweltverträglichere Verwertungsart kann für einzelne Abfallarten durch Rechtsverordnungen festgelegt werden.

Die stoffliche Verwertung beinhaltet „die Substitution von Rohstoffen durch das Gewinnen von Stoffen aus Abfällen (sekundäre Rohstoffe) oder die Nutzung der stofflichen Eigenschaften der Abfälle für den ursprünglichen Zweck oder für andere Zwecke mit Ausnahme der unmittelbaren Energierückgewinnung" (§4 Abs. 3 KrW-/AbfG). Die energetische Verwertung beinhaltet den Einsatz von Abfällen als Ersatzbrennstoff (§4 Abs. 4 KrW-/AbfG).

Wahrung des Wohls der Allgemeinheit bei der Abfallentsorgung

Das KrW-/AbfG hat zum Ziel, Abfälle so zu verwerten oder anderweitig zu entsorgen, dass das Wohl der Allgemeinheit nicht beeinträchtigt wird. Die Maßnahmen beziehen sich zum einen auf Abfälle, zum anderen auf Anlagen, in denen Abfälle verwertet bzw. entsorgt werden. Insbesondere sollen Abfälle nicht so entsorgt werden, dass dadurch

die Gesundheit von Menschen beeinträchtigt wird, Tiere und Pflanzen gefährdet, Gewässer und Böden schädlich beeinflusst sowie schädliche Umwelteinwirkungen durch Luftverunreinigungen oder Lärm herbeigeführt werden. Weiterhin ist sicherzustellen, dass die Belange der Raumordnung und der Landesplanung, des Naturschutzes und der Landespflege sowie des Städtebaus gewahrt sowie die öffentliche Sicherheit und Ordnung nicht gefährdet oder gestört werden (§10 Abs. 4 KrW-/AbfG).

Pflicht zur Produktverantwortung
Ein neuer Begriff im Abfallrecht ist die *Produktverantwortung*: „Zur Erfüllung der Produktverantwortung sind Erzeugnisse möglichst so zu gestalten, dass bei deren Herstellung und Gebrauch das Entstehen von Abfällen vermindert wird und die umweltverträgliche Verwertung und Beseitigung der [...] Abfälle sichergestellt ist" (§22 Abs.1 KrW-/AbfG). Möglichkeiten, der Produktverantwortung gerecht zu werden, sind (§22 Abs. 2 KrW-/AbfG):

– die Herstellung mehrfach verwendbarer, langlebiger und verwertbarer Produkte,
– der Einsatz von Sekundärrohstoffen in der Produktion,
– die Kennzeichnung schadstoffhaltiger Erzeugnisse, um sie umweltverträglich entsorgen zu können,
– Hinweise zu Rückgabe-, Wiederverwendungs- und Verwertungsmöglichkeiten auf den Produkten sowie
– die Rücknahme der Erzeugnisse nach Gebrauch und ihre Entsorgung.

5.6.1.3 Bundes-Immissionsschutzgesetz (BImSchG)

Mit dem Bundes-Immissionsschutzgesetz (BImSchG) ist ein auf Gefahrenabwehr und den Vorsorgegrundsatz ausgerichtetes Steuerungskonzept in den Bereichen Verkehr, Produkte und Brennstoffe geschaffen worden. Ziel ist es, Menschen, Tiere und Umwelt vor schädlichen Einwirkungen und, soweit es sich um genehmigungsbedürftige Anlagen handelt, auch vor Gefahren, Nachteilen und Belästigungen zu schützen sowie dem Entstehen solcher Einwirkungen vorzubeugen.

Die Durchführung des BImSchG erfolgt mit Hilfe von Verordnungen (BImSchV). Im Hinblick auf die Genehmigung von Entsorgungsanlagen bzw. den Betrieb von Abfallverbrennungsanlagen sind die 4. BImSchV (Verordnung über genehmigungsbedürftige Anlagen), die 17. BImSchV (Verordnung über Verbrennungsanlagen für Abfälle und ähnliche brennbare Stoffe) und die 30. BImSchV (Verordnung über Anlagen zur biologischen Behandlung von Abfällen) von besonderer Bedeutung. Die Vorschriften des BImSchG gelten für folgende Bereiche:

– Errichtung und Betrieb von Anlagen,
– Herstellen, Inverkehrbringen sowie Einführen von Anlagen, Brennstoffen und Treibstoffen, Stoffen und Produkten,
– Beschaffenheit, Ausrüstung, Betrieb und Prüfung von Kraftfahrzeugen, Schienen-, Luft-, und Wasserfahrzeugen,
– Bau öffentlicher Straßen, Eisenbahnen und Straßenbahnen.

5.6.2 Abfallwirtschaftliche Grundlagen

5.6.2.1 Arten von Abfällen

Das Abfallspektrum kann vereinfachend in mehrere Kategorien eingeteilt werden:

– Siedlungsabfälle (Hausmüll, Geschäftsmüll, hausmüllähnlicher Gewerbeabfall, Straßenkehricht, Marktabfälle, z. T. werden auch Klärschlämme hinzugerechnet),
– Bauabfälle (Bauschutt, Erdaushub, Straßenaufbruch, Baustellenabfälle),
– produktionsspezifische Abfälle (beinhalten z. T. auch die Bauabfälle),
– gefährliche Abfälle, oft als „Sonderabfälle" bezeichnet.

5.6.2.2 Abfallmengen und Abfallzusammensetzung

Als Gesamtsumme fielen im Jahr 2006 rund 341 Mio. Mg in Deutschland an, von denen knapp 26% beseitigt und der Rest verwertet wurde [Statistisches Bundesamt 2008]. Eine Aufteilung des Abfallaufkommens auf die einzelnen Abfallarten ist in Abb. 5.6-1 gegeben. Die Bau- und Abbruchabfälle stellen mit ca. 57% den größten Anteil dar, während die verbleibenden Abfallarten Siedlungsabfälle, Bergematerial aus dem Bergbau sowie Abfälle aus Produktion und Gewerbe ungefähr in der gleichen Größenordnung liegen. Beim Pro-Kopf-Aufkommen werden die Daten der Siedlungsabfälle zugrunde gelegt und damit ergibt sich für das Jahr 2006 ein Pro-Kopf-Aufkommen von ca. 563 kg/(E · a). Betracht über die letzten Jahre ergibt sich damit für das Pro-Kopf-Aufkommen in Deutschland eine sinkende Tendenz (s. Abb. 5.6-2). Die Zusammensetzung der Siedlungsabfälle, die als Haushaltsabfälle in den Haushalten anfallen, im Jahr 2006 ist in Abb. 5.6-3 gegeben. Zusätzlich ist bei jeder Abfallfraktion angegeben, wie viel beseitigt bzw. verwertet wurde. Der größte Anteil an den Haushaltsabfällen nimmt der Hausmüll, also die eigentliche Restmülltonne, mit knapp 35% ein, gefolgt von Fraktion Papier, Pappe, Kartonage mit ca. 20%. Eine fast vollständige Verwertung findet bei den Fraktionen kompostierbare Abfälle aus Biotonne, Garten- und Parkabfälle (biologisch abbaubar), Glas, Papier, Pappe, Kartonagen und elektronische Geräte statt. Von der Fraktion Hausmüll wird am meisten beseitigt.

Grundvoraussetzung für die Auslegung von Abfallbehandlungs- und -beseitigungsanlagen sowie deren Einzelaggregate ist eine genaue Kenntnis über:

– die Abfallmengen (Quantität),
– die Abfallzusammensetzung (Qualität) sowie
– die chemischen und physikalischen Eigenschaften der Abfallstoffe.

Jahresdurchschnittszahlen, u. U. noch auf Grundlage bundesweiter Erhebungen, haben in der Vergangenheit zu teilweise schwerwiegenden Abweichungen der ermittelten Verarbeitungskapazitäten und Wiedergewinnungsraten geführt. Daher können für die Planung von Abfallbehandlungsanlagen Durchschnittsdaten über spezifische Abfallmengen (in kg/(E · a)) und überschlägige Daten der Abfallzusammensetzung nur ein erster Hinweis sein.

Bedingt durch die große Vielfalt und die daraus resultierende Heterogenität der Abfälle, ergibt sich ein breites Spektrum von diversen Einflussgrößen. So können Abfälle grundsätzlich durch mehrere Merkmale beschrieben werden. Charakteristisch ist zum einen die Art der enthaltenen Stoffgruppen,

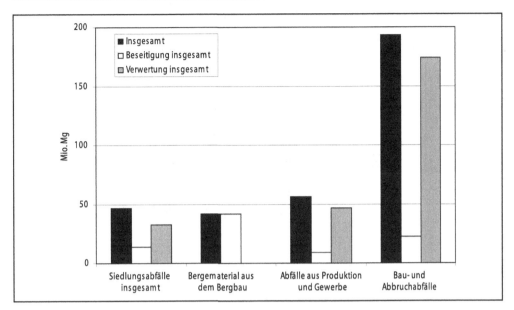

Abb. 5.6-1 Abfallaufkommen nach Arten im Jahr 2006 [Statistisches Bundesamt 2008]

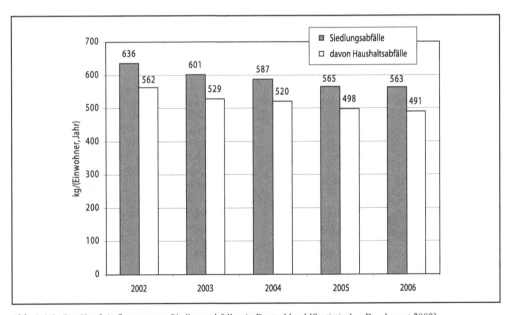

Abb. 5.6-2 Pro-Kopf-Aufkommen an Siedlungsabfällen in Deutschland [Statistisches Bundesamt 2008]

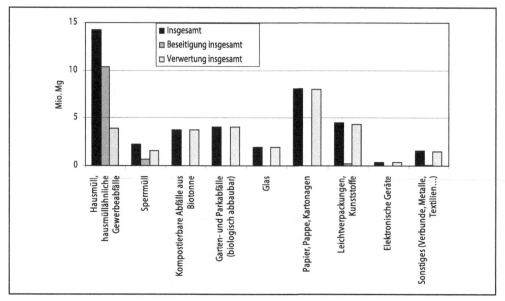

Abb. 5.6-3 Zusammensetzung der Haushaltsabfälle sowie deren Beseitigungs- bzw. Verwertungsanteil im Jahr 2006 in Deutschland [Statistisches Bundesamt 2008]

die je nach Flexibilität und Verwertungsfähigkeit des entsprechenden Anlagenkonzepts relevant sind, zum anderen sind es die physikalischen Eigenschaften (Heizwert, Wassergehalt, Anteile von Brennbarem, Schüttgewicht usw.). Weiterhin sind Kenntnisse über die chemischen Eigenschaften zur späteren feuerungstechnischen Berechnung der Rauchgase und zur Beurteilung der Umweltverträglichkeit notwendig.

5.6.3 Biologische Abfallbehandlungsverfahren

5.6.3.1 Behandlung von Bioabfällen

Die Zielsetzung der Behandlung von Bioabfällen lag bisher auf der Kompostierung der Biomasse und damit der Rückführung des erzeugten Komposts in den Stoffkreislauf. In den letzten Jahren wurde diese stoffliche Verwertung um die Nutzung des energetischen Potenzials ergänzt. Angeregt durch steigende Rohstoff- und Energiepreise werden z. B. holzige Bestandteile aus dem Bioabfall abgetrennt und nach

Aufbereitung einer energetischen Verwertung zugeführt. Eine weitere Variante ist die Trocknung der Bioabfälle vor der energetischen Verwertung.

Anfall von Bioabfall

Das Potenzial an biogenen Abfällen aus Haushalten beläuft sich in Deutschland auf ca. 13 bis 14 Mio. Mg pro Jahr, wobei ca. 8 Mio. Mg getrennt erfasst werden und der Rest im Hausmüll verbleibt [Kern/Raussen 2007]. Nicht berücksichtigt sind dabei gewerbliche biogene Abfälle und Speisereste.

Im Bundesdurchschnitt werden somit ca. 100 kg/Einwohner und Jahr an Bio- und Grünabfall gesammelt. Interessant ist das Gefälle in der Pro-Kopf-Sammelmenge von West nach Ost. So stehen Sammelmengen von 30 bis 50 kg/E · a in Brandenburg, Mecklenburg-Vorpommern und Sachsen den Sammelmengen von 130 bis 160 kg/E · a in Rheinland-Pfalz, Bayern, Niedersachsen und dem Saarland gegenüber [Kern/Raussen 2007].

Küchen und Gartenabfälle unterliegen großen jahreszeitlichen Mengenschwankungen. Diese Schwankungen resultieren aus dem unterschiedlichen Aufkommen an Gartenabfällen von 0 bis 2 kg/(E · Wo), das einen „Grundpegel" an Küchenabfällen von 1 bis 3 kg/(E · Wo) überlagert [Jager 1991]. Aufgrund dieser jahreszeitlich bedingten Unterschiede kommt es zu „Abfallspitzen" im Frühjahr und Herbst sowie einem „Winterloch" von Dezember bis Februar, in dem nahezu keine Gartenabfälle zu erwarten sind. Während der Abfallspitzen kann die Bioabfallmenge um den Faktor 1,3 überschritten werden.

Die organischen Küchenabfälle bestehen im Wesentlichen aus Obst- und Gemüseabfällen, Eierschalen, Tee- bzw. Kaffeesatz mit Filterpapieren, Haaren, Speiseresten (Fleisch, Knochen), Zierpflanzen und Haushalts- bzw. Hygienepapier. Dabei unterliegen diese Inhaltsstoffe einer geringen jahreszeitlichen Schwankung. Demgegenüber weisen Gartenabfälle eine deutliche jahreszeitliche Varianz ihrer Bestandteile auf. Die Unterschiede in der Zusammensetzung beeinflussen auch die Eigenschaften der Gartenabfälle. Während der im Sommer anfallende Grasschnitt durch feine Struktur, hohen Wassergehalt und niedriges C/N-Verhältnis (Verhältnis von Kohlenstoff zu Stickstoff) charakterisiert ist, handelt es sich bei dem im Frühjahr und Herbst anfallenden Baum- und Strauchschnitt um Laub und Grobgut mit niedrigem Wassergehalt und hohem C/N-Verhältnis.

Aerobe Verfahren
Verfahrenstechnische Grundlagen. Der biologische Prozess der *Kompostierung* ist von folgenden Faktoren abhängig:

- Wassergehalt,
- Sauerstoffversorgung und
- mikrobieller Stoffwechsel.

Für die Kompostierung erweist sich ein Wassergehalt von etwa 50% als günstig, unterhalb von ca. 30% kommen die mikrobiellen Aktivitäten zum Erliegen und oberhalb von etwa 60% wird die Struktur des Materials zunehmend ungünstig für den Prozess. Nasser Bioabfall ist schwer und hat ein geringes Luftporenvolumen, wodurch der Luftaustausch im Material behindert und anaerobe Prozesse begünstigt werden.

Unter idealen Bedingungen verläuft die Kompostierung als *aerober Prozess*, also unter Sauerstoffverbrauch bzw. unter Veratmung der organischen Substanzen. Dabei muss der verbrauchte Sauerstoff während der Kompostierung ständig ergänzt und das entstandene Kohlendioxid abgeführt werden.

Zu Beginn des Rotteprozesses steigen die Temperaturen aufgrund des hohen Gehalts an leicht abbaubaren Substanzen und ihrer intensiven mikrobiologischen Verwertung. Dabei können Temperaturen von über 70°C im Komposthaufen erreicht werden. Bei Temperaturen von über 80°C kommen die mikrobiologischen Aktivitäten zum Erliegen. Erst wenn das Material wieder auf ein günstiges Temperaturniveau abgekühlt ist, nehmen die Mikroorganismen ihre Tätigkeit wieder auf, wobei Temperaturen um 55°C für einen effizienten Abbau des organischen Anteils optimal sind. Diese „heiße" Phase des Prozesses kann – abhängig vom Bioabfall und den äußeren Umständen – einige Tage bis wenige Wochen dauern. Dabei findet eine Hygienisierung des Komposts statt, da die meisten für den Menschen krankheitserregenden Keime, aber auch die Erreger von Pflanzenkrankheiten sowie „Unkraut"-Samen, abgetötet werden.

Im Zuge der mikrobiologischen Aktivität werden die leichtverfügbaren Substanzen schnell aufgezehrt, und es setzen sich zunehmend Arten durch, die zunächst die mittelschwer und schließlich die schwer abbaubaren Substanzen angreifen. Die Umsetzung dieser Substanzen verläuft zunehmend weniger intensiv und die Temperatur fällt stetig. Diese Abhängigkeit kann zur Beurteilung der stofflichen Veränderung des Materials – der Materialreifung – herangezogen werden. Unter standardisierten Bedingungen wird die maximal erreichbare Temperatur – als Maß für die mikrobiologische Aktivität bzw. für den Reifegrad – im Material ermittelt. Aufgrund dieser Temperatur kann das Material unterschiedlichen Reifegraden – auch „Rottegrad" genannt – zugeordnet werden.

Die im Bioabfall enthaltenen Nährstoffe werden nicht gänzlich aufgebraucht. Bei einem Restgehalt von etwa 20% der ursprünglichen organischen Substanz kommen die biologischen Abbauvorgänge zum Erliegen. Der organische Rückstand besteht im Wesentlichen aus einer amorphen, chemisch nicht eindeutig zu charakterisierenden Substanz, dem *Humus*. Er setzt sich aus Anteilen der schwer abbaubaren Inhaltsstoffe des Bioabfalls und Nebenprodukten des mikrobiellen Stoffwech-

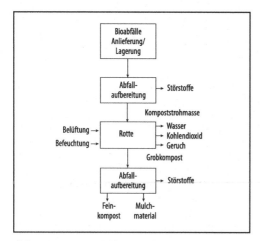

Abb. 5.6-4 Grundsätzliche Verfahrensschritte einer Kompostierungsanlage

sels, den Huminsäuren, zusammen. Die speziellen Eigenschaften des Humus bedingen den Wert des Komposts für die Anwendung im Gartenbau und in der Landwirtschaft.

Prinzipieller Aufbau einer Kompostierungsanlage. Grundsätzlich läuft die Kompostierung – wie in Abb. 5.6-4 dargestellt – in folgenden Verfahrensschritten ab:

- *Anlieferung*: Material wird zwischengelagert oder sofort aufbereitet.
- *Aufbereitung*: Aussortierung der Störstoffe (Metallabscheidung, händische Sortierung), Zerkleinerung und Homogenisierung des Materials, Zugabe von Strukturmaterial.
- *Rotte*: Abbau von hochmolekularen Stoffen unter Zugabe von Wasser und Sauerstoff.
- *Kompostaufbereitung*: Entfernung von Störstoffen, Absiebung in verschiedene Fraktionen.

Der Kompostierungsprozess kann im Freien stattfinden oder alle bzw. einige Prozessschritte finden überdacht bzw. gekapselt statt. Diese Merkmale sind von Anlage zu Anlage verschieden, jedoch ergibt sich bei der Kompostierung stets das Problem der luftgetragenen Schadstoffe und Gerüche. Diese erfordern Maßnahmen, um eine Belästigung der Anwohner zu vermeiden. So ist z. B. eine komplette Erfassung der Abluft möglich, die dann

einem Biofilter zugeführt wird, in dem die Geruchsstoffe mikrobiell abgebaut werden.

Kompostierungsverfahren. Die technisch einfachste Form ist die offene, d. h. auf einer nicht vollständig umhausten Fläche durchgeführte *Mietenkompostierung*, bei der der Bioabfall nach der Aufbereitung in großen Haufwerken – den Mieten – angeordnet wird. Während diese Verfahrensweise im kleinen Maßstab nur zu geringen Belästigungen – z. B. Geruch – in der Umgebung führt, ist das „Belästigungspotenzial" im großen Maßstab sehr hoch. Deshalb spielt diese Form der Kompostierung heute nur noch eine untergeordnete Rolle und wird bei der Neuplanung von Anlagen kaum noch berücksichtigt. Besonders bei der intensiven mikrobiellen Aktivität während der ersten Rottephase kann es zu einem Sauerstoffdefizit in der Kompostmiete und zur Entstehung von geruchsintensiven anaeroben Stoffwechselprodukten kommen. Dies führt v. a. während der Misch- bzw. Umsetzungsvorgänge – diese sind für ein ordentliches Reifungs- und Hygienisierungsergebnis erforderlich – zu erheblichen Stoßemissionen.

Die Erfahrung, dass eine geruchsfreie Kompostierung nicht möglich ist, und das Bestreben, den Prozess der Kompostierung hinsichtlich seiner Effektivität und Reproduzierbarkeit zu optimieren, haben zur Entwicklung verschiedener verfahrenstechnischer Maßnahmen geführt. Diese Maßnahmen können einzeln oder kombiniert umgesetzt werden:

- die Kapselung besonders geruchsträchtiger Verfahrensschritte oder sogar die Einhausung ganzer Anlagen und damit verbunden
- die Erfassung und Desodorierung der Abluft,
- die forcierte Sauerstoffversorgung des Materials während der Rotte durch Druck- bzw. Saugbelüftung oder durch die mechanische Bewegung des Materials und im Zusammenhang hiermit
- die Regelung der Rottetemperatur hinsichtlich effektiver Abbauleistung, aber auch vollständiger Hygienisierung des Materials,
- die Materialumschichtung – teilweise in kontinuierlicher, automatisierter Arbeitsweise – durch geeignete Aggregate. Dieses Verfahren ermöglicht die fortgeführte Einstellung optimaler Rottebedingungen hinsichtlich Struktur, Homogenität und – in einzelnen Fällen – Wassergehalt des

Materials; dadurch gewährleistet es einen anhaltend effektiven Prozessverlauf.

Grundsätzlich lassen sich zwei verschiedenen Verfahrensprinzipien differenzieren: Verfahren in Bioreaktoren und quasidynamische Mietenverfahren.

Verfahren in Bioreaktoren
Hinsichtlich dieses Verfahrensprinzips können zwei Reaktortypen unterschieden werden: zum einen die sog. „statischen Reaktortypen" in Form von Containern oder Boxen, bei denen während des Prozesses das Material nicht bewegt oder durchmischt wird, und zum anderen die „dynamischen Reaktortypen", i. d. R. rotierende Trommeln, bei denen aufgrund der Drehbewegung das Material durchmischt wird. Während der erstgenannte Typ ausschließlich diskontinuierlich (Befüllung, Rotte, Entleerung, Befüllung usw.) betrieben werden kann, ist bei den dynamischen Typen teilweise auch eine kontinuierliche Arbeitsweise möglich. Das Verfahrensprinzip verfolgt den Anspruch, in einer Intensivrotte von wenigen Tagen das zu kompostierende Rohmaterial soweit reifen zu lassen – d. h. zu stabilisieren –, dass es im Anschluss daran in einer einfachen, nicht eingehausten Mietenkompostierung, der sog. „Nachrotte", problemlos bis zur vollständigen Reife geführt werden kann.

Um diesem Anspruch zu entsprechen, werden Maßnahmen zur Intensivierung des Prozesses in den Reaktoren ergriffen. Dazu zählen Installationen zur forcierten Belüftung des Materials, die Möglichkeit der Temperaturregelung durch Belüftung und Temperaturprogramme (Rotte, Hygienisierung) sowie – zumindest bei dynamischen Reaktortypen – die Durchmischung des Materials und die Regelung eines optimalen Wassergehalts. Die Kapselung der Intensivrotte ermöglicht es, alle Emissionen dieses Rotteschritts gezielt zu erfassen und einer geeigneten Behandlung zu unterziehen. Bei der Abluft betrifft dies in erster Linie die Desodorierung von Geruchsstoffen in Wäschern und Biofiltern. Bei dem in frühen Prozessphasen möglichen hochbelasteten Press- oder Sickerwässern können verschiedene Verfahren aus der Abwasserreinigung zur Anwendung kommen. Die überschaubaren Dimensionen der einzelnen Reaktoren ermöglichen weiterhin eine weitestgehende Gleich-

behandlung verschiedener Materialchargen und tragen somit zur Validität des Verfahrens bei.

Quasidynamische Mietenverfahren
Bei diesen Verfahren ist keine apparative oder räumliche Trennung verschiedener Verfahrensschritte vorgesehen. Das grundlegende Prinzip ist das der Mietenkompostierung; allerdings sorgt eine Reihe von Maßnahmen für die Optimierung der Verfahren sowohl in Bezug auf die Effektivität und Validität als auch hinsichtlich der Emissionskontrolle. Um eines der vorrangigen Ziele – die Eindämmung von Gerüchen – zu erreichen, wird bei diesen Verfahren der gesamte Rottebereich (meist die gesamte Anlage) eingehaust und die geruchsbelastete Abluft durch geeignete Maßnahmen desodoriert.

Der aufbereitete Bioabfall wird i. d. R. über ein Förderbandsystem zu großen, flächigen Haufwerken, sog. „Trapezmieten", aufgeschichtet. Den Sauerstoffbedarf deckt man in dieser Haufwerksform sicher, indem in jedem Fall mit einer Zwangsbelüftung gearbeitet wird. Zu diesem Zweck ist der Boden der Mietenfläche mit perforierten Platten oder anderen porösen Materialien ausgelegt, unter oder in denen Kanäle zur Luftführung angeordnet sind. Die Temperatur lässt sich in verschiedenen Bereichen des Haufwerks über die Steuerung der Luftmengen regeln (Rottetemperatur, Hygienisierung). Im Gegensatz zu Bioreaktorverfahren findet hier weder eine räumliche noch eine konzeptionelle Trennung in Intensiv- bzw. Haupt- und Nachrotte statt. Den sich ändernden Anforderungen im Zuge der fortschreitenden Materialreifung kann gut Rechnung getragen werden.

Wesentliches Merkmal dieses Verfahrensprinzips ist das automatische Umschichtungsaggregat, welches das Material kontinuierlich aufnimmt, durchmischt und wieder ablagert und somit einen quasidynamischen Verfahrensablauf ermöglicht. Während bei einigen Typen eine Materialcharge während des gesamten Verfahrens stationär, d. h. immer auf der selben Rottefläche, behandelt wird, findet bei anderen Typen nach dem Materialeintrag eine wiederholte räumlich gerichtete Umlagerung zur Austragsstelle des reifen Komposts hin statt; dieses Handling wird häufig als „Wandermiete" bezeichnet. In der Regel wird bei der automatischen Umschichtung der aktuelle Wassergehalt

des Materials gemessen und vor der erneuten Ablagerung die fehlende Wassermenge ergänzt. In Verbindung mit Zwangsbelüftung, Temperaturregelung sowie häufiger Umschichtung und Homogenisierung des Materials trägt diese Maßnahme zur
Realisierung einer anhaltend effektiven Kompostierung des Bioabfalls bei.

Die Verfahren der *Zeilen- bzw. Tunnelkompos-
tierung* entsprechen ebenfalls dem quasidynamischen Grundprinzip und unterscheiden sich lediglich hinsichtlich der Haufwerksform. Während
in den vorher geschilderten Verfahren das Material zu großflächigen Trapezmieten aufgeschichtet
wird, findet hier eine Aufteilung in mehrere parallel angeordnete, langgestreckte Reaktoren statt.
Diese können als oben offene, U-förmige Rinnen
oder als geschlossene Röhren ausgelegt sein. Die
Reaktoren sind zwangsbelüftet und das Material
wird auch hier durch ein automatisches Umschichtungsaggregat aufgenommen, durchmischt,
befeuchtet und in Richtung der Austragsstelle
versetzt wieder abgelagert. Die Abluft aus dem
vollständig eingehausten System wird erfasst und
desodoriert.

Die Leistungsfähigkeit der quasidynamischen
Mietenverfahren ist durchweg sehr hoch einzuschät-
zen, da bei dieser Verfahrensweise nicht nur auf einen Teilschritt, sondern auf das gesamte Verfahren
optimierend Einfluss genommen werden kann. Zudem trägt das Konzept der vollständigen Einhausung dem bei der Kompostierung grundsätzlich vorhandenen Belästigungspotential durch Geruchsemissionen weitestgehend Rechnung. Diesen Vorteilen steht ein nicht unerheblicher konstruktiver
Aufwand gegenüber, der erst ab einer relativ großen
Menge der zu behandelnden Abfälle wirtschaftlich
zu rechtfertigen ist. Zudem ist eine Anpassung z. B.
an ein gestiegenes Abfallaufkommen nur unter vergleichsweise großem Aufwand möglich.

Verfahrensschwächen. Bei der Untersuchung der
Geruchsbelästigung ist grundsätzlich zwischen
Geruchsentstehung und Geruchsemission zu unterscheiden. Während für die Entstehung v. a. der Input und die Anlagenführung ursächlich sind, ist
dies im Fall der Emission in erster Linie das Anla-
gendesign. In Abhängigkeit der Prozessphasen bei
der Kompostierung treten folgende Geruchsarten
auf:

– Müllgerüche,
– biogene Gerüche sowie
– abiogene Gerüche.

Der typische Müllgeruch wird hauptsächlich bei
der Anlieferung, der Lagerung und auch bei der
Aufbereitung des Bioabfalls wahrgenommen. Allerdings können hier auch schon biogene Geruchskomponenten vorhanden sein, die, abhängig von
der Lagerung und Sammlung, bereits in den Bio-
tonnen oder beim Transport entstanden sind. Während der Selbsterhitzungsphase dominieren die
schwer flüchtigen biogenen Geruchskomponenten,
die infolge der erhöhten Temperaturen ausgetragen
werden. Während der heißen Phase löst eine Reihe
abiogener Geruchsstoffe die biogenen Gerüche ab.
Erst gegen Ende der Kompostierung bildet sich der
typische erdige Geruch von reifem Kompost aus
[Kuchta 1994; Jager/Kuchta 1995].

Eine Neubildung von Schadstoffen während der
Kompostierung kann weitestgehend ausgeschlossen werden. Allerdings ist auf die *Schadstoffdepo-
sition* zu achten. So enthält der zu verarbeitende
Bioabfall teilweise signifikante Mengen verschiedener Schadstoffe – Pflanzenschutzmittel, Schwermetalle, Dioxine –, die auch für die Qualität des
Endprodukts Kompost eine Rolle spielen.

Anaerobe Verfahren

Neben der Kompostierung findet auch die Vergärung, d. h. der Abbau von biogenem Material unter
anaeroben Bedingungen, Anwendung bei der Behandlung von Bioabfall. Bei der Vergärung entsteht Biogas, das zu etwa 50% bis 60% aus Methan
(CH_4) und zu etwa 40% bis 50% aus Kohlendioxid
(CO_2) besteht. Es ist brennbar bzw. explosiv und
kann zur Gewinnung von Energie verwendet werden. Durchschnittlich entsteht zwischen 80 und
130 m³ Biogas pro Tonne Bioabfall, abhängig vom
Inputmaterial und der Anlagentechnik selbst. Bestimmt wird der Energiegehalt durch den Anteil
des Methans zwischen 50 und 75%. Die Einsatz-
möglichkeiten des Biogases sind vielfältig und reichen von der Produktion von Wärme und Strom in
einem Blockheizkraftwerk, über Einspeisung nach
Aufbereitung in ein vorhandenes Erdgasnetz bis
hin zur Kraftstoffnutzung. Hinsichtlich der Wirtschaftlichkeit einer Anlage spielt die Biogasnut-
zung eine herausragende Rolle.

Unter energetischen Gesichtspunkten ist deshalb die Vergärung günstiger als die Kompostierung. Andererseits sind die Kosten höher und der biologische Prozess kann leichter gestört werden. Die Vergärung benötigt zwar weniger Platz und Zeit als die Kompostierung, jedoch muss das Material in jedem Fall aerob nachbehandelt werden, da einige schwer abbaubare Substanzen unter anaeroben Bedingungen nicht angegriffen werden können. Abbildung 5.6-5 zeigt den allgemeinen Verfahrensablauf der Anaerobtechnik.

Die Verfahren zur Vergärung von Bioabfällen können nach verschiedenen Kriterien unterschieden werden:

Einstufige oder zweistufige Verfahren
Hydrolyse, Versäuerung und Methanbildung finden im einstufigen System in einem mit Biogas durchmischten Reaktor statt, während im zweistufigen System jeweils ein separater Reaktor für die Hydrolyse der Feststoffe und einer für die Methanisierung der gelösten organischen Verbindungen vorhanden ist. So können die Milieubedingungen

den jeweils beteiligten Bakteriengruppen angepasst werden.

Temperaturbereich
Es gibt Systeme, die unter thermophilen (etwa 55°C) oder mesophilen (etwa 37°C) Bedingungen arbeiten.

Nass- oder Trockenverfahren
Der Begriff „Nass- bzw. Trockenverfahren" bezieht sich auf den Wassergehalt im Gärbehälter. Bei den Trockenverfahren wird der Bioabfall gewöhnlich mit seinem originalen Wassergehalt in den Gärbehälter gebracht (ca. 30% Trockensubstanzgehalt (TS-Gehalt)), während bei den Nassverfahren der Bioabfall auf TS-Gehalte von ca. 10% angemaischt wird. In diesem Fall ist eine gute Störstoffauslese über Schwimm- bzw. Sinkverfahren möglich, die eine händische Sortierung überflüssig macht.

Beaufschlagung bzw. Füllung
Es gibt Batch-Reaktoren, die jeweils eine Charge verarbeiten und dann neu befüllt werden, sowie Reaktoren, die kontinuierlich beaufschlagt werden.

5.6.3.2 Mechanisch-biologische Restabfallbehandlung
Die Zielsetzung der mechanisch-biologischen Restabfallbehandlung ist die Ausschleusung und Aufbereitung von Wertstoffen sowie die biologische Stabilisierung der Abfälle vor der Deponierung, um Emissionen zu reduzieren. Die Anlagentechnik entwickelte sich aus den Verfahren der Bioabfallbehandlung.

Prinzipiell können die mechanisch-biologischen Abfallbehandlung (MBA), die mechanisch-biologische Stabilisierung (MBS), die mechanisch-physikalische Stabilisierung (MPS) sowie rein mechanische Aufbereitungsanlagen (MA) unterschieden werden.

Die MBA ist das am häufigsten verwendete Verfahren, wobei hier zuerst die Stoffströme zur Wiederverwertung sowie zur energetischen Verwertung als heizwertreiche Fraktion abgetrennt werden und das verbleibende Material biologische behandelt wird. Die biologische Behandlung findet entweder aerob oder anaerob statt, wobei am Ende ein ablage-

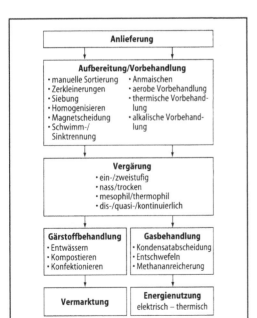

Abb. 5.6-5 Allgemeiner Verfahrensverlauf der Anaerobtechnik

rungsfähiges Material (Deponat) erzeugt wird. Bei der MBA mit aerober Behandlung werden durchschnittlich 43% als heizwertreiche Fraktion der energetischen Verwertung zugeführt sowie ca. 29% deponiert [Rohring 2008].

Bei der MBS wird des gesamte Abfallinput biologisch getrocknet, um so heizwertreiche Abfälle zur energetischen Verwertung zu gewinnen, wobei gleichzeitig der Anfall des ablagerungsfähigen Materials minimiert werden soll.

Bei der MPS erfolgt eine Abtrennung der heizwertreichen Fraktionen durch mechanische und physikalische Verfahren sowie deren Aufbereitung zu einem Ersatzbrennstoff.

Im Jahr 2007 wurden in Deutschland ca. 5,4 Mio. Mg Restabfälle in 46 Anlagen mechanisch-biologisch behandelt [Rohring 2008].

Emissionen

Prinzipiell ist bei der mechanisch-biologischen Behandlung von Restmüll mit vergleichbaren Emissionen wie bei der Bioabfallkompostierung zu rechnen:

- Staub,
- Emissionen biologisch aktiver Aerosole (z. B. Keime),
- Gerüche,
- Schadstoffemissionen über den Luft- und den Wasserpfad sowie
- Lärm.

Explizit müssen die MBA die Anforderungen der [30. BImSchV 2001] erfüllen, die nur mit aufwändiger Reinigungstechnik eingehalten werden können. So verfügen viele MBA über ein Abluftmanagementkonzept, in dem einerseits Abgasströme innerhalb der Anlage soweit möglich im Kreislauf geführt werden bzw. in einer Kombination von RTO (regenerativ thermische Oxidation) und Biofilter gereinigt werden.

5.6.4 Thermische Abfallbehandlung

Eine zentrale Forderung an die thermische Abfallbehandlung ist die Umwandlung des Abfalls in unschädliche Stoffgemische. Darüber hinaus werden bei der Verbrennung alle organischen Stoffe und Krankheitserreger zerstört, wodurch eine mikrobielle und virale Kontamination verhindert wird.

Ebenso soll die Neubildung von toxischen organischen Spurenstoffen und deren Austrag in die Umwelt weitestgehend vermieden werden. Lag zu Beginn der 90er-Jahre ein Schwerpunkt auf der Reduktion des Volumens der Abfälle und dem daraus resultierenden geringeren Bedarf an Deponievolumen, so tritt in den letzten Jahren der Aspekt der energetischen Verwertung in den Vordergrund und damit der Steigerung der Energieeffizienz von Müllverbrennungsanlagen. Ein weiterer Schwerpunkt liegt nun ebenso auf der möglichst vollständigen, hochwertigen Verwertung der Verbrennungsrückstände. Von Bedeutung ist dabei die Einbindung der Abfallverbrennung in die jeweilige dezentrale Energieversorgung vor Ort [Troge 2007].

Im Jahr 2007 wurden in Deutschland ca. 17,8 Mio. Mg Abfälle in 69 Müllverbrennungsanlagen behandelt [Reichenberger et al. 2008]. Aufbereitete Abfallfraktionen werden weiterhin in Zementwerken oder in Ersatzbrennstoffkraftwerken verbrannt. Im Jahr 2006 wurden ca. 50% der benötigten thermischen Energie der Kalk- und Zementindustrie durch den Einsatz von Sekundärbrennstoffen gedeckt [Reichenberger et al. 2008]. Aufgrund der vorgeschriebenen Qualitäten der Sekundärbrennstoffe (z. B. definierter und gleich bleibender Heizwert, geringer Chlorgehalt) können die Verbrennungsrückstände in die Zementprodukte eingebunden werden. Für standortnahe Abnehmer werden in Deutschland derzeit Anlagen zur Monoverbrennung vorbehandelter Abfallfraktionen errichtet, die durch ihre Standortabhängigkeit den Energiegehalt des Abfalls effizient nutzen. Anfang 2008 wurden insgesamt 42 Ersatzbrennstoff-Kraftwerke geplant, gebaut oder betrieben [Thomé-Kozmiensky/Thiel 2008].

5.6.4.1 Aufbau einer herkömmlichen Müllverbrennungsanlage

Eine konventionelle Anlage zur Behandlung und Verbrennung von Abfällen besteht aus

- Eingangsbereich mit Wiegevorrichtung,
- Entlade- und Lagerhalle des zur Verbrennung bestimmten Abfalls,
- Aufgabe- und Dosiervorrichtung,
- Verbrennungsofen und Nebenanlagen,
- thermische Anlagen zur Wärmerückgewinnung und -verwertung,

– Rauchgasreinigungs- und Entsorgungssystemen,
– Nebenanlagen,
– Gebäuden und
– Schornstein.

Im Eingangsbereich der Anlage werden die ankommenden Müllfahrzeuge gewogen, bevor sie ihre Ladung in den Müllbunker kippen. Der Ofen wird mit Hilfe eines Brückenkrans mit Greifer beständig mit Abfall beschickt. Bei der Verbrennung auf dem Feuerrost entstehen Rauchgase, die durch einen Dampfkessel geleitet werden. Der dort erzeugte Dampf wird mittels Turbine zur Erzeugung von Strom verwendet. Die im Kessel gekühlten Rauchgase werden von den mitgeführten Staubpartikeln befreit und gelangen dann in die weitere Rauchgasreinigung. Abschließend werden die gereinigten Abgase über einen Kamin in die Atmosphäre abgegeben.

Die in den verschiedenen Schritten der Müllverbrennung und Rauchgasreinigung anfallenden Rückstände werden getrennt gesammelt und mit entsprechender Aufbereitung wiederverwertet bzw. deponiert. Abbildung 5.6-6 zeigt sowohl den Längsschnitt als auch das Grundfließbild der Müllverbrennungsanlage der Stadt Darmstadt.

5.6.4.2 Abfallannahme und -lagerung

Unter Abfallannahme ist hauptsächlich die Wägung zur Bestimmung der angelieferten Abfallmenge zu verstehen. Weiterhin kann eine Klassifizierung erfolgen, um nicht brennbare Abfälle als Störstoffe ausschleusen zu können.

Die angelieferten Abfälle werden in einem Müllbunker zwischengelagert. Aufgaben des Bunkers sind:

– Pufferung der Abfälle zur kontinuierlichen Beschickung einer MVA,
– Aussortierung von Störstoffen,
– Möglichkeit zur Vorbehandlung der Abfälle,
– Homogenisierung der Abfälle.

Eine Geruchsbelästigung in der Umgebung von Müllverbrennungsanlagen lässt sich vermeiden, wenn die zur Verbrennung benötigte Luft aus dem Müllbunker abgesaugt wird. Aufgrund des Unterdrucks ergibt sich eine Luftströmung von außen nach innen.

5.6.4.3 Verbrennungsvorgänge

Grundsätzlich bedeutet eine Verbrennung eine chemische Umsetzung (Oxidation) brennbarer Bestandteile eines Materials mit dem Sauerstoff in der Luft. Da es sich bei der Oxidation i. d. R. um eine exotherme Reaktion handelt, bildet sich Wärme (fühlbare Wärme in Form von Temperatur und latente Wärme in Form von Wasserdampf), die technisch verwertbar ist.

Aufgrund seiner inhomogenen Zusammensetzung ist die Verbrennung von Abfall ein komplizierter Vorgang, der aus mehreren Phasen besteht. Bei der Rostfeuerung lassen sich verschiedene Phasen unterscheiden, die teilweise parallel ablaufen [Bilitewski et al. 2000]:

Trocknung
In der Trocknungsphase weist der Abfall eine Temperatur von etwa 100°C auf. Mit dem Luftstrom wird in der Trocknungszone das verdampfte Wasser aus dem Müllbett abtransportiert. Sauerstoff ist an dieser Stelle für die Vorgänge auf dem Rost unwesentlich.

Entgasung
Mit abnehmendem Wassergehalt im Abfall steigt die Temperatur im Müllbett bis auf 250°C; dabei geht der Trocknungsvorgang kontinuierlich in den Entgasungsvorgang über. In dieser Phase werden flüchtige Müllbestandteile – v. a. Kohlenwasserstoffe – abgespalten und ausgetrieben, und es entsteht ein Schwelgas. Der Vorgang der Entgasung findet in reduzierter (unter Ausschluss von Sauerstoff) Atmosphäre statt. Der Vorgang der Entgasung wird auch als „Pyrolyse" bezeichnet.

Ausbrand
Die noch brennbaren Bestandteile der Schlacke glühen aus. Die hierbei entstehenden Schwelgase gelangen in den Feuerraum und verbrennen dort. Hauptaufgabe des Rostes in dieser Zone ist es, die Glühnester so gut wie möglich über die gesamte Rostfläche zu verteilen, damit ausreichend Sauerstoff mit den Schwelgasen in Berührung kommt.

Vergasung
Die Entgasungsprodukte werden durch molekularen Sauerstoff oxidiert. Der Vorgang findet

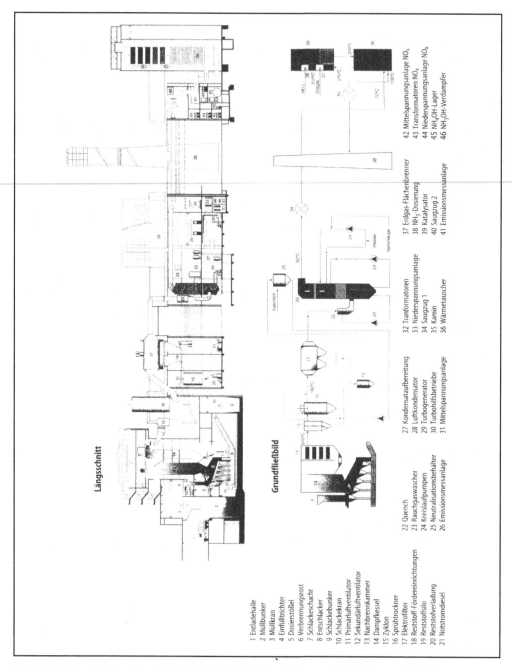

Längsschnitt

Grundfließbild

1 Entladehalle
2 Müllbunker
3 Müllkran
4 Einfülltrichter
5 Dosierstößel
6 Verbrennungsrost
7 Schlackeschacht
8 Entschlacker
9 Schlackebunker
10 Schlackekran
11 Primärluftventilator
12 Sekundärluftventilator
13 Nachbrennkammer
14 Dampfkessel
15 Zyklon
16 Sprühtrockner
17 Elektrofilter
18 Reststoff-Fördereinrichtungen
19 Reststoffsilo
20 Reststoffverladung
21 Notstromdiesel

22 Quench
23 Rauchgaswäscher
24 Kreislaufpumpen
25 Neutralisationsbehälter
26 Emissionsmessanlage

27 Kondensataufbereitung
28 Luftkondensator
29 Turbogenerator
30 Turbohilfsbetriebe
31 Mittelspannungsanlage

32 Tranformatoren
33 Niederspannungsanlage
34 Saugzug 1
35 Kamin
36 Wärmetauscher

37 Erdgas-Flächenbrenner
38 NH$_3$-Dosierung
39 Katalysator
40 Saugzug 2
41 Emissionsmessanlage

42 Mittelspannungsanlage NO$_x$
43 Transformatoren NO$_x$
44 Niederspannungsanlage NO$_x$
45 NH$_4$OH-Lager
46 NH$_3$OH-Verdampfer

Abb. 5.6-6 Längsschnitt und Grundfließbild des Müllheizkraftwerks Darmstadt [MVA Darmstadt 1997]

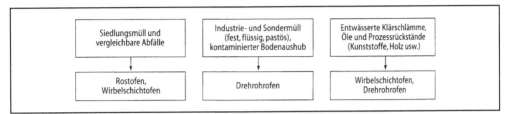

Abb. 5.6-7 Verbrennungssysteme und Inputströme

hauptsächlich im oberen Verbrennungsraum bei etwa 1000°C statt.

Nachverbrennung
In der Nachbrennzone soll Unverbranntes und Kohlenmonoxid im Rauchgas minimiert werden. Die Verweilzeit beträgt mindestens 2 s bei einer Temperatur von 850°C.

5.6.4.4 Feuerung

Bei der Verbrennung, die in Spezialöfen stattfindet, müssen veränderliche Eigenschaften des Mülls wie Zusammensetzung, Heizwert, Körnung und Wassergehalt berücksichtigt werden. Eine allgemeingültige Lösung bezüglich der Verfahrenstechnik gibt es nicht. Abbildung 5.6-7 gibt einen Überblick über die gebräuchlichsten Ofentypen, deren Einsatz sich nach der Müllbeschaffenheit richtet. Voraussetzung für alle Verfahren ist der kontinuierliche Betrieb, um ausreichend große Mengen durchzusetzen, sowie ein Ausbrand in vorgegebener Verweilzeit, um die Qualitätsansprüche an die Schlacken (Inertisierungsgrad) erfüllen zu können.

Rostfeuerung
Die Rostfeuerung ist eine erprobte und nahezu ausgereifte Feuerungsmethode. Ursprünglich zur Kohleverbrennung entwickelt, ist sie mittlerweile das gebräuchlichste Verfahren zur thermischen Abfallbehandlung. Geeignet ist die Rostfeuerung für feste Siedlungsabfälle und ähnlich geartete Abfälle, weniger geeignet für flüssige oder pastöse Abfälle. In Abb. 5.6-8 ist der Aufbau einer Rostfeuerung schematisch dargestellt.

Der Rost dient dem Transport und der Schürung bzw. Umwälzung des Brennstoffs. Über seine luft-durchlässige Unterlage wird die Luftzufuhr der Verbrennungsluft in das auf dem Rost befindliche Verbrennungsgut geregelt. Die Konstruktion und der Transportmechanismus ermöglichen die mechanische Zwangsführung des Brennstoffstroms. Die Schürwirkung führt zur Trennung der anfallenden Asche von dem noch Unverbrannten. Die nicht brennbaren Bestandteile können als Schlacke am Rostende abgezogen werden.

Im über dem Rost angeordneten Feuerraum werden die bei der Verbrennung der Feststoffe entstehenden Gase sowohl untereinander als auch mit der Verbrennungsluft vermischt und verbrannt. Die Strahlung und Konvektion der Wärme aus dem Verbrennungsgut führt zum Aufheizen des zündfä-

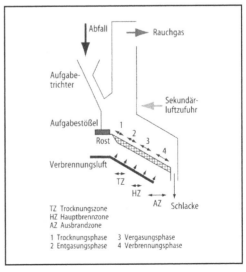

Abb. 5.6-8 Aufbau einer Rostfeuerung

higen Gasgemisches und dadurch zur Optimierung des Ausbrands.

Die Feuerungsluft kann bei der Rostfeuerung in verschiedene Ströme aufgeteilt werden. Die Primärluft wird durch den Rostbelag eingeblasen. Die Sekundärluft dient der Nachverbrennung der unverbrannten Gase (z. B. CO, H_2). Die Tertiärluft wird ebenfalls zur Nachverbrennung eingeblasen und soll Anbackungen verhindern.

Bei der Rostfeuerung wird der Abfall meist ohne Vorbehandlung verbrannt. Davon ausgenommen ist Sperrmüll, der zerkleinert wird, sowie die Vermischung von Klärschlämmen mit anderen Abfällen.

Wirbelschichtfeuerung

Bei der Wirbelschichtfeuerung handelt es sich ebenfalls um ein technisch ausgereiftes Verfahren, bei dem die Verbrennung in einem Ofen stattfindet und dessen unterer Teil mit einem Sandbett gefüllt ist. Die Zufuhr von Verbrennungsluft sorgt für den Aufbau eines Wirbelbetts und eine Art Schwebezustand (Fluidisierung). Die Wirbelschichtsysteme unterscheiden sich hinsichtlich der Fluidisierung des Wirbelbetts; zwei Grundprinzipien sind:

− *Stationäre Wirbelschicht* (SWS). Die stationäre Wirbelschicht besteht aus dem eigentlichen Reaktor, der nach unten durch einen Düsenboden abgeschlossen ist (Abb. 5.6-9). Über diesem Anströmboden wird die Luft in die Brennkammer gegeben, um so das Wirbelbett aufzubauen und die Verbrennung zu ermöglichen.

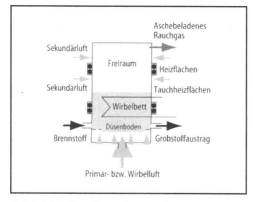

Sekundärluft
Freiraum
Sekundärluft
Aschebeladenes Rauchgas
Heizflächen
Tauchheizflächen
Wirbelbett
Düsenboden
Brennstoff
Grobstoffaustrag
Primär- bzw. Wirbelluft

Abb. 5.6-9 Aufbau einer stationären Wirbelschichtfeuerung

− *Zirkulierende Wirbelschicht* (ZWS). Bei der zirkulierenden Wirbelschicht (Abb. 5.6-10) ist die Wirbelschicht aufgrund der hohen Anströmgeschwindigkeit (etwa 8 m/s) über die ganze Reaktorhöhe hin ausgedehnt. Die ausgetragenen Feststoffe werden über einen sich anschließenden Zyklon wieder dem Reaktor zugeführt.

Vor der Verbrennung in der Wirbelschicht muss der Abfall aufbereitet, d. h. zerkleinert werden.

Drehrohrofen

Drehrohröfen dienen v. a. für die Verbrennung flüssiger, pastöser oder fester Industrieabfälle. Sie bestehen aus einem in Förderrichtung geneigten Zylinder mit einer Länge von 8 bis 12 m und einem Durchmesser von 1 bis 5 m. Durch Drehung der Längsachse wird der Inhalt umgewälzt, gemischt und zum unteren Ende des Rohres gefördert. Die Verbrennung erfolgt bei etwa 1200°C. Eine nachgeschaltete Brennkammer sorgt für den vollständigen Ausbrand der Verbrennungsgase.

5.6.4.5 Rauchgasreinigung

Selbst bei optimierter Prozessführung während der Abfallverbrennung bleiben Restkonzentrationen von Schadstoffen in den Rauchgasen, die weiter reduziert werden müssen. Rauchgasbehandlung bedeutet somit, Feststoffe (Staub, Flugasche, Salze) physikalisch sowie gasförmige Schadstoffe (SO_2, HF, NO_x, HCl, und verschiedene Schwermetalle) chemisch abzuscheiden. Die zulässigen Emissionsgrenzwerte für Müllverbrennungsanlagen sind in [17. BimSchV 1990] festgelegt.

Die Einhaltung der niedrigen Grenzwerte, kombiniert mit dem Auftreten vieler abzuscheidender Schadstoffe, erfordert komplexe Rauchgasreinigungssysteme mit einer Vielzahl von Reinigungsstufen und Anlagenkomponenten. Entsprechend den Anforderungen werden die Verfahrensschritte ausgewählt und kombiniert. Aufgrund der Komplexität der einzelnen Komponenten einer Rauchgasreinigung werden im Folgenden nur wesentliche Module erläutert.

Entstaubung
Bei der Rauchgasentstaubung werden partikelförmige Verunreinigungen entfernt. Dazu können z. B.

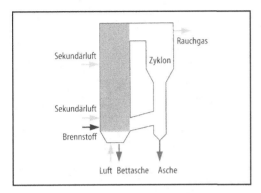

Abb. 5.6-10 Aufbau einer zirkulierenden Wirbelschicht

Elektrofilter (hoher Abscheidegrad für Gesamtstaub, geringerer für Feinstaub), Gewebefilter (hoher Abscheidegrad auch für Feinstaub) oder Zyklone (geeignet für Grobstaub) eingesetzt werden.

Trockensorption
Gasförmige Schadstoffe werden aus den Abgasen entfernt, indem sie sich an sog. „Sorptionsmittel" anlagern oder mit diesen chemisch reagieren. Das Sorptionsmittel befindet sich entweder in einer festen Schüttung oder wird in einem Reaktor in das Rauchgas eingeblasen. Bei den Trockenverfahren werden trockene Neutralisationsmittel in den Rauchgasstrom eingeblasen. Es entstehen Reaktionsprodukte, die in einem Gewebe- oder Elektrofilter wieder abgeschieden werden können.

Nasssorption
Bei diesem Verfahren wird Wasser oder werden wässrige Lösungen zur Abscheidung der gasförmigen Schadstoffe verwendet. Der Sprühabsorption liegt das gleiche Verfahren wie der Trockensorption zugrunde, wobei der Unterschied in der Konsistenz des Sorptionsmittels besteht. Weiterhin gibt es noch Nassverfahren, bei denen die Schadstoffabscheidung durch intensive Rauchgaswäsche erfolgt. Das entstehende Gemisch aus Staub, Absorbens (zugegebene Chemikalie) und Absorpt (Endprodukt) wird als Abwasser ausgetragen.

Katalytische Verfahren
In der Rauchgasreinigung von Abfallbehandlungsanlagen werden katalytische Verfahren hauptsächlich zur Entstickung, also zur Entfernung der Stickoxide, angewandt:

– *Selective Non-Catalytic Reduction* (SNCR). Das Verfahren beruht auf der thermischen Reduktion von Stickoxiden durch Ammoniak. Nachteilig ist ein Ammoniakgeruch in der Umgebung der Anlage.
– *Selective Catalytic Reduction* (SCR). Hier wird dem Rauchgas Ammoniak als Reduktionsmittel zugegeben. Das Gemisch wird durch einen Katalysator geleitet, wodurch Stickoxide und Ammoniak zu Stickstoff und Wasserdampf umgesetzt werden.

Dioxine und Furane
Insgesamt existieren 210 verschiedene Verbindungen von polychlorierten Dibenzodioxinen (PCDD) und polychlorierten Dibenzofuranen (PCDF), denen aufgrund der großen Zahl und zur besseren Vergleichbarkeit unterschiedliche Gefährdungspotentiale zugeordnet werden. Als Bezugspunkt gilt Dioxin 2,3,7,8 TCDD, dessen Giftigkeit einem Toxizitätsäquivalent (TEQ) entspricht.

Dioxine und Furane sind zum einen im Müll schon enthalten, zum anderen können sie aus schon im Müll vorhandenen Vorläufern entstehen. Weiterhin kann es nach der Verbrennung zu einer De-novo-Synthese kommen, d.h. durch Rekombination der in der Flugasche enthaltenen unverbrannten Bestandteile in einem Temperaturbereich von 250°C bis 400°C. Die Katalysatorelemente, die zur Entstickung von Rauchgasen dienen, können auch eine Dioxin- bzw. Furanreduktion bewirken. Je nach verfügbarem Volumen des Katalysators findet nach Abschluss der Reaktionen von Ammoniak und NO_x eine katalytische Reaktion zwischen organischen Verbindungen und Sauerstoff statt. Als weitere Maßnahme zur Abscheidung von Dioxinen nutzt man auch Aktivkohlefilter, die neben Dioxinen auch andere organische Verbindungen und Schadstoffe aus dem Rauchgas entfernen.

5.6.4.6 Energie

Die Energieerzeugung einer MVA findet im Abhitzekessel durch die Umwandlung der Feuerungswärme in Dampf statt. Dabei liegen die Kesselwirkungsgrade im Bereich von 70 bis über 80% (Feh-

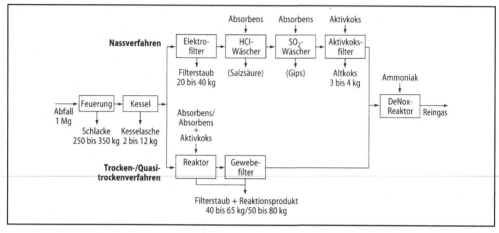

Abb. 5.6-11 Auftrennung der Stoffströme bei der Müllverbrennung [Faulstich 1996, S 1]

renbach et al. 2008). Diese Energie wird genutzt, entweder in Form von Wärme (Fernwärme oder Ferndampf) bzw. in Form von Strom und dient zum einen zum Decken des Eigenenergiebedarfs der Anlage und zum anderen zur Abgabe an Dritte, abhängig vom jeweiligen Standort der Anlage.

5.6.4.7 Behandlung der Rückstände bei der Müllverbrennung

Im Zuge der Behandlungsstufen fallen in Abhängigkeit vom Behandlungsverfahren der Rauchgasreinigung verschiedene Reststoffe wie Schlacke, Stäube oder Flugasche an. Sowohl für die Weiterverwendung als auch für die Endlagerung müssen die Reststoffe aufbereitet werden. In Abb. 5.6-11 ist die Auftrennung der Stoffströme einer MVA in Abhängigkeit des gewählten Rauchgasreinigungssystems dargestellt.

Schlacken

Die am Ofenausgang ausgetragene Schlacke besteht aus unterschiedlichen Stoffen wie Glas, Steinen, Salzen, unverbrannte organische Stoffe, nicht eisenhaltige Stoffe sowie Spuren von Schwermetallen. Nach einer Aufbereitung (Schlackealterung) wird die Schlacke zunehmend in den baulichen Verwertungsweg geführt. Im Rahmen der Aufbereitung werden Metalle aus der Rohschlacke gewonnen. Meist steht dabei die Abscheidung der

Fe-Metalle über Magnetabscheidung im Vordergrund, wogegen nur wenige Anlagen in Deutschland über eine Ne-Abtrennung verfügen.

Stäube und Flugaschen

Der abgeschiedene Filterstaub stellt hinsichtlich der Verwertung aufgrund der Feinkörnigkeit und der Anreicherung von Schwermetallen eine kritische Fraktion dar. Klassischerweise wird er untertage verbracht oder kann zu Zwecken des Versatzes als Bergwerkszement eingesetzt werden.

5.6.5 Deponierung von Abfällen

Abfälle können nur noch dann auf einer Deponie abgelagert werden, wenn sie nicht verwertet werden können und eine Reihe von Zuordnungskriterien einhalten. Seit dem 01.06.2005 ist die Ablagerung von unbehandelten Siedlungsabfällen auf Deponien in Deutschland durch die Einhaltung von strengen Grenzwerten der abzulagernden Stoffe eingeschränkt, sodass Siedlungsabfälle vor der Ablagerung vorbehandelt werden müssen, sei es thermisch oder mechanisch-biologisch. Die gesetzliche Grundlage stellt die TA Siedlungsabfall sowie die Abfallablagerungsverordnung dar [TA Siedlungsabfall 1993, AbfAblV 2001]. Durch die strengen Zuordnungswerte soll ein emissionsarmer

Deponiebetrieb ermöglicht werden mit verringertem Sickerwasser- und Gasaufkommen.

Für die gefährlichen Abfälle gilt die TA Abfall, die besagt, dass diese Abfälle nur in bestimmten Anlagen – nach entsprechender Vorbehandlung – deponiert werden dürfen [TA Abfall 1991].

Die TA Siedlungsabfall unterscheidet zwei Deponieklassen I und II, die hinsichtlich des Standorts und der Bauausführung (Abdichtungssysteme) unterschiedlich strengen Anforderungen unterliegen. Durch die Abfallablagerungsverordnung werden die Zuordnungskriterien für Deponien für mechanisch-biologisch behandelte Abfälle festgelegt. Die TA Abfall ergänzt diese Systematik, indem sie entsprechende Regelungen für Sonderabfalldeponien trifft.

Die für die Ablagerung der Abfälle einzuhaltenden Zuordnungswerte für die Deponieklassen der TA Siedlungsabfall und der Abfallablagerungsverordnung sind in Tabelle 5.6-1 angegeben. Es ist ersichtlich, dass die Zuordnungswerte der Klasse I (außer den Festigkeitswerten) durchweg kleiner sind als die Werte der Klasse II. Von Abfällen der Klasse I geht somit i. d. R. ein geringeres Umweltgefährdungspotential aus als von Abfällen der Klasse II. Aus diesem Grund unterliegen Deponien der Klasse II auch erhöhten Anforderungen.

5.6.5.1 Grundprinzip einer Deponie

Deponien sind zum einen große chemisch-biologisch-physikalische Reaktoren, deren Emissionen vorrangig in Form von Sickerwasser und Deponiegasen die Umwelt belasten können. Zum anderen sind Deponien technische Bauwerke, deren Aufgabe es ist, Abfall über lange Zeiträume zu lagern und unkontrollierte Emissionen weitgehend zu verhindern. Weiterhin ergeben sich Emissionen aus dem technischen Betrieb der Deponien. Für die Planung, die Errichtung und den Betrieb einer Deponie fordert die TA Siedlungsabfall ein System weitgehend voneinander unabhängiger Barrieren:

- *Standort* bzw. geologische Barriere: geologisch und hydrogeologisch geeignete Standorte,
- *Abdichtung*: geeignete Deponieabdichtungssysteme für Oberfläche und Basis,
- *Einbautechnik*: geeignete Einbautechnik für die Abfälle,
- *Abfall*: Einhaltung der Zuordnungswerte.

Dieses „Multibarrierensystem" soll in mehreren Stufen die Freisetzung und Ausbreitung von Schadstoffen verhindern und den erforderlichen Aufwand für Nachsorgemaßnahmen und deren Kontrolle gering halten. Die Barrieren werden in bau-, betriebs- und abfalltechnischen Maßnahmen umgesetzt.

5.6.5.2 Biologisch-chemisch-physikalischer Reaktordeponie

Die älteren Hausmülldeponien mit der Ablagerung von unbehandeltem Abfall vor dem 01.06.2005 sind ungesteuerte und weitgehend auch nicht beeinflussbare Bioreaktoren (Reaktordeponie), in denen in den obersten, frischen Müllschichten aerobe, im Innern des Müllkörpers vorwiegend jedoch anaerobe Prozesse stattfinden. Diese biologischen Prozesse finden nur bei Anwesenheit hoher biologisch abbaubarer Organikanteile statt (80 bis 250 m^3 Deponiegas/Mg Hausmüll in 20 bis 40 Jahren). Deponien mit mechanisch-biologisch vorbehandeltem Material haben ein wesentlich verringertes Gas- und Sickerwasseremissionspotential, da der Müll vor der Ablagerung biologisch behandelt wurde, wodurch der Organikanteil in einer solchen Deponie um 50% bis 60% reduziert ist.

Wasserhaushalt eines Deponiekörpers

Entstehung von Sickerwasser. Deponiesickerwasser entsteht im Regelfall durch das witterungsbedingte Auftreten von Niederschlägen sowie deren Infiltration in den Deponiekörper. Teilmengen des Niederschlags dringen bis auf die Deponiesohle durch und müssen dort mit Hilfe eines Drainagesystems gefasst werden. Sie tragen – mit verschiedenen Stoffen beladen – zu einem Sickerwasseraustritt bei. Fremdwasserzutritte aus dem Deponieuntergrund bzw. den Deponieflanken werden v. a. bei älteren Deponien beobachtet. Sie müssen bei zeitgemäßen Deponien vermieden bzw. verhindert werden. Dies geschieht über die Standortwahl und mit Hilfe bautechnischer Einrichtungen.

Der Wasserhaushalt von alten Siedlungsabfalldeponien ist aufgrund der heterogenen Materialzusammensetzung und der Korngrößenstruktur wesentlich schwieriger zu bestimmen als der eines natürlich gewachsenen Bodenkörpers. Die grobe Abfallstruktur behindert die gleichmäßige Durchfeuchtung des Deponiekörpers, so dass sich unre-

Tabelle 5.6-1 Zuordnungskriterien für Deponien [Abfallablagerungsverordnung 2001]

Nr.	Parameter	Deponieklasse I Anhang 1: Zuordnungskriterien für Deponien	Deponieklasse II Anhang 1: Zuordnungskriterien für Deponien	MBA-Deponien Anhang 2: Zuordnungskriterien für Deponien für mechanisch-biologisch vorbehandelte Abfälle
1	Festigkeit			
1.01	Flügelscherfestigkeit	≥ 25 kN/m²	≥ 25 kN/m²	
1.02	Axiale Verformung	≤ 20 %	≤ 20 %	
1.03	Einaxiale Druckfestigkeit	≥ 50 kN/m²	≥ 50 kN/m²	
2	Organischer Anteil des Trockenrückstandes der Originalsubstanz			
2.01	bestimmt als Glühverlust	≤ 3 Masse-%	≤ 5 Masse-%	
2.02	bestimmt als TOC	≤ 1 Masse-%	≤ 3 Masse-%	≤ 18 Masse-%
3	Extrahierbare lipophile Stoffe der Originalsubstanz	$\leq 0{,}4$ Masse-%	$\leq 0{,}8$ Masse-%	$\leq 0{,}8$ Masse-%
4	Eluatkriterien			
4.01	pH-Wert	5,5-13,0	5,5-13,0	
4.02	Leitfähigkeit	≤ 10.000 µS/cm	≤ 50.000 µS/cm	≤ 50.000 µS/cm
4.03	DOC	≤ 50 mg/l	≤ 80 mg/l	≤ 300 mg/l
4.04	Phenole	$\leq 0{,}2$ mg/l	≤ 50 mg/l	≤ 50 mg/l
4.05	Arsen	$\leq 0{,}2$ mg/l	$\leq 0{,}2$ mg/l	$\leq 0{,}5$ mg/l
4.06	Blei	$\leq 0{,}2$ mg/l	≤ 1 mg/l	≤ 1 mg/l
4.07	Cadmium	$\leq 0{,}05$ mg/l	$\leq 0{,}1$ mg/l	$\leq 0{,}1$ mg/l
4.08	Chrom (VI)	$\leq 0{,}05$ mg/l	$\leq 0{,}1$ mg/l	$\leq 0{,}1$ mg/l
4.09	Kupfer	≤ 1 mg/l	≤ 5 mg/l	≤ 5 mg/l
4.10	Nickel	$\leq 0{,}2$ mg/l	≤ 1 mg/l	≤ 1 mg/l
4.11	Quecksilber	$\leq 0{,}005$ mg/l	$\leq 0{,}005$ mg/l	$\leq 0{,}02$ mg/l
4.12	Zink	≤ 2 mg/l	≤ 2 mg/l	≤ 5 mg/l
4.13	Fluorid	≤ 5 mg/l	≤ 15 mg/l	≤ 25 mg/l
4.14	Ammoniumstickstoff	≤ 4 mg/l	≤ 200 mg/l	≤ 200 mg/l
4.15	Cyanide, leicht freisetzbar	$\leq 0{,}1$ mg/l	$\leq 0{,}5$ mg/l	$\leq 0{,}5$ mg/l
4.16	AOX	$\leq 0{,}3$ mg/l	$\leq 1{,}5$ mg/l	$\leq 1{,}5$ mg/l
4.17	Wasserlöslicher Anteil (Abdampfrückstand)	≤ 3 Masse-%	≤ 6 Masse-%	≤ 6 Masse-%
4.18	Barium	≤ 5 mg/l	≤ 10 mg/l	≤ 10 mg/l
4.19	Chrom, gesamt	$\leq 0{,}3$ mg/l	≤ 1 mg/l	≤ 1 mg/l
4.20	Molybdän	$\leq 0{,}3$ mg/l	≤ 1 mg/l	≤ 1 mg/l
4.21	Antimon	$\leq 0{,}03$ mg/l	$\leq 0{,}07$ mg/l	$\leq 0{,}07$ mg/l
4.22	Selen	$\leq 0{,}03$ mg/l	$\leq 0{,}05$ mg/l	$\leq 0{,}05$ mg/l
4.23	Chlorid	≤ 1.500 mg/l	≤ 1.500 mg/l	≤ 1.500 mg/l
4.24	Sulfat	≤ 2.000 mg/l	≤ 2.000 mg/l	≤ 2.000 mg/l
5	Biologische Abbaubarkeit des Trockenrückstandes der Originalsubstanz			
	bestimmt als Atmungsaktivität AT_4			≤ 5 mg/g
	oder bestimmt als Gasbildungsrate im Gärtest GB_{21}			≤ 20 l/kg
6	Brennwert H_o			≤ 6.000 kJ/kg

gelmäßige Sickerbahnen ausbilden können. Zudem ist der Gehalt an organischen Substanzen im Abfallkörper wesentlich größer als im Boden. Da die organische Substanz biochemischen Umsetzungsprozessen unterworfen sein kann, sind auch hierbei Strukturveränderungen des Abfallkörpers möglich. Der Wasserhaushalt einer Abfalldeponie ist in Abb. 5.6-12 schematisch dargestellt.

Bei feineren Abfallstrukturen, wie sie in MBA- und Schlackedeponien vorliegen, bilden sich kaum bevorzugte Sickerwege aus, d. h., es findet eine gleichmäßigere Durchsickerung des Müllkörpers statt.

Erfassung und Behandlung von Sickerwasser. Das System zur Sickerwasserdrainage und -ableitung hat die Aufgabe, die anfallenden Sickerwässer auf möglichst kurzen Fließwegen gezielt aus der Deponie abzuleiten und einer der Verschmutzung entsprechenden Behandlung zuzuführen. Das Drainagesystem muss dabei so angelegt sein, dass sich auf der Basisabdichtung kein bzw. nur ein minimaler Einstau ergeben kann.

Da derzeit noch nicht abschließend bekannt ist, über welche Zeiträume Sickerwässer mit relevanter Verschmutzung emittieren, muss das Sickerwasserdrainage- und -ableitungssystem über eine heu-te nicht exakt bestimmbare, jedoch sicherlich sehr lange Zeit funktionsfähig sein. Damit dies gewährleistet ist, muss das System so angeordnet werden, dass alle wichtigen Drainageleitungen innerhalb der Deponie zu kontrollieren (kamerabefahrbar) und zu reinigen (spülbar) sind. Die Leitungsdurchmesser und Haltungslängen sind dieser Forderung anzupassen.

Zur schnellen und gezielten Ableitung des Sickerwassers aus der Deponie werden Sickerwasserdrainleitungen in die Flächendrainage eingelegt. Die Anordnung des Drainageleitungssystems ist u. a. abhängig von den topographischen Gegebenheiten am Deponiestandort und der zu wählenden Größe der Ausbauabschnitte. Die günstigste Anordnung ist in den Kehlen einer dachprofilartig ausgeführten Deponiebasis.

Das Sickerwasser muss entsprechend seiner Zusammensetzung mit darauf abgestimmten Verfahren behandelt werden. Zur Sickerwasserreinigung steht eine Reihe von Verfahren zur Verfügung, die einzeln oder in Kombination angewandt werden können:

– biologische Verfahren,
– adsorptive Verfahren,
– Flockung und Fällung,

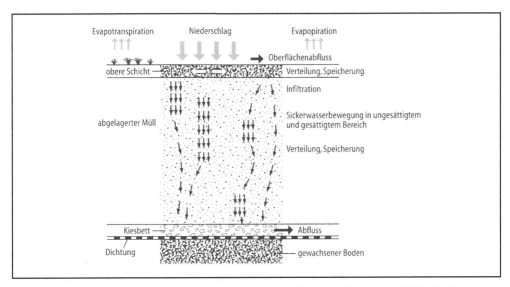

Abb. 5.6-12 Schematische Darstellung des Wasserhaushaltes von Müllkörpern (Bilitewski et al. 2000, S 155)

– nasschemische Oxidation sowie
– Membranverfahren.

Im Allgemeinen nimmt die Belastung des Sickerwassers mit dem Alter der Deponie ab. Jedoch werden auch viele Jahre nach Schließung einer Hausmülldeponie noch in erheblichem Ausmaß Müllinhaltsstoffe und -abbauprodukte mit dem Sickerwasser aus der Deponie ausgetragen.

Die Konzentrationen der Sickerwasserinhaltsstoffe sind erheblichen Schwankungen unterworfen, so dass es keine charakteristische Sickerwasserzusammensetzung gibt. Dieser Tatsache muss bei der Auslegung der Anlage zur Sickerwasserbehandlung Rechnung getragen werden.

Neben den biologisch-chemischen Vorgängen spielen v. a. Lösungsvorgänge für die Sickerwasserbelastung eine herausragende Rolle. Das Problem der Schadstoffelution – unter welchen Bedingungen welche Schadstoffe ausgelöst werden – kann bislang nur schwer erfasst werden. Elutionsvorgänge treten bei allen bisher bekannten Deponien, insbesondere auch bei Schlackedeponien, auf. Auszuschließen sind Lösungsvorgänge nur bei absolut trockener Lagerung (Untertagedeponie). Findet biologischer Abbau statt (in geringem Maße auch in Schlackedeponien, da die Konzentration des totalen organischen Kohlenstoffs in der Schlacke zwischen 10 und 20 g/kg variiert [EAWAG/ETH-Texte 1994]), stehen Lösungsvorgänge mit ihm in enger Wechselwirkung (z. B. über pH-Wert, toxische Stoffe, Nährstoffe).

Gashaushalt

Deponiegasbildung. Der Abbau von organischen Materialien, d. h. unbehandeltem Siedlungsabfall, und damit die Deponiegasbildung finden in vier Phasen statt, die fließend ineinander übergehen und je nach Einlagerungsalter und Milieubedingungen zeitlich versetzt in der Deponie ablaufen.

Phase I, aerob
Hier wird der Sauerstoff der Restluft im abgelagerten Müll innerhalb weniger Tage und Wochen verbraucht. Der Prozess ist ähnlich den Rotteprozessen in den obersten Schichten des Bodens bzw. ähnlich der Kompostierung. Einfach abzubauende Stoffgruppen wie Zucker und Proteine werden meist in kleinere Moleküle gespalten.

Phase II, anaerob saure Gärung
Die Zwischenprodukte aus Phase I werden zu Gärprodukten wie H_2, CO_2 und Essigsäure abgebaut. Weiterhin führt der Abbau der Ausgangsprodukte im Abfall (Proteine, Fette, Kohlenhydrate) zu vorwiegend organischen Säuren (z. B. Essigsäure) und Alkoholen. Dabei wird auch N_2 verbraucht. Deponiematerial, das sich in Phase II befindet, hat sauren Charakter und führt bei Freilegung zu erheblichen Geruchsemissionen. Mit dem Sickerwasser werden in dieser sauren Phase organische Säuren ausgetragen (niedriger pH-Wert, hohe BSB_5-, TOC- und CSB-Konzentrationen und erhöhte Metallionenkonzentration). MBA–Deponien zeigen keine ausgeprägte saure Phase und gehen rasch in eine stabile anaerobe Methangärung über. Die aus solchen Deponien austretenden Sickerwässer sind daher erheblich weniger belastet als die aus Hausmülldeponien.

Phase III, instabile anaerobe Methangärung
Für die Methangärungsphase dienen die entstandenen Säuren und Alkohole als Ausgangsprodukte; sie werden weiter zu Methan und Kohlendioxid abgebaut (abnehmende Tendenz). Diese Phase beginnt etwa zwei Monate nach Ablagerung des Hausmülls. Auch schwer abbaubare Stoffe werden jetzt angegriffen. In dieser Phase verbleiben im Sickerwasser schwer abbaubare Stoffe, organische Stickstoffverbindungen, Ammonium-Stickstoff und meist verminderte Metallkonzentrationen.

Phase IV, stabile anaerobe Methangärung
In der Endphase werden alle organisch abbaubaren Stoffe zersetzt. Das CH_4/CO_2-Verhältnis bleibt konstant. Diese Phase, deren biologische und chemische Vorgänge prinzipiell der Phase III entsprechen, zieht sich über Jahrzehnte hin.

Einen Überblick über die zeitliche Entwicklung der Zusammensetzung von Deponiegas gibt Abb. 5.6-13. Diese Zusammensetzung ist äußerst starken Veränderungen unterworfen. Über Messungen kann man den „biologischen Zustand" einer Deponie abschätzen.

Erfassung und Behandlung von Deponiegas. Vorrangiges Ziel einer Erfassung ist die Reduzierung gasförmiger Emissionen aus der Deponie. Eine vollständige Gaserfassung (100%) ist technisch

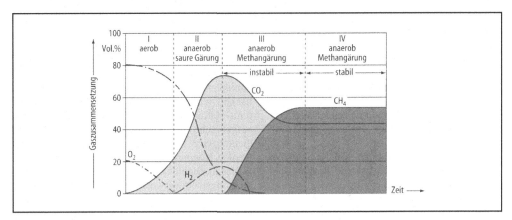

Abb. 5.6-13 Veränderung der Deponiegaszusammensetzung in Abhängigkeit von der Zeit [Franzius 1981, S 2]

nicht möglich, jedoch muss ein möglichst hoher Erfassungsgrad angestrebt werden.

Verfügt eine Deponie über kein Gaserfassungs- und -behandlungssystem, entweichen die Deponiegase diffus über die Oberfläche verteilt und teilweise auch hochkonzentriert an Spalten, Rutschungen, Brüchen usw. Dadurch besteht Explosionsgefahr und es ist mit toxischen Wirkungen (Arbeitsschutz!), Vegetationsschäden auf der Deponie sowie Geruchsbelästigungen im nahen Umfeld zu rechnen.

Bei der Entgasungstechnik ist prinzipiell zwischen passiver und aktiver Entgasung zu unterscheiden:

– *Passive Entgasung.* Das Deponiegas entweicht (passiv) unter Eigendruck; es wird gezielt gesammelt und abgeleitet (bei niedrigem Gasaufkommen, Altlasten usw.).
– *Aktive Entgasung.* Hierbei wird mittels Gasfördereinrichtungen über Rohrleitungen und Kollektoren Unterdruck in die Deponie eingebracht und somit das Gas (aktiv) aus der Deponie abgesaugt.

Bei Nutzung des Deponiegases werden häufig zwei Entgasungssysteme, eine Schutz- und eine Nutzentgasung, eingebaut, die getrennt betrieben werden können.

– *Schutzentgasung.* An der Deponieoberfläche wird ein flächiges Sammelsystem aufgebaut, das unter relativ hohem Unterdruck betrieben wird. Es soll Gasaustritte in die darüber liegende Rekultivierungsschicht (Pflanzenschäden!) und in die Atmosphäre verhindern. Zwangsläufig wird dabei auch viel Luft angesaugt, sodass das gesammelte Gas insgesamt einen zu geringen Heizwert für eine Nutzung hat.
– *Nutzentgasung.* Der Kernbereich der Deponie wird mit geringem Unterdruck entgast. Das Gas ist unverdünnt und hat einen hohen Heizwert.

Nachdem das Deponiegas über Gaserfassungssysteme mit möglichst hohem Fassungsgrad gesammelt worden ist, muss sich eine entsprechende Gasbehandlung anschließen, damit es weitestgehend verwertet bzw. umweltverträglich entsorgt werden kann.

5.6.5.3 Deponie als Bauwerk

Basisabdichtung

Die Basisabdichtung soll den Eintrag von schädlichen Abfallinhaltsstoffen (fest, flüssig oder gasförmig) in den Untergrund bzw. das Grundwasser dauerhaft verhindern. An diese Barrierefunktion des Abdichtungssystems werden somit sehr hohe Anforderungen gestellt. Zudem soll die Funktionsfähigkeit über eine unbegrenzte bzw. heute nicht exakt abschätzbare Zeit gewährleistet sein, da eine Abfalldeponie i. d. R. für die endgültige Ablagerung des Deponats bestimmt ist. Das Basisabdichtungssystem muss daher einer Reihe von Anforderungen erfüllen:

- Druckbelastung infolge der aufliegenden Abfallmassen,
- mechanische Zug- und Stauchungsbelastungen durch Setzungen,
- Erosionswirkung aufgrund fließenden Wassers,
- Wärmebelastung infolge der reagierenden Abfälle,
- chemische Einflüsse durch Abfallinhaltsstoffe und deren chemisch-biologische Reaktionsprodukte sowie
- biologische Einflüsse durch Mikroorganismenbesiedlung.

Da die Basisabdichtung einer Deponie meist auf großen Flächen auszubauen ist, muss die Bautechnik möglichst einfach und gut kontrollierbar sein; nur so ist eine gleich bleibend hohe Qualität der Dichtung zu gewährleisten. Zudem muss eine entsprechende Robustheit des Abdichtungssystems in Bezug auf die Beanspruchung beim Bau und beim späteren Betrieb der Deponie gegeben sein.

Weil eine Dichtung jedoch niemals absolut dicht, sondern nur „technisch dicht" ausgeführt werden kann und somit gewisse, wenn auch minimale Restdurchlässigkeiten aufweist, gehört zu jedem Abdichtungssystem ein Draineelement mit ausreichendem Gefälle, um anfallende Flüssig-keiten (Sickerwasser) so schnell wie möglich und ohne Aufstau abzuleiten.

Als Basisabdichtungssystem (Abb. 5.6-14) bei Deponien der Deponieklasse I finden mineralische Dichtungen Anwendung. Dazu wird auf dem Deponieplanum eine mindestens zweilagige mineralische Dichtungsschicht (z. B. aus Ton oder Bentonit-Matten) in einer Dicke von mindestens 0,5 m aufgebracht, die anschließend mechanisch verdichtet wird. Bei Deponien der Deponieklasse II werden Kombinationsdichtungen aus einer mineralischen Dichtungsschicht und einer Kunststoffdichtungsbahn verwendet. Zu diesem Zweck wird oberhalb des auf der geologischen Barriere angeordneten Deponieplanums eine mindestens 0,75 m starke mineralische Dichtungsschicht in mindestens drei Lagen aufgebracht, deren Durchlässigkeitsbeiwert $k \leq 5 \cdot 10^{-10}$ m/s betragen muss. Oberhalb dieser mineralischen Dichtungsschicht wird eine mindestens 2,5 mm starke Kunststoffdichtungsbahn (bevorzugt aus HDPE) angeordnet, die zum Schutz vor lastbedingten Beschädigungen mit einer Lage Feinsand oder ähnlichen Materialien abdeckt wird. Oberhalb der jeweiligen Dichtungsschicht wird eine Entwässerungsschicht in einer Mindestdicke von 0,3 m und einem Durchlässigkeitsbeiwert $k \geq 1 \cdot 10^{-3}$ m/s flächig angeordnet, in der die Sickerrohre für die Sickerwasserfassung verlegt werden [TA Siedlungsabfall 1993].

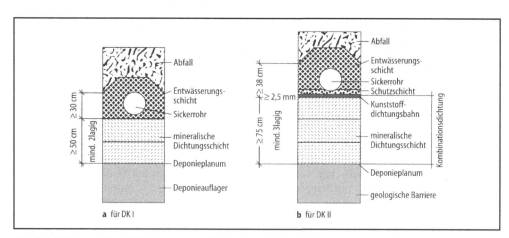

Abb. 5.6-14 Deponie-Basisabdichtungssystem [TA Siedlungsabfall 1993]

Oberflächenabdichtung

Das Oberflächenabdichtungssystem soll den Zutritt von Niederschlagswasser in den Deponiekörper verhindern bzw. minimieren. Weiterhin dient es als Barriere gegen den Austritt von Deponiegasen in die Umwelt. Aufbau und Beschaffenheit der Oberflächenabdichtung sind detailliert in der TA Siedlungsabfall vorgeschrieben (Abb. 5.6-15).

Als Dichtungsauflager ist eine verdichtete Ausgleichsschicht (0,5 m) aus homogenem, nichtbindigem Material herzustellen. Wird mit Deponiegas gerechnet und ist die Ausgleichsschicht nicht in der Lage, das Gas abzuleiten, so muss zusätzlich eine Gasdrainschicht von ≥0,3 m angeordnet werden.

Auf diese Gasdrainschicht wird die Kombinationsdichtung aus mineralischer und (bei Deponieklasse II) synthetischer Dichtung aufgebracht, wobei nahezu die gleichen Anforderungen wie bei Kombinationsbasisabdichtungen einzuhalten sind.

Nach dem Abklingen der Setzungen des Dichtungsauflagers muss ein Gefälle ≥ 5% vorhanden sein, um das Niederschlagswasser über die Oberfläche und die einzubauende Entwässerungsschicht (≥ 30 cm) abzuführen.

Die Rekultivierungsschicht hat aus einer mindestens 1 m dicken Schicht aus kulturfähigem Boden zu bestehen, die mit geeignetem Bewuchs zu bepflanzen ist. Sie ist so auszuführen, dass die Dichtung vor Wurzel- und Frosteinwirkungen geschützt wird. Der Bewuchs hat ausreichenden Schutz gegen Wind- und Wassererosion zu bieten.

5.6.5.3 Emissionen durch Deponiebetrieb

Beim Betrieb von Deponien ist mit zahlreichen Emissionen verschiedenen Ursprungs zu rechnen, gegen deren Auftreten technische Maßnahmen zu treffen sind. Tabelle 5.6-2 stellt Emissionen, Belästigungs- und Gefährdungspotentiale sowie die technischen Maßnahmen zu deren Verminderung bzw. Kontrolle dar.

5.6.6 Behandlung von Bauabfällen

5.6.6.1 Anfall von Bauabfällen

Abfälle aus dem Baubereich sind von ihrer Menge her sehr bedeutend (etwa knapp die Hälfte der neu im Bauwesen verwendeten Menge). Relevant sind diese Abfallmengen jedoch nicht nur aufgrund ihres Volumens, sondern auch aufgrund der zunehmenden Chemisierung der Materialien (z. B. spezifische Bauchemikalien der Bauzusatz- und Bauhilfsstoffe). So tragen z. B. Anstrich- und Holzschutzmittel, Dichtungsmassen oder Lösungsmittel unkontrolliert Schadstoffe in den allgemein als inerten und damit als unbedenklich angesehenen Bauschutt ein. Die Umweltrelevanz des gesamten Bauschutts wird somit durch den irrelevanten Gewichtsanteil dieser Produkte nachhaltig beeinflusst.

Um Nachhaltigkeit im Bauwesen definieren zu können, ist eine Systematisierung des Stoffkreislaufes im Bauwesen notwendig (Abb. 5.6-16). Die Bauwirtschaft bildet einen offenen Kreislauf, in

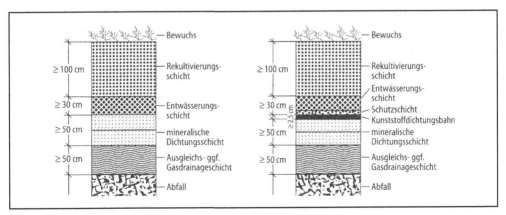

Abb. 5.6-15 Deponie-Oberflächenabdichtungssysteme [TA Siedlungsabfall 1993]

Tabelle 5.6-2 Zusammenhang zwischen Emission, Belästigungs- und Gefährdungspotenzial sowie technischen Maßnahmen zu ihrer Verminderung bzw. Kontrolle

Emissionen	Belästigungs- und Gefährdungspotenzial	Technische Maßnahme zur Verminderung bzw. Kontrolle
Sickerwasser	Beeinflussung von Oberflächengewässern und Grundwasser, Geruchsfracht	thermische oder biologische Vorbehandlung (Inertisierung), geologisch/hydrogeologisch geeigneter Standort, Abdichtungssystem, Drainagesystem, Sickerwasserreinigungsanlage, Einbautechnik, Schutzabstand zur Bebauung
Deponiegas	Explosions- u. Brandgefahr, toxische Komponenten, Geruchsfracht, Pflanzenschädigung (Rekultivierung)	Abfallvorbehandlung, Abdichtungssysteme, Gasfassungssystem, Gasverwertung, optimale Einbautechnik, Schutzabsand zur Bebauung
Staub	Verteilung des Abfalls und seiner Inhaltsstoffe in der Umgebung, Bodenbelastung	Vorbehandlung der Abfälle, Einbautechnik, Befeuchtung, Minimierung von Abfallbewegungen, Schutzabstand zur Bebauung
Lärm	Belästigung durch Antransport (Lkw) u. Einbau (Kompaktor), Maschinenlärm	Verkehrssysteme und -führung zur und auf der Deponie, Einsatz geräuscharmer Maschinen, Schutzabstand zur Bebauung

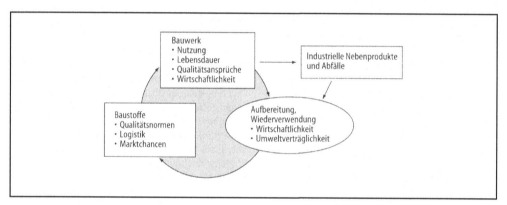

Abb. 5.6-16 Stoffkreislauf im Bauwesen

den industrielle Nebenprodukte und baufremde Abfälle und somit möglicherweise auch Schadstoffe eingeschleust werden. „Nachhaltigkeit" in der Bauwirtschaft bedeutet, ein Down-Cycling zu verhindern. Die Bauabfälle sollen nach den Aspekten der Umweltverträglichkeit und Wirtschaftlichkeit aufbereitet und wiederverwendet werden, mit dem Ziel, die Qualitätsnormen einzuhalten und Marktchancen für die aufbereiteten Produkte zu gewährleisten. Es wird angestrebt, Langzeitsicherung in der Bauwirtschaft zu erreichen und eine Kreislaufführung zu ermöglichen, in der es zu einer Ausschleusung und keiner Anreicherung von Schadstoffen kommt, um die Qualität der Rezyklate zu sichern.

Bei allen Aktivitäten im Baubereich fallen Bauabfälle an, die in die Bereiche Bauschutt, Baustel-

lenabfälle, Bodenaushub sowie Straßenaufbruch eingeteilt werden [TA Siedlungsabfall 1993].

Bauschutt

Bauschutt besteht aus festen, mineralischen Stoffen, geringfügig auch mit Fremdanteilen versetzt [TA Siedlungsabfall 1993]. Bauschutt kann unterteilt werden in die Kategorien unbelastet, belastet und schadstoffverunreinigt [Bilitewski et al. 1994]. *Unbelasteter* Bauschutt fällt als mineralisches Material bei Abbrucharbeiten an und ist nur geringfügig mit organischen und anorganischen Störstoffen versetzt. Ist der Bauschutt mit größeren Mengen an Störstoffen behaftet, gilt er als *belastet*. Als *schadstoffverunreinigt* wird der Bauschutt bezeichnet, wenn wasser-, boden- oder gesundheitsgefährdende Stoffe enthalten sind und dadurch mit negativen Auswirkungen auf die Umwelt zu rechnen ist. Schadstoffverunreinigter Bauschutt wird als besonders überwachungsbedürftiger Abfall definiert und muss entsprechend beseitigt werden.

Baustellenabfälle
Baustellenabfälle werden als nichtmineralische Stoffe aus Bautätigkeiten definiert, die geringfügig auch mit Fremdanteilen versetzt sein können [TA Siedlungsabfall 1993]. Sie setzen sich aus Metallen, Kunststoffen, Holz, Farben und Verpackungsmaterial zusammen.

Bodenaushub
Bodenaushub besteht aus nichtkontaminiertem, natürlich gewachsenem oder bereits verwendetem Erd- oder Felsmaterial [TA Siedlungsabfall 1993]. Bodenaushub stellt mengenmäßig den größten Anteil an den Bauabfällen, wobei die Zusammensetzung von den örtlichen geologischen Gegebenheiten maßgeblich bestimmt wird. Je nach Reinheitsgrad und Zusammensetzung kann man den Bodenaushub direkt verwerten, z. B. in Dammschüttung oder für den Gartenbau. Abhängig von der vorausgegangenen Nutzung des Geländes kann der Bodenaushub schadstoffverunreinigt sein und muss entsprechend behandelt werden.

Straßenaufbruch
Als „Straßenaufbruch" wird im Straßenbau verwendetes Material bezeichnet, das aus mineralischen Stoffen besteht, die entweder hydraulisch (mit Bitumen oder Teer) gebunden oder ungebunden verwendet worden sind [TA Siedlungsabfall 1993]. Im Bereich des Recycling innerhalb des Straßenbaus sind die Materialflüsse bereits so geregelt, dass kein nennenswertes Deponiematerial mehr anfällt. Der bitumenhaltige wie auch der mineralische Straßenaufbruch ist ein Wirtschaftsgut, sofern keine Schadstoffverunreinigungen vorliegen. Darüber hinaus ist der Straßenbau auch für Sekundärrohstoffe anderer Herkunft von Bedeutung.

Abschätzung der Bauabfallmenge aus Bauvorhaben
Im Hochbau bieten sich als Bezugsgrößen des Abfallaufkommens eines Bauvorhabens zum einen das Bauvolumen in m³ umbauter Raum und zum anderen die Baumasse im Materialvolumen an [Bredenbals/Wilkomm 1994]. Für Neubauvorhaben kann dann mit folgenden Mengen gerechnet werden:

- 1% bis 4% Abfallanteil pro Volumen umbauten Raumes: 0,01 bis 0,04 m³ Abfall/m³ umbauter Raum.
- 5% bis 15% Abfallanteil pro Baumasse im Materialvolumen: 0,05 bis 0,15 m³ Abfall/m³ Baustoff.

Weiterhin kann man überschlägig annehmen, dass der Abfall zu etwa 25% in der Rohbauphase und zu etwa 75% in der Ausbauphase anfällt.

5.6.6.2 Aufbereitung von Bauabfällen

Die Qualitätsansprüche, die an die Endprodukte von Baustoffrecyclinganlagen gestellt werden, bestimmen Art und Umfang der aus einzelnen Komponenten zusammengesetzten Anlagen.

Bei Bauschuttaufbereitungsanlagen können die Anlagen nach der Art der Anlage selbst, der Art der Zerkleinerung oder den Verfahrenskonzepten bei der Sortierung von Fremdstoffen unterschieden werden. Bei dem Anlagenlayout wird nach mobilen, semimobilen und stationären Aufbereitungsanlagen unterschieden, angepasst an die jeweiligen Anforderungen des Einsatzortes.

Die Sortierung der Baustellenabfälle mittels Baustellenabfallsortieranlagen kann auf zwei unterschiedliche Ziele ausgerichtet sein: Zum einen ist die Trennung des Materials in mineralische, metallische und brennbare Materialien möglich, um diese Komponenten der Bauschuttaufbereitung, Schrottverwertung oder Verbrennung zuzuführen. Zum anderen besteht die Bestrebung, möglichst viele einzelne Materialien aus den Mischabfällen der Baustellen auszusortieren. Die angebotenen Anlagenkonzeptionen für Baustellenabfälle reichen von einer einfachen Vorsiebung bis zur vollmechanischen Trennung der einzelnen Fraktionen und Wertstoffe und sollten daher der jeweiligen Situation angepasst werden.

Beim Straßenaufbruch wird der mineralische und bituminöse Anteil meist an Ort und Stelle mechanisch aufbereitet und wieder eingebaut. Darüber hinaus erfolgt die Aufarbeitung in zentralen Anlagen, um die Recyclingbaustoffe beim Neubau oder bei Erhaltungsmaßnahmen zu verwenden.

5.6.6.4 Bauabfälle während des Lebenszyklus eines Gebäudes

Der Lebensweg eines Gebäudes wird begleitet von unterschiedlichen Bauaktivitäten. Der Anfall der Bauabfälle ist von den vier Bauaktivitäten bzw. Baumaßnahmen Neubau, Renovierung, Modernisierung sowie Abbruch abhängig. Dabei wird davon ausgegangen, dass zur Werterhaltung der Gebäude in bestimmter Regelmäßigkeit Instandhaltungsmaßnahmen in sog. „Maßnahmenintervallen" durchgeführt werden, andererseits Neubauten und Abbrüche stattfinden. Die Anzahl von Neubauten richtet sich nach dem Neu- und Ersatzbedarf, die Abbruchereignisse können durch Zugrundelegen der Lebensdauer von Bauwerken prognostiziert werden. In Abb. 5.6-17 ist der schematisierte Lebenszyklus eines Gebäudes dargestellt [Görg 1997].

Neubau

Der Neubau setzt sich zusammen aus Ersatzbauwerken auf vorher schon genutzten Bauflächen und aus Neubauten auf neu erschlossenem Baugrund. Die i. d. R. mengenmäßig größte anfallende Fraktion ist der Erdaushub. Des Weiteren fallen z. T. erhebliche Mengen an Baustellenabfällen an.

Renovierung

Bei der Renovierung werden Maßnahmen durchgeführt, bei denen i. Allg. keine konstruktiven Bauteile ersetzt werden. Es findet ein Austausch funktionsuntüchtiger Einbauten (z. B. Sanitärobjekte) statt; maßgeblich fallen Baustoffe des In-nenausbaus (Textilien, Tapeten, Teppiche usw.) sowie der Außenfassadengestaltung an, denen ästhetische Funktionen zukommen. Die Renovierung ist eine in bestimmten Zyklen wiederkehrende Bauaktivität und wird somit an einem Gebäude immer wieder durchgeführt.

Modernisierung

„Modernisierungsmaßnahmen schließen die Renovierung ein, beheben darüber hinaus aber auch bauliche Mängel durch ihre substanzerhaltenden Maßnahmen an einem oder mehreren Bauteilen" [Kleiber 1987]. Die anfallenden Bauabfälle setzen sich aus den schon bei der Renovierung beschriebenen Baustoffen zusammen; zusätzlich fallen aber auch vermehrt mineralische Fraktionen aus konstruktiven Elementen der Bausubstanz an. Auch diese Baumaßnahme wird während der Nutzungsphase des Bauwerks mehrmals wiederholt, das Wiederkehrintervall der Modernisierung ist jedoch deutlich länger als bei der Renovierung. Mitberücksichtigt werden bei der Modernisierung die Umnutzungen und Funktionsänderungen der Bauwerke.

Abbruch

Ist die technische oder wirtschaftliche Lebensdauer eines Bauwerks erreicht oder ist eine Weiternutzung aus anderen Gründen nicht mehr möglich, wird es abgebrochen. Beim Abbruch eines Gebäudes fallen alle in dem Bauwerk enthaltenen Baustoffe an. Je nach Abbruchmethode und Gebäude

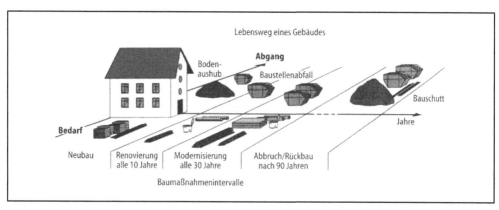

Abb. 5.6-17 Schematisierter Lebenszyklus eines Gebäudes

sind einzelne Bauteile direkt oder nach zwischengeschalteten Aufbereitungsmaßnahmen wieder- oder weiterverwertbar.

Abkürzungen zu 5.6

ATV	Abwassertechnische Vereinigung e.V.
BImSchG	Bundes-Immissionsschutzgesetz
BMBF	Bundesministerium für Forschung und Bildung
BMU	Bundesministerium für Umwelt, Naturschutz und Reaktorsicherheit
DK	Deponieklasse
E	Einwohner
EAWAG	Eidg. Anstalt für Wasserversorgung, Abwasserreinigung und Gewässerschutz
KrW-/AbfG	Kreislaufwirtschafts- und Abfallgesetz
MBA	Mechanisch-Biologische Abfallbehandlung
MVA	Müllverbrennungsanlage
SCR	Selective Catalytic Reduction
SNCR	Selective Non-Catalytic Reduction
SWS	stationäre Wirbelschicht
TA	Technische Anleitung
TASi	TA Siedlungsabfall
TE	Toxizitätsäquivalent
TKB	Tierkörperbeseitigung
TS	Trockensubstanz
VDI	Verein Deutscher Ingenieure
VDMA	Verband Deutscher Maschinen- und Anlagenbau e.V., Frankfurt/Main
WAR	Wasserversorgung, Abwassertechnik, Abfalltechnik, Umwelt- und Raumplanung
WertR	Wertermittlungsrichtlinie
ZWS	zirkulierende Wirbelschicht

Literaturverzeichnis Kap. 5.6

Bilitewski B, Härdtle G, Marek K (2000) Abfallwirtschaft. Springer, Berlin/Heidelberg/New York

BImSchG (1995) Bundes-Immissionsschutzgesetz. Gesetz zum Schutz vor schädlichen Umwelteinwirkungen durch Luftverunreinigungen, Geräusche, Erschütterungen und ähnliche Vorgänge. Zuletzt geändert am 23.11.1995. C.H. Beck Verlag, München

BMU (1999) Bundesministerium für Umwelt, Naturschutz und Reaktorsicherheit. BMU-Pressemitteilung Abfallwirtschaft/Deponien, BMU legt Eckpunkte für die Zukunft der Entsorgung von Siedlungsabfällen fest. 20.08.1999 Bonn

Bredenbals B, Wilkomm W (1994) Abfallvermeidung in der Bauproduktion. IBR Verlag, Stuttgart

EAWAG/ETH-Texte (1994) Deponierung fester Rückstände aus der Abfallwirtschaft. vdf Hochschulverlag, ETH-Zürich, Zürich (Schweiz)

Faulstich M (1996) Behandlungsverfahren für feste Rückstände aus der Abfallverbrennung. In: Schenkel W, Hösel G, Schnurer H (Hrsg) Müll-Handbuch. Lfg. 3/96, Tz. 7125. E. Schmidt Verlag, Berlin

Fehrenbach H, Giegrich J, Mahmood S (2008) Beispielhafte Darstellung einer vollständigen, hochwertigen Verwertung in einer MVA unter besonderer Berücksichtigung der Klimarelevanz. In: Umweltbundesamt (Hrsg) Texte 16/08. Dessau

Franzius V (1981) Gefährdung durch Deponiegas. In: Schenkel W, Hösel G, Schnurer H (Hrsg) Müll-Handbuch. Lfg. 09/81, Tz. 4589. E. Schmidt Verlag, Berlin

Görg H (1997) Entwicklung eines Prognosemodells für Bauabfälle als Baustein von Stoffstrombetrachtungen zur Kreislaufwirtschaft im Bauwesen. Dissertation, TH Darmstadt

Jager J (1991) Kompostierung von getrennt erfaßten organischen Haushaltsabfällen. In: Schenkel W, Hösel G, Schnurer H (Hrsg) Müll-Handbuch. Lfg. 07/91, Tz. 5620E. E. Schmidt Verlag, Berlin

Jager J, Kuchta K u.a. (1995) Geruchsemissionen bei der Kompostierung. In: Schenkel W, Hösel G, Schnurer H (Hrsg) Müll-Handbuch. Lfg. 01/95, Tz. 5330. E. Schmidt Verlag, Berlin

Kleiber W (1987) Wertermittlungsrichtlinie (WertR). In: Sammlung amtlicher Texte zur Wertermittlung von Grundstücken, Stand 1987. Bundesanzeiger Verlagsgesellschaft, Köln

KrW-/AbfG (1994) Kreislaufwirtschafts- und Abfallgesetz – Gesetz zur Förderung der Kreislaufwirtschaft und Sicherung der umweltverträglichen Beseitigung von Abfällen vom 27.09.1994. Letzte Änderung vom 22.12.2008. http://www.juris.de/

Kern M, Raussen T (2007) Konzepte zur optimierten stofflichen und energetischen Nutzung von Bio- und Grünabfällen. In: Kern M, Raussen T, Wagner K (Hrsg): Weiterentwicklung der biologischen Abfallbehandlung. Witzenhausen

Kuchta K (1994) Emissionsarten, Emissionsquellen und Ursachen ihrer Entstehung am Beispiel der Bioabfallkompostierung – Geruchsemissionen. In: Förderverein WAR (Hrsg) Umweltbeeinflussung durch biologische Abfallbehandlungsverfahren. Schriftenreihe WAR, Bd 81. Eigenverlag, Darmstadt

MVA Darmstadt (1997) Energie aus Abfall. Zweckverband Abfallverwertung Südhessen (ZAS), Darmstadt

Reichenberger H-P, Gleis M, Quicker P, Mocker M, Faulstich M (2008) Feste Rückstände aus Verbrennungsanlagen Teil 1. Müll und Abfall (2008) 8, pp 386–393

Rohring D (2008) Technisch-wirtschaftliche Optimierungs-
potenziale der mechanisch-biologischen Abfallbehandlung in Deutschland. In: Wiemer K, Kern M (Hrsg) Bio-
und Sekundärrohstoffverwertung III, stofflich – energetisch. Tagungsband 20. Kasseler Abfall- und Bioenergieforum. Witzenhausen, pp 594–606

Schnurer H (1995) Einführung zum neuen Kreislaufwirt-
schafts- und Abfallgesetz (KrW-/AbfG). In: Schenkel
W, Hösel G, Schnurer H (Hrsg) Müll-Handbuch. Lfg.
1/95, Tz. 0422. E. Schmidt Verlag, Berlin

Thomé-Kozmiensky KJ, Thiel S (2008) Ersatzbrennstoff-
herstellung und -verwertung in Deutschland. In: Wiemer K, Kern M (Hrsg) Bio- und Sekundärrohstoffverwertung III, stofflich – energetisch. Tagungsband 20.
Kasseler Abfall- und Bioenergieforum. Witzenhausen

Troge A (2007) Energieeffizienz und Rückstandsverwer-
tung im Focus. Müllmagazin (2007) 1

TA Abfall (1991) Zweite Allgemeine Verwaltungsvorschrift
zum Abfallgesetz – Teil 1: Technische Anleitung zur
Lagerung, chemisch/physikalischen, biologischen Behandlung, Verbrennung und Ablagerung von besonders
überwachungsbedürftigen Abfällen v. 12.03.1991. C.H.
Beck Verlag, München

TASi (1993) TA Siedlungsabfall. Dritte Allgemeine Verwaltungsvorschrift zum Abfallgesetz – Technische Anleitung zur Verwertung, Behandlung und sonstigen Entsorgung von Siedlungsabfällen v. 14.05.1993. C.H.
Beck Verlag, München

17. BImSchV (1990) 17. Verordnung zur Durchführung des
Bundes-Immissionsschutzgesetzes (Verordnung über
Verbrennungsanlagen für Abfälle und ähnliche brennbare Stoffe) v. 23.11.1990. C.H. Beck Verlag, München

30. BImSchV (2001) Dreißigste Verordnung zur Durchführung des Bundes-Immissionsschutzgesetzes (Verordnung über Anlagen zur biologischen Behandlung
von Abfällen) v. 20.02.2001. Letzte Änderung vom
13.12.2006 http://www.juris.de/

Stichwortverzeichnis